数据科学与工程技术丛书

U0191334

STATISTICAL AND MACHINE-LEARNING DATA MINING

TECHNIQUES FOR BETTER PREDICTIVE MODELING AND ANALYSIS OF BIG DATA, THIRD EDITION

统计挖掘与机器学习

大数据预测建模和分析技术

（原书第3版）

［美］布鲁斯·拉特纳（Bruce Ratner）著

郑磊 刘子未 石仁达 郑扬洋 译

机械工业出版社
China Machine Press

图书在版编目（CIP）数据

统计挖掘与机器学习：大数据预测建模和分析技术：原书第3版 /（美）布鲁斯·拉特纳（Bruce Ratner）著；郑磊等译 . -- 北京：机械工业出版社，2021.8
（数据科学与工程技术丛书）

书名原文：Statistical and Machine-Learning Data Mining: Techniques for Better Predictive Modeling and Analysis of Big Data, Third Edition

ISBN 978-7-111-68994-2

I. ① 统⋯ II. ① 布⋯ ② 郑⋯ III. ① 数据处理 ② 机器学习 IV. ① TP274 ② TP181

中国版本图书馆 CIP 数据核字（2021）第 173175 号

本书创造性地汇编了数据挖掘技术，将统计数据挖掘和机器学习数据挖掘进行了区分，对经典和现代统计方法框架进行了扩展，以用于预测建模和大数据分析。本书在第 2 版的基础上新增了 13 章，内容涵盖数据科学发展历程、市场份额估算、无抽样调研数据预测钱包份额、潜在市场细分、利用缺失数据构建统计回归模型、十分位分析评估数据的预测能力，以及一个无须精通自然语言处理就能使用的文本挖掘工具。

本书适合数据挖掘从业者以及对机器学习数据挖掘感兴趣的人阅读。

统计挖掘与机器学习
大数据预测建模和分析技术（原书第 3 版）

出版发行：机械工业出版社（北京市西城区百万庄大街 22 号 邮政编码：100037）

责任编辑：王春华 孙榕舒   责任校对：殷 虹

印 刷：北京文昌阁彩色印刷有限责任公司   版 次：2021 年 9 月第 1 版第 1 次印刷

开 本：185mm×260mm 1/16   印 张：34.25

书 号：ISBN 978-7-111-68994-2   定 价：149.00 元

客服电话：（010）88361066 88379833 68326294   投稿热线：（010）88379604

华章网站：www.hzbook.com   读者信箱：hzjsj@hzbook.com

第 3 版前言

大数据的预测分析法在本书第 2 版出版之后的四年来一直保持着稳定的热度。我之所以决定写作新版，不是因为第 2 版的成功，而是因为我收到的大量正面反馈（读者来信）。而且，重要的是，我需要分享解决问题的方法。这些问题还没有被人们普遍接受的、可靠的或者已知的解决方案。与上一版一样，约翰·图基（John Tukey）原则是推进统计学的发展以及提高灵活性、实用性、创新性和普遍性所必需的，是各章介绍的新分析法和建模方法论的试金石。

第 3 版的主要目标如下：

1）扩充核心内容，包括解决问题的策略和方法，它们来自顶级预测分析学术会议和统计建模研讨会，以及我对 *Statistics on the Table* [1] 的一些想法。

2）重新编辑现有章节，提高写作质量；修改结尾部分，使内容更紧凑。

3）提供本书推荐的分析方法和建模的统计子程序。我使用 Base SAS 和 STAT/SAS。这些子程序也可以从 http://www.geniq.net/articles.html#section9 下载，代码很容易转换成用户喜欢的其他语言。

在第 2 版的基础上，本书新增了 13 章，它们穿插在原来的章节中间，以最大限度地保证内容的连贯性。新章节如下：

第 2 章介绍统计学与数据科学。如果人们不留意，可能就会按下删除键，删掉统计学和统计学家，代之以科学和数据科学家。我讨论了近期出现的术语——数据科学是否意味着统计学是一个发展更快的领域的子集合，或者数据科学是否掩盖了当前的统计学应用状况。

第 8 章介绍一个市场份额估算模型，其独特之处是不采用常规的基于抽样调研的市场份额情境分析，而是采用主成分分析（PCA）作为估算一个真实案例的市场份额的基础。我提供了构建这个案例研究的市场份额模型的 SAS 子程序。

第 11 章介绍无抽样调研数据预测钱包份额。这种预测钱包份额（SOW）的日常方法需要抽样调研数据。由于抽样调研工作耗时多、成本高，而且会出现不可靠数据，所以通常不采用。我提供了一种不需要数据就能预测 SOW 的两步法。第一步定义一个准 SOW 并通过模拟法对总金额进行估算。第二步采用分数逻辑斯谛回归法预测 SOW_q，巧妙地将普通的逻辑斯谛回归用于比例或比率不变的因变量。我给出了详细的案例分析和 SAS 子程序，读者会发现这种方法很有价值。

第 19 章提出了一种基于模型的潜在类别分析（LCA）聚类方法。这种细分的创新型策略包含在时间序列数据的应用之中。时间序列 LCA 模型是一种完全不同的方法，可以作为处理截面数据集中的时间序列数据的模板。这种 LCA 法可以替代目前流行的基于数据的启发式 k 均值法。我提供了 SAS 子程序，数据挖掘人员可以用来执行与演示类似的市场细分工作。我还提供了一种将时间序列数据合并到其他截面数据集中的独特方法。

随后是第 20 章。文献通常会介绍各种可以用来进行市场细分的聚类方法，而有关如何解读细分结果的文献却寥寥无几。这一章提供了一种理解客户细分的便捷方法。我用一个常见的简单例子说明新方法，以充分展示这种方法的威力。本章提供了执行这种新方法所用的 SAS 子程序，数据挖掘人员可以将这个有价值的统计技术收入工具箱。

第 21 章是第 20 章的扩展。本章的目的是提供一种理解统计回归模型的简单方法，即普通最小二乘法和逻辑斯谛回归（LR）模型。我用一个 LR 模型演示了这种方法，展示了这种方法的威力。这种方法含有补充信息，用于弥补一直以来人们需要依靠回归系数才能理解统计回归模型的不足。我提供了 SAS 子程序，可以作为其他统计方法的一个有价值的补充。

第 23 章介绍大数据建模，接在使用 CHAID 作为归因方法的章节之后。缺失的数据会警告统计学家："除非你知道如何接纳我，否则你毫无胜算。"在大数据出现之前，用传统的基于数据的方法（完整案例分析）处理任何数据集都会出现问题。这些方法能否有效用于大数据分析令人怀疑。我提出了一个两步法，即先用完整的回应数据建模，然后用 PCA 对不完整的回应数据建模。这两个模型可以单独使用，也可以与具体任务目标结合使用。我提供了这种方法的 SAS 子程序，它会成为统计建模者的一个有用工具。

第 24 章高度融合了艺术、科学、数字和诗歌，它们都受到了埃及金字塔、达·芬奇和爱因斯坦的启发。这一章会引发你的思考。

第 27 章是对前一章的补充。营销人员使用十分位分析评估他们的回应模型相对于随机获得的回应的可预测优势。我定义了两种新指标，即回应模型十分位分析精确度和随机模型十分位精确度，可以让营销人员对回应模型的优缺点进行更深入的评估。我提供了构建这两种新指标的 SAS 子程序，这会成为市场营销统计学家的可靠工具。

第 28 章将评估回应模型的方法扩展到适当使用对照组（文献中使用诸如提升或净提升度模型这类名称），以替代第 27 章中讨论的随机模型。有关净提升度模型的文献有很多，有些相互矛盾而且容易引起混淆。我提供了另一种方法——T-C 净提升度模型，这是一个简单、直观、可靠、易于实现和理解的模型，缓解了有关这个主题的文献之间的不相容情况。我提供了 T-C 净提升度模型的 SAS 子程序，统计学家可以用于建模，而不必购买昂贵的软件。

对于统计学家来说，当踏上数据处理旅程时，第 34 章会给他们提供有价值的内容。我用散文式的轻快笔法介绍了在分析数据集时该进行哪些步骤。我提供了 12 个步骤的子程序，供有兴趣的读者练手。

第 43 章有三个目标：第一，作为一个入门指南，它易读、简明且详尽，介绍文本挖掘中碰到的问题，以及如何进行基础的文本挖掘；第二，用小文本展示了文本挖掘示例，内容很有趣；第三，提供了 SAS 子程序 TXTDM，有兴趣的读者可以用来进行文本挖掘。

第 44 章包括本书引用的部分子程序以及第 2 版删去的章节里的一些通用子程序。最后，我提供了一些我喜欢的几乎对所有分析都有帮助的子程序。

勘误表见 http://www.geniq.net/articles.html#section9。

参考资料

1. Stigler, S. M., *Statistics on the Table*, Harvard University Press, Cambridge, MA, 2002.

第 2 版前言

本书很特别。这是至今唯一一本将统计数据挖掘和机器学习数据挖掘加以区分的书。在彻底认识到统计学在处理大数据方面的不足之前，我一直是一名传统的统计学家。现在，作为一名统计改革派，我不再受过去的统计学方法的束缚，有很多自由空间可供发挥。我在本书的第一部分整理了实用的统计数据挖掘技术。作为一个替代统计回归的机器学习模型，GenIQ 模型引领了本书所有创新且有用的机器学习数据挖掘技术。

本书收集整理了一系列文章，提供了解决大数据预测性建模和分析中碰到的最常见问题的详细背景和具体方法。各章的共同主题是介绍每种方法及其在特定问题上的应用。为了帮助读者打下更坚实的基础，我花了大量篇幅讨论预测性建模和分析的基本方法。尽管这种综述以前也有人做过，但我提供了一个更详细的循序渐进的方法论，以便让这个领域的新手和专家都能从中获益。数据分析师的主要工作是预测和解释目标变量的结果，比如 RESPONSE（回应）或 PROFIT（利润）。目标变量要么是一个二值变量（例如 RESPONSE），要么是一个连续变量（例如 PROFIT）。除了一个例外，本书内容有意限制于依赖模型：目标变量通常是指方程的"左边"，而用来预测或解释的变量则在方程的"右边"。这与相关模型不区分左边和右边是不同的。我用了一整章介绍一种相关模型，该模型与一个依赖模型是有联系的。因为相关模型包含的数据分析工作是最少的，所以我想说的是，本书的出发点是实用。

所以，本书各章的组织方式如下。第 1 章介绍对我的职业生涯产生重大影响的两个因素：约翰·图基和个人计算机。个人计算机改变了统计学世界的一切。个人计算机可以轻松完成精确的计算，并且减轻统计学带来的计算负担——人们只需要提出正确的问题。不幸的是，个人计算机和统计学的结合将只具备最低程度统计学知识的通才变成了准统计学家，给了他们一种虚假的自信。

1962 年，约翰·图基在一篇影响广泛的文章" The Future of Data Analysis "[1] 里，预言了统计学的僵化会被打破。但是直到 1977 年 *Exploratory Data Analysis*[2] 出版，图基才将僵化的统计学带入一个新领域，人们称之为 EDA（源自他那本杰作的名字的首字母）。EDA 的核心就是现在的数据挖掘或统计数据挖掘（正式名称），这是一项需要大量数字、计算和图形检测的工作。

为了顺利过渡到更难懂的方法，第 2 章介绍相关系数。尽管如此，我还是要提到很多人不熟悉的一些知识，并介绍两种有用的变量评估方法。基于第 2 章介绍的平滑散点图的概念，我在第 3 章引入基于 CHAID（卡方自动交互探测）的平滑散点图。与平滑散点图相比，新方法能给出成对变量评估中未掩盖关系的更可靠描述。

在第 4 章，我展示了校直数据的简单性和可取性对于好的建模的重要性。第 5 章介绍了对有序数据进行对称处理的方法，并且将其加入第 4 章讨论的简单性和可取性范式之中。

主成分分析法是 1901 年发明的降维方法，我在第 6 章将其作为一种面向多变量评估的数据挖掘方法加以介绍。在第 7 章，我将再次提到相关系数。我将讨论基于相关系数区间的两个变量的分布效应，然后提供一个计算调整后的相关系数的程序。

第 8 章介绍逻辑斯谛回归法，这是一种常见的分类技术，而在本书里，它是研究一个案例的工具，本章给出一个为投资产品建立回应模型的案例。通过这种方式，我介绍了一系列新的数据挖掘技术。第 9 章将介绍目标变量的连续回归法。在第 8 章和第 9 章讨论统计回归优点的基础上，我再次回顾了有关变量选择方法缺点的文献，在第 10 章重新提到了一个用来指定回归模型的著名的解决方案。第 11 章重点用 CHAID 作为数据挖掘工具解释逻辑斯谛回归模型。第 12 章重新关注回归系数，并且给出了其缺点导致的常见错误解释。第 13 章拓展了这个系数的概念，引入了平均相关系数，提供了一个评估各种预测模型和预测变量重要性的量化标准。

第 14 章展示了如何通过变量提高一个模型的预测能力。这需要建立一个交互变量，即两个或多个变量的乘积。为了测试这个交互变量的显著性，我采用了 CHAID 的一种不常见的用法作为一个我认为很有说服力的案例。在第 15 章，我继续创造性地使用一些著名的技术，同时采用逻辑斯谛回归和 CHAID 解决市场细分分类建模问题。在第 16 章，CHAID 再次被用于一种不太常见的场合——作为填补缺失数据的一种方法。为了引入一个有趣的真实问题，我在第 17 章介绍了几种方法，以方便需要识别最佳客户的方法的市场营销人员使用，通过讨论形似刻画方法对预测性客户刻画方法的优点加以展示和拓展。

第 18 章讨论了营销人员如何评估一个模型的准确度，其中涉及模型评估的三个概念：传统十分位分析、精确度和可分性。第 19 章指出了十分位分析在应用中的缺点，并提供了一种称作自助法的新方法，用于测量市场营销模型的效力。

第 20 章介绍用于流行的逻辑斯谛回归模型的一种自助式验证方法的主要特征。第 21 章提供了一对图形或视图，其使用价值超过了常用的探索性分析手段。在这一章，我演示了视图迄今尚未被开发的在描述用于预测的最终模型的功能方面的潜力。

第 22 章结束本书对统计数据挖掘的介绍，并提供一种替代的数据挖掘指标，即预测贡献系数，用于对系数进行标准化处理。

在介绍了这些内容之后，我们开始学习新知识。

第 1 章介绍了机器学习数据挖掘的概念，并且将其定义为不包含 EDA/ 统计元素的个人计算机学习，而第 23 章用一个度量说法"是否要拟合模型"引入了机器学习的 GenIQ 方法及有用的数据挖掘技巧。

第 24 章介绍了用数据定义模型的机器学习范式，这个方法对于大数据特别有效。之后展示了一个遗传逻辑斯谛回归优于统计逻辑斯谛回归的有代表性的例子，与前者不同的是，后者是用数据去拟合一个预先定义的模型。第 25 章简要地介绍了一个典型的数据挖掘概念：数据重用。数据重用是在构建 GenIQ 模型时在原数据集中引入新变量。数据复用的好处是明显的：原数据集因增加了新的预测性的全 GenIQ 数据挖掘变量而得到增强。

第 26 ~ 28 章讨论解决日常统计问题的带有 GenIQ 模型数据挖掘特点的方法。在统计学里，离群值是指位于整体数据之外的某个观察值。离群值是有问题的：统计回归模型对于离群值非常敏感，形成的预测回归模型会得出有问题的预测值。处理离群值的常规方法是"确定并剔除"它们。第 26 章介绍一种调整而不是剔除离群值的替代方法。第 27 章介绍一种解决过拟合这个老问题的新方法，展示了 GenIQ 模型如何识别过拟合的结构因素（复杂性），然后指出如何从数据集中删除那些造成复杂性的数据。第 28 章再次讨论了第 4 章和第 9 章的例子（校直数据的重要性），直接给出了解决方法，因为理解这个方法的知识还没有介绍，所以没有给出更多解释。而此时背景知识已经具备，所以出于完整性考虑，这一章详细讨论了那些方法。

第 29 章介绍的 GenIQ 方法是一个与统计学完全无关的机器学习模型。而且在第 30 章，GenIQ 作为一种高效方法用于为一个模型找到最佳可能变量的子集合。由于 GenIQ 不包含任何系数——系数是预测的关键，第 31 章给出了一种计算准回归系数的方法，因而提供了一个可靠的无须假设的回归系数的替代方法。这种方法提供了评估和使用无系数模型的参考框架，让数据分析师可以自由地探索新思想，比如 GenIQ 方法。

参考资料

1. Tukey, J.W., The future of data analysis, *Annals of Mathematical Statistics*, 33, 1–67, 1962.
2. Tukey, J.W., *Exploratory Data Analysis*, Addison-Wesley, Reading, MA, 1977.

致　谢

本书和其他很多书一样，是在很多人的协助下完成的。最先要感谢的是 Hashem，他让我对完成本书充满激情。

感谢本书的编辑 David Grubbs，他鼓励我超越自我，写出了本书。还要感谢 CRC 出版公司/Taylor & Francis 集团的员工：助理编辑和项目协调员 Sherry Thomas、策划编辑 Todd Perry、文字编辑 Victoria Jones、高级项目经理 Viswanath Prasanna、校对 Shanmuga Vadivu、完成索引工作的 Celia McCoy，以及封面设计 Elise Weinger 和 Kevin Craig。

关于作者

布鲁斯·拉特纳，博士，著名的统计学家，DM STAT-1 咨询公司的总裁和创始人，该公司致力于统计建模和分析、数据挖掘、机器学习等领域。布鲁斯擅长标准统计技术，以及公认的创新型机器学习方法，例如取得了专利的 GenIQ 模型。布鲁斯致力于满足众多领域的客户要求，这些领域包括直销和数据库营销、银行、保险、金融、零售、通信、保健、医药、出版发行、电子商务、网络挖掘、B2B、风险管理，以及非营利性资金募集等。

布鲁斯具有卓越的专业知识，他是畅销书 *Statistical Modeling and Analysis for Database Marketing: Effective Techniques for Mining Big Data* 的作者。布鲁斯通过快速启动项目和及时交付项目结果为客户的营销问题提供最佳解决方案。布鲁斯为客户项目提供了最高水平的统计分析服务。他经常受邀在活动中发表演讲，比如 SAS 数据挖掘大会，以及《财富》杂志百强企业组织的闭门研讨会。

布鲁斯经常担任预测性分析领域的大会演讲人，并且担任了 10 多年的直销协会主办的高级统计学课程的讲师。他发表了超过百篇经过同行评议的统计学、机器学习程序和软件工具方面的论文，是受欢迎的教材 *The New Direct Marketing* 的合著者，并且担任 *Journal of Database Marketing and Customer Strategy* 的编委。

布鲁斯还积极投身于在线数据挖掘领域。他经常为数据挖掘领域顶级资源网站 KDnuggets Publications 供稿。他的有关统计和机器学习方法方面的文章有很高的跟帖量。布鲁斯还参与了网络社交平台 LinkedIn 和 ResearchGate，他的有关大数据统计和机器学习程序的帖子引发了无数深入的讨论。他还是 DM STAT-1 Newsletter 的作者。

布鲁斯拥有数学和统计学博士学位，专注于研究多变量统计和回应模型模拟。他的研究兴趣包括开发混合建模技术，其中结合了传统统计学和机器学习方法。他拥有一项独特的专利，用于解决遗传编程中的两组分类问题。

目　　录

第 1 章

引　　论

1.1　个人计算机与统计学

　　个人计算机（PC）已经改变了统计学，不管这一切是好还是坏。个人计算机可以轻松地进行精确计算，减少了统计学的计算负担。人们需要做的只是提供正确的信息。只需要了解最基本的统计学知识，用户就可以给出输入数据，挑选所需的统计程序，最终得到结果。所以，诸如测试、分析和根据原始数据计算汇总指标等工作，都是自动完成的。个人计算机在决策过程中使用了先进的统计方法，比如在屏幕上展示条形图和曲线图，可以将三维旋转图形进行动画处理，以及在管理演示中用到的交互营销模型等。个人计算机可以方便制作文件，包括计算一些指标，比如用营销数据库计算跨市场平均利润；还可以从统计软件里复制结果，粘贴在演示文件中。解读个人计算机给出的结果并得出结论仍需要人工介入。

　　不幸的是，个人计算机和统计学的融合将只了解基础统计学知识的通才变成了准统计学家，并让他们产生了错误的自信，因为他们现在可以给出统计结果了。比如，计算平均利润就是商业界最基本的工作。然而，只有当数据是对称分布的时候，这个平均值才是一个"有价值的数据"。而在营销数据库中，利润数据的分布通常都是不对称的，具有正的偏斜度^㊀。所以，这个利润平均值并不是一个可靠的汇总指标^㊁。无疑这些准统计学家不懂得这个道理，因而基于这个利润平均值所做的解释显然是无意义的（floccinaucinihilipilification）^㊂。

　　另一个例子是个人计算机用相关系数（这是第二个常用的汇总指标）进行统计分析时采用的"不求甚解"^㊃做法。相关系数衡量的是两个变量之间的关联程度。正确解读相关系数需要满足一个假设条件（两个变量之间的关系是线性的，即散点图是一条直线）。准统计学家几乎都不知道这个条件。同时，经验丰富的统计学家经常不检验这条假设，这也是经常使用个人计算机进行不严格的分析养成的坏习惯。

　　个人计算机史无前例的计算能力也让统计学家得以进行分析尽职调查。例如，统计分析的自然七步法将变得不太实用 [1]。只要获取的信息可以从第一步顺利走到第七步，个人计算机和这个分析程序就是一对最好的搭档。不幸的是，统计学家都是人，他们习惯在七步法里走捷径。他们忽略了这个程序，把注意力只放在第六步。稳妥的做法是执行七步法的每一

㊀　正的偏斜度即向右倾斜，指的是这个分布在右边有一个长尾。

㊁　对于具有中等偏斜度的分布，可以用模数或中位数作为一个可靠的代表性数据。

㊂　floccinaucinihilipilification（读作 FLOK-si-NO-si-NY-HIL-i-PIL-i-fi-KAY-shuhn），名词：没有用处的估算值。

㊃　"不求甚解"这个说法支持了我所说的，即个人计算机有时不适合用于统计，相反的说法是"完整准确"。

步$^\ominus$。七步法的顺序如下：

1）问题的定义——解决问题的最佳方法往往很难确定。管理目标一般是定性表述的，结果和目标变量（因变量）的选择会受到主观判断影响。在目标得到清晰表述时，往往找不到合适的因变量，所以不得不退而求其次。

2）确定方法——最先选择的方法通常是数据分析师感觉最顺手的，但不一定是解决这个问题的最好方法。

3）竞争性方法的使用——应用其他方法提高了进行完整分析的机会。

4）结果的初步对比——比较不同方法得出的结果间的差异可以增加新的方法，或者筛除备用方法。

5）精确度（尽管不充分）的比较——很难制订清晰的标准，因此精确度经常作为替代标准。

6）基于精确度（非充分标准）的优化——很难制订清晰的标准，因此精确度经常作为替代标准。

7）优化标准的对比——这是确定最佳解决方法的最后一步。

经典统计学奠基人卡尔·皮尔逊（Karl Pearson）和罗纳德·费舍尔（Ronald Fisher）爵士可能会对个人计算机的作用非常赞赏，因为个人计算机可以让他们从消耗大量时间的概念实证检验中解脱出来。皮尔逊的贡献包括回归分析、相关系数、标准差（1893年提出的概念），以及统计显著性的卡方检验（只举几例）。如果被个人计算机解放出来，他就可以用节省出的时间思考更多概念。当然很容易想到，个人计算机的强大功能也能让费舍尔的方法（比如最大似然估计、假设检验、方差分析）立即得到应用。

个人计算机让皮尔逊和费舍尔的经典统计学从象牙塔走进教室和会议室。在20世纪70年代，统计学家开始认识到，他们的方法可以发挥更大潜力。然而，他们知道一台可以指望的计算设备需要以足够高的准确度执行他们的统计分析工作，而且运算时间要合理。由于这些统计方法当时是为小型数据集开发的，通常只包含几个变量和最多几百条记录，所以数据的手工计算量很大，难以人工完成。而针对大数据（直到21世纪初才出现）使用这些统计方法几乎不可能。随着20世纪70年代中期微处理器的出现，统计学家现在已经有了计算工具——个人计算机。它可以用很短的时间以足够高的准确度进行大数据统计分析。台式机已经取代了教室和会议室里使用的电子计算器。从20世纪90年代至今，个人计算机对于统计学家的影响是几十年前无法想象的。

1.2　统计学和数据分析

早在1957年，罗伊就认为经典统计分析有可能通过更接近现实情况且更有意义的无假设、非参数方法用在其他领域[2]。脱离经典（参数）方法使用的限制条件和借助超乎现实的假设去理解这种方法的稳健性（鲁棒性）是一项艰巨任务。在实际应用中，基本假设"从一个多变量正态总体里抽取一个随机样本"是很难满足的。违反这个假设以及其他与模型有关的假设（如预测变量和因变量之间存在线性关系、误差项之间具有不变方差，以及不相关误差项）的影响很难精确确定。由于人们不了解统计方法的局限性，所以很难鼓励读者使用这

$\ominus$　七步法是图基的发明。这段说明是我写的。

些方法。

　　1962 年，在那篇著名的文章 " The Future of Data Analysis"（数据分析的未来）中，约翰·图基表达了对统计学没有发展进步的担忧 [1]。他认为人们过多关注统计的数学方法，而对数据分析关注不够。他预言在统计学界会出现打破这一僵化形式的运动。图基最先采取的革命性做法是将自己称为数据分析师，而不是统计学家。但是直到他的那本杰作 *Exploratory Data Analysis* 于 1977 年出版，图基才引领这个学科从统计推断走向一个被称作 EDA（来自他那本书的书名首字母）的新领域 [3]。图基努力推动 EDA 成为一个独立于统计学的学科——这是一个从未有过的想法。EDA 提供了一种解决问题的新的无须假设的非参数方法，这种方法由数据引导分析，并且使用了自我学习技术（比如评估反馈结果、用迭代测试以及对分析结果进行修正），以提高对结果分析的可靠性。

　　图基的说法很好地概括了 EDA 的精髓：

　　　　探索性数据分析（EDA）是探查性工作——数字化探查工作、计数探查工作或图形探查工作。…… [它] 通过检查数据，从中找出结论。这个方法的核心是简单的计算和易于制作的图形。它将我们看到的表象作为局部性描述，尝试透过表象发现新观点。[3, p. 1]

　　EDA 包含以下特征：

　　1）灵活性——用更灵活的方法分析数据。

　　2）实用性——提出分析数据的步骤。

　　3）创新性——解读结果的方法。

　　4）普适性——所有统计方法都可用于数据分析。

　　5）简化性——简单易用是黄金法则。

　　就我个人而言，当我听说图基喜欢被别人称作数据分析师时，我觉得很欣慰，因为我的很多分析都不在传统的统计学框架之内。而且，我实际上抛弃了数学方法，比如计算最大似然率。为表达我对图基的敬意，在本书里，我交叉使用了数据分析师和统计学家这两种说法，其实指的是同一个意思。

1.3　EDA 简介

　　图基的书不仅仅汇集了有创意的新规则和做法，也将 EDA 打造成一个新学科。如果数据分析师不去尝试很多事情，就会失败。它进一步支持了这样一种信念，即如果数据分析师的探查工作迫使他们注意到了意外情况，那么他们就会特别成功。换言之，EDA 的理念是态度和尽可能改进分析的灵活性以及敏锐的洞察力的三位一体，以便能够及时发现意外情况。EDA 是这样一个自我改进的理论：每位数据分析师做出自己的贡献，正如我撰写本书一样，这样就可以让这个学科从中获益。

　　EDA 的敏锐洞察力吸引了更多关注，这是 EDA 方法的一个重要特点。数据分析师应该密切观察那些能够很好地进行分析的指标，而且应该用这些指标做出数据的分析图形。除了那些随时可见的图形可以作为指标，还有大量其他指标，比如点数、百分比、平均值，以及其他经典的描述性统计值（标准差、最大 / 最小值、缺失值等）。数据分析师的个人判断和对指标的解读并非坏事，因为人们的目标是得出有意义的推断，而不是传统的统计学上的那些统计显著的推断。

　　除了可视化指标和数据指标之外，数据中还包含间接信息，促使数据分析师关注，这些信息一般会以"数据看上去像……"或者"数据表明……"等语句起首。间接信息可能是模糊的，其重要性在于帮助数据分析师从中获得非正式的线索。所以，指标没有包括任何传统的统计口径，比如可信度区间、显著性检验或标准误差。

伴随着 EDA，统计学领域出现了一股新潮流。图基和莫斯泰勒快速跟进，在 1977 年出版了第二本出色的 EDA 著作：*Data Analysis and Regression*。这本书常被称作 EDA II。EDA II 重写了数据分析和回归的经典推理过程的基础知识，将其发展成一个无须假设的非参数化方法，该方法遵循"(a) 有效数据分析的一系列理念，以及 (b) 一套有用且易掌握的方法，使得这些理念能够融合在应用之中"[4, p. vii]。

1983 年，霍格林、莫斯泰勒和图基出版了 *Understanding Robust and Exploratory Data Analysis*（《探索性数据分析》），成功推进了 EDA 的发展。该书让读者了解了经典方法在其限制性假设无法满足时的糟糕表现，并提供了其他具有稳健性的实验方法，以扩展统计分析的有效范围[5]。该书囊括了一系列处理异常数据的分析方法，这些方法有助于快速识别数据结构，以及改善结果稳定性的优化效果。

1991 年，霍格林、莫斯泰勒和图基继续在 EDA 方面结出硕果：*Fundamentals of Exploratory Analysis of Variance*[6]。他们用经典统计工具（如自由度、F 比率、p 值）更新了方差分析的基础知识。他们采用的是一些数字化和图形化的方法，可以更好地展示数据结构，比如规模效应、模式、残差的行为和相互影响。

EDA 孕育出了大量的数据可视化表达方法。1983 年，*Graphical Methods for Data Analysis*（Chambers 等著）展示了各种新旧方法——有些方法需要计算机，而其他方法只需要纸笔，但是这些方法都是强大的数据分析工具，可以借此更多地了解数据结构[7]。1986 年，都图瓦、斯泰因和斯图普出版了 *Graphical Exploratory Data Analysis*，该书用简明易懂的方式综合介绍了各个主题[8]。雅可比 1997 年撰写的 *Statistical Graphics for Visualizing Univariate and Bivariate Data* 和 1998 年出版的 *Statistical Graphics for Visualizing Multivariate Data*，使用直方图、一维和加强型散点图以及非参数平滑获得量化信息的图形结果[9, 10]。雅可比还成功地将多变量数据图形用一页纸展示了出来。

1.4　EDA 范式

EDA 代表了建模流程的一种主要的范式变化。正像一句口头禅"让你的数据成为你的向导"说的那样，EDA 提供了一个完全颠覆建模流程通用步骤的正统观念。EDA 宣称模型必须顺应数据，而不是经典方法里的相反做法。

经典方法是根据一个输出变量 Y 构建和表述一个问题。这假定真正的模型解释了变量 Y 的所有已知变化。具体而言，预测变量 X_i 的构造决定了 Y 是已知的，而且呈现在这个模型中。例如，如果年龄会影响 Y，而年龄的对数反映其与 Y 之间的真实联系，则这个对数就被纳入这个模型。一旦模型被确定下来，用这个模型分析数据，就可以得到与这个真实预测变量的系数估计值或结构相关的数字结果。所以，建模过程最终反映了对这个模型的解释。这个解释包括：说明 X_i 是一个重要的预测变量，如果 X_i 很重要，则评估 X_i 如何影响对 Y 的预测，然后根据预测重要性对 X_i 排序。

当然，数据分析师并不知道真正的模型是这样的。如果对相关问题比较熟悉，就可以设计出真正的替代模型，从而得出 Y 的准确预测值。正如鲍克斯所说："所有模型都是错的，但是其中一些是有用的。"[11] 在这种情况下，所选的模型提供了可用的 Y 的预测值。无论使用哪个模型，从我们了解 Y 变量这个假设出发，就会让统计逻辑导致在分析、获得结果和解释的过程中出现偏误。

对于 EDA 方法而言，唯一的要求是你之前接触过那个问题的内容。态度、灵活性和敏锐的洞察力是数据分析师的支柱，数据分析师分析问题，让数据来引导这个分析过程，然后得出这个模型的结构。如果模型通过了这个验证，则可以视为建模完成，得到结果和解释。如果验证失败，则数据分析师需要重新进行分析，直到得出一个合适且可行的模型，进而得出最终的结果和解释（见图 1.1）。EDA 范式不需要违反任何假设，它提供的探索性分析是无偏的，至少具备传统方法所具有的置信度。当然，所有分析都无法避免偏误，因为所有分析师都会在公式里带入他们的偏差。

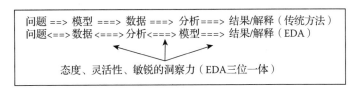

图 1.1　EDA 范式

1.5　EDA 的弱点

尽管 EDA 有很多优点，但这种方法原本就有的两个小缺点可能阻碍了它被更多人接受。其中一个是主观性，即心理学特点，另一个是容易造成误解。数据分析师知道，如果无法研究清楚具有多个可能性的情况，可能会得出有缺陷的分析结果，将自己置于数据的泥潭之中。所以，EDA 可能加深了数据分析师的不安全感，让他们觉得自己的工作永远无法完成。个人计算机可以帮助数据分析师做好分析调研工作，但没有承担改变人们对 EDA 的傲慢看法的义务。

虽然 EDA 最初是为小数据设计的，但是说它无法处理好大量数据是个误解。事实上，一些图形方法（如茎叶图），以及一些数值和计数方法（如折叠和分箱），确实可以用于处理大容量数据样本。尽管如此，EDA 方法基本不会受到数据规模的影响。采用 EDA 的方式不影响结果的有效性。一些非常有用的 EDA 技术可以用于大量数据分析，但是需要个人计算机进行高强度的大数据处理 ⊖[12]。例如，幂阶梯法、重述⊖和平滑法都是处理大量数据或大数据应用时的有用工具。

1.6　小数据和大数据

我想澄清一下小数据和大数据的主要差别。数量就像美貌一样，在数据分析师心中占有

⊖　Weiss、Indurkhya 和我用的是"大"数据的通用概念。只是，我们强调的是这个概念的不同特征。

⊖　图基在他的那本打破常规的 EDA 著作里将"重述"概念放在各种 EDA 数据挖掘工具的前列，但是他没有给出定义。我猜想他认为这个术语是一目了然的。图基在这本书的第 61 页首次提到了重述："用处最大的重述方式是怎样的？"我需要重述的定义，而且在本书中给出了一个。

一个位置。过去，小数据满足经典统计学的概念框架。小通常指的是样本量，而非变量的数量，变量通常有一大把。根据数据分析师所用的方法，小样本量一般不会少于 5，有时是在 5 ～ 20 之间，经常是在 30 ～ 50 或者 50 ～ 100 之间，100 ～ 200 之间很少见。当今的大数据需要用复杂表格的行（观察值或个体）和列（变量或特征）展示，而小数据通常只需要用几页的简单表格展示。

除了占用的空间很小，小数据还干净齐整。之所以说它们是干净的，是因为其中没有不准确或者不可能的数值（除了那些由于原始数据搜集错误造成的问题）。其中不包含统计异常值和有重要影响的数值点，或者 EDA 远点和外部点。它们处在传统统计方法所要求的随时可用状态。

对于大数据而言，有两种观点。一种观点属于经典统计学，只把大数据看作小数据的对立面。理论上，大是指样本规模较大，这种方法的渐近性会产生有效的结果。另一种观点来自现代统计学，从提升（数学计算）观察值和在变量中学习的角度看待大数据。数据的大小取决于由谁来分析数据，也就是说，如果数据分析师认为它们是大的，那就是大数据。不论数据分析师怎么做，EDA 都可以扩展数据表的行和列。

1.6.1 数据规模特征

数据规模有三个显著特征：状态、位置和总体。状态指的是数据是否已经准备好可以用于分析。如果在进行可靠分析之前，数据需要用最少的时间和成本去整理，就被称为处于良好状态。反之，如果需要大量时间和成本去整理，数据就是处于糟糕状态。小数据通常是干净的，因而处于良好状态。

大数据是当今数据化环境的产物，数据流以前所未有的速度和数量从各个方向持续生成。之所以说这些数据是"脏的"，主要因为它们来自多个来源。数据汇总流程非常耗时，因为必须考虑多个来源的数据能否合在一起。由于这个过程需要多次调整，所以不同渠道的记录之间的匹配逻辑起初会比较模糊，之后才微调到合理的水平。由此产生的数据总是由无法解释的、看似随机的、无意义的值组成，因此大数据往往处于糟糕状态。

位置指的是数据放在哪里。与整齐排列在方方正正的纸上的小数据不同，大数据存放在包含了多维表的数据库中。这些数据表之间的链接可以是分层的（根据排序或层级），也可以是顺序的（根据时间或事件）。通过整合多个数据来源，其中每个来源都包含许多行与列，可以生成更多的行与列，这清晰地体现了大数据之大。

总体指的是一群个体，它们具有同样的特征，与所研究的问题有关。小数据通常代表已知总体的一个随机样本，这个样本在短期内一般不会出现变化。这些收集起来的数据是用来回答某个问题的，通过某个解决问题的方法可以从中直接获得答案。与此相反，大数据总是一些来自未知总体的多个非随机样本，而且短时间内会发生改变。从这个意义来说，大数据本质上是"次级"的。起初收集数据的目的是明确的，而为与这个初始目的不同的其他目的收集的数据就是次级数据。大数据可以从 hydra 的营销信息中获得，用于任何事后问题，可能没有一个简单的解决方案。

有趣的是，图基从未专门谈论过大数据。但是，他确实预言过，无论从时间上还是从金额上，计算成本都会变得更便宜，这表明他知道大数据时代正在到来。显然，个人计算机确实足以应付这样的成本。

1.6.2　数据规模：个人观点

有关数据规模的讨论引发了一个问题："一个样本应该有多大？"样本规模可以从 1 万到 10 万。我从事统计建模和数据挖掘顾问已超过 15 年，而且作为一名统计学教师，我用基本统计方法作为数据挖掘工具，分析各种容易让人上当的简单交叉表，发现经验较少和受训练较少的数据分析师经常用了过多的抽样数据。我发现这些过度使用样本的分析和模型，往往包含了 20 ～ 50 个因子。尽管个人计算机可以承担如此繁重的计算工作，但提取和处理数据仓库中如此多的数据所需的额外花费和时间往往是不合理的。当然，数据分析师了解不必要的大数据造成的资源浪费的唯一方法，就是比较大数据和小数据，这是我建议的做法。

1.7　数据挖掘范式

数据挖掘这个说法是在 20 世纪 70 年代末 80 年代初由数据库营销行业提出来的。由于从数据中发现的模式和关系（结构）并无新奇之处，所以统计学家忽视了这种新技术带来的兴奋感和这方面的工作。他们听说数据挖掘已经很久了，尽管叫法不同，比如数据垂钓、打探、挖掘，以及最轻蔑的说法——倒腾数据。由于所有发现过程都需要利用数据，却得到了令人怀疑的结果，所以统计学家对数据挖掘的评价不高。

马斯洛锤子⊖的一种说法是："如果你手里有一把锤子，你就会只看到钉子。"这句格言的统计学版本是："只要寻找结构，一般都会发现结构。"所有数据都有虚假的结构，这些结构是由一些让事物聚集在一起的东西（比如机会）造成的。数据越多，得到虚假结构的机会就越大。所以，我们可以预见到数据挖掘可以制造结构，而真的结构和假的结构之间没有任何区别。

如今，统计学家只是因为 EDA 范式蕴藏在数据挖掘之中，才接受了数据挖掘方法。他们把数据挖掘看成可以发现数据中出乎意料的结构的过程，其中用到了 EDA 方法，用于探索数据，而不是利用数据（见图 1.1）。请留意这里的"出乎意料"这个说法，它指的是这个过程是探索性的，并不确定可以发现不可预料的结构。如果人们只是去寻找自己想要的结构，对于这种结构来说，就没有任何不确定性了。

统计学家了解数据挖掘本身的问题，并尝试做一些调整，把虚假结构的数量减到最少。在传统的统计分析中，统计学家已经改进了用来寻找有趣数据结构的大多数分析方法，比如调整阿尔法 /I 类误差率，或者提高自由度 [13, 14]。在数据挖掘中，统计学家无法做出这样的调整，只能在 EDA 范式内进行微调。下面讨论的步骤展示了数据挖掘 /EDA 范式。这些步骤是由一些软规则确定的。假设目标是找出一个结构，以便对未来的直邮销售活动做出好的预测。下面就是所需采取的步骤。

- 取得包含与未来直邮销售相似的邮件的数据库。
- 从数据库中抽取一个样本。样本大小可以是 1 万的整数倍，最大为 10 万。

⊖　亚伯拉罕·马斯洛（Abraham Maslow）提出的概念"人性"，为心理学领域带来了一个新鲜观点，他将其称为心理学继巴甫洛夫的"行为主义"和弗洛伊德的"心理分析"之后的"第三大力量"。人们经常提到"马斯洛锤子"，但是似乎没有多少人知道这个独特而精辟的说法的发起人是在表达一个行为准则。马斯洛的犹太双亲为了逃脱严酷的社会政治动荡环境而从俄罗斯移民到美国。他于 1908 年 4 月出生在纽约布鲁克林，1970 年 6 月因心脏病发作去世。

- 对样本做一些探索性测试。进行所需的计算，以确定有趣或值得注意的结构。
- 停止用于寻找值得注意的结构的计算。
- 计数值得注意的结构。这些结构不一定是所需的结果，也不一定是重要的发现。
- 找出指标变量，无论是可视化的还是数字的，并且找出间接信息。
- 对所有指标变量和间接信息做出反馈。
- 提出问题。每个结构是否有意义？是否有结构形成了自然的群组？这些群组是否有意义？一组里的结构是否是一致的？
- 尝试更多方法。用这个数据库中的新样本重复进行多次探索性测试，检查结果的稳定性。如果结果不一致，则可能不存在用来预测对未来直邮销售活动进行反馈的结构，因为数据可能受到随机的影响。如果结果是相似的，则评估各种结构和每个群组的可变性。
- 挑选最稳定的结构和群组，预测对未来直邮销售活动的反馈。

1.8 统计学和机器学习

塞缪尔在 1959 年提出的机器学习（ML）使得应用计算机进行研究的领域获得了无须编程就可以工作的能力 [15]。换言之，机器学习使得计算机可以从数据中直接获取知识，并学会解决问题。机器学习不久就将影响到统计学领域。

1963 年，摩根和桑奇斯特领导了一场反对经典统计学限制性假设的运动 [16]。他们发明了自动交互式检测（Automatic Interaction Detection，AID）回归树法，这种方法不再需要假设条件。AID 需要大量使用计算技术，从数据中发现或者学习多维度模式和关系，是一种不需要假设的替代回归预测和类别分析的非参数型方法。许多统计学家认为 AID 标志着用机器学习解决统计问题的时代的开端。AID 已经获得了很大改进和拓展：塞塔 AID（THAID）、多变量 AID（MAID）、卡方 AID（CHAID）以及分类回归树（CART）都是目前非常可靠和可行的数据挖掘工具。CHAID 和 CART 已经变成了最受欢迎的工具。

我把 AID 和由其扩展出来的方法视为准机器学习方法。它们都需要依靠计算机做大量计算，这是机器学习方法的共性。然而，它们不是真正的机器学习方法，因为它们都采用明确的统计标准（比如，θ、卡方以及 F 检验）。计算机可以让一个真正的机器学习方法模仿人类思考的方式。所以，我采用的说法是"准机器学习"。也许对 AID 方法和其他用计算机解决的统计问题来说，一个更合适的术语是"统计机器学习"。

与摩根和桑奇斯特的工作独立进行的是，机器学习研究者一直在开发推理过程自动化算法，这是回归分析的一种替代方法。1979 年，昆兰采用了大家熟知的概念——学习系统（learning system），这是由亨特、玛林和斯通开发的，用在最早的智能系统——ID3 上，之后升级为 C4.5 和 C5.0 [17, 18]。这些算法也被视为数据挖掘工具，只是在统计学领域的应用还不广泛。

统计学与机器学习的交界最早出现在 20 世纪 80 年代。深度学习研究者了解了统计学家面对的三类经典问题：回归（预测一个连续产出变量）、分类（预测一个分类产出变量）以及聚类（将总体分为 k 个子体，使得每组内的个体尽可能相近，而不同组的个体之间尽可能不同）。他们开始用自己的方法（算法和计算机），用一种非统计学的、不需要假设的非参数方法解决这三类问题。同时，统计学家开始利用台式计算机解决这三类经典问题，这样他们就可以将自己从刻板的参数方法中解脱出来。

机器学习行业有很多专业团队在研究数据挖掘：神经网络、支持向量机、模糊逻辑、遗传算法与编程、信息检索、知识获取、文本处理、归纳逻辑编程、专家系统和动态编程。所有领域都有同样的目标，但各自采用自己的工具和技术来完成。不幸的是，统计学界和机器学习行业没有真正的思想交流，也没有相互学习各自的最佳方法。他们制造了毫无差异的差别。

1.9　统计数据挖掘

根据 EDA 的实质精神，数据分析师有义务尝试新的东西和重新尝试旧的东西。通过进行繁重的大数据处理，他们不仅能够从计算机的计算能力中获益，而且借助机器学习能力可以发现大数据中蕴藏的结构。在尝试一些旧方法时，统计学仍有可为之处。所以，当今的数据挖掘涉及三个概念范畴：

1）适当强调 EDA 的统计学：这包括采用传统的统计学中的描述性和非推论指标，这部分包括平方和、自由度、F 比率、卡方值和 p 值，但是不包括推导的结论。

2）大数据：鉴于当今的数据环境，大数据被给予了特别关注。然而，由于小数据是大数据的一部分，因此没有被排除在外。

3）机器学习：计算机是学习机器，是基本的处理单元，具有无须编程就能学习的能力，而且具有发现数据中结构的智能。不仅如此，大数据之所以需要计算机，是因为它总能按照编写好的程序工作。

这三个概念定义了数据挖掘助记公式，数据挖掘 = 统计学 + 大数据 + 机器学习与提升。所以，数据挖掘就是处理大数据及小数据的统计方法和 EDA，在计算机的帮助下，可以提升数据并了解数据中的结构。这个流程可以很好地处理大数据和小数据。

从 EDA 的角度看，仔细分析上面这个公式是明智的。提升和学习需要数据表的两个不同方面。前者聚焦数据表的行，使用的是计算机每秒处理数百万条指令（MIPS）的能力，程序代码执行时可以达到这样的速度。计算输入的 100 万个数据的平均值就是计算机提升数据的一个例子。后者聚焦数据表的列，计算机无须编程就可以找出数据表列中蕴藏的结构。它对计算机的要求要比前者更高，就像读书总是需要比移动书需要更多努力一样。计算机学习的一个例子是识别结构，比如 $a^2 + b^2$ 的平方根。

当有指标表明总体是非同质的（即存在子体或聚类）时，计算机需要学习数据表行以及行与行之间的关系，以识别行结构。所以，有时（比如边学习数据表列边提升和学习数据表行）计算机的工作量会更繁重，但是可以得到非常好的结果。

基于前面的说明，统计数据挖掘是计算机提升的 EDA/ 统计学方法。在本书后面几章，我们将详细介绍机器学习数据挖掘，将其定义为不需要 EDA/ 统计学的计算机学习。

参考资料

1. Tukey, J.W., The future of data analysis, *Annals of Mathematical Statistics*, 33, 1–67, 1962.
2. Roy, S.N., *Some Aspects of Multivariate Analysis*, Wiley, New York, 1957.
3. Tukey, J.W., *Exploratory Data Analysis*, Addison-Wesley, Reading, MA, 1977.
4. Mosteller, F., and Tukey, J.W., *Data Analysis and Regression*, Addison-Wesley, Reading, MA, 1977.

5. Hoaglin, D.C., Mosteller, F., and Tukey, J.W., *Understanding Robust and Exploratory Data Analysis*, Wiley, New York, 1983.

6. Hoaglin, D.C., Mosteller, F., and Tukey, J.W., *Fundamentals of Exploratory Analysis of Variance*, Wiley, New York, 1991.

7. Chambers, M.J., Cleveland, W.S., Kleiner, B., and Tukey, P.A., *Graphical Methods for Data Analysis*, Wadsworth & Brooks/Cole, Pacific Grove, CA, 1983.

8. du Toit, S.H.C., Steyn, A.G.W., and Stumpf, R.H., *Graphical Exploratory Data Analysis*, Springer-Verlag, New York, 1986.

9. Jacoby, W.G., *Statistical Graphics for Visualizing Univariate and Bivariate Data*, Sage, Thousand Oaks, CA, 1997.

10. Jacoby, W.G., *Statistical Graphics for Visualizing Multivariate Data*, Sage, Thousand Oaks, CA, 1998.

11. Box, G.E.P., Science and statistics, *Journal of the American Statistical Association*, 71, 791–799, 1976.

12. Weiss, S.M., and Indurkhya, N., *Predictive Data Mining*, Morgan Kaufman, San Francisco, CA, 1998.

13. Dun, O.J., Multiple comparison among means, *Journal of the American Statistical Association*, 54, 52–64, 1961.

14. Ye, J., On measuring and correcting the effects of data mining and model selection, *Journal of the American Statistical Association*, 93, 120–131, 1998.

15. Samuel, A., Some studies in machine learning using the game of checkers, in Feigenbaum, E., and Feldman, J., Eds., *Computers and Thought*, McGraw-Hill, New York, 14–36, 1963.

16. Morgan, J.N., and Sonquist, J.A., Problems in the analysis of survey data, and a proposal, *Journal of the American Statistical Association*, 58, 415–435, 1963.

17. Hunt, E., Marin, J., and Stone, P., *Experiments in Induction*, Academic Press, New York, 1966.

18. Quinlan, J.R., Discovering rules by induction from large collections of examples, In Mite, D., Ed., *Expert Systems in the Micro Electronic Age*, Edinburgh University Press, Edinburgh, UK, 143–159, 1979.

第 2 章

数据处理相关学科：统计学和数据科学

2.1 引言

近年来，数据科学和数据科学家可以说被捧上了天。

有人说这种情况反映了统计学和统计学界的巨大变化。本章讨论近年来出现的数据科学这个说法是意味着统计学是一个更大领域的一部分，还是对统计学当前状况的一种模模糊糊的掩饰。此外，还探讨了数据科学家是否是超级统计专家，其新称谓意味着他们拥有比统计专家更多的技能，或者数据科学家只是一个说法，用一个虚假而不具有准确含义的说法为这个行业重新设定形象。

2.2 背景

statistik（统计学的德文写法）可能是由德国政治科学家戈特弗里德·阿什瓦尔（Gottfried Achenwall）于 1749 提出和推广的 [1]。直到 1770 年，statistik 的含义一直是"处理来自国家或社会的数据的科学" [2]。权威看法是，阿什瓦尔的这个说法等同于早期的统计学。

我倾向于认为阿什瓦尔发明了数据科学这个原始叫法。当我把科学看作一个需要理论和方法知识的有特定内容的分支时，阿什瓦尔所说的数据科学，实际上就是统计学的某个分支的定义。就阿什瓦尔的说法而言，我把数据科学/统计学定义为以下活动：

1）收集数据。

2）在问题范围内分析数据。

3）用图形解释发现。

4）得出结论。

根据今天流行的数据科学，18 世纪 70 年代的定义是非常特殊的。为了将这个重要概念更新，我结合了互联网的影响。

互联网上的大数据不仅包括数字，还包括文字、声音、图像等。大数据需要计算机，而大数据也助推了高性能统计程序的诞生和发展。所以，我提出一个数据科学/统计学新定义，它包括以下 4 步骤：

1）收集数据——过去是小数据，现在是大数据——包括数字（传统结构的）、文字（非结构化的），空间的、语音的、图像的等。

2）对推理和建模进行分析，并减少问题中的不确定性：大数据相关的工作用到了需要大量计算机的统计计算。

3）用图形和可视化方法解释结果（例如观点、模式），在一个二维平面上持续改善 k 维结果。

4）得出结论。

本章要讲的是，新出现的数据科学和现代统计学是一回事。相应地，我会从数据收集——从近代 18 世纪 70 年代的数据科学 / 统计学到两个世纪后今天的数据科学定义——早期的文字、事件和重要人物入手，做一个详细的对比。

至于我这样做的原因，答案可能会和阿什瓦尔的数据科学有同样久远的历史。对比就是在"A 和 B"之间做匹配，以确定两个中哪一个更好。如果不考虑社会环境，对比可能意味着比如毒品制造商获得货币收益，缓解病痛，或者拯救生命。如果考虑社会环境，比如在当前情况下，对比聚焦于个体获得准确的自我评估的动机 [3]。 我想知道数据科学家这个说法是否意味着他们比我掌握了更多的技能，再就是一个无关紧要的想法，是否我在尝试用一个虚假的缺乏确切含义的流行语来重新包装自己。

基于这些想法，我研读了文献，查找了有关数据科学的重要内容（比如引用、参考文献、评述、致谢、贡献和各种说法），筛除了其中缺乏证明的内容。例如，我剔除了一些以数据科学为题的会议论文，这些文章的摘要里甚至很少提到这个术语，或者出现了错误表述。这类文章反映了一种借助最新热词提高研讨会关注度的市场行为。颇具讽刺意味的是，这些热点标题并没有产生多大影响力，因为它们在不断重复之后变成了废话。

在我介绍这些文献内容之前，简要考虑了一下当前的流行潮流，以及它们是如何兴起的。一个流行说法是"看似非理性的模仿行为" [4]，这是在了解了一个人、一个地方或一件事，以及一个观点、概念、思想或建议之后的自发行动。流行的出现和消失都非常快。至于是谁点燃了这把火，有时候是可以知道的。比如，20 世纪 60 年代，摇滚乐团披头士就是火种，引发了披头发型的流行。20 世纪 80 年代的卷心菜布娃娃是历史上最流行的玩具之一，没有人知道它是如何流行的。有时候小火星"没有明显的外部刺激" [4]。相反，潮流是具有持久力的流行。无论是流行还是潮流，都存在一个问题：谁发动了它，谁推广了它？

这一章的目标是超越阿什瓦尔在 20 世纪 70 年代的数据科学探索，抵达我接受的这个意外的说法，即我在数据科学 / 统计学现代定义中提出的四步流程，以及现在流行的 2016 年数据科学的术语。具体地讲，我想确定数据科学和统计学是不是一回事。在这个过程中，我要找到发起和推广它的人是谁。

2.3 统计学与数据科学的比较

作为一名接受了良好学术训练和具有丰富实践经验的统计学家，我采用统计学的视角——现代阿什瓦尔数据科学的说法四步流程——讨论我找出的那些数据科学的相关文献。这个四步流程是评估数据科学中的某个说法是在描述一个类似于统计学的领域，还是将统计学扩展到了新创建的数据科学领域的试金石。我会根据这个检验标准对特定说法进行批判性评估，但是不进行事无巨细的文献对比。由于引用、评述、现象和致谢是非结构性的，所以无法进行文字比较。

查找这些内容的工作非常烦琐，而且谷歌检索的效力非常低。出乎意料的是，谷歌搜索"数据科学"的第一页就刊登了四则关于数据科学家培训和那些寻求数据科学工作的广告：

（1）IBM 数据科学峰会，（2）Indeed.com 的数据科学相关职位，（3）数据科学——12 周，以及（4）数据科学——在 Hired.com 上找工作。我查看了"培训"链接，想要获取数据科学的定义或解释。我发现手头没有适合这项研究的东西。

有意思的是，在一个子页里，我发现了一个数据科学课程的微软链接，其内容包括数据排序、R 语言和 Python 介绍、机器学习，以及更多有关编程的内容——基本都是面向信息科技（IT）专业人士的。其余几个页面包含了更多数据科学培训和 IT 内容的链接。总之，我的谷歌搜索不是那么富有成果。谷歌为数据科学培训和数据科学记叙（而非定义）博客制作了不成比例的广告，这些都是令人生厌的语无伦次的陈述。

我从一个有用的参考资料收集整理的内容，它来自网站 Kaggle，由此引出其他相关内容。最后得到的内容并不是很多，我在检索不到更新的内容、事实和知识时，就停止了检索。（在后面会提到这个检索终止规则。）我把这些内容按照时间先后排序，通过文字对比分析判断数据科学是否等同或者非常接近统计学。对比结果见下节。

统计学与数据科学

1960 年，彼得·诺尔（Peter Naur）⊖用"数据科学"作为计算机科学的替代叫法，因为他不喜欢后面这个说法。诺尔建议将"计算机科学"改名为"数据学"或者"数据科学"。

这一条很有趣，但是与我们的话题关系不大。不过，这个说法与统计学的差距不大，因为当今统计学需要大量的计算工作。诺尔的数据科学叫法可能是来自统计学的启发。我们不讨论他的这个说法的背景。

1）在 1971 年国际信息处理联盟（IFIP）有关数据处理的指南[5]上，找到了两条有关数据科学的简要说明。

a. 数据科学是处理数据的科学，在这门学科形成之后，其所讨论的数据和数据关系则被委托给了其他学科领域。

b. 数据科学的一个基本原理是：必须根据要实现的转换和可用的数据处理工具来选择数据表示形式。这强调了关注数据处理工具特性的重要性。

对于以上两种关于数据科学的说法，我有两个看法。奇怪的是，第一点可以追溯到 Achenwall 之前说过的同样一句话"处理数据的科学"。尽管如此，这句话的后半部分却认为统计学家应该将数据委托给其他学科。统计学家并不是这样做的。所以，第一点不符合处理数据的人们所理解的统计学概念，也不符合现代统计学所说的四步流程。第二点只强调了计算能力，这只是统计学四步流程的一部分，而不是其精髓。所以，基于这两点，我认为数据科学与统计学并不相同。

判断 I：IFIP 数据处理指南表明数据科学不等同于统计学。

数据科学与统计学的相似度：0/1

2）1997 年，统计学家吴建福以"统计学 = 数据科学？"为题做了一个讲座。如果吴教授的讲座题目提出了一个零假设（H_0），那么我们的问题是：吴教授的讲座提供驳倒这个零假设的证据了吗？如果没有充分的反驳证据，则人们可能得出"统计学 = 数据科学"为真的结论。换言之，数据科学等同于统计学。在他的讲座上，吴教授将统计工作归结为数据收集、数据建模和分析以及决策工作的三位一体。他呼吁统计学界采用"数据科学"这个

⊖　彼得·诺尔（1928—2016）是丹麦计算机科学先驱，图灵奖得主。

叫法，倡议用数据科学替代统计学，改称统计学家为数据科学家（http://www2.isye.gatech.edu/~jeffwu/presentations/datascience.pdf）。

吴教授的统计学"三位一体"观点非常接近四步流程法。（他未能提供驳倒零假设 H_0：统计学 = 数据科学的证据。）所以说，吴教授的观点支持数据科学等同于统计学这个说法。显然，作为一名统计学家，他选择这个题目做讲座，表明他是站在统计学界前沿的。就吴教授对这个流行叫法的关注而言，对于他主张重新命名统计学和统计学家，我很困惑。

判断 II：吴教授 1997 年的讲座"统计学 = 数据科学吗？"认为数据科学等同于统计学。

数据科学与统计学的相似度：1/2

3）2001 年，理论统计学家威廉·S. 克利夫兰提出数据科学是一个独立学科，将统计学领域扩展到包括"数据计算的进展"[6]。

克利夫兰所说的数据科学就是统计学。他认为大数据需要算力方面的提升，表明他承认统计学，特别是其功能部分——四步流程的第 2 步。

判断 III：克利夫兰的说法显然是认为数据科学等同于统计学。

数据科学与统计学的相似度：2/3

4）2003 年，哥伦比亚大学开始出版 *The Journal of Data Science*（http:// www.jstage.jst.go.jp/browse/dsj/_vols），为数据工作者提供了一个发表观点和交流思想的平台。该杂志主要致力于统计学方法的应用和量化研究。

这表明哥伦比亚大学的这份杂志是数据工作者的一个平台，提供了很好的表面效度，说明数据科学与统计学有关联，两者之间不存在差别。如果这份新杂志的目的是划分数据科学和统计学，哥伦比亚大学应该重新审视该杂志的使命声明，因为这一引文并不表明数据科学与统计学相似。

判断 IV：哥伦比亚大学的 *The Journal of Data Science* 无疑表明数据科学与统计学没有相似之处。

数据科学与统计学的相似度：2/4

5）2005 年，美国科学委员会给出定义："数据科学家是信息和计算机科学家、与数据库和软件相关的工程师和程序员、学科专家、馆长和专家注释员、图书管理员、档案管理员，以及其他对成功管理数字数据收集至关重要的人。"[7]

这个定义包含了各领域的专家，从计算机科学家、程序员到图书管理员等，唯独没有提到统计学家。不仅如此，这个定义也没有提到四步法流程。

判断 V：由美国科学委员会对数据科学的定义，可以看到数据科学家的范围十分广泛，数据科学与统计学不相似。

数据科学与统计学的相似度：2/5

6）2007 年，复旦大学建立数据学与数据科学研究中心。2009 年，该中心的两名研究人员朱扬勇和熊赟作为计算机科学家发表了"Introduction to Dataology and Data Science"，提出"数据学和数据科学从网络空间提取数据作为研究对象。这是一个新领域"[8]。

尽管做出了明显限制，但这条引文将数据学和数据科学两个孪生学科区分开，却没有提出相应的定义和理由。奇怪的是，该引文将数据视为这两个学科在网络空间的关注点，即便认为统计学与其中任何一个学科有关联，统计学也不是网络空间中的重要角色。

判断 VI：两位学者描画了网络空间的数据科学，而那里并没有统计学的身影。他们所说的数据科学和统计学没有相似点。

数据科学与统计学的相似度：2/6

7）2008年，联合信息系统委员会（JISC）出版了一项研究的结题报告，该项研究旨在"检讨并对数据科学家的角色和职业发展，以及向研究界提供数据管理技能建议"。报告定义"数据科学家是工作在数据中心的研究人员，其工作是与数据的创造者密切合作，而且可能参与创新性的数据查询和分析工作，以便其他人得以使用数字化数据，并从事数据库技术研发"（http://www.dcc.ac.uk/news/jisc-funding-opportunity-itt-skills-role-and-career-structure-datascientists-and-curators）。

JISC的这个定义所指的数据科学家，至少部分参与了数据创建工作，其工作可能包括"创新性的分析"，但没有提到统计学，也没有提到四步法流程。

判断VII：JISC的数据科学定义没有提到统计学的任何明确特征，与统计学没有相似性。

数据科学与统计学的相似度：2/7

8）2009年，迈克尔·蒂斯科尔在"The Three Sexy Skills of Data Geeks"里写道："……在我们所处的这个数据时代里，那些会建模、处理数据，并进行可视化数据沟通的人——称我们为统计学家或数据极客——这是一个大热的圈子"[9]。2010年，他又写了"The Seven Secrets of Successful Data Scientists"（http://medriscoll.com/post/4740326157/the-seven-secrets-of-successful-data-scientists）。

蒂斯科尔拥有生物信息学博士学位，这个学科的课程与统计学有大量重叠。所以他差不多算是一名统计学家。蒂斯科尔在定义那些建模、处理数据和做数据可视化的人时，交换使用了统计学家、数据科学家和数据极客这三种说法。蒂斯科尔接受的博士教育让他将数据科学和统计学理解为同一个知识分支。

判断VIII：蒂斯科尔使用的三种叫法清晰表明数据科学等同于统计学。

数据科学与统计学的相似度：3/8

9）2009年，谷歌首席经济学家哈尔·瓦里安（拥有经济学博士学位，该专业的课程也主要与统计学重叠）在接受《麦肯锡季刊》采访时说："我一直都说，未来10年最有吸引力的工作就是统计学家。人们以为我在开玩笑，但是有谁在20年前说过计算机工程师会成为最紧俏的职业呢？取得数据的能力——能够理解数据，处理数据，从中提取有价值的东西，对其进行可视化处理并用于沟通——这将会成为未来10年非常重要的技能。"（http://www.conversion-rate-experts.com/the-datarati/）。

瓦里安的说法表明他很了解数据科学需要统计学家和统计学。我从他的讲话里推断出，他在提到最有吸引力的统计工作时，会交换使用数据科学和统计学这两种叫法。

判断IX：瓦里安同时使用数据科学和统计学，表明他所指的数据科学是和统计学一样的。

数据科学与统计学的相似度：4/9

10）2009年，内森在文章"Rise of the Data Scientist"中写道："正如我们都看过1月份那篇采访谷歌首席经济学家哈尔·瓦里安的文章，里面提到下个10年最吸引人的工作就是统计学家。我完全同意这个说法。而且我的看法还要更近一步，这个工作现在就已经非常有吸引力。"（https://flowingdata.com/2009/06/04/rise-of-the-data-scientist/）。

内森互换使用数据科学和统计学两个叫法，明显表明他认为统计学家和数据科学家是一回事。

判断X：内森认为数据科学就是统计学。

数据科学与统计学的相似度：5/10

11）2010 年，精通数据和数字产品的肯尼斯·库克耶在《经济学人》上发表了一篇专题报告，其中提到"无处不在的数据，""……一种新职业出现了，这就是数据科学家，他们同时具备软件程序员、统计学家和小说家 / 艺术家的技能，能从堆积如山的数据里找到金块。"（http://www.economist.com/node/15557443）。

库克耶的说法基本上表明数据科学家是统计学家，并不支持他所说的数据科学家是一个新职业。他还将编程作为预设条件，并且提到了艺术和文学。我不太赞同他说的数据科学家的"首要"任务是寻找重要信息。

库克耶的说法让我对他的学术背景产生了兴趣，但是我在他的网站上没有找到一丁点有关他的教育背景的信息。我不知道他是否接受过统计学训练。不过，基于他出版了大量数据方面的出版物，我认为他可能是一名统计编年史专家。

判断 XI：撇开那些华而不实的说法不谈，库克耶所说的数据科学就是统计学。

数据科学与统计学的相似度：6/11

12）2010 年，麦克·路凯茨写了 "What Is Data Science？"（https://www.oreilly.com/ideas/what-is-data-science）："数据科学家融合了创业精神和耐心，打造数字产品的愿望，探索能力，以及找到解决方法的能力。他们天生是跨学科的。他们可以解决问题的各个方面，从最初的数据收集和数据调整到得出结论。他们可以跳出框框思考，想出新的方法来看待问题，或者处理定义非常广泛的问题：'这里有大量数据，看看你能从中得到什么？'"他不是统计学家，但是在读电子工程专业时接受过一些定量分析训练。

路凯茨冗长的引文令人失望，尽管他有定量知识，但肯定不是统计学。他以数据科学的伟大推销员自居。我把他的数据科学定义看作是用词串起来的他所理解的数据科学的一个大杂烩。他给我的印象是没有说服力。O'Reilly Media 的内容策划副总裁 Mike Loukides 编辑过多本技术类书籍。"最近一段时间，他一直沉溺于数据和数据分析……"（http://radar.oreilly.com/mikel）像路凯茨这类人并不喜欢谈论数据科学。

判断 XII：路凯茨所说的数据科学与统计学相似。

数据科学与统计学的相似度：6/12

13）2013 年，《福布斯》发表了吉尔·普莱斯的文章 "Data Science：What's the Half-life of a Buzzword？"[10]。普莱斯的文章汇集了对数据分析领域的学者和从事商业分析报道的记者们的一些访谈，指出尽管"数据科学"已经在商业领域大量使用，"人们或多或少达成了共识，认为人们缺乏在数据科学上的共识。"吉尔·普莱斯不是统计学家，但是拥有金融学和市场营销方面的学术背景，他认为数据科学是一个没有清晰定义的热词，只是从字面上替代了研究生学位课程里的"商业分析"。

普莱斯可能知道商业分析是什么，但是完全不了解统计学，也不了解统计学和数据科学的区别。

判断 XIII：普莱斯所说的热门的数据科学和统计学不相似。

数据科学与统计学的相似度：6/13

14）2013 年，纽约大学（NYU）启动一项花费数百万美元的项目，建设美国领先的数据科学中心（CDS）的培训与研究设施。NYU 宣称"数据科学重合了纽约大学一直实力很强的学科，如数学、统计学和计算机科学""通过综合统计学、计算机科学、应用数学和可视化，数据科学能够将数字时代的海量数据转变成新知识和新思想"（http://datascience.nyu.

edu/what-is-data-science/）。

NYU 定义的数据科学范围很宽，但用语精准。CDS 的数据科学定义包含了四步法的元素：核心统计方法，将计算机科学作为统计计算的基石，以及可视化。应用数学也包括在内，作为这个流程的一个假设的第五步的替代——必要的数理统计学理论，这是统计学自身发展的基础。CDS 的愿景强调了数据科学的目标是将数据转化为知识。

判断 XIV：CDS 所说的数据科学等同于统计学。

数据科学与统计学的相似度：7/14

15）2013 年，在美国统计学会主旨演讲的问答环节，知名应用统计学家奈特·希尔福说："我认为数据科学家是一个比统计学家更有吸引力的叫法。统计学是科学的一个分支。数据科学家略显夸大，人们不应该排斥统计学家这个称呼。" [11]

希尔福对数据科学的看法明显反映了很多统计学家的观点，尽管他认为这个词贬低了统计学家。

判断 XIV：希尔福的说法明显支持数据科学等同于统计学的看法。

数据科学与统计学的相似度：8/15

16）2015 年，《国际数据科学与分析学》杂志（IJDSA）由 Springer 出版社出版，用于发表数据科学和大数据分析方面的原创文章。该杂志的使命声明是：IJDSA 是数据科学和大数据分析领域的首家学术期刊。目标是刊登数据和分析理论、技术和应用方面的原创、基础和研究成果，促进新科技方法在数据应用方面形成战略价值。该杂志提供的用于辨识的关键字包括：人工智能、生物信息学、商业信息系统、数据库管理，以及信息检索（http://www.springer.com/computer/database+management+%26+information+retrieval/journal/41060）

IJDSA 的主要特点是它是首家数据科学和大数据的专业期刊。然而，IJDSA 的使命表述和关键词并没有出现四步法的任何知识点，没有提到统计学。

判断 XVI：IJDSA 定义的数据科学与统计学不相似。

数据科学与统计学的相似度：8/16

17）2016 年，Kaggle 网站的口号为"全球最大的数据科学家社区，致力于解决最有价值的问题"，数据科学被定义为"致力于分析和处理数据，以得出结论和打造数字产品的新领域，综合了包括计算机科学、数学和艺术等方面的技能"（Kaggle.com）。

Kaggle 的定义没有清晰指出统计学，尽管提到了通过分析数据获得结论，这只是修辞上的说法。

判断 XVII：Kaggle 所说的数据科学与统计学不相似。

数据科学与统计学的相似度：8/17

18）2016 年，KDnuggets（KDN）网站宣称自己是"数据挖掘、分析，大数据和数据科学的官方资源"，将数据科学定义为"从大量非结构化数据中提取知识，这是数据挖掘和预测分析领域的延续，也称为知识发现和数据挖掘"（KDnuggets.com）。

KDN 的定义把数据科学限制在非结构化的大数据范畴，这是数据挖掘和预测分析的一部分。这是个狭义的定义，遗漏了四步法和统计学的精华。

判断 XVIII：KDN 定义的数据科学与统计学不相似。

数据科学与统计学的相似度：8/18

19）2016 年，在加州大学伯克利分校网站上，在"新出现的领域"栏目下有一个链接——"数据科学是什么？"，它给出的数据科学的定义是："在企业、公共机构和非营利组织中，对精通数据的专业人士的需求日益增长。能够有效处理大规模数据的专业人员数量有限，数据工程师、数据科学家、统计学家和数据分析师的工资迅速上涨反映了这一点。"（https：//datascience.berkeley.edu/about/what-is-data-science/27）

伯克利的这个定义表明其不了解数据科学的一些基本特征。而且伯克利的定义还同时包括了数据科学家和统计学家，说明他们认为这两者是不同的。

判断 XIX：加州大学伯克利分校的定义表明数据科学不同于统计学。

数据科学与统计学的相似度：8/19（= 42.11%）

2.4 讨论：统计学与数据科学的不同之处

我通过经典的显著性检验，来评估我的假设的正确性：

H_0：数据科学和统计学是等同的（$p = p_0$）

H_1：数据科学和统计学不一样（$p \neq p_0$）

我用单样本检验对这个小样本的比例进行测试[⊖]。在这个零假设下，$p_0 = 50\%$，计算 p 值的公式是 2* PROBBNML（0.50，19，8）。

p 值是 0.6476，比 α 值（α = 0.05）大。所以这个零假设没有被否定，得出的结论是数据科学等同于统计学。

对统计检验方法的这种使用不能提供有说服力的信息，所以我对 42.11% 这个数值做了一些数据挖掘工作。隐藏在这个数值背后的是：

1）六位统计学家和他们的学术继承人认为数据科学就是统计学，他们是吴建福、威廉·S.克利夫兰、迈克尔·德里斯科尔、哈尔·瓦里安、内森和奈特·希尔福。

2）一位统计编年史专家认为数据科学是统计学，他是肯尼斯·库克耶。

3）一家学术机构认为数据科学是统计学，即纽约大学 CDS 中心。

4）其他 11 项引文认为数据科学不是统计学，其中包括：

  a. 7 个商业机构和个人——IFIP、美国科学委员会、麦克·路凯茨、吉尔·普莱斯、IJDSA、Kaggle 和 KDN。

  b. 4 家学术机构——哥伦比亚大学、数据学与数据科学研究中心、JISC 和加州大学伯克利分校（UC Berkeley）。

我现在澄清一下之前说过的对收集信息的停止检索规则：当检索不到有关这项研究的有用信息时停止。我观察到统计学家和一位统计编年史专家指出了统计学和数据科学是相同的。其他引文给出了数据科学的各种含义，认为它们是不同的学科。继续收集其他信息，我无法得出一个完全不同的答案。

分析：统计学和数据科学有区别吗

所有统计学家都同意数据科学就是统计学，这并不令人感到惊讶。

统计学家是统计学界的核心人群，肯定知道在他们这个领域内外发生了什么变化。尽管无法解释为何会出现这个趋势，但希尔福的说法——数据科学是统计学的一个性感标签——可能是统计学伪装的答案。除了他对用数据科学提高统计学家的地位之外，我没有发现这个

⊖ 这项检验用于样本量小的情况。此时应用大样本检验的那些方法得出的 p 值和真实 p 值相差太大。

说法来自何处。

对于培训统计学家的学术机构来说，他们的说法是认为数据科学等同于统计学。尽管如此，五家里有四家学术机构宣称数据科学与统计学不同。纽约大学 CDS 中心是这个学术圈子的异类。我只能得出结论：那四家高等教育机构采纳了令人不齿的营销套路，通过炒作希尔福的说法来引起关注，以提高注册率和收入。

这项检索工作的最大发现是：所有 11 个表明统计学和数据科学不相似的引文都有一个共同点：空洞无物。总体上讲，这 11 条引文是对数据科学的描述（不是定义），是相互矛盾的观点的大杂烩。这个发现表明，网络上的大数据引发的变化造成了基本统计学的变化的不确定状态。应该有一个新术语反映这种变化。我认为这些变化要么不够明显，要么是"他们眼中的时代还没有发生改变"。

2.5　本章小结

统计学家的思维方法是相似的，他们知道你是谁。如果被称作数据科学家，他们将停下脚步而不再继续前进。所有其他人都认为，与大数据相关的变化需要重新定义统计学和统计学家，而他们甚至还没有提出一个有效的定义，把数据科学、数据科学家与统计学、统计学家区分开来。

我很想知道约翰·图基——这位发明了单词字节（压缩二值字符）的有影响力的统计学家，探索性数据分析（EDA）之父，统计学的伟大贡献者，把自己称作数据分析师的人，是如何看待数据科学家和数据科学这种说法的。

2.6　结语

"给统计学换个名字会更美妙"
这只是对手的名字；
你就是你自己，尽管不叫蒙塔古。
蒙塔古是什么？不是行，不是列，
不是表格，也和统计学没有任何关系。
哦，还是换个别的名字吧！
数据科学。这个名字代表什么呢？
我们用它称呼统计学，任何其他名字都比这个好。

（作者自撰小诗一首）

参考资料

1. Vorbereitung zur Staatswissenschaft. The political constitution of the present principal European countries and peoples.
2. *The Columbia Electronic Encyclopedia*, 6th ed., Columbia University Press, NY, 2012.
3. Gruder, C.L., Determinants of social comparison choices, *Journal of Experimental Social Psychology*, 7(5), 473–489, 1971.

4. Bikhchandani, S., Hirshleifer, D., and Welch, I., A theory of fads, fashion, custom, and cultural change as informational cascade, *Journal of Political Economy*, 100, 992–1026, 1992.

5. Gould, I. H., (ed.), *IFIP Guide to Concepts and Terms in Data Processing*, North-Holland Publ. Co., Amsterdam, 1971.

6. Cleveland, W. S., Data science: An action plan for expanding the technical areas of the field of statistics, *International Statistical Review/Revue Internationale de Statistique*, 21–26, 2001.

7. *Long-Lived Digital Data Collections Enabling Research and Education in the 21st Century*, National Science Board, 2005, p. 19. http://www.nsf.gov/pubs/2005/nsb0540/nsb0540.pdf.

8. Zhu, Y. Y., and Xiong, Y., *Dataology and Data Science*, Fudan University Press, 2009.

9. Akerkar, R., and Sajja, P.S., *Intelligent Techniques for Data Science*, Springer, Switzerland, 2016. http://medriscoll.com/post/4740157098/the-three-sexy-skills-of-data-geeks.

10. Press, G., Data science: What's the half-life of a buzzword? Forbes Magazine, 2013.

11. Silver, N., *What I Need from Statisticians*, Statistics Views, 2013.

第 3 章

变量评估的两种基本数据挖掘方法

3.1 引言

  评估一个预测变量和一个因变量之间的关系，是建模过程中的一项基本任务。如果识别出的关系是可追溯的，那么，预测变量就反映了之前未发现的关系，并且可以用模型加以检验。相关系数是关键的统计量，尽管在变量评估方法中，它总是被误用。相关系数的线性假设在其使用范围未知的情况下，一般是不可检验的。本章的目标有两个：首先，展示平滑散点图是一种容易使用和有效的数据挖掘方法；其次，评估两个变量关系的一般关联非参数检验。前者的目的是让数据分析师能够大胆检验线性假设，确保相关系数的正确使用。后者的目的是提供一种行之有效的数据挖掘方法，用于评估平滑散点图的指示信息。

  本章先快速回顾相关系数，其中包括检验线性假设重要性的说明，并介绍平滑散点图的做法，这是一个检验线性假设的建议方法。然后，介绍一般关联性检验，作为评估两个变量之间一般关联性的数据挖掘方法。

3.2 相关系数

  相关系数记作 r，是测量两个变量之间的直线度或线性关系的量值。相关系数的取值范围是 −1 到 +1。下面这些要点用于解释相关系数：

  1）0 表示不存在线性关系。

  2）+1 表示完美的正线性关系：一个变量的值增加时，另一个变量的值按照一个准确的线性法则同时增加。

  3）−1 表示完美的负线性关系：一个变量的值增加时，另一个变量的值按照一个准确的线性法则减少。

  4）取值在 0 ～ 0.3（−0.3 ～ 0）之间表示存在微弱的正（负）线性关系。

  5）取值在 0.3 ～ 0.7（−0.7 ～ 0.3）之间表示存在中等程度的正（负）线性关系。

  6）取值在 0.7 ～ 1.0（−1.0 ～ −0.7）之间表示存在明显的正（负）线性关系。

  7）r^2 是一个变量的变化能够被另一个变量解释的百分比，即这两个变量共同拥有的变化百分比。

  8）线性假设：相关系数要求所考虑的两个变量之间存在线性关系。如果已知它们具有线性关系，或者两个变量表现出的模式看上去是线性的，则相关系数可以提供这种线性关系强弱的一个可靠度量指标；如果知道这种关系是非线性的，或者观察到的现象似乎不是线性的，则这个相关系数没有用，或者至少是有疑问的。

两个变量 X 和 Y 的相关系数的计算简单明了。令 zX 和 zY 分别为经过标准化处理之后的 X 和 Y，也就是说，zX 和 zY 的均值（mean）都等于 0，标准差（std）等于 1。

这个标准化处理过程见公式 3.1 和公式 3.2：

$$zX_i = [X_i - \text{mean}(X)] / \text{std}(X) \tag{3.1}$$

$$zY_i = [Y_i - \text{mean}(Y)] / \text{std}(Y) \tag{3.2}$$

相关系数是标准化值对（zX_i，zY_i）的乘积的平均值，如公式 3.3：

$$r_{X,Y} = \Sigma[zX_i * zY_i] / (n - 1) \tag{3.3}$$

其中 n 为样本量。

表 3.1 用 5 个观察值简单演示了相关系数的计算过程。列 zX 和 zY 分别是 X 和 Y 经过标准化处理后的值。最后一列是这两个值的乘积。这些乘积之和为 1.83，其平均值（除以 $n - 1$ 而不是 n）等于 0.46。所以 $r_{X, Y} = 0.46$。

表 3.1　相关系数的计算

观察值	X	Y	zX	zY	zX*zY
1	12	77	−1.14	−0.96	1.11
2	15	98	−0.62	1.07	−0.66
3	17	75	−0.27	−1.16	0.32
4	23	93	0.76	0.58	0.44
5	26	92	1.28	0.48	0.62
均值	18.6	87		和	1.83
标准差	5.77	10.32			
样本量	5			r	0.46

3.3　散点图

对相关系数的线性假设的检验采用了散点图，即将点对（X_i，Y_i）画在 X–Y 坐标图上。X_i 和 Y_i 通常分别作为预测值和因变量；下标 i 代表从 1 到 n 的观察值，其中 n 是样本量。在水平 X 轴和垂直 Y 轴的图上，散点图可以形象地展示两个变量之间的关系（但不意味着预测值和因变量之间存在因果关系）。如果图上散布的点看上去形成了一条直线，则满足了线性条件，$r_{X, Y}$ 提供了一个度量 X 和 Y 线性关系的有意义的指标。如果这些散布的点不在一条直线上，则该条件不满足，$r_{X, Y}$ 的值是有疑问的。

所以，在使用相关系数度量线关系时，建议画出散点图，检验线性假设条件是否成立。不幸的是，许多数据分析师不这样做，那么基于相关系数之上的分析可能是无效的。下面的示例可以进一步说明用散点图评估的重要性。

表 3.2 中有 4 个数据集，共 11 个观察值[1]。这 4 组（X，Y）点子具有同样大小的相关系

数 0.82。然而，X–Y 关系是截然不同的，反映了不同的结构，见散点图 3.1。

表 3.2 4 组（X，Y）点具有同样大小的相关系数（r=0.82）

观察值	X_1	Y_1	X_2	Y_2	X_3	Y_3	X_4	Y_4
1	10	8.04	10	9.14	10	7.46	8	6.58
2	8	6.95	8	8.14	8	6.77	8	5.76
3	13	7.58	13	8.74	13	12.74	8	7.71
4	9	8.81	9	8.77	9	7.11	8	8.84
5	11	8.33	11	9.26	11	7.81	8	8.47
6	14	9.96	14	8.1	14	8.84	8	7.04
7	6	7.24	6	6.13	6	6.08	8	5.25
8	4	4.26	4	3.1	4	5.39	19	12.5
9	12	10.84	12	9.13	12	8.15	8	5.56
10	7	4.82	7	7.26	7	6.42	8	7.91
11	5	5.68	5	4.74	5	5.73	8	6.89

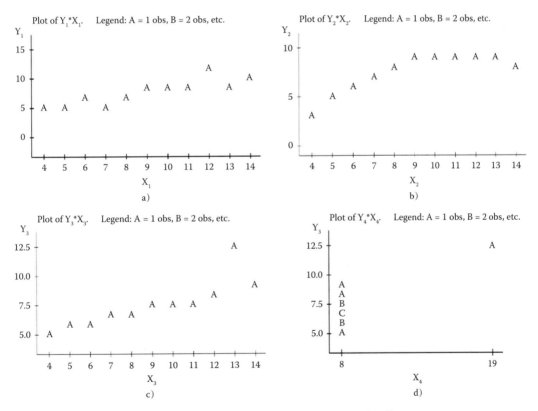

图 3.1　4 组不同数据集具有同样大小的相关系数

X_1–Y_1（图 3.1a）表明存在线性关系。所以 r_{X_1, Y_1} 的值 0.82 正确指出了 X_1 和 Y_1 之间存在强正相关性。X_2–Y_2 散点图（图 3.1b）展示了一个弯曲的关系；r_{X_2, Y_2} = 0.82。X_3–Y_3 散点图（图 3.1c）显示了"外边"的一个观察值（13，12.74），其他点子形成一条直线；r_{X_3, Y_3} = 0.82。X_4–Y_4 散点图（图 3.1d）有"自己独特的形状"，明显不是线性的；r_{X_4, Y_4} = 0.82。所以说，相关系数值 0.82 对于后三个 X–Y 关系并不是一个有意义的数值。

3.4 数据挖掘

数据挖掘是揭示数据中存在的未知关系的过程，我们需要用大数据的散点图来发现其中隐含的关系。大数据作为信息社会的一个主要部分，大量数据点或信息已经让散点图不堪重负。奇怪的是，使用了较多信息的散点图反而未给我们带来更多信息。对于一个量化目标变量来说，散点图通常会变成由密集的点形成的云团，这种情况与特定样本的变化有关，笼统地说就是模糊了数据间的关系。对于定性的目标变量而言，会存在一个离散的云团，使得这种关系变得模糊不清。无论哪种情况，从大数据散点图中去除云团，都可以揭示数据背后的关系。在介绍了两个展示由更多数据做成的散点图不能提供有价值信息的例子之后，我介绍绘制平滑散点图的方法，它可以去除云团，揭示大数据中的关系。

3.4.1 示例 3.1

考虑以美元计的量化目标变量长途电话费（TC）和预测变量家庭收入（HI），样本量为 102 000。相关系数 $r_{TC,HI}$ 是 0.09。图 3.2 是 TC-HI 散点图，看上去是一团点子云，数据间的关系模糊不清（假定存在某种关系）。对于展示计算出的 $r_{TC,HI}$ 的使用可靠度来说，这幅散点图没有给出任何信息。

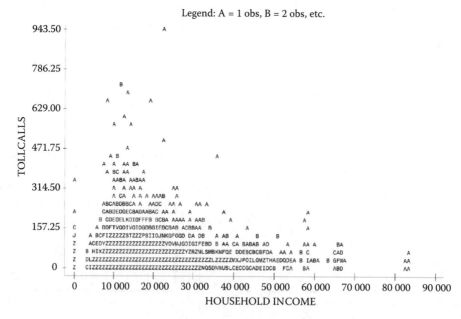

图 3.2　长途电话费与家庭收入的散点图

3.4.2 示例 3.2

考虑定性目标变量的回应情况（RS），用于度量对邮件的回复情况，预测变量 HI 来自一个样本量 102 000 的样本。RS 将回复是（yes）和否（no），其值分别记为 1 和 0。计算出的相关系数 $r_{RS,HI}$ 是 0.01。RS-HI 散点图 3.3 显示了 "火车厢式" 长链，掩盖了数据间的关系（假定存在某种关系）。之所以出现这种情况，是因为目标变量只能取两个值 0 和 1。正如前一个例子，这幅图也无法展示计算出的 $r_{RS,HI}$ 是否可靠。

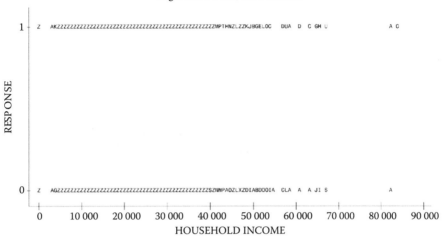

图 3.3　回应与家庭收入的散点图

3.5　平滑散点图

平滑散点图是一种揭示大数据中去除云团的数据关系的较好的图示方法。平滑是一种去除异常点的方法，通过对相似数据求平均值保留了可预测的数据间的关系（平滑）。平滑一个 X–Y 散点图包括对目标（因）变量 Y 和连续预测（自）变量 X 求平均值[2]。下面是平滑散点图的六步法：

1）在 X–Y 坐标图上画出（X_i，Y_i）数据点。

2）对于连续变量 X，将 X 轴分成几个没有重叠的相邻区间（片），一个常用的做法是将 X 轴分成相等大小的 10 份（也称作十分位），加在一起正好等于整个样本[3-5]，每一份占样本的 10%。对于一个类别变量 X，这样的分片是无法进行的。类别标签（水平）定义了单点分片（single-point slice），每一份代表占样本的百分比，它取决于样本中的类别水平的分布情况。

3）在每一个片内计算 X 的平均水平，要么是均值，要么是中位数。这个值称作平滑 X 值，记作 sm_X。

4）在每个片内计算 Y 的平均水平。

a. 对于连续型 Y，均值或中位数都可以作为平均水平。

b. 对于类别型 Y，只有两种水平，通常设定为数值 0 和 1。显然，只有均值可以算出来，得出的是 Y 的比例或 Y 的比率。

c. 如果 Y 超过 2 个水平，比如 k 个，显然此时无法计算出平均水平。（特定水平的比例是可以计算出来的，但这超出了本书的范畴。）

i. 适当的程序，包括绘制所有任意两个水平的散点图，都很烦琐而且很少有人这么做。

ii. 我们在 18.5 节讨论最常用到的程序，该程序易用且高效。

d. 平滑 Y 值记为 sm_Y。

5）画出平滑点对（平滑 Y 值，平滑 X 值），绘制平滑散点图。

6）将这些平滑点对联结起来，从左边第一个平滑点对开始，联结到右边最后一个平滑点对。这条光滑的曲线揭示了 X 和 Y 的关系。

第 44 章提供了绘制平滑散点图的子程序。

现在我们回到示例 3.1 和示例 3.2。HI 数据被分在 10 个同等大小的片中，总计有 10 200 个观察值。片（从 0 到 9）内 HI 和 TC、RS 的均值（平滑点对）分别见表 3.3 和表 3.4。这些平滑点对被连成一条曲线。

表 3.3　平滑点对：长途电话费 TC 和家庭收入 HI
（单位：美元）

片	平均 TC	平均 HI
0	31.98	26 157
1	27.95	18 697
2	26.94	16 271
3	25.47	14 712
4	25.04	13 493
5	25.30	12 474
6	24.43	11 644
7	24.84	10 803
8	23.79	9 796
9	22.86	6 748

表 3.4　平滑点对：回应 RS 和家庭收入 HI

片	平均 RS（%）	平均 HI（美元）
0	2.8	26 157
1	2.6	18 697
2	2.6	16 271
3	2.5	14 712
4	2.3	13 493
5	2.2	12 474
6	2.2	11 644
7	2.1	10 803
8	2.1	9 796
9	2.3	6 748

图 3.4 的 TC 平滑曲线清晰地展示了线性关系。所以，$r_{TC,HI}$ 的值 0.09 是表明 TC 和 HI 具有弱的正线性关系的一个可靠指标。进一步，在 TC 模型中纳入 HI（不做重述）是可行的，而且我们推荐这样做。注意，小 r 值并不妨碍将 HI 纳入模型进行检验。相关讨论见 6.5.1 节。

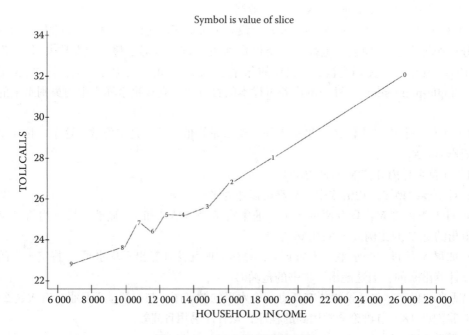

图 3.4　TC 和 HI 的平滑散点图

图 3.5 的 RS 平滑曲线表明 RS 和 HI 之间不是线性关系。所以，$r_{RS,HI}$ 值 0.01 是没有意

义的。非线性引发了下面这个问题：是 RS 平滑曲线表明存在 RS 和 HI 之间的一般关联性，隐含一种非线性关系，还是 RS 平滑曲线展示的是一幅随机散布，意味着 RS 和 HI 之间不存在任何关系？这个答案在图形化非参数一般关联性检验里[5]。

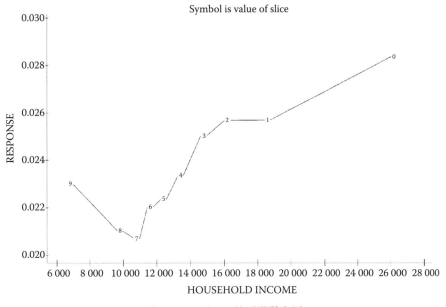

图 3.5　RS 和 HI 的平滑散点图

3.6　一般关联性检验

一般关联性检验（如图 3.6 所示）：

1）在散点图上画出 N 个平滑点对，并用一条水平中线将这 N 个点分成两个大小相同的组。

2）从最左边第一个平滑点开始，联结 N 个平滑点，得到 N-1 条线段。数一下跨越这条中线的线段数量 m。

3）检验显著性。零假设：这两个变量不存在关联性。备择假设：这两个变量之间存在关联性。

4）考虑 TS 检验统计量是 N-1-m。

如果 TS 大于或等于表 3.5 中的门限值，则零假设被拒绝。结论是这两个变量存在关联关系。这条平滑线展示了这种关联关系的"形状"或者结构。

如果 TS 小于表 3.5 中的门限值，则零假设无法拒绝。结论是这两个变量之间不存在关联关系。

表 3.5　一般关联性检验门限值（95% 和 99% 置信度）

N	95%	99%	N	95%	99%
8–9	6	—	18–19	12	14
10–11	7	8	20–21	14	15
12–13	9	10	22–23	15	16
14–15	10	11	24–25	16	17
16–17	11	12	26–27	17	19

（续）

N	95%	99%	N	95%	99%
28–29	18	20	40–41	25	27
30–31	19	21	42–43	26	28
32–33	21	22	44–45	27	30
34–35	22	24	46–47	29	31
36–37	23	25	48–49	30	32
38–39	24	26	50–51	31	33

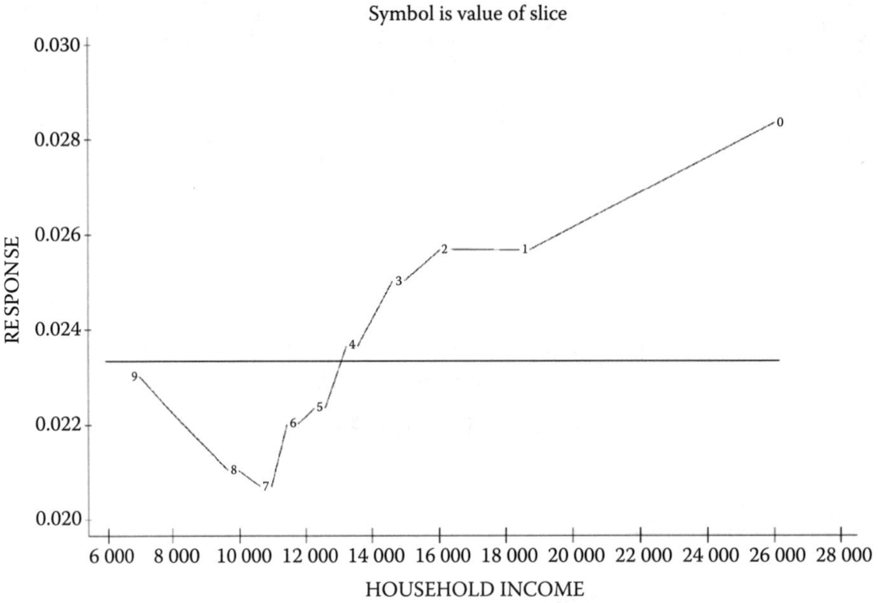

图 3.6　平滑 RS-HI 散点图的一般关联性检验

回到 RS 和 HI 的平滑散点图，确定：

1）上面有 10 对平滑点，N = 10。

2）水平中线将所有平滑点分为两组，其中点 5 到 9 是在该线的下方，而点 0 到 4 是在该线的上方。

3）点 4 和点 5 的连线（见图 3.6）是跨越这条中线的唯一一条线段，所以 m = 1。

4）TS 等于 8（=10 - 1 - 1），分别大于或等于 95% 和 99% 置信度的门限值 7 和 8。

所以，在 99%（当然也包括 95%）置信水平上，RS 和 HI 之间存在关联性。图 3.5 的 RS 平滑线表明这种关系类似 3 次多项式。相应地，应该在回应模型上测试 HI 的线性（HI）。二次方（HI^2）和立方（HI^3）项。

3.7　本章小结

显然将分析建立在相关系数的随意使用上是有问题的。两个变量之间的关系强度并不能仅仅依靠计算 r 值。简单的散点图或平滑散点图都很容易检验线性假设是否成立，这对于进一步彻底深入的分析是必要的。

如果在图中观察到了线性关系，则 r 可以取计算值作为关系强度的度量。如果观察到的关系不是线性的，则 r 值应该剔除，或者在使用时需要格外小心。

当一个大数据的平滑散点图不能反映线性关系时，应该采用非参数方法检验其是否具有随机性或可察觉到的关联性。如果前者（随机性）是成立的，则可以得出结论，即变量间不存在关联关系。如果后者（可察觉到的关联性）是成立的，则这个预测变量需要被重新处理，以反映这种关联关系，并检验其是否可以被纳入模型之中。

参考资料

1. Anscombe, F.J., Graphs in statistical analysis, *American Statistician*, 27, 17–22, 1973.
2. Tukey, J.W., *Exploratory Data Analysis*, Addison-Wesley, Reading, MA, 1997.
3. Hardle, W., *Smoothing Techniques*, Springer-Verlag, New York, 1990.
4. Simonoff, J.S., *Smoothing Methods in Statistics*, Springer-Verlag, New York, 1996.
5. Quenouille, M.H., *Rapid Statistical Calculations*, Hafner, New York, 1959.

第 4 章
用于评估成对变量的基于 CHAID 的数据挖掘方法

4.1 引言

在第 3 章提出的数据挖掘方法中，以散点图和平滑散点图的概念为基础，我介绍一种新的数据挖掘方法：基于卡方自动交互式检测（CHAID）的更光滑的散点图。这种新方法比散点图和平滑散点图能更可靠地在成对变量评估时，揭示隐含在变量背后的关系。我使用一个新数据集绘制散点图和平滑散点图，然后给出一个 CHAID 入门介绍，向埋身于数据之中的数据发掘者介绍这种方法，帮助他们从数据中的模式和关系中脱身。

4.2 散点图

大数据不仅仅是当今信息世界的一大组成部分，它还包含了数字信息洪流中的有价值的要素。数据分析师在提取有价值要素时，发现自己深陷麻烦之中。大数据的一个影响涉及基本的分析工具：散点图上包含了过多数据点和信息。令人费解的是，基于更多信息的散点图反而反映出的信息较少。散点图显示了成堆的数据点，其中有太多点来自样本上的偏差，也就是说，这些点模糊了数据间的关系[⊖]。将这些云团从散点图中剔除，可以将隐藏在数据云背后的光滑关系重新显现出来。我提供了一个有过多数据的散点图示例，然后展示对应的光滑的没有云团的散点图，这种散点图可以揭示成对变量评估的本质特征。

散点图范例

我用数据真实展现了一项真实研究中两个变量之间的关系：HI_BALANCE（个人信用卡交易的最大余额）和 RECENCY_MOS（上次购买至本次购买之间的月数）。数据挖掘程序的第一步是做出 HI_BALANCE 和 RECENCY_MOS 的散点图。显然这两个变量之间的关系在图上表现为一个不规则的发散的数据云团（图 4.1）。为了减少图中的云团（揭示数据之间的平滑关系），我在下一节给出这幅图的平滑散点图。

⊖ 以定性变量 X 和 Y 做出的散点图不会显示出云的样子，而是显示对应于不同类别的两条或更多条平行线，或者一个点阵。在后一种情况下，散点图会显示出数据云团。

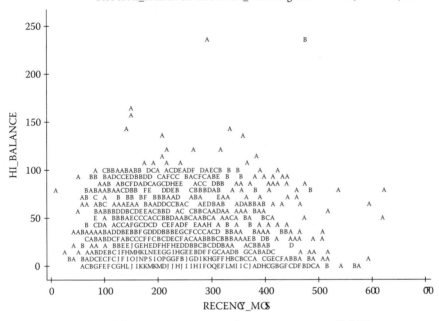

图 4.1　HI_BALANCE 和 RECENCY_MOS 散点图

4.3　平滑散点图

　　平滑散点图是用横纵坐标图发现剔除了异常数据的大数据背后关系的一种合适的图形工具。平滑法可以将相似数值进行求均值处理——去除异常数据，使数据变得更平滑。具体地说，散点图的平滑是分片对 X 和 Y 同时取均值[1]。在第 3 章介绍了平滑散点图的制图六步法。

　　HI_BALANCE 平滑散点图和 RECENCY_MOS 平滑散点图见图 4.2。SM_HI_BALANCE 和 SM_RECENCY_MOS 的值是按分片取，其标签从 0 到 9，见表 4.1。可以看到这种隐藏的关系呈现出 S 型的趋势。这种关系可以用图基的突起规则做进一步分析，详见第 10 章。

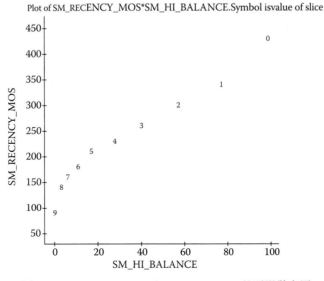

图 4.2　RECENCY_MOS 和 HI_BALANCE 的平滑散点图

表 4.1　HI_BALANCE 和 RECENCY_MOS 的分片平滑值

分片	SM_HI_BALANCE	SM_RECENCY_MOS
0	99.009 2	430.630
1	77.674 2	341.485
2	56.790 8	296.130
3	39.981 7	262.940
4	27.160 0	230.605
5	17.261 7	205.825
6	10.687 5	181.320
7	5.634 2	159.870
8	2.507 5	135.375
9	0.755 0	90.250

4.4　CHAID 入门

在讨论基于 CHAID 的平滑度更高的散点图之前，我们先简单介绍 CHAID（卡方自动交互式检测的缩略语）。CHAID 是通用方法，尤其是对那些没有经过统计学训练的回归建模者，因为 CHAID 回归树模型易于建立、理解和实现。而且 CHAID 的基本结构是非常吸引人的：CHAID 是一个无须假设条件的模型（即无须满足任何正式的理论假设），CHAID 可能在处理多个预测变量的"大数据"方面发挥巨大作用。相反，传统回归模型需要有很多假设条件，容易受到危险结果的影响，而且在处理多个预测变量方面效力不高。请注意，我会交叉使用以下这些 CHAID 术语：CHAID、CHAID 树、CHAID 回归树、CHAID 回归树模型，以及 CHAID 模型⊖。

CHAID 是一个递归方法，可以将一个总体（节点 1）分成不相重叠的（二个）子总体（节点、分箱、分片），这些子总体由"最重要的"预测变量定义。然后，CHAID 将第一层得到的结果节点进行分割，由次一层重要预测变量定义，然后继续分割第二层，第三层，……，以及第 n 层得到的结果节点，直到要么满足了停止规则，要么分割标准不再满足。对于分割标准⊜来说，因变量的变化范围已经被最小化地限定在两个结果节点之一。

为了澄清这个递归的分割流程，在总体第一次分割之后（实际上总会⊜）产生结果节点 2 和 3，在这些节点上会出现进一步分割。节点在两种条件下进行分割：（1）如果用户定义的停止规则（比如，生成了最小节点而且树的层级最大）没有被满足；（2）如果分割标准包含 Y 变量具有显著不同意义的结果节点。如果满足这些条件，则节点 2 分为节点 4 和 5；节点 3 分为节点 6 和 7。对于节点 4 ～ 7，如果上述两个条件被满足，则继续分割，否则就停止，我们得到一个完整的 CHAID 数。

⊖　市场上有不少 CHAID 软件包。最好的软件基于原始自动交互检测算法（AID）。参见 *A Pithy History of CHAID and Its Offspring*（http://www.geniq.net/res/Reference-Pithy-history-of-CHAID-and-Offspring.html）。

⊜　在变差之外，还有不少分割标准（比如基尼系数、熵、误分类的成本）。

⊜　无论预测变量有多少个，都不保证顶层节点可以分割。

4.5　用更平滑的散点图进行基于 CHAID 的数据挖掘

我用 HI_BALANCE 和 RECENCY_MOS 这两个前面提到的变量画出一幅更平滑的散点图来说明 CHAID 模型。基于 CHAID 的更平滑散点图的基本特征是：这个 CHAID 模型只包含了一个预测变量。我用 HI_BALANCE 对 RECENCY_MOS 做回归，建立了一个 CHAID 回归树模型。采用的停止规则是最少的分割节点为 10，树的最大层数为 3。图 4.3 的 CHAID 回归树模型可以这样看：

1）节点 1，HI_BALANCE 是 33.75，样本量为 2000。

2）节点 1 分出了节点 2 和 3。

a. 节点 2 包括的个体的 RECENCY_MOS ≤ 319.048 36，HI_BALANCE 是 35.46，节点数量为 1628。

b. 节点 3 包括的个体的 RECENCY_MOS>319.048 36，HI_BALANCE 是 26.26，节点数量为 372。

3）节点 3 分出了节点 10 和 11。与上面的 2a 和 2b 类似。

4）节点 11 分出了节点 14 和 15，也与上面的 2a 和 2b 类似。

5）分割标准对于其他 8 个节点不满足：4 ～ 9，12，13。

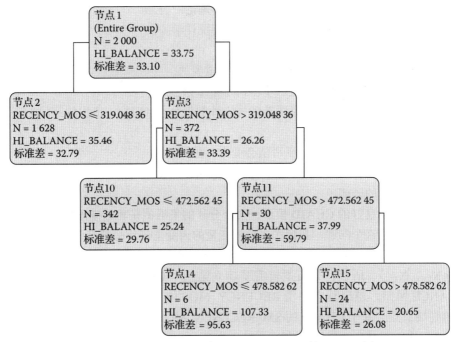

图 4.3　HI_BALANCE 和 RECENCY_MOS 的 CHAID 树

对这种示意性 CHAID 树状图的通常解释与简单 CHAID 模型（具有一个预测变量）一样，但是这样的解释没有太大意义。基于单一变量 RECENCY_MOS 的解释和预测 HI_BALANCE 需要更全面一些，要得到这个变量更准确的预测值，需要更多预测变量。然而，简单 CHAID 模型对于我们建议的方法来说，在学术上并不很严格。

对这个简单 CHAID 模型的独特解释是我们建议的基于 CHAID 的数据挖掘的更平滑散点图——基于 CHAID 的平滑的核心。这个 CHAID 模型的终端节点指的是终端节点分片，根据用户的设计，可以有各种分法（数以百计）。这些分片的准确度相当高，因为它们是由一个计算 X 变量的 CHAID 模型预测（拟合）的。经过回归，这些分片变成了 10 个 CHAID 分片。这个 X 变量的 CHAID 分片显然生成了比 X 轴任意分片（sm_X 来自平滑散点图）的 X 值更准确（更平滑）的值（基于 CHAID 的 sm_X）。由此可见，CHAID 分片可以得出比对 X 轴任意分片（sm_Y 来自平滑散点图）更平滑的 Y 值（基于 CHAID 的 sm_Y）。总而言之，CHAID 分片产生的基于 CHAID 的 sm_X 要比 sm_X 更平滑，基于 CHAID 的 sm_Y 要比 sm_Y 更平滑。

要注意的是，图 4.3 的示意性 CHAID 树不包含多个终端节点分片。但是在这一节，我请读者假定 CHAID 树具有多个终端节点，这样我就可以进一步介绍基于 CHAID 的平滑方法了。真正的基于 CHAID 的平滑法的图示在下一节能看到，我们将看到终端多达数百个。

我们继续用图 4.3 的 CHAID 树理解基于 CHAID 的平滑法。X 轴上的 RECENCY_MOS 的 CHAID 分片得出了更平滑的 HI_BALANCE 值——基于 CHAID 的 SM_HI_BALANCE，比对 X 轴 RECENCY_MOS 进行任意分区得出的平滑 HI_BALANCE 值更平滑。换言之，基于 CHAID 的 SM_HI_BALANCE 具有更少的云团，也更平滑。下面列出的几点可以帮助读者理解云团和平滑概念，以及基于 CHAID 的平滑法的工作机理：

1）数据点 / 值 = 可信值 + 误差，这是统计学理论。

2）数据值 = 预测 / 拟合值 + 残差，这是应用统计学。

a. 去掉残差。

b. 对于一个构建良好的模型，拟合值是非常重要的。

3）数据值 = 拟合值 + 残差，进一步澄清了第 2 条。

4）数据 = 平滑值 + 云团，这是图基的探索性数据分析（EDA）提出的 [1]。

a. 去掉云团。

b. 对于一个构造良好的模型，平滑值会变大 / 更准确。

5）数据 = 每个分片的平滑值 + 每个分片的云团，这是 CHAID 模型。

a. 去掉每个分片的云团。

b. 对于一个构建良好的 CHAID 模型，每个分片的平滑值是相当准确的。

为了更好地讨论这个问题，我把作为预测变量的因变量记作标准变量对（X_i，Y_i）。然而，当评估两个变量之间的关系时，并不存在因变量 - 自变量框架，使用的一对标准变量记为（X_{1i}，X_{2i}）。所以，分析逻辑需要建立第二个 CHAID 模型：RECENCY_MOS 对 HI_BALANCE 回归，得出具有平滑 RECENCY_MOS 值（基于 CHAID 的 SM_RECENCY_MOS）的终端节点。基于 CHAID 的 SM_RECENCY_MOS 的值比对 HI_BALANCE 任意分片得到的 RECENCY_MOS 值更平滑。

更平滑散点图

图 4.4 是 HI_BALANCE 和 RECENCY_MOS 基于 CHAID 的更平滑的散点图。每个分片的 SM_HI_BALANCE 和 SM_RECENCY_MOS 值以数字 0 到 9 做标签，见表 4.2。可以看到这幅图主要反映了线性关系，只是在中间（3 ~ 6）出现了跳跃，0 略低于趋势线，更光滑的散点图并没有改善 HI_BALANCE 或 RECENCY_MOS。测试原变量能否纳入模型就是看这两个变量（其中一个或两个）纳入最终模型的形态如何。为了避免大家忘记，数据分

析师比较了更平滑散点图和一般平滑散点图的结果。

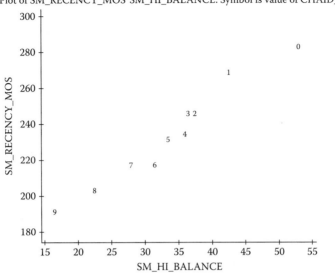

图 4.4　基于 CHAID 的 RECENCY_MOS 和 HI_BALANCE 的更平滑散点图

表 4.2　CHAID 分片得到 HI_BALANCE 和 RECENCY_MOS 更平滑的值

CHAID_slice	SM_HI_BALANCE	SM_RECENCY_MOS
0	52.945 0	281.550
1	42.339 2	268.055
2	37.410 8	246.270
3	36.567 5	245.545
4	36.124 2	233.910
5	33.315 8	232.155
6	31.535 0	216.750
7	27.849 2	215.955
8	22.678 3	202.670
9	16.696 7	191.570

图 4.5 基于 RECENCY_MOS 对 HI_BALANCE 回归模型，很难从上面看到什么。在这幅图上有 181 个终端节点，它们是由每个最小规模节点再分出 10 个节点组成的，树的最大层数是 10。我们在图的中间可以看到节点 1（顶上正中位置），将这部分展开，见图 4.6。如果全部展开的话，需要 9 页纸，所以只截取了其中一部分。基于 HI_BALANCE 对 RECENCY_MOS 所做的完整回归见图 4.7，上面有 121 个终端节点，它们是由每个最小规模节点再分出 10 个节点组成的，树的最大层数是 14。

图 4.5　CHAID 回归树：基于 RECENCY_MOS 对 HI_BALANCE 回归

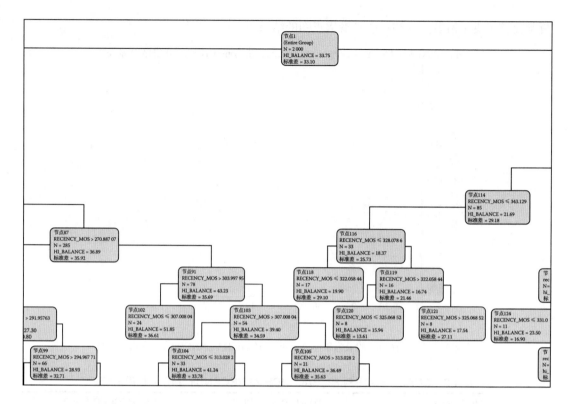

图 4.6　CHAID 回归树的中间部分：基于 RECENCY_MOS 对 HI_BALANCE 回归

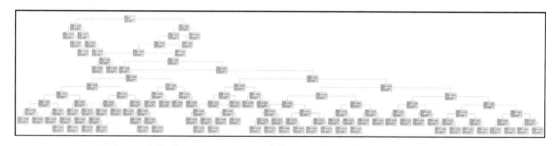

图 4.7　CHAID 回归树：基于 HI_BALANCE 对 RECENCY_MOS 回归

从图中间的节点 1（顶部正中间位置）展开，见图 4.8，如果全部展开的话，可以铺满 4 页纸。

4.6　本章小结

基本（原始数据）散点图和平滑散点图是目前用来评估预测变量和因变量关系的数据挖掘方法，这是构建模型过程中的一项基本工作。对于蕴藏着有价值信息的大数据来说，数据分析师发现要从中提取有价值信息是很困难的。大数据使得散点图充斥着数据点或信息。诡异的是，承载了更多信息的散点图反而参考价值更小。为了在数据过载的散点图上进行数据挖掘，我们回顾了平滑散点图，以求从中找出隐含在原始数据散点图中的关系。继而，我们提出了一种基于 CHAID 的数据挖掘方法，用于成对变量的评估，这是用于获取更光滑的散点图的一种新技术，可以使我们更容易找出比平滑散点图中隐含的更可靠的数据关系。平滑散点图用的是原始数据的平均值，而更平滑散点图用的是终端节点的 CHAID 拟合值。我用一个真实例子展示了基本散点图、平滑散点图和更平滑散点图的使用方法。

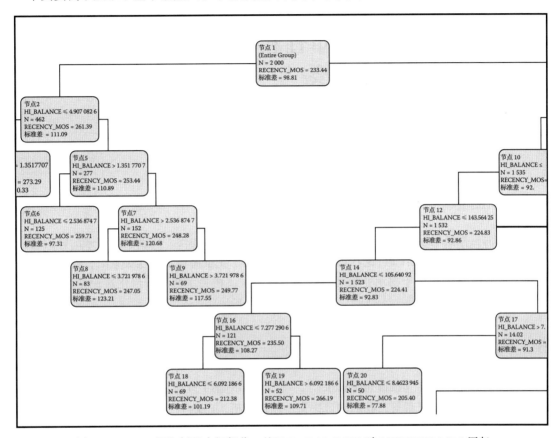

图 4.8　CHAID 回归树的中间部分：基于 HI_BALANCE 对 RECENCY_MOS 回归

参考资料

1. Tukey, J.W., *Exploratory Data Analysis*, Addison-Wesley, Reading, MA, 1997.

第 5 章
校直数据的简单性和可取性
对建模十分重要

5.1 引言

本章的目标是展示校直数据在简单性和可取性方面的重要性，以及由此带来的好的建模方法。在本章，我们将详细讨论在观察到散点图上两个变量掩盖了真实关系时，我们该如何去做。数据挖掘方法用于揭示变量之间被隐藏的关系。相关系数用于量化这种关系的强度，这具有直观的简明性。

5.2 数据的直度和对称度

当今的数据工作者（data mechanics⊖，简写作 DMers）包括了统计学家、数据分析师、数据挖掘者、知识发现者等，我们知道探索性数据分析（EDA）为校直数据赋予了特殊重要性，这不仅是出于简单性方面的考虑。生活的真谛在于简单（至少对于那些老人和明智的人来说是这样）。在物理学的世界，爱因斯坦发现了一个只用三个字母就能表达的普适原理：$E=mc^2$。而在这个肉眼可见的世界里，简单性并没有得到重视。笑脸是一种朴素、简单的形状，尽管如此，它能有效、清晰、迅速地传达信息。为什么数据工作者应该在工作中只接受简单的东西呢？数字应该有力地、无误地交流而无须附加其他太多东西。相应地，数据工作者应该寻求反映简单性的两个特征：数据中的直度和对称度。

校直数据的重要性体现在以下方面：

1）两个连续变量 X 和 Y 之间的直线（线性）关系是简单的。X 值增加（减少）时，Y 值也增加（减少）。此时 X 和 Y 正相关。另一种情况是，X 值增加（减少）时，Y 值减少（增加），此时 X 和 Y 负相关。作为简单性的一个例子（而且是永远都重要的），爱因斯坦公式里的 E 和 m 之间是完美的正线性关系。

⊖ 数据工作者（DMers）是一类人，他们精通对数据进行分析，对起先模糊或者隐含的数据给出细节或者推理。根据成立于 1660 年的皇家学会的说法，首位统计学家是约翰·格朗特（John Graunt），他认为伦敦的死亡率统计数据的意义远远超过了作为人们的茶余谈资。他整理分析了从 1604 到 1661 年的死亡率。格朗特的工作成果发表在《自然与政治观察》。他是头一位提出以下今天广为人知的统计规律的人：例如，男孩的出生率比女孩高，女性的寿命比男性长，以及除非是瘟疫原因，每年自然死亡的人数是相当稳定的。参见 http://www.answers.com/topic/the-first-statistician。

2）对于线性数据，数据分析师可以轻易发现数据里的关系。线性数据很适合用于建模。

3）大多数市场营销模型属于线性统计模型的某个类别，要求因变量和（a）模型中的每个预测变量，（b）放在一起考虑的所有预测变量存在线性关系，将其视为具有多变量正态分布的一组预测变量。

4）众所周知，非线性模型利用非校直数据，实际上会比利用校直数据得到更好的预测结果。

5）我们并没有忽视对称这个特性。并非偶然，理论上存在对称度和直度并重的理由。校直数据可以让数据对称，反之亦然。重温一下，对称数据的值分布在一条分界线或数据中值的两侧，在规模和形状上是一致的。标志性的对称数据剖面是钟形的。

5.3　数据挖掘是高级概念

数据挖掘是一个包含三个关键要素的高级概念：a）发展非常迅速，b）在想象未预期结果方面充满吸引力，c）神秘感激发了人们的好奇心。传统观点认为，在数据挖掘领域，每个人都知道什么是数据挖掘[1]。每个人都做过数据挖掘——这就是人们的说法，我并不相信。

我知道每个人都谈论这个话题，但是只有一小部分数据分析师真正在做数据挖掘的工作。我得出这个非常自信的判断，是基于我作为统计建模、数据挖掘和计算机专家的多年来的咨询经验。

5.4　相关系数

相关系数用 r 表示，是卡尔·皮尔逊（Karl Pearson）在 1896 提出的概念。这个统计量在一个多世纪后的今天仍然是重要概念。这是仅次于平均值的最常用的统计量之一。相关系数的缺点和易被误用的警告也是众所周知的。作为一名在数据挖掘领域从事统计咨询和为在职人士讲授统计建模与数据挖掘持续教育课程的讲师⊖，我经常见到相关系数的缺点和误用情况被人们忽视，这也许是因为它们在实践中很少被提及。

相关系数的值理论上应该在区间 [-1, +1]，具体是由两个相关的独立变量的分布决定的（参阅第 9 章）。相关系数的误用是指没有检验其线性假设，我们在本节讨论这个问题。

评估因变量和预测变量之间的关系是统计线性和非线性回归建模的一项基本工作。如果这个关系是线性的，则建模者需要检验这个预测变量是否足够统计显著，以决定是否将其纳入模型之中。如果这个关系是非线性或不明显的，则应将其中一个或两个变量重新表示，用时髦的术语就是*数据挖掘*，以重塑观察到的这种关系，将其变成一种经过数据挖掘的线性关系。然后这个（或两个）经过重新表示的变量便可以纳入模型中。

评估两个变量的关系的日常方法（数据分析师应牢记：这只限于线性关系）是计算相关系数。相关系数的误用是因为忽略了线性假设的检验，尽管这很容易做。（我在本章后面给出了一个明显的理由，但是仍解释不了为何这种错误会持续存在那么久。）我指出了这个线性假设，讨论了对这个假设的检验，并介绍了如何解读相关系数的值。

相关系数要求两个变量之间存在线性关系。如果两个变量的散点图展示出了线性特征，

⊖　数据挖掘行业的细分领域有很多，比如直邮营销和数据库营销，银行、保险、金融、零售、电信、保健、医药、出版与流通，大规模直接投递广告、目录营销、电子商务、网络挖掘、企业间（B2B）、人力资本管理、风险管理等。

则这个相关系数可以作为这种关系的线性强度的量度。如果观察到的模式不是线性的或者不清晰，则计算这个相关系数是没用的，或者会得到有风险的结果。如果是后一种情况，那么数据挖掘应将这种关系进行校直。当所提出的数据挖掘方法不成功时，应探索其他数据挖掘技术，如分箱。这种方法超出了本节内容的范畴。此外还有很多数据挖掘方法 [2-4]。

　　如果存在线性关系，则用 r 值可以量化表示线性关系的程度。为方便起见，我在这里重申解释相关系数的规则（见第 3 章）：

　　1）0 表示不存在线性关系。

　　2）+1 表示完美的正线性关系：当一个变量的值变大时，另一个变量的值根据一个准确的线性规则也变大。

　　3）–1 表示完美的负线性关系：当一个变量的值变大时，另一个变量的值根据一个准确的线性规则减小。

　　4）值在 0 和 0.3 之间（或 0 到 - 0.3）表示存在弱的正（负相关）线性关系。

　　5）值在 0.3 和 0.7 之间（或 - 0.3 到 - 0.7）表示存在中等程度的正（负相关）线性关系。

　　6）值在 0.7 和 1.0 之间（或 - 0.7 到 - 1.0）表示存在明显的正（负相关）线性关系。

　　我给大家展示一幅变量对（x，y）经过整理后的散点图，可以看到在一条直线周边的一堆数据点。相关系数 r（x，y），从这幅散点图上看，能够确保 r 的值可靠反映 x 和 y 之间的线性关系程度。图 5.1 上的数据点并不是很有代表性，因为只用到了一个包含 11 个数据的小数据集。尽管如此，和包含更多数据（比如 11 000 个或更多数据的图）一样，结论仍是正确的。我把这样的图称作一朵纤薄的卷云。

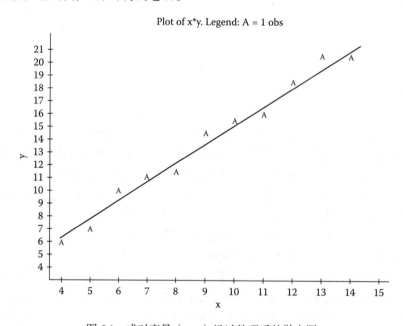

图 5.1　成对变量（x，y）经过整理后的散点图

5.5　（xx3，yy3）散点图

　　我们看看表 5.1 的有 11 个数据点的散点图，用表中 Anscombe 数据点的第三对变量

（x3，y3），画出散点图 5.2，将其更名为（xx3，yy3）。（更名原因稍后解释。）显然，xx3 和 yy3 的关系是有问题的：如果第 3 个点（13，12.74）离得不是那么远，这就是一个线性关系。这个散点图直观上没有反映出线性关系。相关系数 $r_{(xx3, yy3)}$=0.8163 很大，没有意义，也没有用。我把画出隐含直线的工作留给读者完成。

表 5.1　Anscombe 数据（来源：Anscombe, F.J., *Am. Stat.*, 27, 17–21, 1973.）

ID	x1	y1	x2	y2	x3	y3	x4	y4
1	10	8.04	10	9.14	10	7.46	8	6.58
2	8	6.95	8	8.14	8	6.77	8	5.76
3	13	7.58	13	8.74	13	12.74	8	7.71
4	9	8.81	9	8.77	9	7.11	8	8.84
5	11	8.33	11	9.26	11	7.81	8	8.47
6	14	9.96	14	8.10	14	8.84	8	7.04
7	6	7.24	6	6.13	6	6.08	8	5.25
8	4	4.26	4	3.10	4	5.39	19	12.50
9	12	10.84	12	9.13	12	8.15	8	5.56
10	7	4.82	7	7.26	7	6.42	8	7.91
11	5	5.68	5	4.74	5	5.73	8	6.89

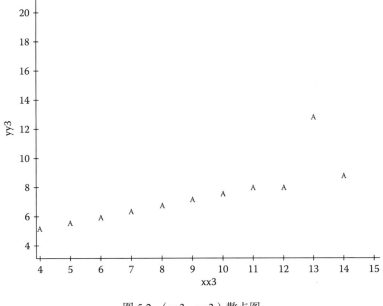

图 5.2　（xx3，yy3）散点图

5.6　挖掘（xx3，yy3）关系

我用一种机器学习方法来挖掘变量对（xx3，yy3）的关系。这种方法属于演化计算，准确地说，就是遗传算法（GP）。通过数据挖掘得出散点图 5.3。

这个数据挖掘工作不需要消耗太多时间或脑力，因为基于遗传算法的数据挖掘（GP-

DM）是机器学习适应性人工智能过程，它处理校直数据的效力很高。这个数据挖掘工具就是 GenIQ 模型，我们把将要进行数据挖掘的变量更名，加上前缀 GenIQvar。（xx3，yy3）更名为（xx3，GenIQvar（yy3））。（GenIQ 模型的正式介绍见第 40 章，那里有丰富的示例。）

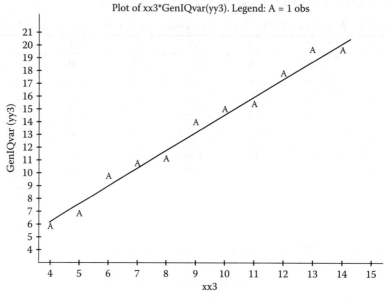

图 5.3 （xx3，GenIQvar（yy3））散点图

相关系数 $r_{(xx3,\ GenIQvar（yy3）)}=0.9895$，在图 5.3 上可以看到较明显的线性关系。这个相关系数是 xx3 和 GenIQvar（yy3）之间存在线性关系的一个可靠量度。这个非常靠近 1 的相关系数表明在原始变量 xx3 和数据挖掘变量 GenIQvar（yy3）之间存在近似线性关系。（注意：该散点图的 Y 轴表示的 GenIQvar_yy3 与 GenIQvar（yy3）略有不同，这是由画图软件的限制造成的。）

变量 xx3、yy3 和 GenIQvar（yy3）的值见表 5.2。这 11 个数据点按照 GenIQvar（yy3）的值由大到小排列。

表 5.2　重述 yy3，GenIQ（yy3），按照 GenIQ（yy3）降序排列

xx3	yy3	GenIQ(yy3)
13	12.74	20.491 9
14	8.84	20.408 9
12	8.15	18.742 6
11	7.81	15.792 0
10	7.46	15.673 5
9	7.11	14.399 2
8	6.77	11.254 6
7	6.42	10.822 5
6	6.08	10.003 1
5	5.73	6.793 6
4	5.39	5.960 7

散点图并排对比

将两幅散点图并排放在一起进行比较，胜过写 1000 字的说明。通过这种对比，能明显看出数据挖掘之后的散点图更好（见图 5.4）。

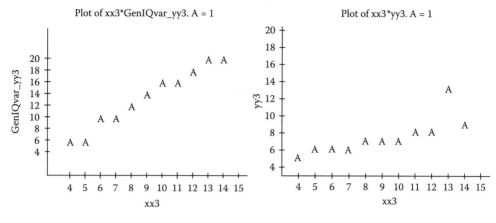

图 5.4　散点图并排对比

5.7　基于遗传算法的数据挖掘如何处理数据

我们可以从细节中看到，基于遗传算法的数据挖掘将经过遗传算法重新表述的因变量和一个预测变量之间的直线关系最大化了。在构建一个多变量（至少 2 个预测变量）回归模型时，将经过遗传算法重新表述的因变量与每个预测变量和预测变量数组之间的线性关系最大化。

尽管我们还要在第 39 章再次讨论 GenIQ 模型，但在这里不提如何定义重新表述的变量是不合适的。这个定义见公式 5.1：

$$\text{GenIQvar} \_ yy3 = \cos(2 * xx3) + (xx3/0.655) \tag{5.1}$$

这个 GenIQ 模型是很好的数据挖掘工具，能够得到出色的结果：

$$r_{(xx3, \text{ GenIQvar (yy3)})} = 0.9895$$

5.8　校直多个变量

少数变量（10 对变量）处理起来毫无难度。相对一位烘焙师要面对的几打变量（78 对）而言，这并不算太多。而基于遗传算法的数据挖掘的主要特点和功能就是有效地将这 78 对变量减少到操作上可行的数量。下面介绍这个减少数量的操作方法。

对于烘焙师的 78 对变量有必要做个清理。数据分析师无法校直 78 对变量。这些成对变量需要很多幅散点图。而制作大量散点图是造成滥用或忽视线性假设的原因。实际上，这个方法可以做到，而且做得很快，因此经常用于处理数据集，比如 400 变量（79 800 对变量）。

基于遗传算法的数据挖掘的第一步是删减没有预测能力的变量（单个或成对变量），这是通过随机选择的繁殖、配对和离散生物算子完成的。第二步是继续将变量数减少到 10 对左右。剩下的步骤是遵循遗传算法成熟的演化流程，加强数据强度 [5]。因此，只要计算机可以处理原始数据集的所有变量，这种方法实际上可以高效处理任意数量的变量。用包含很多对变量的大数据集来说明这个方法的内容超出了本书的范围。此外，用扩展数据集演示基于遗传算法的数据挖掘可能不太合适，因为这要求二维以上空间，甚至像电影《阿凡达》那样的三维空间。

5.9   本章小结

本章的目标是分享我的个人经历：进入数据的宝矿，深入挖掘并找到其中隐藏的关系，并且通过数据挖掘工作，展示校直数据对于好的建模的简单性和可取性的重要意义。我讨论了一个简单而有意义的例子，介绍了散点图上两个变量的关系模糊不清时的处理方法。我建议采用基于遗传算法的数据挖掘方法揭示其中的关系。由于这种关系具有简单明了的线性特征，因此使用相关系数是合适的。

参考资料

1. Ratner, B., Data mining: An ill-defined concept. 2009. http://www.geniq.net/res/data-mining-is-an-ill-defined-concept.html.
2. Han, J., and Kamber, M., *Data Mining: Concepts and Techniques*, Morgan Kaufmann, San Francisco, CA, 2001.
3. Bozdogan, H., ed., *Statistical Data Mining and Knowledge Discovery*, CRC Press, Boca Raton, FL, 2004.
4. Refaat, M., *Data Preparation for Data Mining Using SAS*, Morgan Kaufmann Series in Data Management Systems, Morgan Kaufmann, Maryland Heights, MO, 2006.
5. Ratner, B., *What is genetic programming?* 2007. http://www.geniq.net/Koza_GPs.html.

第 6 章

排序数据对称化：提高数据预测能力的统计数据挖掘方法

6.1 引言

本章目标是介绍一种新的统计数据挖掘方法——排序数据对称化法，并将其加入第 5 章所述的好的建模做法的简单性和可取性范式之中。这种新方法用到了两种基础统计工具——对称化变量和排序变量，得到新的具有更高预测能力的重述变量。我列举了斯蒂文的量度范围（名义、排序、区间、比率），之后定义了一个近似区间范围，这是新统计数据挖掘方法的衍生品。然后，我简要回顾了探索性数据分析（EDA）的最简单要素：（1）茎叶图和（2）箱线图。这两种图都用于展示本章介绍的新方法，而这种新方法本身也属于 EDA 范畴。最后用两个例子来说明这个方法，为数据挖掘工程师提供一个应用这一有用的统计数据挖掘工具的起始点。

6.2 量度范围

根据斯蒂文的量度范围，数据量度范围是 4 个 [1]：

1）名义数据（nominal data）是分类标签，例如，颜色（红、白、蓝），数据值无法排序。显然，在名义数据上无法进行算术运算。也就是说，人们无法计算出红 + 蓝（= ？）。

2）有序数据是有顺序的数字标签，排序较高 / 较低的数字代表较大 / 较小数值。数字之间的间隔不一定是相等的。

a. 例如，考虑 CLASS（舱等）和 AGE（年龄）作为乘坐邮轮旅行的两个变量。我将 CLASS（头等、二等、三等、大仓）分成序数变量 CLASS_，用于表示收入。将 AGE（成人和儿童）分成序数变量 AGE_，用于表示年龄。还用 AGE 和 GENDER 构建了 CLASS 的交互变量，分别记作 CLASS_AGE_ 和 CLASS_GENDER_，这些变量的定义和交互变量的定义如下。

三个重新设计的变量是：

i. 如果 GENDER = 男，则 GENDER_ = 0

ii. 如果 GENDER = 女，则 GENDER_ = 1

i. 如果 CLASS = 头等，则 CLASS_ = 4

ii. 如果 CLASS = 二等，则 CLASS_ = 3

iii. 如果 CLASS = 三等，则 CLASS_ = 2

iv. 如果 CLASS = 大仓，则 CLASS_ = 1

i. 如果 AGE = 成年人，则 AGE_ = 2

ii. 如果 AGE = 儿童，则 AGE_ = 1

CLASS 与 AGE 和 GENDER 的交互变量是：

i. 如果 CLASS = 二等，且 AGE = 儿童，则 CLASS_AGE_ = 8

ii. 如果 CLASS = 头等，且 AGE = 儿童，则 CLASS_AGE_ = 7

iii. 如果 CLASS = 头等，且 AGE = 成年人，则 CLASS_AGE_ = 6

iv. 如果 CLASS = 二等，且 AGE = 成年人，则 CLASS_AGE_ = 5

v. 如果 CLASS = 三等，且 AGE = 儿童，则 CLASS_AGE_ = 4

vi. 如果 CLASS = 三等，且 AGE = 成年人，则 CLASS_AGE_ = 3

vii. 如果 CLASS = 大仓，且 AGE = 成年人，则 CLASS_AGE_ = 2

viii. 如果 CLASS = 大仓，且 AGE = 儿童，则 CLASS_AGE_ = 1

i. 如果 CLASS = 头等，且 GENDER = 女，则 CLASS_GENDER_ = 8

ii. 如果 CLASS = 二等，且 GENDER = 女，则 CLASS_GENDER_ = 7

iii. 如果 CLASS = 大仓，且 GENDER = 女，则 CLASS_GENDER_ = 6

iv. 如果 CLASS = 三等，且 GENDER = 女，则 CLASS_GENDER_ = 5

v. 如果 CLASS = 头等，且 GENDER = 男，则 CLASS_GENDER_ = 4

vi. 如果 CLASS = 三等，且 GENDER = 男，则 CLASS_GENDER_ = 2

vii. 如果 CLASS = 大仓，且 GENDER = 男，则 CLASS_GENDER_ = 3

viii. 如果 CLASS = 二等，且 GENDER = 男，则 CLASS_GENDER_ = 1

b. 我们无法假定 CLASS_ = 4 和 CLASS_ = 3 的收入差异等于 CLASS_ = 3 和 CLASS_ = 2 的收入差异。

c. 算术运算（比如减法）是不可能的。对于 CLASS_ 这样的数字变量，无法得出 4 - 3 = 3 - 2。

d. 只有逻辑运算"小于"和"大于"可以进行。

e. 序数变量的另一个特征是不存在"真正的"零，这是因为 CLASS_ 大范围是从 1 到 4，也可以定义为从 3 到 0。

3）区间数据之间是等距的，且允许两对数据之间是等距的。

a. 考虑 HAPPINESS 取值范围为 10（= 最快乐）到 1（= 很悲伤）。

4 个人给自己评定的 HAPPINESS 值：

i. A 和 B 分别为 10 和 8。

ii.C 和 D 分别为 5 和 3。

iii. 可以得出结论：A 和 B（快乐程度差别为 2）与 C 和 D（快乐程度差别为 2）是一致的。

iv. 区间的取值不会出现真实的零值。所以，不可能断言某个人比另一个人快乐多少倍。

A. 区间数据不能乘除。常见的区间数据是温度范围。每两个读数之差就等于温度，但是 30° 不会和 15° 的两倍一样温暖。也就是说，30° - 20° =20° - 10°，但是 20° /10° 不等于 2。换言之，20° 不会和 10° 的两倍一样热。

4）比率数据类似区间数据，但具有真实的零值。常见例子是开氏温度，有一个绝对零度值。因而，开氏温度 300K 就等于两倍的开氏温度 150 K。

5.）真实零值是什么？有些度量衡具有真实或自然零值。

a. 例如，WEIGHT（重量）的真实零值就是无重量。所以，可以说我的 26 磅（1 磅 = 0.453 592 37 千克）重的腊肠狗达比是它 13 磅重的迷妹贝西体重的两倍。所以这是一个比率量度。

b. 而 YEAR（年份）则没有自然的零值。我们可以随意确定 YEAR 0，但是没有理由说 2000 年比 1000 年悠久两倍。所以说，这是一个区间量度。

6）注意：不幸的是，一些数据分析师没有区分区间数据和比率数据，而将其统称为连续数据。更有甚者，大多数数据分析师盲目地处理排序数据，像对待区间数据那样设定数值，这两类做法在技术上都是错误的。

6.3　茎叶图

茎叶图是用于展示定量数据的一种图，用于将分布的密度和形状进行可视化处理。这种图的一个显著特征是保留原始数据至少两位以上，并将数据按顺序排列。一个基本的茎叶图是用一条竖线分开两列，左边一列包含茎，右边一列包含叶。通常叶这一列包含数据的最后一位数字，而茎列包含其他位数字。对于非常大的数字，要将数据的值四舍五入到固定的小数位（比如，小数点后两位），将小数位放在叶这一列里，把整数位放在茎列。茎叶图在发现异常值和找出数据规律方面也很有效。这个方法尤其适用于中等规模的 EDA 数据集合（大约 250 个数据点），逆时针旋转 90°，茎叶图就变成了直方图，星形符号（*）代表叶列的数位。

6.4　箱线图

箱线图提供了展示一个分布的各种特征的详细的视图。箱型从底部水平线展开，低的那条横线是下边沿，代表第 25% 百分位，高的那条横线是上边沿，代表第 75% 百分位。在这两边沿连上两条竖线就完成了箱型部分。箱子中间的水平线代表中位值。"+"代表平均值。

两个边沿之间的 H 型扩展部分是两边沿之间的差距，定义步长为 1.5 倍的 H 型扩展。内部的隔栏是边沿之外的一个步长处，外部的隔栏是边沿之外的两个步长处。这些隔栏用于画出须线，即盒子两边的竖线，以内部隔栏为界。"o"表示介于内部隔栏和外部隔栏的每个值。"*"表示该值超出了外部隔栏。图 6.1 展示了一个对称分布的茎叶图和箱线图。注意，我增加了偏度这个统计量，用于测量分布对称性的不足。偏度是个区间量度。偏度 =0 意指这个分布是对称的。

如果偏度是正值，则称这个分布是右偏的，或者正偏的，意指这个分布在正的方向上有一条长尾。类似地，如果偏度是负值，则称这个分布是左偏的，或者负偏的，意指这个分布在负的方向上有一条长尾。

6.5　排序数据对称处理方法的图示

对于排序数据对称处理（SRD）方法的最佳说明方式是举例。我用两个例子来说明这种新的统计数据挖掘方法，作为数据挖掘工程师学习 SRD 方法的一个起点。

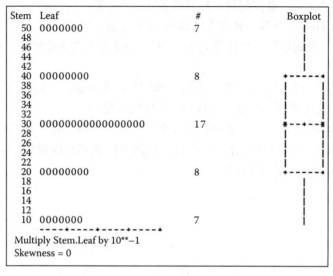

```
Stem   Leaf                              #          Boxplot
  50   0000000                           7
  48
  46
  44
  42
  40   00000000                          8
  38
  36
  34
  32
  30   00000000000000000                17
  28
  26
  24
  22
  20   00000000                          8
  18
  16
  14
  12
  10   0000000                           7
       ----+----+----+----+----+
Multiply Stem.Leaf by 10**-1
Skewness = 0
```

图 6.1   对称数据的茎叶图和箱线图

6.5.1   示例 1

我们看看第 4 章讨论的来自真实例子的两个变量 HI_BALANCE（个人信用卡交易最高余额）和 RECENCY_MOS（上次购买至今间隔的月数）。SRD 数据挖掘流程包括以下两步：

1）将变量 HI_BALANCE 和 RECENCY_MOS 的值分别排序，并分别用于定义排序值变量 rHI_BALANCE 和 rRECENCY_MOS。可以由大到小，也可以由小到大。

2）对这两个已经排序的变量进行对称处理。

这一步采用 SAS 程序 RANK，如下。这个程序用来创建排序值变量 rHI_BALANCE 和 rRECENCY_MOS。选项"normal = TUKEY"用于进行对称化处理。输入数据是 DTReg，输出数据（如，对称的排序数据）是 DTReg_NORMAL。SAS 程序如下：

```
PROC RANK data = DTReg_data_ normal = TUKEY out = DTReg_NORMAL;
var HI_BALANCE RECENCY_MOS;
ranks rHI_BALANCE rRECENCY_MOS;
run;
```

示例 1 的讨论

1）图 6.2 和图 6.3 分别是 HI_BALANCE 和 rHI_BALANCE 的茎叶图和箱线图。HI_BALANCE 和 rHI_BALANCE 的偏度值分别是 1.0888 和 0.0098。

2）图 6.4 和图 6.5 分别是 RECENCY_MOS 和 rRECENCY_MOS 的茎叶图和箱线图。RECENCY_MOS 和 rRECENCY_MOS 的偏度值分别是 0.0621 和 - 0.0001。

3）注意：茎叶图变成了直方图，这是因为样本量很大，有 2000 个。这个图形提供了分布形状的细节特征。

我承认自己有点犹豫，为了推进 SRD 方法，我只选择了对顺序数据进行处理，把重新编码的数值当成区间数据。

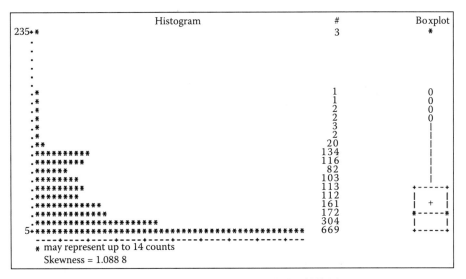

图 6.2　HI_BALANCE 的茎叶图和箱线图

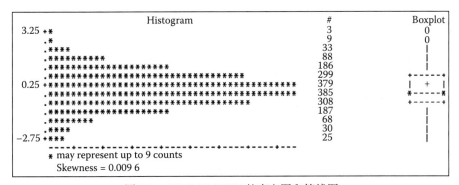

图 6.3　rHI_BALANCE 的直方图和箱线图

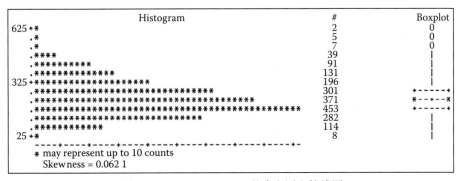

图 6.4　RECENCY_MOS 的直方图和箱线图

对数据进行对称化处理确实有助于校直数据。在无散点图的情况下，两对变量（HI_BALANCE 和 RECENCY_MOS 以 及 用 SRD 法重新表述的变量 rHI_BALANCE 和 rRECENCY_MOS）的相关系数分别为 -0.6412 和 -0.10063（见表 6.1 和表 6.2）。所以说，SRD 法改善了两个原始变量的预测关系，改善程度达到 56.9%（$=abs(-0.10063)-abs(-0.06412))/abs(-0.06421)$），其中 abs = 绝对值，即省去负号。总之，变量对（rHI_BALANCE，rRECENCY_MOS）比原来的那对变量具有更高的预测能力，为建模过程提供了更大空间。

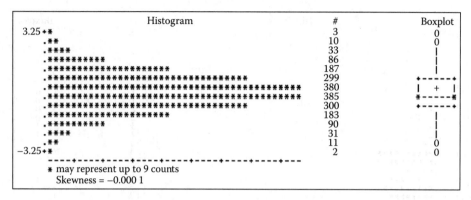

图 6.5   rRECENCY_MOS 的直方图和箱线图

表 6.1   HI_BALANCE 和 RECENCY_MOS 的相关系数

皮尔逊相关系数，N=200 0，Prob>r，H_0：Rho=0

	HI_BALANCE	RECENCY_MOS
HI_BALANCE	1.000 00	−0.064 12
		0.004 1
RECENCY_MOS	−0.064 12	1.000 00
	0.004 1	

表 6.2   rHI_BALANCE，rRECENCY_MOS 的相关系数

皮尔逊相关系数，N=200 0，Prob>r，H_0：Rho=0

	RHI_BALANCE	RECENCY_MOS
rRHI_BALANCE	1.000 00	0.100 63
Rank for Variable rHI_BALANCE		<0.000 1
rRECENCY_MOS	−0.100 63	1.000 00
Rank for Variable	<0.000 1	
RECENCY_MOS		

6.5.2   示例 2

自从 1912 年 4 月 15 日发生了"白色之星"级巨型邮轮泰坦尼克号在北大西洋撞冰山沉没这个严重事件之后，对于灾难的想象从未停止。近年来，人们对泰坦尼克号的兴趣骤然上升，因为罗伯特·巴拉德博士于 1985 年发现了该船的遗骸。这个世纪悲剧令人着魔。

任何有关这艘船沉没的新线索都是大新闻。我相信 SRD 法可以满足泰坦尼克号爱好者的好奇。我建立了一个初步的泰坦尼克模型，用来确认幸存者，如果泰坦尼克 II 号将要出航的话，就可以事先预测谁将最有可能在撞击冰山时有机会活下来，这个幸存概率是 $2.0408e^{-12}$ 到 1 之间[一]。这个模型稍后会详细介绍，它清晰地展示了 SRD 数据挖掘方法的优势，值得被纳入每位数据挖掘工程师的工具箱里。

1. 泰坦尼克数据集

泰坦尼克号上的船员和乘客共有 2201[二]人，只有 711 人活下来了，幸存率为 32.2%。对

[一]   来源未知（实际是我丢失了这个来源信息）。

[二]   这个数字有争议，我看到的数字多数是 2201 名乘客和 711 名幸存者，也看到过 2208 名乘客和 712 名幸存者的说法。

于所有这些人来说，他们的人员信息是已知的：GENDER（男，女），CLASS（头等，二等，三等，大仓），AGE（成人，儿童）。

所有人按照 GENDER–CLASS–AGE 分为 14 类（表 6.3）。表 6.3 包括了总人数（N）、幸存人数（S）以及幸存率（Survival Rate，单位是 %）。

表 6.3　泰坦尼克数据集

Pattern	GENDER	CLASS	AGE	N	S	Survival Rate
1	男	头等	成人	175	57	32.5
2	男	头等	儿童	5	5	100.0
3	男	二等	成人	168	14	8.3
4	男	二等	儿童	11	11	100.0
5	男	三等	成人	462	75	16.2
6	男	三等	儿童	48	13	27.1
7	男	大仓	成人	862	192	22.3
8	女	头等	成人	144	140	97.2
9	女	头等	儿童	1	1	100.0
10	女	二等	成人	93	80	86.0
11	女	二等	儿童	13	13	100.0
12	女	三等	成人	165	76	46.1
13	女	三等	儿童	31	14	45.2
14	女	大仓	成人	23	20	87.0
			总计	2 201	711	32.2

由于只有 3 个变量，而且信息很少，所以，构建泰坦尼克模型无论是从学术界还是业界角度看，都是非常有挑战性的[2-6]。SRD 法在构建泰坦尼克模型的文献中是一个有价值的数据挖掘原创方法。下一节我们介绍这个建模过程。

2. 重新编码的泰坦尼克序数变量 CLASS_、AGE_、GENDER_、CLASS_AGE_ 和 CLASS_GENDER_

为了观察这些数据的形态，我绘制了 CLASS_、AGE_、GENDER_ 茎叶图和箱线图（分别见图 6.6、图 6.7、图 6.8），也绘制了 6.2 节建立的交互变量 CLASS_AGE_ 和 CLASS_GENDER_ 的图，见图 6.9 和图 6.10。在为交互变量设定顺序值时，我采用了众所周知的危机评价范围。"妇女儿童优先"，女性和儿童的幸存率分别是 74.35% 和 52.29%（表 6.4），这在上面所说的区间之内。

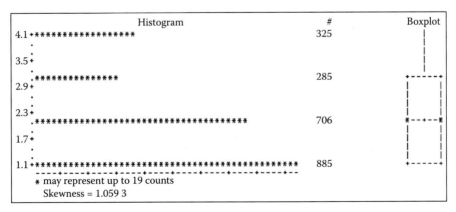

图 6.6　CLASS_ 直方图和箱线图

```
                    Histogram                          #              Boxplot
2.025 +*********************************************  2 092        +------+
1.925 +                                                                  +
1.825 +
1.725 +
1.625 +
1.525 +
1.425 +
1.325 +
1.225 +
1.125 +
1.025 +***                                             109                *
      ----+----+----+----+----+----+----+----+----+----+
         * may represent up to 44 counts
         Skewness = -4.155 5
```

图 6.7　AGE_ 直方图和箱线图

```
                    Histogram                          #              Boxplot
1.025 +*************                                   470                *
0.925 +
0.825 +
0.725 +
0.625 +
0.525 +
0.425 +
0.325 +
0.225 +
0.125 +
0.025 +************************************************  1 731        +------+
      ----+----+----+----+----+----+----+----+----+----+
         * may represent up to 37 counts
         Skewness = 1.398 9
```

图 6.8　GENDER_ 直方图和箱线图

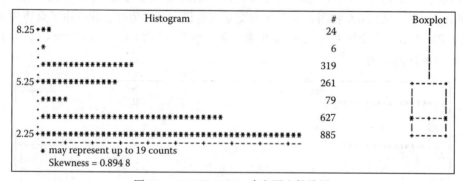

图 6.9　CLASS_AGE_ 直方图和箱线图

3. 对称化处理后的泰坦尼克序数变量 rCLASS_、rAGE_、rGENDER_、rCLASS_AGE_ 和 rCLASS_GENDER_

rCLASS_、rAGE_、rGENDER_、rCLASS_AGE_、rCLASS_GENDER_ 的茎叶图和箱线图见图 6.11 ～图 6.15。

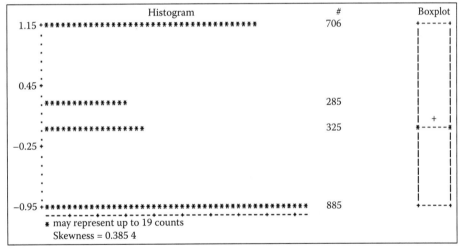

图 6.10 CLASS_GENDER_ 直方图和箱线图

表 6.4 女性与儿童的存活情况

Row Pct Frequency	未存活	存活	总计
儿童	52	57	109
	47.71	52.29	
女性	109	316	425
	25.65	74.35	
总计	161	373	534

图 6.11 rCLASS_ 直方图和箱线图

SRD 法的应用结果见表 6.5，可以对比原始变量和 SRD 变量的偏度。变量 CLASS_、CLASS_AGE_ 和 CLASS_GENDER_ 已经被重新表述，可以看到相应的有偏分布到对称分布之间的巨大差异：在朝向零的方向，偏度值大幅下降，尽管 AGE_ 和 GENDER_ 是无意义的变量，这两个变量只有两个值，这里只是用作参考。

4. 构建一个初步的泰坦尼克模型

按照序数变量和区间变量的定义，我们知道对称化排序变量不是序数变量。尽管如此，经过重新表述的变量 rCLASS_、rCLASS_AGE_ 和 rCLASS_GENDER_ 的度量性质是不明显的。这些变量不是在一个比率量度上，因为无法定义一个真实零值。相应地，我把对称化排序变量定义为一个类似区间变量的变量。

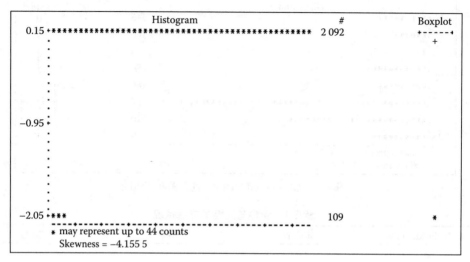

图 6.12　rAGE_ 直方图和箱线图

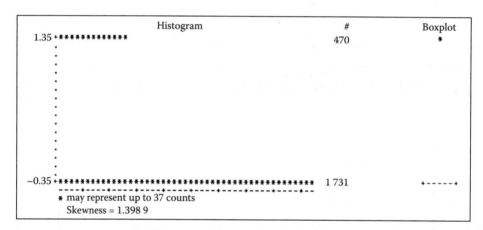

图 6.13　rGENDER_ 直方图和箱线图

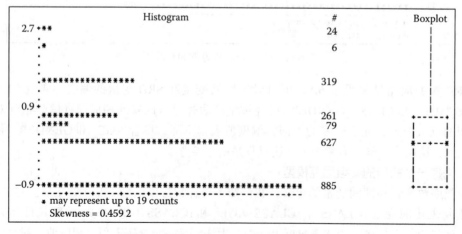

图 6.14　rCLASS_AGE_ 直方图和箱线图

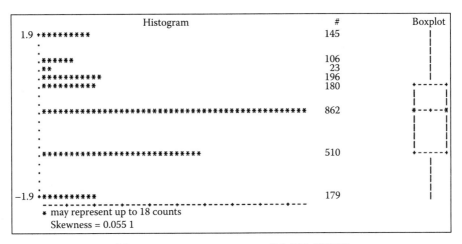

图 6.15　rCLASS_GENDER_ 直方图和箱线图

表 6.5　原数据与经过对称化处理的排序数据偏度对比

变　量	偏度值	对称化处理的效果（有，无，不适用）
CLASS_	1.059 3	有
rCLASS_	0.385 4	
AGE_	−4.155 5	二值变量呈现两条平行线
rAGE_	−4.155 5	
GENDER_	1.398 9	二值变量呈现两条平行线
rGENDER_	1.398 9	
CLASS_AGE_	0.984 8	有
rCLASS_AGE_	0.459 2	
CLASS_GENDER_	1.193 5	有
rCLASS_GENDER_	0.055 1	

　　初步的泰坦尼克模型是一个以 SURVIVED 为因变量的逻辑斯谛回归模型，并假定 1 =是，0 = 否。这个初步的泰坦尼克模型用 SAS 程序 LOGISTIC 建立，其定义包含了两个交叉对称化排序变量 rCLASS_AGE_ 和 rCLASS_GENDER_，见表 6.6。

表 6.6　初步泰坦尼克模型的 LOGISTIC 程序：最大似然估计分析

参　数	DF	估计值	标准误差	Wald Chi-Square	Pr > ChiSq
Intercept	1	−0.869 0	0.053 3	265.498 9	<0.000 1
rCLASS_AGE_	1	0.403 7	0.058 1	48.193 5	<0.000 1
rCLASS_GENDER_	1	1.010 4	0.063 5	252.920 2	<0.000 1

　　这个初步模型得出的结果是，59.1%（=420/711）的幸存者和之前预测的幸存者的归类是相符的，见表 6.7。这个幸存率表明，可以得出对一个二值分类模型的预测能力的更准确的评估结果——如果有一个大的不成比例的单元，比如预测而且实际上有 1199 名乘客死亡（第一行，第一列）。这里只给出了初步模型的结果，因为还有很多工作需要完成，包括在完成这个泰坦尼克模型之前要测试三路交互变量，这些工作超出了本章内容的范围。

表 6.7 初步泰坦尼克模型的分类表

	预测死亡人数	预测存活人数	合 计
实际死亡人数	1 199	291	1 490
实际幸存人数	291	420	711
合计	1 490	711	2 201

6.6 本章小结

我介绍了一种新的统计数据挖掘方法——SRD 法，并将其加入好的建模做法的简单性和可取性范式之中。这个方法用到了两个基本统计工具，对称化和排序变量，使得重新表述的变量获得了更好的预测能力。首先，我详细罗列了斯蒂文的量度范围，为新的对称化重述变量提供了一个概念框架。然后，我在一个近似区间量度上定义了新的 SRD 变量，并简短回顾了最简单的 EDA 方法——茎叶图和箱线图，这两者对于讨论 SRD 方法都是必不可少的。最后我给出了这种新方法的两个例子，表明对称化处理后的变量确实比原来的变量具有更好的预测能力。我认为这两个例子可以作为建模工作者应用 SRD 的起步点。

参考资料

1. Stevens, S.S., On the theory of scales of measurement, *American Association for the Advancement of Science*, 103(2684), 677–680, 1946.
2. Simonoff, J.S., The "Unusual Episode" and a second statistics course, *Journal of Statistics Education*, 5(1), 1997. http://www.amstat.org/publications/jse/v5n1/simonoff.html.
3. Friendly, M., Extending mosaic displays: Marginal, partial, and conditional views of categorical data, *Journal of Computational and Graphical Statistics*, 8, 373–395, 1999.
4. http://www.geniqmodel.com/res/TitanicGenIQModel.html, 1999.
5. Young, F.W., *Visualizing Categorical Data in ViSta*, University of North Carolina, 1993. http://forrest.psych.unc.edu/research/vista-frames/pdf/Categorical DataAnalysis.pdf.
6. SAS Institute, Introduction, 2009. http://support.sas.com/publishing/pubcat/chaps/56571.pdf.

第 7 章

主成分分析：多变量评估的
统计数据挖掘方法

7.1 引言

由卡尔·皮尔逊于 1901 年首先提出的主成分分析法（PCA）[⊖] 作为一个经典的数据删减技术，揭开了众多变量之间的内部联系。PCA 用作重新表述工具的文献很少见[⊖]。本章将PCA 作为一种数据挖掘方法。我认为 PCA 是一个可以用于常规应用场景，且能从中得出预期解决方案的统计数据挖掘工具。此外，PCA 也能应用于非常规的应用场景，并得出可靠、稳健的结果。而且，我还将介绍 PCA 用于构建准交互变量的有用方法，进一步推广 PCA 作为一个强大数据挖掘工具的应用范围。本章提供 PCA 用于构建准交互变量的 SAS 子程序。

7.2 EDA 重新表述范式

表 7.1 是探索性数据分析（EDA）的重新表述范式，展示了多个变量的重新表述的目标和方法。5.2 节讨论了一个变量和两个变量两个概念之间的关系，并且提供了校直数据的一个机器学习数据挖掘方法。一个变量和两个变量的幂阶梯法与箱线图，以及[⊜]突起规则将在第 10 章和第 12 章详细探讨。在表 7.1 里，我们列入了 PCA 法。PCA 通过将多个原始变量重新表述为新变量而找出其中的变化规律，这些互不相关的新变量可以解释其中大部分变化。PCA 作为一项 EDA 方法，用于识别数据间的关系，是一个有效的（新）数据挖掘工具。

表 7.1　变量数量与重新表述的目标和方法

	变量数		
	1	2	多个
重新表述方法	对称化处理	校直处理	保留信息
	箱线图和幂阶梯法	突起规则和幂阶梯法	主成分分析法

⊖　参见 Pearson, K., On lines and planes of closest fit to systems of points in space, *Philosophical Magazine*, 2（6），559–572，1901。Harold Hotelling 在 1933 年独立提出了主成分分析法。

⊖　图基首先提出了重新表述（reexpression）这个说法，但是并没有给出定义。我需要给所用的术语一个定义。我将重新表述定义为借助函数，比如算术函数、数学函数和截断函数，改变原变量的成分、结构或量度范围，得出原变量经过重新表述后的新变量。经过重新表述是为了从中发现比原变量更多的信息。

⊜　箱型图（boxplot）也称作箱线图。

7.3 关键点

使用多个变量会在两方面增加数据挖掘的成本：

1）处理多个数据需要更多时间和空间。这种情况是每个数据挖掘工程师都知道的。

2）通过多个预测变量对因变量 Y 进行建模，得到多个系数的拟合结果，如果充分地拟合 Y 使用的变量较少，则预测的 Y 具有较大的误差方差。

所以，通过将多个预测变量重新表述为几个新变量，数据挖掘工程师节省了时间和空间，更重要的是，降低了被预测变量 Y 的误差方差。

7.4 PCA 基础

PCA 将 p 个变量 X_1，X_2，$\cdots$，X_p 转化为 p 个变量 PC_1，PC_2，$\cdots$，PC_p 的线性组合（PC 表示主成分），使得原始变量集合的大部分信息被数量更少的新变量表达，而这些新变量之间是互不相关的，即

$$PC_1 = a_{11}*X_1 + a_{12}*X_2 + \cdots + a_{1j}*X_1 + \cdots + a_{1p}*X_p$$
$$PC_2 = a_{21}*X_1 + a_{22}*X_2 + \cdots + a_{2j}*X_2 + \cdots + a_{2p}*X_p$$
$$\vdots$$
$$PC_i = a_{i1}*X_1 + a_{i2}*X_2 + \cdots + a_{ij}*X_j + \cdots + a_{ip}*X_p$$
$$\vdots$$
$$PC_p = a_{p1}*X_1 + a_{p2}*X_2 + \cdots + a_{pj}*X_j + \cdots + a_{pp}*X_p$$

其中 a_{ij} 是常数，称为 PC 系数。

注意，为表示的方便起见，所有 X 假定经过标准化处理。而且，这些 PC 和 a_{ij} 有很多代数和解释性特征。

7.5 示例详解

我们看表 7.2 中的四个教育普查变量（X_1，X_2，X_3，X_4）的相关系数矩阵和表 7.3 中对应的 PCA 结果。

讨论

1）由于有 4 个变量，所以有可能从相关系数矩阵中抽取出 4 个主成分变量。

2）PCA 的基本统计量是：

a. 4 个方差：特征根（LR_1，LR_2，LR_3，LR_4），按大小排列。

b. 相应的权重（如系数）向量：特征向量（a_1，a_2，a_3，a_4）。

3）系统或数据集的总方差是 4——4 个（标准化）变量的方差之和。

4）每个特征向量包含 4 个要素，每个对应一个变量。

对应 a_1，有

$$[-0.5514, -0.4041, 0.4844, 0.5457]$$

这 4 个系数对应第一个最大的 PC 变量，其方差是 2.6620。

表 7.2 X_1，X_2，X_3，X_4 的相关系数矩阵

	x_1	x_2	x_3	x_4
高中及以下 %（x_1）	1.000	0.268 9	−0.753 2	−0.811 6
高中毕业 %（x_2）		1.000	0.382 3	−0.620 0
大学 %（x_3）			1.000	0.431 1
大学以上 %（x_4）				1.000

表 7.3 相关系数矩阵的特征根（方差）和特征向量（系数）

	特征向量			
变　量	a_1	a_2	a_3	a_4
X_1	−0.551 4	−0.422 2	0.291 2	0.657 8
X_2	−0.404 2	0.777 9	−0.359 5	0.319 6
X_3	0.484 4	0.412 0	0.676 6	0.371 0
X_4	0.545 7	0.216 2	−0.572 7	0.572 1
LRi	2.662 0	0.823 8	0.514 1	0.000 0
比例方差	66.55	20.59	12.85	0.000 0
总方差	66.55	87.14	100	100

5）第一个 PC 变量是线性组合：

$$PC_1 = -0.5514*X_1 - 0.4042*X_2 + 0.4844*X_3 + 0.5457*X_4$$

6）PC_1 解释了这 4 个变量总方差的 66.55%（100 * 2.6620/4）。

7）第二个 PC 变量是线性组合：

$$PC_1 = -0.4222*X_1 + 0.7779*X_2 + 0.4120*X_3 - 0.2162*X_4$$

它具有第二大的方差 1.202，这解释了 4 个变量总方差的 20.59%（100 * 0.8238/4）。

8）前两个 PC 变量加起来解释了 4 个变量总方差的 87.14%（66.55% + 20.59%）。

9）对于第一个 PC 变量，前两个系数是负数，而后两个系数是正数。那么我们对 PC_1 的解读是：

a. 这是一个最高学历是高中的人与至少上过大学的人之间的对比。

b. 在 PC_1 的高分值对应的邮政编码所在地区的人中，至少上过大学的人的比例大于最高学历是高中的人的比例。

c. 在 PC_1 的低分值对应的邮政编码所在地区的人中，至少上过大学的人的比例小于最高学历是高中的人的比例。

7.6 PCA 的代数特征

PCA 通常需要用到相关系数矩阵，这意味着 PCA 用的是标准化的变量，其均值 =0，方差 =1。

1）每个 PC_i，

$$PC_i = a_{i1}*X_1 + a_{i2}*X_2 + \cdots + a_{ij}*X_j + \cdots + a_{ip}*X_p$$

有一个方差，也称作特征根或特征值，使得

a. Var（PC_1）取最大值。

b. Var（PC_1）> Var（PC_2）>···> Var（PC_p）。

　i. 等式有可能成立，但是出现概率很低。

c. Mean（PC_i）= 0。

2）所有 PC 变量是互不相关的。

3）与每个特征根 i 关联的是一个特征向量（a_{i1}，a_{i2}，···，a_{ij}，···，a_{ip}）作为原始变量的线性组合的权重，构成 PC_i：

$$PC_i = a_{i1}*X_1 + a_{i2}*X_2 +···+ a_{ij}*X_i +···+ a_{ip}*X_p$$

4）PC 变量的方差之和（即特征根之和）与原始变量的方差之和相等。由于这些变量是标准化的，所以可得到等式：特征根之和 = p。

5）k 个 PC 变量占 p 个原始变量的方差的比例 = 前 k 个 PC 变量的特征根之和 /p。

6）X_i 和 PC_j 的相关系数等于 $a_{ij}*$ sqrt [Var（PC_j）]。这个相关系数称作一个主成分负载。

7）确定显著负载的经验法则是：如果负载 a_{ij} 满足下面的不等式，则 a_{ij} 是显著的：a_{ij}> 0.5/sqrt[Var（PC_j）]

8）一个原始变量的所有主成分变量负载的平方和表示该变量的方差有多少可以归因于这些主成分变量。

9）Var（PC）取值小（小于 0.001）意味着多重共线性很高。

10）Var（PC）= 0 意味着存在完美的共线性。

7.7　一个不常见示例

这个不常见示例的用处是检查思考一个分类预测变量 R_CD 的流程，它具有 64 个不同值，由 6 个二值变量（X_1，X_2，X_3，X_4，X_5，X_6）定义，包含在一个二值 RESPONSE 预测模型之中。

经典方法是构建（63 个）哑变量，并检验模型里包括的这些哑变量，而不考虑这些哑变量并不是显著的。这种做法是有问题的：把这个模型中的所有哑变量加入会增加噪声和模型的不可靠性，因为不显著的变量充满噪声。直观地说，一大组不可分割的哑变量在模型构建中造成了困难，因为它们很快"填充"了模型，没有为其他变量留出空间。

一个替代方法是拆解这个哑变量集合。即使哑变量不被视为一个集合，不管变量选择使用何种方法，模型中仍然存在过多哑变量⊖。对于经典方法来说，这种做法仍然会导致过多哑变量被用于模型之中，导致其他可供选择的预测变量无法被纳入模型。

还有两种方法可以用于检验纳入模型中的类别变量。一种是对类别变量进行平滑处理，我们将在第 10 章的一个案例中介绍这种方法。（到目前为止，我们还没有给出这种平滑类别变量的背景介绍。）另一种是 PCA 数据挖掘程序，这种方法有效、可靠而且易于使用。我们在下一节介绍这个程序，其中 PCA 的使用效果基于 6 个基本变量 X_1，X_2，X_3，X_4，X_5，X_6。

⊖　通常，哑变量基于非常少量的个体能够反映 0% 到 100% 的应答率。

7.7.1 R_CD 元素（X_1，X_2，X_3，X_4，X_5，X_6）主成分分析

R_CD 元素（X_1，X_2，X_3，X_4，X_5，X_6）主成分分析结果见表 7.4。

表 7.4　R_CD 元素（X_1，X_2，X_3，X_4，X_5，X_6）主成分分析

	相关系数矩阵的特征值			
	特征值	差值	比例	累计
R_1	3.038 07	1.237 59	0.506 345	0.506 34
R_2	1.800 48	0.894 16	0.300 079	0.806 42
R_3	0.906 32	0.716 41	0.151 053	0.957 48
R_4	0.189 91	0.144 28	0.031 652	0.989 13
R_5	0.045 63	0.026 04	0.007 605	0.996 73
R_6	0.019 59	—	0.003 265	1.000 00

	特征向量					
	R_1	R_2	R_3	R_4	R_5	R_6
X_1	0.038 567	−0.700 382	0.304 779	−0.251 930	0.592 915	0.008 353
X_2	0.473 495	0.177 061	0.445 763	−0.636 097	−0.323 745	0.190 570
X_3	−0.216 239	0.674 166	0.102 083	−0.234 035	0.658 377	0.009 403
X_4	0.553 323	0.084 856	0.010 638	0.494 018	0.260 060	0.612 237
X_5	0.556 382	0.112 421	0.125 057	0.231 257	0.141 395	−0.767 261
X_6	−0.334 408	0.061 446	0.825 973	0.423 799	−0.150 190	0.001 190

7.7.2 R_CD 元素（X_1，X_2，X_3，X_4，X_5，X_6）主成分分析结果

1）R_CD 的 6 个元素生成了 6 个主成分变量。PCA 事实陈述：k 个原始变量往往可以产生出 k 个主成分变量。

2）前两项 R_1 和 R_2 贡献了总变化的 80.642%，其中 R_1 贡献了 50.634%。

3）R_1 是 X_3 和 X_6 与 X_2、X_4 和 X_5 的对比。数据挖掘得到的对比是 PCA 的一个成果。

4）R_3 是 6 个正元素的加权平均值。PCA 事实陈述：加权平均的因子也被称作一般化因子，R_3 是一个一般化因子，也是 PCA 数据挖掘法的一个结果。一般化因子通常用于替代一个或者全部原始变量。

5）在表 7.5 里，变量的顺序是按照与 RESPONSE（回应变量）的相关系数的绝对值从大到小排列的。

a. PC 变量 R_1、R_3、R_4 和 R_6 比原始 X 变量有更大的相关系数。

b. PCA 事实陈述：通常 PC 变量的相关系数要比一些原始变量的相关系数大。

c. 实际上，这是我们采用 PCA 法的一个原因。

d. 只有 R_1 和 R_3 具有统计显著性，p 值小于 0.0001。其他变量的 p 值介于 0.015 和 0.7334 之间。

表 7.5　相关系数：RESPONSE、原始变量和按照系数绝对值排序的主成分变量

	原始变量和主成分变量					
	R_1	R_3	R_4	R_6	X_4	X_6
RESPONSE	0.100 48[1]	0.087 97[1]	0.012 57[2]	−0.011 09[2]	0.009 73[2]	−0.009 59[2]
	R_2	X_5	R_5	X_3	X_2	X_1
	0.000 82[2]	0.007 53[2]	0.007 41[2]	0.007 29[2]	0.005 38[2]	0.002 58[2]

[1] $p < 0.0001$。

[2] $0.015 < p < 0.7334$。

我构建了一个 RESPONSE（回应）模型，用到的预测变量集合包括 6 个原始变量和 6 个主成分变量。（模型的详细情况从略。）我只能展示一个两变量模型，包括（毫不意外地）R_1 和 R_3。关于这个模型的预测能力：

1）模型识别出了前 10% 回应最强的个体，应答率 24% 高于随机模型（即这个数据文件的平均应答率）。

2）这个模型识别出了后 10% 的回应最弱的个体，应答率 68% 低于随机模型。

3）所以说，这个模型的预测能力指数（前 10%/ 后 10%）为 1.8（即 124/68）。

这个指数值表明该模型具备中等水平的预测能力，而且我只使用了两个主成分变量。如果在这个预测变量集合汇总增加额外的变量，则构建一个具有更强预测能力的模型是有可能的。而且我相信主成分变量 R_1 和 R_3 应该会包含在模型里。

也许有人认为我忘记了第 5 章提到的直度和对称度的重要性，我要说明一下，主成分变量通常是正态分布，而且由于直度和对称度是同时出现的，所以无须检查 R_1 和 R_3 的直度。

7.8 用 PCA 构造准交互变量

我给出一个原创的有价值的 PCA 用法，用于构造准交互变量（quasi-interaction variable）。我用 SAS 来实现这个工作，在介绍完构建过程之后提供了这个程序（见 7.8.1 节）。我们看表 7.6 中的数据集合 IN。其中有两个类别变量：GENDER（假定 M 代表男性，F 代表女性，空白代表没有数据），MARITAL（假定 M 代表已婚，S 代表单身，D 代表离婚，空白代表没有数据）。

表 7.6　数据集合 IN

ID	GENDER	MARITAL	ID	GENDER	MARITAL
1	M	S	6	F	M
2	M	M	7	F	
3	M		8		M
4			9		S
5	F	S	10	M	D

我重新设定变量，并在空白处填上 x。所以，GENDER_ 和 MARITAL_ 分别是 GENDER（性别）和 MARITAL（婚姻状况）的修改后的变量（见表 7.7）。

表 7.7　重设变量之后的数据集合 IN

ID	GENDER	GENDER_	MARITAL	MARITAL_
1	M	M	S	S
2	M	M	M	M
3	M	M		x
4		x		x
5	F	F	S	S
6	F	F	M	M
7	F	F		x
8		x	M	M
9		x	S	S
10	M	M	D	D

然后，我用 SAS 程序 TRANSREG 为 GENDER_ 和 MARITAL_ 创建哑变量，对这两个变量的每个值，都有对应的哑变量。比如，GENDER_ = M，哑变量是 GENDER_M。参考哑变量用于处理 x 缺失的值（见表 7.8）。

我用 GENDER_ 和 MARITAL_ 哑变量进行 PCA，可以得到 5 个准交互变量：GENDER_ x_MARITAL_pc1 到 GENDER_x_MARITAL_pc5，结果见表 7.9，结果留给读者解读。抛开细节不谈，显然 PCA 是一个强大的数据挖掘方法。

表 7.8　使用 SAS 程序 TRANSREG 处理 GENDER_ 和 MARITAL_ 哑变量的结果

ID	GENDER_	MARITAL_	GENDER_F	GENDER_M	MARITAL_D	MARITAL_M	MARITAL_S
1	M	S	0	1	0	0	1
2	M	M	0	1	0	1	0
3	M	x	0	1	0	0	0
4	x	x	0	0	0	0	0
5	F	S	1	0	0	0	1
6	F	x	1	0	0	0	0
7	F	M	1	0	0	1	0
8	x	M	0	0	0	1	0
9	x	S	0	0	0	0	1
10	M	D	0	1	1	0	0

表 7.9　用 GENDER_ 和 MARITAL_ 哑变量产生准交互变量

PRINCOMP 程序				
观察值		10		
变量		5		

简单统计量				
	GENDER_F	FIGURE	MARITAL_D	MARITAL_M	MARITAL_S
均值	0.300 000 000 0	0.400 000 000 0	0.100 000 000 0	0.300 000 000 0	0.300 000 000 0
标准差	0.483 045 891 5	0.516 397 779 5	0.316 227 766 0	0.483 045 891 5	0.483 045 891 5

相关系数矩阵				
	GENDER_F	GENDER_M	MARITAL_D	MARITAL_M	MARITAL_S
GENDER_F	1.000 0	−0.534 5	−0.218 2	0.047 6	0.047 6
GENDER_M	−0.534 5	1.000 0	0.408 2	−0.089 1	0.089 1
MARITAL_D	−0.218 2	0.408 2	1.000 0	−0.218 2	0.218 2
MARITAL_M	0.047 6	−0.089 1	−0.218 2	1.000 0	−0.428 6
MARITAL_S	0.047 6	−0.089 1	−0.218 2	0.428 6	1.000 0

相关系数矩阵的特征值			
	特征值	差　值	比　例	合　计
1	1.848 400 72	0.419 829 29	0.369 7	0.369 7
2	1.428 571 43	0.538 965 98	0.285 7	0.655 4
3	0.889 605 45	0.437 231 88	0.177 9	0.833 3
4	0.452 373 57	0.071 324 74	0.090 5	0.923 8
5	0.381 048 83		0.076 2	1.000 0

（续）

	特征向量				
	GENDER_x_ MARITAL_ pc1	GENDER_x_ MARITAL_ pc2	GENDER_x_ MARITAL_ pc3	GENDER_x_ MARITAL_ pc4	GENDER_x_ MARITAL_ pc5
GENDER_F	−0.543 563	0.000 000	0.567 380	0.551 467	−0.280 184
GENDER_M	0.623 943	0.000 000	−0.209 190	0.597 326	−0.458 405
MARITAL_D	0.518 445	0.000 000	0.663 472	0.097 928	0.530 499
MARITAL_M	−0.152 394	0.707 107	−0.311 547	0.405 892	0.463 644
MARITAL_S	−0.152 394	−0.707 107	−0.311 547	0.405 892	0.463 644

准交互变量 PCA 法的 SAS 程序代码

```
data IN;
input ID 2.0 GENDER $1. MARITAL $1.;
cards;
01MS
02MM
03M
04
05FS
08FM
07F
08 M
09 S
10MD
;
run;

PROC PRINT noobs data=IN;
title2 ' Data IN ';
run;

data IN;
set IN;
GENDER_ = GENDER; if GENDER =' ' then GENDER_ ='x';
MARITAL_= MARITAL; if MARITAL=' ' then MARITAL_='x';
run;

PROC PRINT noobs;
var ID GENDER GENDER_ MARITAL MARITAL_;
title2 ' ';
title3 ' Data IN with necessary Recoding of Vars. for Missing Values ';
title4 ' GENDER now Recoded to GENDER_, MARITAL now Recoded to MARITAL_';
title5 ' Missing Values, replaced with letter x ';
run;
```

```
/* Using PROC TRANSREG to create Dummy Variables for GENDER_ */
PROC TRANSREG data=IN DESIGN;
model class (GENDER_ / ZERO='x');
output out = GENDER_ (drop = Intercept _NAME_ _TYPE_);
id ID;
run;

/* Appending GENDER_ Dummy Variables */
PROC SORT data=GENDER; by ID;
PROC SORT data=IN; by ID;
run;

data IN;
merge IN GENDER_;
by ID;
run;

/* Using PROC TRANSREG to create Dummy Variables for GENDER_ */
PROC TRANSREG data=IN DESIGN;
model class (MARITAL_ / ZERO='x');
output out=MARITAL_ (drop= Intercept _NAME_ _TYPE_);
id ID;
run;

/* Appending MARITAL_ Dummy Variables */
PROC SORT data=MARITAL_; by ID;
PROC SORT data=IN; by ID;
run;
data IN;
merge IN MARITAL_; by ID;
run;

PROC PRINT data=IN (drop= GENDER MARITAL) noobs;
title2' PROC TRANSREG to create Dummy Vars. for both GENDER_ and MARITAL_ ';
run;

/* Running PCA with GENDER_ and MARITAL_ Variables Together */
/* This PCA of a Quasi-GENDER_x_MARITAL Interaction */
PROC PRINCOMP data= IN n=4 outstat=coef out=IN_pcs
      prefix=GENDER_x_MARITAL_pc std;
var GENDER_F GENDER_M MARITAL_D MARITAL_M MARITAL_S;
title2 ' PCA with both GENDER_ and MARITAL_ Dummy Variables ';
title3 ' This is PCA of a Quasi-GENDER_x_MARITAL Interaction ';
run;

PROC PRINT data=IN_pcs noobs;
title2 ' Data appended with the PCs for Quasi-GENDER_x_MARITAL Interaction ';
title3 ' ';
run;
```

7.9 本章小结

我把经典数据减少技术 PCA 重新定位为 EDA 的重新表述方法，然后将其称作下一种时髦的数据挖掘工具。我把 PCA 描述成一个能够用于一般应用，而且能够从中获得预期结果的统计数据挖掘方法。我们用 EDUCATION（教育）普查变量的一个示例做了具体说明。然后，我介绍了一个 PCA 不常用的应用——为将一个类别预测变量纳入模型寻找一个结构化方法。这些结果非常有说服力，因为它们凸显了 PCA 在数据挖掘方面的力量。而且，我还提供了一个首创的有价值的 PCA 用法，用于构造准交互变量，同时提供了相应的 SAS 程序代码。

第 8 章
市场份额估算：一个特殊的数据挖掘案例

8.1　引言

　　市场份额是企业用于衡量产品的市场表现的一个基本指标。具体而言，市场份额量化了一家企业的客户对某种产品的偏好胜过竞争对手客户对竞争对手的这种产品的偏好的情况。企业没有现成的竞争数据来估计其市场份额。所以，为了构建市场份额模型，企业需要进行市场调研，以获取竞争对手的数据。抽样调研数据昂贵，而且收集需要花费时间，而且可能不太可靠。本章的目标是介绍一种独特的市场份额估算模型，这种方法不是一个基于抽样调研的常规的市场份额模型。这种方法用到了主成分分析法，基于一个特殊案例构建一个市场份额模型。这种方法非常有应用价值，因为企业通常有类似的数据可用。我还提供了相应的 SAS 子程序代码，可在 http://www.geniq.net/articles.html#section9 下载。

8.2　背景

　　市场份额是一个重要统计数据，企业用它衡量一种产品或服务（此后产品也包含了服务）在市场上的表现。

　　市场份额的一个简单定义是，对于地区 k 的产品 j，ABC 公司的市场份额等于该公司在 t 时期的销售（收入或者数量）除以该时点的相关市场总销售（收入或者数量）[⊖]。尽管市场份额不是一个复杂概念，但它还是给产品经理带来了不少难题。比如，项目经理必须懂得如何分析和估算市场份额，不仅要考虑自己的公司，还需要考虑竞争对手的行为。另外，季节性和经济形势也会影响产品在市场上的表现。

　　另一个要考虑的是市场份额不存在一个统一的目标。完美的市场份额（接近 100%）并不一定是好事情。市场份额较大的龙头企业可能必须扩大市场，以实现其增长，同时也必须支付不准备支出的相应费用。产品经理不得不紧盯着市场份额，以确保公司保持良好的财务状况。

　　尽管市场份额是一个简单概念，但是它本质上比产品的销售分析更为复杂。市场份额要求考虑竞争因素[1]。

　　研究文献里提到了各种理论上的市场份额模型，这些模型处理了诸如广告弹性和营销组

　　⊖　相关市场就是 ABC 公司所处的市场，以及包含了对其产品 j 有潜在买家的市场。

合变量水平变化的影响等因素，即价格、产品、促销和地点——称为"四个 P"[2-4]。而且，还有一个问题就是模型的选择，这是获得精确度和参数有效性两方面最佳预测结果所需的另一个决策点。

流行的市场份额模型有两个：多项式逻辑模型（MNL）和多重竞合模型（MCI）。这些模型的细节超出了本章的范围。可以说，这些模型及其变体，以及分别建立在该模型基础架构上的各种模型，都能用于分析和预测一个品牌或一家企业的市场份额[5-7]。MNL 和 MCI 采用品牌特性和 4P 做预测。

很明显，数据是驱动模型的力量，无论我们是选择简单的基准一阶自回归模型，还是复杂的市场份额吸引模型，都是如此。数据来源包括零售商铺的机器扫码数据、批发仓库的提货量、消费者抽样调研数据和日志面板数据。数据方面具有挑战性的问题是了解企业在竞争中所处的位置。这个问题要求我们获得并分析竞争对手的信息。建立一个对当前业务的市场监控系统，对整个行业的市场状况进行数据收集和分析，可以生成业务和竞争方面的定制报告。

8.3 一个特殊的数据挖掘案例

我们在本章前面提到的有关市场份额估算模型的研究文献，没有涉及用我们的方法研究一个市场份额案例。已经出版的市场份额估算方法都不适用。完整的企业和竞争对手数据（市场份额估算的薄弱环节）是各种模型必需的输入信息。我们要讨论的特殊案例涉及对一家公司进行市场份额估算，该公司了解相关信息，但是只有一部分数据，就是促销数据。

特殊案例：婴儿配方奶粉 YUM

婴儿配方奶粉生产商知道，母亲住院生产期间接受的配方奶粉品牌，最有可能在育儿第一年或更久时间继续购买。

配方奶粉生产商也一直寻求与医院合作，为其提供免费试用的产品，以便建立合作关系和品牌忠诚。为住院生产的新妈妈们提供免费配方奶粉有助于培养对品牌的信赖。在新生儿出院时，制造商给新妈妈们提供了一系列含有配方奶粉优惠券的"出院包"。一些厂商同时提供了"母乳喂养"和"配方喂养"包，里面都带有配方奶粉和优惠券。

一家龙头婴儿配方奶粉厂商（就称之为 RAL 吧）跟踪了新妈妈们对其配方奶粉的使用情况，这些新晋目前采用母乳喂养，只在婴儿出生 12 个月之后才改用配方奶粉。这些母亲决定了 RAL 的整个市场销售。然而，RAL 只为那些提前选定的医院提供 YUM 配方奶粉，供新晋母亲在住院期间使用，而这些医院对其市场销售有重要影响。需要注意的是，RAL 不是唯一一家向住院生产的新妈妈们提供婴儿配方奶粉的厂商。

RAL 给新妈妈们赠送"出院包"。六周之后，RAL 会再发一封促销信给新妈妈们，里面装着购买 YUM 奶粉的打折券。RAL 会进行一些有限的面板数据分析，了解新妈妈们自行报告的出院三个月之后的婴儿配方奶粉使用情况。

RAL 希望估算 YUM 相对其他那些免费提供给医院的婴儿配方奶粉的市场份额。每位新妈妈只有两个市场份额数据可以使用：

1）一个表示新妈妈出院 3 个月后是否在使用 YUM 奶粉的二值变量。

2）新妈妈收到的促销打折券。但是没有她们已经使用促销券数量的信息。

RAL 想知道促销在计算市场份额时的影响。在构建这个模型时，候选预测变量包含典型的人口、社会经济和地理变量，此外还有态度、偏好和生活方式方面的变量。市场混合变量（marketing-mix）不包含在这套候选预测变量之中。

8.4 构建 RAL 的 YUM 市场份额模型

建立 RAL 市场份额模型的主要问题（估算新妈妈们在婴儿出生 3 个月之后使用 YUM 婴儿配方奶粉的市场份额）是从统计上控制促销的影响。由于要用到各种统计方法和假设才能得出可靠的 YUM 市场份额估算值，我采用教学方式来介绍这个方法。

我把构建 YUM 市场份额模型的数据挖掘过程按照步骤顺序介绍一下。

步骤 1——用 YUM_3mos 表示促销券的使用频次

我定义 YUM_3mos 进行步骤 1。YUM_3mos 定义如下：

如果新妈妈在前 3 个月使用 YUM 奶粉，YUM_3mos = 1。

如果新妈妈在前 3 个月不使用 YUM 奶粉，YUM_3mos = 0。

促销频次（PROMO_Code）与 YUM_3mos 的平均值见表 8.1。该表按照 MEAN_YUM_3mos 值由大到小列出了 RAL 不同促销频次的 YUM_3mos 市场份额初步估计值，也包括促销次数（SIZE）。

表 8.1 YUM 市场份额（Mean_YUM_3mos）与促销频次（PROMO_Code）

PROMO_Code	SIZE	MEAN_YUM_3mos	PROMO_Code	SIZE	MEAN_YUM_3mos
10	229	0.641 92	15	438	0.515 98
7	207	0.560 39	13	1 003	0.513 46
16	38	0.552 63	4	266	0.511 28
6	127	0.551 18	11	3 206	0.510 29
1	9 290	0.536 17	2	557	0.500 90
5	333	0.531 53	3	2 729	0.444 85
14	2 394	0.530 91	9	2 488	0.433 68
12	946	0.525 37	8	2 602	0.419 29

RAL 的 YUM_3mos 市场份额接近 0.20，表明促销的效果很明显。频次表显示这项研究的目标就是消除促销效应的影响，得出 YUM 市场份额的真实结果。

步骤 2——创建 PROMO_Code 哑变量

为了给所有 PROMO_Codes 创建哑变量，运行附录 8.A，生成 PROMO_Code 哑变量子程序，且自动生成了以下代码：

```
If PROMO_Code = 1 then
PROMO_Code1 = 1; otherwise
PROMO_Code1 = 0

If PROMO_Code = 2 then
PROMO_Code2 = 1; otherwise
PROMO_Code2 = 0
…
If PROMO_Code = 16 then
```

PROMO_Code16 = 1; otherwise

PROMO_Code16 = 0

一共生成了 16 个促销哑变量，全面涵盖了所有（100%）促销信息。这套哑变量用于消减和控制促销带来的统计上的影响。

步骤 3——PCA 分析

我们用 SAS Proc PRINCOMP 程序对 PROMO_Code 进行主成分分析（PCA），在第 7 章，我提供了一个 PCA 模型的全面介绍。在这里，我们重点关注两个主要的 PCA 统计量，即特征值和特征向量，了解它们如何控制促销的统计影响。

16 个促销哑变量 PROMO_Code1～PROMO_Code16 生成了 16 个主成分变量。这 16 个主成分变量以一种独具统计效用的方式包含了促销哑变量的全部信息：

1）主成分变量从它们的构建原理上看，都是可靠而稳定的变量。

2）主成分变量是连续的，因而比原始哑变量更稳定。

3）主成分变量正如后面将要展示的，对于消除其他变量的不利影响起到了基本作用。

运行 Proc PRINCOMP 代码（附录 8.B），对 PROMO_Code 哑变量进行 PCA 分析，得出表 8.2 中的 16 个特征值。注意，前 8 个主成分变量解释了一半以上（55.84%）的 PROMO_Code 总方差。运行该程序得出的第二套统计值是特征向量，见表 8.3 和表 8.4。这些特征向量（PCs）的命名用 PROMO_Code_pc 作为前缀。

步骤 4——消除 YUM_3mos 中的促销影响

因变量（DepVar）YUM_3mos 对促销代码进行了完整的数据捕获。DepVar 和 PROMO_Code 哑变量是数据融合的。调用一个基本的统计公理，生成所需的不受促销效应影响的 DepVar。

表 8.2 PROMO_Code 哑变量 PCA 分析的特征值

	特征值	差 值	比 例	累 计
1	1.379 440 62	0.250 534 30	0.086 2	0.086 2
2	1.128 906 32	0.018 188 90	0.070 6	0.156 8
3	1.110 717 42	0.006 118 58	0.069 4	0.226 2
4	1.104 598 84	0.005 145 52	0.069 0	0.295 2
5	1.099 453 32	0.050 520 25	0.068 7	0.363 9
6	1.048 933 07	0.011 378 66	0.065 6	0.429 5
7	1.037 554 41	0.013 287 78	0.064 8	0.494 4
8	1.024 266 63	0.006 189 06	0.064 0	0.558 4
9	1.018 077 57	0.004 387 91	0.063 6	0.622 0
10	1.013 689 67	0.002 907 90	0.063 4	0.685 4
11	1.010 781 76	0.001 724 83	0.063 2	0.748 5
12	1.009 056 94	0.001 046 77	0.063 1	0.811 6
13	1.008 010 16	0.003 005 06	0.063 0	0.874 6
14	1.005 005 10	0.003 496 94	0.062 8	0.937 4
15	1.001 508 16	1.001 508 16	0.062 6	1.000 0
16	0.000 000 00		0.000 0	1.000 0

表 8.3　PROMO_Code 哑变量 PCA 分析的特征向量

	PROMO_Code_pc1	PROMO_Code_pc2	PROMO_Code_pc3	PROMO_Code_pc4	PROMO_Code_pc5	PROMO_Code_pc6	PROMO_Code_pc7	PROMO_Code_pc8
PROMO_Code1	−0.849 192	−0.028 771	−0.009 891	−0.009 136	−0.007 133	−0.052 172	−0.006 089	−0.025 351
PROMO_Code2	0.070 919	0.021 381	0.009 245	0.009 300	0.007 832	0.180 588	0.036 573	0.830 011
PROMO_Code3	0.220 472	0.337 257	−0.794 960	−0.210 305	−0.103 634	−0.180 422	−0.018 312	−0.066 588
PROMO_Code4	0.047 265	0.013 313	0.005 649	0.005 637	0.004 710	0.088 477	0.014 938	0.123 381
PROMO_Code5	0.053 319	0.015 242	0.006 493	0.006 490	0.005 432	0.106 072	0.018 443	0.168 341
PROMO_Code6	0.032 117	0.008 787	0.003 700	0.003 680	0.003 066	0.053 726	0.008 646	0.062 142
PROMO_Code7	0.041 398	0.011 515	0.004 870	0.004 852	0.004 049	0.073 728	0.012 175	0.093 983
PROMO_Code8	0.210 117	0.239 859	0.544 302	−0.647 716	−0.175 960	−0.193 263	−0.019 324	−0.069 403
PROMO_Code9	0.201 152	0.188 749	0.211 250	0.685 419	−0.505 953	−0.206 907	−0.020 365	−0.072 213
PROMO_Code10	0.043 659	0.012 200	0.005 166	0.005 150	0.004 300	0.079 181	0.013 179	0.104 149
PROMO_Code11	0.263 586	−0.873 479	−0.084 243	−0.063 358	−0.042 934	−0.146 332	−0.015 455	−0.058 193
PROMO_Code12	0.097 277	0.032 731	0.014 647	0.014 961	0.012 789	0.529 880	0.756 561	−0.274 451
PROMO_Code13	0.100 948	0.034 596	0.015 579	0.015 958	0.013 680	0.669 420	−0.650 236	−0.238 421
PROMO_Code14	0.193 973	0.159 567	0.138 593	0.248 137	0.836 577	−0.220 100	−0.021 338	−0.074 767
PROMO_Code15	0.061 951	0.018 142	0.007 780	0.007 798	0.006 545	0.137 057	0.025 261	0.294 764
PROMO_Code16	0.017 384	0.004 673	0.001 959	0.001 945	0.001 617	0.027 280	0.004 286	0.028 983

表 8.4　PROMO_Code 哑变量 PCA 分析的特征向量

	PROMO_Code_pc9	PROMO_Code_pc10	PROMO_Code_pc11	PROMO_Code_pc12	PROMO_Code_pc13	PROMO_Code_pc14	PROMO_Code_pc15	PROMO_Code_pc16
PROMO_Code1	−0.013 803	−0.012 062	−0.009 018	−0.005 753	−0.003 471	−0.005 006	−0.003 322	0.523 367
PROMO_Code2	−0.454 554	−0.166 006	−0.089 908	−0.049 363	−0.027 474	−0.032 449	−0.017 824	0.156 809
PROMO_Code3	−0.034 310	−0.028 906	−0.021 114	−0.013 291	−0.007 956	−0.011 220	−0.007 260	0.332 449
PROMO_Code4	0.120 133	0.231 979	0.827 199	−0.433 931	−0.124 681	−0.072 155	−0.028 364	0.108 962
PROMO_Code5	0.196 784	0.845 121	−0.405 641	−0.131 678	−0.061 284	−0.053 520	−0.024 437	0.121 761
PROMO_Code6	0.050 156	0.065 911	0.073 449	0.065 851	0.052 605	0.982 015	−0.051 203	0.075 486
PROMO_Code7	0.082 894	0.127 209	0.187 927	0.281 328	0.906 925	−0.115 035	−0.033 922	0.096 228
PROMO_Code8	−0.035 597	−0.029 905	−0.021 805	−0.013 712	−0.008 203	−0.011 550	−0.007 460	0.325 475
PROMO_Code9	−0.036 868	−0.030 883	−0.022 479	−0.014 122	−0.008 443	−0.011 868	−0.007 653	0.319 012
PROMO_Code10	0.094 889	0.155 759	0.273 262	0.837 002	−0.390 122	−0.093 015	−0.031 503	0.101 170
PROMO_Code11	−0.030 383	−0.025 816	−0.018 956	−0.011 968	−0.007 177	−0.010 171	−0.006 617	0.356 754
PROMO_Code12	−0.100 486	−0.071 543	−0.047 708	−0.028 620	−0.016 668	−0.021 872	−0.013 152	0.202 840
PROMO_Code13	−0.092 159	−0.067 036	−0.045 167	−0.027 235	−0.015 907	−0.021 022	−0.012 726	0.208 632
PROMO_Code14	−0.038 011	−0.031 757	−0.023 078	−0.014 485	−0.008 656	−0.012 150	−0.007 822	0.313 531
PROMO_Code15	0.834 506	−0.380 535	−0.142 646	−0.070 377	−0.037 354	−0.040 119	−0.020 583	0.139 368
PROMO_Code16	0.021 907	0.026 213	0.025 827	0.020 264	0.014 197	0.037 841	0.996 230	0.041 360

统计公理

1）在 X 上对 Y 回归，得出 Y（est_Y）估计值，将 Y_due_X 记为 est_Y。

2）如果 Y 是二值变量，则令 1-est_Y 表示 Y 不受 X 影响，令 Y_wo_Xeffect 表示 1-est_Y。

运行附录 8.C 子程序，对 YUM_3mos 基于 PROMO_Code 哑变量进行逻辑斯谛回归。一个众所周知的统计学说法是，在一组 k 个哑变量之中，只有 k-1 个哑变量可以进入一个模型。在这种情况下，很容易排除掉 PROMO_Code16，因为其方差（特征值）是 0，见表 8.2（最后一行，第二列）。基于该统计公理，逻辑斯谛回归可以得出 YUM_3mos_due_PROMO_Code。为简单起见，我将变量改名如下：

YUM_3mos_due_PROMO_Code 改为 YUM3mos_due_PROMO，YUM_3mos_wo_PROMO_Codeeffect 改为 YUM3mos_wo_PROMOeff。

表 8.5 展示的 YUM3mos_due_PROMO 估计值似乎表明该模型存在缺陷，因为有很多 p 值很大（Pr>ChiSq）。然而，全部变量必须放在这个模型中，显著的变量具有小 p 值，不显著的变量具有大 p 值，因为这个模型的目的是 est_YUM_3mos 捕获所有促销信息（即如表 8.2 最后一行或倒数第二行最后一列所示，促销变化的 100%）。所以说，p 值大的变量不会影响这个模型的效用。所有促销影响按照定义都包含在所有 PROMO 哑变量里（PROMO_Code16 除外）。因而 YUM3mos_due_PROMO 模型达到了设计目标。

表 8.5　YUM3mos_due_PROMO 模型的最大似然估计

参　数	自由度	估计值	标准误差	Wald 卡方值	大于卡方值的概率
Intercept	1	0.004 14	0.012 3	0.114 0	0.735 6
PROMO_Code_pc1	1	-0.106 4	0.012 2	75.445 2	<0.000 1
PROMO_Code_pc2	1	-0.070 0	0.012 2	32.722 1	<0.000 1
PROMO_Code_pc3	1	-0.012 0	0.012 3	0.958 5	0.327 6
PROMO_Code_pc4	1	0.033 4	0.012 3	7.347 5	0.006 7
PROMO_Code_pc5	1	0.096 9	0.012 3	62.486 6	<0.000 1
PROMO_Code_pc6	1	0.061 5	0.012 2	25.259 4	<0.000 1
PROMO_Code_pc7	1	0.012 7	0.012 2	1.082 9	0.298 1
PROMO_Code_pc8	1	0.018 6	0.012 2	2.324 0	0.127 4
PROMO_Code_pc9	1	0.020 8	0.012 2	2.896 2	0.088 8
PROMO_Code_pc10	1	0.024 9	0.012 2	4.150 0	0.041 6
PROMO_Code_pc11	1	0.019 0	0.012 3	2.412 1	0.120 4
PROMO_Code_pc12	1	0.049 3	0.012 6	15.322 4	<0.000 1
PROMO_Code_pc13	1	-0.001 71	0.012 4	0.019 1	0.890 2
PROMO_Code_pc14	1	0.006 56	0.012 3	0.285 7	0.593 0
PROMO_Code_pc15	1	0.004 97	0.012 3	0.163 8	0.685 7

YUM3mos_due_PROMO 模型定义见方程 8.1：

$$YUM3mos\_due\_PROMO = + 0.0041 \tag{8.1}$$
$$- 0.1064 * PROMO\_Code\_pc1$$
$$- 0.0700 * PROMO\_Code\_pc2$$
$$- 0.0120 * PROMO\_Code\_pc3$$
$$+ 0.0334 * PROMO\_Code\_pc4$$
$$+ 0.0969 * PROMO\_Code\_pc5$$

$$+ 0.0615 * PROMO\_Code\_pc6$$
$$+ 0.0127 * PROMO\_Code\_pc7$$
$$+ 0.0186 * PROMO\_Code\_pc8$$
$$+ 0.0208 * PROMO\_Code\_pc9$$
$$+ 0.0249 * PROMO\_Code\_pc10$$
$$+ 0.0190 * PROMO\_Code\_pc11$$
$$+ 0.0493 * PROMO\_Code\_pc12$$
$$- 0.0017 * PROMO\_Code\_pc13$$
$$+ 0.0065 * PROMO\_Code\_pc14$$
$$+ 0.0049 * PROMO\_Code\_pc15$$

接下来运行附录 8.D 子程序，得出 YUM_3mos_wo_PROMO_CodeEff，计算 1 – est_YUM_3mos。由此根据统计公理得出了 YUM3mos_wo_PROMOeff。

步骤 5——构造市场份额因变量

根据步骤 4 提到的统计公理，我按照下述 5 个逻辑步骤创建了因变量 MARKET-SHARE（市场份额）：

1）YUM_3mos，根据定义是个二值变量，受到促销影响。

2）所以，由 YUM_3mos 衍生出概率。

3）那么，YUM3mos_due_PROMO 就是概率。

4）YUM3mos_wo_PROMOeff 按照定义是一个不包含促销效应的变量。

5）因而，MARKET-SHARE = YUM3mos_wo_PROMOeff。

步骤 6——建立初步的 YUM_3mos 市场份额模型

1）有超过 1200 个变量可以作为预测变量，典型的是人口、社会经济和地理变量，此外还有态度、偏好以及生活方式变量，但是不包括市场混合变量。

2）变量选择方法用到了第 40 章介绍的新构建变量和最终确定的预测变量所用的 GenIQ 模型中的概念[〇]。当然，数据挖掘工程师可以使用自己喜欢的变量选择方法。

3 个预测变量 SOFT_PCLUS1、SOFT_PCLUS2 和 SOFT_PCLUS4（未显示）定义了 YUM_3mos 市场份额模型。这些预测变量是用 PCA 产生的预测变量，其中包含了遗传编程法的影响。每个预测变量是主成分变量的一个"软"版本。例如，SOFT_PCLUS1 是一个修改的主成分变量，只保留了主成分系数的符号。所以，SOFT_PCLUS1 是 20 个候选预测变量的加权和，权重就是主成分系数的符号（+1 或 – 1）。我们没有给出构建主成分预测变量的过程，但是其中包含了 20 个候选变量。

数据挖掘工程师起初对"软"主成分变量的构建和取值感到很困惑。他们可以通过计算原（"硬"）变量和"软"变量的相关系数，来检验这个方法，实际上，几乎所有情况下的相关系数都大于 0.95。

"软"主成分变量的好处是容易理解和处理。而且比相应的"硬"主成分变量更稳定，因为"软"主成分变量不涉及自由度。一个"硬"主成分变量用到 3 个自由度，所以由 20 个变量定义的一个"硬"主成分变量就有 60 个自由度。带有 3 个"软"主成分变量的 YUM_3mos 市场份额模型省掉了 180 个自由度。

〇 不是 GenIQ 模型本身。

YUM_3mos 市场份额模型作为一个初步模型（我们在步骤 7 解释），由方程 8.2 定义如下：

$$\text{MARKET-SHARE\_est} = + 0.401\ 27$$
$$+ 0.023\ 80 * \text{SOFT\_PCLUS1}$$
$$+ 0.140\ 41 * \text{SOFT\_PCLUS2}$$
$$+ 0.098\ 26 * \text{SOFT\_PCLUS4}$$

（8.2）

步骤 7——完成 YUM_3mos 市场份额模型

图 8.1 生成的是市场份额模型得出结果（MktSh_est）的直方图和对应的箱线图。MktSh_est 呈现钟形分布，峰值出现的位置较偏（比较市场份额 0.495 和 RAL 的软市场份额 0.20），区间缩小（0.519 - 0.471，异常值 0.387）。

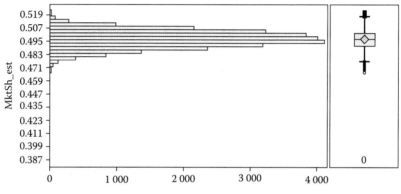

图 8.1　市场份额模型取值（MktSh_est）的直方图和箱线图

基于假定 RAL 的软市场份额为 0.20，我把 MktSh_est 的市场份额中心点放在 0.20，将 MktSh_est 改为 MktSh_est20，见图 8.2。直方图和箱线图显示 MktSh_est20 的峰值（中心）在 0.20；MktSh_est20 的分布仍然是钟形的，但是略微向右偏移（偏斜度 = 0.3477）；分布的区间长度是 0.729（=0.72-0.00），没有出现异常值。下面介绍详细步骤。作为估算新妈妈的 YUM_3mos 模型，MktSh_est20 的有效性在下一节讨论。

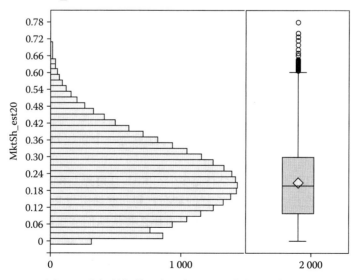

图 8.2　市场份额模型中心为 0.20 的直方图和箱线图

将 MktSh_est 变为 MktSh_est20 的统计程序如下。附录 8.E 的子程序反映了这个转换过程。

1）SAS 程序 RANK 用排序对变量进行标准化。MktSh_est 是钟形分布，但是程序 RANK 用来确保 MktSh_est 尽可能接近正态分布。（注意，钟形不一定是正态的。）

2）SAS 程序 STANDARD 让一个变量减去一个位置数值（最小值：−3.8138），并除以一个区间数值（最大值：3.9474/1.9961），将这个变量进行标准化。

3）MktSh_est20（调整为 0.20）=（MktSh_est + 3.8138）/3.9474/1.9661。

8.4.1 市场份额模型的十分位分析

在表 8.6 里，我们列出了对 YUM_3mos 市场份额模型的一个自助法十分位分析（bootstrapped decile analysis）结果，它表明 YUM_3mos 市场份额的估计值中心位于 0.207（最后一行，倒数第二列）。根据常用的统计指标对这个模型进行的评估表明这个模型非常好：

1）YUM3mos_wo_PPROMOeff 顶部十分位与底部十分位之比是 21.00（=0.462/0.022）。

2）YUM3mos_wo_PPROMOeff 单调递减（相邻十分位没有出现跳上或跳下情况）。

3）累积提升度非常理想：底部十分位是 223，接着从第二个到第四个十分位分别是 197、180 和 166。

表 8.6 YUM_3mos 市场份额模型的十分位分析

十分位	新妈妈人数	总 YUM3mos_wo_PROMOeff 市场份额	十分位 YUM3mos_wo_PROMOeff 市场份额	累计 YUM3mos_wo_PROMOeff 市场份额	累积提升度
顶部十分位	2 585	1 194.85	0.462	0.462	223
2	2 585	919.14	0.356	0 409	197
3	2 586	775.32	0.300	0.373	180
4	2 585	662.31	0.256	0.343	166
5	2 585	561.83	0.217	0.318	153
6	2 586	463.95	0.179	0.295	142
7	2 585	363.28	0.141	0.273	132
8	2 586	248.68	0.096	0.251	121
9	2 585	115.59	0.045	0.228	110
底部十分位	2 585	57.30	0.022	0.207	100
	25 853	5 362.24			

8.4.2 YUM_3mos 市场份额模型的结论

RAL 管理层确认了最终的 YUM_3mos 市场份额模型，这个模型基于对新妈妈的购买数据进行处理。这个模型的价值很难夸大，因为这只是一个新妈妈层面的模型，用来帮助 RAL 公司对一些重要问题作出决策，比如：

1）RAL 能够获得的市场份额保守估计是多少？ RAL 在财务上和其他方面的价值是什么？

2）RAL 在这个市场上应该期望什么样的利润？ 利润率如何与 RAL 的整体利润率一致？

3）RAL 在市场上的竞争对手是谁？ 客户为什么要从他们那里购买？ RAL 需要做什么来吸引新妈妈？

正如人们可能从这些问题中找到答案一样，RAL 不仅要了解为市场带来了什么，还要了解驱动市场的外部力量是什么，这一点很重要。

8.5　本章小结

深入研究市场份额估算模型的文献可以得到大量的理论模型，其中一些模型对于实际的商业应用是有用的。这些模型对于我们手边的这个项目是没用的——即便作为出发点，也无法修改并用在这个实例。在所有市场估算模型里，无论是文献提到的，还是我自己的模型，都没有考虑与因变量密切相关的单一促销数据。建立 YUM_3mos 市场份额模型的唯一方法是利用探索性数据分析特征中的以下显著特点：

1）灵活性：我之所以采用数据挖掘 PCA 法，是因为这是从数据中提取全部信息的最佳方法之一，尤其是，这些是和因变量密切相关的单一促销数据。

2）实用性：该模型的效果可以从十分位的表格上看到。一张由 6 列和 3 个统计数据组成的表格说明了模型的功能和结果。

3）创新性：建立市场份额因变量的过程反映出"想象力比知识更重要。"[⊖]

4）普适性：本节推荐的方法非常有用，因为企业的数据通常和这个案例里的数据很接近。

5）简便性：一旦得出了答案，一切问题都显得很简单。[⊜]

附录 8.A　生成 PROMO_Code 哑变量

```
PROC TRANSREG data= promo_ID DESIGN;
model class (PROMO_Code / ZERO='xx');
output out = PROMO_Code (drop = Intercept _NAME_ _TYPE_);
id ID;
run;

PROC SORT data= PROMO_Code; by ID;
PROC SORT data= RAL_data; by ID;
run;

data RAL_data1;
merge RAL_data PROMO_Code;
by ID;
run;
```

附录 8.B　PROMO_Code 哑变量的 PCA

```
PROC PRINCOMP data= RAL_data1 n=16 outstat=coef out=RAL_data1_pcs
        prefix=PROMO_Code_pc std;
var
PROMO_Code1
PROMO_Code2
PROMO_Code3
PROMO_Code4
```

⊖ 这是爱因斯坦的原话。

⊜ 就像魔术一样。

```
PROMO_Code5
PROMO_Code6
PROMO_Code7
PROMO_Code8
PROMO_Code9
PROMO_Code10
PROMO_Code11
PROMO_Code12
PROMO_Code13
PROMO_Code14
PROMO_Code15
PROMO_Code16
;
ods exclude cov corr SimpleStatistics;
run;
```

附录 8.C　PROMO_Code 哑变量上的逻辑斯谛回归 YUM_3mos

```
ods exclude ODDSRATIOS;
PROC LOGISTIC data=RAL_data1_pcs nosimple des outest=coef;
model YUM_3mos =
PROMO_Code_pc1-PROMO_Code_pc15;
run;
```

附录 8.D　生成 YUM_3mos_wo_PROMO_CodeEff

```
PROC SCORE data=RAL_data1_pcs predict type=parms score=coef out=score;
var PROMO_Code_pc1-PROMO_Code_pc15;
run;

data score;
set score;
estimate=YUM_3mos2;
run;

data RAL_data1_wo_PromoEff;
set score;
prob_hat=exp(estimate)/(1+ exp(estimate));
YUM3mos_due_PROMO = prob_hat;
YUM3mos_wo_PROMOeff = 1- prob_hat;
run;
```

附录 8.E　将变量标准化为位于 [0，1] 内

```
PROC RANK data=RAL_data1_wo_PromoEff normal=TUKEY
        out= X_RNORMAL ties=dense;
var YUM3mos_wo_PROMOeff;
```

```
ranks RX;
run;

PROC UNIVARIATE data=X_RNORMAL plot;
var RX;

PROC MEANS data = X_RNORMAL min max;
var RX;
run;

* Subtract min. value of RX, divide by max. value of RX;
data X_RNORMAL;
set X_RNORMAL;
RXX =(RX+3.8138025)/3.9474853/1.9661347;

PROC MEANS data = X_RNORMAL min max mean;
var RXX;
run;

* Center RXX at mean=0.20 fiddle with std values to yield 0<= RXX <=1;
PROC STANDARD data=X_RNORMAL mean=0.2 std=0.15
out=XRNORMALZ20;
var RXX;
run;

PROC UNIVARIATE data=X_RNORMALZ20 plot;
var RXX;
run;

title' MarketShare_est20=((RMarketShare+3.8138025)/ 3.9474853)/1.9661347 ';
data MKTShare_RNORMALZ20;

 set X_RNORMALZ20;
 MarketShare_est20=RXX;
 run;
```

参考资料

1. Cooper, L.S., and Masao Nakanishi, M., *Market Share Analysis: Evaluating Competitive Marketing Effectiveness*, Kluwer Academic Publishers, Boston, MA, 1988.
2. Ghosh, A., Neslin, S., and Shoemaker, R., A comparison of market share models and estimation procedures, *Journal of Marketing Research*, 21, 202–210, 1984.
3. Fraser, C., and Bradford, J.W., Competitive market structure analysis: Principal partitioning of revealed substitutabilities, *Journal of Consumer Research*, 10, 15–30, 1983.
4. Naert, P. A., and Weverbergh, M., On the prediction power of market share attraction models, *Journal of Marketing Research*, 18, 146–153, 1981.
5. Birch, K., Olsen, J. K., and Tjur, T., *Regression Models for Market-Shares*, Department of Finance Business School, Copenhagen, Denmark, 2005.
6. Fok, D., *Advanced Econometric Marketing Models*, Erasmus Research Institute of Management and Erasmus University Rotterdam, Rotterdam, 2003.
7. Basuroy, S., and Nguyen, D., Multinomial logit market share models: Equilibrium characteristics and strategic implications, *Management Science*, 44, 1396–1408, 1998.

第 9 章
相关系数在 [−1,+1] 内取值，是这样吗

9.1 引言

1896 年，卡尔·皮尔逊发明了相关系数。这个有着跨世纪历史的统计量现在仍在广泛使用，使用频次仅排在平均值之后，位列第二。人们了解相关系数的缺点和在使用中应避免的错误。基于多年从事统计建模咨询，担任数据挖掘工程师以及从事统计学专业教学的经验，我见过太多人们无视其缺点以及误用这个指标的情况。人们很少提到的相关系数的缺点是，其取值区间 [−1，+1] 受到两个变量分布的限制。本章的目的是（1）讨论这两个变量的分布对相关系数取值区间的影响；（2）提供一个计算调整后的相关系数的一个方法，用这个方法算出的相关系数区间通常比定义的相关系数区间小。

9.2 相关系数的基础知识

相关系数记为 r，是衡量两个变量的线性关系或直度的一个指标。按照定义，相关系数的取值介于 −1 和 +1，包括两个端点值 ±1，即闭区间 [−1，+1]。

以下几点是解释相关系数取值的公认规则：

1）0 表示不存在线性关系。

2）+1 表示存在完美的正线性相关：当一个变量的值增大时，另一个变量的值也严格按照线性规则增大。

3）−1 表示存在完美的负线性相关：当一个变量的值增大时，另一个变量的值按照严格线性规则减小。

4）相关系数在 0 到 0.3 之间（0 到−0.3）表明存在弱的正（负）线性相关。

5）相关系数在 0.3 到 0.7 之间（−0.3 到−0.7）表明存在中等程度的正（负）线性相关。

6）相关系数在 0.7 和 1.0 之间（−0.7 到−1.0）表明存在强的正（负）线性相关。

7）相关系数 r 的平方称作决定系数，并记为 R 平方，通常被看作是有另一个变量解释的一个变量的变化百分比，或者这两个变量共享的变化百分比。该系数有以下性质：

a. r 是观察和建模（预测）的数据值的相关系数。

b. R 平方会随着模型中预测变量个数的增加而变大；R 平方不会随着预测变量个数的增加而变小。大多数建模者误以为具有更大 R 平方的模型要比 R 平方小的模型好。这种误解

导致了建模者想在模型中加入更多（不必要）的预测变量。相应地出现了对 R 平方的调整，称作调整后的 R 平方。这个统计量的解释和 R 平方一样，但是当模型中有不必要的变量时，会导致 R 平方变大。

c. 具体讲，经过调整的 R 平方因为回归模型中的样本量和变量个数而调整 R 平方。所以，经过调整的 R 平方可以让不同变量数和样本量的模型具有可比性。与 R 平方不同的是，经过调整的 R 平方不一定随着模型中的预测变量增加而必然会变大。

d. R 平方是一个好模型的首要指标。R 平方经常会被误用成评估哪个模型会得出更好预测的指标[⊖]。均方根误差（RMSE）是确定更好模型的量度指标。RMSE 的值越小，模型越好（也即预测越准确）。通常 RMSE 比均方误差（MSE）更适用，因为 RMSE 的单位和数据的单位一致，而不是采用单位平方，所以可以代表一个"典型"误差的大小。RMSE 只在模型拟合得很好时（即模型既不过拟合，也不欠拟合）才是一个模型质量比较的有效指标。

8）线性假设：相关系数要求所考察的两个变量之间具有线性关系。如果已知存在线性关系，或者观察到的两个变量之间的形态似乎是线性的，则相关系数可以提供这种线性关系程度的一个可靠量度。如果已知这种关系是非线性的，或者观察到的形态像是非线性的，则相关系数是无用的，或者至少存在疑问。我经常看到因为忽略了检验线性假设而误用相关系数的情况，尽管这个检验很容易做。

9.3　计算相关系数

X 和 Y 的相关系数计算很容易理解。令 zX 和 zY 分别为 X 和 Y 标准化之后的结果。也就是说，zX 和 zY 都经过重新表述，均值（mean）等于 0，标准差（std）为 1。计算标准化值的重述公式和计算 $r_{x,y}$ 的公式分别为公式 9.1、公式 9.2 和公式 9.3：

$$zX_j = [X_i - mean(X)]/std(X) \tag{9.1}$$

$$zY_j = [Y_i - mean(Y)]/std(Y) \tag{9.2}$$

相关系数定义为标准化值对（zX_i，zY_i）乘积的平均值，见公式 9.3：

$$r_{x,y} = \sum [zX_i * zY_i]/(n-1) \tag{9.3}$$

其中 n 是样本量。

作为一个简单的计算过程示例，我们考虑 5 个观察值的样本，见表 9.1。列 zX 和 zY 分别为 X 和 Y 的标准化值。最右一列是标准化值对的乘积，其和为 1.83，平均值（用调整后的被除数 n-1，而不是用 n）是 0.46。所以，$r_{x,y} = 0.46$。

为了全面一些，我在图 9.1 中提供了原始数据 X 和 Y 的散点图，不幸的是，由于样本量小，这个散点图没有太大用处。

表 9.1　相关系数的计算

观察值	X	Y	zX	zY	zX*zY
1	12	77	-1.14	-0.96	1.11
2	15	98	-0.62	1.07	-0.66

⊖　在 b 中谈到过误用。

（续）

观察值	X	Y	zX	zY	zX*zY
3	17	75	−0.27	−1.16	0.32
4	23	93	0.76	0.58	0.44
5	26	92	1.28	0.48	0.62
平均值	18.6	87.0		和	1.83
标准差	5.77	10.32			
n	5			r	0.46

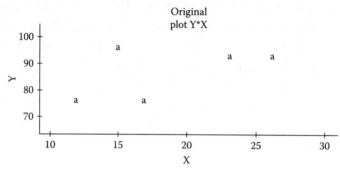

图 9.1 X 和 Y 的散点图

9.4 重新配对

前面说过，按照定义，相关系数的值位于闭区间 [−1, +1]。然而，但是很多人不知道 X 和 Y 的形态（分布）并不一定限定在这个定义区间[⊖]。具体而言，X 和 Y 的数据本身的形态是不一样的，相关系数区间的大小要比定义的相关系数区间小一些。显然，较小的相关系数区间需要计算经调整的相关系数（见 9.5 节）。

重新配对的过程决定了实际相关系数区间的大小。重新配对用到原来的 X-Y 数据对生成新的 X-Y 重新配对后的数据对，这些重新配对后的数据生成了最强的正相关和负相关关系，继而确定了实际相关系数的区间大小。重新配对的基本要素包括：

1）最强的正相关来自最大的 X 值和最大的 Y 值配对；次大的 X 值和次大的 Y 值；直到最小的 X 值和最小的 Y 值，以此类推。

2）最强的负相关来自最大的 X 值和最小的 Y 值配对；次大的 X 值和次小的 Y 值；最小的 X 值和最大的 Y 值，以此类推。

继续看表 9.1 中的数据，我重新配对了表 9.2 的 X-Y 数据，得到

$$r_{X,Y}（负配对）=- 0.99$$

及

$$r_{X,Y}（正配对）=+ 0.99$$

⊖ 我看到的第一个给出这个限制的文献是在图基 EDA，1977。其实更早之前我就知道——在读研究生时，我就这样猜想，只是无法提供比 EDA 更早的参考资料。

表 9.2　表 9.1 数据的重新配对（X，Y）

观察值	原始（X，Y）		正配对		负配对	
	X	Y	X	Y	X	Y
1	12	77	26	98	26	75
2	15	98	23	93	23	77
3	17	75	17	92	17	92
4	23	93	15	77	15	93
5	26	92	12	75	12	98
r	0.46		+0.90		−0.99	

为完整起见，我做了一幅重新配对的散点图。不幸的是，由于样本数太少，这幅图没有太大用处。负配对和正配对数据的散点图分别为图 9.2 和图 9.3。

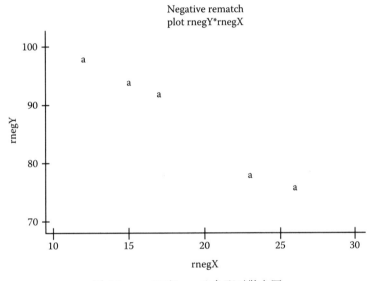

图 9.2　rnegY 和 rnegX 负配对散点图

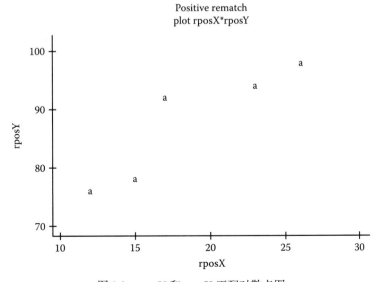

图 9.3　rposY 和 rposX 正配对散点图

由于 R 平方调整了，所以相关系数也因 X 和 Y 数据的形态而发生改变，调整后的相关系数实际区间是 [－0.99，+0.90]。我们在下一节讨论这个区间的计算过程。

9.5　计算经调整的相关系数

经过调整的相关系数是原相关系数和重新配对之后得出的相关系数的商。调整后的相关系数的符号和原相关系数的符号一致。如果原相关系数 r 是负数，则调整后的 r 也是负数，即便两个负数相除的结果是一个正数。

对于这个例子来说，调整后的相关系数见公式 9.4。所以，$r_{x,y}$（调整后）=0.51（＝0.45/0.90），比原来的相关系数增大了 10.9%。

$$r_{X,Y}（调整后）= r_{X,Y}（原始）/r_{X,Y}（正配对） \tag{9.4}$$

9.6　重新配对的意义

相关系数调整后的区间取决于数据 X 和 Y 的形态，具有以下影响：

1）无论这两个变量的形状是否对称，如果一个变量的形态与另一个变量的形态不同，则相关系数区间会缩小。

2）重新配对表明了这种情况。

3）除非变量之间具有同样形态或者是对称的，否则不可能得出完美的相关性。

4）完美相关性的一个必要条件是形态相同，但这不是一个充分条件。

9.7　本章小结

在引入相关系数一百多年后，人们平时仍然经常要用到它。人们对这个统计量研究得很深入，但是其中的缺陷和可能造成误用，却不幸地仍未得到大家的重视，至少我认为是这样。很少提到的一个缺陷是：相关系数的区间 [–1，+1] 会受到这两个变量的分布的限制。我介绍了一个简单而有说服力的例子，展示了分布对相关系数区间的影响。

第 10 章

逻辑斯谛回归：回应建模方法

10.1 引言

逻辑斯谛回归⊖是将个体分成两个相互排斥类别的常用方法，比如买方与非买方、回应者与无回应者。逻辑斯谛回归是回应建模（response modeling）的主要方法，结果被视为黄金标准。相应地，它是评估新技术优越性的基准（比如机器学习 GenIQ 模型），而且用于确定通用方法的优点（比如卡方自动交互式检测（CHAID）回归树模型）。在数据库营销应用里，对优先请求的回应是二值因变量（回应者和无回应者），逻辑斯谛回归模型（LRM）用来对个体进行分类——最有可能或最无可能对未来请求做出回应。

为了解释逻辑斯谛回归，我先提供一个关于方法的简要介绍，并给出一个建立 LRM 的 SAS 程序。这个程序是建模者解决两组分类问题所需的工具箱里一个受欢迎的附加工具。然后，我用一个案例讲解为一项投资产品请求建立回应模型的过程。这个案例展示了以下几项统计数据挖掘方法：

- logit 值散点图。
- 用幂阶梯法和突起规则（bulging rule）重新表述变量。
- 量度数据的直度。
- 评估个别预测变量的重要性。
- 评估预测变量一个子集合的重要性。
- 比较两个预测变量子集合的重要性。
- 评估预测变量的相对重要性。
- 选择预测变量的最佳子集合。
- 评估预测模型的优度。
- 对纳入模型的类别变量进行平滑。

我提出了一个计算调整后相关系数的程序，得出的相关系数实际区间总是小于定义的相关系数区间。数据挖掘是实际担任数据挖掘工程师的建模者需要掌握的技术，它们容易理解、执行和解读。如果建模者想成为自己数据和结果的主人，他们应该掌握这些技能。为了和本章内容保持一致，即将重点放在数据挖掘，我用得更多的是数据挖掘工程师，而不是建模者。但是我确实同意一个精明的建模者也是有经验的数据挖掘工程师。

⊖ 逻辑是 logit 的音译，并不是通常定义的"逻辑"。本书 logit 与逻辑斯谛交叉使用。——译者注

10.2 逻辑斯谛回归模型

令 Y 为一个只取两个值的因变量，有两个结果或类别（通常标识为 0 和 1）。LRM 根据个体的预测（自）变量 X_1，X_2，$\cdots$，X_n 的值，将个体分为其中一类。LRM 估算 Y 的 logit 值——个体属于类别 1 的概率。

LRM 的定义见公式 10.1。logit 的取值范围是 –7 到 +7[⊖]，除了有经验的建模者，其他人对它很陌生。幸运的是，有一个简单的转换可以将 logit 转化为计算个体属于类别 1 的概率 Prob（Y = 1）。转换公式见公式 10.2。

$$\text{Logit } Y = b_0 + b_1 {*}X_1 + b_2 {*}X_2 + \cdots + b_n {*}X_n \tag{10.1}$$

$$\text{Prob}(Y = 1) = \exp(\text{Logit } Y)/(1 + \exp(\text{Logit } Y)) \tag{10.2}$$

将个体的预测变量值代入公式 10.1 和公式 10.2，得出个体属于类别 1 的估计（预测）概率。所有带下标的 b 是逻辑斯谛回归系数，根据最大似然计算方法确定。注意，与其他系数不同的是，b_0（截距）没有对应的预测变量 X_0。

正如前面所说，LRM 早已被当作回应建模的主要方法，因为这个取值"是 – 否"的回应变量非常典型。下一节我们讨论逻辑斯谛回归回应建模的基础知识。

10.2.1 示例

数据集合 A 包括 10 个个体和 3 个变量，见表 10.1。二值变量是 RESPONSE（Y），INCOME 的单位是千美元（X_1），AGE 的单位是年（X_2）。我用数据集合 A 对 INCOME 和 AGE 的回应做一个逻辑斯谛回归分析。

表 10.1 数据集合 A

RESPONSE （1 = 是，0 = 否）	INCOME （千美元）	AGE （年）	RESPONSE （1 = 是，0 = 否）	INCOME （千美元）	AGE （年）
1	96	22	0	98	48
1	86	33	0	62	23
1	64	55	0	54	48
1	60	47	0	38	24
1	26	27	0	26	42

表 10.2 是标准的 LRM 结果，其中包括逻辑斯谛回归系数和其他信息"列"（这些内容超出了本章范围）。"参数估计值"这一栏是变量 INCOME、AGE 的系数和截距值。截距是一个数学概念，记作 X_0，通常等于 1（即截距 = X_0 = 1）。系数 b_0 作为"初始"值赋值给所有个体，不管模型里的预测变量的值是多大。

表 10.2 LRM 结果

变量	df	参数估计值	标准误差	Wald 卡方值	Pr> 卡方值
截距	1	–0.936 7	2.573 7	0.132 5	0.715 9
INCOME	1	0.017 9	0.026 5	0.457 0	0.499 0
AGE	1	–0.004 2	0.054 7	0.005 9	0.938 9

⊖ 理论上，logit 的取值范围是正负无穷大，但实际上它很少会超出 –7 到 +7 这个范围。

LRM 的估计值见公式 10.3：

$$\text{logit}（\text{RESPONSE}）=-0.9367+0.0179*\text{INCOME}-0.0042*\text{AGE} \qquad （10.3）$$

记住，LRM 预测的是 RESPONSE 的 logit 值，不是 RESPONSE 的概率。

10.2.2　为 LRM 打分

图 10.1 的 SAS 程序可以得出数据集合 A 的 LRM，并给出一个外部数据集合的 LRM 值，见表 10.3。这个 SAS 程序 LOGISTIC 给出逻辑斯谛回归系数，并将其放入"coeff"文档，见代码"outest = coeff"。由 SAS 版本 6 和 8 代码产生的系数文档分别为表 10.4 和表 10.5。（SAS 最新版本 9.3 和 9.4 支持版本 8 和 9，但是不支持版本 6。⊖）这个程序 LOGISTIC 可以用于版本 9。

```
/****** Building the LRM on dataset A ************/
PROC LOGISTIC data = A nosimple des outest = coeff;
model RESPONSE =
INCOME AGE;
run;
/****** Scoring the LRM on dataset B ************/
PROC SCORE data = B predict type = parms score = coeff
out = B_scored;
var INCOME AGE;
run;
/******* Converting Logits into Probabilities ********/
                           SAS version 6
data B_scored;
set B_scored;
Prob_Resp = exp(Estimate)/(1 + exp(Estimate));
run;
                           SAS version 8
data B_scored;
set B_scored;
Prob_Resp = exp(RESPONSE)/(1 + exp(RESPONSE));
run;
```

图 10.1　LRM 的 SAS 代码

尽管如此，我还是给出了 SAS 版本 6 的程序代码，因为还是有参考价值的，重点突出了大家不熟悉的 logit 值与概率之间的差别。coeff 文件的区别表现在两个方面：

1）在 SAS 版本 8 的 coeff 文件里增加了一列 _STATUS_，这不影响模型打分的结果。

2）logit 预测值的名字是"Response"（SAS 版本 8），记为 _NAME_ = Response。

表 10.3　数据集合 B

INCOME（千美元）	AGE（年）
148	37
141	43
97	70
90	62
49	42

尽管有些出乎意料，但 logit 预测值在 SAS 版本 8 中的命名是 PROC LOGISTIC 语句中的类别变量，以代码"model Response ="表示。在这个例子里，logit 的预测值称作"Response"，记为 _NAME_ =Response，见表 10.4。SAS 版本 8 的命名法容易让建模者以为 Response 是一个二值变量而不是 logit。

⊖　一位 SAS 技术支持人员告诉我，还是有不少版本 6 的支持者。

表 10.4   coeff 文件（SAS 版本 6）

OBS	_LINK_	_TYPE_	_NAME_	INTERCEPT	INCOME	AGE	_LNLIKE_
1	LOGIT	PARMS	Estimate	−0.936 71	0.017 915	−0.004 199 1	−6.692 18

表 10.5   coeff 文件（SAS 版本 8）

OBS	_LINK_	_TYPE_	_STATUS_	_NAME_	INTERCEPT	INCOME	AGE	_LNLIKE_
1	LOGIT	PARMS	0Converged	RESPONSE	−0.936 71	0.017 915	−0.004 199 1	−6.692 18

SAS 程序 SCORE 是用 LRM 系数给数据集合 B 中的 5 个个体打分，见代码"score = coeff"。coeff 用于把 logit 变量预测值（在 SAS 版本 6 里称作 Estimate，在 SAS 版本 8 里称作 Response）加在输出文件 B_scored 里，见代码"out = B_scored"（表 10.6）。应答率（Prob_Resp）很容易用图 10.1 里的 SAS 程序代码获得。

表 10.6   数据集合 B_scored

INCOME （千美元）	AGE （年）	Response 的 logit 预测值： Estimate (SAS 6)， Response (SAS 8)	Response 的概率预测值： Prob_Resp
148	37	1.559 30	0.826 25
141	43	1.408 70	0.803 56
97	70	0.507 08	0.624 12
90	62	0.415 27	0.602 35
49	42	−0.235 25	0.441 46

10.3 案例分析

通过以下关于为投资产品的请求构建回应模型的案例研究，我介绍了一系列数据挖掘技术。为了使这些方法的讨论更容易掌握，我采用了来自直邮请求数据库的原始数据，这是小数据（几个变量，其中一些只有很少的数值，以及一个"小型大样本"）。用稍大的数据得出的结果也是相似的。

我在这里提到了数据大小的问题，因为数据挖掘者都赞同大数据更有利于分析和建模。现在有一个趋势，特别是在统计学相关领域里（比如计算机科学），知识发现和网络挖掘都在应用超大数据。这个趋势是因为一个错误的说法，即超大数据要比大数据更好。一个统计学事实是：如果小数据能够做出真实模型的话，那么用大数据或超大数据重做模型，得出的结果会出现大的预测误差方差。由于建模者并不知道真实模型是怎样的，他们只能遵循简单性原则。所以，最明智的方法是构建一个使用最少数据的模型，只要能得出良好的结果就可以。如果预测结果是不错的，那么这个模型就可以作为真实模型的一个好的近似。如果得出的预测结果无法接受，则探索性数据分析（EDA）方法会增加样本量（通过增加预测变量和个体），直到模型能够得出不错的预测结果，此时的数据样本量就足够大了。如果用超大数据构建模型，则多余的不必要的变量会对模型产生负面影响，进而增大了预测误差的方差。

候选预测变量和因变量

令 TXN_ADD 为"是 – 否"二值（回应）因变量，用于记录现有客户的活动，他们收到了一份被推荐购买额外投资产品的推广邮件。这个"是－否"的回应记为1－0，对应的是客户在其投资组合中已经/还没有加入至少一只新基金产品。TXN_ADD的应答率是11.9%，对于一个直邮促销活动来说，这个应答率通常比较大，对于促进现有客户增加购买来说，这是一个正常水平。

用于预测TXN_ADD的5个候选预测变量，其取值反映了收到邮件之前的情况：

1）FD1_OPEN反映了客户拥有的不同类别账户的数量。

2）FD2_OPEN反映了客户拥有的账户总数。

3）INVESTMENT表示客户投资金额的序数值：1 = 25 ～ 499（美元），2 = 500 ～ 999（美元），3 = 1000 ～ 2999（美元），4 = 3000 ～ 4999（美元），5 = 5000 ～ 9999（美元），6 = 10 000（美元）以上。

4）MOS_OPEN表示开户至今的月数的序数值：1 = 0 ～ 6（个月），2 = 7 ～ 12（个月），3 = 13 ～ 18（个月），4 = 19 ～ 24（个月），5 = 25 ～ 36（个月），6 = 37（个月）以上。

5）FD_TYPE是客户最近购买的投资产品的类型：A，B，C，…，N。

10.4 logit 值和 logit 散点图

LRM属于线性模型一族，进一步假设在给定预测变量和logit值之间存在线性或者直线关系。建模者应该记得，线性这个形容词指的是一个明确的事实——logit值是加权预测变量之和，权重是回归系数。但是，在实践中，这个词指的是我们上面的假设。检查这个假设是否成立，需要用到logit散点图。logit散点图是二值因变量（即回应变量）与预测变量的散点图。作图步骤为：

1）计算回应变量相对预测变量值的均值。如果预测变量取值有10个以上的不同值，则采用典型值，比如平滑十分位值，定义见第3章。

2）计算回应变量的logit值，将回应变量平均值转换为回应变量的logit值的公式为

$$logit = ln(mean/(1 - mean))，其中 ln 为自然对数。$$

3）画出回应变量logit值和预测变量原值或平滑十分位值的散点图。

需要注意的是：这个散点图是总量层面的，它不是个体层面的散点图。这个logit值是基于众多回应值的平均值的一个总量指标。而且，通过采用平滑十分位数值，这个散点图变成基于代表样本10%的每个十分位数值的总量指标。我在第43章提供了生成平滑logit值散点图和平滑概率散点图的SAS子程序。

本章案例的 logit 值

对于本章的案例，回应变量是TXN_ADD，TXN_ADD的logit值命名为LGT_TXN。为方便起见，我从候选预测变量FD1_OPEN开始（如表10.7）可以取不同的值1，2或3。通过对每个FD1_OPEN做3步处理，得到图10.2，LGT_TXN的logit值散点图。我计算TXN_ADD的平均值，并用均值－logit值转换公式，例如，对FD1_OPEN = 1，TXN_ADD的平均值是0.07，LGT_TXN的logit值是－2.4（= ln（0.07/（1 － 0.07）））。最后，用LGT_TXN的logit值和FD1_OPEN值画出散点图。

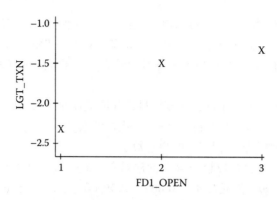

图 10.2   FD1_OPEN 散点图

表 10.7   FD1_OPEN

FD1_OPEN	均值 TXN_ADD	LGT_TXN
1	0.07	−2.4
2	0.18	−1.5
3	0.20	−1.4

散点图 10.2 不表示 LGT_TXN 和 FD1_OPEN 之间存在直线关系。为了正确使用 LRM，我需要将其处理成直线关系。校直数据的一个非常有效且简单的方法是重新表述，也就是使用图基的幂阶梯法和突起规则。在详细介绍这个方法之前，应该先讨论一下直线关系或校直数据的重要性。

10.5   校直数据的重要性

EDA 特别重视校直数据，这不仅仅是出于对简单性的要求。生活本身就是简单的（至少对于我们这些岁数大的经历较多的人是如此）。在物理学世界里，爱因斯坦发现了一个只用 3 个字母表达的普适原理：$E=mc^2$。然而在我们目光所及的这个世界，简单性往往不被人们重视。笑脸是简单且易感受的，然而它能快速、有效和清晰地传达信息。为什么数据挖掘者要接受他或她的生活工作中不简单的东西？数字同样也应该清晰、高效且快速地进行沟通。在数据挖掘工程师的世界里，有两个特点会影响简单性：数据的对称度和直度。数据挖掘工程师应该坚持数字是对称的和直的。

两个连续变量 X 和 Y 的直线关系简单易懂。当 X 的值变大（变小）时，Y 的值变大（变小）。在这种情况下，X 和 Y 是正相关的。当 X 值变大（变小）时，Y 的值变小（变大），在这种情况下，X 和 Y 是负相关的。爱因斯坦公式的简单性还表现在 E 和 m 之间存在完美的正相关直线关系。

校直数据之所以重要，第二个原因是大部分回应模型都假设自己是线性模型。而且，即便是以预测更准确为标榜的非线性模型，如果使用校直数据，也可以得出更准确的预测结果。

我没有忽视对称性特征。由于理论上的原因，并非偶然的是，对称性和直性总是同时出现的。校直数据经常是对称的，反之亦然。你可能想起典型的对称数据具有钟形曲线形状。但是，对称数据指的是，在中间值的上下两边，数据值对于整个数据的分布具有同样的分布形态。

10.6　校直数据的重述

　　幂阶梯法是用于重新表述变量的一种方法，是为了将两个连续变量 X 和 Y 之间的突起校直。数据中存在的突起可以细分为四种形态，见图 10.3。当 X－Y 关系出现类似其中一种情况时，幂阶梯法和突起规则都可以采用，这两个途径都可以指导我们在阶梯中选择"梯级"，将突起校直。大多数据都有突起，然而，当数据中出现扭结点或拐点时，我们还需要另一种方法，本章稍后将进一步介绍。

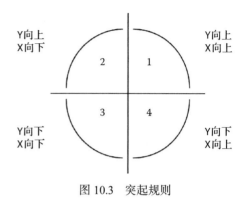

图 10.3　突起规则

10.6.1　幂阶梯法

　　向上幂阶梯法是指通过将幂次提高到 p（大于 1），以重述一个变量。（记住，一个变量的一次方还是它自己，即 $X^1 = X$，$Y^1 = Y$）。最常见的幂次 p 是 2 和 3。有时候会用到更高的幂次，或者 2～3 之间的幂次，比如 1.33。具体做法是从 p=1 起步，逐步提高幂次，得出如下 X 和 Y 经过重述的变量：

$$起步\ X^1：X^2，X^3，X^4，X^5，\cdots\cdots$$
$$起步\ Y^1：Y^2，Y^3，Y^4，Y^5，\cdots\cdots$$

　　一些变量在升幂之后取了特殊的名称，在幂次为 2 和 3 时分别称作 X 平方和 X 立方，类似地，Y 变量也分别称为 Y 平方和 Y 立方。

　　向下幂阶梯法是指通过将幂次下降到 p（小于 1），以重述一个变量。最常见的幂次 p 是 1/2，0，－1/2，和－1。有时候也会用到更小的幂次或者 0～1 之间的幂次，比如 0.33。对于负的幂次，重述后的变量带有负号（即乘以－1），这样做具有理论意义，但这不在本章的讨论范围内。相应地，从 p=1 起步，数据挖掘工程师逐步降低幂次，得出 X 和 Y 经过重述的变量如下：

$$起步\ X^1：X^{1/2}，X^0，X^{-1/2}，X^{-1}，\cdots\cdots$$
$$起步\ Y^1：Y^{1/2}，Y^0，Y^{-1/2}，Y^{-1}，\cdots\cdots$$

　　通过降幂重述后的变量有特殊的名称。对于 p=1/2，－1/2，和 －1，分别称作 X 平方根、X 的负倒数平方根和 X 倒数。类似地，对于 Y 变量，分别称作 Y 平方根、Y 的负倒数平方根和 Y 倒数。对于 p=0，采用常用对数[⊖]。所以，$X_0 = \log X$，$Y_0 = \log Y$。

10.6.2　突起规则

　　突起规则表述如下：

　　1）如果数据具有类似上图第一象限的形态，则数据挖掘工程师尝试用向上幂阶梯法对 X，Y 变量进行重述。

　　2）如果数据具有类似上图第二象限的形态，则数据挖掘工程师尝试用向下幂阶梯法对 X，Y 变量进行重述。

　　3）如果数据具有类似上图第三象限的形态，则数据挖掘工程师尝试用向下幂阶梯法对 X，Y 变量进行重述。

　　⊖　p＝0 时的重述不是一个数学定义，而是按照习惯方式定义的。

4）如果数据具有类似上图第四象限的形态，则数据挖掘工程师尝试用向上幂阶梯法对 X，Y 变量进行重述。

重述是 EDA 的一项重要工作，但很容易出错。尽管通常可以将数据校直，但可能导致信息被扭曲。原因如下：重述（过度向下）会导致数据被挤压，以致数值变得无法辨认，造成信息损失。扩展（过度向上）可能会将数据过度分离，新的相距很远的值位于一个人工设定的区间，造成获得的信息失真。

所以，重述要求在直度和适当性之间折中。数据挖掘工程师总是会把幂阶梯法用到极致，尽最大可能校直数据，但是他们必须知道，这样做会带来信息损失。有时候可以发现这样做明显已经超过了必要限度：存在幂次 p，超过它之后，要么数据关系无法获得明显改善，要么因为信息损失而导致在相反方向出现突起。我建议用离散做法避免过度校直及其造成的信息损失。而且，我注意到过度的重述有时候会得出原始变量极端值。所以应该经常检查原始变量的最大值和最小值，以确保这些极值在重述前是合理的。

10.6.3　测量校直数据

在第 3 章，我们详细讨论了量度两个变量 X 和 Y 之间线性相关系数。然而，我们还需要考虑另一个假设。在第 3 章，我将"线性假设"定义为 X 和 Y 的关系是线性的。第二个假设是隐含的：数据点（X，Y）处于个体层面。当从总量层面分析（X，Y）数据点时，比如本章讨论的 logit 值散点图和其他散点图，基于"大"点子的相关系数 r 也会比较"大"，可以粗略地作为 r 的个体层面的估计值。数据聚合减弱了（X，Y）数据点的特征，由此提高了数据点之间关系的可视化程度，所以 r 也增大了。所以说，聚合数据的相关系数可以作为原始变量 X - Y 关系程度的相关系数。但是聚合数据存在缺点：由于损失了一些用于区别个体的信息，所以得出的 r 值都很接近。

10.7　校直示例数据

回到 FD1_OPEN 的 logit 值散点图 LGT_TXN，这个变量的突起需要校直，这个突起形态属于图 10.3 中第二象限的类型。根据突起规则，我可以对 LGT_TXN 采用向上幂阶梯法，或者对 FD1_OPEN 采用向下幂阶梯法。但是对 LGT_TXN 的处理方式不符合逻辑，这是因为 LGT_TXN 是经由逻辑斯谛回归得出的显式因变量，重述会产生大量不合逻辑的结果。所以我不处理 LGT_TXN。

对 FD1_OPEN 采用向下幂阶梯法，我们用到的幂次分别为 ½，0，- ½，- 1 和- 2，分别得到 FD1_OPEN 的平方根，标记为 FD1_SQRT；对 FD1_OPEN 取常用对数，标记为 FD1_LOG；对 FD1_OPEN 取其负倒数平方根，标记为 FD1_RPRT；取 FD1_OPEN 的倒数，标记为 FD1_RCP；以及 FD1_OPEN 平方的倒数，标记为 FD1_RSQ。经过变量重述的 LGT_TXN 的 logit 值散点图和原来的 FD1_OPEN 散点图（为方便对比）见图 10.4。

从图上看到，重述后的变量 FD1_RSQ、FD1_RCP 和 FD1_RPRT 校直数据的效果是一样的。我可以从中选择任一种，但是我决定再做一些探查工作，看看数据指标 LGT_TXN 和重述变量之间的相关系数，以便找出最佳的重述变量。这个相关系数越大，重述变量对于校直数据的作用就越明显。所以说，具有最大相关系数的重述变量就是最佳选择，除非数据挖掘工程师依靠所要解决问题相关的可见和数字指标得出其他结果。

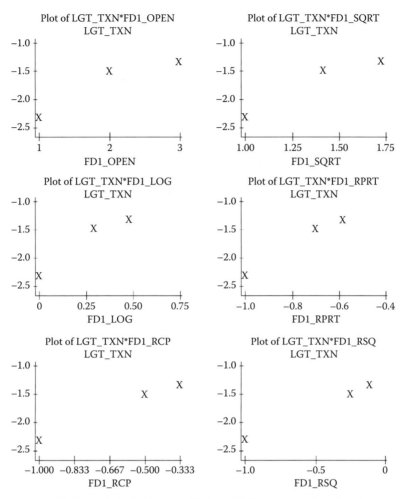

图 10.4　FD1_OPEN 的 logit 值散点图及其重述变量后的散点图

表 10.8 从大到小列出了 LGT_TXN 与 FD1_OPEN 以及其他每个重述变量的相关系数。从这些相关系数可以看到原始变量 FD1_OPEN 的校直数据有明显改善（r = 0.907）。FD1_RSQ 的相关系数最大（r = 0.998），但是只比 FD1_RCP 的相关系数大一点（r = 0.988），这个差异很小。

表 10.8　LGT_TXN 和 FD1_OPEN 的重述变量之间的相关系数

FD1_RSQ	FD1_RCP	FD1_RPRT	FD1_LOG	FD1_SQRT	FD1_OPEN
0.998	0.988	0.979	0.960	0.937	0.907

我选择的最佳重述变量是 FD1_RCP，它与重述前的关系相比，改善了 8.9%（=（0.988 − 0.907）/0.907）。我更倾向于选择 FD1_RCP 而不是 FD1_RSQ 和其他用 p 小于 −2 的向下幂阶梯法得出的重述变量，因为我不想不明智地选择那些过度处理的重述变量，以免造成信息损失。所以我选择的是幂次为− 1 的重述变量，希望在最小的信息损失和直度之间取得较好平衡。

10.7.1　FD2_OPEN 的重述

对 FD2_OPEN 进行重述是和重述 FD1_OPEN 一样的。重述 FD2_OPEN 并不奇怪，因为 FD1_OPEN 和 FD2_OPEN 共享了大量信息。这两个变量的相关系数是 0.97，意味着这两个变量有 94.1% 的变化是一致的。所以我喜欢用 FD2_RCP 作为 FD2_OPEN 的最佳重述变量（参见表 10.9）。

表 10.9   LGT_TXN 和 FD2_OPEN 的重述变量之间的相关系数

FD2_RSQ	FD2_RCP	FD2_RPRT	FD2_LOG	FD2_SQRT	FD2_OPEN
0.995	0.982	0.968	0.949	0.923	0.891

10.7.2   INVESTMENT 的重述

LGT_TXN 和 INVESTMENT 的散点图见图 10.5，可以看到这些点的形状类似直线，有负的斜率，在中间的几个点 3，4，5 略有突起。这种突起属于图 10.3 的第三象限的类型。所以，我们采用向下幂阶梯法，得出 INVESTMENT 的平方根，标记为 INVEST_SQRT。INVESTMENT 取其常用对数，标记为 INVEST_LOG。INVESTMENT 的负倒数平方根标记为 INVEST_RPRT。

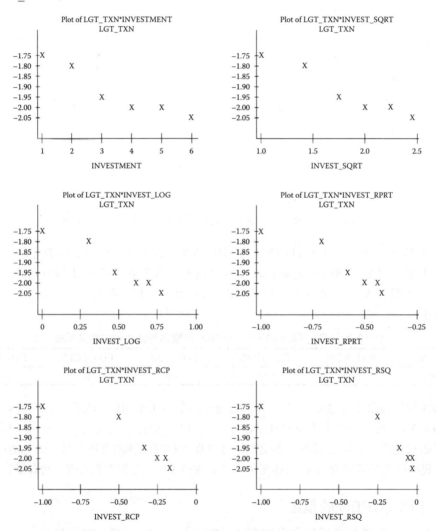

图 10.5   INVESTMENT 的 logit 值散点图及其重述变量后的散点图

INVESTMENT 的倒数标记为 INVEST_RCP，INVESTMENT 平方的倒数记为 INVEST_RSQ。这些重述变量的 LGT_TXN 的 logit 值散点图和 INVESTMENT 原来的散点图见图 10.5。我们可以从图上看到，INVEST_SQRT 散点图上是一条直线。从指标上看，INVEST_LOG 的相关系数也是最大的，从统计角度证明对一个以金额为单位的变量取对数函数是合适的重述方法。由表 10.10 可看到，INVEST_LOG 和 INVEST_SQRT 的相关系数分别为 -0.978 和 -0.966。不可否认，相关系数没有反映出显著的差异。

表 10.10　LGT_TXN 和 INVESTMENT 重述变量的相关系数

INVEST_LOG	INVEST_SQRT	INVEST_RPRT	INVESTMENT	INVEST_RCP	INVEST_RSQ
−0.978	−0.966	−0.950	0.946	−0.917	−0.840

我选择 INVESTMENT 最好的重述变量是 INVEST_LOG，因为我更看重它的统计指标。只有在出现 INVEST_LOG 和 INVEST_SQRT 的相关系数有明显差别时，我才会放弃参考这个统计指标。INVEST_LOG 在校直数据方面比原变量 INVESTMENT（r = -0.946）改善了 3.4%（=（0.978 - 0.946）/0.946，尽管符号为负）。

10.8　在突起规则不适用的情况下选用的技术

我们讨论了在突起规则无法使用情况下的两种散点图法，用于找到正确的重述变量。讨论完方法，我们对下一个变量 MOS_OPEN 进行重述。LGT_TXN 和 MOS_OPEN 之间的关系很有趣，它为我们提供了一个说明 EDA 在数据挖掘方面灵活性的一个好机会。

数据挖掘工程师应该进行尽职调查，以便对 logit 值散点图中的关系进行定性解释或定量解释。一般来说，后者比前者更容易处理，因为数据挖掘工程师最多是数据科学家，而不是数据心理学家。数据挖掘工程师的工作是研究散点图上的关系，找出预测变量的正确的表达式或结构。简单说，结构是由变量和函数构成的。因此，变量的定义扩大到既包括原始变量（如 X_1，X_2，$\cdots$，X_i，$\cdots$），也包括数字常量——与变量类似，只是设定为 k 值，也就是说，$X_i = k$。函数里包括算术运算符（加、减、乘、除），比较操作符（如等于、不等于、大于）以及逻辑运算符（如和、或、非、条件选择 if-then-else）。例如，$X_1 + X_2/X_1$ 就是一个结构。

通过定义，任何原始变量 X_i 都可以被看成一个结构，因为可以定义 $X_i = X_i + 0$，或者 $X_i = X_i * 1$。哑变量（X_dum）通常以 0 和 1 作为值，用于表示一个条件是否存在的变量，它是一个结构。例如，当 X=6 时，X_dum=1；而当 X ≠ 6 时，X_dum=0。"等于 6"就是其中的条件。

10.8.1　拟合 logit 值散点图

拟合 logit 值散点图在发现和确认结构方面是一个有用的可视化工具。拟合 logit 值散点图针对一个给定结构所做的 logit 预测值散点图。所需的作图步骤和解释如下：

1）对给定结构的回应变量进行逻辑斯谛回归分析，得到回应变量的 logit 预测值，详见 10.2.2 节。

2）识别用于这个散点图的结构的值。识别给定结构的值，如果这个结构有 10 个以上的值，确定其平滑十分位数值。

3）画出这个结构中被识别出的拟合 logit 预测值，并用识别出的值标识那些点。

4）如果拟合 logit 值散点图反映了原始 logit 值散点图的形状，那么这个结构就是正确的，而且进一步表明这个结构在预测回应方面具有某种重要性。反之，如果拟合 logit 值散点图和原 logit 值散点图有差别，这表明该结构不是一个好的回应预测指标。

10.8.2 平滑预测值与实际值散点图

另一个有价值的能够展现一个结构优缺点的有用的散点图是平滑预测值与实际值散点图，就是根据一个参考变量值的实际回应平均值制作的预测回应平均值散点图。画图步骤和解释如下：

1）对于每个参考变量，对合适的 LRM 的回应的预测概率进行求均值计算，算出预测回应的平均值。类似地，通过对参考变量的每个值的实际回应求取平均值，计算实际回应的平均值。

2）点对（预测回应的平均值，实际回应的平均值）称作平滑点。

3）画出这些平滑点的散点图，并用参考变量的值标识它们。如果这个结构有 10 个以上的值，则采用十分位的平滑点值。

4）在散点图上加一条 45° 直线，作为参照，从图像上评估一个预测回应结构的重要性程度，以确认这个结构是否正确。如果这条直线上的平滑点的预测回应平均值和实际回应平均值是相等的，则这个结构很可能就是正确的。那些点距离这条 45° 线越近，这个结构的确定性越高。相反，这些点相对这条线越发散，这个结构的确定性越低。

10.9　MOS_OPEN 的重述

在 图 10.6 上，LGT_TXN 和 MOS_OPEN 在 MOS_OPEN 取值 1 ~ 6 这个区间不是直线，而在 1 ~ 5 之间却是直的。LGT_TXN 对 MOS_OPEN 的 logit 值散点图在 MOS_OPEN = 5 出现了一个尖角，LGT_TXN 在 MOS_OPEN = 6 跳跃。显然，突起规则无法应用。

相应地，在发现了 MOS_OPEN 的结构之后，我要找到一个组织变量和函数的方法，给出 LGT_TXN 和 MOS_OPEN 的理想的线性关系，可以巧妙消除 LGT_TXN 在 MOS_OPEN = 6 的跳跃。在确定了正确的 MOS_OPEN 结构之后，我们可以得到 TXN_ADD 回应模型。

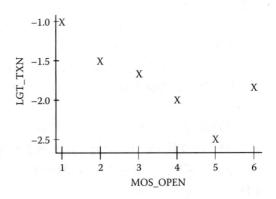

图 10.6　MOS_OPEN 的 logit 值散点图

为了讨论 MOS_OPEN 的结构，根据 TXN_ADD 和 MOS_OPEN 的逻辑斯谛回归分析，我们做出 LGT_TXN 拟合 logit 值散点图（图 10.7）。LRM 给出了预测 logit 值，如下式：

$$\text{Logit(TXN\_ADD)} = -1.24 - 0.17 * \text{MOS\_OPEN} \tag{10.4}$$

值得注意的是，MOS_OPEN 有 6 个不同的取值。拟合 logit 值散点图（图 10.6）没有表现出原始 LGT_TXN 的 logit 值散点图中的关系，MOS_OPEN = 6 的拟合点太低了。可以确定的是，MOS_OPEN 并不是正确的结构，因为无法在原来的 logit 值散点图里得出合适的形态。

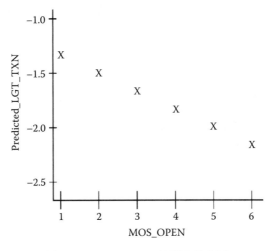

图 10.7　MOS_OPEN 的拟合散点图

MOS_OPEN 的平滑预测与实际值散点图

我们为做出 MOS_OPEN 的 TXN_ADD 平滑预测与实际值散点图（图 10.8），可以从图上看到我们所说的结构和参考变量。这些平滑预测值来自前面在公式 10.4 定义的 LRM，为方便起见，我们列在这里。

$$\text{Logit(TXN\_ADD)} = -1.24 - 0.17 * \text{MOS\_OPEN} \tag{10.5}$$

一共有 6 个平滑点，每个点都标有相应的 MOS_OPEN 值。这些点在 45° 线周围离散分布，意味着 MOS_OPEN 不是一个好的预测性结构，特别是在 MOS_OPEN 等于 1、5、6 和 4 时，相应的平滑点不在 45° 线附近。点 MOS_OPEN = 5 是可以理解的，因为它可以被看作是跳板在点 MOS_OPEN = 6 跳跃到 LGT_TXN。点 MOS_OPEN = 1 距离这条直线最远，我找不到原因。点 MOS_OPEN = 4 与这条直线的距离还在可接受范围之内。

当 MOS_OPEN 等于 2 和 3 时，预测效果看上去不错，因为相应平滑点很接近那条直线。但是在 6 个预测值里只有两个不错的预测值，准确率才只有可怜的 33%。所以 MOS_OPEN 不是预测 TXN_ADD 的一个好的结构。如前所述，在图 10.6 上，我们可以看到 MOS_OPEN 不是反映 LGT_TXN 和 MOS_OPEN 原有关系的正确结构。我们还需要进一步探讨。

MOS_OPEN 的主要问题是那个跳跃点。为了说清楚这个跳跃点，创建一个 MOS_OPEN 哑变量结构，如下：

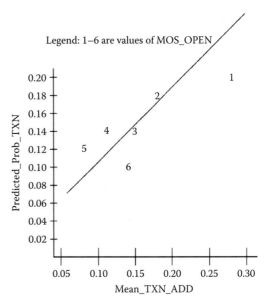

图 10.8　MOS_OPEN 的平滑预测与实际值散点图

如果 MOS_OPEN=6，则 MOS_DUM=1

如果 MOS_OPEN 不等于 6，则 MOS_DUM=0

图 10.9 是一个二阶 LGT_TXN 拟合 logit 值散点图，包含了 MOS_OPEN 和 MOS_DUM 的结构，基于这个结构对 TXN_ADD 进行回归，得到了图上的预测 logit 值点。这个 LRM 定义如下：

$$\text{Logit(TXN\_ADD)} = -0.62 - 0.38 * \text{MOS\_OPEN} + 1.16 * \text{MOS\_DUM} \qquad (10.6)$$

这幅拟合散点图准确反映了 TXN_ADD 和 MOS_OPEN 原始关系的形态。其意义在于 MOS_OPEN 和 MOS_DUM 可以构建一个反映 MOS_OPEN 所含内容的正确结构。公式 10.6 的右侧就是这个结构的定义。

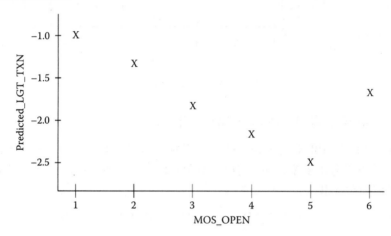

图 10.9   MOS_OPEN 和 MOS_DUM 的拟合 logit 值散点图

为了完成这项探索性工作，我在图 10.10 里做了第二个 TXN_ADD 平滑预测与实际值散点图，其中包含了 TXN_ADD 对 MOS_OPEN 均值的平均预测 logit 值点，这些点来自逻辑斯谛回归公式 10.6，其中包含了一对预测变量 MOS_OPEN 和 MOS_DUM。

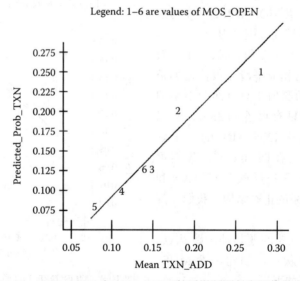

图 10.10   MOS_OPEN 和 MOS_DUM 的平滑预测与实际值散点图

MOS_OPEN 是参考变量。这些点紧密围绕着 45° 直线，再次证实由 MOS_OPEN 和 MOS_DUM 定义的 MOS_OPEN 结构得到了确认，这个结构是 TXN_ADD 的一个重要预测变量。

10.10　评估变量的重要性

评估模型中的变量的统计显著性的经典方法是大家熟知的零假设显著性检验程序，这个方法是基于减少对问题中的变量的预测误差（实际回应减去预测回应）。逻辑斯谛回归分析的正常检验程序的统计工具包括对数似然函数（LL）、G 统计量、自由度（df）以及 p 值。这个程序在一个带有重要而不可靠假设的理论框架下，使用了这些统计工具。从纯理论角度看，这样做会引起人们对具有统计显著性的结果的疑虑。即便统计显著性结果被采纳，它也可能在实践方面并不重要，或者对所研究的问题没有太大用处。对于重视实用性的数据挖掘工程师来说，经典方法的局限性和缺乏灵活性是不容忽视的问题，对大数据尤其如此。

与此不同的是，数据挖掘方法采用对数似然函数、G 统计量以及自由度，但这是一种非正式的数据引导的搜寻变量方法，可以明显降低预测误差。值得一提的是，这种数据挖掘方法的非正规性要求对某些术语加以适当修改，其中包括从宣布一个结果是统计显著的，到值得关注的或非常重要的结果。

在开始介绍变量评估的数据挖掘方法之前，我想先说说经典方法和自由度的客观性。经典方法在分析领域有深厚根基，以至于从业者没有其他可行的替代方法可用，尤其不会采用基于非正式但有时具有高度个性化步骤的方法。确定一个变量具有统计显著性看上去是非常客观的，因为这是基于概率理论和统计学做出的结论。然而，模型构建者的具体检验方法可能会影响结果。这套方法可能会出现因误判而拒绝一个实际是显著变量，或者因误判而接受一个不显著变量的情况。确定合适的样本量也是主观性的，因为这取决于研究经费有多少。最后一点是，建模者的经验决定了可以允许偏离检验假设多远。所以，认识到了传统方法的主观方面的局限，建模者会接受避免了理论上的浮华和数学上的优雅的数据挖掘方法。

关于自由度的说明有助于让这个讨论更清晰。通常所说的自由度是对分析所含的独立信息的数量的通用度量指标。这个指标一般取决于数学上的做法，即"用 N-1 代替 N"，以确保得出精确的结果。自由度这个概念让人们产生了很容易计算信息的数量的错误印象。实际上，对大多数人来说，用于计算信息的数量的原理并不容易。直到今天，我们还没有计算自由度的通用方法。幸运的是，许多分析方法已经确定了自由度的算法。所以说，正确的自由度计算结果是存在的，计算机能够自动给出结果，而且在旧的统计学课本里，也有自由度对照表可供查阅。在下面的讨论中，我们直接给出自由度结果而不做具体计算。

10.10.1　计算 G 统计量

在数据挖掘中，评估一个变量子集合在预测回应时的重要性，要考虑的因素包括显著降低由变量子集合带来的预测误差，以及降低 G 统计量与自由度的比值 G/df。自由度指的是子集合中的变量数目。G 统计量的定义见式 10.7，即两个 LL 数量之差，其中一个对应的是不带变量子集合的模型，另一个对应的是带变量子集合的模型。

$$G=-2LL（不带变量的模型）--2LL（带变量的模型）\qquad（10.7）$$

值得注意两点：第一，用-2LL 替代 LL 是数学上的需要；第二，这里的子集合意指总是存在一个大的变量集合，而建模者考虑的是较小的子集合，可能其中只包含一个变量。

在下面几节，我们详细讨论在三种情境下评估变量具有相似预测能力的决策规则。简言之，单位自由度的 G 平均值（G/df）越大，则变量在预测回应时的重要性越高。

10.10.2 单变量的重要性

如果 X 是纳入模型的唯一变量，则 G 统计量的定义可见式 10.8：

$$G = -2LL（只带截距的模型）-- 2LL（带变量 X 的模型） \tag{10.8}$$

确定 X 在预测回应时是一个重要变量的决策规则如下：如果 G/df 大于标准 G/df 值 4[⊖]，则 X 是一个重要预测变量，应该考虑纳入模型之中。注意，这个决策原则只是表明变量具有重要性，并没有指出其重要程度。这个决策规则意味着，变量 X_1 的 G/df 值大于变量 X_2 的 G/df 值，表明 X_1 可能比 X_2 重要。

10.10.3 变量子集合的重要性

当包含 k 个变量的子集合 A 是唯一考虑纳入模型的子集合时，G 统计量的定义见式 10.9：

$$G = -2LL（带截距的模型）-- 2LL（带有 A（k）个变量的模型） \tag{10.9}$$

确定子集合 A 在预测回应上具有重要性的决策规则如下：

如果 G/k 大于标准 G/df 值 4，则子集合 A 是预测变量的一个重要子集合，可以考虑纳入模型之中。和前面一样，这个决策规则只表明这个子集合具有重要性，并没有给出重要性程度。

10.10.4 不同变量子集合的重要性比较

令子集合 A 和 B 分别包含 k 个和 p 个变量，每个子集合的变量数量不一定要相等。如果变量同样多，则两个子集合只能有一个变量是一样的。A 和 B 的 G 变量分别见式 10.10 和式 10.11：

$$G(k) = -2LL（带截距的模型）-- 2LL（带 "A" 变量的模型） \tag{10.10}$$

$$G(p) = -2LL（带截距的模型）--2LL（带 "B" 变量的模型） \tag{10.11}$$

判定两个子集合对于预测回应更重要的决策规则（即更有可能具有预测能力）如下：

1）如果 G(k)/k 大于 G(p)/p，则子集合 A 是更重要的预测变量子集合；否则，B 是更重要的预测变量子集合。

2）如果 G(k)/k 和 G(p)/p 相等或比值接近，则两个子集合被看作是同样重要的。建模者应该考虑增加其他指标，以判定哪个子集合更为重要。

有决策规则确定的较重要的子集合显然可以构建更好的模型。当然，这个规则假定 G(k)/k 和 G(p)/p 大于 G/df 标准值 4。

⊖ 显然，对于自由度为 1 的单一变量，G/df 等于 G。

10.11　案例的重要变量

评估变量的第一步是为研究的数据确定 LL 基准值。TXN_ADD 的不带变量的 LRM 生成表 10.11 的两个基本信息：

1）这个案例里的基准是 - 2LL，等于 3606.488。

2）LRM 的定义见式 10.12：

$$\text{Logit}（\text{TNX\_ADD}=1）=-1.9965 \tag{10.12}$$

表 10.11　TNX_ADD 的逻辑斯谛回归程序

回应情况			
TXN_ADD	计数		
1	589		
0	4 337		
−2LL = 3 606.488			

变量	参数估计值	标准误差	Wald 卡方值	Pr> 卡方值
截距	−1.996 5	0.043 9	2 067.050	0.0

$$\text{LOGIT} = 1.996\ 5$$

$$\text{ODDS} = \text{EXP}(0.199\ 65) = 0.135\ 8$$

$$\text{PROB(TXN\_ADD} = 1) = \frac{\text{ODDS}}{1+\text{ODDS}} = \frac{0.135\ 8}{1+0.135\ 8} = 0.119$$

上表中的信息很有趣，从中可以看到两个有用的统计特征：

1）对式 10.12 两边进行求幂运算，得到应答率 0.1358。回忆一下，求幂是一种数学运算，就是将被计算的对象当作指数，对 logit 求幂就得到了概率，等式右边对 - 1.9965 求幂，得到 0.1358，见式 10.13 ～式 10.15。

$$\text{Exp}（\text{Logit}（\text{TNX\_ADD}=1））=\text{Exp}（-1.9965） \tag{10.13}$$

$$\text{Odds}（\text{TNX\_ADD}=1）=\text{Exp}（-1.9965） \tag{10.14}$$

$$\text{Odds}（\text{TNX\_ADD}=1）=0.1358 \tag{10.15}$$

2）（TNX_ADD = 1）的概率也称作 RESPONSE 应答率，通过计算上式中 odds 除以 1 + odds 很容易得出结果，其含义是 RESPONSE 的最佳估计值——在没有信息或变量情况下——是 11.9%，这就是邮件的平均回应水平。

预测变量的重要性

根据 LL 基准值 3606.488，我们评估一下 5 个变量的重要性：MOS_OPEN、MOS_DUM、FD1_RCP、FD2_RCP 和 INVEST_LOG。我们从 MOS_OPEN 和 MOS_DUM 开始，因为这两个变量必须同时在模型里，我们用 MOS_OPEN 和 MOS_DUM 对 TXN_ADD 进行逻辑斯谛回归。结果见表 10.12。

从式 10.9 可得出 G 值为 107.022（=3606.488 - 3499.466）。自由度等于变量的数目，df 是 2。相应地，G/df 等于 53.511，大于标准 G/df 值 4。所以，MOS_OPEN 和 MOS_DUM 对于 TXN_ADD 都是重要的预测变量。

表 10.12   预测变量的 G 值和 df 值

变量	−2LL	G	df	p
截距	3 606.488			
MOS_OPEN+MOS_DUM	3 499.466	107.023	2	0.000 1
FD1_RCP	3 511.510	94.978	1	0.000 1
FD2_RCP	3 503.993	102.495	1	0.000 1
INV_LOG	3 601.881	4.607	1	0.000 1

根据式 10.8，其他变量的 G/df 值也都大于 4（表 10.12）。所以说，TXN_ADD 的这 5 个重要预测变量组成了预测 TXN_ADD 的一个初始子集合。至于 FD_TYPE，则放在 10.16 节讨论。

我们用这个初始子集合构建一个初始模型对 TXN_ADD 进行回归，结果见表 10.13。根据式 10.9，这 5 变量子集合的 G/df 值是 40.21（=201.031/5），远大于 4。所以，这是预测 TXN_ADD 的重要变量的初始子集合。

10.12   变量的相对重要性

构建统计模型的"神秘之处"在于定义真实模型的真实的变量子集合是未知的。建模者可以通过找到定义最终模型的最佳变量子集合，这可能是结合逻辑推理和猜测找出真实模型的最佳方式。这个最终模型反映了建模者运用手中数据所做的努力，这比估计真实模型要好得多。建模者的注意力放在最引人注意且无法避免的那些预测变量上，从逻辑散点图上可以看到这些变量的形态和与回应之间的关系，而且这些变量的行为是已知的。

构建统计模型的另一个魔幻之处是预测变量的最佳子集合包含的变量对于模型的预测贡献通常是无法预测，也无法解释的。有时候，如果其他变量不出现，其中最重要的变量可能会改变，因为其在模型中的贡献不再像之前那么大了。有些时候，最不可能的变量会浮上来，这是因为某些变量未出现，而导致其对变量对模型的贡献变大了。在最好的情况下，变量之间相互作用，使得它们对模型预测的总影响大于各自影响的总和。

除非变量之间没有关联关系（可能性极小），否则建模者不可能评估单个变量对模型的贡献。在实践中，建模者可以评估变量的相对重要性，也就是相对于模型中的其他变量，这个变量对模型的重要性。在逻辑斯谛回归分析结果中，Wald 卡方值即是变量相对重要性的指标，也用于选择最佳子集合，相关讨论见下一节。

选择最佳子集合

找出重要变量的最佳子集合的步骤如下：

1）选择一个重要的初始子集合。被认为重要的变量有可能是重要的。让这个问题相关范围内的经验（建模者和其他人）成为规则。如果需要从很多变量里进行选择，则根据相关系数 r（回应变量和每个候选的预测变量）排序。几个根据经验挑选的变量、r 值最大的几个变量以及几个小 r 值变量可以作为备选子集合。之所以要选几个小 r 值变量，是因为它们可能会误排除重要的非线性变量。（回忆一下，相关系数是线性关系指标。）类别变量没有这个系数，所以需要特殊处理。（在最后一节，我们讨论 FD_TYPE 如何在模型中纳入一个类别变量。）

2）对备选子集合里的变量做逻辑散点图，并根据需要对变量进行校直处理。最引人注意的几个原始变量和重述变量构成初始子集合。

3）对于初始子集合进行初步的逻辑斯谛回归。从模型中剔除一两个 Wald 卡方值低于 4 的变量。剔除之后得到了首个重要变量的起始子集合。

4）对这个起始子集合进行逻辑斯谛回归分析。从模型中剔除一两个 Wald 卡方值低于 4 的变量。建模者可以尝试剔除不同变量，看看哪些变量变得更重要或不重要了。在这样做的时候，可以看到 Wald 卡方值会在 4 的上下变动。这个值变大是因为被剔除变量和留下变量之间的相关性发生了变化。相关系数越大则卡方值变得越大（不可靠度）。结果是，卡方值增加得越大，则确定重要变量的不确定性越大。

5）重述第 4 步，直到留下的变量都有比较大的卡方值。当建模者提出不同的成对变量时，可以得到不同的子集合。

6）采用 10.10.4 节的决策规则对比不同子集合的相对重要性，确定最佳子集合。

10.13 案例变量的最佳子集合

我们用 5 变量子集合 MOS_OPEN、MOS_DUM、FD1_RCP、FD2_RCP、INVEST_LOG 对 TXN_ADD 进行逻辑斯谛回归，结果见表 10.13。

表 10.13   用起始子集合对 TXN_ADD 进行初步逻辑斯谛回归

	只有截距	截距和所有变量	所有变量
−2LL	3 606.488	3 405.457	201.031 自由度 5 (p = 0.000 1)
变量	参数估计值	标准误差	Wald 卡方值	Pr> 卡方值
截距	0.994 8	0.246 2	16.322 8	0.000 1
FD2_RCP	3.607 5	0.967 9	13.891 1	0.000 2
MOS_OPEN	−0.335 5	0.038 3	76.831 3	0.000 1
MOS_DUM	0.933 5	0.133 2	49.085 6	0.000 1
INV_LOG	−0.782 0	0.229 1	11.655 7	0.000 6
FD1_RCP	−2.026 9	0.969 8	4.368 6	0.036 6

FD1_RCP 的 Wald 卡方值 4.3686 最小，FD2_RCP 的卡方值 13.8911 与 FD1_RCP（$r_{FD1\_RCP, FD2\_RCP}= 0.97$）高度相关，这两个变量的卡方值可能不可靠。尽管如此，由于没有其他指标可以参考，我们只能根据这些数值做出判断，删去卡方值较小的变量 FD1_RCP。

INVEST_LOG 的卡方值 11.6557 是卡方值第二小的变量。与模型中的 MOS_OPEN、MOS_DUM、FD1_RCP、FD2_RCP 相比，重要性较小，所以我们从模型中删掉它。因此，初始最佳子集合包含了变量 FD2_RCP、MOS_OPEN 和 MOS_DUM。

我们用 3 变量子集合（FD2_RCP、MOS_OPEN、MOS_DUM）对 TXN_ADD 再做一次逻辑斯谛回归，结果见表 10.14。MOS_OPEN 和 FD2_RCP 具有较大的 Wald 卡方值，分别为 81.8072 和 85.7923，显然都远大于 4。MOD_DUM 的 Wald 卡方值只有 MOS_OPEN 的一半，但是将它留在模型里是因为有此需要（回想图 10.9 和图 10.10）。我承认 MOS_DUM 和 MOS_OPEN 共享信息可能会影响它们的 Wald 卡方值的可靠性。实际共享的信息占了 42%，表明对其 Wald 卡方值的可靠性的影响是最小的。

表 10.14 用初始最佳子集合对 TXN_ADD 进行逻辑斯谛回归

	只有截距	截距和所有变量	所有变量	
−2LL	3 606.488	3 420.430	186.058 自由度 3 (p = 0.000 1)	
变量	参数估计值	标准误差	Wald 卡方值	Pr> 卡方值
截距	0.516 4	0.193 5	7.125 4	0.007 6
FD2_RCP	1.494 2	0.165 2	81.807 2	0.000 1
MOS_OPEN	−0.350 7	0.037 9	85.792 3	0.000 1
MOS_DUM	0.924 9	0.132 9	48.465 4	0.000 1

我们比较现在这 3 个变量子集合（FD2_RCP、MOS_OPEN、MOS_DUM）和开始时的 5 个变量子集合（MOS_OPEN、MOS_DUM、FD1_RCP、FD2_RCP、INVEST_LOG）的重要性。前后两个子集合的 G/df 值分别是 62.02（=186.058/3，表 10.14）和 40.21（=201.031/5，表 10.13）。基于 10.10.4 节中的决策规则，我们可以认定这 3 个变量子集合优于 5 个变量子集合。我们期待由式 10.16 定义的 3 变量模型得出 TXN_ADD 的好的预测结果：

TXIV_ADD 逻辑斯谛回归预测值 =LGT_TXIV 预测值

=0.5164 + 1.4942*FD2_RCP − 0.3507*MOS_OPEN + 0.9249*MOS_DUM　　　（10.16）

10.14　模型预测准确性的可视化指标

在这一节，我们讨论模型预测质量的可视化指标。LRM 本身是一个变量，因为它是以逻辑斯谛回归常数作为权重的一个加权变量之和。所以说，这个逻辑斯谛回归模型预测结果（如 LGT_TXN 预测值）是一个变量，具有平均值、方差和其他统计描述指标，而且可以用图形表示出来。因此，我介绍了三种有价值的绘图技术，展示 EDA 规定的图形探索工作，用于评估模型预测的优度。

10.14.1　得分组的平滑残差散点图

得分组的平滑残差散点图是用得分组的平均残差和平均预测回应做成的散点图，是由预选变量——通常是模型的预测变量的独特取值确定的。

例如，对于三变量模型来说，一共有 18 个得分组：FD2_RCP 的 3 个值乘以 MOS_OPEN 的 6 个值。MOS_DUM 的 2 个值不特殊，因为它们和 MOS_OPEN 的部分值相同。

制作得分组的平滑残差散点图的步骤和解读如下：

1）按照 10.2.2 节的方法，用 logit 预测值给数据打分。

2）按照 10.2.2 节的方法，将 logit 预测值转换成应答率预测值。

3）计算个体的残差（误差）：残差 = 实际回应值 − 应答率的预测值。

4）根据预选变量给出的独特数值确定得分组。

5）对于每个得分组，计算平均（平滑）残差和平均（平滑）回应预测值，得出平滑数据对（平滑残差，平滑回应预测值）。

6）画出得分组的平滑点散点图。

7）沿着均值残差 =0 画一条直线。这条零线作为一条参考线，用于判断散点图上是否存在一般趋势。如果这个平滑残差散点图和理想的或零图（即所有点子围绕着零线随机分布，其中一半点子在零线之上，其他点子在零线之下）相像，则可以得出平滑残差中不存在一般趋势，得分组层面的预测值总体上是良好的。由此可以推断在个体层面上，这些预测值一般也是良好的。

8）检查这个平滑残差图是否与随机散布之间存在明显不同。

检查充其量是一项主观的工作，因为模型构建者在寻找所需的东西上本来就是不知情的。为了帮助客观地检验平滑残差图，我们使用第 3 章讨论的一般关联性检验，确定平滑残差图是否等价于零图。

9）如果这个平滑残差图是零图，就找出其局部模式。通常能够找到由一些平滑点形成的局部的波浪形态，但是不会在零图上出现涟漪效应。局部模式表明模型存在弱点，由此得出的得分组的预测是有偏的。

得分组的平滑残差散点图案例

我们做出得分组的平滑残差散点图，用于判断 3 变量（FD2_RCP、MOS_OPEN、MOS_DUM）模型的预测质量。图 10.11 与第 3 章讨论的基于一般关联性检验的零图是等价的。所以说，整体预测质量是不错的。换言之，TXN_ADD 的预测值与 TXN_ADD 的实际值大致相等。

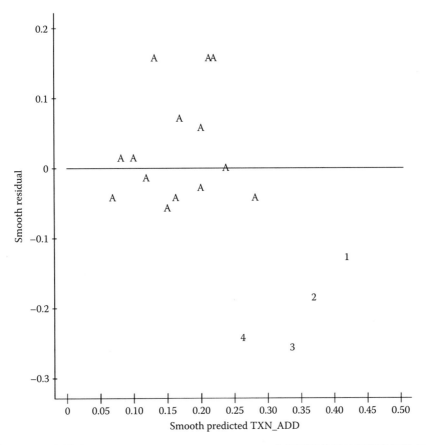

图 10.11　3 变量（FD2_RCP、MOS_OPEN、MOS_DUM）模型得分组的平滑残差散点图

容易看到但不容易理解的是（目前的分析）图形右下方的由 4 个得分组定义的局部形态（以 1 ~ 4 标识）。

该局部形态清楚地表明这些平滑残差值是负的。这个局部形态显示了模型中的一个弱点，因为它对四个得分组中的个体的预测有一个正偏差；也就是说，他们预测的 TXN_ADD 往往大于实际的 TXN_ADD。

如果这个模型在使用时可以将有弱点的个体当作"例外"，则模型的表现会得到改善。例如，回应模型通常因为对新客户的有限信息和不活跃客户的过时信息而带有预测偏差。所以，如果模型在应用于招标数据库时可以包含例外规则（比如新客户总是被制订到最高的十分位），而将不活跃客户放在中间的十分位上，则预测的整体质量会被提高。

为了便于后面的讨论，这个 3 变量模型按得分组所做的平滑残差散点图的描述统计量是：（1）对于平滑残差来说，最小值和最大值以及极差分别为 -0.26、0.16 和 0.42；（2）标准差是 0.124。

10.14.2   基于十分位组的平滑预测与实际值散点图

基于十分位组的平滑预测与实际值散点图是十分位组的平均实际回应和平均预测回应的散点图。十分位组是 10 个同样大的类，每个组包含了 LRM 的预测回应值。

与大多数数据库模型不同的是，按十分位进行分组不是对数据进行任意分区，而是按照十分位构建和验证。制作十分位上的平滑预测与实际值散点图的步骤如下：

1）按照 10.2.2 节的方法，通过增加 logit 预测值，给数据打分。

2）按照 10.2.2 节的方法，将 logit 预测值转换成应答率预测值。

3）确定十分位分组。将预测回应值按照由大到小的顺序排列。把排列好的数据分成一样大小的 10 份。第一组包含最大的平均预测回应值，标上"1"（顶）；下一组标上"2"，以此类推。最后一组包含最小的平均预测回应值，标上"10"（底）。

4）对于每个组，计算平均（平滑）实际回应值和平均（平滑）预测回应值，得出 10 对平滑点子（平滑实际回应值，平滑预测回应值）。

5）画出十分位分组的平滑点子散点图，标上所属的分组号。

6）在图上画出一条 45° 直线。这条线是参照，用来评估十分位分组上的预测质量。如果这些平滑点子按顺序排列在这条线上，或者紧紧围绕着这条线（由顶到底，或由底到顶），则预测质量通常是不错的。

7）确定这些平滑点子贴近这条直线的程度。用平滑实际值和预测回应值的相关系数客观评估这个平滑散点图。这个相关系数作为相对这条直线离散程度的度量指标。相关系数越大，离散程度越小，从而整体预测质量就越好。

8）正如 10.6.3 节所述，基于"大"点子的相关系数也会更大，作为个体层面 r 值的一个粗略估计值。根据平滑实际回应点和平滑预测回应点计算的相关系数是这个模型的个体层面预测质量的一个粗略指标。这个相关系数是选择好模型的最好的一个对比指标。

十分位组平滑预测与实际值散点图示例

我们基于表 10.15 画出十分位组的平滑预测与实际值散点图，以确定 3 变量模型的预测质量。图 10.12 上的 10 个平滑点相对 45° 线的离散程度最小，但有两个例外。4 和 6 这两个十分位组看上去离这条线最远（测量垂直距离）。8，9 和 10 这三个十分位组与这条直线的垂直距离逐渐缩小，表明对这三个组的预测质量是一样的。标志是这个模型无法在最小回应个体之间做出区分。但是，由于回应模型在使用过程中通常会排除掉最低的 3 到 4 个十分位组，所以点子偏离 45° 线和排序乱在评估预测质量方面不是一个重要特征，整体预测质量还是不错的。

表 10.15　平滑点的十分位组（基于 FD2_RCP、MOS_OPEN、MOS_DUM 的模型）

	TXN_ADD		TXN_ADD 预测值		
十分位组	N	均值	均值	最小值	最大值
顶组	492	0.069	0.061	0.061	0.061
2	493	0.047	0.061	0.061	0.061
3	493	0.037	0.061	0.061	0.061
4	492	0.089	0.080	0.061	0.085
5	493	0.116	0.094	0.085	0.104
6	493	0.085	0.104	0.104	0.104
7	492	0.142	0.118	0.104	0.121
8	493	0.156	0.156	0.121	0.196
9	493	0.185	0.198	0.196	0.209
底组	492	0.270	0.263	0.209	0.418
总计	4 926	0.119	0.119	0.061	0.418

这个散点图的描述性统计量是这些平滑点之间的相关系数 $r_{sm.actual,sm.predicted:decile\ group}$ 等于 0.972。

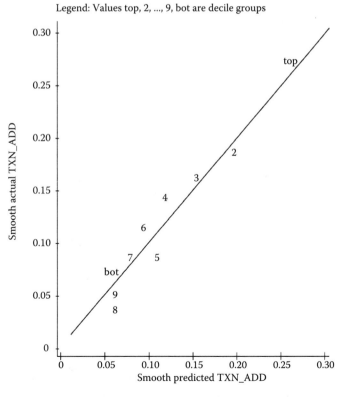

图 10.12　3 变量 (FD2_RCP、MOS_OPEN 和 MOS_DUM) 模型基于十分位组的平滑预测与实际值散点图

10.14.3 基于得分组的平滑预测与实际值散点图

基于得分组的平滑预测与实际值散点图是由得分组的平均实际值和平均预测回应值组成的散点图。图的制作和解读与基于十分位组的平滑预测与实际值散点图是一样的。唯一的不同点是由得分组替代了十分位组,参见 10.14.1 节关于得分组的平滑残值散点图的讨论。

我们下面列出制作和解读这种散点图的步骤:

1)通过附加预测 logit 值并将其转化为预测的应答率值,给这些数据打分。

2)确定得分组,并计算实际回应和预测回应的平滑值。

3)按照得分组画出平滑实际值和预测点。

4)在图上标出 45° 直线。如果这个平滑散点图看上去像零(散点)图,那么可以得出结论:在得分组层面上的模型预测是相当好的。

5)使用平滑点间的关联系数有助于客观检验这个平滑散点图。这个相关系数与散布在 45° 线附近的点子的数量有关。相关系数越大,散布的程度越小,预测的整体质量也越高。这个相关系数在挑选更好的模型时,可以作为一个比较指标。

1. 示例

我们根据表 10.16 制作基于得分组的平滑实际值与预测值分布图,评估这个 3 变量模型的预测质量。图 10.13 的平滑散点图表明,散布在 45° 线旁边的 15 个平滑点是好的,直线右侧的 4 个点不好,分别标记为 1 ~ 4。

表 10.16 (FD2_RCP、MOS_OPEN、MOS_DUM)模型得分组平滑点

MOS_OPEN	FD2_OPEN	TXN_ADD 数量	TXN_ADD 均值	PROB_HAT 均值
1	1	161	0.267	0.209
	2	56	0.268	0.359
	3	20	0.350	0.418
2	1	186	0.145	0.157
	2	60	0.267	0.282
	3	28	0.214	0.336
3	1	211	0.114	0.116
	2	62	0.274	0.217
	3	19	0.158	0.262
4	1	635	0.087	0.085
	2	141	0.191	0.163
	3	50	0.220	0.200
5	1	1 584	0.052	0.061
	2	293	0.167	0.121
	3	102	0.127	0.150
6	1	769	0.109	0.104
	2	393	0.186	0.196
	3	156	0.237	0.238
总计		4 926	0.119	0.119

这些点子对应了 4 个得分组,在图 10.11 的平滑残差散点图上清晰可见。标记和平滑残差散点图是一样的:

预测的整体质量是相当好的。尽管如此，如果这个模型可以容纳那些与这四个得分组类似的例外个体的话，则这个模型的表现会更好。

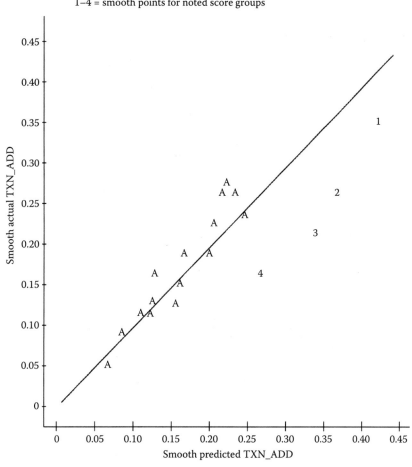

图 10.13　3 变量（FD2_RCP、MOS_OPEN、MOS_DUM）得分组的平滑预测与实际值散点图

得分组的这些个体的情况见表 10.16。用原预测变量代替重述后的变量可以更容易解释这种情况。这四组的样本量（20，56，28，19）非常小，可能导致距离 45° 线的偏离过大。尽管如此，还是有 3 组小样本（60，62，50）距离 45° 线的偏离比较小。所以说，组样本量小可能不是出现较大偏离的原因。不管出现这种偏差的原因是什么，这四组表明这个 3 变量模型反映了一个小的薄弱区域——仅占样本（可推广到母数据库总体）的 2.5%（=（20+56+28+19）/4926））。所以说，采用这个 3 变量模型可以得到较好的预测效果，即便在这个薄弱区域无法适用例外规则，但对这个模型造成的影响也不明显。

这个薄弱区域的情况如下：新开的客户（短于 6 个月）有 2 ～ 3 个，近期开的客户（6 个月到 1 年）有 3 个，老客户（1 年到 1.5 年）有 3 个，即

1）MOS_OPEN = 1 和 FD2_OPEN = 3

2）MOS_OPEN = 1 和 FD2_OPEN = 2

3）MOS_OPEN = 2 和 FD2_OPEN = 3

4）MOS_OPEN = 3 和 FD2_OPEN = 3

得分组 /3 变量模型的平滑预测与实际值散点图的描述性统计量是平滑点之间的相关系数 $r_{sm.actual,sm.predicted:score\ group}$，值为 0.848。

10.15 评估数据挖掘工作

为了展示 3 变量 EDA 模型的数据挖掘分析优点，我们构建一个非 EDA 模型进行比较，使用的是分步逻辑斯谛回归变量选择过程，这是非 EDA 变量选择过程的一个"不错"的方法，尽管我们在第 13 章会讨论它的弱点。分步变量选择过程和其他统计变量选择过程恐怕难以归入最小化数据挖掘技术，因为它们只能用于寻找原始变量的最佳子集合，而不能生成重要变量，在搜寻最佳变量子集合的过程中无法生成结构。具体说，就是它们不能产生和原始变量的重述变量或由原始变量衍生出的哑变量类似的新变量。相反，最强大的数据挖掘技术可以用原始变量生成结构，并根据这些原始变量，用这些结构拼接出最佳组合。更多内容请阅读第 13 章和第 41 章。

我用 5 个原变量对 TXN_ADD 做了分步逻辑斯谛回归分析。分析表明最佳非 EDA 子集合只包含 2 个变量：FD2_OPEN 和 MOS_OPEN。结果见表 10.17。G/df 值为 61.3（=122.631），与 3 变量（FD2_RCP、MOS_OPEN、MOS_DUM）EDA 模型的 G/df 值（62.02）相近。根据 10.10.4 节，不能说这个 3 变量 EDA 模型优于这个 2 变量非 EDA 模型。

表 10.17 评估模型拟合的最佳非 EDA 模型标准

	只有截距	截距和所有变量	所有变量
−2LL	3 606.488	3 483.857	122.631 自由度 2 (p = 0.000 1)

变量	参数估计值	标准误差	Wald 卡方值	Pr > 卡方值
截距	−2.082 5	0.163 4	162.349 0	0.000 1
FD2_OPEN	0.616 2	0.061 5	100.522 9	0.000 1
MOS_OPEN	−0.179 0	0.029 9	35.803 3	0.000 1

是否可以说所有 EDA 探索性工作都是徒劳的——快速而不精确的非 EDA 模型才是我们该用的模型呢？答案是否定的。记住，一个指标有时候只用作指向另一件事的指针，比如指向幂阶梯，有时候，它是我们基于表象自动做出决定的工具，比如确定一个关系是否足够直，或者平滑残差散点图上的点是否随机分布。而且有时候一个低级指标仅凭自己无法给出信息，需要其他指标（比如平滑散点图和整体相关系数）的配合。

我们做一个简单的比较分析，用 EDA 模型和非 EDA 模型的描述性统计量判断哪个模型更好。我只需要构建 3 个平滑散点图——得分组的平滑残差、十分位的平滑实际值，以及得分组的平滑实际值，我们可以从中得出非 EDA 模型的描述性统计量。

10.15.1 基于得分组的平滑残差分布图：EDA 模型与非 EDA 模型对比

我们为非 EDA 模型制作了基于得分组的平滑残差散点图，见图 10.14。根据一般关联性检验结果，这幅图不是零散点图。所以，这个非 EDA 模型的预测质量整体上是不够好的。

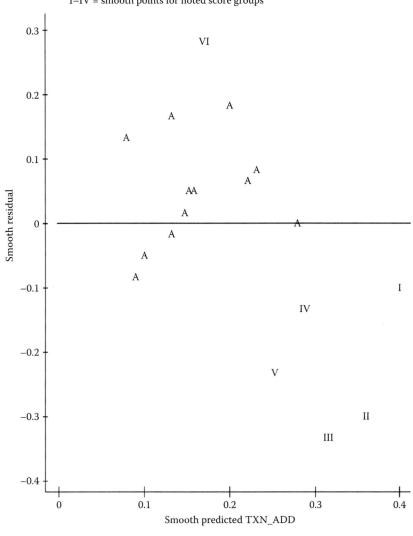

图 10.14　非 EDA（FD2_OPEN、MOS_OPEN）模型的得分组平滑残差散点图

　　在零线之下的右下角，有 5 个平滑点（分别标以 I，II，III，IV，V）形成了一个局部形态。这 5 个平滑点表明，对这 5 个得分组中的个体的预测一般会出现正偏差。也就是说，TXN_ADD 预测值倾向于比 TXN_ADD 实际值更大。在图的上部有一个标注 VI 的平滑点，表明有一组具有负的平均偏差。也就是说，其 TXN_ADD 预测值倾向于比 TXN_ADD 实际值更小。

　　用非 EDA 模型制作的基于得分组的平滑预测与实际值散点图，其描述统计量如下：平滑残差的最小值、最大值和区间分别为－0.33，0.29 和 0.62，平滑残差的标准差是 0.167。

　　对比 EDA 模型和非 EDA 模型的残差，EDA 模型的平滑残差（预测误差）更小。EDA 模型平滑残差极差明显比非 EDA 模型更小：小了 32.3%（＝（0.62－0.42）/0.62）。EDA 平滑残差的标准差也明显更小：小了 25.7%（＝（0.167－0.124）/0.167）。这说明该 EDA 模型的预测质量更好。

10.15.2 基于十分位组的平滑预测与实际值散点图：EDA 模型与非 EDA 模型对比

我们为非 EDA 模型制作了基于十分位组的平滑预测与实际值散点图，见图 10.15。可以清晰看到，散布在图上的点没有聚集在 45° 线周围，其中标记 top（顶）和 2 这两组远离该线，标记 8、9 和 bot（底）这三组（特别是 bot 组）处于无序状态。这些平滑点的相关系数 $r_{\text{sm.actual,sm.predicted:decile group}}$ 是 0.759。

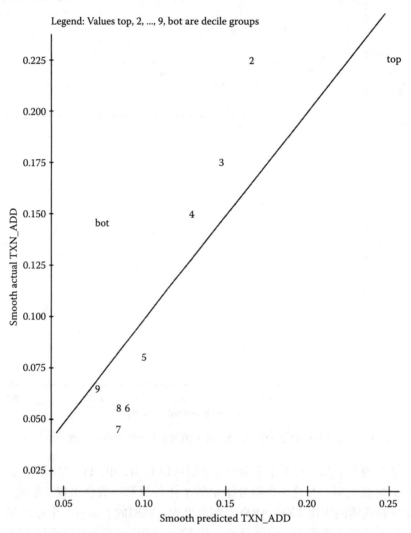

图 10.15　非 EDA（FD2_OPEN、MOS_OPEN）模型的十分位平滑预测与实际值散点图

比较基于十分位组的 EDA 模型和非 EDA 模型的相关系数，可以看到 EDA 模型的相关系数较大，点围绕 45° 线更紧密。EDA 模型的相关系数明显大于非 EDA 模型：大了 28.1%（=（0.972 − 0.759）/0.759），表明这个十分位组的 EDA 模型有较好的预测质量。

10.15.3 基于得分组的平滑预测与实际值散点图：EDA 模型与非 EDA 模型对比

我们为非 EDA 模型制作了基于得分组的 EDA（FD2_OPEN、MOS_OPEN），见图 10.16。在图上看到点的分布明显没有集中在 45° 线附近。得分组 II，III，V 和 VI 都离这条线很远，这些平滑点的相关系数 $r_{\text{sm.actual, sm.predicted: score group}}$ 是 0.635。

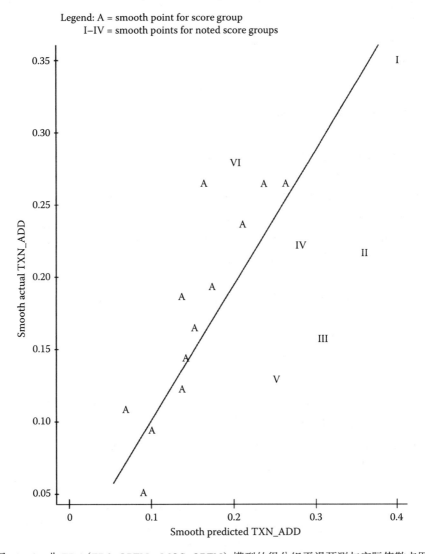

图 10.16 非 EDA（FD2_OPEN、MOS_OPEN）模型的得分组平滑预测与实际值散点图

基于得分组的 EDA 模型和非 EDA 模型的相关系数比较表明 EDA 模型可以让平滑点更紧凑地分布在 45° 线周围，其相关系数明显大于非 EDA 模型：大了 33.5%（=（0.848－0.635）/ 0.635），表明这个 EDA 模型有较好的预测质量。

10.15.4 数据挖掘工作小结

从以上比较中，我们得出以下结论：

1）EDA 模型的整体预测质量优于非 EDA 模型，因为 EDA 模型的平滑残差散点图是零图，而非 EDA 模型不是。

2）EDA 模型的预测误差比非 EDA 模型的更小，因为前者的平滑残差的分布较集中（更小的极差和标准差）。此外，与非 EDA 模型相比，EDA 模型具有更高的整体预测质量，因为其预测偏差较小（得分组和十分位组的平滑实际值和预测值具有较大的相关系数）。

3）我的结论是包含 FD2_RCP、MOS_OPEN 和 MOS_DUM 的 3 变量 EDA 模型优于包含 FD2_OPEN 和 MOS_OPEN 的 2 变量非 EDA 模型。

作为改善 EDA 模型的最后一个尝试，我们在下一节讨论数据挖掘的最后一个候选预测变量 FD_TYPE。

10.16 平滑一个类别变量

在建模过程中纳入一个类别变量的经典做法是借助哑变量。一个具有 k 类定性信息的类别变量等同于 k−1 个哑变量，用来替代模型中的类别变量。哑变量可以根据类别值是否存在分别取值 1 或 0。没有被纳入的类别称为参考类别。在解读哑变量对回应变量的效应时，参考类别用作对照基准。经典方法要求将 k−1 个哑变量全部纳入模型，包括那些不显著的哑变量。当类别的数量很大时，这种方法会出现问题，而在大数据应用中，通常存在大量的类别变量。从概率上看，当有很多个类别时，哑变量变得不显著的概率也会增加。把所有哑变量放进模型里会增加模型的噪声或不可靠性，因为不显著的变量的噪声比较大。直觉上，大量不可分离的哑变量会增加建模的困难，它们迅速"塞满"了模型，没有为其他变量留下空间。

在将类别变量纳入模型时，采用 EDA 方法可以作为经典方法的一个可行的替代做法，因为这样可以解决大量哑变量带来的问题。通过合并（平滑或平均）具有可比取值的独立变量可减少类别的数量，对于回应建模来说，这个独立变量就是应答率。经过平滑处理的类别变量虽然变少了，但不会给模型带来更多噪声，而且给其他变量纳入模型留下了更多空间。

对类别变量进行平滑处理还有另一个好处。这个平滑后的类别变量捕获的信息要比那些哑变量承载的信息更为可靠。类别变量信息的可靠性和每个类别信息的加总的可靠性是差不多的。小的类别可能提供不可靠信息。一个极端情况是类别大小为 1，这个类别的应答率估计值是 100% 或 0%，具体取决于这个类别回应或不回应。这个应答率估计值不太可能是真实应答率。相对于真实应答率，这个类别可能会提供不可靠的信息。所以说，类别变量的信息可靠度会随着取值小的类别数量减少而得以提高。平滑后的类别变量会比哑变量有更高的可靠度，因为其本身具有更少的类别，因而在合并过程中有更大的类别规模。根据 EDA 的经验法则，小类别指的是不超过 200 个变量。

CHAID 通常是平滑类别变量的 EDA 优选方法。本质上，CHAID 是一种出色的 EDA 技术，因为其中包含了统计监测的三个主要要素：数值化、记点、图形化。基于对应答率进行数字化合并或求均值，CHAID 形成了新的更大的类别，并且通过确定最佳合并类别减少了类别数量。最后一点是，CHAID 的处理结果可以方便地以容易阅读和理解的图形方式展现出来，这是一个像树一样的方框图，其中叶子表示合并的类。

CHAID 合并过程的技术细节超出了本章范围。我们将在下一章更深入介绍 CHAID 方法，这里只做简要介绍，展示一下在预测 TXN_ADD 回应时对最后一个变量 FD_TYPE 如何进行平滑处理。

10.16.1 用 CHAID 平滑 FD_TYPE

我们记得 FD_TYPE 是代表客户最近购买的产品类型的一个类别变量。我们将 14 种产品（类别）分别记为 A，B，C，…，N。以 FD_TYPE 值作为 TXN_ADD 的应答率，见表 10.18。

表 10.18　FD_TYPE

FD_TYPE	TXN_ADD		FD_TYPE	TXN_ADD	
	数量	均值		数量	均值
A	267	0.251	I	255	0.122
B	2 828	0.066	J	57	0.193
C	250	0.156	K	94	0.202
D	219	0.128	L	126	0.222
E	368	0.261	M	19	0.421
F	42	0.262	N	131	0.160
G	45	0.244			
H	225	0.138	合计	4 926	0.119

其中 7 个小品类（F，G，J，K，L，M，N）的数量分别为 42，45，57，94，126，19 和 131。它们的应答率分别为 0.26，0.24，0.19，0.20，0.22，0.42 和 0.16，这些可能是不太可靠的。品类 B 的数量最多，高达 2828，应答率 0.06 比较可靠。剩下 5 组较可靠的品类（A，C，D，E，H）的数量介于 219 到 368 之间。

FD_TYPE 的 CHAID 树（见图 10.17）的说明如下：

1）顶上的方框是这棵树的根，代表样本数 4926，应答率 11.9%。

2）用 CHAID 方法平滑 FD_TYPE，将原来的 14 个品类合并为 3 个（平滑）品类，见图上 CHAID 树的三个分支。

3）最左边一支包括 6 个不可靠的小品类（不包括 N）和两个可靠的品类 A 和 E，代表一个新合并的品类，样本数为 1018，应答率是 24.7%。在这种情况下，平滑过程通过两步求平均值，提高了小品类的可靠度。第一步是将全部小品类合成一个临时品类，也就是由样本数 383 的一个品类得出一个可靠的平均应答率 22.7%。第二步经常不会在平滑过程中发生，这个临时品类进一步和可靠的品类 A 和 E 合成，而这两个品类与临时品类具有差不多大小的应答率。这个二次平滑形成的新合成品类代表了 7 个小品类和品类 A、品类 E 的平均应答率。如果没有进行第二次平滑处理，则这个临时品类就是最后的品类。

4）对类别变量进行平滑处理可以显著提高可靠度。我们看样本数为 19 的品类 M，它具有一个不可靠的应答率估计值 42%。平滑处理是将品类 M 放在更大且更可靠的应答率为 24.7% 的最左边分支里。结果就是品类 M 现在有一个更可靠的应答率估计值，即 24.7%。所以，通过平滑处理可以有效地将品类 M 原来的应答率估计值向下调，从偏离较大的 42% 调低到可靠的 24.7%。作为对比，在同一个平滑处理过程中，品类 J 的应答率会向上调，从 19% 调整到 24.7%。而两个可靠的品类 A 和 E 并没有出现太大改变，只是分别从 25% 和 26% 变为 24.7%。

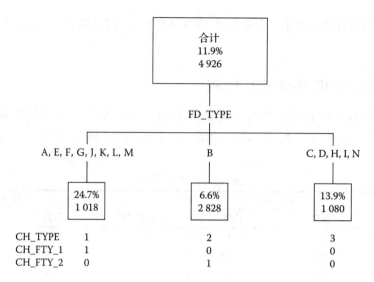

图 10.17　FD_TYPE 二次平滑 CHAID

5）图上中间一支只含有品类 B，这个品类的样本量是 2828，具有一个可靠的应答率 6.6%。显然，这个较低的应答率明显和其他品类（原来的、临时的或新合成的）的应答率不同。而且不需要进一步合成。所以说，品类 B 原来的应答率估计值在平滑之后没有发生变化。品类 B 的样本量是最大的，所以不会影响到可靠度。

6）最右边一支包含了大品类 C，D，H 和 I，以及小品类 N，样本量为 1080，平均应答率为 13.9%。平滑处理将品类 N 的应答率从 16% 调整到 13.9%。而品类 C 也发生了类似下调。其余品类 D，H 和 I 则出现了上调。

我将经过平滑处理的类别变量称作 CH_TYPE。它的三个类分别标为 1，2 和 3，分别对应着从左到右 3 个分支（见图 10.17 下部）。

我们也为 CH_TYPE 设定了两个哑变量：

1）如果 FD_TYPE = A，E，F，G，J，K，L 或 M，则 CH_FTY_1 = 1；否则，CH_FTY_1 = 0。

2）如果 FD_TYPE = B，则 CH_FTY_2 = 1；否则，CH_FTY_2 = 0。

3）将 CH_TYPE = 3 当作参照类别。

如果一个个体具有 CH_FTY_1 = 0 和 CH_FTY_2 = 0，则意味着 CH_TYPE = 3，而且是原类别（C，D，H，I，N）之一。

10.16.2　CH_FTY_1 和 CH_FTY_2 的重要性

我们通过对 TXN_ADD 进行逻辑斯谛回归分析判断 CH_FTY_1 和 CH_FTY_2 对基于 CHAID 平滑变量 CH_TYPE 的重要性，结果见表 10.19。G/df 值为 108.234（= 216.468/2），大于 G/df 标准值 4。所以，CH_FTY_1 和 CH_FTY_2 都是 TXN_ADD 的重要预测变量。

表 10.19　FD_TYPE 二次平滑 CHAID 的 G 和 df

变　量	−2LL	G	df	p
截距	3 606.488			
CH_FTY_1 and CH_FTY_2	3 390.021	216.468	2	0.000 1

10.17　本案例的其他数据挖掘工作

我们尝试通过加入平滑变量 CH_TYPE 提高 3 变量（MOS_OPEN、MOS_DUM、FD2_RCP）模型的预测质量。我们用 MOS_OPEN、MOS_DUM、FD2_RCP、CH_FTY_1 和 CH_FTY_2 对 TXN_ADD 进行 LRM 方法处理。结果见表 10.20。FD2_RCP 的 Wald 卡方值小于 4。所以我们从模型中删除 FD2_RCP，得到含有 4 个变量的模型。这个 4 变量（MOS_OPEN、MOS_DUM、CH_FTY_1 和 CH_FTY_2）模型中的 4 个变量的 Wald 卡方值相差不大，结果见表 10.21，G/df 值是 64.348（=257.395/4），比 3 变量（MOS_OPEN、MOS_DUM、FD2_RCP）模型的 G/df 值（62.02）略大。G/df 值没有表明 4 变量模型的预测能力比 3 变量模型更强。

表 10.20　逻辑斯谛回归模型：EDA 变量加上 CH_TYPE 变量

	只有截距	截距和所有变量	所有变量	
−2LL	3 606.488	3 347.932	258.556	自由度 5(p = 0.000 1)
变量	参数估计值	标准误差	Wald 卡方值	Pr> 卡方值
截距	−0.749 7	0.246 4	9.253	0.002 4
CH_FTY_1	0.626 4	0.117 5	28.423 8	0.000 1
CH_FTY_2	−0.610 4	0.137 6	19.673 7	0.000 1
FD2_RCP	0.237 7	0.221 2	1.154 6	0.282 6
MOS_OPEN	−0.258 1	0.039 8	42.005 4	0.000 1
MOS_DUM	0.705 1	0.136 5	26.680 4	0.000 1

表 10.21　逻辑斯谛回归模型：4 变量 EDA 模型

	只有截距	截距和所有变量	所有变量	
−2LL	3 606.488	3 349.094	257.395	自由度 4(p = 0.000 1)
变量	参数估计值	标准误差	Wald 卡方值	Pr> 卡方值
截距	−0.944 6	0.167 9	31.643 6	0.000 1
CH_FTY_1	0.651 8	0.115 2	32.036 2	0.000 1
CH_FTY_2	−0.684 3	0.118 5	33.351 7	0.000 1
MOS_OPEN	−0.251 0	0.039 3	40.814 1	0.000 1
MOS_DUM	0.700 5	0.136 4	26.359 2	0.000 1

在 10.17.1 节到 10.17.4 节，我们做个比较分析，方法类似 10.15 节 EDA 和非 EDA 的对比分析，以确定 4 变量 EDA 模型是否优于 3 变量 EDA 模型。因为我已经有前一个模型的描述统计量，所以我需要后一个模型的平滑散点图描述统计量。

10.17.1　基于得分组的平滑残差散点图：4 变量 EDA 模型与 3 变量 EDA 模型对比

图 10.18 是 4 变量 EDA 模型的基于得分组的平滑残差散点图，根据一般关联性检验结果，它等同于零散点图。所以，这个模型的总体预测质量是不错的。值得注意的是，在图的中上部有一个标记为 FO 的异常点。这个平滑残差点对应着一个包含 56 个样本的得分组（占数据的 1.1%），这是薄弱区域。

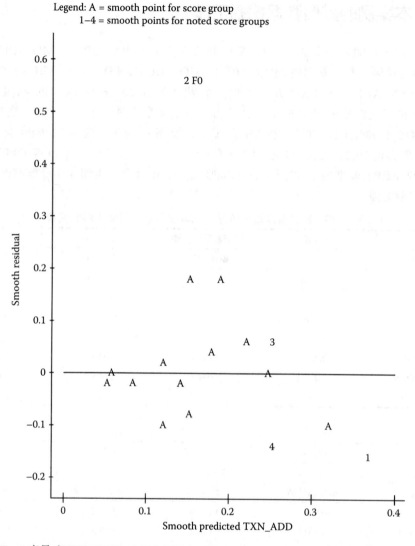

图 10.18   4 变量（MOS_OPEN、MOS_DUM、CH_FTY_1、CH_FTY_2）EDA 模型基于得分组
的平滑残差散点图

这个基于得分组的平滑残差散点图（4 变量模型）的描述统计量如下：平滑残差的最小
值和最大值、极差分别是 −0.198，0.560 和 0.758；平滑残差的标准差是 0.163。这些统计值
是根据除 FO 点之外的平滑点计算出的，由于这些统计值对异常点很敏感，所以值得我们留
意，尤其是在它们是经过平滑的点，而且占数据比例较小的时候。对于 FO 调整后的平滑残
差，最小值、最大值和极差分别是 −0.198，0.150 和 0.348，标准差是 0.093。

对比 3 变量 EDA 和 4 变量 EDA 模型的平滑残差，可以发现 3 变量 EDA 模型的平滑残
差会小一点。3 变量 EDA 模型的平滑残差的区间明显比后者小：44.6%（=（0.758−0.42）
/0.758）。3 变量 EDA 模型的平滑残差的标准差明显比 4 变量 EDA 模型小 23.9%（=（0.163 −
0.124/0.163）。这说明这些带有 FD_TYPE 信息的基于 CHAID 的哑变量对于 3 变量 EDA 模
型做出更好预测没有起到重要作用。换言之，这个 3 变量 EDA 模型不具备更佳的预测质量。

尽管如此，如果应用 TXN_ADD 模型可以接受 FO 得分组 / 薄弱区域的例外规则，那

么 4 变量 EDA 的调整 FO 模型的预测质量会比 4 变量 EDA 模型更优。这个 4 变量 EDA 调整 FO 模型的平滑残差比 4 变量 EDA 模型更小，它的平滑残差的极差要比 3 变量 EDA 模型小：17.1%（=（0.42 − 0.348）/0.42）。这个 4 变量 EDA 调整 FO 模型的平滑残差之标准差明显比 3 变量 EDA 模型小 25.0%（=（0.124 − 0.093）/0.124）。

10.17.2　基于十分位组的平滑预测与实际值散点图：4 变量 EDA 模型与 3 变量 EDA 模型对比

4 变量模型的基于十分位组平滑预测与实际值散点图见图 10.19，可以看到点子聚集在 45° 线周围，除了有两个异常点。首先，有两对十分位组（6 和 7，8 和 9），其中两个十分位组是靠在一起的。这两个相邻的点对表明在每一对里，十分位组的预测是不同的，但它们应该具有一样大的应答率。其次，最下方（bot）的十分位组很靠近这条直线，但是次序不对，而且位置处在这两对之间。由于回应模型在应用时，通常要排除最下方的 3 ～ 4 个十分位组，它们与 45° 线的距离，以及它们次序不是评估预测质量时要重点考量的要素。

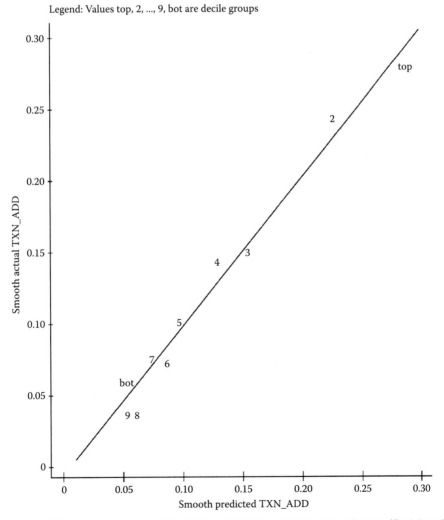

图 10.19　4 变量（MOS_OPEN、MOS_DUM、CH_FTY_1 和 CH_FTY_2）EDA 模型基于十分位的平滑预测与实际值散点图

所以说，整体上讲，这个散点图是相当不错的，相关系数 r $_{\text{sm.actual,sm.predicted:decile group}}$ 是 0.989。

对比基于十分位的 3 变量 EDA 模型与 4 变量 EDA 模型平滑实际值散点图的相关系数，可以看到后一个模型的点更紧密地聚集在 45° 线周围。4 变量 EDA 模型的相关系数比 3 变量 EDA 模型略大 1.76%（=（0.989 − 0.972）/0.972）。所以这两种模型在十分位分组方面具有类似的预测质量。

10.17.3 基于得分组的平滑预测与实际值散点图：4 变量 EDA 模型与 3 变量 EDA 模型对比

图 10.20 是 4 变量 EDA 模型基于得分组的平滑预测与实际值散点图，这些得分组的变量定义与 3 变量 EDA 模型相同，所以容易进行对比。我们看到图上除了一个异常点（标记为 FO）之外，其他点都紧密围绕在 45° 线周围，相关系数 r $_{\text{sm.actual,sm.predicted:score group}}$ 是 0.784。

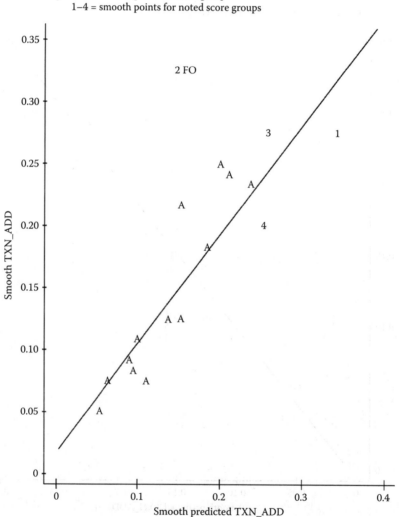

图 10.20　4 变量 EDA 模型基于得分组的平滑预测与实际值散点图

剔除这个点之后的相关系数 r $_{sm.actual,sm.predicted:score\ group-FO}$ 是 0.915。比较基于得分组的 3 变量和 4 变量模型的相关系数，可以看到 3 变量 EDA 模型的点明显更密集地围绕着 45° 线。这个 3 变量 EDA 模型的相关系数明显比 4 变量 EDA 模型大 8.17%（=（0.848–0.784）/0.784）。这说明基于得分组的 3 变量 EDA 模型有更好的预测能力。

尽管如此，如果去掉那个 FO 得分组，再比较会得到不同结果。这个去掉 FO 得分组的 4 变量 EDA 模型的相关系数比 3 变量模型大 7.85%（=（0.915–0.848）/0.848）。这说明这个不带 FO 得分组的 4 变量 EDA 模型要比 3 变量 EDA 模型的预测质量好。

10.17.4　其他数据挖掘工作的总结

以上比较分析的结论如下：

1）3 变量 EDA 和 4 变量 EDA 模型的总体质量都是不错的，两种模型都有平滑残差零散点图。值得注意的是，后者有一个非常小的弱点（FO 得分组约占这个数据的 1.1%）。

2）3 变量 EDA 模型的预测误差要比 4 变量 EDA 模型的小，因为前一种模型的平滑残差有较小的极差和标准差。3 变量 EDA 模型的整体预测水平与 4 变量 EDA 模型相当或者更好，因为它具有同等甚至更小的预测偏误（对于十分位组/得分组的平滑实际值和预测值之间具有相当或更大的相关系数）。

3）如果这个模型的应用可以兼容这个 FO 缺陷，则 4 变量 EDA 调整 FO 之后的模型有更小的误差，整体预测质量更高。

4）总之，我更看重包含 MOS_OPEN、MOS_DUM、FD2_RCP 的 3 变量 EDA 模型，因为异常得分组可以得到有效处理和可靠使用，我偏向于使用包含 MOS_OPEN、MOS_DUM、CH_FTY_1 和 CH_FTY_2 的 4 变量 EDA 模型。

10.18　本章小结

本章介绍了回应建模的重要方法 LRM，我们展示了用这个方法如何完成对二值回应变量的分析，在分析中，我们可以得到各个应答率，并用这些概率计算出十分位上的应答率。这个应答率在回应模型的数据库应用方面有广泛需要。此外，我们展示了有 60 多年历史的逻辑斯谛回归分析和建模方法的耐用性和实用性，在 EDA/数据挖掘领域，它至今都是一个很好的工具。

我们通过用 SAS 程序构建和评估 LRM，展示了 LRM 的基本方法。通过在一个小型数据集合上的工作，我们指出并最终澄清了实际和预测的反应变量之间经常令人烦恼的关系：前者采用两个名义值，通常是 1–0 代表是–否，而后者采用 logit 值，这是一个介于–7 和 +7 的连续数。

之后，我们介绍了一个案例，用于引入一系列数据挖掘技术，包括 EDA 范式和定制的逻辑斯谛回归建模。这些方法包含重要性这个概念（不是指显著性），以及预测变量、预测变量子集概念和被广泛使用的平滑散点图。我们通过这个案例讨论了数据引导的 EDA 模型和非 EDA 模型的优劣。EDA 模型具有更好的预测质量，所以是优选模型。在第 44 章，我们会提供生成平滑 logit 值和平滑概率散点图的 SAS 子程序代码。

第 11 章
无抽样调研数据预测钱包份额

11.1 引言

钱包份额（SOW）是指一家公司从一个客户那里所赚的钱占这个客户全部支出的百分比。这是制订市场营销策略时用到的主要统计量。尽管定义很简单，但 SOW 的计算是相当难的，因为竞争对手的客户数据很难获得。人们经常不得不采用抽样调研数据来预测 SOW。本章的目标是介绍一种不需要抽样调研数据就能预测 SOW 的两步法。我们介绍了信用卡行业主要采用的 SOW 预测方法，给出了一个细致的案例分析，并提供了 SAS 子程序代码。读者可以将其收入自己的工具箱，代码可以从网址 http://www.geniq.net/articles.html#section9 下载。

11.2 背景

在当今这个大数据世界里，尽管统计方法很先进，通过大量计算机并行处理能获得大量成果，但企业仍发现自己缺乏有关客户的数据。一家公司即便拥有其客户交易的全部数据，也不知道客户与他们的竞争对手的交易情况。根据具体情况不同，企业不得不购买外部数据（既贵又不全），或者做一项调研（昂贵、耗时而且偏差大）以填补数据空缺。

SOW 是实施市场营销战略的一个关键指标，也是监控一家企业的重要信息，比如客户忠诚度、客户获取和流失趋势、利润等。企业通常发起营销活动以推广重点产品。在这类活动中，这家企业需要知道每个客户感兴趣类别的 SOW 数据。我们用一家商业信用卡公司的案例来展示这个方法。选择这个案例是由于信用卡公司通常很依赖 SOW 数据。

比如，对于客户感兴趣的商品来说，锁定大的 SOW 值不需要大张旗鼓，或者如果企业想锁定那些 SOW 值小的客户，就要发出非常有吸引力的信息，附带有诱惑力的条件，比如折扣、额外奖励点数或免息分期支付计划。

SOW 定义

SOW 的基本定义是一位客户在一段时间里的某件商品或服务上的支出金额，除以这段时间的全部支出金额。尽管定义很简单，但 SOW 的计算是很难的，因为竞争对手的客户数据无法获得。一家信用卡公司知道其客户信用卡购买的所有记录，但却无法得到其客户使用竞争对手的信用卡的购买交易数据。

在实践中，预测 SOW 的常用方法是使用抽样调研数据，这是获得竞争对手信用卡采购数据的信息来源。做这样的抽样调研费时且成本高，更重要的是，无法知道抽样调研数据的质量如何，换言之，就是指这些数据的可靠性和有效性是未知的 [1, 2]。我知道有一篇文章是关于使用两步统计模型而不是抽样调研数据来预测钱包（一件商品或一项服务的总支出金额）和 SOW（Glady，Croux 2009）的。这个模型的使用范围有限，很难在实践中采用。文章的作者认为这个模型是初步的，还需要进一步研究 [3]。

1. SOW_q 定义

我们要说的是准 SOW 这个概念，记作 SOW_q，这个 SOW 适用于有不同总支出的客户，并且采用概率加权，估算客户在不同品类上的总支出金额。我们将以一家真实存在的信用卡公司为例，全面介绍包括 SOW_q 的计算和建模的所有重要细节（我们虚构了一个公司名称 AMPECS）。这个案例可以直接引申出任何一个行业、产品或服务的 SOW_q 方法。

2. SOW_q 似然假设

以下是一家公司在计算 SOW_q 时采用的假设：

1）如果一家企业客户在一段时期花费大量资金进行各种品类的采购，其 SOW_q 就会很大，因为这家客户不太像是还使用了其他信用卡。

2）如果一家客户在一段时期的各项采购总支出较少，那么 SOW_q 也会较小，因为这家客户很可能同时在使用其他的信用卡。

3）如果一家企业客户在一段时间的各项采购总金额适中，则 SOW_q 也是中等数值，因为这家客户有可能也在使用其他的信用卡。

由于上述假设是 SOW_q 方法的关键点，我们采用 SOW_q 的一个保守计算方法，去除这个方法本身包含的向上偏差。所以，我们用 SOW_q 区间范围内的因子降低了 SOW_q 的取值。例如，当 $0.20 \leqslant SOW\_q < 0.30$ 时，令 SOW_q =SOW_q*0.20。

11.3　SOW_q 计算过程

AMPECS 是最大的九家商业信用卡公司之一，正在寻找一个能助其在高消费商业客户之间高效开展成功市场营销活动的 SOW 模型。AMPECS 希望能够使用行业标准 SOW，但不想使用抽样调研数据。我构建了这个 SOW_q 模型，以替代需要使用抽样调研数据的 SOW 模型。采用 SOW_q 近似性假设是可行的，通过用加权 AMPECS 总支出修正竞争对手的总支出估计值，可以得出 SOW 的能可靠使用的估计值和预测结果。

AMPECS 用的 2016 年 5 月全月（开票周期）数据包含了 6 个行业（服务、通信、娱乐、商品、用品和旅游）商业客户交易数据的一个样本（样本量 30 212）。每个品类的客户采购（TRX）情况见表 11.1，表中给出了 10 个随机选择的客户。类别 TRX 是个二值变量，表明客户是否在这个品类进行了采购（有 =1/ 无 =0）。最后一栏是使用品类，即统计有采购的品类数量。

表 11.1　每个品类的采购（有 =1/ 无 =0）和已采购品类数

客户	服务 TRX	通信 TRX	娱乐 TRX	商品 TRX	用品 TRX	旅游 TRX	已采购品类数
15047	1	1	1	1	1	0	5
17855	1	1	1	1	1	1	6
18065	1	1	1	0	1	1	5

（续）

客户	服务 TRX	通信 TRX	娱乐 TRX	商品 TRX	用品 TRX	旅游 TRX	已采购品类数
16322	1	1	1	1	1	1	6
9605	1	1	1	0	1	0	4
5965	1	1	1	1	1	1	6
7569	1	1	1	0	1	0	4
2060	1	1	1	0	1	1	5
20947	1	1	1	0	1	1	5
6137	1	1	1	1	1	1	6

每个客户的采购品类数量介于 4 ~ 6。有 4 个客户采购了 5 ~ 6 个品类，有 2 个客户采购了 4 个品类。值得注意的是，在 5 个客户中，有 3 个（18065、2060 和 20947）采购了相同的品类。

11.3.1　有趣的问题

有趣的问题是，客户 18065、2060 和 20947 的 SOW_q 值是否相等？如果不相等，那么相差多少？

11.3.2　金额和总金额

金额（DOLLAR）一栏对应的是采购的品类，对于表 11.1 的 10 个随机挑选的客户，表 11.2 列出了购买金额。客户 15047 在 2016 年 5 月的开票周期中，服务类采购支出 26.74 美元，通信支出为 864.05 美元，其余 4 个品类的采购金额见表。最后一栏 AMPECS 总金额（TOTAL DOLLARS）是 6 个品类采购金额的合计。AMPECS 总金额作为 SOW_q 的分子。

表 11.2　各品类采购金额和 AMPECS 总金额　　　（单位：美元）

客户	服务采购金额	通信采购金额	娱乐采购金额	商品采购金额	用品采购金额	旅游采购金额	总金额
15047	26.74	864.05	1 062.69	722.37	26.44	0.00	2 702.30
17855	344.63	803.60	128.46	398.68	22.06	1 178.40	2 875.82
18065	7.58	2 916.61	805.79	0.00	29.29	1 782.52	5 541.80
16322	183.39	1 030.67	227.06	21.82	272.48	2 676.98	4 412.39
9605	213.82	1 672.97	223.15	0.00	672.34	0.00	2 782.29
5965	41.59	440.51	88.85	871.31	1 565.84	1 569.43	4 577.53
7569	48.87	1 811.69	11.95	0.00	72.68	0.00	1 945.19
2060	65.47	380.54	1 491.85	0.00	136.42	3 358.40	5 432.67
20947	51.03	3 152.64	237.42	0.00	261.19	1 263.52	4 965.80
6137	184.96	4 689.42	470.23	638.19	1 432.01	1 291.37	8 706.18

SOW_q 和 SOW 的其他形式一样，也有总金额这个变量。在我们详细讨论总金额的估算（模拟）过程之前，我把总金额（钱包⊖）一栏对应的 10 个客户的金额栏放在表 11.3 中。每个品类的总金额是在假设使用 AMPECS 和竞争对手信用卡情况下对总金额的估计值。

⊖　也指钱包里的总金额。

表 11.3   每个品类采购总金额（钱包）与总金额（钱包）   （单位：美元）

客户	服务采购总金额（钱包）	通信采购总金额（钱包）	娱乐采购总金额（钱包）	商品采购总金额（钱包）	用品采购总金额（钱包）	旅游采购总金额（钱包）	总金额（钱包）
15047	26.74	864.05	1 062.69	722.37	79.32	0.00	2 755.18
17855	689.27	803.60	128.46	398.68	88.22	1 178.40	3 286.62
18065	7.58	5 833.23	805.79	0.00	58.58	1 782.52	8 487.71
16322	550.17	1 030.67	227.06	21.82	817.43	5 353.95	8 001.10
9605	213.82	3 345.94	223.15	0.00	1 344.69	0.00	5 127.60
5965	166.38	440.51	88.85	1 742.62	3 131.67	3 138.86	8 708.89
7569	146.60	3 623.38	11.95	0.00	145.36	0.00	3 927.29
2060	65.47	380.54	4 475.54	0.00	136.42	6 716.81	11 774.77
20947	51.03	9 457.93	237.42	0.00	522.37	1 263.52	11 532.28
6137	369.92	18 757.67	470.23	638.19	5 728.06	1 291.37	27 255.44

计算总金额的步骤如下：

1）对于给定的品类（如服务），一家商业客户预期交易（采购）数量 SERVICE_TRX 是将 SERVICE_TRX 作为一个随机二值变量，根据以下参数确定：

a. p = 采购发生的概率。

b. n = 开票周期的天数。

c. 对于服务、通信、娱乐、商品和旅游，p 设定为 1/30；对于用品，p 设定为 3/30。这些值是根据 AMPECS 的 2016 年 5 月数据确定的。

d. n 设定为 30，显然对所有品类都一样。

2）对于一个给定的品类，比如服务，预计客户采购的总金额（TOTAL SERVICE DOLLARS）等于 SERVICE_TRX * AMPECS SERVICE DOLLARS（服务采购金额，见表 11.2）。

3）对于其他品类重复执行步骤 1 和步骤 2，分别得出通信采购总金额（COMMUNICA-TIONS SERVICE DOLLARS）、娱乐采购总金额（ENTERTAINMENT SERVICE DOLLARS）、商品采购总金额（MERCHANDISE SERVICE DOLLARS）、用品采购总金额（SUPPLIES SERVICE DOLLARS）以及旅游采购总金额（TRAVEL SERVICE DOLLARS）。

4）在步骤 3 中总金额（钱包）= 第三步变量值的总和。

5）AMPECS 金额（钱包）=AMPECS 总金额。

6）SOW_q = AMPECS 金额（钱包）/ 总金额（钱包）。

这六步的子程序见附录 11.A。10 家客户的 SOW_q 值见表 11.4。观察总金额和 SOW_q 之间的关系，你可能会发现存在着负相关。事实是，对于 2016 年 5 月的开票周期，AMPECS 的样本数据并不存在这样的关系。

表 11.4   SOW_q

客户	总金额（钱包）	总金额（钱包）	SOW_q
15047	2 702.30	2 755.18	0.980 8
17855	2 875.82	3 286.62	0.875 0
18065	5 541.80	8 487.71	0.652 9
16322	4 412.39	8 001.10	0.551 5
9605	2 782.29	5 127.60	0.542 6
5965	4 577.53	8 708.89	0.525 6

（续）

客户	总金额（钱包）	总金额（钱包）	SOW_q
7569	1 945.19	3 927.29	0.495 3
2060	5 432.67	11 774.77	0.461 4
20947	4 965.80	11 532.28	0.430 6
6137	8 706.18	27 255.44	0.319 4

11.4 节将构建 SOW_q 模型。表 11.5 列出了 SOW_q 的频次分布，表明 SOW_q 本质上是一个独立变量。表的下方给出的模型或分析的核心统计量揭示了更多细节。这个 SOW_q 分布用于诊断并无太大问题：轻微的正偏度（1.492）、均值 0.312、极差 0.96（1.000 – 0.040）表明数据之间差异足够大，这对于构建一个有用模型是必要条件。

表 11.5　SOW_q 频次分布和基本统计量

SOW_q	频次	百分比	累积频次	累积百分比
1.0	1 850	6.12	1 850	6.12
0.9	629	2.08	2 479	8.21
0.8	252	0.83	2 731	9.04
0.7	916	3.03	3 647	12.07
0.6	389	1.29	4 036	13.36
0.5	1 814	6.00	5 850	19.36
0.4	3 376	11.17	9 226	30.54
0.3	6 624	21.93	15 850	52.46
0.2	6 269	20.75	22 119	73.21
0.1	7 245	23.98	29 364	97.19
0.0	848	2.81	30 212	100.00
最小值	最大值	均值	中位数	偏度
0.040 029 0	1.000 000 0	0.312 237 2	0.252 683 2	1.492 653 4

11.4　为 AMPECS 构建 SOW_q 模型

SOW_q 是一个小数连续（因）变量，其值是一个 [0，1] 区间内的比例或比率。普通最小二乘法（OLS）回归是 SOW_q 建模的合适方法。与用 OLS 回归为一个 0–1 因变量建模类似，我们无法确保预测值处在闭区间 [0，1]，用 OLS 回归对 SOW_q 建模也不能保证预测值处于这个区间内。这里有另一个无法使用 OLS 回归为 SOW_q 建模的基本问题：整个实线是 OLS 因变量的范围，而显然 SOW_q 并不是定义在这个范围。

用 OLS 回归对一个取值 [4，5] 的独立因变量建模，也存在其他理论问题。一个直接为 SOW_q 建模的可能做法是把 SOW_q 转换成 logit 值，也就是说，logit（SOW_q）=log（SOW_q/（1 – SOW_q））。这个转换公式很清楚，在其他情况下也经常使用，但是如果在闭区间的两个端点（即 0，1）聚集了太多观察值，则不使用。

帕普科和伍德里奇首先尝试了这种方法，他们把对一个小数连续（因）变量的建模称作小数回应回归法（FRM）[6]。自从他们 1996 年发表那篇重要论文之后，一直有人在继续优化这个方法的理论细节。经过对比，还没有发现比这个初始 FRM 更好的新方法 [7]。这篇 FRM 文献包括了不同模型叫法的参考文献（如分数逻辑斯谛回归、小数 logit 模型、小数回归法）。

我使用二值逻辑斯谛回归法构建 SOW_q 模型，代码由 Liu 和 Xin 编写[7]。这个程序很好用，因为采用了二值逻辑斯谛回归，所以，得出的结果很相似，也易于解释。这个方法的步骤如下：

1）原始 AMPECS 数据（数量 =30 212）被重复存储，称为 DATA2。所以 DATA2 包含了 2 倍的观察值。

2. 因变量 Y 是二值变量，并被加入 DATA2。

a. 对 DATA2 的前后两半数据，Y 分别取值 1 和 0。

3）Y 等于 1 和 0 的观察值分别以 SOW_q 和 1–SOW_q 为其权重系数。

4）基于一系列带权重系数的预测变量，对 Y 进行逻辑斯谛回归。

5）SOW_q 估计值是我们熟悉的最大似然估计值。

6）有趣的是，Liu 和 Xin 没有提到双重样本对 p 值的影响。首先，我们用自助法（bootstrap）将 DATA2 的数量降到 30 000，比原始数据量略小，以去除 DATA2 中的噪声。其次，原始数据的 p 值具有表面效度，不易引起不安。

7）SOW_q 模型的十分位分析最终确定了模型的性能表现。

以上步骤的子程序见附录 11.B。

11.5 SOW_q 模型的定义

我们用 4 个预测变量对 SOW_q 进行加权逻辑斯谛回归。Y 等于 1 和 0 的观察值分别以 SOW_q 和 1–SOW_q 为其权重系数。

所用的预测变量定义如下：

1）BAL_TO_LIMIT 是截至 2016 年 4 月 30 日的余额，即建模的 2016 年 5 月的前一个月。

2）PAY_AMOUNT_1 是建模月份之前一个月，商业客户所支付的金额。

3）PAY_AMOUNT_2 是建模月份之前两个月，商业客户所支付的金额。

4）PAY_AMOUNT_3 是建模月份之前三个月，商业客户所支付的金额。

SOW_q 模型的最大似然估计值见表 11.6，表中列出了变量的符号和统计显著性水平，p 值非常小。

表 11.6 SOW_q 模型的最大似然估计值

参数	自由度	估计值	标准误差	Wald 卡方值	Pr > ChiSq
截距	1	−0.701 4	0.021 1	1 102.411 5	<0.000 1
BAL_TO_LIMIT	1	4.564E-7	1.07E-7	18.201 9	<0.000 1
PAY_AMOUNT_1	1	3.488E-6	9.923E-7	12.353 9	0.000 4
PAY_AMOUNT_2	1	0.245 5	0.013 7	320.076 3	<0.000 1
PAY_AMOUNT_3	1	0.053 9	0.012 8	17.854 8	<0.000 1

计算 SOW_q 的 logit 值用到公式 11.1 的参数估计方法。这个 logit 值被代入公式 11.2，以得出 Prob（SOW_q）。

$$\begin{aligned}
\text{Logit}(Y=1，权重为 SOW\_q) = {}& -0.7014 + 4.564\text{E} - 7*\text{BAL\_TO\_LIMIT} \\
& + 3.488\text{E }6*\text{PAY\_AMOUNT\_1} \\
& + 0.2455*\text{PAY\_AMOUNT\_2} \\
& + 0.0539*\text{PAY\_AMOUNT\_3}
\end{aligned} \tag{11.1}$$

$$\text{Prob }(Y=1，权重为 SOW\_q) = \exp(\text{Logit})/(1+\exp(\text{Logit})) \tag{11.2}$$

在讨论 SOW_q 模型的结果之前，先回到 11.3.1 节提到的问题：客户 18065、客户 2060 和客户 20947 具有同样的品类使用状态。我们感兴趣的是，这些客户是否具有相同的 SOW_q 值，如果不相等，它们的 SOW_q 值之间相差多少。下面的结果给出了答案：

1）对于客户 18065，预计 SOW_q = 0.267 35。

2）对于客户 2060，预计 SOW_q = 0.442 67。

3）对于客户 20947，预计 SOW_q = 0.259 67。

这个结果并不令人意外，因为类似的交易状况不一定意味着支出的金额和总金额是相似的，而这两者都会影响 SOW_q。

SOW_q 模型结果

表 11.7 的十分位分析清楚展示了这个 SOW_q 模型的性能和结果[⊖]。在十分位（DECILE）栏，这是一个不需要计算的标记符，对应的其他 5 栏是数字。根据 logit 值（或 Prob（SOW_q）），将商业客户从高到低分为十个相等大小的组（十分位）。其余五列分别为：

1）样本量是 30 000，有 9302 个客户 Y = 1。所以 CUM SOW_q 是 31.0，见第 5 列最下一个十分位组。

2）第 4 列 MEAN SOW_q（%）是该十分位组的 SOW_q 平均值。通过最上面一组均值（54.4%）和最下面一组均值（24.0%）可以计算出比值 2.27。它表明这个模型对商业客户的分辨力是不错的。

3）最后一列 CUM LIFT（%）表示这个模型的性能表现。最上面一组的累积提升度（CUM LIFT）是 176，意思是这个模型识别的前 10% 商业客户的平均 SOW_q 值是商业客户 SOW_q 均值 31.0 的 1.76 倍（即超过了 76%）。

4）前 20% 商业客户的累积提升度（CUM LIFT，%）是 153，表明这个模型识别的前 20% 商业客户的平均 SOW_q 值是商业客户 SOW_q 均值 31.0 的 1.53 倍（即超过了 53%）。

5）对于其他十分位组，累积提升度（CUM LIFT，%）值的解释是类似的。

总之，SOW_q 模型具有显著的分辨力，能够识别出具有较大 SOW_q 值的最佳客户，以进行有效的目标营销活动。

表 11.7　SOW_q 模型的十分位分析

十分位	客户数量	客户数（SOW_q 大）	平均 SOW_q（%）	累积 SOW_q（%）	累积提升度（%）
顶部	2 929	1 595	54.5	54.5	176
2	2 887	1 159	40.1	47.4	153
3	3 079	1 014	32.9	42.4	137
4	3 044	869	28.5	38.8	125

⊖ 第 26 章全面详细介绍了十分位分析的使用和说明方法。实际上，读者可以快速浏览一遍第 26 章，然后回到这一节，或者看一遍这里的模型结果，然后在读完第 26 章之后，再重新看看这一节。

十分位	客户数量	客户数（SOW_q大）	平均 SOW_q（%）	累积 SOW_q（%）	累积提升度（%）
5	2 945	751	25.5	36.2	117
6	2 931	715	24.4	34.3	110
7	3 090	764	24.7	32.8	106
8	3 030	902	29.8	32.5	105
9	2 993	795	26.6	31.8	103
底部	3 072	738	24.0	31.0	100
	30 000	9 302			

11.6 本章小结

SOW 是在实施市场营销战略时使用的一个主要统计量。预测每日 SOW 需要用到抽样调研数据。由于收集抽样调研数据费时、成本高，而且结果可能不可靠，所以这个方法经常遭受人们的冷待。

我提供了无须数据就能预测 SOW 的两步法：第一步确定准 SOW（即 SOW_q），SOW_q 用于模拟估算支出的总金额，有效减少了对抽样调研数据的使用；第二步是用分数逻辑斯谛回归法预测 SOW_q。我们用一个真实案例演示了如何使用这个方法。导出的 SOW_q 因变量是可靠的，因为它有一个定义明确的分布，产生了一个 SOW_q 模型，该模型具有显著的分辨力，可用于识别具有较大 SOW_q 值的最佳客户，以进行有效的目标营销活动。我们提供了这个新方法的 SAS 子程序，读者应该会发现这些子程序是很有价值的工具包。

附录 11.A 六步法

```
libname sq 'c://0-SOW_q';
option pageno=1;

data simulate_trx;
set    sq.AMPECS_data;
call streaminit(12345);
do i=1 to 30212;

x1=rand('binomial',(1/30), 30);
x2=rand('binomial',(1/30), 30);
x3=rand('binomial',(1/30), 30);
x4=rand('binomial',(1/30), 30);
x5=rand('binomial',(3/30), 30);
x6=rand('binomial',(1/30), 30);

d1=AMPECS_Services_DOLLARS;
d2=AMPECS_Communications_DOLLARS;
d3=AMPECS_Entertainment_DOLLARS;
d4=AMPECS_Merchandise_DOLLARS;
d5=AMPECS_Supplies_DOLLARS;
```

```
d6=AMPECS_Travel_DOLLARS;

output;
drop i;
end;
run;

data sq.SOWq_data;
set   simulate_trx;
array x(6)      x1-x6;
array d(6)      d1-d6;
array_01x(6)  _01x1-_01x6;
array_01xxd(6) _01xxd1-_01xxd6;

array xd(6)     xd1-xd6;
array xxd(6)    xxd1-xxd6;

do j=1 to 6;
_01x(j)=0;
if x(j) ne 0 then_01x(j)=1;
if d(j) le 0 then d(j)=uniform(12345)*100;
xd(j)=   x(j)*d(j);
_01xxd(j)= _01x(j)*xd(j);

sum_x =sum(of   x1-   x6);
sum_01x=sum(of_01x1-_01x6);


_01xxd(j)= _01x(j)*x(j)*d(j);
xxd(j) = x(j)*x(j)*d(j);

SUM_catgDOL=sum(of_01xxd1-_01xxd6);
SUM_trnxDOL=sum(of   xxd1-   xxd6);
drop j;
end;

SOW_q=SUM_catgDOL/SUM_trnxDOL;
label
sum_x='TOTAL_TRX'
sum_01x='TOTAL_CATGS'
x1='SERVICES_TRX(prob. expected)'
x2='COMMUNICATIONS_TRX(prob. expected)'
x3='ENTERTAINMENT_TRX(prob. expected)'
x4='MERCHANDISE_TRX(prob. expected)'
x5='SUPPLIES_TRX(prob. expected)'
x6='TRAVEL_TRX(prob. expected)'
xd1='SERVICES_DOL'
xd2='COMMUNICATIONS_DOL'
xd3='ENTERTAINMENT_DOL'
xd4='MERCHANDISE_DOL'
xd5='SUPPLIES_DOL'
```

```
xd6='TRAVEL_DOL'
xxd1='TOTAL SERVICES_DOL(prob. expected)'
xxd2='TOTAL COMMUNICATIONS_DOL(prob. expected)'
xxd3='TOTAL ENTERTAINMENT_DOL(prob. expected)'
xxd4='TOTAL MERCHANDISE_DOL (prob. expected)'
xxd5='TOTAL SUPPLIES_DOL(prob. expected)'
xxd6='TOTAL TRAVEL_DOL(prob. expected)'

SUM_catgDOL='SUM of catg-DOLLARS'
SUM_trnxDOL='SUM of DOLLAR WEIGHTS'
SOW_q='SOW_q';
run;
```

附录 11.B　七步法

```
libname sq 'c://0-SOW_q';
title2' BS=30000 BAL_TO_LIMIT PAY_AMOUNT_1 PAY_AMOUNT_2
PAY_AMOUNT_3';


data SSOWq_data;
set sq.SOWq_data (in = a) sq.SOWq_data (in = b);
if 0.00< SOW_q <0.05 then SOW_q=SOW_q*0.00;
if 0.05<= SOW_q <0.10 then SOW_q=SOW_q*0.05;
if 0.10<= SOW_q <0.20 then SOW_q=SOW_q*0.10;
if 0.20<= SOW_q <0.30 then SOW_q=SOW_q*0.20;
if 0.30<= SOW_q <0.40 then SOW_q=SOW_q*0.30;
if 0.40<= SOW_q <0.50 then SOW_q=SOW_q*0.40;
if 0.50<= SOW_q <0.60 then SOW_q=SOW_q*0.50;
if 0.60<= SOW_q <0.70 then SOW_q=SOW_q*0.60;
if 0.70<= SOW_q <0.80 then SOW_q=SOW_q*0.70;
if 0.80<= SOW_q <0.85 then SOW_q=SOW_q*0.80;
if 0.85<= SOW_q <0.90 then SOW_q=SOW_q*0.85;
if a then do;
Y = 1;
wt = SOW_q;
end;
if b then do;
Y = 0;
wt = 1 - SOW_q;
end;
run;


PROC LOGISTIC data = SSOWq_data nosimple des outest=coef;
model Y =
BAL_TO_LIMIT PAY_AMOUNT_1 PAY_AMOUNT_2 PAY_AMOUNT_3;
weight wt;
run;


PROC SCORE data=SSOWq_data predict type=parms score=coef out=score;
```

```
var BAL_TO_LIMIT PAY_AMOUNT_1 PAY_AMOUNT_2 PAY_AMOUNT_3;
run;

data score;
set score;
estimate=Y2;
label estimate='estimate';
wtt=1;
run;

data notdot;
set score;
if estimate ne .;

PROC MEANS data=notdot sum noprint; var wtt;
output out=samsize (keep=samsize) sum=samsize;
run;

data scoresam (drop=samsize);
set samsize score;
retain n;
if _n_=1 then n=samsize;
if _n_=1 then delete;
run;

PROC SORT data=scoresam; by descending estimate;
run;

data score;
set scoresam;
if estimate ne . then cum_n+wtt;
if estimate = . then dec=.;
else dec=floor(cum_n*10/(n+1));
prob_hat=exp(estimate)/(1 + exp(estimate));
run;

/* Bootstrapping score data */
data score (drop = i sample_size);
choice = int(ranuni(36830)*n) + 1;
set score point = choice nobs = n;
i+1;
sample_size=30000;
if i = sample_size + 1 then stop;
run;
/* End of bootstrapping */

PROC TABULATE data=score missing;
class dec;
var Y SOW_q;
table dec all, (Y*(mean*f=5.3 (n sum)*f=6.0) (SOW_q)*((mean min max)*f=5.3));
weight wt;
run;
```

```
PROC SUMMARY data=score missing;
class dec;
var SOW_q wtt;
output out=sum_dec sum=sum_can sum_wt;

data sum_dec;
set sum_dec;
avg_can=sum_can/sum_wt;
run;

data avg_rr;
set sum_dec;
if dec=.;
keep avg_can;
run;

data sum_dec1;
set sum_dec;
if dec=. or dec=10 then delete;
cum_n +sum_wt;
r =sum_can;
cum_r +sum_can;
cum_rr=(cum_r/cum_n)*100;
avg_cann=avg_can*100;
run;

data avg_rr;
set sum_dec1;
if dec=9;
keep avg_can;
avg_can=cum_rr/100;
run;

data scoresam;
set avg_rr sum_dec1;
retain n;
if _n_=1 then n=avg_can;
if _n_=1 then delete;
lift=(cum_rr/n);
if dec=0 then decc='top';
if dec=1 then decc='2';
if dec=2 then decc='3';
if dec=3 then decc='4';
if dec=4 then decc='5';
if dec=5 then decc='6';
if dec=6 then decc='7';
if dec=7 then decc='8';
if dec=8 then decc='9';
if dec=9 then decc='bottom';
if dec ne .;
run;
```

```
PROC PRINT data=scoresam d split='*' noobs;
var decc sum_wt r avg_cann cum_rr lift;
label decc='DECILE'
   sum_wt ='NUMBER OF*ACCOUNTS'

   r ='NUMBER OF*ACCOUNTS'
   cum_r ='CUM No. CUSTOMERS w/*SOW_q'
   avg_cann ='MEAN*SOW_q (%)'
   cum_rr ='C U M*SOW_q (%)'
   lift =' C U M*LIFT (%)';
sum sum_wt r;
format sum_wt r cum_n cum_r comma10.;
format avg_cann cum_rr 4.2;
format lift 3.0;
run;
```

参考资料

1. Fowler, F.J., *Survey Research Methods*, 3rd ed., Sage, Thousand Oaks, CA, 2002.
2. Odom, J.G., *Validation of Techniques Utilized to Maximize Survey Response Rates*, Tech. ERIC document reproduction service no. ED169966, Education Resource Information Center, 1979.
3. Glady, N., and Croux, C., Predicting customer wallet without survey data, *Journal of Service Research*, 11(3), 219–231, 2009.
4. McCullagh, P., and Nelder. J.A., *Generalized Linear Models*, 2nd ed., Chapman & Hall/CRC, London, 1989.
5. Kieschnick, R. and McCullough, B., Regression analysis of variates observed on (0, 1): Percentages, proportions, and fractions, *Statistical Modeling*, 3, 193–213, 2003.
6. Papke, L., and Wooldridge, J.M., Econometric methods for fractional response variables with an application to 401(K) plan participation rates, *Journal of Applied Econometrics*, 11(6), 619–632, 1996.
7. Liu, W., and Xin, J., Modeling fractional outcomes with SAS, in *Proceedings of the SAS Global Forum 2014 Conference*, SAS Institute Inc., Cary, NC, 2014.

第 12 章

普通回归：利润建模的强大工具

12.1　引言

普通回归是预测数量结果的常用方法，比如分析利润和销售额。这种方法被视为利润建模的主要工具，因为得出的结果被当作黄金标准。不仅如此，普通回归模型还被当作评估新方法和改进方法的基准。在数据库营销应用中，个体的利润预测⊖是量化因变量，用普通回归模型可以预测这个未来的利润。

我们提供一个普通回归法的简要介绍，包括构建和评估一个普通回归模型的 SAS 程序代码。然后，我们用第 10 章用过的一个迷你案例演示这个数据挖掘方法，在其中做了一些微小改动，以使其可以用于普通回归。管理者要求模型构建者提供统计支持，以监控营销活动的预期收入，本章是利润建模的一个极好的参考。

12.2　普通回归模型

令 Y 为一个连续取值的因变量。普通回归模型的正式名称是最小二乘法（OLS）回归模型，基于预测因子（自）变量 $X_1, X_2, \cdots, X_n$ 预测个体的 Y 值。这个 OLS 模型的定义见公式 12.1：

$$Y = b_0 + b_1 {}^*X_1 + b_2 {}^*X_2 + \cdots + b_n {}^*X_n \tag{12.1}$$

在上式中代入各预测变量的值，可以得出个体的 Y（预测）估计值。上式中的 b 都是 OLS 回归系数，由最小二乘法可以计算出来。b_0 是截距，但是没有对应的 X_0。

在实践中，这个因变量不一定是一个按分钟变化的值，它可以是一些离散数值，也能用 OLS 方法处理。当假定这个因变量只有两个值时，逻辑斯谛回归模型而不是普通回归模型是更合适的方法。尽管逻辑斯谛回归方法已有 60 多年历史，但对于采用 OLS 模型处理二值回应因变量的实践（理论）弱点仍然存在一些误解。简而言之，二值因变量的 OLS 模型生成的应答率，一些会大于 100%，另一些则小于 0%，而且经常不能涵盖重要的预测变量。

12.2.1　说明

考虑数据集 A，其中包含 10 个个体和 3 个变量（表 12.1）。变量 PROFIT（利润）的单位是美元（Y），变量 INCOME（收入）的单位是千美元（X_1），变量 AGE（年龄）的单位是

⊖　利润的定义很多，它是作为衡量一个个体对一项业务的价值贡献。

年（X_2）。我们用数据集 A 在 INCOME 和 AGE 上对 PROFIT 进行回归运算。这个 OLS 结果见表 12.2，其中有回归系数和其他信息。"参数估计值"栏包括变量 INCOME 和 AGE 的系数以及截距。截距 b_0 是所有个体的一个"起点"值，不管这个模型的预测变量的取值是多少。

表 12.1　数据集 A

PROFIT（美元）	INCOME（千美元）	AGE（年）	PROFIT（美元）	INCOME（千美元）	AGE（年）
78	96	22	62	27	27
74	86	33	61	62	23
66	64	55	53	54	48
65	60	47	52	38	24
64	98	48	51	26	42

表 12.2　OLS 结果：INCOME 和 AGE 上的 PROFIT

源数据	自由度	平方和	平方均值	F 值	Pr>F
模型	2	460.304 4	230.152 2	6.01	0.030 2
误差	7	268.095 7	38.299 4		
调整后合计	9	728.400 0			
		根 MSE	6.188 65	R 平方	0.631 9
		因变量均值	62.600 00	调整后 R 平方	0.526 8
		系数方差	9.886 02		

变量	自由度	参数估计值	标准误差	t 值	Pr > |t|
截距	1	52.277 8	7.781 2	7.78	0.000 3
INCOME	1	0.266 9	0.266 9	0.08	0.011 7
AGE	1	−0.162 2	−0.162 2	0.17	0.361 0

预测 PROFIT 的 OLS 模型见公式 12.2：

$$PROFIT = 52.277\ 8 + 0.2667*INCOME - 0.1622*AGE \qquad (12.2)$$

12.2.2　为 OLS 利润模型评分

用数据集 A 和 SAS 程序（图 12.1）可以做出 OLS 利润模型，结果为外部数据集 B，见表 12.3。SAS 子程序 REG 生成一般回归系数，并将它们存放在"ols_coeff"文件中，见代码"outest=ols_coeff"。这个文件的内容见表 12.4。

```
/****** Building the OLS PROFIT Model on dataset A ************/
PROC REG data = A outest = ols_coeff;
pred_PROFIT: model PROFIT =
INCOME AGE;
run;

/****** Scoring the OLS PROFIT Model on dataset B ************/
PROC SCORE data = B predict type = parms score = ols_coeff
out = B_scored;
var INCOME AGE;
run;
```

图 12.1　构建和评估 OLS PROFIT 模型的 SAS 程序

表 12.3　数据集 B

INCOME（千美元）	AGE（年）	PredictedPROFIT（美元）	INCOME（千美元）	AGE（年）	PredictedPROFIT（美元）
148	37	85.78	90	62	66.24
141	43	82.93	49	42	58.54
97	70	66.81			

表 12.4　ols_coeff 文件

OBS	_MODEL_	_TYPE_	_DEPVAR_	_RMSE_	INTERCEPT	INCOME	AGE	PROFIT
1	est_PROFIT	PARMS	PROFIT	6.188 65	52.527 78	0.266 88	−0.162 17	−1

　　SAS 子程序 SCORE 用 OLS 系数给数据集 B 里的 5 个个体打分，见代码" score=ols_coeff"。这个子程序把表 12.3 的预测 PROFIT 变量（称作 pred_PROFIT，见图 12.1 代码第二行的" pred_PROFIT"）加在输出文件 B_scored 里，见代码" out=B_scored"。

12.3　迷你案例

　　我们用一个迷你数据集 A 对一般回归建模做一个"大"讨论。我们不仅要用这个非常小的数据集说明可追溯的数据挖掘方法，还要强调数据挖掘的两个重要方面：第一，数据挖掘方法应该在大数据和小数据上都能行得通，这个观点在第 1 章的数据挖掘定义中已经明确了。第二，用小数据做数据挖掘的每个有效成果都说明大数据并不是发现数据结构必不可少的条件。这符合 EDA 理念，即数据挖掘工程师应该从简单处入手，直到有指标出现，再往前推进。如果预测结果不被接受，则应增加数据量。

　　迷你案例研究的目标如下：基于变量收入（INCOME）和年龄（AGE）构建一个 OLS 利润模型。一般回归模型（自从 1805 年 3 月 6 日发现最小二乘法依赖，这个方法在两百多年时间里广受欢迎）是典型的线性模型，隐含着一个重要的假设：给定预测变量和因变量之间的关系是线性的。所以我们采用第 3 章介绍的平滑散点图法，确定这个线性假设是否在 PROFIT、INCOME 和 AGE 之间成立。对于迷你数据集来说，10 个分片共 10 个数据就可以画出一幅平滑散点图。实际上，平滑散点图是 10 对点子（PROFIT，预测变量 X_i）的简单散点图。（对比说明：第 10 章中与逻辑斯谛回归讨论的 logit 值散点图与 OLS 方法无关。数量化的因变量不需要像在逻辑斯谛回归中那样的转换，比如将 logit 值转换为概率。）

12.3.1　校直迷你案例的数据

　　在开始分析迷你案例之前，我要澄清一下在分析中包含 OLS 回归的情况下，如何使用突起规则。这个规则指的是建模者应该尝试重新表述预测变量和因变量。如同第 10 章所说，在逻辑斯谛回归分析中，不可能对因变量进行重述。然而，在做普通回归分析时，重述因变量是可以做的，但是需要修正这个规则。我在下面讨论了如何修正。

　　用因变量 Y 和 3 个预测变量 X_1, X_2, X_3 构建一个虚拟的利润模型。根据突起规则，这位建模者确定 Y 的指数为 2，X_1 的指数为 2，由此得到一个线性足够好的 Y–X_1 关系。我们假定 Y 的平方根（sqrt_Y）和 X_1 的平方（sq_X_1）的相关系数 r_{sqrt_Y, sq_X1} 为 0.85。

　　建模者继续确定 Y 和 X_2 的指数分别为 0 和 1/2，Y 和 X_3 的指数分别为 −1/2 和 1，这样也生成了线性足够好的 Y–X_2 和 Y–X_3 关系。我们假定 Y 的对数（log_Y）与 X_2 的平方根（sq_X2），以及 Y 的 −1/2 次根（negsqrt_Y）和 X_3 的相关系数分别为 $r_{\log\_Y, sq\_X1}$ =0.76 和 $r_{negsqrt\_Y, X3}$ =0.69。从总体看，建模者可以得到以下结果：

1）Y 的平方根（p = 1/2）和 X_1 平方的最佳相关系数 r_{sqrt_Y, sq_X1} = 0.85。

2）Y 的对数（p=0）和 X_2 的平方根的最佳相关系数 $r_{\log\_Y, sq\_X2}$ = 0.76。

3）Y 的 −1/2 次根（p = − 1/2）和 X_3 的最佳相关系数 $r_{neg\_sqrt\_Y, X3}$ = 0.69。

为了得到更好的 OLS 利润模型，以下指引是有帮助的，可以根据突起规则对一些量化因变量进行重述。

1）如果因变量的指数（用于因变量重述时的指数）都比较小，则重述后的最佳因变量是有最大相关系数的那一个。在这里，Y 的最佳重述变量是 Y 的平方根，具有最大的相关系数 r_{sqrt_Y, sq_X1} =0.85。所以，数据分析师用 Y 的平方根和 X_1 的平方建立的模型需要用 Y 的平方根重新表述 X_2 和 X_3。

2）如果因变量的指数区间较小，而且与相关系数的大小相近，则重述后的最佳因变量由因变量的指数的平均值确定。在这种情况下，如果数据分析师认为 r 值（0.85, 0.76, 0.69）差不多大小，则这个指数的平均值应为 0，这个之前已经用过了。所以，数据分析师用 Y 的对数和 X_2 的平方根建立模型，需要用 Y 的对数重新表述 X_1 和 X_3。

如果这个指数平均值之前没有作为因变量的指数被使用过，则全部预测变量需要用新重述的变量 Y（将指数上调到指数平均值）进行重新表述。

3）当因变量的指数区间较大时（这种情况在预测变量经常会遇到），使用突起规则构建 OLS 利润模型的实用而富有成果的方式，是先只重述预测变量，保持因变量不动。选出几个与未重述因变量之间具有最大相关系数的重述后的预测变量，然后像平常一样，用突起规则找出预测变量和因变量之间的最佳重述形式。如果喜欢重述因变量，则实施步骤 1 或 2。

同时，有一个选取最佳重述的量化型因变量的最值得推荐的方法。但是这个方法既不实用，也不容易获得 [3]。而且手工去做的工作量非常大，因为没有可用的商业软件。它的不可获得性对模型构建者的模型质量没有影响，因为对于步骤 3 的营销应用而言，即便该方法没有在这个步骤做出明显改进，但它还是十分位级别的营销应用程序。

现在，我们已经研究了与数量因变量相关的所有问题，接下来将讨论如何重新表述迷你案例中的预测变量，从收入（INCOME）开始，然后是年龄（AGE）。

1. 重述收入（INCOME）

在图 12.2 的 PROFIT–INCOME 平滑散点图上，我们可以看到一条正斜率的直线穿过 10 个点子，但是有 4 个点子偏离得比较远。基于一般关联性检验的检验统计量（TS）等于 6，与门限值 =7 相差无几（如第 3 章所述），我们可以得出结论：在 PROFIT 和 INCOME 之间存在一个相当明显的直线关系。这个关系的一个可靠的相关系数 $r_{PROFIT, INCOME}$=0.763。尽管有这些直线程度的指标，但这个关系可能还需要再优化，明显的是，突起规则不适用。

校直数据的另一个方法是 GenIQ 模型，尤其是对非线性数据而言，这是一个基于遗传原理的数据挖掘方法，也是一种机器学习方法。我将在第 40 章和第 41 章深入介绍这个模型，我们用 GenIQ 重述变量 INCOME。用这个方法重述的 INCOME 变量被标记为 gINCOME，定义见式 12.3：

$$gINCOME = \sin\left(\sin\left(\sin\left(\sin\left(INCOME\right)*INCOME\right)\right)\right)+\log\left(INCOME\right) \qquad (12.3)$$

　　这个结构采用了四重嵌套的正弦三角函数这个非线性重述方法，并用常用对数函数改善了这个"不光滑"的 PROFIT–INCOME 关系。PROFIT 和 INCOME（通过 gINCOME）之间的关系现在变得更平滑了，见图 12.3，已经没有偏离很远的点了。由于 TS 等于 6，与门限值 7 相差不大，可知存在一个比较明显的 PROFIT–gINCOME 关系，这是围绕着一条正斜率直线的非随机散点图。这个经过重述后的关系的相关系数 $r_{\text{PROFIT, gINCOME}} = 0.894$。

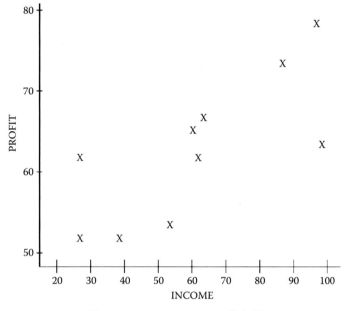

图 12.2　PROFIT–INCOME 散点图

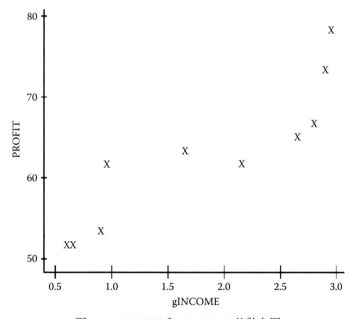

图 12.3　PROFIT 和 gINCOME 的散点图

　　直观上可以看到 GenIQ 方法在校直数据方面效果非常明显：原来 PROFIT 平滑散点图上尖锐的峰谷，在重新表述的平滑散点图里变成了平滑波浪。从数量上看，基于 gINCOME

的关系比基于 INCOME 关系的相关系数大幅提高了 7.24%（=（0.894 - 0.763）/0.763）。有两件事值得关注：我之前采用的统计方法是以美元为单位的变量用对数函数进行重述。所以，从遗传法衍生出的 gINCOME 采用了对数函数也并不奇怪。通过对 PROFIT 变量取对数，我发现 PROFIT 无法从对数重述中受益，因为这个数据集合太"迷你"（即数据规模太小）。所以，我选择了直接用 PROFIT，而不是 PROFIT 的对数，这样会更简单一些（另一个 EDA 规则，用于教学目的的）。

2. 重新表述 AGE

图 12.4 是两个变量之间不存在关系的一个示意图。在这个平滑散点图里，10 对（PROFIT, AGE）点子随意漫步各处。不出所料，TS 值为 3 表明 PROFIT 和 AGE 之间不存在明显关系。尽管没有太大意义，但我还是计算了这个不存在的线性关系的相关系数：$r_{PROFIT, AGE} =$ - 0.172，显然突起规则在这里不适用。

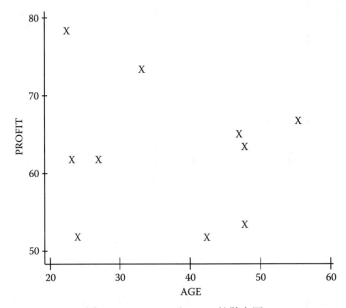

图 12.4　PROFIT 和 AGE 的散点图

我用 GenIQ 法重述 AGE，记为 gAGE，见式 12.4：

$$gAGE = \sin(\tan(\tan(2*AGE) + \cos(\tan(2*AGE)))) \qquad (12.4)$$

这个结构用到了非线性重述，即正弦、余弦和正切等三角函数工具，以降低非线性程度。PROFIT 和 AGE 的关系（通过 gAGE）确实是平滑的，见图 12.5。

可以看到 PROFIT 和 gAGE 的明显关系，TS=6，原先 TS=3。诚然，重述的关系并没有描绘出一条典型的直线，但是和之前的对比，它像一条漂亮的正斜率光束，不是非常直，但是很接近。相应的相关系数 $r_{PROFIT, gAGE} = 0.819$，可靠而且显著。

从图上看，GenIQ 法在校直数据方面的效果很不错：在原来 PROFIT 和 AGE 平滑散点图上有很多突出的点子，而在 PROFIT 和 gAGE 散点图上可以看到正在形成的逆时针趋势。由于没有数量方面的限制，基于 gAGE 的关系表现出显著的改善——与基于 AGE 的关系相比，相关系数改善高达 376.2%（即（0.819-0.172）/0.172，不计符号）。由于原来的相关系数没有意义，这个改善比例也无意义。

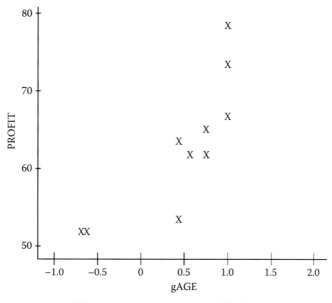

图 12.5　PROFIT 和 gAGE 的散点图

12.3.2　平滑预测值散点图与实际值散点图

为了更近一步地观察 gINCOME 和 gAGE 结构的优点（或弱点），我画出相应的 PROFIT 平滑预测与实际值散点图。在图 12.6 和图 12.7 的 gINCOME 和 gAGE 平滑散点图上，围绕 45 度直线的点表明这个结构的可靠性是不错的。换言之，gINCOME 和 gAGE 应该是预测 PROFIT 的重要变量。基于 gINCOME 的预测值和实际平滑 PROFIT 值的相关系数，以及基于 gAGE 的预测值和实际平滑 PROFIT 值的相关系数分别为 $r_{sm.PROFIT,sm.gINCOME}$ 和 $r_{sm.PROFIT,sm.gAGE}$，相应等于 0.894 和 0.819。（为何这两个 r 值分别等于 $r_{PROFIT, INCOME}$ 和 $r_{PROFIT, AGE}$ ？）

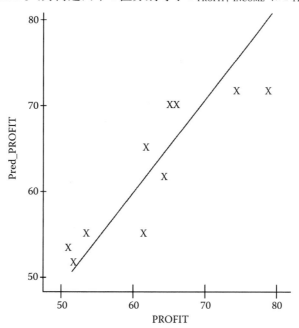

图 12.6　PROFIT 预测值与基于 gINCOME 实际值的平滑散点图

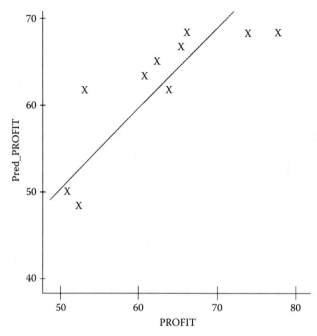

图 12.7   PROFIT 预测值与基于 gAGE 实际值的平滑散点图

12.3.3   评估变量的重要性

在第 10 章的对应章节里，评估纳入模型的变量统计显著性的经典方法是大名鼎鼎的零假设显著性检验法，[⊖] 这个方法是基于减少有疑问的变量的预测误差（实际 PROFIT 减去预测 PROFIT）。与第 10 章对逻辑斯谛回归的讨论的唯一区别是所用的工具。普通回归的正规检验方法的统计量包括平方和（回归和误差造成的总和）、F 统计量、自由度（df）以及 p 值。该程序在一个理论框架内使用，并带有重大且站不住脚的假设，从纯粹主义者的观点来看，这些假设可能导致对统计意义上的发现产生怀疑。即使统计显著性的发现是正确的，但这可能并不重要，或对手头的研究没有明显的价值。对于具有实用倾向的数据挖掘来说，经典的变量评估系统的局限性和可扩展性是不容忽视的，尤其是在大数据环境下。与此相反，在非正式的数据引导搜索变量时，使用 F 统计量、R 平方和自由度的数据挖掘方法可以显著降低预测误差。注意，数据挖掘方法的非正式性要求对术语进行适当的更改，从宣布结果具有统计意义改为值得注意或显著重要。

1. 定义 F 统计量和 R 平方

在数据挖掘中，预测利润的变量子集合的重要性评估包括这个变量子集合能够显著减少预测误差。该评估用到了 F 统计量、R 平方以及自由度，这些数据都包含在一般回归结果之中。为方便起见，我们列出这些统计量的定义和相互关系，见式 12.5、式 12.6 和式 12.7。

$$F = \frac{\text{回归平方和} / \text{回归模型的自由度}}{\text{误差平方和} / \text{回归模型的误差平方和}} \qquad (12.5)$$

⊖   "What If There Were No Significance Testing?"（作者网站为 http://www.geniq.net/res/What-If-There-Were-No-Significance-Testing.html）。

$$R\,平方 = \frac{回归平方和}{总平方和} \qquad (12.6)$$

$$F = \frac{R\,平方\,/\,模型中的变量数}{(1 - R\,平方)\,/\,(样本量 - 模型中的变量数 - 1)} \qquad (12.7)$$

为了更完整，我再给出一个统计量：调整后的 R 平方。R 平方会受到其他因素的影响：模型的预测变量数量与样本量的比例。这个比例越大，R 平方越容易被高估。所以说，式 12.8 定义的调整后的 R 平方对于大数据的用处不是很大。

$$调整后的\,R\,平方 = (1 - R\,平方) = \frac{样本量 - 1}{样本量 - 模型中的变量数 - 1} \qquad (12.8)$$

下一节我们详细介绍 3 个评估变量（变量相似度具备一定的预测能力）重要性的案例的判定规则。简而言之，F 统计量、R 平方和调整后的 R 平方越大，变量在预测利润时越重要。

2. 单变量的重要性

如果 X 是纳入模型的唯一变量，则判定 X 是重要预测变量的规则是：如果 F 值大于标准 F 值 4，则 X 是重要预测变量。注意，这个判定规则只说明变量具有重要性，并没有给出重要性的大小。这个判定规则意味着：变量 X_1 的 F 值大于变量 X_2 的 F 值表示 X_1 可能比 X_2 更重要。这个规则并没有明确认定 X_1 更重要。如果宣布 X 是重要预测变量，则在纳入模型之前要进行检验。

3. 变量子集合的重要性

如果包含 k 个变量的子集合 A 是考虑纳入模型的唯一子集合，判定子集合 A 重要性的规则是：如果 F/df[①]大于标准 F 值 4，则子集合 A 是预测变量的一个重要子集，应该纳入模型中。同前面一样，判定规则只认定这个子集合具有重要性，而不是有多重要。

4. 对比不同变量子集合的重要性

假设子集合 A 和 B 分别包含 k 个和 p 个变量，这两个子集合的变量数量不一定要相同。如果变量数量一样，则除了一个变量，两个子集合的其他变量都可以相同。令 F(k) 和 F(p) 分别是包含子集合 A、B 的模型的 F 值。

确定两个子集合哪个对于预测利润更重要（更有可能具有预测能力）的规则是：

1）如果 F(k)/k 大于 F(p)/p，则子集合 A(k) 是更重要的预测变量子集；否则 B(p) 是更重要的子集合。

2）如果 F(k)/k 和 F(p)/p 相等或者接近，则这两个子集合可以暂时视为重要性相当。建模者应该考虑采用其他指标协助确定哪个子集合较好。显然，从这个判断规则我们可以得出结论：子集合越重要，其定义的模型就越好。（当然，这个规则认定 F/k 和 F/p 大于标准 F 值 4。）

这个判定规则也可以用 R 平方或调整后的 R 平方代替 F/df。R 平方是一个友好的概念，这个值用来表示模型所解释的变化比例的指标。

---

① df= 预测变量数 k。

12.4 迷你案例的重要变量

我们做两个普通回归分析，分别用 gINCOME 和 gAGE 对 PROFIT 做回归，结果分别见表 12.5 和表 12.6。F 值分别为 31.83 和 16.28，都高于标准值 4，所以，gINCOME 和 gAGE 都是预测 PROFIT 的重要变量。

表 12.5 OLS 结果：PROFIT 和 gINCOME

源数据	自由度	平方和	平方均值	F 值	Pr > F
模型	1	582.100 0	582.100 0	31.83	0.000 5
误差	8	146.300 0	18.287 5		
调整后合计	9	728.400 0			
		根 MSE	4.276 4	R 平方	0.799 1
		因变量均值	62.600 0	调整后 R 平方	0.774 0
		系数方差	6.831 3		

变量	自由度	参数估计值	标准误差	t 值	Pr > |t|
截距	1	47.643 2	2.976 0	16.01	<0.000 1
gINCOME	1	8.197 2	1.452 9	5.64	0.000 5

表 12.6 OLS 结果：PROFIT 和 gAGE

源数据	自由度	平方和	平方均值	F 值	Pr > F
模型	1	488.407 3	488.407 3	16.28	0.003 8
误差	8	239.992 7	29.999 1		
调整后合计	9	728.400 0			
		根 MSE	5.477 1	R 平方	0.670 5
		因变量均值	62.600 0	调整后 R 平方	0.629 3
		系数方差	8.749 4		

变量	自由度	参数估计值	标准误差	t 值	Pr > |t|
截距	1	57.211 4	2.187 1	26.16	<0.000 1
gAGE	1	11.711 6	2.902 5	4.03	0.003 8

12.4.1 变量的相对重要性

第 10 章有一节的标题相同（10.12 节），只是在使用的统计量上有些小差别。一般回归分析给出的 t 统计量可以作为衡量一个变量的相对重要性，以及选择最佳子集合的指标。我们下面讨论这个话题。

12.4.2 选择最佳子集合

寻找最佳的重要变量子集合的判定规则几乎和第 10 章完全一样：参考 10.12.1 节。第 1 点没有变化，但是第 2、3 点改动如下：

1）选择重要变量的初始子集合。

2）对于初始子集合的变量，绘出平滑散点图，并按要求校直变量。用最显著的几个原始变量和重述变量构造起始子集合。

3）用这个起始子集合进行初步的普通回归分析。根据模型的 t 统计量绝对值小于 t 门限值 2，删除一到二个变量，得到首个重要变量子集合。注意本章主题在 4 ～ 6 点上的变化。

4）在首个重要变量子集合上再进行一次普通回归。根据模型的 t 统计量绝对值小于 t 门限值 2，删除一到二个变量，数据分析师通过删除不同变量，会产生重要变量出现和消失的幻觉。第 10 章讨论的剩余部分保持不变。

5）重复步骤 4，直到剩余所有预测变量的 t 值差不多大小。这个步骤通常会导致不同的子集合，因为数据分析师会删除不同的变量对。

6）使用 12.3.3 节第 4 小节中的决策规则，通过比较不同子集合的相对重要性来确定最佳子集合。

12.5　案例变量的最佳子集合

我们通过用 gINCOME 和 gAGE 构建了一个初步模型，结果见表 12.7。这个两变量子集合的 F/df 值为 7.725（=15.45/2），大于标准 F 值 4。但是，gAGE 的 t 值是 0.78，小于 t 门限值（见表 12.7）。如果依照步骤 4，则需删除 gAGE，得到一个简单的回归模型，其预测变量 gINCOME 虽然不重要，但很直。而且调整后的 R 平方值是 0.7625（毕竟这个迷你样本不大）。

表 12.7　OLS 结果：PROFIT、gINCOME 和 gAGE

源数据	自由度	平方和	平方均值	F 值	Pr > F
模型	2	593.864 6	296.932 3	15.45	0.002 7
误差	7	134.535 4	19.219 3		
调整后合计	9	728.400 0			
		根 MSE	4.384 0	R 平方	0.815 3
		因变量均值	62.600 0	调整后 R 平方	0.762 5
		系数方差	7.003 2		

变量	自由度	参数估计值	标准误差	t 值	Pr > |t|
截距	1	49.380 7	3.773 6	13.09	<0.000 1
gINCOME	1	6.403 7	2.733 8	2.34	0.051 7
gAGE	1	3.336 1	4.264 0	0.78	0.459 6

在放弃两变量（gINCOME, gAGE）模型之前，我们绘出平滑残值散点图 12.8，确定这个模型的预测质量。根据一般关联性检验（TS=5），这个平滑残值散点图相当于零散点图。所以，这个预测的整体质量还是不错的。

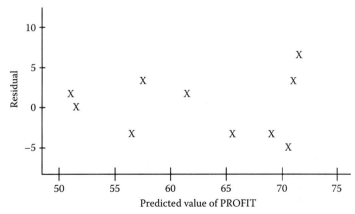

图 12.8　（gINCOME, gAGE）模型的平滑残值散点图

换言之，PROFIT 预测值大致与 PROFIT 实际值相等。从这个平滑残值散点图的描述性统计量来说，这个平滑残值的最小值、最大值、极差分别为 -4.567、6.508 和 11.075，标准差是 3.866。

12.5.1 用 gINCOME 和 AGE 构建 PROFIT 模型

出于在解释意外情况时需要更加谨慎，我怀疑 gAGE 相对不重要的原因（即 gAGE 在 gINCOME 存在时并不重要）是 gAGE 与 gINCOME 之间的强相关性：$r_{\text{gINCOME, gAGE}} = 0.839$。这个强相关性支持了我们的观点，但还没有被证实。

基于前面的做法，我构建了另一个两变量模型，用 gINCOME 和 AGE 对 PROFIT 进行回归，结果见表 12.8。子集合（gINCOME, AGE）的 F/df 值为 12.08（=24.15/2），大于标准 F 值 4。可以看到两个变量的 t 值都大于 t 门限值 2。我们不能忽视的事实是，原始变量 AGE 本来并不重要，现在在 gINCOME 存在的情况下，变得相对重要了。（我们在本章末还要进一步讨论这个"现象"。）所以，这说明该子集合优于原来的（gINCOME, gAGE）子集合。调整后的 R 平方值是 0.8373，相比原来变量的调整后 R 平方值提高了 9.81%（=（0.8373 − 0.7625）/0.7625）。

表 12.8　OLS 结果：PROFIT，gINCOME 和 AGE

源数据	自由度	平方和	平方均值	F 值	Pr > F
模型	2	636.203 1	318.101 6	24.15	0.000 7
误差	7	92.196 9	13.171 0		
调整后合计	9	728.400 0			
		根 MSE	3.629 1	R 平方	0.873 4
		因变量均值	62.600 0	调整后 R 平方	0.837 3
		系数方差	5.797 42		

变量	自由度	参数估计值	标准误差	t 值	Pr > |t|
截距	1	54.442 2	4.199 1	12.97	<0.000 1
gINCOME	1	8.475 6	1.240 7	6.83	0.000 2
AGE	1	−0.198 0	0.097 7	−2.03	0.082 3

图 12.9 中（gINCOME，AGE）模型的平滑残差图等同于基于一般关联性检验 TS = 4 的零散点图。因此，有迹象表明，这个预测的总体质量是好的。从这个两值平滑残值散点图的描述性统计量来说，平滑残值的最小值、最大值、极差分别为 -5.527、4.915 和 10.442，标准差为 3.200。

为了进一步证实这个模型的预测质量，我们在图 12.10 中画出（gINCOME, AGE）模型的平滑实际值与平滑预测值散点图。这个平滑散点图是可以接受的，围绕 45° 线有 10 个点子。基于 gINCOME 和 AGE 的平滑实际值与平滑预测值的相关系数 $r_{\text{sm.gINCOME, sm.AGE}} = 0.93$。（这个值是这个模型的 R 平方的平方根，为什么？）

为了对比，我们在图 12.11 中画出（gINCOME，gAGE）模型的平滑实际值与平滑预测值散点图。这个平滑散点图是可以接受的，围绕 45° 线有 10 个点子，但是一些点子的 PROFIT 值超过了 65 美元。基于 gINCOME 和 gAGE 的平滑实际值与平滑预测值的相关系数 $r_{\text{sm.gINCOME, sm.gAGE}} = 0.90$。（这个值是这个模型的 R 平方的平方根，为什么？）

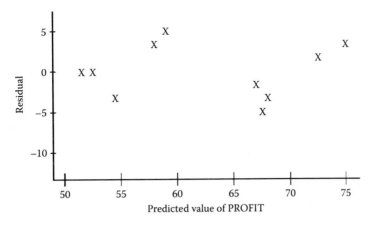

图 12.9 （gINCOME, AGE）模型的平滑残差散点图

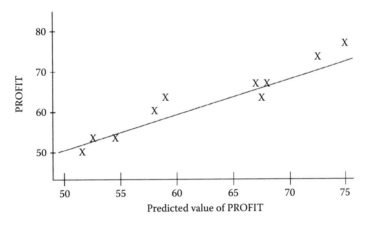

图 12.10 （gINCOME, AGE）模型实际值和预测值平滑散点图

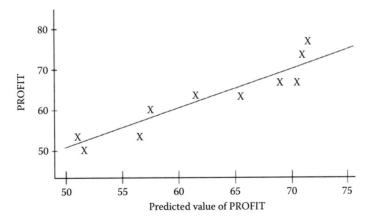

图 12.11 （gINCOME, gAGE）模型实际值和预测值平滑散点图

12.5.2 最佳 PROFIT 模型

为了确定哪个 PROFIT 模型更好，我前面所做分析的重要统计量也放在表 12.9 里。根据一个委员会的共识，我倾向于认为 gINCOME–AGE 模型优于 gINCOME–gAGE 模型，因为有明显证据表明 gINCOME–AGE 模型的预测结果优于 gINCOME–gAGE 模型。前一个模型的 R 平方值提高了 9.8%（偏差更小），平滑残差的标准差减少了 17.2%（更稳定），平滑残差的极差减少了 5.7%（更稳定）。

表 12.9 两个 PROFIT 模型重要统计量对比

模型	预测变量	F 值	t 值	平滑残差		调整后的 R 平方
				极差	标准差	
第一	gINCOME, gAGE	大于门限值	只有 gINCOME 大于门限值	11.075	3.866	0.762 5
第二	gINCOME, AGE	大于门限值	两个变量都大于门限值	10.442	3.200	0.837 3
标志	第二个模型比第一个模型有改进	NA	由于 gAGE 的 t 值小于 t 门限值，给模型带来了"噪音"，可以从极差、标准差和调整后 R 平方值看出	−5.7%	−17.2%	9.8%

12.6 抑制变量 AGE

一种表现类似 AGE 的变量——与因变量 Y 相关性弱，但是在纳入预测 Y 的模型之后变成重要变量，称作抑制变量[1,2]。抑制变量会提高模型的 R 平方值。我们用迷你案例解释这个抑制变量的表现。模型纳入 AGE 可以排除或压缩 gINCOME 中与 PROFIT 变化无关的信息（方差）；换言之，AGE 抑制了 gINCOME 中不可靠的噪音。对变量 AGE 的抑制使得 gINCOME 中的年龄调整方差在预测利润时更可靠或更有效。

我们分析一下这 3 个变量之间的相关系数，看看 AGE 起到了什么作用。见表 12.10。

表 12.10 相关系数比较

相关一对变量	相关系数	共同方差
PROFIT，AGE	−0.172	3
PROFIT，gINCOME	0.894	80
PROFIT，AGE（gINCOME 为抑制变量）	0.608	37
PROFIT，gINCOME（AGE 为抑制变量）	0.933	87

由前文我们知道 PROFIT 和 AGE 没有明显关联关系：它们的共同方差 3% 证实了这一点。我们也知道 PROFIT 和 gINCOME 之间有明显关系：它们的共同方差 80% 也证实了这一点。纳入变量 AGE 之后，PROFIT 和 gINCOME 的关系，尤其是 AGE 经过调整后的 PROFIT 和 gINCOME 的共同方差是 87%。这表明共同方差提高了 8.75%（=（0.87 − 0.80/0.80））。这个"新"方差现在可以用于预测 PROFIT，这提高了 R 平方（从 79.91% 到 87.34%）。

从几个方面来说，AGE 作为抑制变量令人惊喜。首先，抑制变量通常出现在大数据中，而不经常出现在小数据中，极少出现在迷你数据里。其次，抑制变量场景可作为 EDA 范例的对象课程：通过数据挖掘，你的努力会获得巨大回报。第三，抑制变量场景是一个大问题的小提示。建模者不能只依赖与因变量高度相关的预测变量，也应该考虑相关性弱的预测变量，因为它们稍后可能成为重要的预测变量。

12.7 本章小结

普通回归模型作为利润建模方法已经使用了二百多年。因此，我以一种有序且详细的方式说明了普通回归的精华。此外，我还展示了这种流行的分析和建模技术的持久有用性，因为它在当今的 EDA/数据挖掘范式中运行良好。

我们首先介绍了普通回归的基础知识，讨论了构建和评估普通回归模型所用的 SAS 程序。该程序是模型构建人员用于预测定量因变量的技术工具包的一个受欢迎的补充。然后，我们用迷你数据讨论了普通回归建模。我使用这个非常小的数据集，不仅是为了让数据挖掘技术的讨论变得简单，而且还强调了数据挖掘的两个方面。首先，数据挖掘技术对于小数据和大数据同样适用。其次，对小数据进行数据挖掘的每一项卓有成效的工作都证明，大数据并不总是揭示数据中的结构所必需的。

我使用迷你案例研究作为介绍数据挖掘技术的工具，是受 EDA 范式的启发，它们用普通回归建模进行了检验。这些技术包括单个预测变量和预测变量子集的重要性（而非显著性）概念，以及平滑图的使用。（在第 10 章的逻辑斯谛回归方法中讨论的数据挖掘技术对普通回归进行了微小的修改。）

在我对迷你案例研究的说明中有一个惊喜，就是存在一个抑制变量。一个变量的行为与因变量的相关性很差，但在纳入预测因变量的模型之后变得重要，称为抑制变量。抑制变量的结果是它提升了模型的 R 平方值。抑制变量通常出现在大数据应用中，而不经常出现在小数据中，在迷你数据中更少见。抑制变量场景作为 EDA 范式的一个对象课程：只要深入挖掘数据，你就将得到巨大回报。而且，抑制变量情景提醒我们存在一个更大的问题：模型构建者不能仅仅依赖与因变量高度相关的预测变量，还应考虑相关性较差的预测变量，因为它们是潜在预测重要性的重要来源。

参考资料

1. Horst, P., The role of predictor variables which are independent of the criterion, *Social Science Research Bulletin*, 48, 431–436, 1941.
2. Conger, A.J., A revised definition for suppressor variables: A guide to their identification and interpretation, *Educational and Psychological Measurement*, 34, 35–46, 1974.
3. Tukey and Mosteller., Data Analysis and Regression, *Graphical Fitting by Stages*, 271–279.

第 13 章
回归变量选择方法：
可忽略的问题和重要解决方案

13.1　引言

回归变量选择——确定纳入模型的变量的最佳子集合——无疑是建模过程中最难的一个环节。许多变量选择方法可供采用。许多统计学家了解这些方法，但是很少有人知道这些方法只能得出糟糕的模型。这些变量选择方法误用了统计工具，它们将好的统计理论贬低为一个具有误导性的伪理论基础。本章的目标有两个：（1）重新审视文献中变量选择方法的不足之处，（2）为重新定义一个表现优异的回归模型提供了一个重要解决方案。为了更好地达成目标，我们回顾 5 种常用的变量选择方法。

13.2　背景

经典统计学要求统计学家用为某一问题设计的预先指定的程序来处理某一给定的问题。例如，解决预测连续因变量（例如利润）的问题时，使用普通最小二乘（OLS）回归模型，同时检查众所周知的 OLS 假设 [2]。目前，有几个候选的预测变量允许统计学家检查假设（例如预测变量与误差不相关）。同样，数据集也有许多实际的观察结果，这使得统计学家也可以检查假设（例如误差是不相关的）。

此外，统计学家还可以采用广受好评但经常被人们忽视的 EDA 方法，对具有黏性数据特征（例如，间隙、团块和异常值）的个别记录采取适当的补救措施。这一点之所以重要，是因为 EDA 允许统计学家评估一个给定变量，例如 X 是否需要进行转换 / 重述——诸如 log X，sin X 或者 1/X 等。传统的变量选择方法不能进行这样的转换或从原始变量中先验地构造新变量$^\ominus$。无法构建新变量是变量选择方法的一个严重缺陷 [1]。

如今，构建 OLS 回归模型或者逻辑斯谛回归模型（LRM，独立变量为二值变量）是有问题的，这与所用的数据库大小有关。建模者使用的是大数据——包括众多维度的变量和大量观测值，工作量大到难以承担。由于这两个统计回归模型分别是在 60 ～ 200 多年前的小数据环境中构建和测试的，因此模型构建者不能确定是否在大数据上使用 OLS 回归和 LRM

　　$\ominus$　变量选择法不包括具有数据挖掘能力的新方法。

回归。这种回归的理论基础和用于检验大数据显著性的工具⊖不具有统计上的约束力。所以说，用大数据拟合一个预先定义的小框架模型，会产生一个偏斜的模型，对其结果的解读可能是有问题的。

在 20 世纪 60 年代末 70 年代初，按照民间说法，人们开始尝试各种变量选择方法。那个时期的数据很小，后来缓慢增长到大数据的早期规模。由于只有一篇文献将变量选择方法归为不受支持的说法，我认为这些方法的起源的合理设想如下 [3]：高校里的统计学怪人（智慧的思想家）和计算机科学极客（聪明的行动家）用一个三位一体的要素定义了变量选择方法论：

1）统计检验（如 F 检验、卡方检验、t 检验）和显著性检验。

2）统计标准（如 R 平方、调整后的 R 平方、马洛 C_p、MSE）[4]。

3）统计停止规则（如判断变量纳入 / 排除 / 保留的 p 值）。

新的变量选择方法是在被计算机自动误导的统计学专业性和熟练性的基础上提出的。三位一体在新框架下扭曲了其组成部分原有的理论和推理意义。统计学家以一种看似直观和有见地的方式执行计算机驱动的三位一体统计工具，证明了变量选择（也称为子集合选择）问题已得到解决（至少对没有经验的统计学家而言）的表面有效性。

新的子集合选择方法得到了广泛的接受和应用，目前仍然如此。统计学家可能知情也可能不知情，之所以使用这些未经证实的方法，是因为他们不知道还能做些什么，他们用这些方法建立了有风险的模型。不久后，这些方法的缺点和一些矛盾观点开始出现在文献中。我列出两种传统变量选择方法：全子集合和分步法（SW）的 9 个缺点。我们在下一节讨论 5 种常用的变量选择方法。

1）超过 40 个变量的全子集合变量选择法 [3]：

a. 可能的子集合数量会很多。

b. 总会有几个好模型，但有些模型不稳定。

c. 如果抽样样本相比全部变量小，则最佳 X 变量可能并不比随机变量好。

d. 回归统计量和回归系数有偏。

2）全子集合选择回归可能得到过小的模型 [5]。

3）待选变量的数量而非最终模型的变量数量是要考虑的自由度的取值 [6]。

4）数据分析师知道得比计算机多——不了解这个情况会导致不充分的数据分析 [7]。

5）SW 选择法得到的可信区间过窄 [8]。

6）关于获得真实变量和噪声变量的频率：预测变量之间的相关性程度影响真实的预测变量进入最终模型。待选预测变量的数量影响进入模型的噪声变量的数量 [9]。

7）如果存在多余预测变量（普通问题），SW 选择法不一定能得到最佳模型 [10]。

8）有两个截然不同的问题：（a）应该何时使用 SW 选择法？（b）此法为何受欢迎 [11]？

9）对于问题 8b，有两个群体更喜欢使用 SW 法。一个是很少接受过正规数据分析的人，这些人把数据分析知识和 SAS、SPSS 等方面的语法知识搞混了。这群人认为如果把 SW 编程，效果会非常好。另一个是受过良好数据分析训练的人，他们相信统计学，认为无须考虑假设，一个合适的计算机程序就可以做出客观分析结果。分步法是这类盲目数据分析

⊖　"What If There Were No Significance Testing?"（作者网站为 http://www.geniq.net/res/What-If-There-Were-No-Significance-Testing.html）。

的祖师爷[⊖]。

现在有很多研究在继续为子集合选择方法提供支持，以加固其虚假的理论基础。做法就是增加假设，并做一些修改以消除其缺陷。随着传统方法的不断修正，出现了一些创新方法，其起点远远超出了传统方法。正在开发中的是新开发的方法，例如 GenIQ 模型的增强型变量选择方法[12-15]。

13.3 常用的变量选择方法

回归中的变量选择——确定应纳入模型的多个变量的最佳子集合——是建模过程中最难的一项工作。各种变量选择方法之所以存在，是因为他们提供了解决统计学中某个重要问题的解法[16][⊖]。很多统计学家了解这些方法，但是很少知道这些方法在模型中表现不佳。这些有缺陷的变量选择方法是对统计学的误用，将好的统计学理论用于打造具有误导性的伪理论基础。这些方法把重点放在了基于经验法则的大量计算机搜索工作上。每个方法都使用一个独特的三元组，每个元素来自一个三位一体的选择组[⊜]。不同元素的集合通常会得出不同的子集合。通常不同子集合的变量数量都很少，而子集合的大小相差悬殊。

变量选择问题的另一个视角是检查某些子集合，并选出能够最大化或最小化一个合适条件的最佳子集合。有两个子集合很明显：最佳单一变量和全变量集合。我们的问题是选择一个比这两种极端情况更佳的子集合。所以，要做的是如何找出所需的变量，剔除无关变量（不影响因变量的那些变量）和多余变量（对于因变量预测没有太大贡献的那些变量）[17]。

我评估了主要统计软件包里包含的 5 种常用的变量选择方法[®]。前 3 种方法的检验统计量（TS）用到 F 统计量（连续应变量）或 G 统计量（二值因变量）。第 4 种方法的 TS 采用 R 平方（连续因变量），或者得分统计（二值因变量）。最后一种方法采用了以下三种中的一种：R 平方、调整后的 R 平方或马洛 C_p。

1）前向选择法（FS）：这种方法向模型中加入变量，直到没有其他变量（模型之外）能影响因变量。FS 从无到有将变量纳入模型。对于每个变量，都要计算 TS 值。具有大于预先确定值 C 的最大 TS 值的变量被纳入模型。这个过程继续进行，直到处理完所有的变量。所以，变量会被陆续纳入模型，直到剩下变量的 TS 值都不大于 C 为止。变量一旦纳入模型，就一直留在模型里。

2）后向消除法（BE）：这种方法是从模型中逐个剔除变量，直到剩下的变量都能显著影响因变量为止。刚开始时，模型包含了所有变量，然后被逐一剔除，直到模型中剩下的变量的 TS 值都大于 C。在每一步，变量对模型的贡献变得越来越小（即最小的 TS 值小于 C）。

3）分步法（SW）：这个方法是 FS 法的变体，不同点是模型中的变量不一定要保留。和 FS 法一样，SW 每次向模型里加入变量。具有 TS 值大于 C 的变量被加入模型。但是在这之

⊖ 未经引证的评论: Frank Harrell, 生物统计学教授, 系主任, 范德比尔特大学医学院, 2009。

⊖ 未经引证的评论: 1996 年, 远见公司（Insightful Corporation）的研发科学家 Tim C. Hesterberg 问了 Brad Efron 一个统计学中最重要的问题。考虑到 Efron 是自助法的发明人, 我们预期这个答案会包含这个方法。然而, Efron 只提出了一个问题——回归中的变量选择, 即从一组候选变量里选择, 估算这些变量的参数, 并进行推导——假设检验、标准误差以及置信区间。

⊜ 其他标准来自信息理论和贝叶斯法则。

Ⓜ SAS/STAT 手册. 见 PROC REG 和 PROC LOGISTIC, support.sas.com, 2011。

后，要检查已经纳入的所有变量，剔除 TS 值不大于 C 的变量。

4）R 平方法（R-sq）：这个方法用于找出几个能够最好地预测因变量的不同大小的子集合。R 平方法找变量子集合的方法也基于合适的 TS 值。大小为 k 的最佳子集合具有最大 TS 值。对于一个连续因变量，TS 统计量就是 R 平方值，即多元回归法测量因变量解释方差比例的多元决定系数。对于二值因变量，TS 统计量是理论上正确但不为人所知的得分统计（Score statistic）[⊖]。R 平方法确定最佳单变量模型、最佳双变量模型等。然而，因为 TS 值常常聚在一起，所以不太可能有一个子集合表现得如此明显。例如，在小数点后第三位取整时，它们的值相等[⊖]。R 平方法可以得出不同大小的子集合，它可以让用户根据非统计标准选择其中一个子集合。

5）所有可能子集合法：这个方法用于得出所有的单变量模型、双变量模型等，直到全变量模型。这个方法需要高强度计算，因为要得出很多模型，而且要根据以下标准作出选择：R 平方值、调整后的 R 平方值或马洛 C_p 值。

13.4　分步法的缺陷

好的回归模型的变量选择方法应该能找出可以得出优化模型的一个或多个变量子集合[⊜]。这个目标表明理想的模型应该包括以下要素：精确度、稳定性、简约、可解释性，以及可得出无偏的推论。不用说，上述方法大多无法满足这些条件，每种方法至少不满足其中一项条件。除了前面提到的 9 个缺点，我们列出 SW 法最常见的一些缺点[⑲]：

1）R 平方值偏高。

2）每个变量旁边给出的 F 和卡方统计值与声称的分布不符。

3）该方法给出的影响与预测值的置信区间过窄。

4）该方法给出的 p 值没有意义，而且很难纠正。

5）该方法给出的有偏回归系数（剩余变量的系数太大）需要缩小。

6）该方法存在严重的共线性问题。

7）SW 采用的方法（如 F 统计量）用于检验预先指定的假设。

8）增加样本量不会有太大帮助。

9）我们可以不考虑这个问题。

10）耗费太多纸张（在结果可以上云的情况下，这已经不再是问题。）

11）候选预测变量的数量会影响进入模型的有噪变量数量。

除了上述缺点，这个方法还有回归模型的常见缺陷，以及与 OLS 回归和 LRM 相关的缺陷：

回归模型惯常使用的变量选择方法通常会导致模型包含过多变量，造成过拟合。由异常点引发的预测误差不稳定。所以说，模型的表现不太理想。对于 OLS 回归而言，众所周知，在缺乏正态性、线性假设或数据中存在异常值的情况下，变量选择方法的性能较差。而对逻辑斯谛回归来说，计算机自动变量选择模型的重现性较差。在模型中选择作为预测变量的变

⊖　R 平方值在理论上算不上是二值因变量的合适量度指标。然而，很多分析师在这方面都做了不同程度的成功尝试。

⊖　例如，两个 TS 值 1.934 056 和 1.934 069，如果在小数点后第 3 位进行四舍五入，得到的结果都是 1.934。

⊜　即便存在一个完美的变量选择方法，认为存在一个特别好的变量子集合也是不现实的。

⑲　未经引证的评论：Frank Harrell，生物统计学教授，系主任，范德比尔特大学医学院，2010。

量对数据中的未计数样本变化敏感。

对于这一系列弱点，一个挥之不去的问题是：统计学家为什么要使用变量选择方法来建立回归模型？用马克·吐温的话说，就是："先获取你的 [数据]，然后你可以根据需要加工。"[18] 我的答案是："建模者之所以每天使用这些方法，是因为他们会用这些方法。"为了消除这个谬误，读者可回顾第 1 章开始部分的内容。我觉得不熟悉图基 EDA 法的新手需要结合图基的分析理念来理解这七个步骤。但是，首先我介绍一种改进的变量选择方法，为此，我可能是将此方法附加到当前毫无根据的变量选择库中的唯一指数。

13.5 改进的变量选择方法

用一般术语来说，回归中变量选择问题的表述是：

找出要包含在模型中的原始变量的最佳组合。变量选择方法既不说明也不意味着它能炮制出由原始变量混合而成的新变量。

数据挖掘这个属性要么被忽略了（也许是因为它一开始反映了这个问题解决方法的简单性），要么是因为问题太难而被绕过了。不具有数据挖掘属性的变量选择方法显然要碰壁，除此之外，它还应该增加技术的可预测性。就目前而言，变量选择方法没有数据挖掘能力，无法发掘潜在新变量。（我从未检索到过这个属性，对我来说，这是个谜。）我在这里提出一个改进的变量选择方法的定义：

改进的变量选择方法是一种可以识别一个包含了原始变量和数据挖掘出的变量的子集合的方法，而数据挖掘出的变量正是这种方法的数据挖掘属性的一个结果。

下面 5 个论点澄清了这个属性的弱点，并解释了改进的变量选择方法这个概念：

1）考虑全体变量 X_1, X_2, …, X_{10} 的全集。当前任何一种变量选择方法都能找到原始变量的最佳组合（比如 X_1, X_3, X_7, X_{10}），但是如果我们想要增加这个变量的信息量（预测能力），它无法自动转换一个变量（比如说，将 X_1 转换成 $\log X_1$）。进而言之，如果构造的这个变量（结构）是为了提供比原始变量的组合更大的预测能力，则这些方法都不能给出原始变量的重述形式（如 X_3 / X_7）。换言之，当前的这些变量选择方法无法找出一个改进的子集合，比如说需要纳入转换后的变量或新构建的变量（比如 X_1, X_3, X_7, X_{10}, $\log X_1$, X_3/X_7）。如果变量的子集合没有提供更好预测能力的新结构，则会限制建模者构建最佳模型的能力。

2）具体而言，目前的变量选择方法无法识别我们这里讨论的一种数据结构：具有某种形态的转换变量。变量选择方法应该在需要的时候能将一个变量加以转换，得到一个对称分布。对称性是一个变量的优选形态。例如，主要的统计量——均值和方差都是基于对称分布。偏态分布会导致对均值、方差和相关统计数据（如相关系数）的不准确估计。对称性有助于解释分析中变量的影响。由于大部分观察值位于分布的一端，所以偏态分布很难检查。建立在偏态分布之上的模型和分析通常导致解释性不足和有问题的结果。

3）当前的变量选择方法也应该可以校直非线性关系。在两个变量情况下，线性或者直线关系是最好的形态。自变量和因变量之间的直线关系是常用统计线性回归模型（例如 OLS 回归和 LRM）的一个假设。（回忆一下，线性模型的定义是加权变量之和，如 $Y = b_0 + b_1 *X_1 + b_2 *X_2 + b_3 *X_3$ ⊖。）而且，所有自变量之间的直线关系构成了一个受欢迎的特征 [19]。

⊖ 权重或系数（b_0, b_1, b_2, b_3）要满足一定的条件，比如在最小二乘法回归里，均方误差要最小，或者在逻辑斯谛回归中，联合概率函数最小。

简而言之，直线关系易于解释：一个变量增加一个单位，会导致第二个变量增加或减少一个固定的量。

4）构建的变量是原始变量和简单算术函数的混合体。变量选择方法应该能够用原始变量构建简单重述形式。原始变量的加减乘除可能提供更多信息。例如，当分析一台汽车引擎的效力时，两个重要变量是行程英里数（1 英里 =1.609 344 公里）和已用燃料（汽油）。然而，众所周知，每公里耗油量是评估引擎表现的最佳变量。

5）构建的变量是用原始变量的函数的混合体（如算术函数、三角函数或布尔函数）。变量选择方法应该能够用数学函数构造复杂的再表达式，以捕获数据中的复杂关系，并提供比原始变量本身更多的潜在信息。在数据仓库和互联网时代，包含成千上万到几百万个记录和成千上万个变量的大数据并不少见。由此构成的多个变量之间的关系肯定很复杂，超出了简单直线关系范畴。找出这些关系的数学表达式（尽管在理论上是非常困难的）应该成为高效变量选择方法的特点。例如，考虑三个变量之间的著名关系：直角三角形的三条边。一个强大的变量选择方法可以识别三条边的关系，哪怕出现了度量误差：长边（斜边）是其他两条短边平方和的平方根。

总之，这个属性缺陷意味着一个变量选择方法应该有能力构建出候选预测变量的改进子集合。

13.6   本章小结

找出纳入一个模型的变量的最佳可能子集合始终是一项艰巨的工作。变量选择方法有很多。很多统计学家知道这些方法，但是很少有人知道它们构建的模型表现不佳。有缺陷的变量选择方法是对统计学的误用，将统计学理论用于构建虚假的理论基础。我们回顾了五个广泛应用的变量选择方法，列举了一些缺点，回答了为何人们还在使用这些方法。然后，我们介绍了回归变量选择的重要方法：统计建模和分析的自然七步法。我认为不熟悉图基 EDA 的新手应该结合他的分析理念来了解这个方法。相应地，我们介绍了这个方法的背景——EDA 精华和这个思想流派。

参考资料

1. Tukey, J.W., *The Exploratory Data Analysis*, Addison-Wesley, Reading, MA, 1977.
2. Classical underlying assumptions, 2009. http://en.wikipedia.org/wiki/Regression_analysis.
3. Miller, A.J., *Subset Selection in Regression*, Chapman and Hall, New York, 1990, pp. iii–x.
4. Statistica-Criteria-Supported-by-SAS.pdf, 2010. http://www.geniq.net/res/Statistical-Criteria-Supported-by-SAS.pdf.
5. Roecker, E.B., Prediction error and its estimation for subset-selected models, *Technometrics*, 33, 459–468, 1991.
6. Copas, J.B., Regression, prediction and shrinkage (with discussion), *Journal of the Royal Statistical Society B*, 45, 311–354, 1983.
7. Henderson, H.V., and Velleman, P.F., Building multiple regression models interactively, *Biometrics*, 37, 391–411, 1981.
8. Altman, D.G., and Andersen, P.K., Bootstrap investigation of the stability of a Cox regression model, *Statistics in Medicine*, 8, 771–783, 1989.

9. Derksen, S., and Keselman, H.J., Backward, forward and stepwise automated subset selection algorithms, *British Journal of Mathematical and Statistical Psychology*, 45, 265–282, 1992.

10. Judd, C.M., and McClelland, G.H., *Data Analysis: A Model Comparison Approach*, Harcourt Brace Jovanovich, New York, 1989.

11. Bernstein, I.H., *Applied Multivariate Analysis*, Springer-Verlag, New York, 1988.

12. Kashid, D.N., and Kulkarni, S.R., A more general criterion for subset selection in multiple linear regression, *Communication in Statistics–Theory & Method*, 31(5), 795–811, 2002.

13. Tibshirani, R., Regression shrinkage and selection via the Lasso, *Journal of the Royal Statistical Society B*, 58(1), 267–288, 1996.

14. Ratner, B., *Statistical Modeling and Analysis for Database Marketing: Effective Techniques for Mining Big Data*, CRC Press, Boca Raton, FL, 2003, Chapter 15, which presents the GenIQ Model. http://www.GenIQModel.com.

15. Chen, S.-M., and Shie, J.-D., *A New Method for Feature Subset Selection for Handling Classification Problems, Journal Expert Systems with Applications: An International Journal*, Volume 37 Issue 4, Pergamon Press, Inc. Tarrytown, NY, April, 2010.

16. SAS Proc Reg Variable Selection Methods.pdf, support.sas.com, SAS/STAT(R) 9.3 User's Guide, 2011.

17. Dash, M., and Liu, H., Feature selection for classification, *Intelligent Data Analysis*, 1, 131–156, 1997.

18. Twain, M., Get your facts first, then you can distort them as you please, 2011. http://thinkexist.com/quotes/mark_twain/.

19. Fox, J., *Applied Regression Analysis, Linear Models, and Related Methods*, Sage, Thousand Oaks, CA, 1997.

第 14 章

用 CHAID 解读逻辑斯谛回归模型[⊖]

14.1 引言

逻辑斯谛回归模型是构建回应模型的标准方法。这个理论历史悠久，而且所有主要的软件包都包含相关估算算法。有关逻辑斯谛回归理论的文献很多，而且数量增长得很快。尽管如此，似乎很少有关于逻辑斯谛回归模型解读方面的文献。本章的目的是介绍一个基于 CHAID 的数据挖掘方法，用来解读一个逻辑斯谛回归模型，具体就是提供一个有关预测变量效果的完整评估框架，并定义一个基于二值回应变量的逻辑斯谛回归模型。

14.2 逻辑斯谛回归模型

我们简要介绍一下逻辑斯谛回归模型的定义。令 Y 为一个二值回应（因）变量，取值为"是 / 否"（通常用 1/0），且 X_1，X_2，$\cdots$，X_n 是预测（自）变量。这个逻辑斯谛回归模型用于估算 Y 的 logit 值——回应为"是"的概率的对数值，见式 14.1。用 logit 值代入式 14.2 得出回应为"是"的概率：

$$\text{Logit Y} = b_0 + b_1*X_1 + b_2*X_2 + \cdots + b_n*X_n \tag{14.1}$$

$$\text{Prob}(Y = 1) = \frac{\exp(\text{Logit Y})}{1 + \exp(\text{Logit Y})} \tag{14.2}$$

计算一个人回应"是"的概率，可以将这个人的预测变量值代入式 14.1 和式 14.2。带角标的 b 都是逻辑斯谛回归系数。系数 b_0 作为截距，但是不存在 X_0。

优势比（Odds Ratio，OR）是评估预测变量对回应变量影响大小的传统指标，实际上，回应的 OR=1，前提是其他预测变量"保持不变"。"前提是……"这句话意指这个 OR 是一个预测变量对回应的平均效应，而其他预测变量的效果被暂时"排除"。所以，优势比没有清晰反映其他预测变量的变化。将预测变量系数进行指数化处理定义了一个预测变量的优势比。换言之，X_i 的优势比等于 $\exp(b_i)$，其中 exp 是指数函数，b_i 是 X_i 的系数。

⊖ 本章内容基于 *Journal of Targetin, Measurement and Analysis for Marketing*（6, 2, 1997）发表的同名文章。

14.3 数据库营销回应模型案例研究

一位伐木工具供应商想要在即将到来的伐木季节提高其工具目录的回应度，需要用一个模型得出回应度最高的客户名单。这个回应模型建立在一个样本之上，样本来自近期邮购应对比例 2.35% 的客户，由以下变量定义：

1）回应变量是 RESPONSE，表示一位客户是否从近期邮购目录上购买了工具（是 = 1，否 =0）。

2）有三个预测变量包括：

a. CUST_AGE，客户年龄。

b. LOG_LIFE，从客户首次购买开始购买金额的对数，即全生命周期花费金额的对数。

c. PRIOR_BY，哑变量，指最近直邮目录之前的 3 个月里的一次购买（是 = 1，否 = 0）。

用这三个预测变量对 RESPONSE 的逻辑斯谛回归分析的结果见表 14.1。"参数估计值"一列包含了逻辑斯谛回归系数，见式 14.3 定义的 RESPONSE 模型。

$$\text{Logit RESPONSE} = -8.43 + 0.02 * \text{CUST\_AGE}$$
$$+ 0.74 * \text{LOG\_LIFE} + 0.82 * \text{PRIOR\_BY} \tag{14.3}$$

表 14.1 逻辑斯谛回归结果

变量		参数估计值	标准误差	Wald 卡方	Pr > 卡方	优势比
截距	1	−8.434 9	0.085 4	9 760.717 5	1.E+00	
CUST_AGE	1	0.022 3	0.000 4	2 967.845 0	1.E+00	1.023
LOG_LIFE	1	0.743 1	0.019 1	1 512.448 3	1.E+00	2.102
PRIOR_BY	1	0.823 7	0.018 6	1 962.475 0	1.E+00	2.279

优势比

下面我们讨论优势比的两个缺点。第一个缺点是由于对预测变量系数进行必要的指数化处理，这是一个非直观的笨拙的度量。即使是擅长数学的人在解释时也会感到有点不安。第二个是这个比率提供的是对预测变量效果的静态评估，无论与其他预测变量的关系如何改变，这个值都是常量。优势比是逻辑斯谛回归分析的标准结果的一部分。对于这个案例来说，优势比在表 14.1 的最右边一栏。

1）PRIOR_BY 的系数值是 0.8237，优势比是 2.279（=exp（0.8237））。优势比表明一个人在前 3 个月做了一次购买（PRIOR_BY = 1）的机会是这段时间没有购买（PRIOR_BY = 0）的人的机会的 2.279 倍——假设 CUST_AGE 和 LOG_LIFE 保持不变。⊖

2）CUST_AGE 的优势比是 1.023，表明客户年龄每增加一，机会增加 2.3%——假设 PRIOR_BY 和 LOG_LIFE 保持不变。

3）LOG_LIFE 的优势比是 2.102，表明 log-lifetime-dollar 每增加一单位，机会增加 110.2%——假设 PRIOR_BY 和 CUST_AGE 保持不变。

基于 CHAID 的数据挖掘方法补充了解释预测变量对 RESPONSE 的影响的优势比。它提供以无威胁概率为单位的树状图，每天的值在 0% 到 100% 之间。而且，这些基于

⊖ 对于 CUST_AGE 和 LOG_LIFE 的给定值，比如 a 和 b，PRIOR_BY 的优势比 = 机会（PRIOR_BY=1，给定 CUST_AGE= a 和 LOG_LIFE=b）/ 机会（PRIOR_BY=0，给定 CUST_AGE= a 和 LOG_LIFE=b）。

CHAID 的图形可以用来评估一个预测变量对 RESPONSE 的影响。他们提出了一个给定的预测变量和 RESPONSE 之间简单的、无条件的关系，以及一个给定的预测变量和 RESPONSE 之间的条件关系，这些关系是由其他 X 和一个给定的预测变量和其他 X 和 RESPONSE 之间的关系形成的。

14.4　CHAID

简而言之，CHAID 是一种递归方法，将总体分为不同的子群或片段，以便让因变量的变化在片段内实现最小化，而在片段之间实现最大化。CHAID 分析得出一个树状图，通常称作 CHAID 树状图。1980 年，CHAID 是首个被开发出用来找"组合"或交互变量的方法。在数据库营销的当下，CHAID 主要作为一种市场细分技术。由于 CHAID 具有明显的数据挖掘特点，因而可以用于解读逻辑斯谛回归模型。

CHAID 擅长发现这个应用里的 RESPONSE 和预测变量之间的有条件和无条件关系的结构。而且，CHAID 能够很清晰地展示多元变量之间的关系。CHAID 结果是一个树状图，从一个根发散出很多分枝。CHAID 树易看易懂。值得强调的是，CHAID 不是对现成的数据建模和分析的替代方法，它是一个可视化工具，用于展示逻辑斯谛回归模型的统计结果：模型里的变量对应答率的贡献有多大。

值得注意的是该方法的通用性，因为它可以应用于任何模型——不一定是逻辑斯谛回归。所以，这个方法提供了对各种模型的预测变量效果进行评估的全套工具，这些模型可以是因变量的统计模型或机器学习模型。

基于 CHAID 的方法

在进行普通 CHAID 分析时，建模者要选择二值回应变量和一套预测变量。对于我们所说的基于 CHAID 的数据挖掘方法，CHAID 回应变量是逻辑回应模型中的*应答率预测值*。CHAID 的预测变量里包含了定义在这个逻辑回应模型中的原单位而不是重述后的单位的预测变量（如果需要重述的话）。重述变量总是以单位表示，妨碍了对基于 CHAID 的分析和逻辑斯谛回归模型的解释。而且，为了便于分析，根据所研究问题的范围，要将连续预测变量划分为有意义的区间。对于我们的研究示例，CHAID 回应变量是 RESPONSE 概率的预测值，记为 Prob_est，可以由式 14.2、式 14.3 和式 14.4 得出：

$$\text{Prob\_est} = \frac{\exp(-8.43 + 0.02 * \text{CUST\_AGE} + 0.74 * \text{LOG\_LIFE} + 0.82 * \text{PRIOR\_BY})}{1 + \exp(-8.43 + 0.02 * \text{CUST\_AGE} + 0.74 * \text{LOG\_LIFE} + 0.82 * \text{PRIOR\_BY})} \quad (14.4)$$

CHAID 预测变量集合 CUST_AGE 和 PRIOR_BY 分为两类，原始变量 LIFETIME DOLLARS（log-lifetime-dollar 的单位不易理解）分为三类。这家木工工具供应商将其客户分为以下类别：

1）CUST_AGE 的两个类别是"小于 35 岁"和"35 岁及以上"。CHAID 用圆括号和方括号表示区间，分别记为两个客户年龄段：[18,35) 和 [35,93]。CHAID 将年龄区间定义为一个闭区间和一个左闭右开的区间。前一个记为 [a, b]，表示所有取值包括了 a 和 b 以及之间所有数。后一个记为 [a,b)，表示所有取值大于 / 等于 a 且小于 b。样本中的最小年龄和最大年龄分别为 18 岁和 93 岁。

2）三个 LIFETIME DOLLARS 的类别是：小于 15 000 美元、15 001 美元到 29 999 美元以及等于或大于 30 000 美元。CHAID 将 3 个 lifetime dollar 区间记为 [12,1500)、[1500,30 000) 和 [30 000,675 014]。样本中最小和最大 lifetime dollars 分别是 12 美元和 675 014 美元。

图 14.1、图 14.2 和图 14.3 的 CHAID 树状图是 Prob_est 变量和三个预测变量，如下：

1）所有 CHAID 树有一个顶端节点，代表所研究的样本：样本量和应答率。在这个例子里，最上面的方框里给出了样本量和预测的应答率均值（AEP），即样本量是 858 963，回应的 AEP 为 0.0235。[⊖]

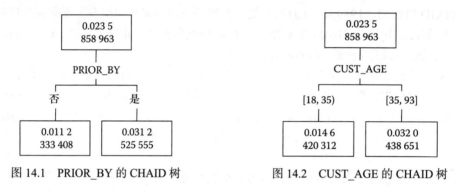

图 14.1　PRIOR_BY 的 CHAID 树　　　　图 14.2　CUST_AGE 的 CHAID 树

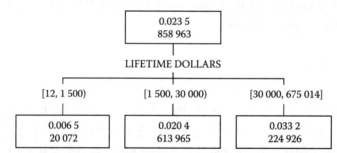

图 14.3　LIFETIME DOLLARS（全生命周期花费金额）的 CHAID 树

2）PRIOR_BY 的 CHAID 树见图 14.1。左侧节点代表由 PRIOR_BY = "否"（样本数：333 408）定义的细分市场，这些客户在最近 3 个月里没有购买；其回应的 AEP 是 0.0112。右侧节点代表由 PRIOR_BY = "是"（样本数：525 555）定义的细分市场，这些客户在最近 3 个月里购买了，其回应的 AEP 是 0.0312。

3）CUST_AGE 的 CHAID 树见图 14.2。左侧节点代表年龄区间 [18, 35) 客户（样本数：420 312）；其回应 AEP 是 0.0146。右侧节点代表年龄区间 [35, 93] 的客户（样本数：438 651）；其回应 AEP 是 0.0320。

4）LIFETIME DOLLARS 的 CHAID 树见图 14.3。左侧节点代表生命期消费金额位于区间 [12, 1500) 的客户（样本数：20 072），其回应 AEP 是 0.0065。中间一栏节点代表生命期消费金额位于区间 [1500, 30 000) 的客户（样本数：613 965）；其回应 AEP 是 0.0204。左侧节点代表生命期消费金额位于区间 [30 000, 675 014]（样本数：224 926）；其回应 AEP 是 0.0332。

我们看到，单一预测变量 CHAID 树状图展示了预测变量对 RESPONSE 的影响。从左到右节点的值清晰揭示了 RESPONSE 提高和预测变量之间的变化关系。尽管这个单预测变量 CHAID 树状图容易用概率单位进行解读，但是无法表示一个预测变量对模型中另一个预测变量的变化产生了多大的影响。对于有其他预测变量的情况，多元 CHAID 树状图可用于展现预测变量对回应产生的影响。

14.5　多变量 CHAID 树

图 14.4 中的多变量 CHAID 树展示了 PRIOR_BY= "否"，且 CUST_AGE 变化时 LIFETIME DOLLARS（全生命周期花费金额）对 RESPONSE（回应）的影响，如下：

1）根节点代表这个样本（样本数：858 963）；回应 AEP 是 0.0235。

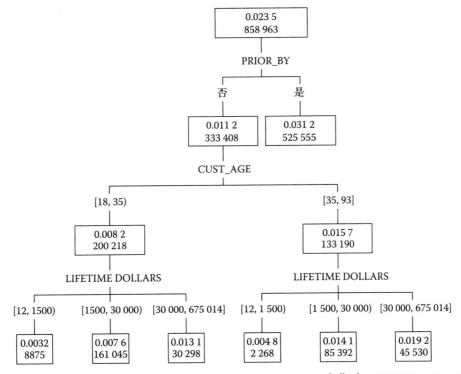

图 14.4　多变量 CHAID 树，PRIOR_BY= "否"，且 CUST_AGE 变化时 LIFETIME DOLLARS 对 RESPONSE 的影响

2）这个树有 6 个分支，定义了 CUST_AGE 的 2 个区间和 LIFETIME DOLLARS 区间 / 节点的组合。这些分支的读法要从最下层的节点（底部方框）开始，向上通过中间节点，直到根节点下的首层节点。

3）看这个树状图，从图 14.4 多变量 CHAID 的下部开始，从左向右：分支 1 是 LIFETIME DOLLARS= [12, 1500)，CUST_AGE=[18, 35) 且 PRIOR_BY= "否"；分支 2 是 LIFETIME DOLLARS= [1500,30 000)，CUST_AGE =[18, 35) 且 PRIOR_BY= "否"；分支 3 到 5 类似。最右侧分支 6 是 LIFETIME DOLLARS=[30 000, 675 014]，CUST_AGE = [35, 93] 且 PRIOR_BY = "否"。

4）分支 1 到 3 展示了 LIFETIME DOLLARS 增大对 RESPONSE 的影响。RESPONSE 的 AEP 从 0.0032 增加到 0.0076，再到 0.0131，这些客户的年龄介于区间 [18, 35)，且在前 3 个月没有购买。

5）分支 4 到 6 展示了 LIFETIME DOLLARS 增大对 RESPONSE 的影响。RESPONSE 的 AEP 从 0.0048 增加到 0.0141，再到 0.0192，这些客户的年龄介于区间 [35, 93]，且在前 3 个月没有购买。

图 14.5 的多变量 CHAID 树展示了 PRIOR_BY= "是"，且 CUST_AGE 变化时 LIFETIME DOLLARS 对 RESPONSE 的影响，简而言之，LIFETIME DOLLARS–PRIOR_BY = "是" 的 CHAID 树如下：

1）分支 1 到 3 展示了 CHAID 多变量树状图上 LIFETIME DOLLARS 增大对 RESPONSE 的影响。年龄在区间 [18, 35) 且近 3 个月购买了的客户，其回应 AEP 从 0.0077 增加到 0.0186，再到 0.0297。

2）分支 4 到 6 展示了 CHAID 多变量树状图上 LIFETIME DOLLARS 增大对 RESPONSE 的影响。年龄在区间 [35, 93] 且近 3 个月购买了的客户，其回应 AEP 从 0.0144 增加到 0.0356，再到 0.0460。

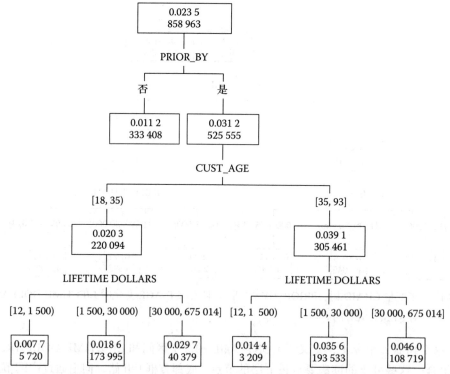

图 14.5　多变量 CHAID 树，PRIOR_BY= 是，且 CUST_AGE 变化时 LIFETIME DOLLARS 对 RESPONSE 的影响

图 14.6 和图 14.7 分别是 PRIOR_BY= "是" 对 RESPONSE 的影响效果的多变量 CHAID 树状图，前一个是 CUST_AGE = [18, 35) 和 LIFETIME DOLLARS，后一个是 CUST_AGE = [35, 93] 和 LIFETIME DOLLARS。它们与图 14.4 和图 14.5 是类似的。

CUST_AGE 对 RESPONSE 影响的多变量 CHAID 树状图，在 PRIOR_BY = "否" 和不同

LIFETIME DOLLARS 的情况见图 14.8，PRIOR_BY="是"和不同 LIFETIME DOLLARS 的情况见图 14.9。它们与上述其他几幅树状图是类似的。

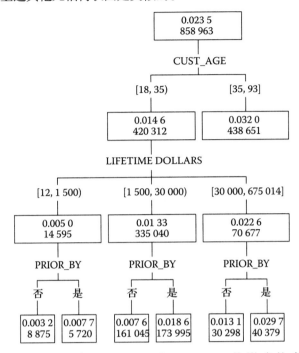

图 14.6　LIFETIME DOLLARS 和 PRIOR_BY 对 RESPONSE 的影响的多变量 CHAID 树，CUST_AGE=[18, 35]

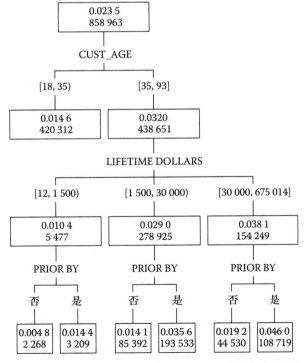

图 14.7　LIFETIME DOLLARS 和 PRIOR_BY 对 RESPONSE 的影响的多变量 CHAID 树，CUST_AGE=[35, 93]

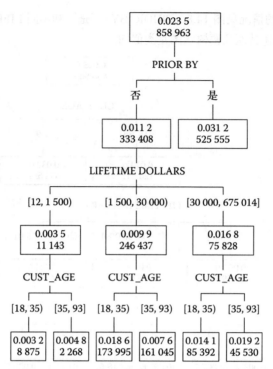

图 14.8　CUST_AGE 和 LIFETIME DOLLARS 对 RESPONSE 的 影 响 的 多 变 量 CHAID 树，
　　　　PRIOR_BY = "否"

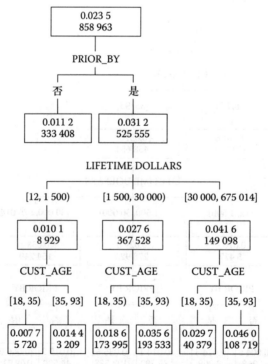

图 14.9　CUST_AGE 和 LIFETIME DOLLARS 对 RESPONSE 影响的多变量 CHAID 树状图，
　　　　PRIOR_BY= "是"

14.6 CHAID 市场细分

我们利用这个机会，运用这个分析将 CHAID 视为一种市场细分技术。仔细观察图 14.4 和图 14.5，完整的 CHAID 树识别出了三对细分市场，表明这三个层次的回应表现分别为 0.76%/0.77%、0.48%/4.60% 以及 1.41%/1.44%。CHAID 给出了目录营销中具有高、中、低三种表现的细分市场。市场策略可以是采用交叉销售等方法促进对高表现客户的销售，或者用新产品引起中等表现客户的兴趣，以及用奖励和打折吸引低表现客户。

这三个细分市场的情况如下：

细分市场 1：客户年龄处于区间 [18, 35)，前 3 个月没有购买，全生命周期购买金额位于区间 [1500, 30 000)。回应 AEP 是 0.0076。见图 14.4 的分支 2。同时，也有客户年龄处于区间 [18, 35) 但在前 3 个月购买过，而且全生命周期购买金额位于区间 [12, 1500)，其回应 AEP 是 0.0077。见图 14.5 的分支 1。

细分市场 2：客户年龄处于区间 [35, 93]，前 3 个月没有购买，全生命周期购买金额位于区间 [12, 1500)，回应 AEP 是 0.0048。见图 14.4 的分支 4。同时，也有客户年龄处于区间 [35, 93] 但在前 3 个月购买过，而且全生命周期购买金额位于区间 [30 000, 675 014)，其回应 AEP 是 0.0460。见图 14.5 的分支 6。

细分市场 3：客户年龄处于区间 [35, 93]，前 3 个月没有购买，全生命周期购买金额位于区间 [1500, 30 000)，回应 AEP 是 0.0141。见图 14.4 的分支 5。同时，也有客户年龄处于区间 [35, 93] 但在前 3 个月购买过，而且全生命周期购买金额位于区间 [12, 1500)，其回应 AEP 是 0.0144。见图 14.5 的分支 4。

14.7 CHAID 树状图

用一幅多变量 CHAID 树状图可以将预测变量对回应的全部影响完整地呈现出来。构建和解读 CHAID 树状图中的特定预测变量的方法如下：

1）收集一个给定预测变量的所有多变量 CHAID 树状图，例如，对于 PRIOR_BY 有 2 个树状图，对应了 PRIOR_BY 的 2 个值："是"和"否"。

2）对于每个分支，画出回应 AEP（Y 轴）和给定预测变量根节点的最小值（X 轴）。⊖

3）对于每个分支，将名义值（AEP 回应值，最小值）连起来。得出的折线代表了一个有分支的中间区间 / 节点定义的市场或客群。

4）这条线的形态表明了这个预测变量对 RESPONSE 产生的影响。对比这些线段可以全面了解在其他预测变量存在的情况下，这个预测变量如何影响回应。

LIFETIME DOLLARS 的 CHAID 树见图 14.10，它是基于图 14.4 和图 14.5 多变量 LIFETIME DOLLARS 的 CHAID 树。最上面一条线有一个明显的弯折，对应着最近 3 个月购买了的年龄较大的顾客（35 岁或以上）。这表明 Lifetime Dollars 对于这个客群的回应具有非线性影响。当 LIFETIME DOLLARS 的名义值从 12 美元到 1500 美元，再到 30 000 美元时，RESPONSE 以不同的速度在增长。

⊖ 最小值是我们可以用的几个数值之一，其他可用数值是预先定义区间的均值或中位数。

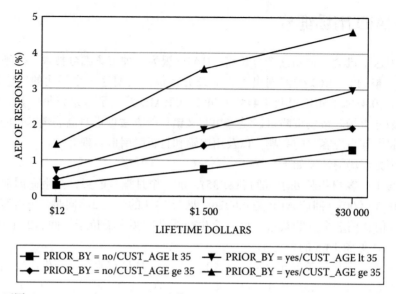

图 14.10　不同 CUST_AGE 和 PRIOR_BY 取值下 LIFETIME 对 RESPONSE 影响的 CHAID 树状图

其他几条线是偏度不同的直线[⊖]，表明对于相应客群，LIFETIME DOLLARS 对于相应的回应具有恒定的影响。当 LIFETIME DOLLARS 的名义值从 12 美元到 1500 美元，再到 30 000 美元时，RESPONSE 以相应的不变速度在增长。

图 14.11 中 PRIOR_BY 的 CHAID 树来自图 14.6 和图 14.7 的 PRIOR_BY 多变量 CHAID 树。我们重点看看它们的偏度[⊖]。

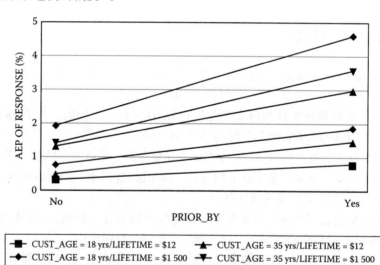

图 14.11　不同 CUST_AGE 和 LIFETIME DOLLARS 取值下 PRIOR_BY 对 RESPONSE 影响的
　　　　　CHAID 树状图

⊖　由 PRIOR_BY = "否"，CUST_AGE 大于等于 35 岁定义的线段看上去弯度很小，所以我把它画成近似直线形状了。

⊖　这些趋势线必然是直线，因为两点（PRIOR_BY 为"否"和"是"）确定一条直线。

　　评估规则如下：偏度越大，对 RESPONSE 的不变效应越强。在六条线里，最顶上的线对应的是"顶级"客群，年龄较大，且 LIFETIME DOLLARS 等于或大于 30 000 美元，是最陡峭的。其意义如下：（1）PRIOR_BY 对 RESOPINSE 具有非常显著的恒定影响，（2）PRIOR_BY 的效应也比其他五个客群更大。当 PRIOR_BY 从"否"变为"是"时，RESPONSE 水平也大幅提升。

　　其他五条线的偏度各不相同，表明 PRIOR_BY 对于这五个客群有不同的恒定影响。当 PRIOR_BY 从"否"变为"是"时，RESPONSE 以不同的恒定速度在增长。

　　图 14.12 中 CUST_AGE 的 CHAID 树状图来自图 14.8 和图 14.9 的 CUST_AGE 多变量 CHAID 树。可以看到两套平行线各有不同的偏度。上边两条是第一套线，对应的是两个客群：

　　1）PRIOR_BY = "否"，且 LIFETIME DOLLARS 位于区间 [1500, 30 000)。

　　2）PRIOR_BY = "是"，且 LIFETIME DOLLARS 位于区间 [30 000, 675 014]。

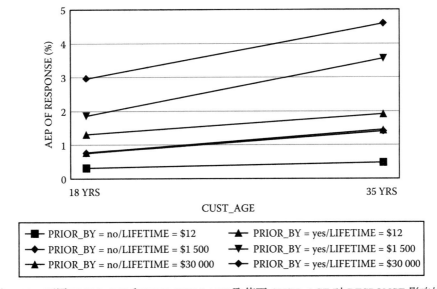

图 14.12　不同 PRIOR_BY 和 LIFE_DOLLARS 取值下 CUST_AGE 对 RESPONSE 影响的
　　　　　CHAID 树状图

　　这表明这两个客群的 CUST_AGE 对 RESPONSE 都具有同样的恒定影响。当 CUST_AGE 从 18 岁变到 35 岁时，RESPONSE 以恒定速度增长。

　　第二套包括另外三条平行线（两条实际上是重合的），对应以下三个客群：

　　1）PRIOR_BY = "否"，且 LIFETIME DOLLARS 位于区间 [30 000, 675 014]。

　　2）PRIOR_BY = "是"，且 LIFETIME DOLLARS 位于区间 [1500, 30 000)。

　　3）PRIOR_BY = "是"，且 LIFETIME DOLLARS 位于区间 [12, 1500]。

　　这表明这三个客群的 CUST_AGE 对 RESPONSE 都具有同样的恒定影响。当 CUST_AGE 从 18 岁变到 35 岁时，RESPONSE 以恒定的速度增长。要注意的是，这三个客群的恒定 CUST_AGE 效应小于前面两个客群的 CUST_AGE 效应，因为从偏度上看，前两个客群的比后三个客群的低。

　　最后要说的是最下方这条线，对应着 PRIOR_BY= "否"，且 LIFETIME DOLLARS 位

于区间 [12, 1500) 的客群，它实际上没有偏度，因为它几乎是水平的，表明 CUST_AGE 对 RESPONSE 没有影响。

14.8 本章小结

本章先简要介绍了作为构建二值回应模型的逻辑斯谛回归模型的标准方法，然后将重点放在如何解读，这方面是文献中涉及不多的内容。我们借助优势比这个统计量，介绍了解释逻辑斯谛回归模型的传统方法，即量度一个预测变量对应答率的影响。由于它有两个缺陷，所以我建议综合使用一种基于 CHAID 的数据挖掘方法和优势比。这种基于 CHAID 的方法为优势比增加了直观解释。我们用这种新方法，把优势比所含的信息纳入 CHAID 树状图之中，展示了简单的概率值。

更重要的是，这个基于 CHAID 的方法有可能让我们全面完整地评估一个与其他预测变量之间具有清晰关系的预测变量对回应产生的影响。为了说明这个新方法，我们将个别预测变量的 CHAID 树放入多变量 CHAID 树状图之中，得到了一个对预测变量进行评估的全面可视化工具。

此外，我们还介绍了这种方法的更大使用范围，它可以应用在逻辑斯谛回归以外的模型中。所以说，这种方法提供了评估预测变量效应的完整方法，对于因变量的统计模型和机器学习模型都适用。

第 15 章
回归系数的重要性

15.1 引言

解读普通回归模型这个在预测单连续变量 Y 用得最广泛的方法，重点是这个模型的系数和三个概念：p 统计值、保持不变的变量以及经过标准化的回归系数。本章的目标是详细讨论这些广泛使用但又经常被误解的概念。作为指示预测变量 X 重要的唯一一个统计指标的 p 值有时候是有问题的。保持不变的变量这个概念对于可靠评估预测变量 X 对预测 Y 的影响非常重要。而且，仅在特殊情况下，标准化回归系数才能按预测重要性的顺序对变量进行正确排序。

15.2 普通回归模型

普通回归模型的正式名称是普通最小二乘多重线性回归模型，它是预测单个连续变量时用得最多的方法。其理论基础坚实，而且所有统计计算软件包都包含了这种算法。这个模型简单易用，通常能够从中得出有用结果。

令 Y 为一个连续因变量（如销售额），且集合 X_1，X_2，…, X_n 包含预测变量。这个回归模型（预测公式）为式 15.1:

$$Y = b_0 + b_1 * X_1 + b_2 * X_2 + \cdots + b_n * X_n \qquad (15.1)$$

带下标的 b 是回归系数[⊖]，用普通最小二乘法估算。只要得出这些系数，某个人的 Y 预测值（预测销售额）就可通过将预测变量的值代入这个公式得到。

15.3 四个问题

理解这个模型只需关注回归系数的三个概念：p 统计值、当其他 X 不变时[⊜]X_i 每个单位的变化引起的 Y 的平均变化，以及经过标准化的回归系数。下面四个问题适用于回归系数的讨论。我们具体讨论，以更好地理解回归系数重要的原因。

⊖ b_0 称为截距，回归模型需要这个项，b_0 可以看作是 $X_0 = 1$ 的系数。

⊜ 其他 X 包括 n–1 个变量，即 X_1，X_2，…, X_{i-1}，X_{i+1}，…, X_n。

1）X_i 对于预测是否重要？通常的答案是：如果 X_i 的 p 值小于 5%，则它是一个重要的变量。这个答案对于实验研究可能是正确的，但对于大数据应用可能不正确[一]。

2）X_i 如何对 Y 的预测产生影响？常规答案是：当其他变量不变时，一个单位的 X_i 的变化会带来的平均变化为 b_i。这个答案是诚实的，通常不带有其他提示。

3）按照排序，模型中哪个变量对预测 Y 影响最大？常规答案是回归系数最大的变量产生的影响最大；次大的回归系数对应的变量的影响排在第二，以此类推。这个答案通常是不正确的。

4）按照排序，模型中哪个变量是最重要的预测变量？常规答案是具有最大标准化回归系数的变量是最重要的；次大标准化回归系数对应的变量排第二，以此类推。这个答案通常是不正确的。

15.4 重要预测变量

如果 X_i 显著降低了回归模型的预测误差（Y 的实际值 −Y 的预测值），则被认为是一个重要的预测变量。X_i 导致的预测误差减小多少可以通过零假设（NH）显著性检验程序测试其显著程度。我们简要将该程序列举如下[二]：

1）零假设（NH）和替代假设（AH）定义如下：

NH:X_i 导致的均方预测误差的变化（cMSE_X_i）等于 0。

AH: cMSE_X_i 不等于 0。

2）cMSE_X_i 的显著性检验等同于 X_i 的回归系数 b_i 的显著性检验。所以，NH 和 AH 也可以写成：

NH: b_i 等于 0。

AH: b_i 不等于 0。

3）这个检验程序的工作假设[三]为：样本量是正确的，且样本准确反映了总体。（确定实验所用的正确样本量的具体方法可在任何一本中级统计学教材里找到。）

4）拒绝零假设的决定取决于 p 值[四]。p 值是样本统计量的一个值（cMSE 或 b_i），也是观察样本统计量的值比观察到的值（样本）同样极端或更极端的概率（假设 NH 为真）[五]。

5）判定规则：

a. 如果 p 值不是很小，通常大于 5%，则这个样本支持拒绝 NH。[六]结论是 b_i 是 0，X_i 对于减少预测误差的作用不明显。所以，X_i 不是一个重要的预测变量。

b. 如果 p 值非常小，通常小于 5%，则这个样本支持拒绝 NH，接受 AH。结论是 b_i（或 cMSE_X_i）有某个非零值，X_i 有明显降低预测误差的效果。所以 X_i 是重要预测变量。

○ 大数据定义见 1.6 节。

○ 可参考一些有关零假设检验的好的教材，比如 Chow, S.L., *Statistical Significance*, Sage, Thousand Oaks, CA, 1996。

○ 检验 b_i 的最小二乘法估计值需要一套经典假设，可参考任何一本好的数理统计教材，比如 Ryan, T.P., *Modern Regression Methods*, Wiley, New York, 1997。

○ 不能拒绝零假设并不等同于可以接受假设。

○ 这个 p 值是一个条件概率。

○ "非常小"并非确指，但是通常设定在 5% 或更小。

判定规则明确了 p 值是变量具有预测重要性的可能性的一个指标，而不是表示有多重要的指标（AH 并不具体指明 b_i 的值）。所以说，较小的 p 值意味着有可能重要性也较小。这一点与人们通常对 p 值的误解正好相反：p 值越小，相应变量的预测重要性越大。

15.5　p 值与大数据

对于大数据应用而言，仅仅根据 p 值就确定预测变量的重要性的做法是有问题的。大数据应用采用的大量样本来自 X 变化幅度未知的总体。p 会受到样本量的影响（当样本量变大时，p 值将降低[⊖]），也会受到 X_i 变化幅度的影响（当 X_i 变化幅度变大时，p 值将降低）[1] [⊜]。相应地，小 p 值可能源于大样本或者因为 X_i 变化幅度过大。所以说，在大数据应用里，小 p 值只是潜在的预测变量重要性指标。

p 值会受到中等规模样本的影响有多大，这个问题还没有得到解决。大数据是非实验数据，因为没有具体方法用来确定合适的大样本量。大样本产生许多小 p 值——虚假结果。相应变量经常被视为重要变量，但实际上并非如此。这降低了模型的稳定性[2] [⊜]。在处理大数据时，需要一个调整 p 值的方法®。在找到这种方法之前，推荐的临时做法是：对于大数据应用，小 p 值的变量必须根据其实际减少预测误差的情况进行最终评估。降低预测误差最大的变量可以视为重要预测变量。剔除有问题的例子有助于弱化 X_i 变化幅度造成的影响。例如，如果相应的总体包括 35 岁到 65 岁的人，且大数据包含了 18 岁到 65 岁的人，那么简单剔除 18 岁到 34 岁的人就降低了这种影响。

15.6　回到问题 1

X_i 是否对于做出好的预测很重要？通常答案是 X_i 的 p 值如果小于 5%，那么这是一个重要的预测变量。这个答案对于实验研究是正确的，这些研究具备提前确定的样本量，而且样本具有已知的变化幅度。对于大数据应用来说，未知变化幅度的大样本对 p 值的影响是相反的，小 p 值只是预测变量有可能重要的指标。这些变量必须再次检查其对降低预测误差的实际影响，才能确定其是否重要。

15.7　预测变量对预测结果的影响

评估预测变量 X_i 对预测 Y 的作用主要看回归系数 b_i。通常的解释是，在其他变量保持不变时，b_i 是 X_i 变化一个单位时 Y 值相应的平均变化值。有关 b_i 的意义和计算方法的详细讨论表明这是一个诚实的解释，但是必须附带一个提示，见 15.8 节。

回归系数 b_i 也称作局部回归系数，量度的是在其他变量保持不变时的 Y 和 X_i 的关系。这个表达式保持不变，意指 b_i 的计算需要剔除其他 X 的影响。计算的细节超出了本章范围，

⊖　给定 NH 为真。

⊜　b_i 的大小也会影响 p 值：当 b_i 变大时，p 值降低。这个因素是分析师无法控制的。

⊜　错误地拒绝了 NH。"小样本"的影响是一个变量可能被宣布不重要，但它实际上是重要变量。

®　这个流程类似 Bonferroni 法，即向下调整 p 值，因为重复测试增加了错误认为关系或相关系数显著的概率。

仅概述所涉及的步骤就足够了，如下所述[⊖]。

b_i 的计算用到了一个 3 步统计控制方法：

1）从 Y 里剔除其他 X 的线性效应，得到一个新变量 Y-adj（=Y 去除其他 X 的线性效应）。

2）从 X_i 里剔除其他 X 的线性影响，得到新变量 X_i-adj（=X_i 去除其他 X 的线性效应）。

3）Y-adj 对 X_i-adj 的回归得出局部回归系数 b_i。

局部回归系数 b_i 是 Y 和 X_i 之间关系的一个估计值（暂时排除其他 X 的影响），因为其基础是统计控制概念，而不是实验控制。当其他变量保持不变时，统计控制方法估计出 b_i，而不需要有关 Y 和 X_i 之间关系的数据。这个方法的优点在于能确保这个估计值是诚实的。

相反，实验控制包括为 X_i 和 Y 之间的关系收集数据，此时保持其他变量不变。所得出的局部回归系数可以直接度量，因而得到的是 b_i 的一个真实估计值。可惜的是，实验控制数据收集的难度和成本很高。

15.8 提示

有一点需要注意，以确保正确解释局部回归系数。仅仅知道变量乘以回归系数是不够的，其他的 X 也必须知道[3]。对样本中其他 X 值的识别确保了解释的有效性。具体地说，当其他 X 在其值域中，且保持不变时，Y 中的平均变化 b_i 对于 X_i 中的每个单位变化都有效[⊖]。对这一点的澄清如下。

我们对 SALES（单位为美元）用 EDUCATION（简写为 EDUC，单位为年数）、AGE（单位年数），GENDER（女性 =1，男性 =0）以及 INCOME（单位为千美元）进行回归。回归方程为式 15.2：

$$SALES = 68.5 + 0.75*AGE + 1.03*EDUC + 0.25*INCOME + 6.49*GENDER \qquad (15.2)$$

回归系数解释如下：

1）表 15.1 中的各个变量范围足以标记其他 X 值的区间边界。

2）对于 AGE，当 EDUC、INCOME 和 GENDER（E–I–G）在 E–I–G 范围内保持不变时，AGE 每增加 1 年，SALES 平均增加 0.75 美元。

3）对于 EDUC，当 AGE、INCOME 和 GENDER（E–I–G）在 A–I–G 范围内保持不变时，EDUC 每增加 1 年，SALES 平均增加 1.03 美元。

4）对于 INCOME, AGE、EDUC 和 GENDER（A–E–G）在（A–E–G）范围内保持不变时，INCOME 每增加 1000 美元，SALES 平均增加 0.25 美元。

5）对于 GENDER，当 AGE、INCOME 和 EDUC（A–I–E）在 A–I–E 范围内保持不变时，一个女性单位增加（从男性变为女性），SALES 增加 6.49 美元。

为了深入讨论如何正确理解回归系数，我们构造一个合成变量（如 X_1+X_2、X_1*X_2 或 X_1/X_2），回归模型经常使用这类变量。我们可以发现，这个合成变量和用来定义它的变量的回归系数是无法解读的。我们在原来的回归模型中加入一个（用乘法定义的）合成变量：

⊖ 方法可以在任何一本基础统计学教材里找到。

⊖ 其他 X 的值域定义为样本值与其他 X 的整个变量共用的区间。

EDUC_INC（= EDUC*INCOME，单位为年数 * 千美元）。相应得到式 15.3 的回归模型：

$$SALES = 72.3 + 0.77*AGE + 1.25*EDUC + 0.17*INCOME$$

$$+ 6.24*GENDER + 0.006*EDUC\_INC \qquad （15.3）$$

表 15.1　样本的描述统计

变量	均值	极差（min, max）	标准差	H 变幅
SALES	30.1	(8,110)	23.5	22
AGE	55.8	(44,76)	7.2	8
EDUC	11.3	(7,15)	1.9	2
INCOME	46.3	(35.5,334.4)	56.3	28
GENDER	0.58	(0,1)	0.5	1

对这个新回归模型及其系数的解读如下：

1）原来变量的系数已经改变，这是预料到的变化，因为 X_i 的回归系数值不仅依赖于 Y 和 X_i 的关系，也依赖于其他 X 和 X_i 以及其他 X 和 Y 的关系。

2）AGE 和 GENDER 的系数分别从 0.75 和 6.49 变为 0.77 和 6.24。

3）对于 AGE，当 EDUC、INCOME、GENDER 和 EDUC_INC（E–I–G–E_I）在 A–E–I–E_I 范围内保持不变时，AGE 每增加 1 年，SALES 平均增加 0.77 美元。

4）对于 GENDER，当 AGE、EDUC、INCOME 和 EDUC_INC（A–E–I–E_I）保持不变时，一个女性单位增加（从男性变为女性），SALES 增加 6.24 美元。

5）不幸的是，在模型中引入 EDUC_INC 影响了对 EDUC 和 INCOME 的回归系数的解读——无法解读这两个变量。我们考虑：

a. 对 EDUC，常规解读是当 AGE、INCOME、GENDER 和 EDUC_INC（A–I–G–E_I）在 A–I–G–E_I 范围内保持不变时，EDUC 每增加 1 年，SALES 平均增加 1.25 美元。这个说法没有意义，只要 EDUC 增加 1 年，就不可能让 EDUC_INC 保持不变。因为 EDUC 改变，所以才导致了 EDUC_INC 改变。所以说，EDUC 的回归系数的解释是没有意义的。

b. 类似地，也无法解释 INCOME 和 EDUC_INC 的回归系数。不可能让 EDUC_INC 保持相对 INCOME 不变。对于 EDUC_INC，不可能让 EDUC 和 INCOME 同时保持不变。

15.9　回到问题 2

X_i 会对 Y 的预测产生怎样的影响？常规回答是当其他 X 保持不变时，X_i 的每一单位变化，导致 Y 平均改变多少。只有在提到 X_i 和其他 X 的取值范围时，这个答案才是诚实的（源于估算 b_i 的统计控制方法）。不幸的是，一个合成变量和定义这个合成变量的变量的影响是不确定的，因为它们的回归系数是无法解释的。

15.10　按照对预测的影响对预测变量排序

我们回过来看式 15.2 的第一个回归模型：

$$SALES = 68.5 + 0.75*AGE + 1.03*EDUC + 0.25*INCOME + 6.49*GENDER$$

一个对回归系数的常见误读是认为 GENDER 对 SALES 的影响最大，之后依次是 EDUC、AGE 和 INCOME，因为系数的大小排列就是如此。我们稍后讨论这个说法，并介绍根据预测变量对因变量 Y 的影响进行排序的正确方法。

这个回归模型反映了依靠回归系数给预测变量排序的困难之处。由于包含了不同的单位，所以回归系数之间是不可比的。因为具有不同的单位，AGE（年龄）和 INCOME（千美元）无法直接比较。

比较 GENDER 和 EDUC，这是在女性和年数之间进行不同单位的比较。即便比较单位相同的变量 AGE 和 EDUC（即年数）仍存在问题，因为这些变量具有不同的变化幅度（比如标准差 StdDev），见表 15.1。

依据对 Y 的预测影响对预测变量进行正确排序的方法是采用经过标准化的回归系数，其符号不影响排序，因为正负号只表示方向。（这条规则的例外情况稍后讨论。）这个标准化的回归系数（也称作贝塔回归系数）是原来的回归系数（也称作原始回归系数）和一个转换因子（CF）的乘积。这个标准化回归系数没有单位，只是一个无量纲数字，可以在变量之间进行有意义的比较。将带有单位的原始回归系数转变成不带单位的标准化回归系数见式 15.4：

$$X_i \text{ 的标准化回归系数} = CF * X_i \text{ 的原始回归系数} \qquad (15.4)$$

转换因子 CF 是一单位的 Y 变化量与一单位 X_i 的变化量之比，常用的是标准差。然而，如果变量不是正态分布，则标准差并不可靠，而且由此得出的标准化回归系数是有问题的。一个可以避免受到变量形态的影响的替代指标是 H 变幅。H 变幅是变量分布的第 75 分位和第 25 分位之差。所以，有两个常用 CF 和两个配对变换公式，见式 15.5 和式 15.6。

$$X_i \text{ 的标准化回归系数} = [X_i \text{ 的标准差} / Y \text{ 的标准差}] * X_i \text{ 的原始回归系数} \qquad (15.5)$$

$$X_i \text{ 的标准化回归系数} = [X_i \text{ 的 H 变幅} / Y \text{ 的 H 变幅}] * X_i \text{ 的原始回归系数} \qquad (15.6)$$

回到第一个回归模型，可以看到表 15.1 的统计描述，AGE 的标准差和 H 变幅分别是 23.5 和 22。EDUC 的标准差和 H 变幅分别是 7.2 和 8。INCOME 通常不是正态分布，其标准差是 56.3，不可靠，而 H 变幅是 28，是可靠的。

哑变量不具备有意义的变化指标。给出的哑变量的标准差和 H 变幅通常只是形式上的，完全没有价值。正确的预测变量排序要根据它们对 SALES 的影响——标准化回归系数的大小（表 15.2）确定，因此 INCOME 排第一，影响最大；接着是 AGE 和 EDUC。这个排序取决于标准差或者 H 变幅。尽管如此，INCOME 的标准化系数应该基于 H 变幅，因为 INCOME 通常是个偏斜的分布。由于 GENDER 是哑变量，CF 没有意义，所以它对预测 Y 的影响不用评估。

15.11　回到问题 3

模型中的哪些变量对于预测 Y 的影响最大？常规答案是回归系数最大的变量的影响也最大；系数次大的变量排第二位，以此类推。这个答案通常是不正确的。

表 15.2　原始和标准化的回归系数

变量	原始系数	标准化系数 基于	
		标准差	H 变幅
AGE（年）	0.75（美元 / 年）	0.23	0.26
EDUC（年）	1.03（美元 / 年）	0.09	0.09
INCOME（千美元）	0.25（美元 / 千美元）	0.59	0.30
GENDER（女性）	6.49（美元 / 女性）	0.14	0.27

根据对预测 Y 的影响对预测变量进行正确排序要以标准化回归系数为准。不能排序的预测变量是（1）哑变量，不存在有意义的变化指标，与（2）合成变量和组成它的变量，具有无法解释的原始回归系数和标准化回归系数。

15.12　回到问题 4

从排序看，模型中的哪些变量是最重要的预测变量？常规答案是具有最大标准化回归系数的变量是最重要的变量；标准化回归系数次大的排第二，以此类推。

这个答案只有在预测变量互不相关时是正确的。这种情况很少见。如果一个回归模型的预测变量是不相关的，则标准化系数的大小和预测误差之间的关系可以确定出重要性排序。所以，标准化系数的大小可以按照从最重要到最不重要的预测变量排列顺序。不幸的是，这种情况在相关的预测变量之间是不存在的。所以，相关的预测变量的标准化系数的大小排列不能表示它们在预测中的重要性。这方面的证明超出了本章的内容范围[4]。

15.13　本章小结

现在应该清楚的是，对回归系数的普遍误解导致了对普通回归模型的错误解释。本文将消除这些误解，给出回归模型的适当和有用的表征形式。

对回归系数的常见误解是有问题的。由于统计 p 值对样本大小和 X 值分布的敏感性，使用统计 p 值作为宣布预测变量 X 重要的唯一度量有时会有问题。在实验研究中，模型构建者必须确保研究设计考虑到这些敏感性，以允许绘制有效的推论。在大数据应用中，p 值较小的变量必须根据其预测误差的实际减少程度进行重要性的最终评估。与预测误差最大减少相关的变量可以被称为重要的预测因子。

当评估 X_i 如何影响 Y 的预测时，模型构建者必须报告其他 X 的值。此外，分析师不得试图评估复合变量和定义它们的那些变量的影响，因为它们的回归系数是不可解释的。

通过识别模型中对预测 Y 影响最大的变量，标准化回归系数要比原始回归系数在提供预测变量的正确排序方面有明显优势。此外，重要的是要认识到，标准化回归系数只能对不相关的预测变量按预测重要性（从大到小）进行排列。对于相关的预测变量，这种排序不正确。尽管误用情况很普遍，但是模型构建者应该避免用这个方法对相关的预测变量进行排序。

参考资料

1. Kraemer, H.C., and Thiemann, S., *How Many Subjects?* Sage, Thousand Oaks, CA, 1987.
2. Dash, M., and Liu, H., *Feature Selection for Classification*, Intelligent Data Analysis, Elsevier Science, New York, 1997.
3. Mosteller, F., and Tukey, J., *Data Analysis and Regression*, Addison-Wesley, Reading, MA, 1977.
4. Hayes, W.L., *Statistics for the Social Sciences*, Holt, Rinehart and Winston, Austin, TX, 1972.

第 16 章

相关系数均值：评估预测模型和预测变量重要性的统计数据挖掘指标

16.1 引言

本章主要介绍最常用的统计量——平均值与排名第二的相关系数，将两者放在一起使用时，可以得到平均相关系数，是一个非常有用的统计数据挖掘指标。平均相关系数和相关系数提供了一个标准，用于量化评估（1）预测力强的模型，和（2）预测变量的重要性。我还在第 44 章提供了一个计算平均相关系数的 SAS 子程序。

16.2 背景

一个预测模型的两个主要特征是可靠度和效度，这两个术语经常被误解或用错。可靠度指的是模型⊖可以得出一致的结果⊖。对于用于预测的模型来说，重要问题始终是这个模型对于预测来说有多可靠（值得信赖）？一个预测模型是可靠的，意味着这个模型可以得出可重现的预测结果。每个人的表现会有变化，这种情况很正常，因为其中总存在着随机影响。但是这种表现应该处于一个小区间里。所以，对于一个预测模型，同一个人做出的来自（可靠）模型重复使用的预测，变化应该是很接近的。模型效度指的是以特定标准（如预测误差较小）来看，模型达到其想要度量的准确度的实现情况。

有效的模型的一个重要特点是具有高可靠度。如果这个模型的可靠度很低的话，其有效性也会很低。可靠度是有效模型的一个必要而非充分条件。因而，一个预测模型之所以有效，是这个模型在一段时间里能给出有效力的（精准）预测结果。我们在下一节给出效力的解释。

人们经常提出的问题——这个模型有效吗？——无法直接回答。一个模型的效度不具有标准指标，因为开始建模时的环境后来可能会发生变化，所以模型在某个时点很有效，而有时候效果不佳。由此推断，模型必须保持良好的效度。

模型效度还有两个方面：表面效度和内容效度。表面效度是一个术语，用来描述一个模

⊖ "模型"可以是预测性的（统计回归）、解释性的（主成分分析 PCA）或者二者兼有（结构方程）。

⊖ 模型应该确保在每次使用时得出一致的结果。如果模型给出的结果变差了，则这个模型要么需要重新校正（更新回归系数：模型的变量保留，但是采用新数据）或加以限制（更新模型：加入新变量，并采用新数据）。

型的"看起来有用",是一个对模型用户有价值的主观标准。表面效度给用户,特别是那些可能没有建模背景,但确实懂得模型如何工作的用户,定义了他们想要的模型。因此,如果模型没有正确的目标,那么这个模型的可用性的置信水平就会下降,接受和使用模型的人也会减少。

内容效度指的是一个模型里的个别变量的内容以及相似性与模型目的是相关的。作为推论,这个模型里不应该有不相关的、不必要的变量。通过初步评估因变量和自变量之间的相关性,基本上可以消除这些变量。这个消除过程不是万无一失的,因为有时候它会允许具有非相关内容的变量潜入这个模型。更重要的是,剔除这个潜入的变量最好是采用和确定最佳预测变量子集合相同的那个变量选择法则。换言之,建模者必须对变量的内容做出主观评估。对内容有效性的客观讨论超出了本章的范围[一]。

有关效度的文献[二]没有涉及这个模型等式的左边:因变量。因变量通常用管理术语(即无操作性的术语)来表达。建模者需要清晰地了解管理目标,以给出因变量的有效定义。

考虑到管理目标是建立一个生命周期金额模型(LTV),估算未来 5 年的 LTV。我们通常无法直接定义因变量 LTV5。对于大部分建模项目,没有足够的历史数据构建一个 LTV5 模型,比如说用现有的 5 年数据来定义 LTV5 因变量。也就是说,如果用 5 年数据来定义 LTV5,则剩余年份的数据不够用于待选的预测变量。建模者不得不缩窄 LTV5 窗口,比如说,采用 2 年的数据定义 LTV2,然后定义 LTV5=LTV2*2.5。这样做可以让待选预测变量获得大量数据,同时得到一个可接受的因变量。这样构建的 LTV5 模型的可靠度和效度都还不错。

16.3　可靠度和效度的区别

可靠度不等于效度。例如,一个可靠的回归模型可以给出一致预测(精度不错),但是可能不是我们想要的预测值。对于准确度和精度而言,可靠度类似于精度,而效度类似于准确度。

一个经常用到的例子是有关浴室秤的可靠度和效度方面的差别。如果一个体重 118 磅的人用同一个浴室秤,比如连续 5 次称重的读数分别是 115、125、195、140 和 136,则这个浴室秤是不可靠的,或者说不精确。如果每次读数都是 130,则它是可靠的,但是无效,或者说读数不准。如果 5 次读数都是 118,则这个浴室秤既可靠又有效。

16.4　可靠度和效度的关系[三]

我可能给大家一个印象:可靠度和效度是不同概念。实际上,它们之间是互补的。我们讨论了一个常见的可靠度和效度之间关系的例子。考虑靶心作为我们要测量的对象。你对着靶子射击,如果测量准确,你就能击中靶心,否则会脱靶。你脱靶的次数越多,弹着点离靶心越远。

可靠度和效度有以下四种情况(见图 16.1):

⊖　一本非常出色的参考书是 Carmines, E.G., and Zeller, R.A., *Reliability and Viability Assessment*, Sage, Thousand Oaks, CA, 1991。

⊜　据我所知是这样。

⊜　参见 http://www.socialresearchmethods.net/kb/relandval.php, 2010。

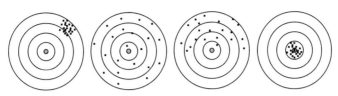

| 可靠但效度低 | 有效却不可靠 | 不可靠且效度低 | 既可靠又有效 |

图 16.1　可靠度和效度的关系

1）第一个标靶，你不断击中目标，但是没有击中靶心。你的弹着点很集中，表现是可靠的，但是效度不高。

2）第二个标靶，你的弹着点随机散布在标靶上，很少击中靶心，打靶表现不可靠，但是有效。你可以清晰看到可靠度直接和你的打靶表现的不稳定相关。

3）第三个标靶，你的弹着点散布在标靶上，始终没有击中靶心。你的打靶表现既不可靠又低效。

4）最后一个标靶，这是"神枪手比尔·西柯克"里的广告宣传画[⊖]：你击中了靶心，且（和狂野的比尔一样）都是既可靠又有效。

注：可靠度和效度概念是相互关联的。但是从预测模型来说，可靠度是效度的必要而非充分条件。

16.5　平均相关系数

平均相关系数与相关系数一起，提供了量化评估标准：（1）对比预测模型[⊖]和（2）预测变量的重要性。对于第 2 项，各种统计学教材都很少解释模型中哪些变量对于预测 Y 的影响最大。通常的回答是回归系数最大的变量产生的影响最大；次大回归系数的变量产生的影响排在第二位，以此类推。这个答案通常是不正确的。只有当预测变量不相关时，这个答案才是正确的，而这种情况在实践中极少发生[⊜]。一个例子可以用来更好地理解平均相关系数，并且有望成为建模者处理项 1 和项 2 的工具包的一部分。

16.5.1　图示 LTV5 模型的平均相关系数

我们考虑以下目标：构建一个 LTV5 模型，前面讨论的定义 LTV5 因变量作为这个示例的背景知识。这个 LTV5 模型包含 11 个预测变量（VAR1 ～ VAR11），如销售表现、销售激励、销售项目注册、交易笔数等。VAR1 ～ VAR11 的相关系数矩阵见表 16.1。

为方便演示，我们把"对角线"上相关系数为 1 的值都替换成了"圆点"（见表 16.2）。（变量与自己的相关系数显然等于 1。）替换的目的是显示矩阵内的计算值。这些相关系数都是正数——实践中很少见。

⊖　詹姆斯·巴特勒·西柯克（James Butler Hickok，1837 年 5 月 27 日—1876 年 8 月 2 日），人称"神枪手比尔·西柯克"，是美国西部片里的主角。他在美国内战期间与联邦军队为敌，战后成为人们熟知的神枪手。

⊖　参见" A Dozen Statisticians, a Dozen Outcomes "（http://www.geniq.net/res/A-Dozen-Statisticians-with-a-Dozen-Outcomes.html）。

⊜　我注意到，如果模型生成器使用主成分（PC）变量，则 PC 是不相关的。

表 16.1 LTV 模型：皮尔逊相关系数 /Prob > |r|, 基于 HO : Rho = 0

	VAR1	VAR2	VAR3	VAR4	VAR5	VAR6	VAR7	VAR8	VAR9	VAR10	VAR11
VAR1	1.000 00	-0.696 09 <0.000 1	0.269 03 <0.000 1	0.304 43 <0.000 1	0.354 99 <0.000 1	0.351 66 <0.000 1	0.378 12 <0.000 1	0.312 97 <0.000 1	0.350 20 <0.000 1	0.294 10 <0.000 1	0.255 45 <0.000 1
VAR2	-0.696 89 <0.000 1	1.000 00	-0.188 34 <0.000 1	0.192 07 <0.000 1	-0.224 38 <0.000 1	-0.212 00 <0.000 1	-0.235 49 <0.000 1	-0.200 07 <0.000 1	-0.203 09 <0.000 1	-0.171 79 <0.000 1	-0.148 09 <0.000 1
VAR3	0.269 03 <0.000 1	-0.100 34 <0.000 1	1.000 00	0.224 67 <0.000 1	0.371 11 <0.000 1	0.316 29 <0.000 1	0.392 88 <0.000 1	0.383 76 <0.000 1	0.420 24 <0.000 1	0.298 91 <0.000 01	0.264 52 <0.000 1
VAR4	0.304 43 <0.000 1	-0.192 07 <0.000 1	0.224 67 <0.000 1	1.000 00	0.345 42 <0.000 1	0.295 31 <0.000 1	0.335 02 <0.000 1	0.266 00 <0.000 1	0.243 41 <0.000 1	0.232 02 <0.000 1	0.263 05 <0.000 1
VAR5	0.354 99 <0.000 1	-0.224 38 <0.000 1	0.371 11 <0.000 1	0.345 42 <0.000 1	1.000 00	0.506 53 <0.000 1	0.461 07 <0.000 1	0.394 13 <0.000 1	0.410 61 <0.000 1	0.448 56 <0.000 1	0.334 44 <0.000 1
VAR6	0.351 66 <0.000 1	-0.212 00 <0.000 1	0.316 29 <0.000 1	0.295 31 <0.000 1	0.506 53 <0.000 1	1.000 00	0.469 99 <0.000 1	0.351 11 <0.000 1	0.447 30 <0.000 1	0.489 84 <0.000 1	0.343 48 <0.000 1
VAR7	0.378 12 <0.000 1	-0.235 49 <0.000 1	0.392 88 <0.000 1	0.335 82 <0.000 1	0.461 07 <0.000 1	0.469 99 <0.000 1	1.000 00	0.405 03 <0.000 1	0.446 34 <0.000 1	0.416 15 <0.000 1	0.339 16 <0.000 1
VAR8	0.312 97 <0.000 1	-0.200 07 <0.000 1	0.383 76 <0.000 1	0.266 88 <0.000 1	0.394 13 <0.000 1	0.351 11 <0.000 1	0.405 03 <0.000 1	1.000 00	0.398 91 <0.000 1	0.293 46 <0.000 1	0.310 58 <0.000 1
VAR9	0.350 20 <0.000 1	-0.203 89 <0.000 1	0.420 24 <0.000 1	0.243 41 <0.000 1	0.410 61 <0.000 1	0.447 30 <0.000 1	0.446 34 <0.000 1	0.398 91 <0.000 1	1.000 00	0.447 46 <0.000 1	0.354 23 <0.000 1
VAR10	0.294 10 <0.000 1	-0.171 79 <0.000 1	0.298 91 <0.000 1	0.232 82 <0.000 1	0.448 56 <0.000 1	0.489 84 <0.000 1	0.416 15 <0.000 1	0.293 46 <0.000 1	0.447 46 <0.000 1	1.000 00	0.358 45 <0.000 1
VAR11	0.255 45 <0.000 1	-0.148 09 <0.000 1	0.264 52 <0.000 1	0.263 05 <0.000 1	0.334 44 <0.000 1	0.343 48 <0.000 1	0.339 16 <0.000 1	0.310 58 <0.000 1	0.354 23 <0.000 1	0.358 45 <0.000 1	1.000 00

表 16.2　相关系数矩阵：VAR1 ～ VAR11（1 的值都替换为"圆点"）

	VAR1	VAR2	VAR3	VAR4	VAR5	VAR6	VAR7	VAR8	VAR9	VAR10	VAR11
VAR1	.	0.696 89	0.269 03	0.304 43	0.354 99	0.351 66	0.378 12	0.312 97	0.350 20	0.294 10	0.255 45
VAR2	0.696 89	.	0.188 34	0.192 07	0.224 38	0.212 00	0.235 49	0.200 07	0.203 89	0.171 79	0.148 09
VAR3	0.269 03	0.188 34	.	0.224 67	0.371 11	0.316 29	0.392 88	0.383 76	0.420 24	0.298 91	0.264 52
VAR4	0.304 43	0.192 07	0.224 67	.	0.345 42	0.295 31	0.335 82	0.266 88	0.243 41	0.232 82	0.263 05
VAR5	0.354 99	0.224 38	0.371 11	0.345 42	.	0.506 53	0.461 07	0.394 13	0.410 61	0.448 56	0.334 44
VAR6	0.351 66	0.212 00	0.316 29	0.295 31	0.506 53	.	0.469 99	0.351 11	0.447 30	0.489 84	0.343 48
VAR7	0.378 12	0.235 49	0.392 88	0.335 82	0.461 07	0.469 99	.	0.405 03	0.446 34	0.416 15	0.339 16
VAR8	0.312 97	0.200 07	0.383 76	0.266 88	0.394 13	0.351 11	0.405 03	.	0.398 91	0.293 46	0.310 58
VAR9	0.350 20	0.203 89	0.420 24	0.243 41	0.410 61	0.447 30	0.446 34	0.398 91	.	0.447 46	0.354 23
VAR10	0.294 10	0.171 79	0.298 91	0.232 82	0.448 56	0.489 84	0.416 15	0.293 46	0.447 46	.	0.358 45
VAR11	0.255 45	0.148 09	0.264 52	0.263 05	0.334 44	0.343 48	0.339 16	0.310 58	0.354 23	0.358 45	.

这些圆点将矩阵分为上部三角形和下部三角形两个同样大小的相关系数矩阵。平均相关系数是上三角矩阵或下三角矩阵的成对相关系数绝对值的平均值。由于相关系数是一对变量之间关系的相近程度或可靠性，因此，所有配对的平均值作为模型中预测变量之间亲密度的诚实度量，是令人满意的。

我离题来证明我的新方法，即平均相关系数。熟悉克朗巴赫的 α 的人可能认为平均相关系数是 α 的一个变体：确实如此。直到写这一章时，我才意识到这两个指标之间的关系。我的背景（在某种程度上）包括心理测量学领域，它在我不知道的情况下就产生了作用。克朗巴赫用 α 设计了一个可靠性指标，它属于心理测量学范畴。从变量 X 入手，实际上是一个测试项评分值，定义为 X=t+e，其中 X 是观察到的分值，t 是真实分值，e 是随机误差 [1]。α 不对相关系数取绝对值；α 的相关系数一般是正数。我定义的这个平均相关系数是用来测量在模型中预测变量之间紧密度的一个指标。"在模型中"意味着这个平均相关系数是一个相对指标。也就是说，它依赖于一个因变量。α 度量了一个检验中的变量的可靠度，其中没有"锚"变量。实践中，心理测量师追求的是大的 α 值，而建模者想要的是小的平均相关系数。

我们想要的平均相关系数的经验法则是：小的正数。

1）小数值表示这些预测变量的相关性不高⊖。也就是说，它们不会受到多重共线性的困扰。多重共线性使得评估预测变量对因变量的贡献或重要性变得几乎不可能。

统计学教材将多重共线性当作一个"数据问题，而不是模型的缺陷"。多重共线性之所以是数据问题，是因为只影响每个预测变量对因变量的贡献程度。搞不清楚每个预测变量的贡献并不是模型的一个缺点，不会影响模型的使用，只影响解读模型。那些教材没有指出多重共线性会对模型的使用产生影响。

在实践中，多重共线性对模型性能的影响是必然的。只要在建立初始模型时发现的多重共线性条件在不久的将来保持不变，则模型的性能不受多重共线性条件的影响。如果条件是一样的，那么用这个模型就可以得出不错的结果。然而，在实践中再次使用模型时，多重共线性的条件并没有显示保持不变。因此，我坚持认为多重共线性是一个数据问题，多重共线性确实会影响模型性能。

2）平均相关系数值小于等于 0.35 是相当好的。在这种情况下，评估每个预测变量对模型的贡献是相当准确的。

3）平均相关系数值大于 0.35 且小于 0.55 时是比较好的，此时评估每个预测变量对模型的贡献是比较准确的。

4）平均相关系数大于 0.55 是不好的，因为这表明预测变量是冗余的。此时评估每个预测变量对模型的贡献很不准确。

只要平均相关系数值可以接受（小于 0.40），评估竞争模型的第二个建议项目（每个建模者构建多个模型，并且必须选择最佳模型）就可以发挥作用。如果项目模型的平均相关系数值在可接受范围内，则建模者可以使用平均相关系数和预测变量与因变量的相关系数。这些相关系数表示了这个模型的效度，经验法则如下：

1）大小介于 0.0 和 0.3（0.0 和 -0.3）表示效度低。

2）大小介于 0.3 和 0.7（-0.3 和 -0.7）表示中等效度。

3）大小介于 0.7 和 1.0（-0.7 和 -1.0）表示效度高。

⊖ 实际上强线性相关。

　　总之，建模者用平均相关系数和相关系数评估不同的预测模型和预测变量的重要性。我们在下一节继续讨论这个 LTV5 模型和经验法则。

16.5.2　LTV5 模型的平均相关系数

　　这个 LTV5 模型的平均相关系数是 0.335 02。这个模型的预测变量的相关系数（见表 16.3）表明，这些变量具有中等到高效度（VAR2 除外）。0.335 02 和表 16.3 的值可以让建模者对这个 LTV5 模型的可靠度和效度感到满意。

表 16.3　LTV5 预测变量（VAR）相关性

预测变量	CORR_COEFF_with_LTV5
VAR8	0.714 72
VAR7	0.702 77
VAR6	0.684 43
VAR5	0.679 82
VAR9	0.656 02
VAR3	0.610 76
VAR10	0.595 83
VAR11	0.590 87
VAR4	0.527 94
VAR1	0.498 27
VAR2	−0.279 45

16.5.3　LTV5 模型比较

　　评估不同的模型是建模者的工作，他们可以对比两组指标（平均相关系数和相关系数）。建模者必须具备权衡这些数据的高超技能。我们看看如何做出权衡。

　　我搭建了另一个模型，其平均相关系数等于 0.370 87。LTV5 模型中预测变量的相关系数（见表 16.4）表明，除了 VAR_1 具有中等效度，其他预测变量具有很高的效度。

表 16.4　LTV5 预测变量 (VAR_) 相关性

预测变量	CORR_COEFF_with_LTV5
VAR_2	0.803 77
VAR_3	0.709 45
VAR_1	0.621 48

　　显然，两个模型的平均相关系数 0.335 02 和 0.370 87 让建模者马上意识到其间的差异是很小的。然后我们再查看一下它们的相关系数表 16.3 和表 16.4。后一种模型具有较大的相关系数和较少（3 个）变量，表明这是一个可靠的模型。第一个模型的相关系数较大，表明效度中等（VAR2 除外），但是预测变量有很多。我认为第二个模型更佳，因为不仅相关系数矩阵支持了我的选择，而且我总是喜欢较少预测变量的模型。

预测变量的重要性

　　对于预测变量的重要性，如果平均相关系数值可以接受，则预测变量的重要性可以直接从相关系数表上看出。所以，对于较好的那个模型，最重要的预测变量是 VAR_2，然后是 VAR_3 和 VAR_1。

16.6 本章小结

我们介绍了重要的统计数据挖掘指标——平均相关系数以及相关系数，作为评估不同预测模型和预测变量重要性的一个量化标准。然后介绍了必要的背景知识，包括模型可靠度和效度。我们选了一个 LTV5 模型作为理解平均相关系数的工具，希望这成为建模者工具箱的一部分，用于评估各种预测模型和预测变量的重要性。在第 44 章，我们提供了一个计算平均相关系数的 SAS 子程序。

参考资料

1. Cronbach, L.J., Coefficient alpha and the internal structure of tests, *Psychometrika*, 16(3), 297–334, 1951.

第 17 章

交互变量指定 CHAID 模型

17.1 引言

为了提高模型的预测能力，使其超过单独变量所提供的预测能力，数据分析师创建了一个交互变量，它是两个或多个变量的乘积。本章的目的是提出卡方自动交互检测（CHAID）作为指定模型的另一种数据挖掘方法，从而证明在某些情况下省略一些变量是合理的。数据库营销提供了这种数据挖掘方法绝佳案例。我们用一个回应模型案例分析来说明这种方法。

17.2 交互变量

考虑变量 X_1 和 X_2，其乘积记为 X_1X_2，称作双通道或一阶交互变量。这个交互变量的明显特征是 X_1 和 X_2 分享了信息或方差。换言之，X_1X_2 与 X_1 和 X_2 之间都有很大的相关系数。

如果存在第三个变量（X_3），则这三个变量的乘积（$X_1X_2X_3$）称作三通道或二阶交互变量，也与这些组成变量之间具有高相关性。简单地将组成变量乘起来就可以得到更高阶变量。然而，阶数大于 3 的交互变量很少被用到。

当数据含有高相关性变量时，它们具有多重共线性。当变量之间的关系导致出现高相关性时，多重共线性会成为严重问题。一个例子是劳动力中的性别与收入的关系。男性赚钱更多的事实造成了严重病态。但是，如果高相关性是来自交互变量的话，多重共线性不会造成严重病态[1]。

多重共线性的存在使得我们很难可靠地评估统计显著性，以及高度相关的变量的明显非正式的重要性。相应地，多重共线性使得我们很难确定要排除的变量。大量文献谈论了严重病态，并给出了一些模型的处理方法[2]。而有关非严重病态的文章则少得多[3,4]。

17.3 交互变量建模策略

用交互变量构建模型的常用策略是边际原则，即包含交互变量的模型也应该包括定义它的组成变量[5,6]。我们要留意的是：既不要检验统计显著性（或重要性），也不要解释组成变量的系数[7]。显著性检验需要针对交互变量及其组成变量的因变量方差进行唯一划分，而多重共线性使得这种划分无法进行。

这个原则的一个不幸的副产品是具有不必要的组成变量的模型不会被检测到。与具有必要组成变量的良好拟合模型相比，此类模型容易过拟合，从而导致预测不可靠或性能恶化。

内尔德的特殊点概念提供了另一种策略 [8]。内尔德的策略依赖对组成变量和因变量之间功能关系的理解。当有关这种关系的理论或先验知识有限或不可用时，内尔德建议使用探索性数据分析来确定这种关系。但是他没有提供揭示变量之间关系的一般程序或指南。

我建议使用 CHAID 作为数据挖掘方法来揭示变量之间的函数关系。高阶交互变量没意义，至少在数据库营销中是这样。因此，我将此讨论仅限于一阶交互变量。如果需要更高阶的交互，可以直接扩展这个方法。

17.4　基于特殊点的策略

为便利起见，我们考虑式 17.1 这个完整的模型：

$$Y = b_0 + b_1 X_1 + b_2 X_2 + b_3 X_1 X_2 \tag{17.1}$$

$X_1=0$ 是标度上的一个特殊点，如果 $X_1=0$，则 Y 和 X_2 之间没有关系。如果 $X_1=0$ 是一个特殊点，则从完整模型中省略 X_2；否则，不应省略 X_2。

类似地，对于 X_2，$X_2=0$ 是标度上的一个特殊点，如果 $X_2=0$，则 Y 和 X_1 之间没有关系。如果 $X_2=0$ 是特殊点，则省略 X_1；否则，不应省略 X_1。

如果 X_1 和 X_2 都有特殊点，则在整个模型中省略 X_1 和 X_2，模型简化为 $Y=b_0+b_3 X_1 X_2$。如果组成变量不为零，则不存在特殊点，且该过程不适用。

17.5　交互变量的回应模型示例

数据库营销为所提出的数据挖掘方法提供了一个很好的例子。我用一个回应模型的案例来说明这个方法，但是它同样适用于利润模型。一个音乐俱乐部需要一个模型来增加对其请求的回应。

基于最近一次 1% 回应的随机样本（299 214），我对两个可用的预测变量 X_1 和 X_2 的回应进行了逻辑斯谛回归分析。变量定义为：

1）RESPONSE 是对请求的回应的指标：0 表示无回应，1 表示有回应。

2）X_1 是上次回应以来的月数。0 表示在一个月内请求。

3）X_2 是基于先前购买的次数和倾听购买的兴趣类别来衡量个人对俱乐部的喜好程度。

逻辑分析结果见表 17.1。X_1 和 X_2 的 Wald 卡方值分别为 10.5556 和 2.9985。如 10.12.1 节所述，使用 Wald 门限值 4，有迹象表明 X_1 是一个重要的预测变量，而 X_2 不是很重要。基本回应模型的分类准确度见表 17.2。"总计"栏表示无回应和给予回应的实际次数：无回应为 296 120，有回应为 3094。"合计"行表示无回应和回应的预测值和分类数量：有 144 402 个人没有回应，回应者有 154 812 人。对角线上的数字表示这个模型的正确分类。左上角（实际 =0，分类 =0）表示这个模型正确区分了 143 012 个无回应者。右下角（实际 = 1，分类 =1）表示这个模型正确区分了 1704 个回应者。总的正确区分率（TCCR）等于 48.37%（即（143 012 + 1704）/299 214）。

表 17.1　对 X_1 和 X_2 回应的逻辑斯谛回归

变量	自由度	参数估值	标准误差	Wald 卡方值	Pr > 卡方值
截距	1	−4.541 4	0.038 9	136 13.792 3	0.E+00
X_1	1	−0.033 8	0.010 4	10.555 6	0.001 2
X_1	1	0.014 5	0.008 4	2.998 5	0.083 3

表 17.2　带 X_1 和 X_2 的模型分类表

		分类		总计
		0	1	
实际	0	143 012	153 108	296 120
	1	1 390	1 704	3 094
总计		144 402	154 812	299 214
			总的正确区分率	48.37%

在构建了交互变量 $X_1 X_2$（$=X_1 * X_2$）之后，我们做了对 X_1, X_2 和 $X_1 X_2$ 回应的逻辑斯谛回归分析。结果见表 17.3。我们看到 X_1 和 X_2 的 Wald 卡方值一小一大。$X_1 X_2$ 的 Wald 卡方值接近基准模型的 X_2 的卡方值。这些值是没有意义的，因为根据我们前面的提示，不可能直接进行统计评估。

这个全回应模型的分类准确度见表 17.4。TCCR（$X_1, X_2, X_1 X_2$）等于 55.64%，表明比不含交互变量的 TCCR（X_1, X_2）的 48.37% 提高了 15.0%。如果可能放在一个特殊点（X_1 或 X_2）之下，则这两个 TCCR 值可用作评估省略效果的参考标准。

表 17.3 组成变量 X_1 或 X_2 可以从这个回应模型中省略吗？如果要略去一个组成变量，比如 X_2，在 X_1 是一个特殊点的情况下，RESPONSE 和 X_2 之间应无关。CHAID 可以用来确定是否存在这种关系。下面讲讲如何使用 CHAID。

表 17.3　对 X_1、X_2 和 $X_1 X_2$ 回应的逻辑斯谛回归

变量	自由度	参数估值	标准误差	Wald 卡方值	Pr > 卡方值
截距	1	−4.590 0	0.050 2	8 374.809 5	0.E+00
X_1	1	−0.009 2	0.018 6	0.246 8	0.619 3
X_2	1	0.029 2	0.012 6	5.371 5	0.020 5
$X_1 X_2$	1	−0.007 4	0.004 7	2.494 5	0.114 2

表 17.4　带 X_1、X_2 和 $X_1 X_2$ 的模型分类表

		分类		总计
		0	1	
实际	0	164 997	131 123	296 120
	1	1 616	1 478	3 094
总计		166 613	132 601	299 214
			总的正确区分率	55.64%

17.6　用 CHAID 找出关系

CHAID 是一种将一个总体递归地划分（或拆分）成独立的片段的技术。这些段称为节

点，其分割方式使得因变量（类别变量或连续变量）的变化在段内最小化，在段间最大化。在将总体初始分割为两个或多个节点（由独立或预测变量的值定义）之后，在每个节点上重复做这样的分割，每个节点都作为一个新的子总体。

然后，该节点分成两个或多个节点（由另一个预测变量的值定义），使得因变量的变化在节点内最小化，在节点间最大化。拆分过程将重复，直到满足停止规则。CHAID 的输出是一个树形显示，其中根是总体，分支是连接段，使得因变量的变化在所有段内最小化，在所有段间最大化。

1980 年，CHAID 是最先用来找出"组合"或交互变量的方法。在数据库营销里，CHAID 主要用于市场细分。我在这里用 CHAID 作为数据挖掘方法，找出组成变量和因变量之间的关系，以获得用于检验特殊点的信息。

在 CHAID 的这种用法里，RESPONSE 变量是因变量，组成变量是预测变量 X_1 和 X_2。CHAID 分析得出一个树形图，总体的初始分叉上的组成变量作为一个特殊点。这样的节点被定义为 0 节点，然后再将其分解成其他组成变量，得出测试特殊点的应答率。

17.7　指定模型的 CHAID

在全回应模型中可以省略 X_1 吗？如果 $X_2=0$，回应和 X_1 之间没有关系，那么 $X_2=0$ 是一个特殊点，可以从模型中省略 X_1。回应和 X_1 之间的关系可以很容易地通过回应 CHAID 树（见图 17.1）进行评估，解读如下：

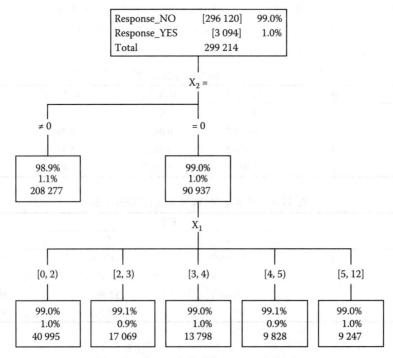

图 17.1　测试 X_2 为特殊点的 CHAID 树状图

1）顶框（根节点）表示在 299 214 人的样本中有 3094 名回应者和 296 120 名无回应者。应答率为 1%，无应答率为 99%。

2）树的左叶节点（第一级）表示其 X_2 值不等于零的 208 277 个人，应答率为 1.1%。

3）右叶节点表示 X_2 值等于零的 90 937 个人，应答率为 1.0%。

4）树的记号：连续预测变量的树表示区间中的连续值——闭合区间或左闭右开区间。前者用 [a，b] 表示，表示 a 和 b 之间包括 a 和 b 的所有值；后者用 [a，b) 表示，表示大于或等于 a 且小于 b 的所有值。

5）我在最下面一行的五个分支（由 X_2 和 X_1 间隔 / 节点的交点定义）从左到右标记：1 到 5。

6）分支 1 代表 40 995 个人，其 X_2 值等于零，X_1 值位于 [0, 2] 中。这些个体的应答率为 1.0%。

7）分支 2 代表 17 069 个人，其 X_2 值等于零，X_1 值位于 [2, 3) 中。这些个体的应答率为 0.9%。

8）分支 3 代表 13 798 个人，其 X_2 值等于零，X_1 值位于 [3, 4) 中。这些个体的应答率为 1.0%。

9）分支 4 代表 9828 个人，其 X_2 值等于零，X_1 值位于 [4, 5) 中。这些个体的应答率为 0.9%。

10）节点 5 代表 9247 个人，其 X_2 值等于零，X_1 值位于 [5, 12] 中。这些个体的应答率为 1.0%。

11）5 个分支的应答率（1.0%，0.9%，1.0%，0.9%，1.0%）模式表明，当 X_2=0 时，应答与 X_1 之间没有关系。因此，X_2=0 是一个特殊点。

12）这意味着建模者可以从回应模型中省略 X_1。

在全回应模型中可以省略 X_2 吗？如果当 X_1=0，回应和 X_2 之间没有关系，那么 X_1=0 是一个特殊点，可以从模型中省略 X_2。RESPONSE 和 X_2 之间的关系在图 17.2 的 CHAID 树中，解读如下：

1）顶部方框显示，299 214 人的样本由 3094 名回应者和 296 120 名无回应者组成。应答率为 1%，无应答率为 99%。

2）左叶节点表示 X_1 值不等于零的 22 9645 个人，应答率为 1.0%。

3）右叶节点表示 X_1 值等于零的 69 569 个人，应答率为 1.1%。

4）我在最下面一行的四个分支（由 X_2 和 X_1 间隔 / 节点的交点定义）从左到右标记：1 到 4。

5）分支 1 代表 22 626 个人，其 X_1 值等于零，X_2 值位于 [0, 2) 中。这些个体的应答率为 1.0%。

6）分支 2 代表 35 445 个人，其 X_1 值等于零，X_2 值位于 [2, 4.85) 中。这些个体的应答率为 1.1%。

7）分支 3 代表 5446 个人，其 X_1 值等于零，X_2 值位于 [4.85, 4.90) 中。这些个体的应答率为 1.2%。

8）分支 4 代表 6052 个人，其 X_1 值等于零，X_2 值位于 [4.90, 5.32] 中。这些个体的应答率为 1.2%。

9）图 17.3 显示了四个节点的应答率模式，最好是在应答率平滑图中通过 X_2 分支的间隔的最小值⊖来观察。当 X_1=0 时，回应与 X_2 之间似乎存在正的直线关系。因此，X_1=0 不

⊖　最小值是一个可用数值，其他还有预先定义区间的均值和中位数。

是一个特殊点。

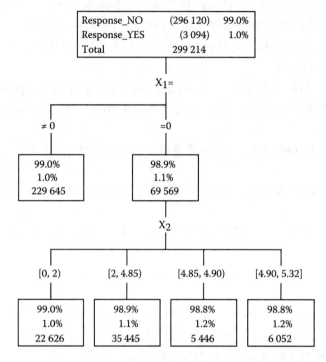

图 17.2 测试 X_1 为特殊点的 CHAID 树状图

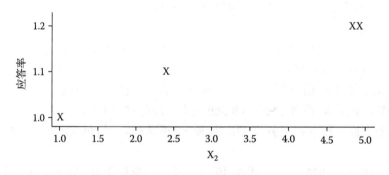

图 17.3 回应和 X_2 平滑散点图

10）这意味着建模者不能从回应模型中省略 X_2。

因为我选择省略 X_1，所以我对 X_2 和 X_1X_2 的回应进行了逻辑斯谛回归分析，结果见表 17.5。该回应模型的分类准确度见表 17.6：TCCR（X_2, X_1X_2）等于 55.64%。全回应模型的 TCCR（X_1, X_2, X_1X_2）也等于 55.64%。这意味着 X_1 是模型中不必要的变量。

表 17.5 对 X_2 和 X_1X_2 回应的逻辑斯谛回归

变量	自由度	参数估值	标准误差	Wald 卡方值	Pr > 卡方值
截距	1	−4.608 7	0.033 5	18 978.848 7	0.E+00
X_1X_2	1	−0.009 4	0.002 6	12.684 0	0.000 4
X_2	1	0.033 2	0.009 9	11.337 8	0.000 8

表 17.6　X_2 和 X_1X_2 的模型分类表

		分类		总计
		0	1	
实际	0	165 007	131 113	296 120
	1	1 617	1 477	3 094
总计		166 624	132 590	299 214
		总的正确区分率		55.64%

总之，简约（迄今为止最好的）回应模型由 X_2 和 X_1X_2 定义。用于指定带有交互变量的模型的 CHAID 方法证明了在类似于所示的情况下组成变量的省略是正确的。

17.8　探索

仔细观察图 17.3 中的曲线图，似乎可以看出 RESPONSE 和 X_2 之间的关系在右上角略微弯曲，这意味着其中存在二次型分量。由于树在计算应答率上本质是探索性的，所以我选择在模型中测试 X_2 平方项（$X_2 \times X_2$），用 X_2_SQ 表示。（注：第 10 章中讨论的突起规则旨在校直无条件数据，此处不适用，因为回应和 X_2 之间的关系是有条件的，因为它基于"条件 $X_1=0$"的个体。）

X_2、X_1X_2 和 X_2_SQ 回应的逻辑斯谛回归分析见表 17.7。该模型的分类准确度见表 17.8。TCCR（X_2，X_1X_2，X_2_SQ）为 64.59%，比目前最好的 TCCR（X_2，X_1X_2）为 55.64% 的模型提高了 16.1%。

表 17.7　对 X_2、X_1X_2 和 X_2_SQ 回应的逻辑斯谛回归

变量	自由度	参数估值	标准误差	Wald 卡方值	Pr > 卡方值
截距	1	-4.624 7	0.033 8	18 734.115 6	0.E+00
X_1X_2	1	-0.007 5	0.002 7	8.111 8	0.004 0
X_2	1	0.755 0	0.115 1	43.014 4	5.E-11
X_2_SQ	1	-0.151 6	0.024 1	39.508 7	3.E-10

表 17.8　X_2、X_1X_2 和 X_2_SQ 的模型分类表

		分类		总计
		0	1	
实际	0	191 998	104 122	296 120
	1	1 838	1 256	3 094
总计		193 836	105 378	299 214
		总的正确区分率		64.59%

结论：该关系是二次型的，相应的模型是一个很好的数据拟合。因此，X_2、X_1X_2 和 X_2_SQ 定义了最佳回应模型。

17.9　数据库含义

数据库营销人员使用回应模型来识别最有可能对其请求做出回应的个人，因此他们更重视实际 =1 和分类 =1 条目中的信息正确分类的回应者数量，而不是 TCCR 中的信息。

表 17.9 显示了为测试模型正确分类的回应者数量。对于数据库营销人员来说，似乎最佳模型并不是最好的，因为它标识了最少数量的回应者（1256）。

我将建模过程总结如下：具有两个原始变量 X_1 和 X_2 的基本回应模型产生 TCCR（X_1, X_2）=48.37%。将交互变量 X_1X_2 添加到基本模型中，生成 TCCR（X_1, X_2, X_1X_2）=55.64% 的全回应模型，与基本模型相比，分类改进了 15.03%（即（55.64%−48.37%）/48.37%）。

使用新的基于 CHAID 的数据挖掘方法来确定一个组件变量是否会被省略，我观察到 X_2（而不是 X_1）会从整个模型中被省略。因此，到目前为止，使用 X_2 和 X_1X_2 的最佳模型与完整模型相比并没有性能损失：TCCR（X_2, X_1X_2）=TCCR（X_1, X_2, X_1X_2）=55.64%。

仔细观察平滑的回应图和 X_2，可以发现 X_2_SQ 应该是目前为止最好的模型。X_2_SQ 的加入产生了最佳模型，TCCR（X_2, X_1X_2, X_2_SQ）为 64.59%，表明比目前最好的模型有 16.01%（即（64.59%−55.64%）/55.64%）的分类改进。

数据库营销人员通过模型在分类为回应者的总人数中正确分类回应者的程度来评估回应模型的性能。也就是说，正确分类的回应者的百分比，或回应者正确分类率（RCCR）是相关指标。对于基本模型，表 17.2 中的"合计"行表示该模型将 154 812 人分类为回应者，其中 1704 人分类正确：表 17.9 中的 RCCR 为 1.10%。在表 17.9 中，最佳、次佳和全回应模型的 RCCR 值分别为 1.19%、1.11% 和 1.11%。

表 17.9　模型表现汇总

类型	定义为	TCCR（%）	回应数正确分类	RCCR（%）
基础	X_1, X_2	48.37	1 704	1.10
完全	X_1, X_2, X_1X_2	55.64	1 478	1.11
迄今最佳	X_2, X_1X_2	55.64	1 477	1.11
最佳	X_2, X_1X_2, X_2_SQ	64.59	1 256	1.19

因此，基于 RCCR 的最佳模型仍然是最初基于 TCCR 的最佳模型，有趣的是，基于 RCCR 的性能改进没有基于 TCCR 的性能改进大。与目前最好的模型相比，最佳模型的 RCCR 改善率为 7.2%（即 1.19%/1.11%），TCCR 改善率为 16.1%（即 64.59%/55.64%）。

17.10　本章小结

在简要回顾了交互变量和多重共线性的概念以及二者之间的关系之后，我重申了常用的交互变量建模策略。边际性原则指出，包含交互变量的模型还应包含定义交互的组成变量。我强调了这一原则所附带的警告：数据分析师既不应测试统计显著性（或重要性），也不应解释组成变量的系数。此外，我指出，这一原则的一个不幸的副产品是，具有不必要的组成变量的模型未被检测到，从而导致不可靠的预测或性能恶化。

然后，基于内尔德的特殊点概念提出了一种替代策略，定义了一阶交互策略 X_1X_2，因为在数据库营销应用中，高阶交互是很少见的。预测变量 $X_1=0$ 是标度上的一个特殊点，如果 $X_1=0$ 时，因变量和第二个预测变量 X_2 之间没有关系。如果 $X_1=0$ 是一个特殊点，则从模型中省略 X_2；否则，不应省略 X_2。我建议使用 CHAID 作为数据挖掘方法来确定因变量和 X_2 之间是否存在关系。

　　我通过介绍一个涉及构建数据库营销回应模型的案例研究来说明特殊点 CHAID 数据挖掘方法。结果回应模型略去了一个组成变量，清楚地证明了新方法的实用性。然后，我利用了完整的案例研究，以及数据挖掘的咒语（永不停止挖掘数据）来改进模型。我确定附加项（即组成变量的平方项），相对于传统的模型性能度量 TCCR 比原始回应模型改进了 16.2%。

　　再深入一点，我强调了传统的模型性能度量和数据库性能度量之间的区别。数据库营销人员更关心 RCCR 大于 TCCR 的模型。因此，改进后的回应模型最初似乎没有最大的 RCCR，从 RCCR 和 TCCR 指标来看，都是最佳模型。

参考资料

1. Marquardt, D.W., You should standardize the predictor variables in your regression model, *Journal of the American Statistical Association*, 75, 87–91, 1980.
2. Aiken, L.S., and West, S.G., *Multiple Regression: Testing and Interpreting Interactions*, Sage, Thousand Oaks, CA, 1991.
3. Chipman, H., Bayesian variable selection with related predictors, *Canadian Journal of Statistics*, 24, 17–36, 1996.
4. Peixoto, J.L., Hierarchical variable selection in polynomial regression models, *The American Statistician*, 41, 311–313, 1987.
5. Nelder, J.A., Functional marginality is important (letter to editor), *Applied Statistics*, 46, 281–282, 1997.
6. McCullagh, P.M., and Nelder, J.A., *Generalized Linear Models*, Chapman & Hall, London, 1989.
7. Fox, J., *Applied Regression Analysis, Linear Models, and Related Methods*, Sage, Thousand Oaks, CA, 1997.
8. Nelder, J.A., The selection of terms in response-surface models—How strong is the weak-heredity principle? *The American Statistician*, 52, 315–318, 1998.

第 18 章

市场细分：逻辑斯谛回归建模

18.1 引言

逻辑斯谛回归分析是一种公认的用于将个体划分为两组的方法。多分类逻辑斯谛回归（PLR）分析作为分类的另一种方法，也许鲜为人知但同样扮演着重要角色。本章旨在通过介绍 PLR 进行多组分类分析。我以移动电话市场为例建立市场细分分类模型，该模型可视为客户关系管理（CRM）策略的一部分。

我们从常规定义下的两组（二值）逻辑斯谛回归模型开始讨论。在介绍了用于扩展二值逻辑斯谛回归（BLR）模型的说明之后，定义了 PLR 模型。对于不喜欢这样做的读者，PLR 模型提供了几个可以将个体划分为诸多组别中一个的公式。公式的数量比划分组别的数量少一个。每个方程看起来都像是 BLR 模型。

在简要回顾 PLR 中的相关估计和建模过程后，我们以移动电话用户抽样调查的案例研究为例，简述 PLR 作为一种多组分类技术的运用。最初使用的抽样调查数据将移动电话市场分为四类。我通过 PLR 分析建立模型，以便将移动电话用户划分入四组之一。

18.2 二值逻辑斯谛回归

令 Y 为具有两个结果或两类结果的二值因变量，通常将其标记为 0 和 1。BLR 模型根据预测变量（独立）变量 $X_1, X_2, \cdots, X_n$ 的值将个体进行归类。BLR 对 Y 的 logit 值进行估算，即将个体归入第 1 类的可能性的 log 值；见式 18.1，该值很容易代入式 18.2 定义的将个体归入第 1 类 Prob（Y=1）的概率。

$$\text{logit } Y = b_0 + b_1*X_1 + b_2*X_2 + \cdots + b_n*X_n \tag{18.1}$$

$$\text{Pr ob}(Y=1) \frac{\exp(\text{logit}Y)}{1+\exp(\text{logit}Y)} \tag{18.2}$$

通过在式 18.1 和式 18.2 中输入该个体预测变量的值，可以计算出该个体属于第 1 类的预测概率。b 为逻辑斯谛回归系数，由最大似然估计值的计算确定。注意，与其他系数不同，b_0（称为截距）没有相应的预测变量。个体归属于 0 类的概率为 1 – Prob（Y = 1）[⊖]。

⊖ 因为 Prob（Y = 0）+ Prob（Y = 1）= 1。

必要说明

我将在下一部分中介绍公式。公式 18.1 的 Y 的 logit 值在公式 18.3、公式 18.4、公式 18.5 和公式 18.6 中有几个明确的重述。当 Y 仅为两个值 0 和 1 时，它们是多余的：

$$\text{logit } Y = b_0 + b_1 * X_1 + b_2 * X_2 + \cdots + b_n * X_n \tag{18.3}$$

$$\text{logit}\,(Y = 1) = b_0 + b_1 * X_1 + b_2 * X_2 + \cdots + b_n * X_n \tag{18.4}$$

$$\text{logit}\,(Y = 1 \text{ vs. } Y = 0) = b_0 + b_1 * X_1 + b_2 * X_2 + \cdots + b_n * X_n \tag{18.5}$$

$$\text{logit}\,(Y = 0 \text{ vs. } Y = 1) = -[b_0 + b_1 * X_1 + b_2 * X_2 + \cdots + b_n * X_n] \tag{18.6}$$

公式 18.3 是 BLR 模型的标准公式。Y 表示类别 1。公式 18.4 明确指出该模型为类别 1。公式 18.5 正式说明建模的类别是 1 相对于类别 0。公式 18.6 与公式 18.5 相反，建模的类别是 0 相对于 1。因而公式 18.6 为公式 18.5 计算值的相反数，如等式右侧的符号所示。

18.3　多分类逻辑斯谛回归模型

当类别因变量具有两个以上的结果或类别时，可以使用 PLR 逻辑斯谛回归模型（为 BLR 模型的扩展）来预测个体分类。为了便于演示，我将讨论 Y 存在三个类别的情况，分别编码为 0、1 和 2。

式 18.7、式 18.8 和式 18.9 中包含三个二值 logit 值[⊖]。

$$\text{logit\_10} = \text{logit}\,(Y = 1 \text{ vs. } Y = 0) \tag{18.7}$$

$$\text{logit\_20} = \text{logit}\,(Y = 2 \text{ vs. } Y = 0) \tag{18.8}$$

$$\text{logit\_21} = \text{logit}\,(Y = 2 \text{ vs. } Y = 1) \tag{18.9}$$

我使用前两个 logit 值（由于与 BLR 的标准表达式相似）在式 18.10、式 18.11 和式 18.12 中定义 PLR 模型如下：

$$\text{Prob}(Y = 0) = \frac{1}{1 + \exp(\text{logit\_10}) + \exp(\text{logit\_20})} \tag{18.10}$$

$$\text{Prob}(Y = 1) = \frac{\exp(\text{logit\_10})}{1 + \exp(\text{logit\_10}) + \exp(\text{logit\_20})} \tag{18.11}$$

$$\text{Prob}(Y = 2) = \frac{\exp(\text{logit\_20})}{1 + \exp(\text{logit\_10}) + \exp(\text{logit\_20})} \tag{18.12}$$

PLR 模型在类别超过三个时很容易扩展。当 Y = 0，1，2，$\cdots$，k（即 k + 1 个结果）时，该模型定义见式 18.13、式 18.14 和式 18.15：

$$\text{Prob}(Y = 0) = \frac{1}{1 + \exp(\text{logit\_10}) + \exp(\text{logit\_20}) + \cdots + \exp(\text{logit\_k0})} \tag{18.13}$$

$$\text{Prob}(Y = 1) = \frac{\exp(\text{logit\_10})}{1 + \exp(\text{logit\_10}) + \exp(\text{logit\_20}) + \cdots + \exp(\text{logit\_k0})} \tag{18.14}$$

⊖　可以看到，从任意一对 logit 值入手，都可以得到其他 logit 值。

$$\vdots$$

$$\text{Prob}(Y = k) = \frac{\exp(\text{logit\_k0})}{1 + \exp(\text{logit\_10}) + \exp(\text{logit\_20}) + \cdots + \exp(\text{logit\_k0})} \tag{18.15}$$

其中

$$\text{logit\_10} = \text{logit}(Y = 1 \text{ vs. } Y = 0)$$
$$\text{logit\_20} = \text{logit}(Y = 2 \text{ vs. } Y = 0)$$
$$\text{logit\_30} = \text{logit}(Y = 3 \text{ vs. } Y = 0)$$
$$\vdots$$
$$\text{logit\_k0} = \text{logit}(Y = k \text{ vs. } Y = 0)$$

注意，当 PLR 存在 k + 1 个类别时，有 k 个 logit 值。

18.4 使用 PLR 建模

PLR 采用与 BLR 估计方法相同的最大似然估计算法。分步变量选择、模型评估和验证理论对 PLR 同样适用。一些理论问题仍然存在。例如，可以将变量声明为除一个 logit 之外的所有变量。因为没有任何理论讨论过 PLR 模型中 logit 系数为零的情况，所以 PLR 模型可能会产生不可靠的分类结果。

选择最佳的预测变量集是建模中最困难的部分，对于 PLR 来说可能更困难，因为要考虑 k 个逻辑斯谛回归方程。传统的分步变量选择方法是 PLR 的常用选择方法。（有关传统分步变量选择的讨论，请参见第 13 章和第 41 章。）在不分辨该分步方法优缺点的情况下，将其视为最终模型的决定因素是有问题的[⊖]。分步变量选择方法最好是通过粗略排除法将许多变量（大约 50 个或更多）划分为大约 10 个可管理的集合。我更喜欢基于 CHAID 的方法进行 PLR 变量选择，因为它非常喜欢通过数据挖掘以找到意料外的数据结构。在下一章中，我将对以 CHAID 作为用于构建移动电话市场细分模型的变量选择过程进行说明。

18.5 市场细分的分类模型

在本节中，我们将介绍移动电话用户研究案例。通过使用从抽样调查数据聚类分析（未显示）得出的四个用户组，用 PLR 构建出一个四组分类模型。通过使用 CHAID 来识别候选预测变量，交互作用项和变量结构（即使用对数和平方根等函数定义的原始变量的重新表达）的最终集合，以将其包含在模型中。在详细讨论 CHAID 分析后，我们定义了市场细分模型，并评估了所得模型的分类准确性。

18.5.1 移动电话用户调研

一项调研对来自无线运营商的 2005 名过去和当前使用移动电话的用户进行了访问，以

⊖ 简而言之，分步法容易误导，因为并非所有可能的子集和都会纳入考量；最终选择也依赖对有影响的观察结果敏感的数据。而且，这种方法不会自动检查模型的假设，也不会自动检查交互项。此外，分步法不能保证找到全局最优的变量子集。

了解客户需求和影响客户流失（取消移动服务）与长期使用价值的变量。我们使用调查数据将消费者的市场划分为同质的群体，以便可以开发针对特定群体的营销计划（即 CRM 策略），从而尽可能地强化客户关系。

通过聚类分析我们得到四组用户。细分市场名称和大小见表 18.1。无障碍市场更关注客户合同的设计与费率。服务市场更关注通话质量，例如有没有掉线和通话清晰度。价格市场更关注折扣，例如提供每月基本费用 10% 的折扣和 30 分钟的免费通话时长。最后，功能市场代表该细分市场客户对最新技术如长效电池和免费电话升级较为关注。可通

表 18.1　聚类分析结果

名称	大小
无障碍	13.2%（265）
服务	24.7%（495）
价格	38.3%（768）
功能	23.8%（477）
合计	100%（2 005）

过建立模型将无线运营商的整体数据库划分为上述四个群组。赞助这项研究的移动运营商制定了针对这些预定义群体的特定需求的营销计划，然后实施了这些计划。

移动运营商将记录的付款账单附加到调研中。对于现已被划分为四组之一的所有受访用户，共有 10 个使用变量，例如手机数量、使用分钟、高峰和非高峰通话、通话时间收入、基本费用、漫游费用以及免费通话时间（是 / 否）使用。

18.5.2　CHAID 分析

简而言之，CHAID 是一种将个体划分为单独且互斥的子群或节点的递归方法，从而使因变量的变化在节点内最小化，并在节点间最大化。因变量可以是二值的（二分的）、多分位的或连续的。对由自变量定义的节点使用划分算法。自变量可以是类别变量或连续变量。

为了做 CHAID 分析，我定义了因变量和自变量集合。对于 CHAID 的这个应用，自变量集合是附加到调研数据中的使用变量集。因变量是类别变量 Y，从聚类分析中识别出四个细分市场。我们定义相关变量如下：

如果该细分市场为无障碍市场，则 Y = 0；

如果该细分市场为服务市场，则 Y = 1；

如果该细分市场为价格市场，则 Y = 2；

如果该细分市场为功能市场，则 Y = 3。

CHAID 分析定义了[一]四个重要的预测变量[二]：

1）手机持有数量：客户持有的手机数量。

2）每月非高峰通话：3 个月内平均非高峰时间通话次数。

3）免费分钟，是 / 否：每月前 30 分钟免费使用。

4）每月通话收入：不包括 3 个月期间的平均每月费用的总收入。

图 18.1 中手机持有数量的 CHAID 树如下所示：

1）顶部的方框表明，对于 2005 个客户样本，细分市场的规模（发生率）分别为 264（13.2%）、495（24.7%）、767（38.3%）和 479（23.9%），分别对应"无障碍""服务""价格"和"功能"细分市场。

[一] 根据每个自由度（节点数）的平均卡方值。

[二] 由于样本太少，所以没有考虑用 CHAID 确定的交互变量。

2）左侧节点代表持有一部手机的 834 个客户。在此细分市场中，"无障碍""服务""价格"和"功能"的四个细分市场的发生率分别为 8.5%、21.8%、44.7% 和 24.9%。

3）中间节点代表拥有两部手机的 630 个客户，"无障碍""服务""价格"和"功能"细分市场的发生率分别为 14.8%、35.7%、31.3% 和 18.3%。

4）右边节点代表拥有三部手机的 541 位客户，"无障碍""服务""价格"和"功能"细分市场的发生率分别为 18.5%、16.3%、36.4% 和 28.8%。

图 18.2 中每月非高峰通话的 CHAID 树如下所示：

1）顶部方框是四个细分的客户样本容量，与"手机持有数量"的顶部框相同。

2）有三个节点：（a）左节点是左闭右开区间 [0, 1) 中的呼叫数，意味着零呼叫；（b）中间节点是左闭右开区间 [1, 2) 中的呼叫数，意味着一个电话；（c）右边的节点是闭区间 [2, 270] 中的呼叫数，意味着呼叫数在大于或等于 2 且小于或等于 270 之间。

3）左侧节点代表 841 位客户，其非高峰呼叫为零。在此子类别中，"无障碍""服务""价格"和"功能"细分市场的发生率分别为 18.1%、26.4%、32.6% 和 22.9%。

4）中间节点代表 380 个客户，他们都有一个非高峰呼叫，"无障碍""服务""价格"和"功能"细分市场的发生率分别为 15.3%、27.1%、43.9% 和 13.7%。

5）右边的节点代表 784 位客户，他们有 2 到 270 个非高峰呼叫，"无障碍""服务""价格"和"功能"细分市场的发生率分别为 6.9%、21.7%、41.6% 和 29.8%。

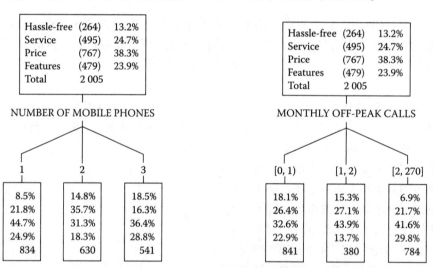

图 18.1　手机持有数量的 CHAID 树状图　　图 18.2　每月非高峰通话的 CHAID 树状图

类似的解读同样适用于由 CHAID 识别的其他预测变量，即"免费通话时间"和"每月通话时间收入"。它们的 CHAID 树分别见图 18.3 和图 18.4。

从分析上来说，CHAID 声明的重要变量意味着该细分市场发生率（竖列）在各个节点间存在显著差异。例如，"每月非高峰通话"具有三列发生率，分别对应于三个节点：{18.1%, 26.4%, 32.6%, 22.9%}、{15.3%, 27.1%, 43.9%, 13.7%} 和 {6.9%, 21.7%, 41.6%, 29.8%}。这些列向量之间存在显著差异。列向量代表了一个复杂概念，在对分类识别变量方面没有解释价值。然而，当变量位于树形图中时，CHAID 树可以帮助评估变量的潜在预测能力。

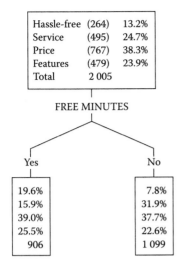

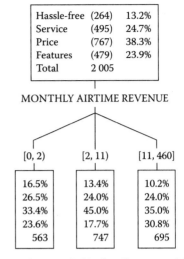

图 18.3　免费通话时间的 CHAID 树状图　　　　图 18.4　每月通话时间收入的 CHAID 树状图

18.5.3　CHAID 树状图

　　CHAID 树有助于评估变量的潜在预测能力。我用节点区间的最小值⊖来绘制发生率，并将平滑点连接成一条折线，每个细分市场以一条折线表示。折线的形状表明了预测变量对识别细分市场中个体的影响。基线表示无法将群体进行分类的预测变量，由所有水平或平坦的线段组成。折线波动的程度表示变量的潜在预测能力，用于识别个人所属的细分市场。通过对所有折线进行比较（每个细分市场一条折线），可以看到变量如何影响市场细分的整体视图。

　　下面的论述以第 10 章中关于重新表述数据的表述为基础。它足以说明，有时可通过对数据进行重新表述或转换变量的原始形式提高变量的预测能力。下一节将介绍由 CHAID 变量识别出的四个预测变量的最终形式。

　　PLR 为线性模型，⊖要求预测变量和每个二值因变量之间存在线性或直线关系⊜。当预测变量和二段变量之间的关系并非线性时，建议进行适当的重述⊜。

　　图 18.5 中"手机持有数量"的 CHAID 树状图表明：

　　1）"手机持有数量"与"无障碍通话"细分市场中的客户间存在正相关且几乎为线性关系⊜。这种关系意味着只需要原始"手机持有数量"即可，无须重新表达。

　　2）"功能"细分市场也具有正相关关系，但从下方弯曲⊗。这意味着变量"手机持有数量"可能是原始数据形式，我们可能需要使用这个变量的平方。

　　3）"价格"具有负面影响，从下方弯曲⊕。这种关系意味着变量"手机持有数量"可能是

⊖　最小值是一个可用的数值，其他可用的还有平均值和预先定义区间的中位数。

⊖　也就是说，每个 logit 值是预测变量的加权求和。

⊜　例如，对于无障碍通话（Y = 0），如果 Y = 0，二值无障碍组变量等于 1，否则等于 0。

⊜　这个建议是基于第 10 章讨论的幂阶梯法和突起规则。

⊜　根据左边和右边节点的斜度确定关系。

⊗　弯曲的位置是在中间节点。

⊕　弯曲的位置是在中间节点。

原始数据形式，我们可能需要使用这个变量的平方根。

　　4）"功能"具有负的关系，但是从上方弯曲。这意味着变量"手机持有数量"可能是原始数据形式，我们可能需要使用这个变量的平方。

　　图 18.6、图 18.7 和图 18.8 分别是其他预测变量——每月非高峰通话、每月通话时间收入和免费通话时间的 CHAID 树状图。通过解释这些图，我们可以确定以下内容：

　　1）每月非高峰通话：可能需要此变量的原始数值、平方和平方根形式。

　　2）每月通话时间收入：可能需要此变量的原始数值、平方和平方根形式。

　　3）免费通话时间：可能需要原始数值。

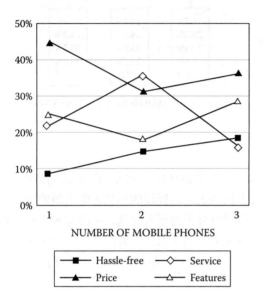

图 18.5　手机持有数量的 CHAID 树状图

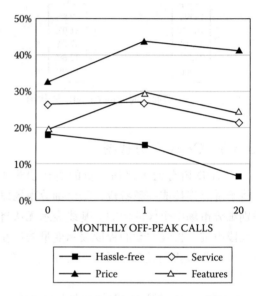

图 18.6　每月非高峰通话的 CHAID 树状图

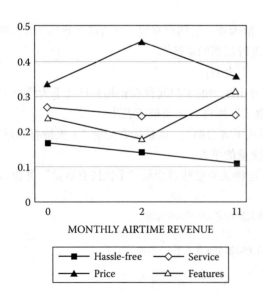

图 18.7　每月通话时间收入的 CHAID 树状图

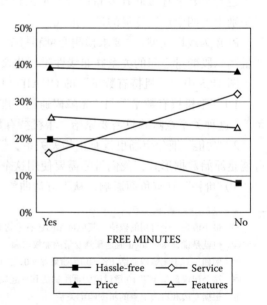

图 18.8　免费通话时间的 CHAID 树状图

前面的 CHAID 树状图分析用作 PLR 的初始变量选择过程。在 PLR 模型中变量的最终选择标准是基于第 10 章中讨论的技术，该变量在 4 个 logit 方程中的至少 3 个方程中显著 / 特别重要。

18.5.4　市场细分分类模型

用于将移动电话客户分类为四个子细分市场之一的最终 PLR 模型具有以下变量：

1）移动电话数量（NMP）

2）NMP 的平方

3）NMP 的平方根

4）每月非高峰通话

5）每月通话时间收入（MAR）

6）MAR 的平方

7）MAR 的平方根

8）免费通话时间

我们不讨论验证程序的优缺点，先绘制一个样本规模为 5000 的全新样本来评估模型的总体分类精度。⊖表 18.2 中模型的分类结果如下：

1）行总计是指样本的实际个数。该样本包括 650 个无障碍通话客户，1224 个服务客户，1916 个价格客户和 1210 个功能客户。百分比数字是各部分在总样本中的百分比组成。例如，样本的 13.0% 由真正的无障碍通话客户组成。

表 18.2　市场细分模型：计数分类表

		预测				
		无障碍通话	服务	价格	特征	总计
实际	无障碍通话	326(50.0%)	68	158	98	650(13.0%)
	服务	79	460(36.3%)	410	275	1 224(24.5%)
	价格	147	431	922(49.0%)	416	1 916(38.3%)
	特征	103	309	380	418(34.6%)	1 210(24.2%)
	总计	655(13.1%)	1 268(25.4%)	1 870(37.4%)	1 207(24.1%)	5 000(100%)

2）列总计为预测计数。该模型预测了 655 名"无障碍通话"客户，1268 名"服务"客户，1870 名"价格"客户和 1207 名"功能"客户。百分比是各成分占预测计数的比例。例如，该模型预测样本的 13.1% 为"无障碍通话"客户。

3）假设样本包含 13.0% 的"无障碍通话"客户，而该模型预测有 13.1% 的"无障碍通话"客户，则该模型在对该类型客户分类时是无偏的。同样地，该模型在分类其他类别时也无偏：对于"服务"，其实际发生率为 24.5%，而预测为 25.4%；对于"价格"，实际发生率为 38.3%，而预测为 37.4%；对于"功能"，实际发生率为 24.2%，而预测为 24.1%。

4）尽管模型无偏，但最大的问题是预测的准确性如何确定。在那些预计将成为"无障碍通话"的客户中，实际有多少客户？在预计属于"服务"细分市场的客户中，该细分市场中有多少个客户属于"服务"？同样，对于"价格"和"功能"细分市场，在预计属于对应细分市场的那些客户中，有多少实际客户？表里的百分比提供了答案。对于"无障碍通话"

⊖　我们有机会讨论和检验各种校正和验证最佳条件下的"难"模型。

客户，该模型有一半时间可以做出正确分类（= 326/655）。如果没有该模型，我希望"无障碍通话"客户的正确分类达到 13.0%。因此，模型提升了 285%（50.0%/ 13.0%）。这意味着：该模型的效果在这种情况下是随机分类的 3.85 倍。

5）对于"服务"，该模型提高了 48%（36.3%/ 24.5%）；对于"价格"，该模型提高了 28%（49.0%/ 38.3%）；对于"功能"，该模型提高了 43%（34.6%/ 24.2%）。

6）作为对模型进行正确分类精度的汇总，我查看了正确分类率的汇总（TCCR）。简而言之，TCCR 为所有组中正确分类的总数除以总样本量。因此，我有 326+460+922+418= 2126 除以 5000，得出 TCCR = 42.52%。

7）为了评估模型提供的总正确分类的改进情况，我必须将其与模型提供的总正确分类进行比较。TCCR（机会模型）是实际组发生率的平方和。对于现有数据，TCCR（机会模型）为 28.22%（=（13.0%* 13.0%）+（24.5%* 24.5%）+（38.3%* 38.3%）+（24.2%* 24.2%））。

8）因此，模型提高了 51%（= 42.52%/ 28.22%）。也就是说，该模型在所有组中提供的总正确分类比随机分类的结果要高 51%。

18.6 本章小结

我将 PLR 的多组分类技术理解为最熟悉的两组（二值）逻辑斯谛回归模型的扩展。我通过对 k 个单独的二值逻辑模型进行整合，得出了假设 k + 1 组因变量的 PLR 模型。我提出了一种基于 CHAID 的数据挖掘方法作为 PLR 的变量选择过程（因为它非常适合这个数据挖掘范式）来数据挖掘，以寻找重要的预测变量和意料之外的数据结构。

为了将 PLR 付诸实践，我举例说明了基于移动电话用户的四组市场细分模型的构建。对于变量选择过程，论证 CHAID 如何成为一种有价值的技术。对于 CHAID 的此应用，因变量是识别四个市场细分的变量。CHAID 树用于识别预测变量的起始子集。然后，我从 CHAID 树生成 CHAID 树状图。CHAID 树状图提供了潜在重述或识别其实变量的数据结构。最终的市场细分模型具有一些重述变量（涉及平方根和平方）。

最后，我们评估了有关 TCCR 的最终四组 / 细分市场分类模型的性能。最终模型的 TCCR 为 42.52%，比随机模型的 TCCR（28.22%）提高了 51%。

第 19 章

市场细分：时间序列数据 LCA

19.1　引言

市场细分为一种用于有效分配公司资源的常用市场模型。它将客户划分到不同的子群，即细分客户群。同一细分客户群中的客户对产品和服务的需求相似，而不同细分客户群中客户的需求不同。市场细分模型使得资源在目标客户群内得到有效分配。诸多统计学方法可用于进行市场细分，其中一个传统且知名的方法为 k 均值聚类分析（k-means clustering）。另一个不那么知名的方法为潜在类别分析（Latent Class Analysis，LCA）。本章旨在展示一种新颖的通过 LCA 建立市场细分模型以分析时间序列数据的方法。数据挖掘者可通过执行提供的 SAS 子程序，得到相同的市场细分结果，且我会提供一种独特的解决方案将时间序列数据合并到其他截面数据。该子程序可通过我的个人网站下载：http://www.geniq.net/articles.html#section9。

19.2　背景

本章很重要。首先，我将简明扼要地描述 k 均值聚类分析。其次，我将粗略地回顾主成分分析（Principal Component Analysis，PCA）。我们需要回忆一下第 7 章讲过的 PCA，因为 PCA 和因素分析（FA）经常被人们搞混，且 FA 在解释 LCA 方面很有帮助。然后，我将介绍 LCA。接下来，我将比较 LCA 和 k 均值聚类分析。最后，我将演示通过 LCA 对时间序列数据进行市场细分。

19.2.1　k 均值聚类分析[⊖]

k 均值聚类分析通过对一个或多个可量化变量 X 计算距离而产生 k 个互斥的集群[1]。每个被观测对象均属于 k 个集群中的一个。因集群的数量 k 是不可知的，模型开发者将根据需要，尝试尽可能多的聚类解决方案。典型的 k 均值聚类分析使用欧氏距离（即最小二乘法计算）生成均值（在 X 的一个集群的观测值中）。如果存在集群，则在该集群中所有被观测对象间的距离之和将小于被观测者在不同集群间的距离。

k 均值聚类分析是经验判断方法，涉及以下步骤：

⊖　本节摘自 https://support.sas.com/rnd/app/stat/procedures/fastclus.html。

1）随机选择 k 个初始种子（即 X 空间中的随机分布点）。

2）这些点代表初始集群均值。

3）将每个观察值分配给那个离平均值最近的集群。

4）当所有被观测值被分配时，重新计算 k。

5）重复步骤 2 和 步骤 3，直到得到稳定的 k 值。

19.2.2　主成分分析

PCA 将一组 p 个变量[⊖]X_1, X_2, ⋯, X_j, ⋯, X_p 转换为 p 个线性组合变量 PC_1, PC_2, ⋯, PC_j, ⋯, PC_p（PC_j 表示第 j 个主要成分）。PCA 的重要目标是建立一个较小规模的新 PC_j 变量，它集中了大多数原始变量信息（变体）。PC 的一个具有吸引力的分析功能是它们彼此不相关。PC 定义如下：

$$PC_1 = a_{11}*X_1 + a_{12}*X_2 + \cdots + a_{1j}*X_j + \cdots + a_{1p}*X_p$$
$$PC_2 = a_{21}*X_1 + a_{22}*X_2 + \cdots + a_{2j}*X_j + \cdots + a_{2p}*X_p$$
$$\vdots$$
$$PC_i = a_{i1}*X_1 + a_{i2}*X_2 + \cdots + a_{ij}*X_j + \cdots + a_{ip}*X_p$$
$$\vdots$$
$$PC_p = a_{p1}*X_1 + a_{p2}*X_2 + \cdots + a_{pj}*X_j + \cdots + a_{pp}*X_p$$

其中 a_{ij} 是 PC 序列的系数。

19.2.3　因素分析

对于统计学者而言，辨别 PCA 和 FA 的区别是十分令人困惑的，原因可能如下：

1）教科书中，PCA 经常被视为 FA 的一个特例。

2）统计计算软件包通常将 PCA 视为 FA 模型的一个选项。

3）PCA 和 FA 均旨在降低给定数据集的维数：PCA 和 FA 均为数据缩减技术。例如，一个包含 1000 个变量的数据集可以简化为一个统计学上等效的小数据集，比如只有 150 个变量。

4）PCA 作为 FA 解决方案的延伸，被广泛使用。

1. FA 模型

FA 模型的定义如下：p 个变量 X_1, X_2, ⋯, X_j, ⋯, X_p（直到误差项）可表达为一个包含 m 个潜在（未被观测的）连续变量或因子 F_1, F_2, ⋯, F_j, ⋯, F_m 的线性组合。F 定义如下：

$$X_1 = c_{11}*F_1 + c_{12}*F_2 + \cdots + c_{1j}*F_j + \cdots + c_{1m}*F_m$$
$$X_2 = c_{21}*F_1 + c_{22}*F_2 + \cdots + c_{2j}*F_j + \cdots + c_{2m}*F_m$$
$$\vdots$$
$$X_i = c_{i1}*F_1 + c_{i2}*F_2 + \cdots + c_{ij}*F_j + \cdots + c_{im}*F_m$$
$$\vdots$$
$$X_p = c_{p1}*F_1 + c_{p2}*F_2 + \cdots + c_{pj}*F_j + \cdots + c_{pm}*F_m$$

⊖　为方便起见，变量经过了标准化处理。

其中 c_{ij} 近似回归系数，被称作因子负荷。

PCA 和 PF 的区别是十分明显的，如 PC_i 和 X_i：

$$PC_i = a_{i1}*X_1 + a_{i2}*X_2 + \cdots + a_{ij}*X_j + \cdots + a_{ip}*X_p$$

$$X_i = c_{i1}*F_1 + c_{i2}*F_2 + \cdots + c_{ij}*F_j + \cdots + c_{im}*F_m$$

PC 是一个针对原始 X 变量的线性组合。每个 X_i 均为不可观测的潜在因子 F_1，F_2，$\cdots$，F_j，$\cdots$，F_m 的线性组合。

FA 尝试通过建立将 p 个 X 与潜在因子相关的模型来实现从 p 维到 m 维的降维。相反，PCA 可因具备第 7 章的理想属性，而直接将 X 转换为 PC。

2. FA 模型估计

乍看起来，FA 模型（带有简化的下标）看起来像标准化的普通最小二乘（OLS）回归模型。

$$\text{FA}: X = c_1*F_1 + c_2*F_2 + \cdots + c_j*F_j + \cdots + c_m*F_m \tag{19.1}$$

$$\text{OLS}: Y = b_1*X_1 + b_2*X_2 + \cdots + b_j*X_j + \cdots + b_m*X_m \tag{19.2}$$

但是，仔细观察后发现有很大的不同。对于 FA，所有的 c 和 F 均未知。而对于 OLS，b 未知，X 已知。FA 的 PCA 解决方案或所谓的主 FA 涉及以下步骤：

1）从 PCA 中获取前 m 个 PC，以获取 c 的初始估算值。

2）获得 F 的初始估计值。X 和 c 是已知的。因此，可以初始确定 F。

3）对初始估计值进行微调，不断循环步骤 2，直到达到最佳。

3. FA 与 OLS 图形表述

图 19.1 和图 19.2 的图形表述清楚地表明了 FA 和 OLS 模型的理论框架。用三个 X 表述的这两个模型在概念上有明显差异。从 FA 模型上可以看到从因子 F 到 X 的箭头，箭头方向指示该因素（即未观察到的潜在变量）将影响自变量 X_1、X_2 和 X_3。小写字母 e 表示与观察到的相应 X 的测量相关的未知误差。OLS 回归模型上有从自变量 X_1、X_2 和 X_3 到因变量 Y 的箭头，箭头方向指示自变量 X_1、X_2 和 X_3 影响因变量 Y。假设 OLS 中没有测量误差影响 X。

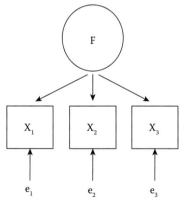

图 19.1　FA 模型图

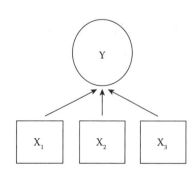

图 19.2　OLS 模型图

19.2.4　LCA 与 FA 图示

由于下一节将介绍 LCA，这里介绍一下通常认为与 FA 相似而仅有一处不同的 LCA 的传统做法。将 LCA 模型（见图 19.3）与 FA 模型（见图 19.1）进行比较时，可以看到相似之处。两种方法间的显著且有用的区别是 FA 的因子 F 是一个连续潜在变量，而 LCA 的潜在变量 LC 是类别变量。

图 19.3 为 LCA 的常规图示。然而，该图示不能清楚地说明 LC 的分类属性。我在图 19.4 中为一个 2 类 LCA 模型提供了另外的视角，以清晰地表明 LC 的分类属性。LC（1）和 LC（2）是 LC 的两个分类。交叉的箭头表示每个 LC 均影响自变量 X_1、X_2 和 X_3。需要注意的是，LCA 将自变量命名为指标。

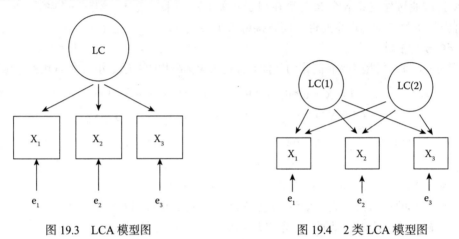

图 19.3　LCA 模型图　　　　　图 19.4　2 类 LCA 模型图

19.3　LCA

LCA 的概念是一种用于识别人群中不可观察子群的统计技术，由拉扎斯菲尔德（LCA 之父）于 1950 年提出 [2]。1968 年，拉扎斯菲尔德首次提出仅使用分类指标的 LCA 综合法，但他没有给出一个可靠的参数估计法 [3]。1974 年，古德曼解决了获得 LCA 模型参数的最大似然估计值⊖问题 [4]。弗蒙特于 1998 年拓展了传统的 LCA，以涵盖所有规模的分类、连续、计数和顺序数据 [5]。

LCA 的普遍性和特殊性研究

为了说明 LCA 是如何输出结果的，我介绍一篇著名的且经常被引用的文章 "Role Conflict and Personality"，它通常被称为 "普遍性和特殊性研究"，是 1950 年进行的 [6]，古德曼在 1974 年进行了检验 [7]。在 1950 年的研究中，216 名哈佛大学和拉德克利夫大学的本科生被询问在四种角色冲突情况下他们将如何应对。角色冲突研究的前提是 "你的朋友有什么权利期望你保护他？" 这四种冲突情景⊖是：

1）你正坐在由密友驾驶的汽车上，他撞了行人。你知道他在 20 英里⊜ / 时的限速路段的驾驶速度至少达到了 35 英里 / 时。现场没有其他证人。他的律师说，如果你在宣誓时作证时速仅为 20 英里，则可以让你的朋友免于遭受严重后果。

⊖ 最大似然估计指的是期望最大化（EM）过程。

⊜ 摘自这项研究的说明。

⊜ 1 英里 = 1 609.344 米。——编辑注

a. 一种普遍回应："他无权作为朋友要求我为低速驾驶作证。"

b. 一种特殊回应："他有权作为朋友希望我为低速驾驶提供证据。"

2）作为一名医生，你的朋友要你"掩盖"对投保前所做体检结果的怀疑。

3）作为一名戏剧评论家，你的朋友要你对他倾其所有投入其中的糟糕剧本"放一马"。

4）作为董事会成员，你的朋友暗示你把公司财务上保密但具有毁灭性的信息"透露给他"。

216 名受访者的回应模式在表 19.1 中生成 16（=2×2×2×2）种行为模式[⊖]。对于每种冲突情形（A，B，C，D），趋向于普遍回应的用"+"表示，趋向于特殊回应的用"−"表示[7]。

表 19.1　4 个冲突情景的回应模式

A	B	C	D	频次	A	B	C	D	频次
+	+	+	+	42	−	+	+	+	1
+	+	+	−	23	−	+	+	−	4
+	+	−	+	6	−	+	−	+	1
+	+	−	−	25	−	+	−	−	6
+	−	+	+	6	−	−	+	+	2
+	−	+	−	24	−	−	+	−	9
+	−	−	+	7	−	−	−	+	2
+	−	−	−	38	−	−	−	−	20

1. LCA 输出结果的讨论

哈格纳斯和麦库岑在这项研究中使用了简化的 2 类 LCA[8]。表 19.2 中 LCA 输出的重要统计数据包括（1）潜在分类概率和（2）条件概率。

表 19.2　LCA 输出结果

观察指标	普遍	特殊
驾车朋友	0.993	0.714
投保医生朋友	0.939	0.329
戏剧评论家朋友	0.929	0.354
董事会朋友	0.769	0.132
潜在类别大小	0.280	0.720

潜在分类概率是两个潜在类别的大小，对于普遍回应和特殊回应而言，分别为 0.280 和 0.720，表明有 28% 和 72% 的人分别属于"普遍"和"特殊"类别。

由于 LCA 和 FA 很相似，所以条件概率可与 FA 中的因子负荷做比较。潜在分类下的条件概率大，意味着相应的指标与潜在类别高度关联，因此定义了潜在类别。

对于第一个类别的列，较高概率介于 0.993 和 0.769 之间，可以确认该列的正确标签为"普遍"。对于第二个类别的列，较高概率（0.714）、中等概率（0.329 和 0.354）和较低概率（0.132）合理地定义了"特殊"类别。换句话说，潜在类别"普遍"是可以可靠地识别的，而"特殊"类别是通过中等概率确定的。

在 LCA 中，条件概率是给定类别中的个体在指标的给定水平上做出回应的概率。对于

⊖　表格摘自 Goodman 1974，第 216 页。

"普遍"类别中的受访者，认为无权为驾驶员朋友撒谎的条件概率为99.3%。对于"特殊"类别的受访者，为驾驶员朋友撒谎的条件概率为71.4%。同样，对于属于"普遍"类别并回答没有理由撒谎的受访者，条件概率为93.9%。并且，在"特殊"类别下受访者回答有理由撒谎的条件概率为32.9%。

2. 关于后验概率的讨论

表 19.2 中明显缺少的相关统计数据是后验概率，即在给定情景下受访者给出反馈答案的概率。该统计数据允许将受访者粗略划分为某一潜在类别。后验概率用 Prob（LC = c | A = i，B = j，C = k，D =l）表示，其中：c = 1，2；i= 是，否；j = 是，否；k = 是，否；l= 是，否。符号 | 代表"给定"。

后验概率的计算需要 LCA 联合概率 Prob（A = i，B = j，C = k，D = l，CL = c），其定义为：

- Prob（个体在 CL = c）
- Prob（个体在 A=i|CL=c）
- Prob（个体在 B=j|CL=c）
- Prob（个体在 C=k|CL=c）
- Prob（个体在 D=l|CL=c）

因此，在等式 19.3 中，给定 A=i，B=j，C=k，D=l，属于潜在类别 c（CL=c）的后验概率为：

$$Prob（LC=c|A=i,B=j,C=k,D=l）$$
$$=Prob（A=i,B=j,C=k,D=l, CL=c）/sum[Prob（A=i,B=j,C=k,D=l, CL=c）] \quad （19.3）$$

到目前为止，关于 LCA 的讨论仅涉及分类指标。具有连续指标和分类指标的 LCA 的输出值实际上与仅具有分类指标的 LCA 的输出相同。依赖连续变量的 LCA 统计计算需要 LCA 的统计基础知识，这超出了本章的范围。本章没有对 LCA 进行延伸讨论，感兴趣的读者可以参阅 Vermunt 的论文（1998）。

19.4 LCA 与 k 均值聚类分析

LCA 和 k 均值聚类分析的目标相同，即将总体划分为 k 个互斥且数量有限的子群体（集群），从而使组中的个体尽可能相似，而组间个体尽可能不同。用统计数据来说，构建集群是为了使集群间差异最大化，集群内差异最小化。

LCA 和 k 均值聚类分析方法之间的根本区别是：LCA 是基于模型的，而 k 均值聚类分析是启发式方法（技术）。启发式方法是基于直觉来解决问题的方法，往往不能提供最佳解决方案，但也能提供很好的解决方案。值得注意的是，LCA 作为一种基于模型的统计学技术，意味着它提出了一个代表聚类和绘制样本数据的数据生成程序的理论公式。此外，统计学模型的概率分布是区别基于模型的启发式方法和基于数据的启发式方法的特征。

k 均值聚类分析方法是一种流行、实用且有用的工具，尤其适用于市场细分。和所有方法一样，k 均值聚类分析有其优点和缺点。优点（1～4）和缺点（5～12）如下：

1）k 均值聚类分析易于使用、理解和实施。

2）k 均值聚类分析在变量较多的情况下表现最佳，因为可以计算多个变量且效力高。

3）k 均值聚类分析总是能生成聚类解决方案。

4）与其他技术相比，k均值聚类分析倾向于产生更紧的集群。

5）k均值聚类分析可以创建包含一个或多个个体的集群。

6）k均值聚类分析不能给出集群的最佳数量。

7）k均值聚类分析对异常值十分敏感。（当很少有个体定义聚类时，这些就是异常值。）

8）k均值聚类分析不是一种稳健方法，因为伪随机种子会产生不同解。或者数据集可以产生不同的解决方案。

9）k均值聚类分析没有揭示哪些变量是相关的。

10）k均值聚类分析受方差较大的变量影响，因此通常使用标准化数据。

11）k均值聚类分析总能给出一个集群解决方案。"始终有解决方案"给人一种错误的统计上的安全感，认为用这个方法找到了很好的解决方案。

12）评估集群解决方案质量的客观标准并不存在。

作为统计模型的LCA具有一些优点（后面列表中的前四项）。不幸的是，缺点也是无法消除的（后面列表中的后七项）。

1）有客观标准用来评估其聚类解决方案的拟合优度。

2）可通过已有统计学检验比较两个或多个候选聚类解决方案，。

3）LCA解决方案不受指标规模以及不相等或差异较大的候选变量的影响。

4）与所有统计模型一样，LCA会产生残差。残差分析对于评估存在缺陷时的补救措施至关重要。

5）LCA不能给出集群的最佳数量。

6）LCA的一个严重问题是其条件依赖假设，也称为局部独立性假设。局部独立性意味着一类集群中的指标彼此独立。局部独立有时不是一个能够站得住脚的假设。必须通过修改标准化LCA模型来解决此问题（http://john-uebersax.com/stat/faq.htm）。

7）近年来，放宽条件独立性假设的方法正在研究中。

8）LCA与许多统计模型一样适用于最大似然估计。因此，LCA解决方案要遵循局部最大原则，而不一定遵循全局最大原则。

9）有许多拟合优度准则，如基本准则：似然（L）、对数似然（LL）和L平方（L^2）。

10）有一些基于样本大小和自由度来权衡模型的拟合和简约性标准：

a. 赤池信息标准（Akaike Information Criteria, AIC）$^{\ominus}$：AIC、AIC(L^2)、AIC3(L^2)、AIC(LL)和AIC3（LL）。

b. 贝叶斯信息标准（Bayesian Information Criteria, BIC）$^{\ominus}$：BIC、BIC2（L2）和BIC（LL）。

c. 这些标准中没有哪个被普遍认为是最佳的。

d. 在识别哪个是最佳的聚类解决方案时，这些统计指标会导致混淆和不确定性。例如当比较两个模型时，不知道BIC有多大差异时可以选择某个模型而排除另一个模型时[9]。

11）评估拟合优度的限制使模型的构建变得十分复杂。确定这些限制如何影响模型对数据的拟合优度时，要对假设进行检验。两个诸如此类的限制包括（1）等式约束（如并行指

$\ominus$　AIC= 2*Npar – 2*ln（L）, AIC（L^2）= L^2 – 2*df, AIC3（L^2）= L^2 – 3*df, AIC（LL）= 2 log L + 2*Npar, AIC3（LL）=2 log L + 3 Npar, Npar = 参数的数量。

$\ominus$　BIC= –2*ln（L）+ Npar*ln（N）, BIC（L^2）=L^2 – log（N）*df, BIC（LL）= 2*log L + log（N）*Npar, Npar = 参数的数量，N = 样本大小。

标或相等错误率）和（2）确定性（如将条件概率设置为特定值，通常为 1 或 0）。

12）由于许多指标具有多种对应选择，稀疏性导致模型评估困难（如确定自由度）。

19.5 用 LCA 对时间序列数据进行市场细分

我介绍了使用 LCA 基于时间序列数据进行市场细分模型的构建，所提出的模型不应与时间序列的划分相混淆，后者会产生一系列离散片段以揭示输入时间序列数据的基础结构。时间序列细分的一种典型方法是分段式线性回归，它可以预测股市交易，例如将时间序列数据按均等长度输入 k 条直线。这种 LCA 市场细分模型是新颖且有效的市场细分技术，基于 LCA 要求针对时间序列数据创造指标变量。

我将分步介绍 LCA 时间序列市场细分模型，以显示（1）使用 SAS 子程序准备时间序列数据，以及（2）建立 LCA 细分模型。使用的 LCA 程序（此处未提供）是几种可用的商业软件包。

19.5.1 目标

高科技公司 PirSQ 希望构建市场细分模型，以便更有针对性地高效服务最佳客户。通过提供市场细分或集群细分，使得 PirSQ 可通过制定营销策略优化未来的订单。可用数据是一个时间序列数据，囊括了 2001 ～ 2014 年以季度为单位计量的时间序列数据，包含 2403 个客户。表 19.3 列出了前五个客户（Comp_ID 的 1 ～ 5）的 2001Q1 ～ 2001Q4，2002Q1 ～ 2002Q4，…，2014Q1 ～ 2014Q4 的数据数组。

表 19.3 季度 UNITS（2001 ～ 2014）

Comp_ID	UNITS_2001Q1	UNITS_2001Q2	UNITS_2001Q3	UNITS_2001Q4
1	0	0	0	0
2	346 472	520 161	428 341	142 186
3	0	0	0	0
4	0	6 960	3 186	0
5	0	0	0	0

Comp_ID	UNITS_2002Q1	UNITS_2002Q2	UNITS_2002Q3	UNITS_2002Q4
1	0	0	0	0
2	444 892	204 730	347 460	537 252
3	0	0	0	0
4	15 918	31 399	−8 029	141 595
5	0	0	0	0
…	…	…	…	…

Comp_ID	UNITS_2014Q1	UNITS_2014Q2	UNITS_2014Q3	UNITS_2014Q4
1	177	2 510	418	0
2	632 076	1 204 691	1 657 926	2 035 833
3	0	0	0	13 832
4	175 989	108 697	679 535	22 248
5	27 283	1 535	7 047	10 918

在此给出构建单位 LCA 市场细分所需指标的步骤。附录 19.A 中的子程序构建了指标。

1）相关系数是用来寻找趋势的度量单位，也是构建单位订单指标（UNITS）的基础。

2）TREND_COEFF_2001 是 2001 年季度 UNITS 与时间（TIME）的相关系数。

3）TREND_COEFF_2002 是 2001～2002 两年季度 UNITS 与时间（TIME）的相关系数。

4）TREND_COEFF_2003 是 2001～2003 三年季度 UNITS 与时间（TIME）的相关系数。

5）对于 TREND_COEFF_2004，…，TREND_COEFF_2013，依此类推。

6）TREND_COEFF_2014 是 2001～2014 十四年季度 UNITS 与时间（TIME）的相关系数。

14 个 TREND_COEFF_ 变量的本质在于，它们通过构建 2001、2001～2002、2001～2003，…，2001～2014 年的运行趋势来表示时间序列 UNITS 的唯一度量值。表 19.4 列出了 14 项指标的构建结果。

表 19.4　TREND_COEFF_（2001~2014）

Comp_ID	TREND_COEFF_2001	TREND_COEFF_2002	TREND_COEFF_2003	TREND_COEFF_2004	TREND_COEFF_2005	TREND_COEFF_2006	TREND_COEFF_2007
1	0.000 00	0.000 00	0.000 00	0.528 54	0.349 32	0.346 18	0.313 59
2	−0.564 39	0.021 42	0.171 52	0.160 59	0.011 71	0.375 55	0.642 01
3	0.000 00	0.000 00	0.393 04	0.140 03	0.019 89	−0.045 18	−0.083 39
4	−0.147 22	0.604 32	0.569 16	0.374 49	0.231 92	0.090 85	0.025 82
5	0.000 00	0.000 00	0.613 58	0.283 35	0.108 46	0.310 78	0.434 25

Comp_ID	TREND_COEFF_2008	TREND_COEFF_2009	TREND_COEFF_2010	TREND_COEFF_2011	TREND_COEFF_2012	TREND_COEFF_2013	TREND_COEFF_2014
1	0.171 77	0.105 81	0.159 80	0.223 25	0.315 79	0.234 46	0.188 05
2	0.687 02	0.720 33	0.595 74	0.618 59	0.615 41	0.638 27	0.665 65
3	0.153 19	0.081 46	0.029 81	0.234 78	0.338 29	0.360 37	0.370 21
4	0.019 91	−0.037 29	−0.093 86	−0.149 27	−0.189 42	−0.210 25	−0.031 64
5	0.469 05	0.529 76	0.537 85	0.526 53	0.423 22	0.314 15	0.267 32

在此给出为 UNITS-LCA 建立最受欢迎的五个指标的步骤。用附录 19.B 中的子程序可以得到这五个指标。请注意，没有与 N_ZER_TRENDS 对应的 AVG_ZER_TREND 指标。根据定义，AVG_ZER_TREND 值始终为零且没有方差，无法向任何模型添加任何信息，且它显然不在模型中。然而，排除 AVG_ZER_TREND 并不排除使用 N_ZER_COEFF_2014，定义如下：

1）N_POS_TRENDS：TREND_COEFF_2001，…，TREND_COEFF_2014 序列中正值的数量。

2）AVG_POS_TREND：TREND_COEFF_2001，…，TREND_COEFF_2014 序列中正值的平均值。

3）N_NEG_TRENDS：TREND_COEFF_2001，…，TREND_COEFF_2014 序列中负值的数量。

4）AVG_NEG_TREND：TREND_COEFF_2001，…，TREND_COEFF_2014 序列中负值的平均值。

5）N_ZER_TRENDS：TREND_COEFF_2001，…，TREND_COEFF_2014 序列中零的

数量。

表 19.5 列出了上述五个指标。

表 19.5　UNITS-LCA 的 5 个指标

Comp_ID	N_POS_TRENDS	AVG_POS_TREND	N_NEG_TRENDS	AVG_NEG_TREND	N_ZER_TRENDS
1	11	0.266 96	0	0.000 00	3
2	13	0.455 68	1	−0.564 39	0
3	10	0.212 11	2	−0.064 29	2
4	7	0.273 78	7	−0.122 71	0
5	12	0.401 53	0	0.000 00	2

19.5.2　最佳 LCA 模型

我建立了包含一个集群、两个集群、三个集群和四个集群的共四个 LCA 模型。由于集群的数量未知，因此我们从最简单的模型开始。通过 LL、AIC（LL）、AIC3（LL）和 BIC（LL）$^{\ominus}$ 计算拟合优度和模型中重要的统计学参数（Npar），它们在确定最好的模型上起着重要作用。对于 LL 而言，其值越大，模型越好。相反，其他三个拟合优度参数则趋势相反：值越小，模型越好。

两种统计学拟合程度参数（LL 和 Npar）是选择最佳模型的典型方法。但是必须对 LL 和 Npar 进行权衡。根据表 19.6 中的信息，我将产生三个集群的模型 3 视为最佳模型，且具有较小的分类误差（Class.Err）0.0420。

表 19.6　1～4 集群模型的拟合程度

		LL	BIC(LL)	AIC(LL)	AIC3(LL)	Npar	Class.Err.
模型 1	1 集群	−39 705.740 5	79 468.405 8	79 425.480 9	79 432.480 9	7	0.000 0
模型 2	2 集群	−29 232.811 9	58 587.605 6	58 495.623 9	58 510.623 9	15	0.015 4
模型 3	3 集群	−26 026.980 7	52 241.000 2	52 099.961 4	52 122.961 4	23	0.042 0
模型 4	4 集群	−24 911.330 0	50 074.755 8	49 884.660 1	49 915.660 1	31	0.061 0

LCA 模型的另一项评估措施是按表 19.7 中的后验概率（POSTERIOR_PROB_Clus_）对三集群潜在变量（LANTENT_Clus_）进行分类。产生三个集群的 LCA 模型的总正确分类率（TCCR）为 94.24%，比相应机会模型的 TCCR 的 34.60% 优化了 172.3%（=（94.24%-34.60%）/34.60%）。结果，模型拟合统计量（较小的 LL 和 p 值，以及合理的 Npar）和对机会分类的显著改进（172.43%）证实满足了局部独立性的要求。

表 19.7　Latent_Clus_ 按后验概率分类

LATENT_Clus_	POSTERIOR_PROB_Clus_			
	1	2	3	Total (%)
1	1 348	54	44	1 446
				42.52
2	54	939	0	993
				29.20

⊖　AIC（LL）、AIC（LL）3、BIC（LL）是根据样本大小和自由度来衡量模型的拟合和简约性的信息准则。

（续）

LATENT_Clus_		POSTERIOR_PROB_Clus_		
3	44	0	918	962
				28.29
Total (%)	1 446	993	962	3 401
	42.52	29.20	28.29	100.00

_3_CLUSTER_ TCCR	CHANCE_ TCCR	IMPROV_ OVER_ CHANCE
94.24%	34.60%	172.3%

1. 集群大小和条件概率 / 均值

表 19.8 给出了产生三个集群的 LCA 的集群大小和条件概率 / 均值[⊖]。集群 1 是最大的，占人口总量的 42.52%。集群 2 和集群 3 大致分别占人口总量的 29.20% 和 28.28%。产生不成比例大型集群的聚类分析并不罕见，但大型集群有时会不具有可接受的 TCCR。

表 19.8　集群规模和条件概率 / 均值

		集群 1	集群 2	集群 3
集群大小		0.425 2	0.292 0	0.282 8
指标				
AVG_POS_TRENDP				
	+hig	0.001 4	0.051 3	0.000 0
	+low	0.767 6	0.809 6	0.947 3
	+med	0.231 0	0.139 0	0.052 7
AVG_NEG_TRENDN				
	−hig	0.017 9	0.003 1	0.000 0
	−low	0.850 0	0.706 1	0.999 9
	−med	0.132 1	0.290 8	0.000 0
N_POS_TRENDS				
	均值	9.736 0	2.700 2	5.564 2
N_NEG_TRENDS				
	均值	3.205 6	11.138 2	0.110 2
N_ZER_TRENDS				
	均值	1.058 4	0.161 7	8.325 3

我最初使用带有 AVG_POS_TREND 和 AVG_NEG_TREND 的连续变量，以及其他可计数变量 N_POS_TRENDS、N_NEG_TRENDS 和 N_ZER_TRENDS 进行 LCA 分析。由于 AVG_POS_TRENDS 和 AVG_NEG_TRENDS 都有 10 行，因此所得的表实际上难以解读。在 20 行反应平均趋势的数列中，许多行数据的重要性条件概率太小或不明显。为了给出一个易于理解的条件概率表，我创建了变量 AVG_POS_TRENDP 和 AVG_NEG_TRENDN，在典型三类相关系数计算程序里加入 if-then 语句：

1）如果 0 ≤ AVG_POS_TREND < 0.333，则 AVG_POS_TRENDP = "+low"。

⊖　分别为类别和连续 / 计数型变量的条件概率和条件平均值。

2）如果 $0.333 \leqslant$ AVG_POS_TREND < 0.667，则 AVG_POS_TRENDP = "+med"。

3）如果 $0.667 \leqslant$ AVG_POS_TREND $\leqslant 1$，则 AVG_POS_TRENDP = "+high"。

4）如果 $0 \geqslant$ AVG_NEG_TREND > -0.333，则 AVG_NEG_TRENDN = "−low"。

5）如果 $-0.333 \geqslant$ AVG_NEG_TREND > -0.667，则 AVG_NEG_TRENDN = "−med"。

6）如果 $-0.667 \geqslant$ AVG_NEG_TREND $\geqslant -1$，则 AVG_NEG_TRENDN = "−high"。

这个简化的表 19.8 可以方便地命名潜在类别。回想一下，FA 的因子负荷是项目与因子间的相关系数。因子负荷高的重要性更高，而因子负荷较低则没有太大意义。类似地，LCA 具有条件概率 / 均值，它和因子负荷一样，或多或少对于命名潜在类别有帮助。

显然，表 19.8 里集群的标签容易理解。但我通过在表 19.9 中列示实质性条件概率 / 均值，将其进一步简化。

表 19.9 重要的条件概率 / 均值

		集群 1	集群 2	集群 3
集群大小		0.425 2	0.292 0	0.282 8
指标				
AVG_POS_TRENDP				
	+low	0.767 6	0.809 6	0.947 3
AVG_NEG_TRENDN				
	−low	0.850 0	0.706 1	0.999 9
N_POS_TRENDS				
	均值	9.736 0	2.700 2	5.564 2
N_NEG_TRENDS				
	均值	3.205 6	11.138 2	0.110 2
N_ZER_TRENDS				
	均值	1.058 4	0.161 7	8.325 3

注意，如果条件概率等于 0 或 1，则没有错误；如果所有 p 均等于 0.05，则存在噪声。

对于集群 1，重要指标级别按程度顺序为：

1）AVG_NEG_TRENDN−low 的条件概率为 85.00%。此行中的集群 1 的个体在左闭右开区间 [0, −0.333) 上具有较低的 AVG_NEG_TREND 值。

2）AVG_POS_TRENDP + low 的条件概率为 76.76%。此行中的集群 1 的个体在左闭右开区间 [0, 0.333）上具有较低的 AVG_POS_TREND 值。

3）N_POS_TRENDS 平均值为 9.7360。

4）N_NEG_TRENDS 平均值为 3.2056。

5）N_ZER_TRENDS 平均值为 1.0584。

集群 1 是包含了 10 个低正相关趋势的个体、数量较少的低负相关趋势（如 9.7360 对 3.2056）的个体，以及零趋势的个体。

对于集群 2，重要指标级别按程度顺序为：

1）AVG_POS_TRENDP+low 的条件概率为 80.96%。该行中的集群 2 的个体在左闭右开区间 [0, 0.333) 上具有较低的 AVG_POS_TREND 值。

2）AVG_NEG_TRENDN−low 的条件概率为 70.61%。此行中的集群 2 的个体在左闭右开区间 [0, −0.333) 上具有较低的 AVG_NEG_TREND 值。

3）N_NEG_TRENDS 平均值为 11.1382。

4）N_POS_TRENDS 平均值为 2.7002。

5）N_ZER_TRENDS 平均值为 0.1617。

集群 2 包含了约 11 个低负相关趋势的个体、数量较少的低正相关趋势的个体，但是不包括零趋势的个体。

对于集群 3，重要指标级别按程度顺序为：

1）AVG_NEG_TRENDN-low 的条件概率为 99.99%。此行中的集群 3 的个体在左闭右开区间 [0，−0.333) 上具有较低的 AVG_NEG_TREND 值。

2）AVG_POS_TRENDP+low 的条件概率为 94.73%。此行中的集群 3 的个体在左闭右开区间 [0，0.333) 上具有较低 AVG_POS_TREND 值。

3）N_ZER_TRENDS 平均值为 8.3253。

4）N_POS_TRENDS 平均值为 5.5642。

5）N_NEG_TRENDS 平均值为 0.1102。

集群 3 包含了约 8 个零趋势的个体，数量较少的低正相关趋势（5.5）的个体，不包含零 – 负趋势的个体。有趣的是，集群 1 和集群 2 的强度级别（条件概率）是相等的，尽管对于负向和正向趋势正好相反。仔细检查集群的强度级别，可以发现集群 3 的可靠性更高，但是集群 1 和集群 2 也非常重要。

通过进一步简化，表 19.10 中汇总了条件概率 / 均值和命名。

表 19.10　3– 集群 LCA 条件概率 / 均值的汇总

Cluster	AVG_NEG_TRENDN [0,−0.333] N_NEG_TRENDS	AVG_POS_TRENDP [0,+0.333] N_POS_TRENDS	N_ZER_TRENDS
1	3	10	1
2	11	3	0
3	8	6	0

- 集群 1 为突出的低 – 正 / 中等的低 – 负相关趋势。这意味着集群 1 需要营销策略来刺激销售。
- 集群 2 为突出的低 – 负 / 中等的低 – 正相关趋势。这意味着集群 2 需要营销策略来扭亏为盈。
- 集群 3 为突出的零 / 中等的低 – 正相关趋势。这意味着集群 3 需要营销策略来增加销售额。

2. 指标级别的后验概率

集群的规模是先验概率，表示了观察数据之前将个体归类于每个集群的可能性。相反，后验概率表示观察数据之后将个体归类于每个集群的可能性。

如果后验概率和先验概率相似，则该模型称为弱可识别（可估计性较差）。表 19.11 显示了三集群模型的先验概率（第一行）和后验概率（后续行）。先验概率和后验概率非常不同，因此可以用来较好地评估模型。请注意，像集群中的先验概率相同，后验概率之和等于 100%。

表 19.11 指标级别的后验概率

		集群 1	集群 2	集群 3
总体		0.425 2	0.292 0	0.282 8
指标				
AVG_POS_TRENDP				
	+hig	0.037 7	0.962 3	0.000 0
	+low	0.392 9	0.284 6	0.322 5
	+med	0.639 0	0.264 0	0.096 9
AVG_NEG_TRENDN				
	−hig	0.893 5	0.106 5	0.000 0
	−low	0.425 0	0.242 4	0.332 6
	−med	0.398 1	0.601 9	0.000 0
N_POS_TRENDS				
	0–2	0.007 8	0.701 1	0.291 1
	3–5	0.113 1	0.562 7	0.324 2
	6–7	0.354 0	0.220 4	0.425 7
	8–10	0.671 0	0.006 5	0.322 5
	11–14	0.939 4	0.000 0	0.060 6
N_NEG_TRENDS				
	0–0	0.215 5	0.000 0	0.784 5
	1–1	0.776 1	0.000 0	0.223 9
	2–5	0.965 2	0.000 7	0.034 0
	6–9	0.512 7	0.487 3	0.000 0
	10–14	0.000 3	0.999 7	0.000 0
N_ZER_TRENDS				
	0–0	0.477 8	0.522 2	0.000 0
	1–1	0.717 9	0.281 3	0.000 8
	2–6	0.542 9	0.050 9	0.406 2
	7–14	0.007 2	0.000 0	0.992 8

指标级别后验概率的用途是，营销人员可以了解个体属于给定指标某个水平上的集群的可能性。例如，对于集群 1 中的给定个体，出现以下情况的概率为：

1）AVG_POS_TRENDP + med = 63.90%

2）AVG_NEG_TRENDN−hig = 89.35%

3）N_POS_TRENDS（11−14）= 93.94%

4）N_NEG_TRENDS（2−5）= 96.52%

5）N_ZER_TRENDS（1−1）= 71.79%

此处基于上述五项内容的阐述并不囊括个体的完整信息。我选择的是每个指标水平上最大的先验概率。

19.6 本章小结

我们在本章介绍了一个新方法，对于建立市场细分模型的实用价值很高。基于模型的 LCA 取代流行的启发式 k 均值聚类分析法，成为最受欢迎的方法。我们列举了这两种方法的优缺点，而且提供了一个简明的 PCA 和 FA 处理方法，因为 LCA 通常被视为一种分类 FA。我们用一个高科技公司的案例讨论了上述各点，该公司想采取一种有效方式锁定最佳客户，以便制定用于优化未来订单的市场营销策略。我们使用的数据只有 14 年的销售额，所用的方法给出了时间序列市场细分模型。这个方法很独特，文献中没有记载过。我提供了 SAS 子程序，数据挖掘工程师可以用来进行类似的市场划分工作，这也是将时间序列数据合并到另一个截面数据集中的独特方法。

附录 19.A　建立 UNITS 的趋势 3

```
libname lcat 'c:\0-LCA-t';

data UNITS_vars;
set lcat.UNITS_2001_14;
keep Comp_ID
UNITS_2001Q1
UNITS_2001Q2    UNITS_2001Q3    UNITS_2001Q4    UNITS_2002Q1    UNITS_2002Q2
UNITS_2002Q3    UNITS_2002Q4
UNITS_2003Q1    UNITS_2003Q2    UNITS_2003Q3    UNITS_2003Q4    UNITS_2004Q1
UNITS_2004Q2    UNITS_2004Q3
UNITS_2004Q4    UNITS_2005Q1    UNITS_2005Q2    UNITS_2005Q3    UNITS_2005Q4
UNITS_2006Q1    UNITS_2006Q2
UNITS_2006Q3    UNITS_2006Q4    UNITS_2007Q1    UNITS_2007Q2    UNITS_2007Q3
UNITS_2007Q4    UNITS_2008Q1
UNITS_2008Q2    UNITS_2008Q3    UNITS_2008Q4    UNITS_2009Q1    UNITS_2009Q2
UNITS_2009Q3    UNITS_2009Q4
UNITS_2010Q1    UNITS_2010Q2    UNITS_2010Q3    UNITS_2010Q4    UNITS_2011Q1
UNITS_2011Q2    UNITS_2011Q3
UNITS_2011Q4    UNITS_2012Q1    UNITS_2012Q2    UNITS_2012Q3    UNITS_2012Q4
UNITS_2013Q1    UNITS_2013Q2
UNITS_2013Q3    UNITS_2013Q4    UNITS_2014Q1    UNITS_2014Q2    UNITS_2014Q3
UNITS_2014Q4;
run;

PROC TRANSPOSE data=UNITS_vars out =outtrans;
id Comp_ID;
run;

data trend1;
set outtrans;
TIME+1;
TREND_COEFF_2001=TIME;
TREND_COEFF_2002=TIME;
TREND_COEFF_2003=TIME;
TREND_COEFF_2004=TIME;
TREND_COEFF_2005=TIME;
TREND_COEFF_2006=TIME;
TREND_COEFF_2007=TIME;
```

```
TREND_COEFF_2008=TIME;
TREND_COEFF_2009=TIME;
TREND_COEFF_2010=TIME;
TREND_COEFF_2011=TIME;
TREND_COEFF_2012=TIME;
TREND_COEFF_2013=TIME;
TREND_COEFF_2014=TIME;

if TREND_COEFF_2001 gt 4 then TREND_COEFF_2001=.;
if TREND_COEFF_2002 gt 8 then TREND_COEFF_2002=.;
if TREND_COEFF_2003 gt 12 then TREND_COEFF_2003=.;
if TREND_COEFF_2004 gt 16 then TREND_COEFF_2004=.;
if TREND_COEFF_2005 gt 20 then TREND_COEFF_2005=.;
if TREND_COEFF_2006 gt 24 then TREND_COEFF_2006=.;
if TREND_COEFF_2007 gt 28 then TREND_COEFF_2007=.;
if TREND_COEFF_2008 gt 32 then TREND_COEFF_2008=.;
if TREND_COEFF_2009 gt 36 then TREND_COEFF_2009=.;
if TREND_COEFF_2010 gt 40 then TREND_COEFF_2010=.;
if TREND_COEFF_2011 gt 44 then TREND_COEFF_2011=.;
if TREND_COEFF_2012 gt 48 then TREND_COEFF_2012=.;
if TREND_COEFF_2013 gt 52 then TREND_COEFF_2013=.;
if TREND_COEFF_2014 gt 56 then TREND_COEFF_2014=.;
drop TIME;
run;

title1 'TREND_COEFFs trend1';
PROC CORR data=trend1 outp=trend2; with _1 - _3402;
var TREND_COEFF_2001 - TREND_COEFF_2014;
run;

data trend3;
set trend2;
if _TYPE_='MEAN' then delete;
if _TYPE_='STD' then delete;
if _TYPE_='N' then delete;
drop _TYPE_;
rename _NAME_=Comp_ID;

data lcat.trend3;
set trend3;
Comp_ID=substr(Comp_ID,2);
array num(*) _numeric_;
do j = 1 to dim(num);
if missing(num(j)) then num(j)=0;
end;
drop j;
run;

PROC CONTENTS;
run;

PROC PRINT data=lcat.trend3 (obs=5);
```

```
var Comp_ID TREND_COEFF_2001 - TREND_COEFF_2007;
run;

PROC PRINT data=lcat.trend3 (obs=5);
var Comp_ID TREND_COEFF_2008 - TREND_COEFF_2014;
title3 ' trends for UNITS ';
run;
```

附录 19.B   POS-ZER-NEG 建立趋势 4

```
libname lcat 'c:\0-LCA-t';

data lcat.trend4_data;
set lcat.trend3;
array tr(14) trend_coeff_2001 - trend_coeff_2014;
array pos(14) ptrend_coeff_2001 - ptrend_coeff_2014;
array neg(14) ntrend_coeff_2001 - ntrend_coeff_2014;
array zer(14) ztrend_coeff_2001 - ztrend_coeff_2014;

array ppos(14) pptrend_coeff_2001 - pptrend_coeff_2014;
array nneg(14) nntrend_coeff_2001 - nntrend_coeff_2014;
array nzer(14) nztrend_coeff_2001 - nztrend_coeff_2014;

do i=1 to 14;
if tr(i) gt 0 then pos(i)=tr(i); else pos(i)=.;
AVG_POS_TREND=mean(of ptrend_coeff_2001 - ptrend_coeff_2014);
if AVG_POS_TREND=. then AVG_POS_TREND=0;

if tr(i) lt 0 then neg(i)=tr(i); else neg(i)=.;
AVG_NEG_TREND=mean(of ntrend_coeff_2001 - ntrend_coeff_2014);
if AVG_NEG_TREND=. then AVG_NEG_TREND=0;

if tr(i) eq 0 then zer(i)=tr(i); else zer(i)=.;
AVG_ZER_TREND=mean(of ztrend_coeff_2001 - ztrend_coeff_2014);
if AVG_ZER_TREND=. then AVG_ZER_TREND=0;

if tr(i) gt 0 then ppos(i)=1; else ppos(i)=0;
N_POS_TRENDS=sum(of pptrend_coeff_2001 - pptrend_coeff_2014);
if tr(i) lt 0 then nneg(i)=1; else nneg(i)=0;
N_NEG_TRENDS=sum(of nntrend_coeff_2001 - nntrend_coeff_2014);
if tr(i) eq 0 then nzer(i)=1; else nzer(i)=0;
N_ZER_TRENDS=sum(of nztrend_coeff_2001 - nztrend_coeff_2014);
end;
drop i;
run;

proc print data= lcat.trend4_data (obs=5);
var Comp_ID
N_POS_TRENDS AVG_POS_TREND
N_NEG_TRENDS AVG_NEG_TREND
N_ZER_TRENDS;
run;
```

参考资料

1. MacQueen, J., Some methods for classification and analysis of multivariate observations, in *Proceedings of the Fifth Berkeley Symposium on Mathematical Statistics and Probability*, Vol. 1, pp. 281–297, University of California Press, 1967.
2. Lazarsfeld, P.F., The logical and mathematical foundation of latent structure analysis & the interpretation and mathematical foundation of latent structure analysis, in Stouffer, S.A., et al., Eds., *Measurement and Prediction*, pp. 362–472, Princeton University Press, Princeton, NJ, 1950.
3. Lazarsfeld, P.F., and Henry, N.W., *Latent Structure Analysis*, Houghton Mifflin, Boston, MA, 1968.
4. Goodman, L.A., The analysis of systems of qualitative variables when some of the variables are unobservable. Part I: A modified latent structure approach, *American Journal of Sociology*, 79, 1179–1259, 1974.
5. Vermunt, J.D., The regulation of constructive learning processes, *British Journal of Educational Psychology*, 68, 149–171, 1998.
6. Stouffer, S.A., and Toby, J., Role conflict and personality, *American Journal of Sociology*, 56, 395–406, 1951.
7. Goodman, L.A., Exploratory latent structure analysis using both identifiable and unidentifiable models, *Biometrika*, 61, 215–231, 1974.
8. Hagenaars, J.A., and McCutcheon, A.L., *Applied Latent Class Analysis*, Cambridge University Press, MA.
9. Neath, A.A., and Cavanaugh, J.E., The Bayesian information criterion: Background, derivation, and applications, *WIREs Computational Statistics*, 4, 199–203, 2012.

第 20 章

市场细分：理解细分群体的便捷途径

20.1 引言

市场细分模型主要通过更好地洞察企业顾客的需求与想法对其采取有效的精准营销策略。商业数据中往往包括多种异质的细分市场。对商业数据进行聚类分析可以辨别细分市场。通过有效的聚类分析辨别出细分市场之后，下一步要做的就是理解每个细分市场的本质。本章旨在介绍一种理解细分市场的便捷方式，以便对每种细分市场及各细分市场之间的目标客户采取更有效的市场营销策略。本章展示了建议使用的技术并提供了相关的 SAS 示例程序，以便数据挖掘者可以直接将此有价值的统计技术添加至其工具箱。该示例程序也可从网站进行下载：http://www.geniq.net/articles.html#section9。

20.2 背景

市场细分建模在技术上可称为聚类分析，是一种具有广泛应用前景的统计方法，主要用于了解企业客户的需求与想法，以便有效地对客户进行市场营销与产品推广。客户数据库往往包含异质的市场细分群体。最简单的市场细分结构是将客户分为两组：最佳细分市场与次佳细分市场。在初步分析阶段，统计学家一般会尝试 2 ~ 4 个聚类方案，而后基于初步分析结果并结合拟合优度检验以及参数的数量，确定最佳的聚类方案。如果一个可行的聚类方案还不够好，统计学家将增加聚类数量，直至分析结果达到最优 [1]。在用聚类分析辨别了细分市场之后，下一步即是理解这些细分市场的内在本质。

聚类分析方法在相关研究文献中有诸多记载。一个集群的含义并不能被精确定义，这也是会出现如此多种聚类分析算法的原因之一 [2]。相比之下，市场细分建模中受关注程度较小的一个领域是如何解读经统计分析得出的各个细分市场。本章旨在展示一种理解各个细分市场的便捷方式，以便对各细分市场内部及各细分市场之间的目标客户实施有效的市场营销策略。

20.3 示例

以表 20.1 中的数据集 SAMPLE 为例，该数据集包含五类客户及其在三个变量中的值，这三个分类变量包括年龄（单位为年）、收入（单位为千美元）以及 EDUC（单位为年）。创建 SAMPLE 样例的示例程序请参见附录 20.A。

下一步，我们将讨论如何解读得到的各个细分市场：

1）我对样例数据 SAMPLE 进行了一次聚类分析（此处未展示）。市场细分模型的输出结果详见表 20.2 中的数据集 SAMPLE_CLUSTERED，包括附加变量 SEGMENT。

2）我运行了附录 20.B 中的示例程序 Segmentor-Means（分类变量的均值），以获得聚类的分类变量的平均值，见表 20.3。

3）接着，我运用建议的便捷方法，基于分类变量的"全"基准均值对分类变量的均值进行指数化（indexing）。

a. 对于年龄（AGE）和集群 1（Clus1），基准均值——年龄均值（AGE_mean）为 50.6，集群 1 的均值为 45.0。集群 1 的年龄指数等于集群 1 的均值与基准年龄均值的差，除以基准年龄均值，求得结果为集群 1 的年龄指数值 −11.1%（=（45.0-50.6）/50.6）。

对集群 2 与集群 3 的年龄指数化计算方式与集群 1 的计算方式相似。

b. 对于其余的分类变量，收入（INCOME）和教育程度（EDUC）的指数化计算方式与前文所述的方法类似。

c. 我运行附录 20.C 中的示例程序，以获取集群 1、集群 2 与集群 3 的年龄、教育程度与收入的指数化描述数据，这些数据显示在表 20.4 中。

表 20.1 SAMPLE 数据

序号	年龄	收入	教育程度
1	43	130	10
2	47	140	12
3	52	250	14
4	44	230	14
5	67	390	19

表 20.2 SAMPLE_CLUSTERED 数据

年龄	收入	教育程度	分组
43	130	10	集群 1
47	140	12	集群 1
52	250	14	集群 2
44	230	14	集群 2
67	390	19	集群 3

表 20.3 聚类分类变量的均值

细分市场	年龄 均值	收入 均值	教育程度 均值
集群 1	45.0	135.0	11.0
集群 2	48.0	240.0	14.0
集群 3	67.0	390.0	19.0
全部	50.6	228.0	13.8

表 20.4 聚类的指数化信息

分组	年龄 基于年龄均值的指数化数据	收入 基于收入均值的指数化数据	教育程度 基于教育程度均值的指数化数据
集群 1	（11.1%）	（40.8%）	（20.3%）
集群 2	（5.1%）	5.3%	1.4%
集群 3	32.4%	71.1%	37.7%
	年龄均值	收入均值	教育程度均值
	50.6	228.0	13.8

20.4 解读各个细分市场

以下讨论如何深入解读各个细分市场。

1）集群 3 的指数化数据全部为正值。相应的解读如下：

a. 集群 3 客户比数据库中全体客户的平均年龄大 32.4%，经验更丰富。

b. 集群 3 客户的收入明显更高，比全体客户的平均收入高 71.1%。

c. 集群 3 客户的受教育程度比全体客户的平均受教育程度高 37.7%。

2）集群 1 的指数化数据全部为负值，可解读如下：

a. 集群 1 客户比全体客户的平均年龄小 11.1%。

b. 集群 1 客户的收入明显更低，比全体客户的平均收入低 40.8%。

c. 集群 1 客户的受教育程度更低，比全体客户的平均受教育程度低 20.3%。

3）相对比较平衡的是集群 2，其客户的指数化数据既有正值也有负值，处于中间水平，对其解读如下：

a. 集群 2 客户略为年轻，平均年龄比全体客户的平均年龄小 5.1%。

b. 集群 2 客户收入略高，比全体客户的平均收入高 5.3%。

c. 集群 2 客户受教育程度高一点点，比全体客户的平均受教育程度高 1.4%。

细分市场的命名主要根据其指数化信息来确定。我将这个问题留给读者，以帮助大家记忆这个聚类方案。值得注意的是，虽然示例比较简单，但这丝毫不会削弱本章所介绍的新分析方法的效力。

20.5　本章小结

聚类分析方法在研究文献中有诸多记载，每个人都可以应用该种方法进行市场细分研究。相比之下，研究文献对于如何解读市场细分的结果这一领域却较少涉及。我们通过了演示一种便捷的研究方法来解读聚类分析得出的客户细分类型。在演示过程中，使用的是一个简单样例，但这并不会削弱该方法在实际研究中的效力。同时，我提供了该方法的 SAS 示例程序，以便数据挖掘工程师可以将这种统计技术便捷地添加至自己的工具箱中。

附录 20.A　SAMPLE 数据集

```
data SAMPLE;
input AGE INCOME EDUC;
cards;
43 130 10
47 140 12
52 250 14
44 230 14
67 390 19
;
run;

PROC PRINT data=SAMPLE;
run;

data SAMPLE_CLUSTERED;
input AGE INCOME EDUC SEGMENT $5.;
```

```
cards;
43 130 10 clus1
47 140 12 clus1
52 250 14 clus2
44 230 14 clus2
67 390 19 clus3
;
run;

PROC PRINT;
run;
```

附录 20.B   分类变量的均值

```
PROC TABULATE data=SAMPLE_CLUSTERED;
class SEGMENT;
var AGE INCOME EDUC;
table segment all, ((AGE INCOME EDUC)*((mean)*f=7.1));
run;
```

附录 20.C   指数化数据

```
PROC SUMMARY data=SAMPLE_CLUSTERED;
class SEGMENT;
var AGE INCOME EDUC;
output out=VAR_means mean=;
run;

data BASE_MEANS;
set VAR_MEANS;
if _type_=0;
drop _freq_ _type_;
k=1;
rename
AGE = AGE_mean
INCOME = INCOME_mean
EDUC = EDUC_mean;
format AGE_mean INCOME_mean EDUC_mean 5.1;
run;

data VAR_means;
set VAR_means;
k=1;
run;

PROC SORT data=BASE_MEANS; by k;
PROC SORT data=VAR_means; by k;
run;
```

```
PROC PRINT data=BASE_MEANS;
format AGE_mean INCOME_mean EDUC_mean 5.1;
run;

data VAR_means;
set VAR_means;
k=1;
run;

PROC SORT data=BASE_MEANS; by k;
PROC SORT data=VAR_means; by k;
run;

data INDEX;
merge
BASE_MEANS VAR_means; by k;
array CLUS_MEANS AGE INCOME EDUC;
array BASE_MEANS AGE_mean INCOME_mean EDUC_mean;
array INDEX AGEx INCOMEx EDUCx;
do over INDEX;
index=(CLUS_MEANS-BASE_MEANS)/BASE_MEANS;
end;
label
AGEx= 'AGE Indexed over AGE_mean'
INCOMEx='INCOME Indexed over INCOME_mean'
EDUCx= 'EDUC Indexed over EDUC_mean';
if segment=' ' then delete;
run;

PROC PRINT data=INDEX label;
var segment AGEx INCOMEx EDUCx;
format AGEx INCOMEx EDUCx PERCENT8.1;
run;
```

参考资料

1. Ratner, B., *Statistical and Machine-Learning Data Mining: Techniques for Better Predictive Modeling, Analysis of Big Data*, 2nd edition, pp. 79–84, 2012.
2. Estivill-Castro, V., Why so many clustering algorithms—A position paper, *ACM SIGKDD Explorations Newsletter* 4(1), 65–75, 2002.

第 21 章
统计回归模型：理解模型的简单方法

21.1 引言

本章内容短小精悍，旨在展示一种理解统计回归模型的简单方法，包括普通最小二乘法（OLS）和逻辑斯谛回归（LR）。本章是第 20 章在内容上的延伸。我将用逻辑斯谛回归模型介绍一种建议使用的方法。本章示例将展示该方法的作用——主要是提供了补充信息，弥补了仅依靠回归系数来理解统计回归模型的不足。同样地，我提供了相关的 SAS 示例程序，供读者将这种有价值的方法加入自己的数据工具箱中。该示例程序也可从我们的网站进行下载：http://www.geniq.net/articles.html#section9。

21.2 背景

从第 23 章开始，我们使用基于预测变量 X_{11}，X_{12}，X_{13}，X_{19} 和 X_{21} 的逻辑斯谛回归模型——RESPONSE 模型，为了方便介绍，我将这些变量分别重新编码为 X_{10}，X_{11}，X_{12}，X_{13} 和 X_{14}。重新编码之后，我将相关的分析数据在表 21.1 中展示出来。由于预测变量属于非描述性变量，像第 20 章那样简单地进行描述不太可能。不过，预测变量的非描述性的特点提供了另一种叙述方式，给出了采用 EZ 法进行统计回归的另一个有价值的特点。

市场细分的 EZ 法的数据结构是聚类分类变量的均值（见表 20.3），以及聚类的指数化信息（见表 20.4）。扩展 EZ 法的子程序与逻辑斯谛回归模型 EZ 法几乎完全相同。要将理解市场细分的 EZ 法运用到逻辑斯谛回归模型的 EZ 法中，需要进行两处修改。第一处修改非常明显：用预测变量和十分位数分别代替分类量和集群。第二处需要修改的地方比较隐蔽，不幸的是对其详细的介绍在第 42 章。简单来说，需要根据保持一个预测变量可变，其他变量不变原则将指数化信息转换为十分位数，例如，X_1 可变，保持 X_2，X_3 和 X_4 不变，同时需要构建一个 M 幅度共有区域（M-spread common region）。例如，M_{50} 共有区域包含观测值 $\{X_1, X_2, X_3, X_4\}$，这些值中的变量 X_1，X_2，X_3，X_4 与独立样本中的 M_{50} 分布（值的中间 50% [⊖]）是相同的。相似地，M_{65} 共有区域包含的观测值 $\{X_1, X_2, X_3, X_4\}$ 与独立样本中 M_{65} 分布（值的中间 65%）的四个变量 X_1，X_2，X_3，X_4 相同。

⊖ M50 更常用"H 幅度"这个我们更熟悉的术语表示。

表 21.1　基于 X_{10}，X_{11}，X_{12} 与 X_{14} 对 RESPONSE 进行十分位分析

十分位	样本个体数量	样本回应数量	应答率（%）	累计应答率（%）	累积提升度（%）
顶部	1 600	1 118	69.9	69.9	314
2	1 600	637	39.8	54.8	247
3	1 601	332	20.7	43.5	195
4	1 600	318	19.9	37.6	169
5	1 600	165	10.3	32.1	144
6	1 601	165	10.3	28.5	128
7	1 600	158	9.88	25.8	116
8	1 601	256	16.0	24.6	111
9	1 600	211	13.2	23.3	105
底部	1 600	199	12.4	22.2	100
	16 003	3 559			

注意，集群的指数化信息并不需要构建一个 M 共有区域。一个市场细分参数的效应不需要通过保持其他分类变量不变而达到，因为回归模型并没有对这些分类变量有任何要求。

21.3　用于逻辑斯谛回归模型的 EZ 法

用于逻辑斯谛回归模型的 EZ 法包括以下四个步骤：

1）构建数据集的 M 共有区域以应用于其十分位分析，标记为 M_x，x= 幅度的大小。一般而言，M_{50} 是分析的起点。如果该结果有意义，而原始数据集的可信区间（reliable section）中的预测变量有问题（例如出现值为 0 的情况），则后续可将 M_{50} 的值作为基线均值（base mean）加以引用。然后逐步在此基础上增大或缩小幅度，例如按 5% 进行增减。幅度的大小造成的效应将在第 42 章进行讨论。

2）创建 M_x 共有区域以计算预测变量的基线均值，用于定义逻辑斯谛回归模型。

a. 对于逻辑斯谛回归的示例，我采用了 M_{65}，因为 M_{50} 用于为 $X_{12} \sim X_{14}$ 计算出 0 值的基线均值。值为 0 的基线均值存在问题，因为有部分计算需要除以基线均值，如果该值为 0，则结果不存在。X_{10}，X_{11}，X_{12}，X_{13} 和 X_{14} 的基线均值在表 21.2 中分别以 X_{10}_mean，X_{11}_mean，…，X_{14}_mean 表示。

b. 本步骤的示例程序见附录 21.A。

3）根据 M_{65} 的数据集的每个十分位创建 10 个数据集。

a. 对于逻辑斯谛回归模型的示例，十分位数据集分别为 dec0，dec1，dec2，dec3，dec4，dec5，dec6，dec7，dec8 和 dec9。

b. 本步骤的示例程序见附录 21.A。

4）根据 M_x 的十分位数据集，对十分位数进行指数化计算。

a. 回顾市场细分的 E_z 方法

$$X_i \text{ 是十分位 j 的指数} = \frac{X_i\_mean(\text{Decile } j) - X_i\_mean}{X_i\_mean}$$

这里 i=10，11，12，13，14，j=0，1，2，…，9，X_i_mean（十分位 j）表示预测变量 X_i 在十分位 j 位置的均值。

b. 计算预测变量在十分位的均值以及对十分位数进行指数化计算的示例程序见附录 21.C。

c. 关于逻辑斯谛回归的示例，按十分位显示的预测变量均值详见表 21.3。

d. 关于逻辑斯谛回归的示例，按十分位显示的指数化数据见表 21.4。

表 21.2　基于 M_{65} 分布的 X_{10}，X_{11}，X_{12}，X_{13} 与 X_{14} 的基线均值

X_{10}_mean	X_{11}_mean	X_{12}_mean	X_{13}_mean	X_{14}_mean
138 525.4	1.6	−0.2	−0.2	−0.2

表 21.3　基于 M_{65} 分布、按十分位显示的预测变量均值

十分位	X_{10} 均值	X_{11} 均值	X_{12} 均值	X_{13} 均值	X_{14} 均值
顶部	71 196.8	1.5	2.0	2.0	1.6
2	90 918.1	1.5	1.0	1.4	0.7
3	57 815.5	1.0	0.0	0.0	0.0
4	91 136.1	1.4	0.0	0.0	0.0
5	77 287.1	2.0	0.0	0.0	0.0
6	146 690.6	2.0	0.0	0.0	0.0
7	254 069.1	2.0	0.0	0.0	0.0
8	148 158.3	1.2	−1.0	−0.8	−0.8
9	261 946.5	1.6	−1.0	−1.0	−1.0
底部	257 318.5	1.5	−2.0	−2.0	−2.0

表 21.4　基于 M_{65} 分布、按十分位显示的指数化数据

十分位	根据 X_{10}_mean 计算的 X_{10} 指数化数据	根据 X_{11}_mean 计算的 X_{11} 指数化数据	根据 X_{12}_mean 计算的 X_{12} 指数化数据	根据 X_{13}_mean 计算的 X_{13} 指数化数据	根据 X_{14}_mean 计算的 X_{14} 指数化数据
顶部	（48.6%）	（5.2%）	（937.2%）	（953.0%）	（783.9%）
2	（34.4%）	（0.8%）	（518.6%）	（691.6%）	（380.1%）
3	（58.3%）	（35.8%）	（100.0%）	（100.0%）	（100.0%）
4	（34.2%）	（11.5%）	（100.0%）	（100.0%）	（100.0%）
5	（44.2%）	28.4%	（100.0%）	（100.0%）	（100.0%）
6	5.9%	28.4%	（100.0%）	（100.0%）	（100.0%）
7	83.4%	28.4%	（100.0%）	（100.0%）	（100.0%）
8	7.0%	（23.7%）	318.6%	254.4%	217.7%
9	89.1%	2.7%	318.6%	326.5%	318.3%
底部	85.8%	（2.3%）	737.2%	753.0%	736.7%
	X_{10}_mean	X_{11}_mean	X_{12}_mean	X_{13}_mean	X_{14}_mean
	138 525.4	1.6	−0.2	−0.2	−0.2

21.4　逻辑斯谛回归的 EZ 法示例的讨论

逻辑斯谛回归模型的非描述性预测变量提供了一种与 EZ 法示例不一样的解读方式，而后者包含了定义明确的人口统计学变量。未经定义的预测变量体现了 EZ 法的另一种有价值特性：带符号的十分位的指数化信息。我们将在本节稍后介绍。表 21.4 的内容乍一看令人担忧，因为很多指数的绝对值很大，这是因为 X_{12}_mean，X_{13}_mean，X_{14}_mean 的基线均值

都较小（如 −0.2）。这些指数值并不存在问题，它们反映的是真实情况。

1）有 6 个较大的负的指数值，范围从 −953% ～ 380.1%。

2）有 15 个指数值等于 −100%。

3）有 9 个较大的正的指数值，范围从 217.7% ～ 753.0%。

4）剩余的与 X_{10}_mean（138 525.4）及 X_{11}_mean（1.6）对应的指数值，落在从 −0.8% 到 89.1% 具有代表性的区间。

对正（负）指数值的解读：十分位 j 的 X_i_mean 指数值与相应的 X_i_mean 相比具有更大（小）的百分比。

1）对于顶部十分位与 X_{11}，X_{11} 的指数值 −5.2%（=（1.5−1.6）/1.6）[⊖]表示该十分位中的典型个体比 X_{11}_mean 小 5.2%。

2）对于第 5 个十分位与 X_{11}，X_{11} 的指数值 28.4%（=（2.0−1.6）/1.6）[⊖]表示该十分位中的典型个体比 X_{11}_mean 大 28.4%。

3）如果指数值等于 −100%（或 100%），则它是由于相应的十分位 j 的指数均值 X_i_mean 等于 0.0。对指数值 −100% 的解读如下：

a. 对于第 3 个十分位与 X_{12}，X_{12} 的指数值 −100%（=（0.0+0.2）/−0.2）表示落在该十分位中的典型个体比 X_{12}_mean 小 100%。也就是说，典型值 0.0 比 X_{12}_mean 的值 −0.2 大 0.2（=−100%−0.2）。

除了机械地使用未定义预测变量的值来解读每个十分位的指数化信息，我还制作了表 21.4 的可视化版本，在该表中用符号代替指数化数值。表 21.5 中各十分位中的指数化信息的替代符号表示指数化信息值的大小。信息呈现的特征使得逻辑斯谛回归模型更易于读取及理解，相应的符号包括：

表 21.5　基于 M_{65} 分布、用符号显示的十分位指数化数据

十分位	根据 X_{10}_mean 计算的 X_{10} 指数化数据	根据 X_{11}_mean 计算的 X_{11} 指数化数据	根据 X_{12}_mean 计算的 X_{12} 指数化数据	根据 X_{13}_mean 计算的 X_{13} 指数化数据	根据 X_{14}_mean 计算的 X_{14} 指数化数据	十分位应答率（%）	累积提升度（%）
顶部	(−−)	(−)	(−−−)	(−−−)	(−−−)	69.9	314
2	(−−)	(−)	(−−−)	(−−−)	(−−−)	39.8	247
3	(−−)	(−−)	(0)	(0)	(0)	20.7	195
4	(−−)	(−−)	(0)	(0)	(0)	19.9	169
5	(−−)	++	(0)	(0)	(0)	10.3	144
6	+	++	(0)	(0)	(0)	10.3	128
7	++	++	(0)	(0)	(0)	9.88	116
8	+	(−−)	+++	+++	+++	16.0	111
9	++	+	+++	+++	+++	13.2	105
底部	++	(−)	+++	+++	+++	12.4	100
	X_{10}_mean	X_{11}_mean	X_{12}_mean	X_{13}_mean	X_{14}_mean		
	138 525.4	1.6	−0.2	−0.2	−0.2		

⊖　此处的表达可能会受四舍五入误差的影响。更准确的表达应取小数点后四位数的值：X_{11} 的指数等于 −5.21%（=（1.4767−1.5579）/1.5579）。

⊖　此处的表达同样可能会受四舍五入误差的影响。更准确的表达应取小数点后四位数的值：X_{11} 的指数等于 28.4%（=（2.0000−1.5579）/1.5579）。

1）三重负号标记（---）表示原表中的六个较大的负指数值，取值范围从 -953.0% 到 -380.1%。

2）单个 0 标志（0）表示原表中的十五个等于 -100% 的指数值。

3）三重正号标记（+++）表示原表中的九个大的正指数值，取值范围从 217.7% 到 753.0%。

4）双重负号标记（--）表示原表中的八个中等大小的负指数值，取值范围从 -11.5% 到 -58.3%。

5）双重正号标记（++）表示原表中的六个中等大小的正指数值，取值范围从 28.4% 到 89.1%。

6）单个负号标记（-）表示原表中的一个较小的负指数值，取值为 -2.3%。

7）单个正号标记（+）表示原表中的两个较小的正指数值，取值范围从 2.7% 到 7.0%。

8）此外，表 21.5 中添加了"十分位应答率"和"累积提升度"，数据来自表 21.1 中逻辑斯谛回归模型的十分位分析。

基于十分位的信息特征，我们有了对逻辑斯谛回归模型的更受欢迎的描述方式。

1）顶部及第二个十分位包含了全部满足以下条件的个体：预测变量的值比基线均值更小。特别是，X_{12}、X_{13}、X_{14} 比基线均值要小得多；X_{10} 小于基线均值的程度适中；X_{11} 比基线均值略小。关于该样本中顶部 20% 的应答率，顶部 10% 的应答率为 69.9%，第二个十分位的应答率为 39.8%，累积提升度出现了显著提升，从 247 提升了 20% 以上。

2）第三个和第四个十分位包含了满足以下条件的个体：预测变量的值比基线均值更小，但其呈现的模式与前两个十分位存在差异。特别是，X_{12}、X_{13}、X_{14} 名义上比相应的基线均值要小（因为 X_{12}、X_{13}、X_{14} 的均值均为 0）；X_{10} 和 X_{11} 在中等程度上小于对应的基线均值。与顶部的两个十分位区间相比，第三个和第四个十分位区间的应答率较低，分别为 20.7% 和 19.9%，使得该样例 40% 处的累积提升度减为 169。

3）第五个十分位包含了满足以下条件的个体：三个预测变量的值在名义上比基线均值更小，一个预测变量的值比相应的基线均值更小，一个预测变量的值比相应的基线均值更大。特别地，X_{12}、X_{13}、X_{14} 名义上比相应的基线均值更小；X_{10} 小于相应基线均值程度排在中间；X_{11} 在中等程度上比相应的基线均值更大。在第五个十分位区间，应答率为 10.3%，正好处于对该样例进行模型解释是否要采取措施的判断节点上。该样例 50% 处的累积提升度为 144。

4）其余的五个十分位（从第六个起至底部）是典型的不需要采取措施的十分位，因为它们对累积提升度的影响很小：这五个底部十分位的平均提升度为 112。然而，这些十分位区间展示出的相关模式也值得我们讨论。

a. 在第六个与第七个十分位处，X_{12}、X_{13}、X_{14} 处均出现了一块（0）的指数符号。

b. 在第八个十分位到底部位置，X_{12}、X_{13} 处出现了一块（+++）的指数符号。

c. 在下方的五个十分位处，对于 X_{10} 和 X_{12}，符号没有呈现出明显的特征模式。

d. 指数值在下方的五个十分位处呈现的模式，由于其所处的位置是无值的。然而，如果这样的模式出现在较高的十分位位置处，将体现出重要意义。

由此看出上述理解模型的简单方法是一种有力的分析工具，可以提供重要的补充信息，弥补了仅依靠回归系数来理解统计回归模型的缺陷。回归系数的传统应用方法解释了在保持其他因变量不变的情况下预测变量的单一效应。相比之下，本书介绍的 EZ 法在保持其他因变量不变的情况下对全部预测变量作用的综合效应进行了更详细分析。

21.5　本章小结

我们在本章中展示了一种理解统计回归模型（例如普通最小二乘法与逻辑斯谛回归模型）的 EZ 法，表明该方法的作用在于提供补充信息，弥补仅依靠回归系数来理解统计回归模型的缺陷。对回归系数的传统应用方法解释了在保持其他因变量不变的情况下，对应预测变量的单一效应。相比之下，理解模型的 EZ 法在保持其他因变量不变的情况下对全部预测变量作用的综合效应进行了详细分析。我们提供了 SAS 示例程序，供读者添加到统计工具包中。

附录 21.A　基于 M_{65} 分布的 $X_{10} \sim X_{14}$ 均值

```
libname c15c 'c:\0-chap15c';

%let spread=65;
title "Base means with M-spread&spread";

PROC RANK data=c15c.ezway_LRM groups=100 out=OUT;
var X10-X14;
ranks X10r X11r X12r X13r X14r;
run;

data spread&spread._X10;
set out;
rhp=(100-&spread)/2;
if X10r=> (rhp-1) and X10r<=(99-rhp);
keep ID X10 X10r;
run;

data spread&spread._X11;
set out;
rhp=(100-&spread)/2;
if X11r=> (rhp-1) and X11r<=(99-rhp);
keep ID X11 X11r;
run;

data spread&spread._X12;
set out;
rhp=(100-&spread)/2;
if X12r=> (rhp-1) and X12r<=(99-rhp);
keep ID X12 X12r;
run;

data spread&spread._X13;
set out;
rhp=(100-&spread)/2;
if X13r=> (rhp-1) and X13r<=(99-rhp);
keep ID X13 X13r;
run;
```

```
data spread&spread._X14;
set out;
rhp=(100-&spread)/2;
if X14r=> (rhp-1) and X14r<=(99-rhp);
keep ID X14 X14r;
run;

PROC SORT DATA=spread&spread._X10; by ID;
PROC SORT DATA=spread&spread._X11; by ID;
PROC SORT DATA=spread&spread._X12; by ID;
PROC SORT DATA=spread&spread._X13; by ID;
PROC SORT DATA=spread&spread._X14; by ID;
run;

data spread&spread._X10X11X12X13X14;
merge
spread&spread._X10 (in=var_X10)
spread&spread._X11 (in=var_X11)
spread&spread._X12 (in=var_X12)
spread&spread._X13 (in=var_X13)
spread&spread._X14 (in=var_X14);
by ID;
if var_X10=1 and var_X11=1 and var_X12=1 and var_X13=1 and var_X14=1;
run;

PROC MEANS data=spread&spread._X10X11X12X13X14 mean n maxdec=4;
var X10-X14;
run;
```

附录 21.B　建立 10 个数据集（每个十分位区间一个）

```
libname c15c 'c:\0-chap15c';
title' X10-X14 ';

PROC LOGISTIC data=c15c.ezway_LRM nosimple des outest=coef;
model RESPONSE = X10-X14;
run;

PROC SCORE data=c15c.ezway_LRM predict type=parms score=coef out=score;
var X10-X14;
run;

data score;
set score;
estimate=response2;
run;

data notdot;
set score ;
if estimate ne .;
```

```
PROC MEANS data=notdot noprint sum; var wt;
output out=samsize (keep=samsize) sum=samsize;
run;

data scoresam (drop=samsize);
set samsize score;
retain n;
if _n_=1 then n=samsize;
if _n_=1 then delete;
run;

PROC SORT data=scoresam; by descending estimate;
run;

data score;
set scoresam;
if estimate ne . then cum_n+wt;
if estimate = . then dec=.;
else dec=floor(cum_n*10/(n+1));
prob_hat=exp(estimate)/(1+ exp(estimate));
logit=estimate;
run;

data c15c.ezway_probs;
set scoresam;
if estimate ne . then cum_n+wt;
if estimate = . then dec=.;
else dec=floor(cum_n*10/(n+1));
prob_complete=exp(estimate)/(1+ exp(estimate));
keep ID response estimate dec X10-X14 wt;
run;

data c15c.dec0 c15c.dec1 c15c.dec2 c15c.dec3 c15c.dec4
c15c.dec5 c15c.dec6 c15c.dec7 c15c.dec8 c15c.dec9;
set c15c.ezway_probs;
if dec=0 then output c15c.dec0;
if dec=1 then output c15c.dec1;
if dec=2 then output c15c.dec2;
if dec=3 then output c15c.dec3;
if dec=4 then output c15c.dec4;
if dec=5 then output c15c.dec5;
if dec=6 then output c15c.dec6;
if dec=7 then output c15c.dec7;
if dec=8 then output c15c.dec8;
if dec=9 then output c15c.dec9;
run;
```

附录 21.C   十分位的指数化信息

```
libname c15c 'c:\0-chap15c';
options pageno=1;
```

```
%macro doMIDSPREAD;
%do dec= 0 %to 9;
%let spread=65;

PROC RANK data=c15c.dec&dec. groups=100 out=OUT;
var X10-X14;
ranks X10r X11r X12r X13r X14r;
run;

title1 "dec=&dec ";
title2 "midspread=&spread";
run;

data midspread&spread._X10;
set out;
dec=&dec;
rhp=(100-&spread)/2;
if X10r=> (rhp-1) and X10r<=(99-rhp);
keep ID dec X10 X10r;
run;

data midspread&spread._X11;
set out;
dec=&dec;
rhp=(100-&spread)/2;
if X11r=> (rhp-1) and X11r<=(99-rhp);
keep ID dec X11 X11r;
run;

data midspread&spread._X12;
set out;
dec=&dec;
rhp=(100-&spread)/2;
if X12r=> (rhp-1) and X12r<=(99-rhp);
keep ID dec X12 X12r;
run;

data midspread&spread._X13;
set out;
dec=&dec;
rhp=(100-&spread)/2;
if X13r=> (rhp-1) and X13r<=(99-rhp);
keep ID dec X13 X13r;
run;

data midspread&spread._X14;
set out;
dec=&dec;
rhp=(100-&spread)/2;
if X14r=> (rhp-1) and X14r<=(99-rhp);
keep ID X14 X14r;
run;
```

```
PROC SORT data=midspread&spread._X10; by ID;
PROC SORT data=midspread&spread._X11; by ID;
PROC SORT data=midspread&spread._X12; by ID;
PROC SORT data=midspread&spread._X13; by ID;
PROC SORT data=midspread&spread._X14; by ID;
run;

data midspread&spread._dec&dec._X10X11X12X13X14;
merge
midspread&spread._X10 (in=var_X10)
midspread&spread._X11 (in=var_X11)
midspread&spread._X12 (in=var_X12)
midspread&spread._X13 (in=var_X13)
midspread&spread._X14 (in=var_X14);
by ID;
if var_X10=1 and var_X11=1 and var_X12=1 and var_X13=1 and var_X14=1;
run;

PROC MEANS data=midspread&spread._dec&dec._X10X11X12X13X14
mean n MAXDEC=4;
var dec X10-X14;
%end;
%mend;
%doMIDSPREAD
quit;

%let spread=65;
data midspread&spread._X10X11X12X13X14;
set midspread&spread:;
Decile=dec;
keep ID Decile X10-X14;
run;

PROC FORMAT;
value Decile
    0 = 'top'
    1 = ' 2 '
    2 = ' 3 '
    3 = ' 4 '
    4 = ' 5 '
    5 = ' 6 '
    6 = ' 7 '
    7 = ' 8 '
    8 = ' 9 '
    9 = 'bot';
run;

title ' ';
*21.3 Predictor Means by Deciles;
PROC TABULATE data=midspread&spread._X10X11X12X13X14;
class Decile;
var X10-X14;
```

```
table Decile, ((X10-X14) *((mean)*f=12.1));
format Decile Decile.;
run;

*21.4 Indexed Profiles of Deciles;
PROC SUMMARY data=midspread&spread._X10X11X12X13X14;
class DECILE;
var X10-X14;
output out=DECILE_means mean=;
run;

data DECILE_means;
set DECILE_means;
k=1;
run;

PROC SUMMARY data=spread&spread._X10X11X12X13X14;
var X10-X14;
output out=BASE_means mean=;
run;
data BASE_means;
set BASE_means;
drop _TYPE_ _FREQ_;
k=1;
rename
X10 = X10_mean
X11 = X11_mean
X12 = X12_mean
X13 = X13_mean
X14 = X14_mean;

PROC PRINT;
title' BASE_MEANS';
format X10_mean X11_mean X12_mean X13_mean X14_mean 12.1;
run;

PROC SORT data=BASE_MEANS; by k;
PROC SORT data=DECILE_MEANS; by k;
run;

data INDEX;
merge
BASE_MEANS DECILE_means; by k;
array DECILE_MEANS X10-X14;
array BASE_MEANS X10_mean X11_mean X12_mean X13_mean X14_mean;
array INDEX X10X X11X X12X X13X X14X;
do over INDEX;
INDEX=(DECILE_MEANS-BASE_MEANS)/BASE_MEANS;
end;

label
X10X= 'X10 indexed over X10_mean'
```

```
X11X= 'X11 indexed over X11_mean'
X12X= 'X12 indexed over X12_mean'
X13X= 'X13 indexed over X13_mean'
X14X= 'X14 indexed over X14_mean';
if DECILE=' ' then delete;
run;

PROC PRINT data=INDEX label;
var DECILE X10X X11X X12X X13X X14X;
format X10X X11X X12X X13X X14X PERCENT8.1;
format DECILE DECILE.;
title' Indexed Profiles of Deciles ';
run;
```

第 22 章
CHAID：填充缺失值的方法

22.1 引言

数据分析师都很了解用有缺失的数据进行分析会带来问题。数据分析师都明白，几乎所有的标准统计分析都需要完整数据才能得到可靠结果。如果使用不完整的数据进行分析，分析结果肯定会产生偏误。因此，数据分析师会想方设法将数据集里的缺失值填充完整。在处理数据缺失问题时，广泛采用的解决方法包括归因或填补技术。本章将介绍一种填充缺失值的数据挖掘方法——CHAID。

22.2 数据缺失问题

数据缺失问题是数据分析中普遍存在的一个问题。实际很少发生获取的数据不存在缺失值的情况。填补缺失数据就是修复不完整的数据或使其偏差最小化。我们将在本节简明扼要地介绍如何处理缺失值。

我们以表 22.1 中的 10 个独立随机样本为例。该样本中的个体具有三种人口统计学变量特征：年龄（AGE）、性别（GENDER）与收入（INCOME）。样本中存在一些缺失值，在表格中用一个圆点表示。10 个样本中有 8 个提供了年龄数据，7 个提供了性别和收入数据。

处理缺失值的过程中，两种常见的解决方法分别是可用样本分析与完整样本分析[⊖]。可用样本分析仅使用可以得到（无缺失值）的样本对感兴趣的变量进行分析。以年龄均值的计算为例，可用的样本大小（无缺失值的数量）为 8，而并非总数 10 的原始样本。对收入均值与性别均值[⊜]的计算则分别使用两个不同的样本组合，样本大小均为 7。计算的样本不一致是可用样本分析法的主要缺点。样本大小不同会导致很多实际问题。因为原始样本的子样本集不完全一致，所以在变量之间进行比较分析是相当困难的。此外，多变量统计分析预测（在存在缺失值的情况下）往往会得出不合常理的结果[⊜]。

表 22.1　10 个样本个体的随机样本

样本	年龄（岁）	性别（0= 男性，1= 女性）	收入（美元）
1	35	0	50 000
2	.	.	55 000
3	32	0	75 000
4	25	1	100 000
5	41	.	.
6	37	1	135 000
7	45	.	.
8	.	1	125 000
9	50	1	.
10	52	0	65 000
总计	317	4	605 000
无缺失值的记录数量	8	7	7
均值	39.6	57%	86 429

　　被普遍采用的完整样本分析法仅使用所有变量均完整、不存在缺失值的样本进行分析。对于表 22.1 中的原始样本采用完整样本分析法时，分析范围仅包括 5 个样本，见表 22.2。这种分析方法的优点是简洁，因为可以直接实施标准的统计分析，无须对不完整的数据进行补充校正。对变量进行比较分析时，因为采用的是原始样本中的子样本，因此并不复杂。而该方法的缺点是完全删除了数据不完整的样本，会导致有效信息的缺失。

表 22.2　数据完整样本

样本	年龄（岁）	性别（0= 男性，1= 女性）	收入（美元）
1	35	0	50 000
3	32	0	75 000
4	25	1	100 000
6	37	1	135 000
10	52	0	65 000
总计	181	2	425 000
无缺失值的记录数量	5	5	5
均值	36.2	40%	85 000

　　另一种解决方法是哑变量校正（dummy variable adjustment）[1]。对于存在缺失值的变量 X，可以在其位置处使用两个新变量 X_filled 和 X_dum，其定义分别如下：

　　1）如果 X 没有缺失值，则 X_filled=X；如果 X 是缺失值，则 X_filled=0。

　　2）如果 X 没有缺失值，则 X_dum=0；如果 X 是缺失值，则 X_dum=1。

　　该方法的优点是易于使用，而且不需要删除任何样本；缺点则是当数据中有多个变量都存在缺失值时，数据分析的过程将变得较烦琐。此外，将缺失值用 0 填充不够严谨，不适用于某些数据分析。

　　数据填充方法的定义是，填充缺失值以获得完整数据集的过程与方法。其中，最简单且被普遍应用的方法是均值填充法（mean value imputation），即计算出变量中无缺失值的样本均值，替代缺失值。参见表 22.1 中的样本 2 与样本 8，在该例子中，用其他样本的年龄均值 40 岁（来自对 39.6 进行四舍五入）对样本 2 与样本 8 的年龄缺失值进行了填充。该方法的优点无疑在于应用的简便性。按照该方法的要求，均值的计算范围应限定在相同分类的样本中进行，且其预定义受到该研究所包含的其他相关变量的影响。

另一种较为普遍采纳的处理办法是回归填充法（regression-based imputation），即用回归分析得到的预测值来填充缺失值。需要填充缺失值的变量是因变量Y，预测变量X则是匹配变量（matching variables）。Y对X的回归采用完整样本分析的数据集。如果Y为连续变量，则使用通过普通最小二乘法（OLS）进行回归分析。如果Y为类别变量，则需采用逻辑斯谛回归模型（LRM）。例如，对表22.1中样本8的年龄变量进行填充，则需要基于包含五个独立样本的（ID分别为1、3、4、5和10）完整样本数据集，将年龄变量作为因变量，以性别与收入作为匹配变量进行回归分析。普通最小二乘法回归的填充模型见式22.1：

$$填充的 AGE 值（AGE\_imputed）$$
$$=25.8-20.5* 性别（GENDER）+0.0002* 收入（INCOME） \tag{22.1}$$

在上面公式中代入样本8的性别数值（=1）与收入数值（=125 000美元），得到年龄的填充值为53岁。

22.3　与数据缺失相关的假设

各种填充缺失数据的方法均预设缺失数据属于随机缺失（missing at random，MAR）。鲁宾将其归纳为两种不同的假设[2]：

1）随机缺失（MAR）表示缺失的数据并不取决于缺失值，而可能取决于观测值。

2）完全随机缺失（Missing Completely At Random, MCAR）意味着缺失的部分既不取决于既有的观测值，也不取决于缺失值。当这一假设适用于所有缺失值时，那些有完整数据样本的个体可被视为原数据的简单随机子样本。需要注意的是，完全随机缺失（MCAR）的第二个假设的限制条件比随机缺失（MAR）的假设更严格。

上述关于数据缺失的假设存在一些问题。在某种程度上，通过对数据中完整与不完整的两类信息进行比较，有可能对完全随机缺失假设进行检验。目前普遍采用的一种方法是比较目标变量的完整与不完整信息分布情况，例如对于变量Y，对基于Y分布的无缺失数据与缺失数据进行比较。如果这两类数据表现出显著差异，则可视为上述假设没有得到满足。如果这两类数据不存在显著差异，则该检验没有提供推翻上述假设的直接证据，在这种情况下，该假设可视为被谨慎接受⊖。而在随机缺失（MAR）的假设不可能进行有效性的测试。（为什么？）

业界普遍接受的一个观点是，上述缺失数据的解决方案是处理缺失数据的最好方式，甚至在缺失数据数量偏多的情况下亦是如此，关于缺失数据的假设是成立的。而两种新的数据填充方法，最大似然法和多重填充法，虽然可以为完整样本分析的缺失数据填充提供实质性的改进，但经常由于其假设不成立而遭到质疑。此外，新方法在大数据分析中的应用效果尚未得到评估。

缺失数据是不可替代的。艾利森提出："对缺失数据问题，最好的解决办法是不要产生缺失数据"[3]。丹普斯特与鲁宾提出了警告："填充数据既具有吸引力又危险。"说它具有吸

⊖　该测试证明了 MCAR 的必要条件。它的结果持续表明给定的变量与该变量的值之间没有关系。

引力，是因为它给了人们一个虚假信息，误以为数据是完整的。说它危险，是因为它会产生具有误导性的分析和失真的模型[4]。

上文提到的告诫并没有涉及大数据对填充缺失数据的影响。在大数据应用中，缺失数据的问题非常严重，因为至少一个变量会存在 30% ~ 90% 的缺失值，而且这样的情况非常普遍。因此，强烈建议规范大数据应用中的数据填充，并对其分析结果进行准确的判断。

探索性数据分析（EDA）的原则指出，失败源于没有勇于尝试。因此我们在此提出，数据挖掘 /EDA CHAID 填充法应结合均值填充法与回归填充法，在没有其他额外假设条件的前提下，对缺失数据进行显性调整。这种新数据填充方法的主要特征与探索性数据分析的特征相一致：

1）灵活性：无假设限制的 CHAID 法应用于包含大量缺失值的大数据样本时，效果特别好。

2）实用性：描述性的 CHAID 树状图可以提供清晰的数据分析结果。

3）创新性：CHAID 法的算法定义了填充数据的类别。

4）普适性：结合两种不同的传统缺失数据填充方法——传统缺失数据填充方法与数据结构识别的机器学习算法。

5）简便性：通过 CHAID 树填充法进行数据填充预测的操作比较简便易行。

22.4　CHAID 填充法

在前文中，我们介绍了一些后面讨论 CHAID 填充法时将要用到的术语。数据填充方法要求样本分为多个组或类别，通常称为填充类别（imputation classes），这些类别由配对变量（matching variables）进行定义。对于确保用预测值进行填充的可靠性而言，明确填充类别是非常重要的一步：随着类别的同质性增加，预测值的准确性与稳定性会不断提高。预测值的准确性与稳定性不断提高的前提条件是，在每个填充类别内的变量（用于填充缺失值）的方差较小。

CHAID 法实际上是通过递归式分区，将一个整体样本根据预测变量分为独立且差异化的组。预测变量可以使因变量的方差在组内部达到最小而在组间达到最大。在 1980 年，CHAID 原本是第一种用于寻找交互变量的"混合"情况的技术。在今天的数据集市场分析中，CHAID 法提供了一种基本的市场细分技术。在这里，我们提议将其作为一种均值填充法 / 回归填充法的替代性数据挖掘方法。

将 CHAID 法作为一种缺失值填充方法的理由如下：根据该方法的定义，CHAID 法创造出了最优化的同质分组，这些分组可有效应用于可信填充类别⊖。因此，卡方自动交互检测法为均值 / 基于回归分析的填充法提供了一种可靠的分组方法。

CHAID 法还提供了以下内容：

- CHAID 法是一种树状结构的、无前提假设限制的建模方法，是 OLS 回归的替代分析方法。它可以在不需要对模型真实结构存在预设条件的情况下提供可靠的预测结果，也不需要考虑 OLS 模型需要考虑的一些主要经典假设。例如，采取这种方法不必事先知道正确的自变量及其正确的重述形式。因此，CHAID 法与其建立的可信数据填

⊖　一些分析师可能会对同质性分组的最优化提出异议，但不会对数据填充分组的可信度提出异议。

充类别为连续变量提供了可靠的数据填充回归树。

- CHAID 法作为一个基于树状的非参数解决方法，可以作为二元与多元线性回归模型的替代分析方法，不需要确定模型真实的结构形态。因此，CHAID 法与其建立的可信数据填充类别为类别变量提供了可靠的数据填充分类树。

- 由于 CHAID 法可以利用绝大多数的分析样本进行分析，也就潜在地提供了更多可靠的数据填充预测值。与基于回归预测模型的数据填充方法相比，CHAID 法的分析样本并不会像前者那样因为缺失值模式而导致配对变量的分析样本大幅减少，因为 CHAID 法在分析过程中可以接受配对变量存在缺失值[⊖]。而基于回归的数据填充方法没有这种功能。

22.5　示例

以下举例说明，假设数据库中有一个具有 29 132 位顾客的样本。顾客的已知信息如下：年龄（AGE_CUST）、性别（GENDER）、终身总收入（LIFE_DOL）、过去 3 个月内是否存在购买记录（PRIOR_3）。每个变量中的缺失值用 "？？？" 标记。

表 22.3 列出了每个变量的缺失值与非缺失值的数量与百分比。例如，变量 LIFE_DOL 中有 691 个缺失值，数据缺失率为 2.4%。有趣的是，在该样本中，四个变量均有值的完整样本数为 27 025。从原始样本中摒弃数据不完整样本后，完整样本的信息损失率为 7.2%（=2096/29 132）。

表 22.3　缺失值与非缺失值的数量与百分比

变量	缺失值		非缺失值	
	数量	%	数量	%
年龄（AGE_CUST）	1 142	3.9	27 990	96.1
性别（GENDER）	2 744	9.4	26 388	90.6
终身总收入（LIFE_DOL）	691	2.4	28 441	97.6
过去 3 个月内是否存在购买记录（PRIOR_3）	965	3.3	28 167	96.7
所有变量	2 096	7.2	27 025	92.8

22.5.1　连续变量的 CHAID 均值填充

现在，我们要填充终身总收入变量（LIFE_DOL）的缺失值。我们以终身总收入（LIFE_DOL）为因变量，年龄（AGE_CUST）为预测变量（配对变量），通过 CHAID 法对其缺失值进行均值填充。年龄（AGE_CUST）的 CHAID 树状图见图 22.1。

我们设置了一些规则，以简化 CHAID 分析的相关讨论：

1）左闭右开的区间 [x, y) 表示 x 与 y 之间的数值，包括 x，不包括 y。

2）闭区间 [x, y] 表示 x 与 y 之间的数值，包括 x 和 y。

3）数据节点与填充类别之间存在区别。数据节点代表 CHAID 分组。填充类别即为数据节点。

4）在 CHAID 分类树中，数据节点按照从左至右的出现顺序以数字表示（1, 2, …）。

⊖　允许缺失值在比对变量的范围内 "浮动" 并停留在能够将本组的同质性最大化的位置。

按照上述规则，图 22.1 中的年龄（AGE_CUST）的 CHAID 树状图可解读如下：

1）顶部的方框显示的是终身总收入变量（LIFE_DOL）的 28 441 个（非缺失的）可用样本观测值的均值 27 288.47 美元。

2）CHAID 法对年龄（AGE_CUST）建立了四个数据节点。节点 1 包括 6499 个样本个体，其年龄范围落在区间 [18, 30) 内，终身总收入（LIFE_DOL）的平均值为 14 896.75 美元。节点 2 包括 7160 个样本个体，其年龄范围落在区间 [30, 40) 内，终身总收入（LIFE_DOL）的平均值为 29 396.02 美元。节点 3 包括 7253 个样本个体，其年龄范围落在区间 [40, 55) 内，变量 LIFE_DOL 的平均值为 36 593.81 美元。节点 4 包括 7529 个样本个体，其年龄范围落在区间 [55, 93] 内，变量 LIFE_DOL 的平均值为 27 033.73 美元。

3）注意：CHAID 法将年龄（AGE_CUST）的缺失值都定位在年龄值最大的缺失节点中。

年龄变量（AGE_CUST）对终身总收入变量（LIFE_DOL）的 CHAID 均值填充预测值为节点 1 到 4 的均值，分别为：14 876.75 美元、29 396.02 美元、36 593.81 美元、27 033.73 美元。表 22.4 列出了 691 个样本的年龄值分布，该样本的终身总收入变量（LIFE_DOL）含有缺失值。

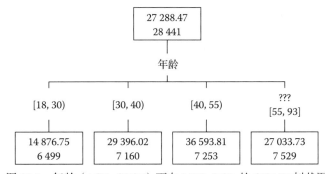

图 22.1 　年龄（AGE_CUST）面向 LIFE_DOL 的 CHAID 树状图

表 22.4　对变量 LIFE_DOL 缺失值的 CHAID 填充预测值

年龄（AGE_CUST）类别	类别大小	填充预测值（美元）
[18, 30)	0	14 876.75
[30, 40)	0	29 396.02
[40, 55)	0	36 593.81
[55, 93] 或 ???	691	27 033.73

691 个样本全部落在最后一个类别中，其终身总收入（LIFE_DOL）的填充值为 27 033.73 美元。如果这 691 个样本中有任何几个落在别的年龄类别中，缺失值的填充将采用与该类别相应的均值。

22.5.2　面向连续变量的大量缺失值 CHAID 均值填充

在具有配对变量的情况下，CHAID 法提供了为大量缺失值填充均值的方法，以及应采用何种填充预测值的测量指标。CHAID 分类树的拟合优度与质量可以通过可解释方差的百分比（Percentage Variance Explained，PVE）进行度量。基于配对变量计算得出，具有最大PVE 值的填充预测值往往会被定为首选的预测值。但需要注意的是，PVE 值大并不一定意味着是可靠的填充预测值，最大的 PVE 值也并不意味着能保证得到最佳的填充预测值。不同的配对变量均会生成具有较大 PVE 值的填充预测值，数据分析师需要对这些值进行具体的分析。

在上述例子中，在对终身总收入（LIFE_DOL）的缺失值进行填充后，我们又实施了两次 CHAID 均值填充。第一次 CHAID 填充以终身总收入（LIFE_DOL）作为因变量，性别（GENDER）作为配对变量，详见图 22.2。第二次 CHAID 填充以终身总收入（LIFE_DOL）作为因变量，过去 3 个月内是否存在购买记录（PRIOR_3）作为配对变量，详见图 22.3。比对年龄（AGE_CUST）、性别（GENDER）与过去 3 个月内是否存在购买记录（PRIOR_3）变量的 PVE 值分别为 10.20%、1.45%、1.52%。因此，在该例子中，由于年龄（AGE_CUST）的 PVE 值明显最大，因此选取基于年龄变量得出的填充预测值作为首选。

图 22.2 性别（GENDER）对 LIFE_DOL 的 CHAID 树状图

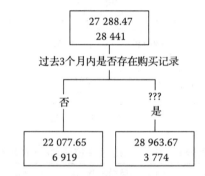

图 22.3 过去 3 个月内是否存在购买记录变量（PRIOR_3）对 LIFE_DOL 的树状图

对比注意事项：与 CHAID 均值填充法不同的是，对于如何选择连续性配对变量，如上述示例中的年龄（AGE_CUST），以确定首选的缺失数据填充预测值，传统的均值填充方法并没有提供指导建议。

22.5.3 LIFE_DOL 的回归树填充

我们可以选择性在首选的单变量 CHAID 树状图中增加配对变量⊖，以提高填充预测值的可靠性（例如提高 PVE 值）。将性别（GENDER）与过去 3 个月内是否存在购买记录（PRIOR_3）添加至年龄（AGE_CUST）的树状图后，可获得 12.32% 的 PVE 值，比原有的年龄 PVE 值提高了 20.8%（=2.12%/10.20%）。年龄 – 性别 – 过去 3 个月内的购买记录三变量的回归树状图详见图 22.4。

⊖ 此处存在很大的讨论空间，可讨论增加（树状）模型中的变量数目与模型对偏差的影响以及预测值稳定性之间的关系。

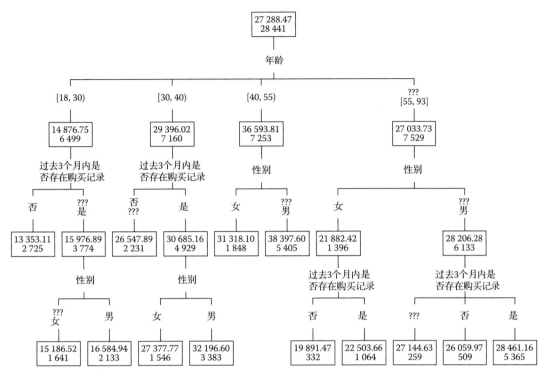

图 22.4　年龄－性别－过去 3 个月内的购买行为三变量（AGE_CUST-GENDER-PRIOR_3）对终身总收入变量（LIFE_DOL）的 CHAID 分类树

AGE_CUST-GENDER-PRIOR_3 的回归树状图可进行如下解读：

1）在对年龄（AGE_CUST）的 CHAID 树状图进行扩展的过程中，得到一个具有 13 个终节点的回归树。

2）数据节点 1（位于第二层）包含 2725 个样本个体，其年龄落于 [18, 30) 的区间内且在过去 3 个月内没有购买行为（过去 3 个月内是否存在购买记录 = 否）。终身总收入（LIFE_DOL）均值为 13 353.11 美元。

3）数据节点 2（位于第三层）包含 1641 个样本，其年龄落于 [18, 30) 的区间内且在过去 3 个月内不清楚是否存在或确定存在购买行为（过去 3 个月内是否存在购买记录 = "？？？"或"是"），且性别不详或为女性（性别 = "？？？"或"女"）。终身总收入（LIFE_DOL）均值为 15 186.52 美元。

4）剩余的数据节点的解释与上述内容类似。

年龄－性别－过去 3 个月内的购买行为变量（AGE_CUST-GENDER- PRIOR_3）对终身总收入变量（LIFE_DOL）的回归树填充预测值为 13 个终节点的均值。单个样本的终身总收入（LIFE_DOL）缺失值可用该样本对应的填充类别的均值替代。这 691 个在总收入变量（LIFE_DOL）中存在缺失值的样本的具体分布见表 22.5。所有的总收入变量（LIFE_DOL）缺失值都来自最右侧的五个数据节点（节点 9 ～节点 13）。按之前的处理方法，如果这 691 个样本中有任何样本落在其他八个数据节点中，则应采用对应的均值进行缺失值填充。

注意事项：对于终身总收入变量（LIFE_DOL），传统的基于普通最小二乘法回归的均值填充方法以四个比对变量为基础：年龄（AGE_CUST）、性别（GENDER）的两个哑变量（存在缺失值的性别也被归为一个类别），以及过去 3 个月内是否存在购买记录（PRIOR_3）的一个哑变量。其结果得出数据完整样本的样本量为 27 245。该数据完整样本的样本数量表明 CHAID 分析样本具有 4.2% 的信息损失率（=1196/28 411）。

表 22.5　终身总收入变量（LIFE_DOL）缺失值的回归树填充预测值

年龄（AGE_CUST）类别	性别	过去 3 个月内是否存在购买记录	类别大小	填充预测值（美元）
??? 或 [55, 93]	女	否	55	19 891.47
??? 或 [55, 93]	女	是	105	22 503.66
??? 或 [55, 93]	男	否	57	26 059.97
??? 或 [55, 93]	男	是	254	28 461.16
??? 或 [55, 93]	???	否	58	26 059.97
??? 或 [55, 93]	???	是	162	28 461.16
总计			691	

22.6　CHAID 面向单个类别变量的最大似然类别填充

面向类别变量的 CHAID 填充法与面向连续变量的 CHAID 填充法非常相似，仅在评估和解读方面略有不同。对需填充类别来说，面向连续变量的 CHAID 填充法分配一个均值，而面向类别变量的 CHAID 填充法则采用最主要或最大似然类别。面向连续变量的 CHAID 填充法给出了 PVE，而面向类别变量的 CHAID 填充法则采用一个与总体正确分类成比例（Proportion of Total Correct Classification，PTCC）的指标[⊖]，用于确定具有所需的配对变量。

与面向连续变量的 CHAID 填充法相似，PTCC 值也有类似的注意事项，即较大的 PTCC 值并不必然保证填充预测值的可靠性，具有最大的 PTCC 值也不必然保证其对应的填充预测值是最优的。不同的配对变量均会生成具有较大 PTCC 值的填充预测值，数据分析师需要对这些值进行具体分析。

22.6.1　填充性别变量的 CHAID 最大似然类别法

我们对性别变量的缺失值进行填充，使用性别（GENDER）作为因变量，年龄（AGE_CUST）作为配对变量，采用 CHAID 最大似然类别填充法。年龄变量（AGE_CUST）的 CHAID 树状图详见图 22.5，PTCC 值为 68.7%。

年龄变量（AGE_CUST）的 CHAID 树状图可解读如下：

1）顶部的方框表明女性与男性的占比分别为 31.6% 和 68.4%。

2）此处的 CHAID 在年龄变量（AGE_CUST）下创建了 5 个数据节点。节点 1 包含 1942 个样本，其年龄落于 [18, 24) 区间内。女性与男性的占比分别为 52.3% 和 47.7%。节点 2 包含 7203 个样本，其年龄落于 [24, 35) 区间内。女性与男性的占比分别为 41.4% 和 58.6%。

3）其他数据节点的解读与上述解读类似。

4）值得关注的事项：在该 CHAID 分析中，缺失值均被分配在年龄为中年段的数据节

⊖ PTCC 的值由分类树中每个终数据节点所对应分类的观测值的百分比进行计算。这些百分比占该分类树中所有终数据节点的加权总比重即为 PTCC。数据节点的权重取决于该数据节点中观测值的数量相对于该分类树中观测值的比例。

点中。相比之下，在终身总收入变量（LIFE_DOL）的 CHAID 树状图中，年龄的缺失值都分布在年龄最大的年龄段 / 数据节点中。

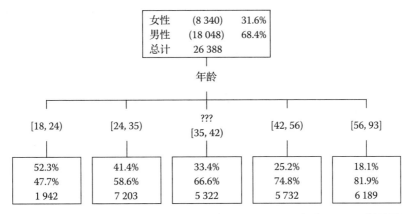

图 22.5　年龄变量（AGE_CUST）对性别变量（GENDER）的 CHAID 树状图

在上述例子中，我们对性别变量（GENDER）分别进行了两个额外的 CHAID 最大似然类别填充，分别采用了 PRIOR_3 与 LIFE_DOL（见图 22.6 和图 22.7）。两个 PTCC 值相同，均为 68.4%。因此，选择根据年龄变量（AGE_CUST）得出的填充预测值，因为其 PTCC 值最大（68.7%），尽管该值与其他变量的 PTCC 值相比并没有明显差异。

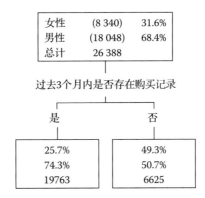

图 22.6　过去 3 个月内是否存在购买记录（PRIOR_3）对性别变量（GENDER）的 CHAID 树状图

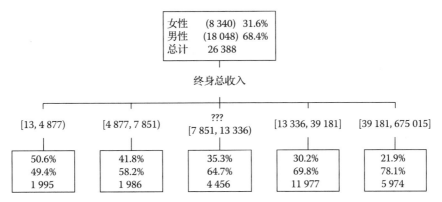

图 22.7　终身总收入（LIFE_DOL）变量对性别变量（GENDER）的 CHAID 树状图

性别变量（GENDER）的 AGE_CUST 的 CHAID 最大似然类别填充值是数据节点的最大似然类别，即具有最大百分比数的类别。图 22.5 中，数据节点中具有最大百分比的类别分别为：女性（52.3%）、男性（58.6%）、男性（66.6%）、男性（74.8%）、男性（81.9%）。我们将个体样本中的性别变量缺失值用该样本对应的填充类别中的主要类别的填充值进行替代。性别变量（GENDER）共有 2744 个缺失值，这些缺失值的年龄分布情况见表 22.6。年龄值落在 [18, 24) 区间的样本将归类为女性，因为在该年龄区间内女性样本的占比最大，而年龄值落在其他区间的样本将归类为男性。大部分样本的归类均为男性，这并不奇怪，因为在总体样本中男性的比例较大（68.4%）。

表 22.6   性别（GENDER）缺失值的卡方自动交互检测填充预测值

年龄（AGE_CUST）类别	类别大小	填充预测值
[18, 24)	182	女性
[24, 35)	709	男性
？？？ 或 [35, 42)	628	男性
[42, 56)	627	男性
[56, 93)	598	男性
总计	2 744	

注意事项：传统的均值填充方法在上面的例子中仅应用于配对变量——过去 3 个月内是否存在购买记录（PRIOR_3）（想一想为什么？）。CHAID 最大似然类别填充法提供了一种便捷的分析方法，为填充预测值提供了三个选择项以及如何选择最优预测值的参考方法。

22.6.2   填充性别变量的分类树法

通过生成分类树的方式，可以选择性地在单变量 CHAID 树状图中增加配对变量$^{\ominus}$，以提高填充预测值的可靠性（例如，提高 PTCC 的值）。基于年龄变量（AGE_CUST）、过去 3 个月内是否存在购买记录变量（PRIOR_3）和终身总收入变量（LIFE_DOL），通过对年龄变量（AGE_CUST）的树状图进行拓展，我们获得了性别变量的分类树（见图 22.8）。该分类树的 PTCC 值为 79.3%，比年龄变量的 PTCC 值提高了 15.4%（=10.6%/68.7%）。

AGE_CUST-PRIOR_3-LIFE_DOL 的分类树可解读如下：

1）通过引入 PRIOR_3 和 LIFE_DOL，对性别变量的分类树进行拓展，我们获得了一个具有 12 个终节点的分类树。

2）数据节点 1 包含 1013 个样本，其年龄落于 [18, 24) 区间内且过去 3 个月内没有发生过购买行为（PRIOR_3 = 否）。女性与男性的占比分别为 59.0% 和 41.0%。

3）数据节点 2 包含 929 个样本，其年龄落于 [18, 24) 区间内且过去 3 个月内发生过购买行为（PRIOR_3= 是）。女性与男性的占比分别为 44.9% 和 55.1%。

4）其余的数据节点的解读与上述节点类似。

5）数据节点 4 没有主要优势类别，因为两种性别的占比均等于 50%。

6）数据节点 1、7 与 9 都将女性作为主要优势类别。所有其余的数据节点都将男性作为主要优势类别。

⊖   此处又出现了讨论的空间，可讨论增加（树状）模型中的变量数目与模型对偏差的影响以及预测值稳定性之间的关系。

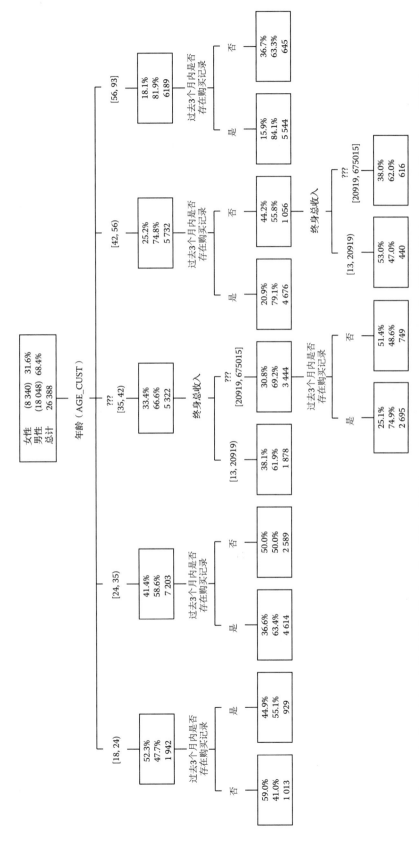

图 22.8 年龄－过去 3 个月内的购买行为－终身总收入变量（AGE_CUST-PRIOR_3-LIFE_DOL）对性别变量（GENDER）的 CHAID 分类树

AGE_CUST-PRIOR_3-LIFE_DOL 对性别变量（GENDER）的 CHAID 分类树填充值是数据节点中的最大似然类别。我们将样本中的性别变量缺失值用该样本对应的填充类别中的主要类别进行了替代。性别变量的缺失值（见表 22.7）分布于全部 12 个数据节点中。数据节点 1、7 与 9 中的性别缺失值填充为女性。对于数据节点 4 中的性别缺失值，我们用两种性别进行随机填充。所有其他样本的性别缺失值填充为男性。

表 22.7　性别（GENDER）缺失值的分类树填充预测值

节点	年龄类别	购买行为类别	终身总收入类别	类别大小	填充预测值
1	[18, 24)	否	—	103	女性
2	[18, 24)	是	—	79	男性
3	[24, 35)	是	—	403	男性
4	[24, 35)	否	—	306	女性 / 男性
5	??? 或 [35, 42)	—	[13, 20 919)	169	男性
6	??? 或 [35, 42)	是	??? 或 [20 919,675 015]	163	男性
7	??? 或 [35, 42)	否	??? 或 [20 919,675 015]	296	女性
8	[42, 56)	是	—	415	男性
9	[42, 56)	否	[13, 20 919)	70	女性
10	[42, 56)	否	[20 919, 675 015]	142	男性
11	[56, 93]	是	—	449	男性
12	[56, 93]	否	—	149	男性
总计				2 744	

注意事项：对于性别变量，传统的基于逻辑斯谛回归的均值填充方法以三个配对变量为基础：年龄、终身总收入和最近 3 个月购买行为的一个哑变量，其结果显示数据完整样本的样本量为 26 219，信息损失率为 0.6%（=169/26 388），几乎可忽略不计。

22.7　本章小结

在实际情况中，极少会遇到数据集完全不存在缺失值的情况。现实情况是数据分析师往往需要尝试根据既有数据对信息进行填充恢复，将信息中的损失尽量最小化。在本章中，我们简要介绍了应用最为普遍的缺失值填充方法，包括完整样本分析、可用样本分析、均值填充法与回归填充法。上述所有方法都有至少一个版本的关于缺失值的假设：随机缺失（MAR）和完全随机缺失（MCAR），这两种假设一个难以验证有效性，一个根本无法验证有效性。

我们认为，处理数据缺失值的传统智慧在满足缺失值的数据处理需求方面差强人意，特别是在应用于大数据分析时。缺失数据方面的专家会警告我们，对缺失数据进行填充十分具有吸引力而又非常危险。因此，对缺失数据问题的最佳解决方法是不要产生缺失数据。据此，我们强烈提议在进行大数据分析应用时执行严格的填充方法，并对分析结果进行审慎评估。

我们不反对使用 CHAID 填充法，但建议将其作为均值填充法与回归填充法的一种替代方法。CHAID 适用于缺失值填充的主要原因是能够创建组内同质达到最大化的分组，可作为可信的填充类别，保证填充预测值的可靠性。可信填充类别使得 CHAID 成为均值填充法与回归填充法的可靠辅助方法。此外，CHAID 填充法的效果与 EDA 提供的效果相当。

　　本章通过一个数据库目录案例分析展示了 CHAID 填充法的具体应用，说明了 CHAID 是如何对连续变量及类别变量提供缺失值填充的，并详细解释了 CHAID 均值填充预测值的选择规则，以及 CHAID 回归树填充预测值的选择方法。

参考资料

1. Cohen, J., and Cohen, P., *Applied Multiple Regression and Correlation Analysis for the Behavioral Sciences*, Erlbaum, Hillsdale, NJ, 1987.
2. Rubin, D.B., Inference and missing data, *Biometrika*, 63, 581–592, 1976.
3. Allison, P.D., *Missing Data*, Sage, Thousand Oaks, CA, 2002, p. 2.
4. Dempster, A.P., and Rubin, D.B., Overview, in Madow, W.G., Okin, I., and Rubin, D.B., Eds., *Incomplete Data in Sample Surveys, Vol. 2: Theory and Annotated Bibliography*, Academic Press, New York, 1983, p. 3.

第 23 章

大数据建模

23.1 引言

"除非你知道如何接纳我，否则你毫无胜算。"缺失数据向统计学家提出了挑战。统计学家无法避免在统计中遇到缺失值。几乎所有的数据集都或多或少地存在缺失值，因此大家更关注如何接纳缺失值的问题。所有的大数据集都存在大量的缺失值，因此分析师对该问题的关注程度更高。在大数据出现之前，传统的数据分析方法（完整样本分析）就被认为在处理所有数据集时均存在一定问题。这些分析方法在应用于大数据分析时的失效程度究竟如何，目前依然未知，因此引起了分析师的更多关注。本章的目标是在以数据为基础的研究方法现有效果的基础上，为完整及不完整的大数据建模介绍一种新的分析路径。为了便于介绍，我们运用较小的数据集进行演示和举例，该案例为本章推荐的分析方法在所有数据集中应用的可行性提供了有力证据。我们为在本章中介绍的分析方法提供了 SAS 示例程序，该方法为统计模型的建模工作者提供了一种有效工具。该示例程序也可从我们的网站进行下载：http://www.geniq.net/articles.html#section9。

23.2 背景

本章内容可视作第 22 章的第二部分。我们希望读者再次阅读 22.2 节，尽管在缺失数据的数量较为适中的情况下，目前已有的缺失数据处理方法在实际效果及满意度方面均差强人意，而且缺失数据的相关假设也没有得到满足，但我们依然提出应将 CHAID 法作为一种数据填充方法加以应用。

由于完整样本分析法（Complete Case Analysis，CCA）存在缺陷，是在随机缺失假设与完全随机缺失假设未满足的前提下对数据进行强制识别与分析，因此在本章中，我们将主成分分析法（Principal Component Analysis，PCA）与完整样本分析法（CCA）相结合，提出一种大数据建模的、以数据为基础的分析方法。我们充分意识到大量优秀的统计方法都充分考虑了缺失数据的问题（见下一段）。我强烈建议对大数据分析中的缺失值填充加以规范与限制，并对分析结果加以判断后再决定是否接受。为此，在经过充分检验后，我们认为本章推荐的分析方法——在此称为 CCA-PCA，对于处理大数据中的缺失值问题具有重大价值。

正如在第 22 章中所述，我们借用探索性数据分析（EDA）的精神，对于缺失数据，提

出了统计学家应该牢记的格言："除非你知道如何接纳我，否则你毫无胜算。"我们提议将
CCA-PCA 法视为一种基于完整样本分析法和主成分分析法[⊖]的数据挖掘方法，可以在无须
强加额外假设的前提下解决缺失数据问题。

上述新分析方法的主要特征与探索性数据分析法的特征相一致：

1）灵活性：数据挖掘的主成分分析法无假设限制，且在应用于包含大量缺失值的大数
据样本时效果特别好。

2）实用性：模型提供的分析结果通过十分位分析，以表格的形式呈现。

3）创新性：对数据完整及不完整情况下的数据处理，可分别对相应数据集内的所有信
息进行解释。

4）普适性：结合两种不同的传统缺失数据处理方法——可以对完整样本分析法进行升
级，并提升主成分分析法的效果。

5）简便性：CCA-PCA 分析法具有自解释性。

23.3　CCA-PCA 分析法：具体案例

数据库营销人员总是在寻找有效的模型，以辨别出最有可能购买商品的顾客（商品询价
的回应者），每次涉及这类分析，我们都会从其最近的商品询价文件中取出随机样本。样本
数据集 GENMERCH 中包含 30　000 个样本，自变量为回应情况（RESPONSE，是 =1，否
=0），候选的预测变量为 $X_2 \sim X_{24}$。样本中有 6636 个回应者，应答率为 22.1%。我们按照常
用的做法将原始变量进行重命名，以避免注重细节的统计学家提出一系列质疑或批评意见。
在本章中，我们侧重于让读者把注意力集中在 CCA-PCA 方法上，而无须过于关注次要的批
评意见。

样本数据集 GENMERCH 的前 10 个样本已在表 23.1 中列出。第一个缺失值位于样本
ID#10 的变量 X_{10} 中。后续出现的缺失值分别位于以下位置：样本 ID#3 的变量 X_{14}、样本
ID#6 的变量 X_{15}，ID#1、#7、#9 及 #10 的变量 X_{16}。

判断数据集的完整性

我们运行了附录 23.A 中的示例程序，判断 $X_2 \sim X_{24}$ 中缺失观测值的数量，又运行
了附录 23.B 的程序，计算每个变量的缺失比例。这个指标给出了各种 X 变量集的样本大
小。其中，CCA 样本量（CCA size）是通过频次分析得出的，是 CCA_SAMSIZE=0 对应的
频次。

变量的子集合大小与 CCA 样本量如何取得最佳平衡？我们对此进行了判断。筛选了一
组变量，包含 X_{11}、X_{12}、X_{13}、X_{19} 与 X_{21}，这一组合可以获得最大样本量。根据 CCA 法得出
的完整样本量（complete size）为 16　003，占总样本的 53.34%。不完整（ICA）数据集的样
本大小为 13　997，占总样本的 46.66%。详见表 23.2。

⊖　由于 MCAR 和 MAR 假设很难或几乎无法检验，检验假设的经验方法是检查其合理性（即这些假设在实践中
有很大的回旋余地）。所以，用 CCA 构建逻辑斯谛回归模型应该不至于像文献所说的那样有很多问题（http://
art-artificial-evolution.dei.uc.pt/preface.htm）。

表 23.1　数据集 GENMERCH 及其变量

ID	回应情况	X2	X3	X4	X5	X6	X7	X8	X9	X10	X11	X12	X13	X14	X15	X16	X17	X18	X19	X20	X21	X22	X23	X24
1	1	24	3 913	3 102	689	0	0	0	2	20 000	2	2	1	-1	-1	.	-2	0	689	0	0	0	0	2
2	1	26	2 682	1 725	2 682	3 272	3 455	3 261	2	120 000	-1	2	2	0	0	0	2	0	1 000	1 000	1 000	0	2 000	2
3	1	30	65 802	67 369	65 701	66 782	36 137	36 894	2	70 000	1	2	2	.	0	0	2	3 200	0	3 000	3 000	1 500	0	1
4	1	24	15 376	18 010	17 428	18 338	17 905	19 104	1	20 000	0	0	2	2	2	2	2	3 200	0	1 500	0	1 650	0	1
5	1	39	316	316	316	0	632	316	2	120 000	-1	1	1	-1	-1	-1	-1	316	316	0	632	316	0	1
6	1	26	41 087	42 445	45 020	44 006	46 905	46 012	2	70 000	2	0	2	0	.	2	2	2 007	3 582	0	3 601	0	1 820	2
7	1	40	5 512	19 420	1 473	560	0	0	1	450 000	-2	2	1	-2	-2	.	-2	19 428	1 473	560	0	0	1 128	2
8	1	27	-109	-425	259	-57	127	-189	1	60 000	1	2	2	-1	-1	-1	-1	.	1 000	0	500	0	1 000	1
9	1	33	30 518	29 618	22 102	22 734	23 127	23 680	2	50 000	2	0	2	0	0	.	0	1 718	1 500	1 000	1 000	1 000	716	1
10	1	25	0	780	0	0	0	0	1	.	1	1	2	-1	-2	.v	-2	780	0	0	0	0	0	1

表 23.2　根据 $X_{11} \sim X_{13}$，X_{19} 及 X_{21} 得出 CCA 样本量（CCA=1）和不完全数据样本量（CCA=0）

根据 $X_{11} \sim X_{13}$，X19 及 X_{21} 通过全面样本分析法得出的样本	频次	百分比	累计频次	累计百分比
0	16 003	53.34	16 003	53.34
1	10 541	35.14	26 544	88.48
2	2 991	9.97	29 535	98.45
3	429	1.43	29 964	99.88
4	36	0.12	30 000	100.00
CCA	频次	百分比	累计频次	累计百分比
0	13 997	46.66	13 997	46.66
1	16 003	53.34	30 000	100.00

关于分析全面样本分析法和不完整数据（ICA）数据集结构的示例程序详见附录 23.C。

23.4　用完整数据集构建回应模型

基于 CCA 法得到的数据集，我们构建 X_{11}，X_{12}，X_{13}，X_{19} 及 X21 对 RESPONSE（回应）的逻辑斯谛回归模型。该模型的主要输出结果是最大似然预测值，见表 23.3。

表 23.3　CCA 最大似然预测值

参数	DF	预测值	标准误差	Wald 卡方	Pr>ChiSq
截距	1	−0.838 7	0.071 6	137.054 3	<0.000 1
X_{11}	1	−1.59E-6	1.818E-7	76.058 8	<0.000 1
X_{12}	1	−0.192 0	0.039 1	24.167 9	<0.000 1
X_{13}	1	0.610 8	0.024 2	637.828 1	<0.000 1
X_{19}	1	0.083 8	0.026 8	9.761 0	0.001 8
X_{21}	1	0.072 5	0.024 8	8.547 3	0.003 5

用 CCA 法构建的回应模型由公式 23.1 中的 Logit 值直接定义，且由公式 23.2 中的 Logit 值转换而来的概率间接定义：

$$\text{Logit}(\text{RESPONSE}=1|\text{CCA}) = -0.8387 \tag{23.1}$$
$$-1.595\text{E-}6*X_{11}$$
$$-0.1920*X_{12}$$
$$+0.6108*X_{13}$$
$$+0.0838*X_{19}$$
$$+0.0725*X_{21}$$

$$\text{Prob}(\text{RESPONSE}=1|\text{CCA}) = \text{PROB\_COMPLETES}$$
$$=\exp(\text{Logit}(\text{RESPONSE}=1|\text{CCA})) /$$
$$(1+\exp \text{Logit}(\text{RESPONSE}=1|\text{CCA})) \tag{23.2}$$

这个回应模型采取了自助式（bootstrapped）CCA 数据集，以去除原 CCA 中包含的噪声信息。CCA 法的回应模型的十分位分析详见表 23.4。自助法的相关内容详见第 29 章。

表 23.4   CCA 法的回应模型的十分位分析

参数	样本数量	回应数量	应答率（%）	累计应答率（%）	累积提升度（%）
顶部	1 600	1 118	69.9	69.9	314
2	1 600	637	39.8	54.8	247
3	1 601	332	20.7	43.5	195
4	1 600	318	19.9	37.6	169
5	1 600	165	10.3	32.1	144
6	1 601	165	10.3	28.5	128
7	1 600	158	9.88	25.8	116
8	1 601	256	16.0	24.6	111
9	1 600	211	13.2	23.3	105
底部	1 600	199	12.4	22.2	100
总计	16 003	3 559			

CCA 法的回应模型分析结果

CCA 法的回应模型的十分位分析是模型效果的最终决定因素。我们将详细讨论上述分析结果⊖。表 23.4 中，十分位（DECILE）列是未经过计算的纵向分类标识，由此得出五列，即列 2 ～列 6。样本根据 Logit 值（或 PROB_CPMPLETES 值）由高到低进行排列，根据排列结果得到 10 个大小相等的分组或十分位组。这五列间接地表明：

1）样本大小为 16 003，样本中有 3559 个的 RESPONSE=1。因此，平均应答率（RESPONSE）为 22.2%，见列 4 的底部十分位组。

2）第三列应答率（RESPONSE RATE，%）显示了每个十分位组的均值。顶部十分位组的均值（69.9%）与底部十分位组的均值（12.4%）表明顶部与底部的比值为 5.64。这一比值意味着该模型能够极其显著地区分样本中的个体。

3）最后一列累积提升度（CUM LIFT，%）表明了该模型的总体效果。顶部十分位组的累积提升度（CUM LIFT）为 314，表示模型最顶部的 10% 样本的平均应答是整体平均应答率（22.2%）的 3.14 倍，亦即前者比后者大 214%。

4）顶部两个十分位组的累积提升度（CUM LIFT）为 247，表明模型中位于最顶部 20% 样本的平均应答为整体平均应答率（22.2%）的 2.47 倍，亦即前者比后者大 147%。

5）对于其余的十分位组，其累积提升度（CUM LIFT）的解释与上述解释相似。

综上所述，全面样本分析法的回应模型具有非常显著的区分度，可以有效地为市场营销活动辨别出最佳目标顾客。

23.5   用不完整数据集构建回应模型

我们根据基于不完整数据的主成分分析结果，构建了对不完整数据集的回应模型。第 7 章的内容充分介绍了主成分分析（PCA）的有关内容。读者如有需要，可以先对第 7 章的内

⊖ 第 26 章详细讨论了十分位分析的方法和解读。事实上，读者可以快速浏览第 26 章，然后回来看这一节，或者完整看完这节的模型结果，在读完第 26 章之后再重读这一节。

容进行重温，再回到本章阅览后续内容。

对不完整数据进行主成分分析时，需要对不完整数据集进行二值转换，在本文中我们将其称为经过二值转换的不完整数据（BICA）。我们运用附录 23.D 中的示例程序将原始不完整数据中的变量转换为 1-0 值，其中缺失值均以 1 代替，非缺失值均以 0 代替。表 23.5 列出了在样本中随机抽出的 10 个样本，显示了不完整数据集中的变量 X 与经过二值转换的变量 XX 的对应关系。

表 23.5　根据主成分分析结果将不完整数据的变量转换为二值变量

ID	X_{14}	X_{15}	X_{18}	X_{20}	X_{21}	X_{22}	X_{23}
36	120 000	−1	.	.	0	0	.
74	.	1	2	2	0	0	2
83	.	2	0	0	2	.	2
27	60 000	1	−2	−1	−1	−1	−1
18	50 000	1	−1	.	−2	−2	−2
72	150 000	0	0	−1	0	0	−2
73	10 000	2	.	2	0	0	0
70	360 000	.	−1	2	0	−1	−1
76	200 000	2	2	.	.	2	2
48		2	2	2	3	.	2
ID	XX_{14}	XX_{15}	XX_{18}	XX_{20}	XX_{21}	XX_{22}	XX_{23}
36	0	0	1	1	0	0	1
74	1	0	0	0	0	0	0
83	1	0	0	0	0	1	0
27	0	0	0	0	0	0	0
18	0	0	1	1	0	0	0
72	0	1	0	0	0	0	0
73	0	0	0	1	1	0	0
70	1	0	0	0	0	1	0
76	0	0	0	1	1	0	0
48	1	0	0	0	0	1	0

对经二值转换的不完整数据进行主成分分析

作为一种数据挖掘技术，主成分分析是分析二值数据的最佳方法之一。在本节的示例中，二值数据是指经过二值转换的不完整数据（BICA）。主成分分析揭示了经过转换的不完整数据的特征结构。我们运用所有可能的子组合变量选择方法，分析结果将主成分分析法应用于变量 XX_{14}、XX_{15}、XX_{18}、XX_{20}、XX_{21}、XX_{22} 与 XX_{23}。

表 23.6 与表 23.7 中列出了主成分分析结果中的两部分，分别为特征值与特征向量。简单说，主成分分析的经验法则是在特征值大于 1 时具有潜在的预测效力。当有四个特征值时，对不完整数据模式的信息解释比率可达到 65.57%。根据特征向量的值对多个 PC 进行了定义，分别用 NMISS_PC1-NMISS_PC7 加以命名。

表 23.6   经过二值转换的不完整数据（BICA）的主成分分析特征值

	特征值	差异值	占比	累计值
1	1.167 734 89	0.020 001 19	0.166 8	0.166 8
2	1.147 733 70	0.003 492 23	0.164 0	0.330 8
3	1.144 241 48	0.014 052 75	0.163 5	0.494 2
4	1.130 188 73	0.131 168 76	0.161 5	0.655 7
5	0.999 019 97	0.002 707 57	0.142 7	0.798 4
6	0.996 312 40	0.581 543 57	0.142 3	0.940 7
7	0.414 768 83		0.059 3	1.000 0

表 23.7   经过二值转换的不完整数据（BICA）的主成分分析特征向量

	NMISS_PC1	NMISS_PC2	NMISS_PC3	NMISS_PC4	NMISS_PC5	NMISS_PC6	NMISS_PC7
XX_{14}	−0.474 478	−0.454 708	−0.567 826	0.186 920	−0.012 499	0.081 685	0.451 572
XX_{15}	−0.301 693	0.828 850	−0.088 169	−0.091 948	0.041 448	−0.027 284	0.450 886
XX_{18}	0.524 448	−0.144 022	−0.190 945	−0.684 256	−0.043 368	0.021 479	0.444 076
XX_{20}	0.560 151	0.039 704	0.059 096	0.685 185	0.039 075	−0.120 934	0.442 191
XX_{21}	−0.289 736	−0.272 485	0.793 519	−0.093 766	−0.005 879	0.058 078	0.447 138
XX_{22}	−0.007 323	−0.059 711	−0.010 477	−0.061 341	0.989 663	−0.114 094	−0.007 571
XX_{23}	0.105 058	0.078 200	0.008 103	0.079 796	0.123 491	0.980 360	−0.007 630

23.6   基于 PCA-BICA 数据构建回应模型

我们根据基于主成分分析及经二值转换（PCA-BICA）的不完整数据的两个变量 NMISS_PC2 与 NMISS_PC3，构建了关于回应（RESPONSE）的逻辑斯谛回归分析模型。此处采用的变量选择方法是第 10 章中讨论的探索性数据分析法（EDA）。基于 NMISS_PC2 与 NMISS_PC3 得出的逻辑斯谛回归分析最大似然预测值结果详见表 23.8。

表 23.8   对经二值转换的不完整数据进行主成分分析得出的最大似然预测值

参数	DF	预测值	标准误差	Wald 卡方	Pr>ChiSq
截距	1	−1.277 4	0.020 6	3 849.634 2	<0.000 1
NMISS_PC2	1	−0.155 5	0.021 3	53.021 5	<0.000 1
NMISS_PC3	1	−0.072 2	0.020 4	12.547 3	0.000 4

PCA-BICA 回应模型由公式 23.3 的 Logit 值直接定义，且由公式 23.4 中的 Logit 值转换而来的概率间接定义：

$$\text{Logit}(\text{RESPONSE}=1|\text{PCA-BICA}) = -1.2774$$
$$-0.1555*\text{NMISS\_PC}_2 \qquad (23.3)$$
$$-0.0722*\text{NMISS\_PC}_3$$

$$\text{Prob}(\text{RESPONSE}=1|\text{PCA-BICA}) = \text{PROB\_COMPLETES}$$
$$= \exp(\text{Logit}(\text{RESPONSE}=1|\text{PCA-BICA})) /$$
$$(1+\exp(\text{Logit}(\text{RESPONSE}=1|\text{PCA-BICA}))) \qquad (23.4)$$

与 CCA 法的回应模型相似，对经二值转换的不完整数据的主成分分析回应模型的效果采用了自助式 PCA-BICA 数据集来去除原始 PCA-BICA 数据集中的噪声信息。PCA-BICA 回应模型的十分位分析详见表 23.9。

表 23.9　经二值转换的非完整数据主成分分析回应模型的十分位分析

参数	样本数量	回应数量	应答率（%）	累计应答率（%）	累积提升度（%）
顶部	1 399	388	27.7	27.7	126
2	1 400	373	26.6	27.2	124
3	1 400	285	20.4	24.9	113
4	1 400	304	21.7	24.1	110
5	1 399	404	28.9	25.1	114
6	1 400	258	18.4	24.0	109
7	1 400	274	19.6	23.3	106
8	1 400	306	21.9	23.1	105
9	1 400	206	14.7	22.2	101
底部	1 399	279	19.9	22.0	100
总计	13 997	3 077			

23.6.1　基于主成分分析并经二值转换的不完整数据回应模型分析结果

与对 CCA 回应模型十分位分析的讨论相似，我们将 PCA-BICA 回应模型分析结果中的要点列举如下。

1）样本大小为 13997，有 3077 个样本的回应变量值为 1（RESPONSE=1）。因此，平均应答率为 22.0%，见底部十分位组的第 5 列。

2）在表格的第四列中，应答率（RESPONSE RATE，%）是每个十分位分组的均值。顶部十分位组的均值为 27.7%，底部十分位组的均值为 19.9%，表明顶部与底部这两组的比值为 1.39。这一比率意味着该模型能够略微显著地区分样本中的个体。

3）最后一列累计解释累积提升度（CUM LIFT，%）表明了该模型的总体效果。顶部十分位组的累积提升度（CUM LIFT）为 126，表示模型最顶部的 10% 样本的平均应答是整体平均应答率 22.0% 的 1.26 倍。

4）顶部两个十分位组的累积提升度（CUM LIFT）为 247，表明模型中位于最顶部 20% 样本的平均应答为整体平均应答率（22.2%）的 2.47 倍，亦即前者比后者大 147%。

5）对于其余的十分位组，其累积提升度（CUM LIFT）的解释与上述解释相似。

从表面看来，经二值转换的非完整数据主成分分析回应模型具有较显著的区分效果，可以区分出 BICA 中哪些顾客喜欢作为市场营销推广活动的目标对象。但是，如果数据库市场营销人员组织一场活动，推动贡献量最大顾客进一步提高其贡献率，该模型的边际效应可以得到实质性的提升。换句话说，如果能结合适当的市场营销活动，如促销、折扣优惠、赠送购物卡等，经二值转换的非完整数据主成分分析回应模型可以改善原本较为薄弱的模型预测效果，从而使得市场营销人员获得最大化的收益。

23.6.2　综合 CCA 与 PCA-BICA 的回应模型结果

我们结合了 CCA 与 PCA-BICA 回应模型，以运用 GENMERCH 原始数据集中的全部信息对 RESPONSE 建模的效果进行测量。结合 CCA 与 PCA-BICA 回应模型的十分制分析结果详见表 23.10。

1）样本大小为 30 000，有 6636 个样本的回应变量值为 1（RESPONSE=1）。因此，平均应答率为 22.1%，见底部十分位组的第五列。

2）在表格的第四列中，应答率（RESPONSE RATE，%）是每个十分位分组的均值。顶部十分位组的均值为 57.0%，底部十分位组的均值为 12.7%，表明顶部与底部两组的比值为 4.49。这一比率意味着该模型能够非常显著地区分样本中的个体。

3）最后一列解释累积提升度（CUM LIFT，%）表明了该模型的总体效果。顶部十分位组的累积提升度（CUM LIFT）为 258，表示模型最顶部的 10% 样本的平均应答是整体平均应答率 22.1% 的 2.58 倍（前者比后者大 158%）。

4）顶部两个十分位组的累积提升度（CUM LIFT）为 190，表明模型中位于最顶部 20%（顶部十分位组加上第二十分位组）样本的平均应答为整体平均应答率（22.1%）的 1.90 倍，亦即前者比后者大 90%。

5）对于其余的十分位组，其累积提升度（CUM LIFT）的解释与上述解释相似。

表 23.10 综合 CCA 与 PCA-BICA 的回应模型的十分位分析

参数	样本数量	回应数量	应答率（%）	累计应答率（%）	累积提升度（%）
顶部	3 000	1 710	57.0	57.0	258
2	3 000	811	27.0	42.0	190
3	3 000	591	19.7	34.6	156
4	3 000	631	21.0	31.2	141
5	3 000	653	21.8	29.3	132
6	3 000	618	20.6	27.9	126
7	3 000	372	12.4	25.6	116
8	3 000	424	14.1	24.2	109
9	3 000	446	14.9	23.2	105
底部	3 000	380	12.7	22.1	100
总计	30 000	6 636			

综上所述，综合 CCA 与 PCA-BICA 的回应模型具有非常显著的区分能力，能够为市场营销推广活动有效地区分出贡献程度最大的顾客。此外，不出意外的是，该组合模型与 CCA 模型相比区分能力稍弱，但是为既包括完整数据也包括不完整数据的 GENMERCH 数据集的预测分析提供了一种更全面的分析方法。

23.7 本章小结

为了呼应本章开头缺失值的声明——"除非你知道如何接纳我，否则你毫无胜算"，我们提供了一种对完整及不完整的大数据进行建模的方法。我们在此过程中采用了探索性数据分析（EDA）原则中的第三条原则，即创新性：将原始数据集分为完整与不完整两部分。我们对完整部分的数据集建立了逻辑斯谛回归模型，该模型显示出非常好的效果。其次，采用了第一条原则，即灵活性：对于不完整部分的数据，我们先将其转换为二值数据，再将主成分分析法应用于经过转换的数据。然后我们对不完整数据建立了逻辑斯谛回归模型，效果尚可。再次，采用第四条原则，即普适性：结合了两种不同的常用分析方法，即饱受争议的CCA 法和主成分分析法（PCA），以提高两者的预测能力。最后，采用第二条原则，即实用性：对于完整数据与不完整数据，介绍了对两类数据分别进行分析，以及将两类数据结合起来的十分位分析方法。

完整数据的模型效果非常好，可以直接区分出回应程度最高的样本个体。不完整数据的模型效果较为一般，但如果市场营销人员积极组织市场营销，以促使顾客进一步提高其贡献率，则该模型的边际效应可以得到大幅提升。不完整模型如果得到适当加强，可有效提升原来并不理想的效果，以使得市场营销人员的利益得到最大化。总而言之，本章介绍的分析方法为完整与不完整数据集的分析与预测提供了一个全面方法。我们为大家提供了上述分析方法的示例程序，该方法为统计模型的建模工作者提供了一种有效工具。

附录 23.A　NMISS

```
libname ca 'c:\0-CCA_PCA';

PROC MEANS data=ca.CCA_PCA nmiss;
var X2-X24;
run;
```

附录 23.B　测试完整样本分析法的样本大小

```
data ca.CCA_PCA;
set ca.CCA_PCA;
/* trial and error for different subsets of variables with small NMISS */
CCA_SAMSIZE_ X11_X13X19X21=NMISS (of X11, X12, X13, X19, X21);
CCA=.;
if CCA_SAMSIZE_ X11_X13X19X21 eq 0 then CCA=1;
if CCA_SAMSIZE_ X11_X13X19X21 ne 0 then CCA=0;
run;

PROC FREQ ca.CCA_PCA;
table CCA_SAMSIZE_ X11_X13X19X21 CCA;
run;
```

附录 23.C　CCA-CIA 数据集

```
data ca.COMPLETES ca.INCOMPLETES;
set ca.CCA_PCA;
if CCA=1 then output ca.COMPLETES;
if CCA=0 then output ca.INCOMPLETES;
run;
```

附录 23.D 1 和 0

```
data ca.INCOMPLETES;
set ca.INCOMPLETES;

array X(7) X14 X15 X18 X20 X21 X22 X23;
array XX(7) XX14 XX15 XX18 XX20 XX21 XX22 XX23;
do i = 1 to 7;
if X(i)=. then XX(i)=1; else XX(i)=0;
drop i;
end;
run;
```

参考资料

1. Schafer, J. L., and Graham, J. W., Missing data: Our view of the state of the art, *Psychological Methods*, 7 (2) 147–177, 2002.

第 24 章
艺术、科学、数字和诗歌

24.1 引言

在公元前 3200 年左右的古埃及文明中，岩石为艺术和科学的共存提供了坚实证据。埃及金字塔是科学与艺术携手创造的壮举。列奥纳多·达芬奇（Leonardo Da Vinci）（1452—1519）说："艺术是所有科学的女王，她将知识传播给全人类"（http://art-artificial-evolution.dei.uc.pt/preface.htm）。

随着科学与艺术的进一步发展，在 19 世纪末诞生了印象主义和后印象主义画派，其重点是画布（或木板）上颜色和光线的影响。文森特·梵高（1853—1890）在户外练习绘画时，用纯色或高敏色来捕捉一个短暂的印象，"随着风景的光色变化以及时间的流逝，传达一种令人震颤的感觉"（http://www.artic.edu/aic/education/sciarttech/lecturers.html）。

从石灰石到光影色彩，光线在 1905 年又有了新的含义。爱因斯坦的《狭义相对论》向世界展示光以每秒 186 000 英里的恒定速度传播⊖。爱因斯坦是犹太人，从十几岁开始就信奉正统教义。二十多岁时，爱因斯坦改变了想法，宣称自己是无神论者。讽刺的是，在发现了开启无垠宇宙的钥匙后，媒体问他是否相信上帝。爱因斯坦的回答是"上帝不玩骰子"[1]，这个说法被媒体误解了，爱因斯坦的实际意思是，"如果上帝存在，那么他除了看世界，什么都做不了"[1]，即使是在创世纪的最初 7 天里。

（斯蒂芬·霍金并没有发现黑洞或大爆炸，人们争议他是否超越了爱因斯坦，他以从理论上预测了黑洞放射辐射而闻名。像爱因斯坦一样，当媒体问他是否相信上帝时，霍金总是回答不相信，他是一名虔诚的无神论者。）

当爱因斯坦慢慢变成身材瘦长、白发苍苍的物理学家和年长的世界政治活动家时，有人引用他的话："我对科学了解越多，就越相信上帝。"[1]此外，爱因斯坦还说："所有的宗教、艺术和科学都是同一棵树的分支。"[1]

我提到上面那些话，是为两种文字艺术对象和一个无意识对象提供框架。首先，艺术一词是在创造 0 和 1 的数据集合过程中产生能量的结果，如我们在表 23.5 中所示，在表 24.1 中同理。其次，尽管艺术的起源无法追溯，但是和随风飘扬的柳叶不同，艺术这个词可以自

⊖ 光速会产生一种有趣而不可思议的现象：如果你快速投掷一把 12 英寸的尺子——非常、非常、非常、非常快——那么尺子就会变短。如果你以光速投掷这把尺子，那么这把 12 英寸的尺子就会消失。

豪地悬挂在爱因斯坦之树的三根枝丫上。第三，统计黄金法则的艺术之美来自达·芬奇画笔下的蒙娜丽莎。

表 24.1　0 和 1

ID	XX14	XX15	XX18	XX20	XX21	XX22	XX23
36	0	0	1	1	0	0	1
74	1	0	0	0	0	0	0
83	1	0	0	0	0	1	0
27	0	0	0	0	0	0	0
18	0	0	0	1	0	0	0
72	0	0	0	0	0	0	0
73	0	0	1	0	0	0	0
70	0	1	0	0	0	0	0
76	0	0	0	1	1	0	0
48	1	0	0	0	0	1	0

24.2　零和一

零和一

在零和一的世界里，
我每天踩着零和一的波浪。
一天向右摆动，
一天向左滑动。
在我的生活中，
我爱它们。
在我生命中的所有日子里，
我的车票既不通往右边也不通往左边。
毕竟我是个幸运的人。

——布鲁斯·拉特纳

24.3　思考的力量

思考的力量

人类的思想开始产生，
思想产生了形式和健康，
将光线散布在，
昨天、今天和明天的表面。
思想从知识的屏障后喷涌而出，
浇灌着我们的世界，
让世界充满活力。

想想数字：

数数早已过时。

威廉·琼斯在 1706 年发现了

一个吸引人的无名数字，

他标记为 π（$= 3.141\ 59\cdots\cdots$）。

特别聪明的人，

永远使用 π，至少在公元前 2700 年。

没有规律的数字串（……）

没有这个数，就没有地球，

没有 π，就没有金字塔，这只是一例。

和有理数 3.14 不同，

π 是一个无理数！

无理数和它们的亲戚，

有理数，

构成了实数集合，

0 和 1，也在其中。

实数有幽灵一般的兄弟，

带着可怕的 i 的虚数。

这个虚数单位，

产生于 17 世纪初。（i 的单位定义为 $i * i = -1$。）

另一个无名数字，

$2.718\ 28\cdots\cdots$ 是雅各布·伯努利，

在 17 世纪 90 年代发现。

为了纪念 18 世纪 40 年代的莱昂哈德·欧拉，

这串数字被称为 e。

欧拉画了一幅抽象的镶嵌画，

画中有大量的常数，

e，i，π，1 和 0（$ei*\pi + 1 = 0$）。

人类思维的力量，

是一块能够展现任何常数的画布，

这本身就超乎想象。

一开始的闯入者，

让我们掌握了这个宇宙的思想力量，

宇宙之外，

如果你敢想的话，

仍然有理由，有秩序，有时间。

（我们 3D 世界中的第四维）。

再想想吧，
思想的力量大无边。

——布鲁斯·拉特纳

24.4 统计黄金法则：衡量统计实践的艺术和科学

我提议统计黄金法则——在统计活动中采用著名的黄金分割比（大约公元前 490～430 年）。这个法则也可以服务于统计学家，就像黄金分割比也曾经指导过去和现在的艺术家和建筑师一样。"许多艺术家和建筑师在他们的作品中采用了无限接近于黄金分割的比例……认为这个比例在美学上令人愉悦。"统计项目的最终产品，比如一个逻辑斯谛回归模型，是由一名综合运用艺术和科学的统计学家构建的，在统计上兼具了完整（紧凑的公式）和高效（精确的公式）。

背景

如果 a/b 等于（a+b）/a，其中 a > b，那么 a 和 b 即为黄金分割比。当两个数字的关系为黄金分割比时，这个比例的唯一值是 1.618 033 988 7……，用希腊字母 φ 表示。参见图 24.1。

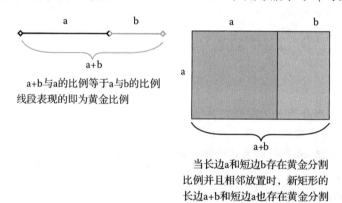

a+b 与 a 的比例等于 a 与 b 的比例
线段表现的即为黄金比例

当长边 a 和短边 b 存在黄金分割
比例并且相邻放置时，新矩形的
长边 a+b 和短边 a 也存在黄金分割
比例。说明（a+b）/a=a/b=φ

图 24.1 黄金法则

统计黄金法则

统计黄金法则（SGR）是上述两个比例的平均值，其中数量 a 和 b 是科学单位（例如以天赋、时间、精神力量等因素作为衡量标准）和统计中使用的艺术单位（对应于科学单位）。可以由实际经手的统计学家自行确定这两个单位，也可以由独立的管理人员决定。值得注意的是，数量 a 和 b 不必分别对应于科学和艺术，顺序也可以调转过来。SGR 的可互换性使两者形成了对称关系。SGR 对称特性的细节如下所示。

我定义了 SGR1=(a+b)/a 和 SGR2=a/b。SGR 是 SGR1 和 SGR2 的平均数，具体说就是计算调和平均值 SGR=(2*SGR1*SGR2)/(SGR1+SGR2) $^{\ominus}$。

$\ominus$ 调和平均值是比例的适当平均值。当比例不同时，平均值的弱点就显而易见。详见说明 3。

为了确定 SGR 与 1.6180 的接近程度，我比较了 log（SGR）和 log（1.6180）[⊖]，并将 SGR 的品质比率（QSGR）定义为：

$$QSGR = max (log(SGR), log(1.6180))/min (log(SGR), log(1.6180))$$

我为艺术与科学的融合建立了一个评奖标准：

- 如果 QSGR 为 1.00，那么统计学家的艺术科学融合能力就是金奖。
- 如果 QSGR 在（1.00,1.15）区间，那么统计学家的艺术科学混合能力就是白金奖。
- 如果 QSGR 在（1.15,1.30）区间，那么统计学家的艺术科学混合能力就是银奖。
- 如果 QSGR 在（1.30,1.40）区间，那么统计学家的艺术科学融合能力就是铜奖。
- 如果 QSGR 大于 1.40，那么统计学家的艺术科学融合能力就是优秀奖。

说明 1：要了解 SGR 是如何计算的，请参考我最近构建的一个逻辑斯谛回归模型，在这个模型中，我的统计艺术技能为 90 英里 / 加仑，而统计科学技能为 70 英里 / 加仑。SGR 统计数据如下：

- SGR1 =（90+70）/90 = 1.777 78。
- SGR2 = 90/70 = 1.2857。
- SGR = 1.492 23，略低于黄金比例 1.6180。

在本说明中，log（SGR）= 0.400 27，log（1.6180）= 0.482 43，得出 QSGR = 1.205 25（= 0.482 43 / 0.400 27）。因此，我在构建逻辑斯谛回归模型的过程中的艺术科学融合能力达到了银奖水平。该模型在形式和精确度方面达到了标准。

说明 2：数量 a 和 b 的单位可以是任何比例。参考我的另一个建模项目，其中我使用了百分比，使得艺术和科学的百分比总和为 100%。我使用了 20% 的艺术技巧和 80% 的科学技术。SGR 统计数据如下：

- SGR1=（80+20）/80=1.2500。
- SGR2=80/20=4.0000。
- SGR=1.904 76。
- Log（SGR）=0.644 36, log（1.6180）=0.482 43。
- QSGR=1.335 66。

在这个统计项目中，我的艺术科学融合能力为铜奖。因此，该估计模型具有良好的形式和准确性。

说明 3：这里列举的是一个极端的案例说明，a 和 b 分别为 99 和 1。SGR 统计数据如下：

- SGR1 =（99+1）/99 = 1.010 10。
- SGR2 = 99/1 = 99.000 00。
- SGR = 1.999 80。
- Log（SGR）= 0.693 05，log（1.6180）= 0.482 43。
- QSGR = 1.436 59。

在这个统计项目中，我们得到的是优秀奖，这并不奇怪。在下面的小结中我们会对这种情况进行说明。

⊖ 在比较比例时，用 log 是最好的方法。

24.5   本章小结

统计黄金法则旨在鼓励统计学家注意在统计实践中融合艺术和科学，以确保成功的分析和建模工作。平衡艺术和科学的思想并不是说艺术比科学更重要。实际上，艺术和科学之间的平衡是一对阴阳关系，很容易理解。（在数学上，SGR 是一种对称关系，由符号 *artSGRscience = scienceSGRart* 表示。）

回看说明 1，在该案例中，我的艺术技能是 90 英里 / 加仑，而我的科学熟练程度是 70 英里 / 加仑，我将两者调换，这样 70 英里 / 加仑和 90 英里 / 加仑就分别代表科学和艺术。QSGR 仍然是 1.205 25，这意味着艺术和科学单位的"比例部分"是满足统计黄金法则的关键。所以，如果我在科学上慢一点，就必须在艺术上快一点，以保持黄金分割比不变。

说明 3 展示了案例一中提出的比例部分有问题。这意味着好事太多（例如，艺术占到 99%）不一定是理想结果。在统计工作中，艺术和科学必须是一个相辅相成的混合体。

统计黄金法则给统计学家带来了不可或缺的自我检查，并为统计主管和数据工作者提供了宝贵的工具。

参考资料

1. *Quotable Einstein: An A to Z Glossary of Quotations*, Ayres, A., Ed., Quotable Wisdom Books, 2015.

第 25 章

识别最佳客户：
描述性、预测性和相似性描述

25.1 引言

营销人员会试图通过定位最佳目标客户使营销变得更有效。然而，他们中的许多人并没有意识到，传统的描述性客户定位方法却不是最有效的。本章的目的在于说明描述性方法的不足，并阐释正确的预测性分析方法的好处。我首先会解释预测性分析法，之后再延伸到分析相似人群。

25.2 相关概念

我认为需要对本章所讨论的三个概念给出一个大致的定义。描述性分析报告可以总结出一组个体的特征，但无法对该群体作出任何进一步的推论。描述性分析的价值在于它能够给出目标群体的显著特征，用以制定有效的营销策略。

相反，预测性分析在给定一组个体特征的同时，也允许我们对特定行为（如回应）进行推断。预测性分析的价值在于它对目标群体中个体行为的预测。没有了预测性分析，就无法确定营销活动中可能出现的回应者。

对相似人群的分析是一种基于目标群体的相似群体的预测性分析。当我们无法直接获取目标群体的信息时，这种分析以一组类似于目标的群体为基础，为预测目标组个体行为提供了一种可行方法。

25.3 对有缺陷的客户进行描述

假设手机运营商 Cell-Talk 为了推广新功能，以 1000 人为样本进行了一次测试。其中300 人作出了回应，应答率为 30%（也包括那些本没有购买手机，但由于被新功能吸引而想买一部的人）。Cell-Talk 分别使用变量 GENDER（性别）和 OWN_CELL（已拥有手机）来分析处理表 25.1 和表 25.2 中的回应者。300 名回应者中有 90% 是男性，55% 已拥有手机。Cell-Talk 得出的结论是，已拥有手机的男性表现出了更大的兴趣。

表 25.1   基于 GENDER 的应答率

GENDER	回应者		无回应者		
	次数	%	次数	%	应答率 %
女性	30	10	70	10	30
男性	270	90	630	90	30
合计	300	100	700	100	

表 25.2   基于 OWN_CELL 的应答率

OWN_CELL	回应者		无回应者		
	次数	%	次数	%	应答率 %
是	165	55	385	55	30
否	135	45	315	45	30
合计	300	100	700	100	

Cell-Talk 于是计划把下一次功能推广的目标客户定为已有手机的男性。然而，这样做一定会失败。原因在于，运营商确定下来的"最佳客户群"（即回应者）是描述性而不是预测性的。也就是说，运营商的分析仅对回应者进行了描述，而没有对究竟什么样的人会回应做出预测。因此，该分析并不能推断出所谓的"最佳客户群"就一定会积极做出回应[一]。

看来使用描述性分析进行目标客户预测会得到一个错误的结果。在前面的例子中，"90% 的回应者是男性"并不意味着 90% 的男性都是回应者，甚至也不能说明男性更有可能回应[二]。同样，"55% 的回应者拥有手机"并不意味着 55% 的手机拥有者都是回应者，也同样无法说明手机拥有者更有可能回应。

描述性分析的价值在于它能够确定最佳客户群的显著特征，用以制定有效的营销策略。在前例中，如果我知道目标客户群是拥有手机的男性，我会让 Cell-Talk 将活动宣传者选为一名带着手机的男子，而不是一名带着手机的女性。因此，描述性分析的结果告诉我们如何更好地吸引目标客户。而在下一节中，我们会讨论预测性分析如何帮我们找到目标客户。

25.4   清晰有效的客户定位

预测性分析可以在回应性方面定义回应者，即那个能将回应者和无回应者区别开的变量。实际上，这一区别变量或预测变量所代表的应答率会发生变化，继而产生不同的对回应的期望值。我们可以参考表 25.1 中性别（GENDER）所对应的应答率来试着理解这一点。男性和女性的应答率都是 30%。因此，性别这一变量无法区分回应者和无回应者（在回应性方面）。同理，是否拥有手机 OWN_CELL 也无法决定回应性，结果见表 25.2。

因此，GENDER 和 OWN_CELL 这两个变量对于预测工作来说都没有价值。以拥有手机的男性作为目标用户，只能带来应答率仅为 30% 的结果。换句话说，这样的分析并没有摆脱客户定位中的随机性。

现在我引入一个新变量——CHILDREN（儿童），希望它能对预测有所帮助。如果一个人属于有孩子的家庭，该变量为"是"；如果一个人不属于有孩子的家庭，则该变量为"否"。

⊖   描述性结果中可能也包括了典型的无回应者。实际上，表 25.1 和表 25.2 就是如此。

⊖   只是比随机选择的人更可能做出回应。

在此，相比之前的表格（如表 25.1 和表 25.2），我更喜欢用 CHAID 树状图来更直观地表示。

各变量的应答率在 CHAID 树状图中是一目了然的。我在图中回顾了图 25.1 和图 25.2 中分别显示的 GENDER 和 OWN_CELL 变量。从现在开始，我们只用 CHAID 树状图，旨在强调树状图在此类分析中的重要作用，并通过简化树的结构提炼出直观的结论。

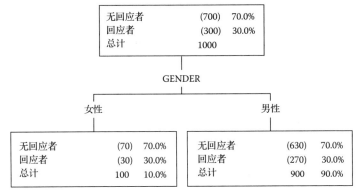

图 25.1　GENDER 树状图

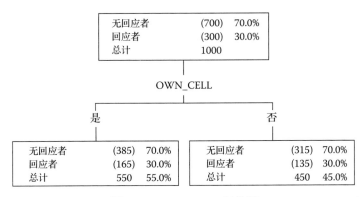

图 25.2　OWN_CELL 树状图

图 25.1 中的 GENDER（性别）树给我们传达了如下信息：

1）顶部的方框表示，在 1000 人的样本中，有 300 位回应者和 700 位无回应者。应答率为 30%，非应答率为 70%。

2）左边的方框代表 100 位女性，包括 30 位回应者和 70 位无回应者。100 位女性的应答率为 30%。

3）右边的方框代表 900 位男性，包括 270 位回应者和 630 位无回应者。900 位男性的应答率为 30%。

图 25.2 中的手机（OWN_CELL）树给我们传达了如下信息：

1）顶部的方框表示，在 1000 人的样本中，有 300 位回应者和 700 位无回应者。应答率为 30%，非应答率为 70%。

2）左边的方框代表 550 个拥有手机的人。这些人的应答率是 30%。

3）右边的方框代表 450 个没有手机的人。这些人的应答率也是 30%。

图 25.3 中的孩子（CHILDREN）树给我们传达了如下信息：

1）顶部的方框表示，在 1000 人的样本中，有 300 位回应者和 700 位无回应者。应答率为 30%，非应答率为 70%。

2）左边的方框表示 545 人属于有孩子的家庭。这些人的应答率是 45.9%。

3）右边的方框表示 455 人属于没有孩子的家庭。这些人的应答率为 11.0%。

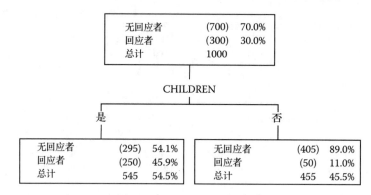

图 25.3　CHILDREN 树状图

CHILDREN 这一变量对预测是有价值的，因为其取值"是"或"否"对应的应答率分别是 45.9% 和 11.0%。如果运营商将"最佳客户群"选为有孩子的家庭中的个人，那么预期的应答率就是 45.9%，这代表了 153 单位的模型提升度（提升度等于 45.9% 的应答率除以 30% 的样本应答率再乘以 100）。因此，通过预测性分析来定位客户群将产生比随机情况下多 1.53 倍的回应。

25.5　预测性分析

通过增加其他变量，可以将单变量树扩展丰富为具有许多有趣且复杂的预测性特征的完整树。尽管完整树的实际构建方法超出了本章的范围，但可以这样说，树的不断丰富是为了生成最后节点具有差别最大的不同应答率的细分市场。当末端应答率大于样本应答率的细分市场数量较多，且相应细分市场的回应提升量较大时，此树状图是具有预测价值的。⊖

参考图 25.4 中包含全部三个变量（GENDER、OWN_CELL、CHILDREN）的完整树状图，我们得知：

1）顶部的方框表示，在 1000 人的样本中，有 300 名回应者和 700 名无回应者。应答率为 30%，非应答率为 70%。

2）我用 1 到 7 这几个数字从左到右标注末端节点的方框。

3）方框 1 代表拥有手机且拥有孩子的 30 名女性。她们的应答率为 50.0%。

4）方框 2 代表没有手机但拥有孩子的 15 名女性。她们的应答率为 100.0%。

5）方框 3 代表拥有手机且拥有孩子的 300 名男性。他们的应答率为 40.0%。

6）方框 4 代表没有手机但拥有孩子的 200 名男性。他们的应答率为 50.0%。

7）方框 5 代表没有孩子的 55 名女性。她们的应答率为 0.0%。

8）方框 6 代表拥有手机但没有孩子的 200 名男性。他们的应答率是 15.0%。

⊖　这里的"较大"是个主观说法。画的树状图也是主观的，这是 CHAID 树状图本身的缺陷。

9）方框 7 代表既没有手机也没有孩子的 200 名男性。他们的应答率为 10.0%。

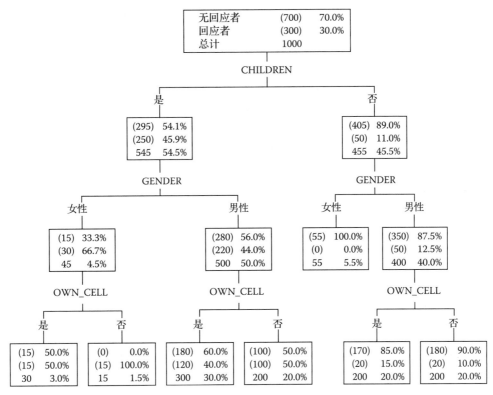

图 25.4　GENDER、OWN_CELL、CHILDREN 定义的完整树状图

我在表 25.3 中将各细分市场的应答率做了总结。对这个表的构建和解读如下：

1）各细分市场按照应答率从高到低排列。

2）除了描述性统计数据（细分市场规模、回应数量）外，图表中还有通过各种计算得到的统计数据，包括明显的累积回应数量、应答率和累积应答率。

3）最右边一栏的统计数据是累积提升度。累积提升度等于累积应答率除以样本应答率再乘以 100。它通过锚定不同等级的细分市场来衡量回应数量的提升程度。累积提升度将稍后在本节中进一步详细讨论。

4）CHAID 树状图总能有效地识别占总样本的一小部分（甜区）——应答率[⊖]高于平均水平的细分市场。假设样本是随机的，且能准确反映被研究人群，那么这部分细分市场肯定只占总人数的一小部分，其中包括两个细分市场：细分市场 2 的应答率为 100%，仅占样本 / 人群数的 1.5%（= 15/1000）；细分市场 1 的应答率为 50%，仅占样本 / 人群数的 3.0%（= 30/1000）。

5）定位单一"甜区"的策略是有限制的，因为它只适用于向大量人群推销广受欢迎的产品。假如细分市场 2 的总人数变成 150 万人，那么针对这部分市场开展一场营销，预期回应数将是 22 500 人。广受欢迎的产品在大型营销活动中盈亏平衡点是比较低的，这个策略有利可图。

⊖　小细分市场的回应率极值（接近 0% 或 100%）是 CHAID 树状图的另一个天生缺陷。

6）再假设细分市场 2 的总收入是 10 万人的中等规模，那么针对这部分市场开展营销，预期回应人数为 1500 人。然而，大众产品的小范围营销有着很高的盈亏平衡点，这使得营销活动既不实用也难以盈利。相比之下，高档产品的小型营销活动的盈亏平衡点就比较低，这个定位策略（例如定位潜在的劳斯莱斯买家）才是既实用又赚钱。

7）对于中等规模的人群而言，定位策略是专注于回应较多的部分，只对一小部分潜在客户进行营销，以控制成本，确保盈利。在此，我建议取回应量最大的三段，占总人数的24.5%（=（15 + 30 + 200）/ 1000），预期的收益率为 53.1%（见表 25.3 中第 3 行部分的累积应答率）。假设有 10 万人口。以 2、1 和 3 三部分市场的总规模为目标，对 24 500 人进行营销，预期回应为 11 246 人（= 53.1%*24 500）。当一个公司的产品具有良好的利润率时，营销活动就能从中受益。

8）Cell-Talk 可以从累积提升度中得到以下信息：

a. 将顶层部分作为目标带来的累积提升度为 333，顶层人群仅占总人数的 1.5%。正如前面所讨论的，最上面的这部分就是"甜区"。

b. 将上面两部分作为目标带来的累积提升度为 222，这两类人群仅占总人数的 4.5%（=（15 + 30）/ 1000）。由于合起来的这部分所占百分比很小，实际上是相当不错的目标。

c. 将上面三部分作为定位目标带来的累积提升度为 177 人，占总人数的 24.5%。如前所述，前三个部分是我们推荐的定位目标。

d. 将上面四部分作为定位目标带来的累积提升度为 153，占总人数的 54.5%（15 + 30 + 200 + 300）/ 1000）。除非总人数不算太多，否则针对前四部分的定向营销会带来过高的成本。

表 25.3 GENDER、OWN_CELL、CHILDREN 定义的完整树状图的收益表

细分市场[①]		规模	回应数量	累积回应数量	细分市场应答率（%）	累积应答率（%）	累积提升度
2	OWN_CELL, no	15	15	15	100.0	100.0	333
	GENDER, female						
	CHILDREN, yes						
1	OWN_CELL, yes	30	15	30	50.0	66.7	222
	GENDER, female						
	CHILDREN, yes						
3	OWN_CELL, no	200	100	130	50.0	53.1	177
	GENDER, male						
	CHILDREN, yes						
4	OWN_CELL, yes	300	120	250	40.0	45.9	153
	GENDER, male						
	CHILDREN, yes						
6	OWN_CELL, yes	200	30	280	15.0	37.6	125
	GENDER, male						
	CHILDREN, no						
7	OWN_CELL, no	200	20	300	10.0	31.7	106
	GENDER, male						
	CHILDREN, no						

（续）

细分市场[1]		规模	回应数量	累积回应数量	细分市场应答率（%）	累积应答率（%）	累积提升度
5	GENDER, female	55	0	300	0.0	30.0	100
	CHILDREN, no						
		1 000	300		30.0		

[1] 细分市场按照应答率排序。

25.6　连续变量树状图

我们的分析到目前为止只使用了类别变量，即可能取两个或多个离散值的变量。幸运的是，树状图可以使用连续变量或可能取许多数值的变量，可以让我们扩展分析。

现引入一个新的变量 INCOME（收入）。图 25.5 的收入树如下：

1）表示方法：连续变量树涵盖了一个范围内的连续取值——闭区间或左闭右开区间。前者用 [x, y] 表示，可取区间内的所有值，包括 x 和 y。后者用 [x, y) 表示，可取数值均大于等于 x 且小于 y。

2）顶部的方框表示，在 1000 人的样本中，有 300 位回应者和 700 位无回应者。应答率为 30%，无应答率为 70%。

3）方框 1 表示收入在区间 [13 000 美元，75 000 美元) 内的 300 个人。他们的应答率为 43.3%。

4）方框 2 表示收入在区间 [75 000 美元，157 000 美元) 内的 200 个人。他们的应答率为 10.0%。

5）方框 3 表示收入在区间 [157 000 美元，250 000 美元] 内的 500 个人。他们的应答率是 30.0%。

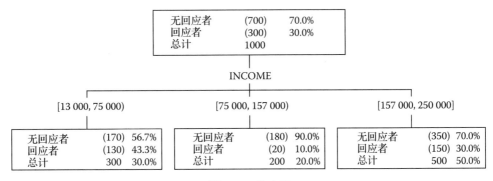

图 25.5　收入树

需要大量计算的经验迭代算法决定了节点的数量和区间的范围。具体地说，树状图是用来最大程度描述和记录不同节点中的各种不同应答率的。带有变量 GENDER、OWN_CELL、CHILDREN 和 INCOME 的完整树状图如图 25.6 所示。此图的收益表见表 25.4。通过对前三部分市场的定位，Cell-Talk 预计回应数将增加 177（提升度），总人数的 24.5%（= 15+200+30/ 1000）。

如果将包含 INCOME（收入）变量的树状图与图 25.4 中不含收入变量的树状图进行比

较，结果可能会很有趣。根据表 25.3 和表 25.4 的统计数据，这两个树状图的表现是相同的，或者说，至少前三个细分市场的表现相同，累积提升度为 177，占总体的 24.5%。

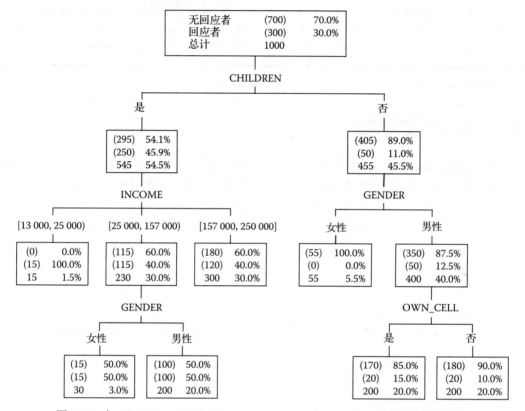

图 25.6　由 GENDER、OWN_CELL、CHILDREN 和 INCOME 定义的完整树状图

表 25.4　由 GENDER、OWN_CELL、CHILDREN 和 INCOME 定义的完整树状图的收益表

细分市场[①]		规模	回应数量	累积回应数量	细分市场应答率（%）	累积应答率（%）	累积提升度
1	INCOME, [130 00, 250 00) CHILDREN, yes	15	15	15	100.0	100.0	333
3	GENDER, male INCOME, [250 00, 157 000) CHILDREN, yes	200	100	115	50.0	53.5	178
2	GENDER, female INCOME, [250 00, 157 000) CHILDREN, yes	30	15	130	50.0	53.1	177
4	INCOME [157 000, 250 000] CHILDREN, yes	300	120	250	40.0	45.9	153

（续）

细分市场[1]		规模	回应数量	累积回应数量	细分市场应答率（%）	累积应答率（%）	累积提升度
6	OWN_CELL, yes	200	30	280	15.0	37.6	125
	GENDER, male						
	CHILDREN, no						
7	OWN_CELL, no	200	20	300	10.0	31.7	106
	GENDER, male						
	CHILDREN, no						
5	GENDER, female	55	0	300	0.0	30.0	100
	CHILDREN, no						
		1 000	300		30.0		

[1] 细分市场按照应答率排序。

有关 INCOME 收入变量的讨论也引发了其他一些有趣的问题。收入变量的引入是否对预测有很大帮助？收入这一因素究竟有多重要？哪种树状图更好一些？哪一组变量又是最好的？这些问题（以及更多与树相关的问题）的答案很简单：分析师可以创建许多类似的树状图来研究和解释回应行为。最喜欢分析师的树就是最好的（至少对他们自己来说是这样）。还是那句话，对这些问题（甚至更多）的详细回答显然超出了本章的讨论范围。

25.7　相似人群扩展分析

在 Cell-Talk 的例子中，运营商需要借助预测性分析增加人们对新手机功能的兴趣和回应。他们通过测试确定了"最佳客户群"，即新功能或新产品的回应者，而这一结果也是进一步开发分析模型的基础。

假设 Cell-Talk 希望借助预测性分析来定位客户名单上的一部分人群，但只有人口统计数据可以获取，手机的拥有状况也是未知的。这种折扣优惠对已有手机且通话较多（大概每月 500 分钟）的人群来说是非常有吸引力的。

尽管 Cell-Talk 没有条件组织另一次直邮测试来分析那些每月经常通话的用户，但只要他们知道目标人群有什么特征，就仍然可以开发分析模型来帮助定位。Cell-Talk 可以借助一个与目标组相似的群体——其中的个体与目标组十分相似——来代替目标群体。Cell-Talk 正是通过这种替换来执行相似人群扩展分析的：这类分析将识别出与目标组成员最相似的那些个体（在本例中即租赁列表中的人）。

相似组的构建是非常重要的。相似组和目标组之间的相似性越大，得到的分析结果就越可靠。

因此，相似组的定义应该尽可能精确，以确保相似组可以完美替代目标群体。相似组的定义可以包含尽可能多的变量来描述目标组成员的相关特征。要注意的是，该定义需涉及至少一个不存在于现有数据（在本例中即租赁人员列表）中的变量。如果所有变量都已存在于可获取的数据库中，那就不需要去找相似人群了。

Cell-Talk 认为，目标群体与他们目前的高端手机用户十分相似。由于手机通话并不便宜，所以 Cell-Talk 假设高端用户必须有高收入才能负担使用手机的费用。因此，Cell-Talk 将相似人群定义为拥有手机（OWN_CELL = 是）且收入超过 17.5 万美元的个人。

关于相似人群分析的假设包括：与目标群体中的个体特征相似且回应情况相似。因此，相似组中的个体将充当目标人群的替身或潜在的回应者。

需要记住的是，被识别为相似人群的个体大概率与目标群体有相似特征，但不一定会同样做出回应。在实践中，相似人群的假设是站得住脚的，因为基于相似人群分析的营销可以产生高的应答率。

在相似人群分析的树状图中，与目标相似及不相似的个体会通过某种变量被区分开来（需要非相似群体来平衡整体）。实际上，这种区分性变量背后的相似度也不尽相同。我使用表 25.1 中的原始样本数据和 INCOME 收入变量来创建树状图分析所需的 LOOK-ALIKE 变量。如果一个人拥有手机且收入超过 17.5 万美元，那么 LOOK-ALIKE 变量就等于 1；否则取 0。在实例中，有 300 个相似个体和 700 个不相似个体，结果样本相似率是 30.0%[⊖]。见图 25.7 中相似树状图的顶部方框（样本相似率与原始样本应答率相等，这纯属巧合）。

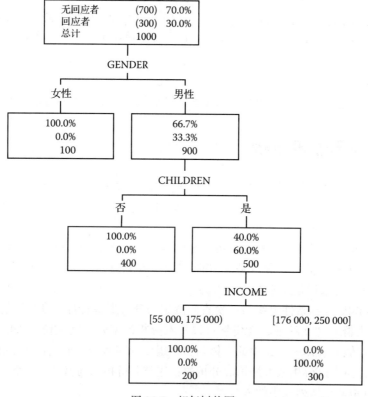

图 25.7　相似树状图

相似树状图的收益见表 25.5。如果对顶端部分（#4）进行定位，可以产生 333 人（＝（100%/30%）*100）的累积提升度，占总人数的 30%。顶端的提升度意味着相似人群预测将比从租赁名单中随机选择多辨识出 3.33 倍的相似个体。

仔细想想相似树状图的性质，或许你会发现一个问题：收入变量取决于相似变量和分析结果。这是否意味着这一树状图构建得很失败？不。在这个特殊的例子中，收入是一个必需

⊖　有时需要调整样本的相似率，使其与总体的目标组的发生率相同，而这个发生率是很少被知道的，必须做个估算。

的变量。没有收入变量，树状图就不能保证候选的有孩子的男性一定有高收入，而高收入正是成为一个相似个体的必要条件。

表 25.5　由 GENDER、CHILDREN 和 INCOME 定义的相似树状图的收益表

细分市场[①]		规模	回应数量	累积回应数量	细分市场应答率（%）	累积应答率（%）	累积提升度
4	INCOME, [176 000, 250 000) CHILDREN, yes GENDER, male	300	300	300	100.0	100.0	333
2	CHILDREN, no GENDER, male	400	0	300	0.0	42.9	143
1	GENDER, female	100	0	300	0.0	37.5	125
3	INCOME, [55 000, 175 000) CHILDREN, yes GENDER, male	200	0	300	0.0	30.0	100
		1 000	300		30.0		

① 细分市场按照应答率排序。

25.8　相似树状图的特点

为了强化读者的理解，我们接下来会讨论相似树状图的一个显著特征。一般来说，相似树状图的顶部及上半部分的细分市场应答率非常大，常常达到 100%。同样，底部的细分市场应答率很小，常常低至 0%。通过观察表 25.5，不难发现一个具有 100% 相似率和三个具有 0% 相似率的部分。

其含义如下：

1）识别一个具有预定义特征的人（例如性别和是否有孩子）比识别一个以特定方式行事的人（例如对营销活动做出回应）更容易。

2）由此产生的相似率是在确定的相似组与目标组的差异程度上对目标应答率的有偏估计。在定义相似组时要十分注意，因为很容易一不留神就将错误的个体包括进来了。

3）基于相似人群分析的营销活动成功与否，要看所获得的实际回应数量，这取决于所定义的相似组和目标组之间的匹配度，以及相似性假设的可行性。

25.9　本章小结

营销人员会试图通过定位目标客户使营销变得更有效果。然而，若仅仅盯着那些"最好的客户"（回应者）是一定会失败的。描述性分析无法将回应者和无回应者区分开来，它是不具备预测性的。因此，借助描述性分析定位到的客户并不一定会对营销活动做出回应。描述性分析的价值在于它可以定义目标群体的显著特征，用以制定有效的营销策略。

可以把描述性和预测性分析做个对比：预测性分析是在考虑回应性的前提下描述回应

者，即找到那个可以将回应者与无回应者区分开的变量。描述性分析帮助企业找到与客户进行有效沟通的方法，并以此为基础，借助预测性分析定位下一次营销的目标客户。

后来，我介绍了用于开发复杂而有趣的预测模型的树状图分析方法。通过示例，我阐释了为何收益是预测模型（基于树状图）的预测能力的典型判断指标。收益图显示了将分析结果在营销活动中实施后能够带来的预期应答率。

最后，我将预测性分析法扩展到相似人群分析法，这种相似分析法是在无法获得实际回应信息时的可靠方法。相似人群扩展分析的基础在于将一组与目标群体相似的个人作为其替代者，或潜在回应者。要提醒读者的是，由于相似人群分析中的"替身"并不是实际回应者，因此相似率其实是对目标应答率的有偏估计量。

第 26 章
营销模型评估[⊖]

26.1 引言

营销人员通常使用十分位分析来评估模型的分类能力和预测准确度。我们可以从十分位分析中提取额外信息来帮助对模型进行评估，可惜有些营销人员并不清楚这一点。本章的目的在于介绍模型评估中的另外两个概念——精确度和分离性，我会进一步用十分位分析解释这两个概念。

我会从回应模型和利润模型的准确度这一传统概念开始讨论，举例说明准确度的基本衡量标准。之后我会介绍在营销中常用的标准，即累积提升度。关于这一概念的讨论通常是在十分位分析的背景下进行的，十分位分析是营销人员用来评估回应模型和利润模型表现的常用方法。我将举例介绍如何系统地进行十分位分析。

我后续会借助该示例介绍精确度和分离性这些新概念。在最后，我准备了在营销模型评估中运用这三种衡量标准的指南。

26.2 回应模型的准确度

回应模型能在何种程度上正确地将回应者与无回应者区分开来？准确度的传统衡量标准是由表格中的数据简单计算得出的总正确分类比例（PTCC）。

我们可以观察表 26.1 中有效样本的分类结果，该样本由 100 人组成，应答率为 15%。"合计"列表明在样本中有 85 个实际无回应者和 15 个实际回应者。"合计"行表明模型预测到了 76 个无回应者和 24 个回应者。该模型正确分类了 74 个无回应者和 13 个回应者。因此，模型的 PTCC 为 87%（=（74 + 13）/100）。

虽然 PTCC 经常被人们使用，但它在某些特定情况下可能不那么合适。比如评估标准规定对误判（错误分类）加以惩罚的时候[⊜]，则需对 PTCC 进行调整甚至放弃该标准，转而选择一种更加合适的衡量标准。

⊖ 本章基于 *Journal of Targeting, Measurement and Analysis for MarketingMarketing*, 7, 3, 1998. 中的同名文章，经许可使用。

⊜ 比如，一位回应者被列入无回应者会有 2 美元损失，而一位无回应者被列入回应者会有 4 美元损失。

表 26.1 回应模型的分类结果

		预测		
		无回应者	回应者	合计
实际	无回应者	74	11	85
	回应者	2	13	15
合计		76	24	100

营销人员普遍选择把累积提升度作为回应模型效果的准确程度的度量指标。他们使用回应模型来识别那些最有可能回应营销活动的人,会把比随机情况下更有可能回应的人罗列出来。累积提升度表示不同数据文档深度(depths-of-file)下的回应增量。具体来说,累积提升度是使用回应模型时预期应答率与随机选择下预期应答率的比值。在解释该比值的计算方法之前,我要先对利润模型的准确度做一个附带说明。

26.3 利润模型的准确度

如何用利润模型正确预测利润值?预测准确度有几种度量方法,都用到了误差的概念,即实际利润减去预测利润。均方误差(MSE)可以说是迄今最流行的衡量标准,但它的计算过程较烦琐,有三个替代性的误差指标。我们简要回顾一下相关的四种误差:

1)MSE 是单个误差取平方后的均值。它适用于较大的误差,往往会低估模型的预测准确度。这一点将在下面的内容中讨论。

2)MPE 是单个百分比误差的均值。它用来衡量估计值的偏差程度。单个百分比误差是误差除以实际利润再乘以 100。

3)MAPE 是单个绝对百分比误差的均值。它不区分误差的正负号。

4)MAD 是平均绝对偏差(误差)。它也不区分误差的正负号。

我们可以看看表 26.2 中的利润模型会有什么样的预测结果(未显示)。有效样本由 30 个个体组成,平均利润为 6.76 美元。标号右侧的两列分别是利润模型产生的实际利润和预测利润。其余的从左到右依次是"误差""平方误差""百分比误差""绝对误差"和"绝对百分比误差"。最下面一行是均值,由右侧最后四列的均值(基于 30 个个体)组成。MSE、MPE、MAD、MAPE 分别为 23.22、52.32%、2.99、87.25%。这些不同的误差仅是判断一个模型好坏的指标:误差值越小,模型就越好。

表 26.2 利润模型:4 个误差度量指标

ID#	实际利润	预测利润	误差	平方误差	百分比误差(%)	绝对误差	绝对百分比误差(%)
1	0.60	0.26	0.34	0.12	132.15	0.34	132.15
2	1.60	0.26	1.34	1.80	519.08	1.34	519.08
3	0.50	0.26	0.24	0.06	93.46	0.24	93.46
4	1.60	0.26	1.34	1.80	519.08	1.34	519.08
5	0.50	0.26	0.24	0.06	93.46	0.24	93.46
6	1.20	0.26	0.94	0.89	364.31	0.94	364.31
7	2.00	1.80	0.20	0.04	11.42	0.20	11.42
8	1.30	1.80	−0.50	0.25	27.58	0.50	27.58
9	2.50	1.80	0.70	0.50	39.27	0.70	39.27

（续）

ID#	实际利润	预测利润	误差	平方误差	百分比误差（%）	绝对误差	绝对百分比误差（%）
10	2.20	3.33	−1.13	1.28	33.97	1.13	33.97
11	2.40	3.33	−0.93	0.87	27.96	0.93	27.96
12	1.20	3.33	−2.13	4.54	63.98	2.13	63.98
13	3.50	4.87	−1.37	1.87	28.10	1.37	28.10
14	4.10	4.87	−0.77	0.59	15.78	0.77	15.78
15	5.10	4.87	0.23	0.05	4.76	0.23	4.76
16	5.70	6.40	−0.70	0.50	11.00	0.70	11.00
17	3.40	7.94	−4.54	20.62	57.19	4.54	57.19
18	9.70	7.94	1.76	3.09	22.14	1.76	22.14
19	8.60	7.94	0.66	0.43	8.29	0.66	8.29
20	4.00	9.48	−5.48	30.01	57.80	5.48	57.80
21	5.50	9.48	−3.98	15.82	41.97	3.98	41.97
22	10.50	9.48	1.02	1.04	10.78	1.02	10.78
23	17.50	11.01	6.49	42.06	58.88	6.49	58.88
24	13.40	11.01	2.39	5.69	21.66	2.39	21.66
25	4.50	11.01	−6.51	42.44	59.14	6.51	59.14
26	30.40	12.55	17.85	318.58	142.21	17.85	142.21
27	12.40	15.62	−3.22	10.40	−20.64	3.22	20.64
28	13.40	17.16	−3.76	14.14	21.92	3.76	21.92
29	26.20	17.16	9.04	81.71	52.67	9.04	52.67
30	7.40	17.16	−9.76	95.28	56.88	9.76	56.88
			均值	23.22	52.32	2.99	87.25
			均值（不包括 ID26）	13.03	49.20	2.47	85.30

为了突出 MSE 对极端值的敏感性，我对第 26 个样本计算了除极端误差 318.58 外的 MSE、MPE、MAD 和 MAPE，分别为 13.03、49.20%、2.47、85.30%。其中 MSE 的敏感性很明显，因为它显著降低了近 50%，而 MPE、MAD 和 MAPE 则保持相对稳定。

除了偶尔需要进行个体层面的利润准确性评估（需要四种误差度量中的一种），营销人员大多时候都会使用累积提升度作为度量指标。除评估和运用上的细微差别外，利润模型的累积提升度与回应模型的累积提升度十分类似。市场营销人员使用利润模型来识别那些在营销活动中对利润贡献最大的个体，并据此创建一个目标名单，罗列出这些个体，以获得比随机选择情况下更好的结果。利润累积提升度表示不同数据文档深度下的利润收益。具体地说，这一指标是在使用利润模型时的预期利润与随机选择下的预期利润之比。

26.4　回应模型的十分位分析与累积提升度

十分位分析可以以表格化的形式反映模型的表现。我在表 26.3 中说明了回应模型十分位分析方法（未显示）。

1）使用回应模型为样本（即校准文件或验证文件）打分。每个个体都得到一个模型评分 Prob_est，作为模型的预计回应概率。

表 26.3 回应十分位分析

十分位组	个体数量	回应者数量	本组应答率（%）	累积应答率（%）	累积提升度
顶部	7 410	911	12.3	12.3	294
2	7 410	544	7.3	9.8	235
3	7 410	437	5.9	8.5	203
4	7 410	322	4.3	7.5	178
5	7 410	258	3.5	6.7	159
6	7 410	188	2.5	6.0	143
7	7 410	130	1.8	5.4	129
8	7 410	163	2.2	5.0	119
9	7 410	124	1.7	4.6	110
底部	7 410	24	0.3	4.2	100
合计	74 100	3 101	4.2		

2）按 Prob_est 从高到低排列文件。

3）将经过排序和评分的文件分成 10 个同样大小的组，创建一个十分位变量，并赋予其 10 个顺序标签：顶部（1）、2、3、4、5、6、7、8、9 和 底部（10）。前 10% 的个体最有可能做出回应；然后是 2，它代表接下来的 10% 最有可能做出回应的个体，以此类推。因此，十分位以从最可能回应到最不可能回应的顺序对个体进行分离和排序。

4）每个十分位的个体数量都是文件总大小的 10%。

5）（实际）回应数量是每一栏十分位中实际的（非预测的）回应数量。该模型识别出顶部十分位有 911 个实际回应。在第 2 个十分位中，模型识别了 544 个实际的回应者。对于剩下的几个十分位，模型以类似的方式标识实际的回应者。

6）应答率是每个十分位组的实际应答率。它是回应数除以每个十分位组中的个体数。对于顶部的十分之一，应答率为 12.3%（= 911 /7410）。对于第 2 个十分位，应答率为 7.3%（= 544/7410），以此类推。

7）给定数据文档深度（总的或累计的十分位）下的累积应答率是累积十分位中个体之间的应答率。例如，顶部的十分之一（10% 的数据文档深度）的累积应答率为 12.3%（= 911/7410）。对于前两个十分位（20% 的数据文档深度）来说，累积应答率为 9.8%（=（911 + 544）/（7410 + 7410））。对于其余十分位，累积应答率的计算与此类似。

8）给定数据文档深度下的累积提升度是累积应答率除以总应答率再乘以 100。它可以衡量使用模型相比不使用模型情况下多出来的回应个体的数量。例如，顶层的累积提升度 294 意味着当使用模型针对顶部 10% 的人进行招标时，预期回应者总数是不使用模型时的 2.94 倍。前两个十分位的累积提升度为 235，这意味着当使用模型针对顶部 20% 的人进行营销时，预期能得到的回应者总数是不使用模型时的 2.35 倍。对其余的数据文档深度而言，相应的累积提升度与此类似。

结论 & 准则：累积提升度越大，给定数据文档深度下的准确度就越高。

26.5 利润模型的十分位分析与累积提升度

利润模型的十分位分析（未显示）的计算与回应模型类似，回应和应答率分别相当于利润和平均利润。表 26.4 说明了利润十分位分析的构建与运用。

表 26.4   利润十分位分析

十分位组	个体数量	总利润（美元）	本组平均利润（美元）	累积平均利润（美元）	累积提升率
顶部	3	47.00	15.67	15.67	232
2	3	60.30	20.10	17.88	264
3	3	21.90	7.30	14.36	212
4	3	19.40	6.47	12.38	183
5	3	24.00	8.00	11.51	170
6	3	12.70	4.23	10.29	152
7	3	5.80	1.93	9.10	135
8	3	5.80	1.93	8.20	121
9	3	2.70	0.90	7.39	109
底部	3	3.30	1.10	6.76	100
合计	30	202.90	6.76		

1）使用相应的利润模型为样本（即校准文件或验证文件）打分。每个个体都会得到一个模型评分 Pred_est，即模型的预期利润。

2）按 Pred_est 从高到低排列文件。

3）将经过排序和评分的文件分成 10 个同样大小的组，创建一个十分位变量，前 10%的个体贡献了最大的利润；然后是第 2 个十分位，它代表接下来的 10% 贡献利润的个体，以此类推。因此，十分位以从最大利润贡献到最小利润贡献的顺序对个体进行分离和排序。

4）每个十分位的个体数量都是文件总大小的 10%。

5）（实际）总利润是每个十分位中实际的（非预测的）总利润。该模型识别出了顶部10% 贡献 47 美元利润的个人。在第 2 个十分位中，该模型识别出了贡献 60.30 美元利润的个人，以此类推。

6）本组平均利润是每个十分位组的实际平均利润。它是总利润除以每个十分位组中的个体数。最顶端的十分位的实际平均利润是 15.67 美元（=47 美元 /3）。对于第 2 个十分位，其值为 20.10 美元（=60.30 美元 /3），以此类推，其余十分位组也是如此。

7）给定数据文档深度（总的或累计的十分位）下的累积平均利润是累积十分位中个体的平均利润。例如，前十分位（文件的前 10%）的累积平均利润为 15.67 美元（= 47 美元/3）。对于前两个十分位（20% 的数据文档深度）而言，累积平均利润为 17.88 美元（=（47美元 + 60.30 美元）/（3 + 3）），以此类推。

8）给定数据文档深度下的累积提升度是累积平均利润除以利润总额再乘以 100。它衡量的是使用模型相比不使用模型情况下能多获得多少利润。例如，顶部十分位的累积提升度 232 意味着当使用模型针对顶部 10% 的人进行营销时，预期利润总额是不使用模型时的 2.32 倍。前两个十分位的累积提升度 264 意味着当使用模型针对顶部 20% 的人进行营销时，预期利润总额是不使用模型时的 2.64 倍。对其余的数据文档深度而言，相应的累积提升度与此类似。要注意的是，如果整个十分位组对应的利润值并非按降序排列，那么就表明这个模型出了问题（例如，可能排除了一个重要的预测性变量或需要重新表示这个预测性变量）。

结论 & 准则：累积提升度越大，给定数据文档深度下的准确度就越高。

26.6 回应模型的精确度

预测的回应概率与真实的回应概率能有多接近？由于有关个体的真实概率是未知的，所以我们也就无法直接确定回应的接近程度或精确度——如果已知，那么就不需要模型了。我提出并说明了相应的平滑法来估计真实的概率。之后，我将 Hosmer-Lemeshow 拟合优度（或 HL 指数）作为回应模型的精确度衡量指标。

平滑是对相邻数据计算平均值，我们对模型所形成的十分位中的实际回应数计算了平均值。继续看回应模型的例子，表 26.3 中第 4 列的十分位的实际应答率是对该十分位中所有个体回应数的真实概率估计。

接下来，我根据每个十分位组中个体的得分（Prob_est）计算出了平均预测回应概率。之后将这些平均值插入了表 26.5 的第 4 列。此外，我还将实际应答率（表 26.3 中左边第 4 列）插入了表 26.5 中的第 3 列。完成以上过程后，就可以确定模型的回应精确度了[⊖]。

表 26.5 回应模型：HL 指数和 CV 指数

十分位组	第 1 列 个体数量	第 2 列 回应者数量	第 3 列 本组（实际）应答率（%）	第 4 列 Prob_est（预测值）（%）	第 5 列 （第 3 列 - 第 4 列）^{2} * 第 1 列	第 6 列 第 4 列 * （1-第 4 列）	第 7 列 第 5 列 / 第 6 列
顶部	7 410	911	12.3	9.6	5.40	0.086	62.25
2	7 410	544	7.3	4.7	5.01	0.044	111.83
3	7 410	437	5.9	4.0	2.68	0.038	69.66
4	7 410	322	4.3	3.7	0.27	0.035	7.49
5	7 410	258	3.5	3.5	0.00	0.033	0.00
6	7 410	188	2.5	3.4	0.60	0.032	18.27
7	7 410	130	1.8	3.3	1.67	0.031	52.25
8	7 410	163	2.2	3.2	0.74	0.031	23.92
9	7 410	124	1.7	3.1	1.45	0.030	48.35
底部	7 410	24	0.3	3.1	5.81	0.030	193.40
合计	74 100	3 101	4.2				
分离性 CV			80.23		精确度 HL		587.40

将第 3 列和第 4 列（见表 26.5）进行对比可以得到有用的信息。我发现，对于顶部十分位组，模型低估了回应概率：实际值是 12.3%，而预测值为 9.6%。类似地，该模型也低估了第 2 到第 4 个十分位组。第 5 个十分位组是完美的。由从第 6 个十分位组一直到底部的十分位组，可以清楚地看到模型被高估了。不过，这种精确度的评估可能太过主观。我们需要一种客观、概括的精确度衡量标准。

我现在用 HL 指数来表示精确度。HL 指数的计算结果如表 26.5 所示：

1）第 1 ~ 3 列可以从回应模型的十分位分析中获得。

2）根据模型得分 Prob_est（第 4 列）计算每个十分位的平均预计回应概率。

3）第 5 列的计算方式是取第 3 列和第 4 列的差，将结果平方，然后乘以第 1 列。

4）第 6 列：第 4 列乘以 1 减去第 4 列的差。

⊖ 该评估是在 10% 的平滑度上考量的。将评分并排序的文档分为 20 组，可以得到平滑度在 5% 的模型精确度评估结果。统计学家没有对可靠的平滑度是多少达成一致意见。

5）第 7 列：第 5 列除以第 6 列。

6）HL 指数：第 7 列的 10 个元素之和。

结论 & 准则：HL 指数越小，精确度越高。

26.7　利润模型的精确度

预测利润与实际利润会有多接近？与回应模型的情况一样，这无法直接确定，因为每个个体贡献的真实利润都是未知的，我提出并说明了相应的平滑法来估计实际利润值。之后，我还提出了平滑加权平均的绝对偏差（SWMAD）指数作为评估利润模型精确度的标准。

为了获得真实利润的估计值，我对利润模型所形成的十分位的实际利润求平均值。继续看利润模型的例子，表 26.4 中左边第 4 列的实际平均利润是该十分位组中个体的实际平均利润估计值。接下来，我根据每个十分位数中个体的得分（Pred_est）计算了预测利润的平均值。我将这些平均值插入表 26.6 的第 2 列。同时，我也将表 26.6 中的第 1 列插入表 26.6 中的平均实际利润（表 26.4 中左边第 4 列）。完成以上过程后，就可以确定模型的精确度了。

表 26.6　利润模型：SWMAD 指数和 CV 指数

十分位组	第 1 列 本组（实际）平均利润（美元）	第 2 列 本组平均 Prob_est（预测利润）（美元）	第 3 列 绝对误差（美元）	第 4 列 本组实际利润排名	第 5 列 本组预测利润排名	第 6 列 排名相差	第 7 列 权重	第 8 列 加权误差
顶部	15.67	17.16	1.49	2	1	1.0	1.10	1.64
2	20.10	13.06	7.04	1	2	1.0	1.10	7.74
3	7.30	10.50	3.20	4	3	1.0	1.10	3.52
4	6.47	8.97	2.50	5	4	1.0	1.10	2.75
5	8.00	7.43	0.57	3	5	2.0	1.20	0.68
6	4.23	4.87	0.63	6	6	0.0	1.00	0.63
7	1.93	3.33	1.40	7.5	7	0.5	1.05	1.47
8	1.93	1.80	0.14	7.5	8	0.5	1.05	0.15
9	0.90	0.26	0.64	10	9.5	0.5	1.05	0.67
底部	1.10	0.26	0.84	9	9.5	0.5	1.05	0.88
分离性 CV	95.86					合计	10.8	20.15
						精确度	SWMAD	1.87

将第 1 列和第 2 列（表 26.6）进行对比是很有用的。基于平均实际利润值的十分位排名并非严格的降序——这不是一个好模型应有的特征。顶端和第 2 个十分位组的平均利润值反了，分别为 15.67 美元和 20.10 美元。此外，第 3 个十分位的平均利润值（8.00 美元）被列在了第 5 个十分位组。对非降序现象进行这样的评价十分有趣，但定量评估肯定是首选的。

SWMAD 指数的构建

我提出了一种评估利润模型精确度的标准：平滑实际利润值和预测利润值之间绝对偏差的加权平均值。权重反映了平滑实际值和预测值之间的不一致。接下来是利润模型中 SWMAD 的计算步骤，结果如表 26.6 所示：

1）第 1 列是利润模型的十分位分析。

2）计算每个十分位的模型预测分数，即 Pred_est（第2列）的平均预测利润。

3）第3列：第1列和第2列的绝对差。

4）第4列：根据实际利润对十分位进行排序（第1列）；将最低的等级值赋给最高的十分位平均实际利润值。并列的等级是相应等级的平均数。

5）第5列：根据预测利润对十分位数进行排序（第2列）；将最低的等级值分配给最高的十分位平均预测利润值。并列的等级是相应等级的平均数。

6）第6列：第4列和第5列的绝对差。

7）第7列：权重变量（Wt）是第6列除以10加1。

8）第8列：第3列乘以第7列。

9）计算 SUMWGT，即第7列的10个值之和。

10）计算 SUMWDEV，即第8列的10个值之和。

11）计算 SWMAD：SUMWDEV/SUMWGT。

结论 & 准则：SWMAD 值越小，精确度越高。

26.8　回应模型和利润模型的分离性

在回应的可能性或对利润的贡献方面，不同十分位之间的个体差异有多大？模型所识别出的个体之间是否存在变化或分离？我可以通过计算回应模型的真实应答率估计值和利润模型实际利润估计值之间的离散系数（CV）来测量十分位组之间的多样性。

我将用回应图和利润模型图介绍离散系数的计算方法。回应离散系数是表 26.5 第3列的10个平滑值的标准差除以10个平滑值的平均值，再乘以100。回应离散系数在表 26.5 中为 80.23。利润离散系数是表 26.6 第1列的10个平滑值的标准差除以10个平滑值的平均值，再乘以100。表 26.6 中利润离散系数为 95.86。

结论 & 准则：离散系数越大，分离性越强。

26.9　累积提升度、HL/SWMAD 指数以及离散系数的应用指南

以下是根据三种评估方法选择最佳模型的指南：

1）一般来说，一个好的模型具有较大的 HL/SWMAD 指数和离散系数。

2）如果模型的目标不在于使应答率 / 平均利润最大化，那么最好的模型将是 HL/SWMAD 指数最小、离散系数最大的模型。由于较小的 HL/SWMAD 指数值并不一定与较大的离散系数对应，因此数据分析师必须在较小的 HL/SWMAD 指数和较大的离散系数之间做出最佳平衡，以构建最佳模型。

3）如果模型的目标正是追求最大应答率 / 平均利润，那么最好的模型应具有最大的累积提升度。如果有多个模型都拥有差不多的累积提升度，那么具有最佳 HL/SWMAD 指数 –CV 组合的模型将是最优的。

4）如果十分位预测的准确度是模型的目标，则最佳模型的 HL/SWMAD 指数最小。如果有几个模型的 HL/SWMAD 指数都比较小，那么离散系数最大的模型将是最优的。

测量离散系数的可分性并没多大的实用价值。只具有最大离散系数的模型不一定有高的

精度或准确度。可分性应该与前面讨论的其他两个量度指标一起使用。

26.10　本章小结

　　传统的模型准确度测量指标是正确分类比例和均方误差，或者是回应模型和利润模型平均误差的一种变体。这些指标对营销的价值都很有限。考虑到市场营销人员建模的实际操作方式，他们有自己的模型准确度衡量标准——累积提升度。他们使用模型来识别最有可能回应或贡献利润的个人，并创建一份目标列表，以获得相对于随机选择而言更好的营销效果。与随机选择（无模型）的预期回应/利润相比，累积提升度在使用模型的情况下是衡量预期回应/利润的标准。累积提升度越大，预测的准确度就越高。

　　我们通过回应模型和利润模型的十分位分析结果，讨论了累积提升度这个概念。之后，以十分位分析为背景，提出了另外两种模型评估方法——评估回应/利润精确度的 HL/SWMAD 指数和衡量回应/利润模型分离性的离散系数。因为真实的回应/利润值是未知的，所以我通过在十分位分析中进行平滑处理来估计真实值。根据这些估计，我也说明了 HL 和 SWMAD 指数的计算方法。有关 HL/SWMAD 指数的一个准则是：其值越小，精确度越高。

　　分离性解决的问题是，不同个体在其十分位范围内做出回应或贡献利润的可能性有何种程度的不同。我使用传统的离散系数衡量真实回应/利润值估计值之间的分离性。因此，有关离散系数的一个准则是：其值越大，分离性越强。

　　最后，我给出了如何融合这三种指标来选择最佳模型的指南。

第 27 章
十分位分析：视角与效果

27.1 引言

营销人员可以通过十分位分析评估各种回应模型与随机获得回应数（随机确定一部分人进行招标）在预期收益上的差别。所谓的十分位分析是通过普通的 2×2 表格来表示的，通常被称为混淆矩阵（confusion matrix）。混淆矩阵的具体用法取决于分析标的。我们会向读者介绍混淆矩阵的部分特性。那些显而易见的统计数据，诸如正确分类率等，不一定是必要的。在市场营销中，预测的精确度是未知的，而它却是十分位分析的基础。本章的目的是在第 26 章的基础之上对十分位分析进行全面探究。我会通过解读一个教学案例，让读者更充分地理解十分位分析，以便更好地评估他们的回应模型。我还将给出一系列 SAS 子程序来介绍两个新的衡量指标和拟议程序，作为营销统计人员的可靠工具。这些子程序也可以从网站 http://www.geniq.net/articles.html#section9 下载。

27.2 背景

作为讨论的背景，我首先会构建一个逻辑斯谛回归模型来预测营销活动的回应变量 RESPONSE（=yes/1 和 =no/0）。回应模型生成回应的概率估计值，记为 PROB_est。PROB_est 及一个选定的门限值将共同定义变量 PREDICTED。如果 PROB_est 大于门限值，则预测值为 1，否则预测值为 0。门限值通常是招标活动的应答率。

我在表 27.1 中简单讨论了二值变量分类表 RESPONSE（yes=1, no=0）和 PREDICTED（1=RESPONSE of yes, 0=RESPONSE of no）。

表 27.1　2×2 分类

RESPONSE	预测值		
频次	0	1	合计
0	a	b	a+b
1	c	d	c+d
合计	a+c	b+d	a+b+c+d (N)

关于表格中的四个单元格：

1）第一行 RESPONSE（=0）表示：

a. a 个人被预测无回应，实际上也无回应。该模型正确地预测了这些人的反应。

b. b 个人被预测有回应，但实际上无回应。该模型错误地预测了这些人的反应。

2）最后一行 RESPONSE（=1）表示：

a. c 个人被预测无回应，但实际上有回应。该模型错误地预测了这些人的反应。

b. d 个人被预测有回应，实际上也有回应。该模型正确地预测了这些人的反应。

c. a+b 代表实际无回应的总人数。

d. a+b+c+d（=N）是样本中个体的总数，即样本容量。

e. a+b/N 是实际无回应者的百分比。

f. c+d 代表实际有回应的个体总数。

g. c+d/N 是实际回应者的百分比。

h. a+b/N 和 c+d/N 为回应的分布（%）。两个百分比之和等于 100%。

3）第一列 PREDICTED（=0）表示：

a+c 代表预计无回应的个体总数。该模型预测 a+c 个人无回应。

4）第二列 PREDICTED（=1）表示：

b+d 代表预计有回应的个体总数。该模型预测 b+d 个人有回应。

检查分类表[1]有许多方法。我们可以从以下四个主要角度来分析模型的预测能力，但在此我主要介绍与本书主要应用场景，即市场营销比较相关的两个。

准确度：

1）a+d/N 是回应模型的准确度，即总的正确分类百分比（PTCC）。

2）当 a 特别大时，准确度就会引起误解。我在案例中讨论了这个问题。

特异度：

1）a/（a+b）是特异度，模型对实际无回应的个体估计结果也是无回应的概率。

2）特异度可以回答这样一个问题：当模型预测个体无回应时，正确率有多高？

3）如果模型特异度较高，并且预测结果为无回应，那么个体的实际回应几乎肯定也是无回应。

4）特异度常用于生物学和医学诊断，而营销中会少很多。我在这里提到它是出于完整性的考虑。

敏感度：

1）d/（c+d）是敏感度，模型对实际有回应的个体估计结果也是有回应的概率。

2）敏感度可以回答这样一个问题：当模型预测个体有回应时，正确率有多高？

3）如果模型敏感度较高，并且预测结果为有回应，那么个体的实际回应几乎肯定也是有回应。

4）敏感度常用于生物学和医学诊断，而营销中会少很多。我在这里提到它是为了完整性考虑。

精确度：

1）d/（b+d）是精确度，模型对所有预测有回应的个体中预测有回应的概率。

2）精确度可以回答这样一个问题：当模型预测个体有回应时，预测结果的正确率有多高？

3）精确度值 1.0 可以说是很完美了，它意味着每一个由 RESPONSE=1 及 PREDICTED

=1 定义的个体都确实属于 d。但对于 RESPONSE=1 中被错误预测的个体（c 个），完美的精确度值并不能起到太大作用。

4）精确度通常是市场营销中的重点关注的指标，尤其与 a 相比，d 是很小的。较小的 d 值为统计学家预测属于 d 的个体时带来了一定的挑战。

示例

在这个示例中，我借用了 23.4 节里的回应模型。回想一下，我构建了一个逻辑斯谛回归模型用于预测回应（=yes/1 和 =no/0），该模型基于营销活动的随机样本（大小 = 16 003）。回应人数为 3559 人。应答率为 22.24%，可作为门限值来定义变量 PREDICTED。显然，如表 27.2 所示，变量 PREDICTED 将生成一个 2×2 的分类表，用于回应模型性能的评估。

表 27.2　RESPONSE 模型分类表

PREDICTED	预测值		
频次 百分比（%）	0	1	合计
0	9 134 57.08	3 310 20.68	12 444 77.76
1	1 349 8.43	2 210 13.81	3 559 22.24
合计	10 483 65.51	5 520 34.49	16 003 100.00

回应模型分类表的讨论

这张 2×2 的表格含有以下信息：

1）RESPONSE 变量的分布（77.76%，22.24%）与预测变量的分布（65.51%，34.49%）大致相同。也就是说，77.76% 和 65.51% 两值比较接近。同样，22.24% 和 34.49% 两值也比较接近。两变量的分布大致相同是一个好模型的必要标准。因此，这一回应模型可以称得上很好。而如果分布太不一致，那么回应级别的误分类率（yes 和 no）会大得令人无法接受。记住：门限值决定预测的分布，而分布又决定了 2×2 表的结构。

2）如果分布差别较大，那么对门限值进行微调可能在一定成本下生成足够接近的分布。微调是数据挖掘中的委婉说法。选择的微调门限值可能是偶然的（即不可靠）。为了检验门限值的可靠性，统计学家必须使用许多新的招标名单或以整个名单为基础重新取样来构建多个分类表。

a. 如果门限值通过了可靠性测试，那么它就可以定义变量 PREDICTED，继而构建相应的分类表。

b. 如果无法确定一个可靠的门限值，那么原始的分类表就会产生次优或有偏差的模型性能。换句话说，维持原始分类表是模型不够好的一个表现。

3）回应模型的准确度为 70.89%（=（9134+2210）/16 003）。

4）回应模型的特异性为 73.40%（= 9134/（9134+3310））。

5）回应模型的敏感度为 62.10%（= 2210/（1349+2210））。

6）回应模型的精确度为 40.04%（= 2210/（3310+2210））。

综上所述，该回应模型看起来有良好的性能：准确度和精确度分别为 70.89% 和 40.04%。

我们没有详细介绍特异度和敏感度，它们与市场营销的应用场景无关。

27.3　性能评估：回应模型与随机选择

无相应比较基准的准确度和精确度（即随机模型性能指标）只能在主观上被定性为优秀、好、差或统计学家选择的其他形容词。实际回应而非预测数据包括在准确度和精确度基准的计算中。一旦知道了基准，统计学家就可以比对观测值，定量地确定模型性能。

回应变量分布完全决定了随机模型的准确度。有一个简单的公式[⊖]可以用来确定一个 2×2 表格概率模型的准确度：$((a+b) / N) * ((a+b) / N) + ((c+d) / N)) * ((c+d) / N))$。

对回应变量数据而言，随机模型的准确度为 65.41%（＝（77.76%*76.76%）＋（22.24%*22.24%））。因此，回应模型准确度相对于随机模型准确度的增幅为 8.37%（＝（70.89%－65.41%）/65.41%）。8.37% 的收益相对较好，因为准确度不是主要的性能度量（见表 27.3）。表 27.3 的制表子程序在附录 27.A 中。

表 27.3　准确度的增幅：回应模型和随机模型

回应模型准确度	随机模型准确度	准确度增幅
70.89%	65.41%	8.37%

值得注意的是，当 a 比 d 大得多时，这里习惯上所要求的准确度并不是一个合适的指标。在本例中，a 是 d 的 4.13 倍（＝9134/2210），这种情况下，d/（c+d）和 d/（b+d）的几何平均值，相对其他准确度度量来说，是符合常理的 [2]。

随机模型精确度的计算公式有些复杂。通过运行附录 27 中的子程序，可得出概率模型的精确度为 22.24%。回应模型精确度相对于随机模型精确度提升了 17.80%（＝（40.04%－22.24%）/22.24%），这个结果已经非常好了（见表 27.4）。表 27.4 的制表子程序见附录27.B。

表 27.4　精确度的增幅：回应模型和随机模型

回应模型精确度	随机模型精确度	精确度增幅
40.04%	22.24%	17.80%

27.4　性能评估：十分位分析

营销人员使用十分位数分析，其结构与解读见 26.4 节。然而，营销人员很有可能并未意识到十分位分析是 2×2 表格的另一种形式。2×2 表格内部被水平分割为 RESPONSE=0 和 RESPONSE=1。在十分位分析中，原来被分好的两部分再分成 10 个相等的组，通常称为十分位组，分别占样本的 10%。

之前提到过，PROB_est 变量将样本中的个体以降序排列，分别定义为十分位组。第一个十分位组由概率最大的 10% 的个体组成。因此，回应模型能够帮我们断定，这些前十分之一的人最有可能对营销活动做出回应。第二个十分位组包含的个体占 PROB_est 值的第二

⊖　当 RESPONSE 和 PREDICTED 的分布相当接近时，这个简单公式是一个不错的近似。当这两个分布完全一样时，这个公式可以给出准确结果。

个 10%。剩下的十分位组也是如此。十分位组构建完成后，十分位分析增加了 5 个列，而不是像 2×2 表中的两个预测变量列。新的 5 列中有价值的模型性能信息均来自 PREDICTED 预测变量列。

回应模型的十分位分析

回想一下，表 27.5 重新展示了回应模型的十分位分析的传统结果，参见 23.4 节。在此，我将重点讨论所提出的模型性能指标、模型十分位分析精确度和随机十分位分析精确度。这些指标可以帮助我们对给定模型进行十分位分析评估。在这种情况下，通过比较回应模型十分位分析精确度和随机模型十分位分析精度，可以将回应模型的性能进行量化。回应模型和机会模型精确度的指标，其定义及解读在植入十分位分析的 2×2 表中。十分位分析精确度是累积提升度的基础，也是十分位分析成功的主要因素。

表 27.5 RESPONSE 模型十分位分析

十分位组	个体数量	总利润	本组平均利润（%）	累积平均利润（%）	累积提升率（%）
顶部	1 600	1 118	69.9	69.9	314
2	1 600	637	39.8	54.8	247
3	1 601	332	20.7	43.5	195
4	1 600	318	19.9	37.6	169
5	1 600	165	10.3	32.1	144
6	1 601	165	10.3	28.5	128
7	1 600	158	9.88	25.8	116
8	1 601	256	16.0	24.6	111
9	1 600	211	13.2	23.3	105
底部	1 600	199	12.4	22.2	100
合计	16 003	3 559			

我给出了一个用到回应模型的案例，用教学方式可以更充分展示十分位分析，方便使用者更好地对回应模型做出评估。此外，我还对回应模型十分位分析做了修改，提出了一种新方法来评估传统的旧式十分位分析，也给出了新的、独特的输出性能指标。

对旧的十分位分析所做的修改步骤如下：

1）该十分位分析包含两个变量，ACTUAL 实际回应和 PREDICTED 预测回应，PPROB_est 表示预先选定的门限值。因此，我可以确定最小和最大的 PROB_est 值，从十分位分析生成的表格中找出全部 10 个十分位组。请参阅表 27.6 中的十分位 PROB_est 值。表 27.6 的制表子程序在附录 27.C 中。

2）十分位 PROB_est 表包含回应模型十分位分析的最后两列和其他所有列。此表格不包括累计应答率及累积提升度这两个变量。因此，该表数据不包含累计数。也就是说，用 PROB_est 最小值和最大值替换累积项。十分位 PROB_est 表严格来说是回应模型的十分位分析报告。

对最小值和最大值的评估不在我们的讨论范畴之内。例如：为什么最小值常常等于最近的下个十分位组的最大值？这对于第 6 个和第 7 个十分位组意味着什么呢？这些问题的答案可以在我的链接 http://www.geniq.net/res/SmartDecileAnalysis.html 中找到。

表 27.6　RESPONSE 模型十分位 PROB_est

十分位	数量	RESPONSE			PROB_est	
		平均值	和		最小值	最大值
顶部	1 600	0.698 8	1 118		0.460 2	0.992 2
2	1 600	0.398 1	637		0.265 4	0.460 2
3	1 601	0.207 4	332		0.235 4	0.265 4
4	1 600	0.198 8	318		0.213 8	0.235 4
5	1 600	0.103 1	165		0.200 8	0.213 8
6	1 601	0.103 1	165		0.178 2	0.200 8
7	1 600	0.098 8	158		0.142 7	0.177 6
8	1 601	0.159 9	256		0.106 0	0.142 7
9	1 600	0.131 9	211		0.068 2	0.106 0
底部	1 600	0.124 4	199		0.022 8	0.068 2
合计	16 003	0.222 4	3 559		0.022 8	0.992 2

3）PROB_est 变量的作用是为 10 个 2×2 表格构建 PREDICTED 变量，每十分位组有一个。例如，顶部十分位组的最小值是 0.4602。因此，如果 PROB_est 大于或等于 0.4602，则 PREDICTED=1，否则 PREDICTED=0。对于十分位 2，最小值是 0.2654。因此，如果 PROB_est 大于或等于 0.2654，则 PREDICTED 为 1，否则就为 0。剩下的十分位组以此类推。

4）前 5 个十分位数的 2×2 表（0（=顶部）至十分位数 4（=5））见表 27.7。最后 5 个十分位数的 2×2 表（从 6（=5）到 9（=底部））见表 27.8。表 27.7 和表 27.8 的制表子程序见附录 27.D。注意，每个十分位对应的 PROB_est 值都在表的标题中。

5）2×2 表里的 a、b、c、d 和 N 的十分位组见表 27.9。若要得出十分位组精确度，就要计算所有十分位组中每个单元格列（a、b、c 和 d）的总和。如表 27.10 所示，应用精确度（d/（b+d））公式，得到回应模型十分位精确度为 22.22%。表 27.9 和表 27.10 的制表子程序见附录 27.D。

回应模型的十分位精确度为 22.22%，作为补充的统计数据，它提供了一个较为紧凑的性能度量，而不是在文件的不同深度下使用累积提升度。我认为对回应模型性能的全面评估应包括在原始十分位分析基础上建立的十分位精确度。

6）我获得了应用随机十分位精确度公式所需数据，在表 27.11 中计算了随机十分位精确度。

表 27.7　前 5 个十分位组的 2×2 表

十分位组 =0　　PROB_est = 0.4602				十分位组 =1　　PROB_est = 0.2654			
ACTUAL	预测值			ACTUAL	预测值		
频次 百分比（%）	0	1	合计	频次 百分比（%）	0	1	合计
0	0 0.00	482 30.13	482 30.13	0	0 0.00	963 60.19	963 60.19
1	12 0.75	1 106 69.13	1 118 69.88	1	0 0.00	637 39.81	637 39.81
合计	12 0.75	1 588 99.25	1 600 100.00	合计	0 0.00	1 600 100.00	1 600 100.00

（续）

十分位组 =2	PROB_est = 0.2354		
ACTUAL	预测值		
频次 百分比（%）	0	1	合计
0	9 0.56	1 260 78.70	1 269 79.26
1	1 0.06	331 20.67	332 20.74
合计	10 0.62	1 591 99.38	1 601 100.00

十分位组 =3	PROB_est = 0.2138		
ACTUAL	预测值		
频次 百分比（%）	0	1	合计
0	0 0.00	1 282 80.13	1 282 80.13
1	0 0.00	318 19.88	318 19.88
合计	0 0.00	1 600 100.00	1 600 100.00

十分位组 =4	PROB_est = 0.2008		
ACTUAL	预测值		
频次 百分比（%）	0	1	合计
0	0 0.00	1 435 89.69	1 435 89.69
1	0 0.00	165 10.31	165 10.31
合计	0 0.00	1 600 100.00	1 600 100.00

表 27.8 后 5 个十分位组的 2×2 表

十分位组 =5	PROB_est = 0.1782		
ACTUAL	预测值		
频次 百分比（%）	0	1	合计
0	0 0.00	1 436 89.69	1 436 89.69
1	0 0.00	165 10.31	165 10.31
合计	0 0.00	1 601 100.00	1 601 100.00

十分位组 =6	PROB_est = 0.1427		
ACTUAL	预测值		
频次 百分比（%）	0	1	合计
0	41 2.56	1 401 87.56	1 442 90.13
1	2 0.13	156 9.75	158 9.88
合计	43 2.69	1 557 97.31	1 600 100.00

十分位组 =7	PROB_est = 0.1060		
ACTUAL	预测值		
频次 百分比（%）	0	1	合计
0	0 0.00	1 345 84.01	1 345 84.01
1	4 0.25	252 15.74	256 15.99
合计	4 0.25	1 597 99.75	1 601 100.00

十分位组 =8	PROB_est = 0.0682		
ACTUAL	预测值		
频次 百分比（%）	0	1	合计
0	0 0.00	1 389 86.81	1 389 86.81
1	0 0.00	211 13.19	211 13.19
合计	0 0.00	1 600 100.00	1 600 100.00

（续）

十分位组 =9　PROB_est = 0.022 28			
ACTUAL	预测值		
频次 百分比（%）	0	1	合计
0	0 0.00	1 401 87.56	1 401 87.56
1	0 0.00	199 12.44	199 12.44
合计	0 0.00	1 600 100.00	1 600 100.00

表 27.9　2×2 表十分位参数

十分位	a	b	c	d	N
1	0	482	12	1 106	1 600
2	0	963	0	637	1 600
3	9	1 260	1	331	1 601
4	0	1 282	0	318	1 600
5	0	1 435	0	165	1 600
6	0	1 436	0	165	1 601
7	41	1 401	2	156	1 600
8	0	1 345	4	252	1 601
9	0	1 389	0	211	1 600
10	0	1 401	0	199	1 600

表 27.10　2×2 表参数求和计算模型精确度

回应模型 _ 十分位 _ 精确度	a	b	c	d	N
0.222 2	50	12 394	19	3 540	16 003

表 27.11　2×2 表随机模型十分位精确度的参数

十分位	随机模型 _ 十分位 _ 精确度	a	b	c	d
顶部	0.696 5	0.00	30.13	0.75	69.13
2	0.398 1	0.00	60.19	0.00	39.81
3	0.208 0	0.56	78.70	0.06	20.67
4	0.198 8	0.00	80.13	0.00	19.88
5	0.103 1	0.00	89.69	0.00	10.31
6	0.103 1	0.00	89.69	0.00	10.31
7	0.100 2	2.56	87.56	0.13	9.75
8	0.157 8	0.00	84.01	0.25	15.74
9	0.131 9	0.00	86.81	0.00	13.19
底部	0.124 4	0.00	87.56	0.00	12.44

7）最好的随机模型十分位精确度是表 27.11 中十分位精确度的几何平均值。这里的几何平均值是 10 个十分位精确度值乘积的十次方根。表 27.12 中随机模型的十分位精确度为 17.78%。

表 27.12　随机模型十分位精确度

随机模型十分位精确度
0.177 8

8）在最后的分析中，用于评定回应模型全部性能的十分位分析指标的三重列如表 27.13 所示。回应模型的精确度比随机模型的精确度高了 24.94%。所以，此回应模型的性能还是非常好的。表 27.11、表 27.12 和表 27.13 的子程序在附录 27.D 中。

表 27.13　回应模型十分位精确度

回应模型十分位精确度	随机模型十分位精确度	精确度增幅
22.22%	17.78%	24.94%

27.5　本章小结

营销人员使用十分位分析来评估回应模型相对于随机获得回应在预测方面的改善情况。我认为，营销人员并不清楚，对十分位分析的正确评估不在于累积提升度，而在于传统 2×2 分类表中使用的精确度。我定义了两个新的度量，回应模型十分位分析精确度和随机模型十分位分析精确度。通过一个示例，让读者更全面地理解十分位分析，这样十分位分析的使用者就可以更好地评估他们的回应模型。我们还给出了 SAS 子程序来告诉读者如何构造这两个新的度量指标，作为营销统计学家可以信赖的工具。

附录 27.A　计算准确度收益：模型与随机

```
libname da 'c://0-da';
data dec;
  set da.score;
  PREDICTED=0;
  if prob_hat > 0.222 then PREDICTED=1;
run;

data dec_;
  set dec end=last;
  wght=1; output;
  if last then do;
    predicted=0; wght=0; output;
    predicted=1; wght=0; output;
  end;
run;

PROC FREQ data=dec_;
  table RESPONSE*PREDICTED / norow nocol sparse out=D;
  weight wght / zeros;
run;

PROC TRANSPOSE data=D out=transp;
run;
```

```
data COUNT;
set transp;
if _NAME_="COUNT";
array col(4) col1-col4;
array cell(4) a b c d;
do i=1 to 4;
cell(i)=col(i);
drop i col1-col4;
end;
a_d=a+d;
N=a+b+c+d;
if _NAME_="COUNT" then MODEL_ACCURACY= (a+d)/(a+b+c+d);
if _NAME_="COUNT" then MODEL_GEOM_ACCURACY= SQRT((d/(c+d)) * (d/(b+d)));

drop a--d _NAME_ _LABEL_;
m=1;
run;

data PERCENT;
set transp;
if _NAME_="PERCENT";
array col(4) col1-col4;
array cell(4) a b c d;

do i=1 to 4;
cell(i)=col(i)/100;
drop i col1-col4;
end;
ab_sq=(a+b)**2;
cd_sq=(c+d)**2;
if _NAME_="PERCENT" then CHANCE_ACCURACY=( ((a+b)**2)+((c+d)**2));
drop a--d _NAME_ _LABEL_;
m=1;
run;

PROC SORT data=COUNT; by m;
PROC SORT data=PERCENT; by m;
run;

data PERCOUNT;
merge PERCENT COUNT; by m;
drop m;
keep MODEL_ACCURACY CHANCE_ACCURACY MODEL_GEOM_ACCURACY;
run;

data ACCURACY;
set PERCOUNT;
ACCURACY_INCREMENTAL_GAIN=
  ((MODEL_ACCURACY - CHANCE_ACCURACY)/CHANCE_ACCURACY);
run;

PROC PRINT data=ACCURACY;
```

```
var MODEL_ACCURACY CHANCE_ACCURACY
    ACCURACY_INCREMENTAL_GAIN;
format CHANCE_ACCURACY MODEL_ACCURACY
    ACCURACY_INCREMENTAL_GAIN percent8.2;
run;
```

附录 27.B　计算精确度收益：模型与随机

```
libname da 'c://0-da';
options pageno=1;

data dec;
set da.score;
PREDICTED=0;
if prob_hat > 0.222 then PREDICTED=1;
run;

data dec_;
set dec end=last;

wght=1; output;
if last then do;
predicted=0; wght=0; output;
predicted=1; wght=0; output;
end;
run;

PROC FREQ data=dec_;
table RESPONSE*PREDICTED / norow nocol sparse out=D;
weight wght / zeros;
run;

PROC TRANSPOSE data=D out=transp;
run;

data Precision_IMPROV;
retain d;
set transp;
array col(4) col1-col4;
array cell(4) a b c d;
do i=1 to 4;
cell(i)=col(i);
drop i col1-col4;
end;

b_d=b+d;
if _NAME_="COUNT" ;
if _NAME_="COUNT" then MODEL_Precision= d/(b+d);
c_d=c+d;
N=a+b+c+d;
if _NAME_="COUNT" then CHANCE_Precision= (c+d)/N;
```

PRECISION_INCREMENTAL_GAIN=MODEL_Precision - CHANCE_Precision ;
drop a--c _NAME_ _LABEL_;
run;

PROC PRINT data=Precision_IMPROV;
var MODEL_Precision CHANCE_Precision PRECISION_INCREMENTAL_GAIN;
format MODEL_Precision CHANCE_Precision PRECISION_INCREMENTAL_GAIN
percent8.2;
run;

附录 27.C　回应模型 PROB_est 值的十分位分析

```
libname ca 'c:\0-PCA_CCA';
options pageno=1;
title' completes X10-X14';
```

PROC LOGISTIC data=ca.completes nosimple des noprint outest=coef;

model RESPONSE = X10-X14;
run;

PROC SCORE data=ca.completes predict type=parms score=coef out=score;
var X10-X14;
run;

data score;
set score;
estimate=response2;
label estimate='estimate';
run;

data notdot;
set score;
if estimate ne .;

PROC MEANS data=notdot noprint sum; var wt;
output out=samsize (keep=samsize) sum=samsize;
run;

data scoresam (drop=samsize);
set samsize score;
retain n;
if _n_=1 then n=samsize;
if _n_=1 then delete;
run;

PROC SORT data=scoresam; by descending estimate;
run;

PROC FORMAT;
value Decile

```
0='top '
1='2'
2='3'
3='4'
4='5'
5='6'
6='7'
7='8'
8='9'
9='bottom';

data complete_probs;
set scoresam;
if estimate ne . then cum_n+wt;
if estimate = . then Decile=.;
else Decile=floor(cum_n*10/(n+1));

PROB_est=exp(estimate)/(1+ exp(estimate) );
keep PROB_est response wt Decile;
run;

PROC TABULATE data=complete_probs missing;
class Decile;
var response PROB_est;
table Decile all, (n*f=comma8.0 response *(mean*f=8.4 sum*f=comma8.0)
 (PROB_est) *(( min max)*f=8.4));
format Decile Decile.;
run;
```

附录 27.D   2×2 十分位表

```
libname da 'c://0-da';
%let problist=%str(0.4602, 0.2654, 0.2354, 0.2138, 0.2008, 0.1782, 0.1427, 0.1060, 0.0682, 0.02228);
%macro dochance;
   %do k=0 %to 9;
      %let count=%eval(&k+1);
      %let prob=%qscan(&problist,&count,%str(','));
      %put k=&k prob=&prob;

   title2 "Decile=&k PROB_est=&prob ";
   data dec&k;
      set da.score;
      if dec=&k;
      ACTUAL=RESPONSE;
      PREDICTED=0;
      if prob_hat> &prob then PREDICTED=1;
   run;

   data dec_&k;
      set dec&k end=last;
```

```
    wght=1; output;
    if last then do;
      predicted=0; wght=0; output;
      predicted=1; wght=0; output;
    end;
  run;

PROC FREQ data=dec_&k ;
table ACTUAL*PREDICTED / norow nocol sparse out=D&k;
weight wght / zeros;
run;
PROC TRANSPOSE data=D&k out=transp&k;
run;
 %end;
%mend;

%doChance

title' ';
data PERCENT;
retain Decile;
set transp0 transp1 transp2 transp3 transp4
transp5 transp6 transp7 transp8 transp9;
if _NAME_="PERCENT" ;
if _NAME_="PERCENT" then CHANCE_Decile_Precision= (col4/(col2+col4));
drop _LABEL_ _NAME_;
Decile+1;
array col(4) col1-col4;
array cell(4) a b c d;
do i=1 to 4;
cell(i)=col(i);
drop i ;
end;
run;

PROC PRINT data=PERCENT noobs;
var Decile CHANCE_Decile_Precision a b c d;
title'Chance Decile Precision';
format a b c d 5.2;
format CHANCE_Decile_Precision 6.4;
run;

data CHANCE_Decile_Precision;
set PERCENT;
keep CHANCE_Decile_Precision;
PROC TRANSPOSE out=transCHANCE_Decile_Precision;
var CHANCE_Decile_Precision;
run;

PROC PRINT data=transCHANCE_Decile_Precision;
title 'data=transCHANCE_Decile_Precision';
```

```
run;

data CHANCE_Decile_Precision;
set transCHANCE_Decile_Precision;
CHANCE_Decile_Precision=
         geomean(col1, col2, col3, col4, col5, col6, col7, col8, col9, col10);
m=1;
keep CHANCE_Decile_Precision;
run;

PROC PRINT data=CHANCE_Decile_Precision noobs;
title' geometric mean - CHANCE_Decile_Precision ';
format CHANCE_Decile_Precision 6.4;
run;

title' ';
data COUNT;
retain Decile;
set
transp0 transp1 transp2 transp3 transp4
transp5 transp6 transp7 transp8 transp9;
if _NAME_="COUNT" ;
drop _LABEL_ _NAME_;
Decile+1;
array col(4) col1-col4;
array cell(4) a b c d;
do i=1 to 4;
cell(i)=col(i);
drop i ;
end;

N=a+b+c+d;
run;

PROC PRINT data=COUNT;
var Decile a b c d N;
title'COUNT';
run;

PROC SUMMARY data=COUNT;
var col1 col2 col3 col4;
output out=sum_counts sum=;
run;

data sum_counts;
set sum_counts;
_NAME_="COUNT";
drop _TYPE_ _FREQ_;
sum_counts=sum(of col1-col4);
N=sum(of col1-col4);
MODEL_Decile_Precision=col4 /( col2 + col4);
```

```
array col(4) col1-col4;
array cell(4) a b c d;
do i=1 to 4;
cell(i)=col(i);
drop i;
end;
m=1;
run;

PROC PRINT data=sum_counts;var MODEL_Decile_Precision a b c d N ;
format MODEL_Decile_Precision 6.4;
title 'sum_counts';
run;

PROC SORT data=CHANCE_Decile_Precision; by m;
PROC SORT data=sum_counts; by m;
run;

data PERCOUNTS;
merge CHANCE_Decile_Precision sum_counts;
run;

PROC PRINT data=PERCOUNTS;
title 'PERCOUNTS';
run;

data Decile_Precision_Gain;
set PERCOUNTS;
DECILE_PRECISION_INCREMENT_GAIN=
((MODEL_Decile_Precision - CHANCE_Decile_Precision)/CHANCE_Decile_Precision);
run;

title ' ';
PROC PRINT data=Decile_Precision_Gain noobs;
var MODEL_Decile_Precision CHANCE_Decile_Precision
        DECILE_PRECISION_INCREMENT_GAIN;
format MODEL_Decile_Precision CHANCE_Decile_Precision
        DECILE_PRECISION_INCREMENT_GAIN percent8.2;
title 'Decile_Precision_Gain';
run;
```

参考资料

1. Landis, J.R., and Koch, G. G., The measurement of observer agreement for categorical data, *Biometrics*, 33(1), 159–174, 1977.
2. Kubat, M., Holte, R., and Matwin, S., Machine learning for the detection of oil spills in satellite radar images, *Machine Learning*, 30, 195–215, 1998.

第 28 章
T-C 净提升度模型：评估试验组与对照组的营销效果

28.1 引言

在直销中，统计学家的任务无疑是建立关于当前或过去营销推广活动的回应模型。回应模型告诉我们在下一次营销活动中哪些人最有可能做出回应。建模人员使用常用的十分位分析来评估回应模型的性能。建模者评估的是回应模型相较于随机模型（即随机选择一批人作为营销目标）的预测能力。这种评估能力之所以不足，是因为它没有考虑到非随机的对照模型对营销活动中个体的回应的影响。

根据假设检验的基本原理，要恰当地对营销活动进行评估，应同时进行对照营销，并以十分位分析为框架对两者结果的净差别进行分析。关于评估试验营销与对照营销之间净差别的方法，尽管有些令人困惑甚至相互矛盾，但还是有大量文献可供参考。本章的目的在于提出另外一种方法，即 T-C 净提升度模型，通过一个简单、直接、可靠且易于实现和理解的模型对相关文献进行修正补充。我给出了这一模型建模中需要的 SAS 子程序，统计学家能够在无须购买专业软件的情况下进行建模。这些子程序也可以从我的网站 http://www.geniq. net/articles.html#section9 下载。

28.2 背景

20 年前，确定试验组营销和对照组营销之间净差别的提升度建模开始出现。关于这个主题的第一篇文章是由 Decisionhouse[1] 发表的。最初，人们对提升度模型的兴趣并不大。这种情况不仅使模型的开发人员，甚至也令作者⊖感到困惑（与 Quadstone 销售人员的交流，2000）。对新模型优点的不认可，反映了统计学教育与商业世界之间的鸿沟。所有的大学生，包括商科专业的学生，都要学习统计学基础课程，而这门课程涵盖了差异显著性检验方面的基础知识。在过去的 5 年中，该模型得到了广泛赞誉和认可 [2-5]。

关于评估试验组营销与对照组营销中回应概率之间净差别（用 Diff_Probs 表示）的方

⊖ 自从 Decisionhouse 发表这篇文章之后，我也会不时使用一下净效应模型。

法，业界已有大量文献，尽管其中的一些有点令人困惑。确定净差别的方法的名称不尽相同，也涉及不同算法。然而，这些名称并没有说明每种方法分别对应哪个算法。此外，方法的类型从简单到复杂不等。批评简单方法的人认为，简单方法的结果总是不如复杂方法的那么好。复杂方法与简单方法相比，在一致性方面具有优势。理论性的方法被认为结果最优，但结果不唯一（例如，若干个解的集合）。总而言之，理论上的净差别模型能产生较好的次优解，可媲美经验型净差别模型。实证研究表明，复杂模型的复杂性是多余的，因为其结果既不稳定，也没有对简单模型做出有意义的改进。

净效应模型的研究方法很多，其中包括提升度替代模型[6,7]、决策树[8,9]、简单贝叶斯法[10,11]、净提升度模型[12]、微分回应模型[13]、关联规则[14]等。抛开这些方法不谈，这个模型的叫法很多，可称作提升度模型、微分回应模型、增量影响模型和实际提升度模型。为了减少叫法上的混乱，我将该方法称为净效应，并根据建议将这个算法命名为 T-C 净提升度模型。在十分位分析范畴内，T-C 净提升度模型的结果符合试验组营销相对于对照组营销的净增量（提升度）的原始定义。

所有的净效应模型都直接或间接地以双模型范式为基础。这种方法在概念框架方面的缺点[15] 如下：

1）试验组（TEST）模型和对照组（CONTROL）模型的预测变量集必须相同。

2）试验组模型的预测变量集必须与对照模型的预测变量集不同。

3）试验组模型的预测变量集必须包含对照组模型的预测变量集，再加上针对试验组模型的另一组预测变量。

4）变量的选择尤其重要。

5）非线性也是特别重要的。

6）试验组和对照组的样本容量必须相等。

7）较小的净效应值会导致净效应模型不理想。

8）拟合度函数 Diff_Probs 未被明确优化。也就是说，Diff_Probs 是实际 Diff_Probs 的替代变量，后者是经过处理的变量。

a. 需要承认的是，统计建模中的大多数应用都使用了替代变量，并产生了很好的结果。

b. 为了避免忘记，考虑一下逻辑斯谛回归（LR），即回应模型建模的主要方法。LR 拟合度函数是对数似然函数，它代替了传统的混淆矩阵或其衍生出的十分位分析。

c. 在回应模型建模和非营销类应用中，LR 的十分位分析评估的成功案例数不胜数。

d. 选得好的替代变量能带来很好的结果，它不一定是最佳的，但接近最佳，几乎是最好的选择。

T-C 净提升度模型显然是一种复合模型方法，具有以下特点：

1）T-C 净提升度模型是有效果的：它的基础是费舍尔（Fisher）的一套形式化的方法，这些方法逐渐演化为假设检验方法。

2）改善 T-C 净提升度模型的可靠性可以通过随机化测试和根据真实研究反馈做出的调整得到一个实用版本。

3）用于试验组或对照组的预测变量集可以是变量的混合。

4）变量的选择和新变量的构造对于任何模型的构建都是同等重要的。

5）试验组变量和对照组变量的样本容量可以不相等，也可以相等。

6）净效应可能很小。

7）采用 T-C 净提升度算法对差异变量的替代变量进行严格处理，使其更接近真实的拟合度函数。

8）唯一使用实际 Diff_Probs 拟合度函数的净效应模型是基于第 40 章的 GenIQ TAC 模型。GenIQ TAC 是专用模型，需要很长的学习过程。

净效应模型的优点在于：

1）从统计角度来看，该模型可以通过将试验组营销相对于对照组营销的净收益最大化来定位在营销推广中最有可能回应的客户。

2）权衡在不超出预算的前提下获得预期净收益。

3）专注于最有可能回应的客户群，通过适当放弃应答率低的客户来控制运营成本。

4）找到那些即便没有营销推广都会回应的客户。

5）找到那些几乎不会回应的客户，这些人将变成非活跃客户。

28.3　试验营销与对照营销回应模型的建模

直销人员常常进行试验性营销，这是增加客户回应和销售利润的公司营销策略的一部分。在试验性营销中，公司可以提供优质产品，比如最新智能设备的折扣或优惠券，但首先要找到最合适的客户群。起初的目标人群是从市场营销人员客户数据库中提取的，主要由那些对产品有积极偏好的客户组成。这个目标群体要在一套与提供服务相关的预选条件（例如，18～35 岁的男性和大学毕业生）基础上进行微调。起初目标人群虽然是全部客户的一部分，但数量庞大。因此，目标试验样本是从初始目标人群中随机抽取的，其样本容量通常是 15 000 到 35 000 个客户。目标试验群体将作为试验性营销的样本。

与试验组样本类似，对照组样本也是来自初始目标群体的随机样本。与试验组相比，对照组有两点不同，一主一次。一个次要差别是对照组的容量，即其容量比测试组要小，通常有 10 000 到 20 000 个客户。而主要差别是对照组营销不提供最新智能设备或类似的东西，也没有优惠券，等等。对照组营销是传达公司产品线信息的有效渠道。

试验性营销和对照组营销结束后一段时间，比如 6 周后，大部分收集回应的工作都完成了。营销的效果是由积极回应的数量衡量的。直接营销人员会通过比对试验组和对照组应答率进行评估。

假设试验性营销优于对照组营销，那么相应营销活动的真正价值体现在试验营销的数据里（即试验回应模型）。这个回应模型是保证未来营销活动效果良好的工具。具体地说，试验性营销回应模型的构建就是借助统计方法对客户进行甄选，即选择那些在营销活动中最有可能回应的客户。该模型的实现需假定目标人群不会发生很大的变化，并且向他们提供的是相同或类似的智能产品。

28.3.1　试验组回应模型建模

我将给出一些智能产品的试验性营销和对照组营销活动的数据。试验性营销涉及 30 000 多名客户，而对照组营销涉及 20 000 名客户。我将这两个数据集随机分别用于试验和对照的训练数据集和验证数据集。候选预测变量包括根据购买历史以及常规的人口统计的标准频率 – 货币价值变量、社会经济和生活方式类变量。我将原来的变量名重新命名为 Xs，以避免不必要的干扰。这可能是最好的模型，所用术语与 10.14 节和第 26 章相同。

接下来逐步介绍试验性营销的回应模型建模过程。

1）定义试验性营销的因变量 TEST：

若客户有回应，则 TEST = 1，即购买成功。

若客户无回应，则 TEST = 0，即购买失败。

2）使用测试训练数据集进行变量选择以确定最佳的预测变量集，并使用附录 28.A 中的逻辑和十分位分析子程序。

a. 基于验证数据集的最大似然估计量（MLE）分析和试验组十分位分析分别见表 28.1 和表 28.2。这些估计值显示了试验模型中所有统计意义上的显著性变量。常用的衡量指标拟合优度（未显示）也表明该模型设计良好。此指标（未显示）的显著性也比较强。

b. 试验组十分位分析作为模型性能的真正决定因素[⊖]，表明该模型有一点问题的。该模型第三列几乎是单调递减的，除了第 6 个十分位的数值上升至 199。

c. 试验组的顶端与底端十分位组的比率为 1.98（=16.50%/8.35%），表明模型良好，各十分位组将客户有效地划分开来。

表 28.1 TEST 最大似然估计

参数	自由度	估计值	标准误差	Wald 卡方值	Pr > 卡方值
截距	1	−1.939 0	0.028 3	4 699.765 0	<0.000 1
X14	1	0.493 6	0.137 8	12.830 9	0.000 3
X23	1	2.731 1	0.835 2	10.692 6	0.001 1
X25	1	1.600 4	0.549 5	8.484 0	0.003 6
X26	1	0.354 1	0.105 8	11.204 6	0.000 8
X36	1	−0.136 8	0.037 4	13.352 5	0.000 3
X41	1	−0.124 7	0.037 2	11.219 2	0.000 8
X42	1	0.197 6	0.056 9	12.053 1	0.000 5
X49	1	1.636 6	0.531 3	9.489 6	0.002 1

表 28.2 TEST 十分位分析

十分位	TEST 组（n）	TEST 计数（n）	TEST 应答率（%）	TEST 累计应答率（%）	累积提升度（%）
顶部	1 545	255	16.50	16.50	136
2	1 546	197	12.74	14.62	120
3	1 545	193	12.49	13.91	115
4	1 546	193	12.48	13.56	112
5	1 545	193	12.49	13.34	110
6	1 546	199	12.87	13.26	109
7	1 546	186	12.03	13.09	108
8	1 545	172	11.13	12.84	106
9	1 546	153	10.28	12.56	103
底部	1 545	129	8.35	12.14	100
合计	15 455	1 876			

关于十分位分析和解读的内容在第 26 章。在此，我回顾了十分位分析在 T-C 净提升度

⊖ 这是作者的论断，他向很多统计学家陈述了理由，得到了他们的支持。

模型中的运用。营销人员观察到验证数据集包含 15 455 个客户，其中 1876 个对活动做出了积极回应，见表 28.2。总体应答率为 12.14%（倒数第二列，最后一行）。顶部十分位的累积提升度为 136，表明样本中前 10% 回应最多的客户，其应答率是整体应答率的 1.36 倍（或多出 36%）。第二个十分位的累积提升度为 120 表示前 20% 是回应最多的客户，其应答率是整体应答率的 1.20 倍（或多出 20%）。对于其余的十分位组来说也是这样，依此类推。

我另外提一下与净效应方法相关的两点。首先，从假设检验的基本原理出发，统计学家使用两个独立的样本方法来衡量试验组与对照组的有效性。（著名的拟合度检验可以反映两个独立样本均值之差的显著性）。在这里，净效应方法适用于检测两个独立十分位分析之间的差异。因此，在十分位数分析的框架内，累计净提升度是评估试验组和对照组之间差异的关键。

其次，从为净效应双十分位分析奠定基础来说，在表 28.2 中为试验组本身构建一个随机条件下的对照组十分位分析是有益的。在随机对照组十分位分析中（见表 28.3），1876 个回应根据定义随机分布在各个十分位组中。（如果第 3 列试验组计数大小能被 10 整除，那么每个十分位组的累积提升度都将是 100%）。显然，试验组十分位分析的随机对照组（见表 28.3）是随机产生的。十分位组的 TEST 累计应答率（CUM TEST RATE）从 12.10% 到 12.54% 不等。因此，对试验组营销进行评估其实就等同于把试验组和随机对照组的十分位分析进行比较。对于每一个十分位来说，用表 28.2 中的 TEST 累计应答率（第 5 列）除以表 28.3 中 TEST 对照组累计应答率（第 5 列）会得到相等的累积提升度（值为 100 或接近 100，介于 100 ～ 103 之间），这是由随机变化造成的。

表 28.3　随机对照组十分位分析

十分位	TEST 组（n）	TEST 计数（n）	TEST 应答率（%）	TEST 对照组累计应答率（%）	累积提升度（%）
顶部	1 545	192	12.43	12.43	102
2	1 546	189	12.23	12.33	102
3	1 545	191	12.36	12.34	102
4	1 546	203	13.13	12.54	103
5	1 545	160	10.36	12.10	100
6	1 546	190	12.29	12.13	100
7	1 546	199	12.87	12.24	101
8	1 545	200	12.94	12.33	102
9	1 546	181	11.71	12.26	101
底部	1 545	171	11.07	12.14	100
合计	15 455	1 876			

28.3.2　对照组回应模型建模

在介绍 T-C 净提升度模型之前，我将逐步介绍对照组回应模型的建模过程。

1）我们首先确定试验营销中的对照组变量：如果客户有回应，则 CONTROL =1，购买成功；如果客户无回应，则 CONTROL= 0，购买失败。

2）借助对照组训练数据集，我通过变量选择来确定最佳的预测变量集，并使用了附录 28.B 的子程序（逻辑分析和十分位分析）。LR 估计值见表 28.4，验证数据集的对照组十分位分析见表 28.5。这些估计值表明对照组模型是由统计上显著的变量定义的。那个普遍使用却不够完美的拟合优度指标（未显示）也给出了较强的统计显著性。此外，十分位分析证明了该模型的正确性，因为该模型产生了合理的单调递减计数。

表 28.4　CONTROL 最大似然估计

参数	自由度	估计值	标准误差	Wald 卡方值	Pr > 卡方值
Intercept	1	−2.260 2	0.039 7	3 241.383 1	<0.000 1
X17	1	1.205 5	0.428 7	7.905 9	0.004 9
X23	1	2.052 9	0.884 9	5.382 6	0.020 3
X29	1	1.391 1	0.473 0	8.651 3	0.003 3
X37	1	−0.048 2	0.018 8	6.595 5	0.010 2
X42	1	0.214 6	0.077 2	7.722 7	0.005 5

表 28.5　CONTROL 十分位分析

十分位	客户数量	回应者数量	CONTROL 应答率（%）	CONTROL 累积应答率（%）	累积提升度（%）
顶部	1 000	117	11.70	11.70	127
2	1 000	102	10.20	10.95	119
3	1 000	98	9.80	10.57	115
4	1 000	93	9.30	10.25	112
5	1 000	90	9.00	10.00	109
6	1 000	92	9.20	9.87	107
7	1 000	87	8.70	9.70	106
8	1 000	91	9.10	9.63	105
9	1 000	78	7.80	9.42	103
底部	1 000	71	7.10	9.19	100
合计	10 000	919			

出于完整性考虑，我们回顾一下对照组十分位分析的运用，主要是 T-C 净提升度模型的使用目的。对照组验证数据集包含 10 000 个客户，其中 919 个客户在营销活动中做出了积极回应。对照组应答率为 9.19%。顶部十分位的累积提升度表明前 10% 的十分位数拥有回应最多的客户，应答率是对照组应答率的 1.27 倍（或者说比对照组应答率高 27%）。第二个累积提升度表明前 20% 是拥有回应最多的十分位组，应答率是对照组应答率（9.19%）的 1.19 倍。其余十分位组也是这样，依此类推。

28.4　T-C 净提升度模型

20 年前，如何正确评估试验组营销和对照组营销的净效果问题刚刚出现。在个体层面上，试验组和对照组之间差异的核心在于以下等式（式 28.1 和式 28.2）。

$$\text{Diff\_Probs} = \text{Prob (Response = 1 | TEST=1)} - \text{Prob (Response = 1| CONTROL=1)} \quad （28.1）$$

$$\text{Diff\_Probs} = \text{Prob (Response = 1 | Offer)} - \text{Prob (Response = 1| No Offer)} \quad （28.2）$$

尽管这些个体层面的等式看起来很简单，但仔细观察就会发现，这些等式成立的前提是任何人都只能选择回应或不回应。在此我们可以通过数学计算来解决问题，在试验组和对照组中处于同一区间的个人（即同一十分位组）对其衡量 Diff_Probs 的方法实际上是计算

Diff_Probs 变量的平均值。例如，考虑一下顶部十分位组的唯一两个客户 BR 和 AR，他们在试验组和对照组中的应答率分别为：

- BR 的 Prob（Response = 1 | TEST=1）= 0.78。BR 会在有营销活动的情况下成功完成购买。
- AR 的 Prob（Response = 1 | CONTROL=1）= 0.48。AR 会在无主动营销的情况下完成购买。

因此，顶部十分位的 Diff_Probs 变量均值为 0.30（即 0.78 − 0.48）。

不同净效应模型会对 Diff_Probs 变量做出不同处理。这些模型也有着不同的名称，如提升度模型、增量效果模型、实际提升度模型，以及我们使用的 T-C 净提升度模型。虽然这些模型都满足式 28.1 和式 28.2，但是模型的开发人员会在他们的算法中加入自己的专有代码。有些模型过于简单，效果很差。复杂的模型能很好地体现净效应这一概念，但它们也因一些站不住脚的假设而有差强人意的性能，其实这些假设在实际研究中从未得到证实。每种净效应模型都在其开发人员的专有软件包中。商用模型是用来出售的（往往标高价），其他净效应模型都基于免费的源代码软件。我将在 43.2.1 节中讨论免费源码软件的问题。简单说，没有源码的审核，没有最基本的可靠性保证，也没有技术支持服务。换句话说，用户要当心了。

T-C 净提升度模型对拥有 SAS 基础版和 SAS 统计版的用户是免费的。净提升度准确且可靠，几乎适用于所有分析场景，其他净效应模型无法做到。例如，其他净效应模型需要同等样本容量的试验组和对照组。这个前提有时并不实用，因为营销人员不喜欢为预期收益极低的对照组付出成本。最后，T-C 净提升度的输出值是比较可靠的，因为其报告格式也包括各列的净效应。Diff_Probs 变量的值不像实际回应数那样在模型十分位分析的输出结果中，但我们可以通过简单地修改代码来把 Diff_Probs 变量囊括进来。

T-C 净提升度模型建模

试验组和对照组回应模型的重要结果分别见表 28.2 和表 28.5。现在，我将分步详细介绍构建 T-C 净提升度模型过程中所需的这两个模型：

1）在训练数据集上构建试验组回应模型，并在验证数据集上对其进行验证。（具体做法将在 28.3.1 节中讨论。）

试验组模型直接用 logit 定义，分别用式 28.3 和式 28.4 定义其等价的概率表达：

$$\text{logit(TEST=1)} = -1.93 + 0.49*X_{14} + 2.73*X_{23} + 1.60*X_{25} + 0.35*X_{26}$$
$$-0.13*X_{36} - 0.12*X_{41} + 0.19*X_{42} + 1.63*X_{49} \quad （28.3）$$

$$\text{prob\_TEST} = \exp(\text{logit(TEST)})/(1 + \exp(\text{logit(TEST)})) \quad （28.4）$$

2）在训练数据集上建立对照组回应模型，并在验证数据集上对其进行验证。（具体做法见 28.3.2 节。）

对照组模型直接用 logit 定义，其等价概率表达为：

$$\text{logit(CONTROL=1)} = -2.26 + 1.20*X_{17} + 2.05*X_{23} + 1.39*X_{29} - 0.048*X_{37} + 0.21*X_{42} \quad （28.5）$$

$$\text{prob\_CONTROL} = \exp(\text{logit(CONTROL)})/(1 + \exp(\text{logit(CONTROL)})) \quad （28.6）$$

3）使用式 28.4 和式 28.6 中的 prob_TEST 变量和 prob_CONTROL 变量为 T-C 净提升度

模型中的验证数据集进行打分。

4）运行附录 28.C 中的子程序来计算 Diff_Probs = prob_TEST – prob_CONTROL。

5）运行附录 28.D 中的 T-C 净提升度模型子程序。Diff_Probs 的值是 T-C 净提升模型十分位分析的度量标准。T-C 净提升度模型的实际输出结果见表 28.6，我们将在下一节对其进行讨论。

表 28.6 T-C 净提升度模型（两组容量不相等）

十分位	TEST 组（N）	CONTROL 组（N）	TEST 计数（N）	CONTROL 计数（N）	净 T-C 计数（N）	净 T-C 改善（%）	净 T-C 累积计数（N）	净 T-C 累积提升度（%）
顶部	1 550	131	178	10	168	10.8	168	17.3
2	1 550	354	210	33	177	11.4	345	35.6
3	1 550	705	210	50	160	10.3	505	52.1
4	1 550	1 218	208	110	98	6.3	603	62.2
5	1 550	1 350	194	117	77	5.0	680	70.1
6	1 550	1 550	195	129	66	4.3	746	76.9
7	1 550	1 349	184	146	38	2.5	784	80.8
8	1 550	1 137	174	81	93	6.0	877	90.4
9	1 550	1 050	182	115	67	4.3	944	97.3
底部	1 550	1 162	150	124	26	1.7	970	100.0
	15 500	10 006	1 885	915				
总净 T-C：3.0%								

1. 关于 T-C 净提升度模型的探讨

我通过对数据集进行划分来验证 T-C 净提升度模型。

1）数据集由容量分别为 15 500 和 10 006 的试验组和对照组组成。

2）前三个十分位的试验组和对照组容量明显不相等。显然是因为两组的总容量就不相等，10 006 人与 15 500 人自然无法取得平衡。模型告诉我们对照组个体的分布如何落在十分位数内。

3）"总净 T-C：3.0%"写在各列和的下方。计算方法是用试验组应答率 12.1%（即 1885/15 500）减去对照组应答率 9.1%（即 915/10 006）。

4）模型评估的重点是净 T-C 值，这表明在十分位分析的概念下，试验组相对于对照组具有可观的性能改进。与常规十分位分析类似，相关列的单调递减（在本例中为净试验对照差）是一个良好的性能指标。

a. 净 T-C 值只出现了两次中等程度的跳跃（从顶部十分位 168 跃至第二个十分位 177，从第七个十分位 38 跃至第八个十分位 93）。

b. 净 T-C 值从前两个十分位平均值 172.5（即（168+177）/2）到后两个十分位平均值 46.5（即（67+26）/2）的差值产生的前两个十分位与后两个十分位的比值 3.7（即 172.5/46.5）令人印象深刻。这一比值表明该模型对整个十分位数的净效应具有良好的鉴别能力。

c. T-C 净提升度模型的良好性能具有偶然性，这一点将在本节结尾讨论。

d. 净 T-C 改善百分比等于净 T-C 值 / 试验组十分位样本量。例如，对于顶部十分位来说，其净试验对照差提升值是 10.8%（即 168/1550）。

5）累计净 T-C 计数是一个关键度量指标，其值显示了累计净 T-C 值提升的决定因素，表明在不同的数据文档深度中，净效应的改善是如何累积的。

例如，顶部十分位组占该模型预测的总净改进的 17.3%（即 168/970）。类似地，前两个十分位组占总净改进的 35.67%（即 345/970）。对于剩下的十分位组，累计净试验对照差提升度的计算方法也与之类似。

如前所述，T-C 净提升度模型的性能较好。根据这里所讨论的成本效益分析，该模型在未来营销活动中的应用是以成本节约方式进行的。例如，如果成本效益分析表明前四个十分位组显著高于盈亏平衡点，那么试验组相对于对照组的预期净改进就是 62.2%。

T-C 净提升度模型的良好性能是有条件的，因为该模型的性能及其对公司的价值取决于成本效益分析。成本效益分析是最终的决定因素，它可以包括一个或多个因子，如利润、总收入、净收入，以及投资回报率（ROI）。该模型的十分位分析表明，采用标准统计建模时，该模型具有比平均水平更好的定量分析功能。该模型也可以对回应数量做出部分预测。然而，利润与回应数量是相挂钩的，十分位分析反映了该模型的所有重要性能，这是最终分析的基础。考虑到其基础坚实，该模型有非常优秀的性能表现。

2. 等容量十分位组的 T-C 净提升度模型

本节讨论的内容基本上反映了开发人员对各种净效应模型的争论。大多数净效应计算软件需要等容量的试验组和对照组，而这一点与现实中的营销活动设计稍有出入。实际上，标准做法是将对照组的容量设置得尽可能小，原因很简单，即对照组营销不会产生任何显著的收益，它只不过是用来衡量试验组营销效果的基准罢了。

生成一个净效应的等容量十分位分析之后，我重新运行了该模型，随机删除了试验组中多余的个体。所得的十分位分析见表 28.7。

表 28.7　T-C 净提升度模型（两组容量相等）

十分位	TEST 组（N）	CONTROL 组（N）	TEST 计数（N）	CONTROL 计数（N）	净 T-C 计数（N）	净 T-C 改善（%）	净 T-C 累积计数（N）	净 T-C 累积提升度（%）
顶部	1 000	1 000	166	81	85	8.5	85	27.9
2	1 001	1 001	133	76	57	5.7	142	46.6
3	1 001	1 001	136	98	38	3.8	180	59.0
4	1 000	1 000	116	85	31	3.1	211	69.2
5	1 001	1 001	125	85	40	4.0	251	82.3
6	1 001	1 001	134	108	26	2.6	277	90.8
7	1 000	1 000	92	87	5	0.5	282	92.5
8	1 001	1 001	114	78	36	3.6	318	104.3
9	1 001	1 001	104	105	−1	−0.1	317	103.9
底部	1 000	1 000	100	112	−12	−1.2	305	100.0
	10 006	10 006	1 220	915				
总净 T-C：3.0%								

我在表 28.6 和表 28.7 中分别对比了不等容量和等容量情况下的十分位分析。同样，关键的一列还是净 T-C 计数。在等容量十分位分析中，在第 5 个十分位组和第 8 个十分位组有两次提升，值分别为 40（第 6 个十分位组为 31）和 36（第 7 个十分位组为 5），比不等容量十分位分析中的两次提升更加不稳定。（参考前面提到的步骤 4a。）这个比较结果无实际判断价值。

等容量和不等容量情况下的净 T-C 累积计数具有比对的价值。与不等容量情况相比，等容量情况这一指标的取值更大。

a. 在等容量十分位分析中，净 T-C 累积提升度从 27.9%（顶部十分位）到 82.3%（可操作的第 5 个十分位）不等。

b. 对于不等容量十分位分析，净 T-C 累积提升度从 17.3%（顶部十分位）到 70.1%（可操作的第 5 个十分位）不等。

这意味着等容量模型在实际回应数上获得了 17.4%（即（82.3% − 70.1%）/70.1%）的改善。更大的对比价值在于，尽管在底部的两个十分位组中分别有 1 和 12 的名义计数，等容量 T-C 净提升度模型的净效应仍为负。这意味着需要剔除底部 20% 的数据。

计算注解：底部两个十分位组的净 T-C 累积提升度均大于 100%，分别为 104.3% 和 103.4%。这些值的出现是因为模型的净效应小于零。

28.5　本章小结

净效应建模经过 20 年的发展，终于得到了应有的认可，因为它是一种基于统计学的逻辑建模方法，在考虑对照组活动的情况下针对试验组活动的净提升度进行建模。尽管存在着混乱和冲突，但净效应模型的文献很重要。我希望本章能够为读者提供这方面的前沿研究，并梳理研究结果中不清晰和混杂的信息。我还给出了另一种方法，即 T-C 净提升度模型，提供了一个简单、直接、可靠、易于实现和理解的模型。我给读者提供了该模型的 SAS 子程序，统计人员能够在不购买专业软件的情况下完成建模。

附录 28.A　用 Xs 做 TEST Logistic

```
libname upl 'c://0-upl';
options pageno=1;

%let depvar=TEST;
%let indvars= X14 X23 X25 X26 X36 X41 X42 X49;
PROC LOGISTIC data= upl.upl_datanumkpX nosimple des outest=coef;
model &depvar = &indvars;
run;

PROC SCORE data=upl.upl_datanumkpX predict type=parms score=coef out=score;
var &indvars;
run;

data score;
set score;
logit=&depvar.2;
prob_TEST=exp(logit)/(1+ exp(logit));

data score;
set score;
estimate=&depvar.2;
run;
```

```
data notdot;
set score;
if estimate ne .;
run;

PROC MEANS data=notdot sum noprint; var wt;
output out=samsize (keep=samsize) sum=samsize;
run;

data scoresam (drop=samsize);
set samsize score;
retain n;
if _n_=1 then n=samsize;
if _n_=1  then  delete;
run;

PROC SORT data=scoresam; by descending estimate;
run;

data score;
set scoresam;
if estimate ne . then cum_n+wt;
if estimate = . then dec=.;

else dec=floor(cum_n*10/(n+1));
run;

PROC SUMMARY data=score missing;
class dec;
var &depvar wt;
output out=sum_dec sum=sum_can sum_wt;

data sum_dec;
set sum_dec;
avg_can=sum_can/sum_wt;
run;

data avg_rr;
set sum_dec;
if dec=.;
keep avg_can;
run;

data sum_dec1;
set sum_dec;
if dec=. or dec=10 then delete;
cum_n +sum_wt;
r =sum_can;
cum_r +sum_can;
```

```
cum_rr=(cum_r/cum_n)*100;
avg_cann=avg_can*100;
run;

data avg_rr;
set sum_dec1;
if dec=9;
keep avg_can;
avg_can=cum_rr/100;
run;

data scoresam;
set avg_rr sum_dec1;
retain n;
if _n_=1 then n=avg_can;
if _n_=1 then delete;
lift=(cum_rr/n);
if dec=0 then decc=' top ';
if dec=1 then decc=' 2 ';
if dec=2 then decc=' 3 ';
if dec=3 then decc=' 4 ';
if dec=4 then decc=' 5 ';

if dec=5 then decc=' 6 ';
if dec=6 then decc=' 7 ';
if dec=7 then decc=' 8 ';
if dec=8 then decc=' 9 ';
if dec=9 then decc='bottom';
if dec ne .;
run;

title2' Decile Analysis based on ';
title3" &depvar Regressed on &indvars ";

PROC PRINT data=scoresam d split='*' noobs;
var decc sum_wt r avg_cann cum_rr lift;
label decc='DECILE'
sum_wt ='NUMBER OF*CUSTOMERS'
r ='NUMBER OF*RESPONSES'
cum_r ='CUM No. CUSTOMERS w/* RESPONSES'
avg_cann ='TEST*RATE (%)'
cum_rr ='CUM TEST* RATE (%)'
lift =' C U M *LIFT (%)';
sum sum_wt r;
format sum_wt r cum_n cum_r comma10.;
format avg_cann cum_rr 5.2;
format lift 3.0;
run;
```

附录 28.B 用 Xs 做 CONTROL Logistic

```
libname upl 'c://0-upl';
options pageno=1 ;
title ' ';
title2 'CONTROL1 ';
%let depvar=CONTROL;
%let indvars= X17 X23 X29 X37 X42 ;
title3 "adjust_n = &Control_n";
title4 "adjust_dot = &Contrl_dot";


PROC LOGISTIC data= upl.CONTROL1 nosimple des outest=coef;
model &depvar = &indvars;
run;


PROC SCORE data=upl.CONTROL1 predict type=parms score=coef out=score;
var &indvars;
run;

data score;
set score;
logit=&depvar.2;
prob_CONTROL=exp(logit)/(1+ exp(logit));
data score;
set score;
estimate=&depvar.2;
run;


data notdot;
set score;
if estimate ne .;


PROC MEANS data=notdot sum noprint; var wt;
output out=samsize (keep=samsize) sum=samsize;
run;


data scoresam (drop=samsize);
set samsize score;
retain n;
if _n_=1 then n=samsize;
if _n_=1 then delete;
run;


PROC SORT data=scoresam; by descending estimate;
run;


data score;
set scoresam;
if estimate ne . then cum_n+wt;
```

```
if estimate = . then  dec=.;
else dec=floor(cum_n*10/(n+1));
run;

PROC SUMMARY data=score missing;
class dec;
var &depvar wt;
output out=sum_dec sum=sum_can sum_wt;

data sum_dec;
set sum_dec;
avg_can=sum_can/sum_wt;
run;

data avg_rr;
set sum_dec;

if dec=.;
keep avg_can;
run;

data sum_dec1;
set sum_dec;
if dec=. or dec=10 then delete;
cum_n +sum_wt;
r =sum_can;
cum_r +sum_can;
cum_rr=(cum_r/cum_n)*100;
avg_cann=avg_can*100;
run;

data avg_rr;
set sum_dec1;
if dec=9;
keep avg_can;
avg_can=cum_rr/100;
run;

data scoresam;
set avg_rr sum_dec1;
retain n;
if _n_=1 then n=avg_can;
if _n_=1 then delete;
lift=(cum_rr/n);
if dec=0 then decc=' top ';
if dec=1 then decc=' 2 ';
if dec=2 then decc=' 3 ';
if dec=3 then decc=' 4 ';
if dec=4 then decc=' 5 ';
```

```
if dec=5 then decc=' 6 ';
if dec=6 then decc=' 7 ';
if dec=7 then decc=' 8 ';
if dec=8 then decc=' 9  ';
if dec=9 then decc='bottom';
if dec ne .;
run;


title5" &depvar Regressed on &indvars ";
PROC PRINT data=scoresam d split='*' noobs;
var decc sum_wt r avg_cann cum_rr lift;
label decc='DECILE'
sum_wt ='NUMBER OF*CUSTOMERS'
r ='NUMBER OF*RESPONSES'
cum_r ='CUM No. CUSTOMERS w/* CONTROLS'

avg_cann ='CONTROL *RATE (%)'
cum_rr ='CUM CONTROL * RATE (%)'
lift =' C U M *LIFT (%)';
sum sum_wt r;
format sum_wt r cum_n cum_r comma10.;
format avg_cann cum_rr 5.2;
format lift 3.0;
run;
footnote;
```

附录 28.C 合并计算

```
libname upl 'c://0-upl';

data score_RESP_uni;
set upl.score_RESP;
uni=uniform(12345);


data score_CNTRL_uni;
set upl.score_CNTRL;
uni=uniform(12345);


PROC SORT data=score_RESP_uni; by uni;
PROC SORT data=score_CNTRL_uni; by uni;
run;


data RESP_CNTRL_scores_uni;
merge
score_RESP_uni (in=r)
score_CNTRL_uni (in=c); by uni;
if r=1 then wtT=1; else wtT=0;
if c=1 then wtC=1; else
```

```
wtC=0;
run;


data upl.diff_probs_uni;
set RESP_CNTRL_scores_uni;
diff_probs=prob_RESPONSE-prob_CONTROL;
run;


PROC MEANS data=upl.diff_probs_uni n nmiss min max mean;
var diff_probs prob_RESPONSE prob_CONTROL;
run;
```

附录 28.D　T-C 净提升度十分位分析

```
libname upl 'c://0-upl';
options pageno=1 ps=33;

data score;
set  upl.diff_probs_uniBS;
estimate=diff_probs;
do until (-0.435 < uni < 0.12345);
uni=uniform(12345);
end;
if estimate=. then estimate=uni;
TEST=RESPONSE;
keep _n_ wt wtC TEST CONTROL estimate;
run;

data notdot;
set score;
PROC MEANS data=notdot sum noprint; var wt;
output out=samsize (keep=samsize) sum=samsize;
run;

data scoresam (drop=samsize);
set  samsize score;
retain n;
if _n_=1 then n=samsize;
if _n_=1 then delete;
run;

PROC SORT data=scoresam; by descending estimate;
run;

data score;
set  scoresam;
if estimate  ne . then cum_n+wt;
if estimate   = . then dec=.;
else dec=floor(cum_n*10/(n+1));
```

```
if dec=. then delete;
run;

PROC SUMMARY data=score missing;
class dec;
var  TEST wt;
output out=sum_decT sum=sum_canT sum_wtT;
run;

data sum_decT;
set  sum_decT;

avg_canT=sum_canT/sum_wtT;
run;

data avg_rrT;
set  sum_decT;
if dec=.;
keep avg_canT;
run;

data sum_dec1T;
set  sum_decT;
if dec=. or dec=10 then delete;
cum_nT +sum_wtT;
rT    =sum_canT;
cum_rT +sum_canT;
cum_rrT=(cum_rT/cum_nT)*100;
avg_cannT=avg_canT*100;
run;

data scoresamT;
set  avg_rrT sum_dec1T;
retain n;
if _n_=1 then n=avg_canT;
if _n_=1 then delete;
liftT=(cum_rrT/n);
run;

PROC SUMMARY data=score missing;
class dec;
var  CONTROL wtC;
output out=sum_decC sum=sum_canC sum_wtC;
run;

data sum_decC;
set  sum_decC;
avg_canC=sum_canC/sum_wtC;
run;
```

```
data avg_rrC;
set sum_decC;
if dec=.;
keep avg_canC;
run;


data sum_dec1C;
set sum_decC;

if dec=. or dec=10 then delete;
cum_nC +sum_wtC;
rC    =sum_canC;
cum_rC +sum_canC;
cum_rrC=(cum_rC/cum_nC)*100;
avg_cannC=avg_canC*100;
run;


data scoresamC ;
set avg_rrC sum_dec1C;
retain n;
if _n_=1 then n=avg_canC;
if _n_=1 then delete;
liftC=(cum_rrC/n);
run;


PROC SORT data=scoresamC (drop= _FREQ_ _type_ n liftC); by dec;
PROC SORT data=scoresamT (drop= _FREQ_ _type_ n liftT); by dec;


data scoresam_TAC;
merge scoresamC scoresamT; by dec;
run;


data scoresam_TAC;
set scoresam_TAC;
CNTRL_SIZE =sum_wtC;
TEST_SIZE =sum_wtT;
TEST_CUM  =cum_rrT;
CNTRL_CUM =cum_rrC;
CNTRL_RESP =rC;
TEST_RESP =rT;
TEST_MEAN =avg_cannT;
CNTRL_MEAN =avg_cannC;
NET_TEST_MEAN = (TEST_MEAN-CNTRL_MEAN);
CUM_TAC+NET_TEST_MEAN;
NET_TAC=TEST_RESP-CNTRL_RESP;
CUM_TAC1+TEST_RESP-CNTRL_RESP;
m=1;
run;
```

```
data lift_base;
set  scoresam_TAC;
if dec=9 ;
lift_base=CUM_TAC1;
m=1;
keep lift_base  m;

PROC SORT data=scoresam_TAC; by m;
PROC SORT data= lift_base; by m;
data scoresam_TAC_LIFT;
merge scoresam_TAC lift_base; by m;
drop m;
CUM_LIFT=(CUM_TAC/lift_base)*100;
CUM_LIFT1=(CUM_TAC1/lift_base)*100;


data LIFT;
set scoresam_TAC_LIFT;
if dec=0 then decc=' top  ';
if dec=1 then decc='  2   ';
if dec=2 then decc='  3   ';
if dec=3 then decc='  4   ';
if dec=4 then decc='  5   ';
if dec=5 then decc='  6   ';
if dec=6 then decc='  7   ';
if dec=7 then decc='  8   ';
if dec=8 then decc='  9   ';
if dec=9 then decc='bottom';
if dec ne .;
run;


PROC SORT data=scoresam_TAC_LIFT; by dec;
PROC SORT data=LIFT; by dec;

data upl.final_NET_TAC;
merge LIFT scoresam_TAC_LIFT; by dec;
overall_net=(test_cum-cntrl_cum)/100;
call symputx('overall',put(overall_net,percent8.1));
NET_IMPROV=(NET_TAC/TEST_SIZE)*100;
run;
footnote "    Overall NET T-C: &overall";


PROC PRINT data=upl.final_NET_TAC d split='*' noobs;
var decc
TEST_SIZE  CNTRL_SIZE
TEST_RESP  CNTRL_RESP
NET_TAC NET_IMPROV CUM_TAC1 CUM_LIFT1 ;

label
decc='DECILE'
```

```
TEST_SIZE ='TEST*Group*(n)'
CNTRL_SIZE ='CONTROL*Group*(n)'

TEST_RESP =' TEST*Count*(n)'
CNTRL_RESP='CONTROL*Count*(n)'

TEST_MEAN ='TEST*Rate*(%)'
CNTRL_MEAN='CNTRL*Rate*(%)'

TEST_CUM  ='CUM*TEST*Rate*(%)'
CNTRL_CUM ='CUM*CONTROL*Rate*(%)'

NET_TEST_MEAN ='NET T-C*Rate*(%)'
NET_TAC      ='NET T-C*Count*(n)'
NET_IMPROV   ='NET T-C*IMPROV*(%)'
CUM_TAC1 ='CUM*NET T-C*Count*(n)'
CUM_LIFT1 ='CUM*NET T-C*LIFT*(%)';
sum
TEST_SIZE CNTRL_SIZE TEST_RESP CNTRL_RESP;
format TEST_SIZE CNTRL_SIZE TEST_RESP CNTRL_RESP comma6.;
format NET_TEST_MEAN 6.1;
format TEST_CUM  CNTRL_CUM  4.1;
format TEST_MEAN CNTRL_MEAN  4.1;
format NET_TAC 3.0;
format CUM_TAC1 comma6.0;
format CUM_LIFT1 5.1;
format NET_IMPROV 4.1;
run;
footnote;
```

参考资料

1. The Decisionhouse Uplift Model software produced by Quadstone Limited, 1996.
2. Lee, T., Zhang, R., Meng, X., and Ryan, L., *Incremental Response Modeling Using SAS Enterprise Miner*, Paper 096-2013, SAS Global Forum, San Francisco, CA, 2013.
3. Surry, P.D., and Radcliffe, N.J., 2011. *Quality Measures for Uplift Models*, Submitted to KDD2011.
4. Rzepakowski, P., and Jaroszewicz, S., Uplift modeling for clinical trial data, *ICML Workshop on Machine Learning for Clinical Data Analysis*, 2012.
5. Rzepakowski, P., and Jaroszewicz, S., Decision trees for uplift modeling, in *IEEE Conference on Data Mining*, pp. 441–450, 2010.
6. Zaniewicz, L., and Jaroszewicz, S., Support vector machines for uplift modeling, *IEEE ICDM Workshop on Causal Discovery*, 2013.
7. Radcliffe, N.J., Using control groups to target on predicted lift: Building and assessing uplift model, *Direct Marketing Analytics Journal, An Annual Publication from the Direct Marketing Association Analytics Council*, 14–21, 2012.
8. Radcliffe, N.J., and Surry, P.D., *Real-World Uplift Modelling with Significance-Based Trees*, Portrait Technical Report TR-2011-1, Stochastic Solutions, p. 14, 2011.
9. Jaroskowski, M., and Jaroszewicz, S., Uplift modeling for clinical trial data, *ICML Workshop on Machine Learning for Clinical Data Analysis*, Edinburgh, Scotland, UK, 2012.

10. Larsen, K., Generalized naïve Bayes classifiers, *SIGKDD Explorations*, 7(1), 76–81, 2005.

11. Hand, D.J., and Keming, Y., Idiot's Bayes—Not so stupid after all? *International Statistical Review*, 69(3), 385–398, 2001.

12. Larsen, K., Net lift models, Verified email at www.cs.aau.dk, 2010.

13. Radcliffe, N.J., and Surry, P.D., Differential response analysis: Modeling true response by isolating the effect of a single action, *Proceedings of Credit Scoring and Credit Control VI*, Credit Research Centre, University of Edinburgh Management School, SIAM, Philadelphia, PA, 1999.

14. Piatetsky-Shapiro, G., Discovery, analysis, and presentation of strong rules, in Piatetsky-Shapiro, G., and Frawley, W.J., Eds., *Knowledge Discovery in Databases*, AAAI/MIT Press, Cambridge, MA, 1991.

15. Lo, V.S., The true lift model, *ACM SIGKDD Explorations Newsletter*, 4(2), 78–86, 2002.

第 29 章

自助法在营销中的应用：一种
新的模型验证方法

29.1　引言

在进行营销模型验证时，我们通常会使用由部分不属于模型所用样本的个体组成的保留样本。然而，使用重复采样方法有助于确保验证结果的准确性和完整性。本章针对传统验证方法的不足，提出了自助法（bootstrap）来验证回应模型和利润模型，此方法同样可用于评估模型的效力。

我在第 44 章中将给出用于执行自助法十分位分析的 SAS 子程序。

29.2　传统模型验证

数据分析师构建营销模型的第一步，就是将原始数据文件随机分成两部分：用于开发模型的校正样本，以及用于评估模型可靠性的验证或保留样本。如果分析人员幸运地得到了具有良好特征的保留样本，那么就可以获得非常完美的有偏验证；如果样本具有不利特征，那么有偏验证就会比真实情况糟糕一些。幸运与否，或者说即使验证样本是所研究人群的真实反映，单个样本也无法作为多样性的度量指标，否则分析人员就可以断言验证的置信水平了。

总之，传统的单样本验证既不能保证结果没有偏见，也不能保证结果的置信度。我会用回应模型（RM）的一个示例尽量清楚地说明这一观点，所有结果都同样适用于利润模型。

29.3　示例

由于营销人员使用十分位分析中的累积提升度这一指标来评估模型的优劣，所以模型的验证[⊖]过程包括比较校正样本和保留样本的十分位分析结果。累积提升度可能会下降：与校

⊖　指对用任意一种建模计数（如判别分析、逻辑斯谛回归、神经网络、遗传算法或 CHAID）构建的回应或利润模型的验证。

正样本相比，保留样本的提升度通常更小（不太乐观）。不包含校正特性的新保留样本提升度可以作为一个更现实的模型质量评估标准。由于在建模过程中提升度越大越好，校正累积提升度自然因校正样本的性质而变大。如果累积提升度的减小和其值本身都是合理的，那么该模型就被认为是成功验证过的，就可以投入使用，否则，在成功验证之前需要重新调整模型。

现在我们来看一个回应模型的十分位分析，样本量为 181 100，整体应答率为 0.26%，见表 29.1。（回顾第 26 章，累积提升度是模型预测能力的重要衡量标准；它表示使用模型相比于不用模型在营销中能实现的预期收益）顶部十分位的累积提升度为 186，表明如果我们针对前 10% 最有可能回应的客户进行精准营销，预期回应者数量是没有模型情况下的 1.86 倍。接下来也是同样道理，154 的累积提升度值表明如果我们对前 20% 最有可能回应的客户进行营销，预期回应者数量是没有模型情况下的 1.54 倍。

表 29.1   回应模型的十分位分析

十分位组	个体数量	总利润	本组平均利润（%）	累积平均利润（%）	累积提升率
顶部	18 110	88	0.49	0.49	186
2	18 110	58	0.32	0.40	154
3	18 110	50	0.28	0.36	138
4	18 110	63	0.35	0.36	137
5	18 110	44	0.24	0.33	128
6	18 110	48	0.27	0.32	123
7	18 110	39	0.22	0.31	118
8	18 110	34	0.19	0.29	112
9	18 110	23	0.13	0.27	105
底部	18 110	27	0.15	0.26	100
合计	181 100	474	0.26		

幸运的是，数据分析人员另外找到了两个样本，可以再进行两次十分位分析验证。不出所料，三次验证中，给定十分位数的累积提升度都不同，原因可能在于样本间离散程度不同。顶部十分位组的变化较大（范围为 15 = 197 - 182），第 2 个十分位组的变化较小（范围为 6 = 154 - 148）。表 29.2 中的结果给我们带来了三个疑问。

表 29.2   三次验证的累积提升度

十分位	第一次	第二次	第三次
顶部	186	197	182
2	154	153	148
3	138	136	129
4	137	129	129
5	128	122	122
6	123	118	119
7	118	114	115
8	112	109	110
9	105	104	105
底部	100	100	100

29.4　三个问题

在十分位分析验证过程中，十分位组中预期的样本间离散度导致了累积提升度估计值不确定。如果在给定的十分位组中观测到较大程度的离散，那么该十分位累积提升度的置信水平就比较低；而如果离散程度较小，相应的置信水平就会比较高。因此，以下问题是值得我们思考的：

1）在十分位分析验证中，如何为每个十分位组定义其平均累积提升度？作为累积提升度的真实估计值，又需要多少次验证呢？

2）在十分位分析验证中，如何评估实际累积提升度估计值的离散度？也就是说，如何才能计算出这些估计值的标准误差（一种估计值精确度的度量指标）？

3）在仅使用单个验证数据集的情况下，能否计算出可靠的累积提升度估计值及其标准误差？

我们可以在自助法中找到这些问题的答案。

29.5　自助法

自助法是一种需要进行大量计算的统计推断方法[1]，也是几乎最流行的计算机多次采样方法[2]⊖。由于样本的随机选择和替换，一些个体在样本中出现不止一次，另一些个体却根本没有出现。每个相同容量的样本之间都稍有不同。这种差异可以让我们得出所需统计量的抽样分布⊖，并由此确定偏差和离散性的估计值。

自助法是一种灵活的、用于评估统计数据准确度的工具⊜。对于均值、标准差、回归系数以及决定系数等这些耳熟能详的指标而言，自助法是对其进行参数化的新途径。而中位数、累积提升度这类指标至今还没有传统的参数化方法。传统方法的不恰当使用会导致不可靠的预测结果，自助法对此正是一种实际可行的替代。

自助法本身也属于非参数化过程，它不依赖于常常脱离实际的参数假设。我们可以想象一下使用最小二乘法回归模型中变量显著性的情形®，假定误差项不服从正态分布，这就明显不符合最小二乘法的基本假设了，显著性测试也会因此产生不可靠的结果。然而，自助法是一种不依赖于任何基本假设就能确定系数显著性的可行方法。作为一种非参数化方法，自助法并非建立在传统参数化方法所需的理论推导之上。我们用常用的参数化方法确定置信区间，以展示自助法作为替代方法的实用性。

常用的置信区间确定方法

我们来看一下总体均值置信区间的参数构造。我从总样本中随机抽取 5 个数字作为样本 A，包括（23、4、46、1、29）。那么此样本 A 的均值为 20.60，中位数为 23，标准差为 18.58。

⊖　其他重复抽样方法还包括刀切法、无穷小刀切法、德尔塔法、影响函数法、随机子抽样法等。

⊖　统计抽样分布可以看作从一个无穷大样本中的一个样本统计量的频次曲线。

⊜　准确度包括偏差、方差和误差。

®　换言之，这个系数等于 0 吗？

参数化方法遵循中心极限定理，也就是说，这个样本均值的理论上的抽样分布是具有标准误差的正态分布[4]。因此，样本均值 100（1 - a）% 置信水平下的置信区间为：

$$样本均值 \pm |Z_{a/2}| * 标准误差$$

其中样本均值即上述 5 个数字的算术平均。

$|Z_{a/2}|$ 是标准正态分布下 100（1 - a）% 置信水平下置信区间的取值，分别为 1.96、1.64 和 1.28，对应的置信水平分别为 95%、90% 和 80%。样本均值的标准误差（SE）的解析式为：样本标准差除以样本容量的平方根。

误差界限（margin of error）也是一个十分常用的概念，定义为 $|Z_{a/2}|*SE$。

样本 A 的标准误差是 8.31，总体均值的置信区间在 95% 置信水平下将是 4.31（=（20.60 - 1.96*8.31））～ 36.89（=（20.60 + 1.96*8.31））。对此不太准确的解读是：总体均值落在 4.31 到 36.89 之间的可能性为 95%。统计学的正确表述应该是：如果从 100 个独立随机样本中反复计算这样的区间，那么其中 95% 的区间将包含实际的总体均值。千万不要弄混。如果我们给定一个置信区间，真实均值要么在区间内，要么不在。因此，95% 的置信水平指的是区间的构造过程，而不是观察到的区间本身。用于构建比如中位数和累积提升度等统计量置信区间的参数方法并不存在，因为类似统计量抽样分布（标准误差已知）在理论上是未知的。不过，在需要时，可以采用自助法这样的重采样方法为类似统计量计算置信区间。

29.6 如何使用自助法

自助法的关键假设是⊖，样本是未知总体的最佳估计量⊖。将样本看作总体，分析人员反复从原始样本中抽取大小相同的随机样本不断替换，并从自助法样本中估计所求统计量的抽样分布，更准确地计算该统计量及其标准误差的估计值。

自助法由 10 个简单的步骤组成。

1）选定待估计的统计量 Y。

2）把样本看作总体。

3）根据样本 / 总体来计算 Y，定义为 SAM_EST。

4）从总体中抽取一个样本，即用样本容量 n 随机替换原始样本容量。

5）在样本中计算 Y，产生一个伪值，称之为 BS_1。

6）重复步骤 4 和 5 "m" 次⊜。

7）步骤 1 到步骤 6 将会生成 $BS_1, BS_2, \cdots, BS_m$。

8）计算所求统计量的估计值⊛：

$$BS_{est}（Y）= 2*SAM\_EST - BS_i 的均值$$

9）计算所求统计量标准误差的估计值：$SE_{BS}（Y）= BS_i$ 的标准差。

⊖ 这种自助法是正态近似，其他是百分位、B-C 百分位和百分位 -t 近似。

⊖ 实际上，样本分布函数是总体分布函数的非参数最大似然估计。

⊜ 研究表明这种自助法的精度在 m > 250 时不会明显提高。

⊛ 这种计算可以减小估计值的偏差。一些分析人士质疑偏差修正的使用。我觉得这种计算在进行小规模招标时会增加十分位分析验证的精度，对大规模招标没有明显影响。

10）置信区间 95%：BS_{est}（Y）± $|Z_{0.025}|$*SE_{BS}（Y）。

简单示例

我们来看一个简单的例子[⊖]。我从总体中取出样本 B（无法假设总体服从正态分布），包含以下 11 个值：

样本 B：0.1，0.1，0.1，0.4，0.5，1.0，1.1，1.3，1.9，1.9，4.7

总体标准差有 95% 置信区间。如果总体服从正态分布，那么我会使用参数卡方检验来确定置信区间：0.93 ＜总体标准差＜ 2.35。

我们把同样的过程应用于样本 B：

1）所求统计量是标准差（StD）。

2）将样本 B 看作总体。

3）通过原始样本 / 总体来计算标准差，SAM_EST = 1.3435。

4）从总体中随机选择了 11 个可重复观测值，作为自助法的第一个样本。

5）计算这个样本的标准差，得到伪值 BS_1 = 1.3478。

6）再将步骤 4 和步骤 5 重复 99 次。

7）得到 BS_1，BS_2，…，BS_{100}，见表 29.3。

8）计算标准差的估计值：

$$BS_{est}（StD）= 2*SAM\_EST - BS_i \text{ 的均值} = 2*1.3435 - 1.2034 = 1.483$$

9）计算标准差标准误差的估计值：

$$SE_{BS}（StD）= BS_i \text{ 的标准差} = 0.5008$$

10）总体标准差在 95% 置信区间下介于 0.50 和 2.47。

表 29.3　100 自助法标准差

1.343 1	0.603 32	1.707 6	0.660 3	1.461 4	1.43
1.431 2	1.296 5	1.924 2	0.710 63	1.384 1	1.765 6
0.731 51	0.704 04	0.643	1.636 6	1.828 8	1.631 3
0.614 27	0.764 85	1.341 7	0.694 74	2.215 3	1.258 1
1.453 3	1.353	0.479	0.629 02	2.198 2	0.736 66
0.663 41	1.409 8	1.889 2	2.063 3	0.737 56	0.691 21
1.289 3	0.670 32	1.731 6	0.600 83	1.449 3	1.437
1.367 1	0.496 77	0.703 09	0.518 97	0.657 01	0.598 98
1.378 4	0.718 1		1.398 5		1.297 2
0.478 54	2.065 8	1.782 5	0.632 81	1.875 5	0.393 84
0.691 94	0.634 3	1.31	1.349 1	0.700 79	1.375 4
0.296 09	1.552 2	0.620 48	1.865 7	1.391 9	1.659 6
1.372 6	2.087 7	1.665 9	1.437 2	0.721 11	1.435 6
0.833 27	1.405 6	1.740 4	1.796	1.795 7	1.399 4
1.399	1.365 3		1.266 5	1.287 4	1.817 2

⊖ 本例来自样本 B（见 Mosteller, F., and Tukey, J.W., *Data Analysis and Regression*, Addison-Wesley, Reading, MA, 139–143, 1977）。

（续）

1.322	0.565 69	0.748 63	1.408 5	1.636 3	1.380 2
0.601 94	1.993 8	0.579 37	0.741 17		
1.347 6	0.634 5	1.718 8			

　　可能你也会怀疑，样本来自一个正态总体（NP），所以我们可以通过把自助法与参数卡方检验进行比对来寻找答案。自助法的置信区间略大于图 29.1 中的卡方 / 正态总体置信区间。BS 置信区间涵盖了 0.50 到 2.47 之间的所有取值，自然也包括了正态总体置信区间内的值（0.93，2.35）。

　　以上比对结果并不令人意外。研究表明，自助法与相应参数方法的结果一致。自助法在大多数情况下都是一种可靠的推理统计方法。

NP	0.93xxxxxxxxxxxxxx2.35
BS	0.50xxxxxxxxxxxxxxxxxxx2.47

图 29.1　自助法估计与正态估计

　　要注意的是，自助法估计值可以更可靠[一]、更准确[二]地估计标准差。原始样本估计值为 1.3435，而自助法估计值为 1.483，减少了 10.4%（1.483/1.3435）的偏误。

29.7　自助法十分位分析验证

　　我们继续来看之前的回应模型，通过执行上述的 10 个步骤完成自助法十分位分析验证。在我使用的 50 个样本中[三]，每个样本容量都与原始样本相同，均为 181 100。在表 29.4 中，顶部十分位累积提升度为 183，标准误差为 10，95% 置信水平下置信区间是 163 ～ 203。第二个十分位组累积提升度为 151，95% 置信水平下置信区间为 137 ～ 165。具体地说，此次验证表明，使用回应模型在从目标人群或数据库中随机抽取的 181 100 个样本中选择前 30% 最有可能做出回应的个体，模型预期的累积提升度为 135。另外，累积提升度取值在 95% 置信水平下将落在 127 ～ 143 之间。其余的十分位组也与此类似。

表 29.4　自助法回应模型十分位验证（自助法样本量 n=181 000）

十分位	自助法累积提升度	自助法标准误差	自助法 95% 置信区间
顶部	183	10	163 203
2	151	7	137 165
3	135	4	127 143
4	133	3	127 139
5	125	2	121 129
6	121	1	119 123
7	115	1	113 117
8	110	1	108 112
9	105	1	103 107
底部	100	0	100 100

　　用自助法得出的累积提升度的估计值及其置信区间可以转换为应答率的估计值及置信

　　⊖　得益于计算用到了很多样本。

　　⊜　部分归因于样本量。

　　⊜　只有 50 个自助法样本就能在十分位验证中得到很高精度的结果。

区间。转换公式如下：应答率等于累积提升度除以 100，再乘以总体应答率。例如，第三个十分位组的应答率是 0.351%（=（135/100）*0.26%），置信区间为 0.330%（=（127/100）*0.26%）～ 0.372%（=（143/100）*0.26%）。

29.8 其他问题

通过构建置信区间来量化模型预测能力的确定性，对数据分析师和公司管理层来说，可能比单纯获得一个估计值更有帮助。统计数据的计算值（如累积提升度）可以作为一个点估计值，为其真实值提供预测。然而，显然有必要对此类估计值的确定性进行量化。决策者需要估计值的误差界限。将这一误差界限加/减到估计值上就可以得到一个区间，在这个区间内，人们有理由相信所求统计量的真实值（如累积提升度）就在这个区间内。如果置信区间（相当于标准误差或误差界限）对于手头业务目标来说太大的话，那么又有什么样的方法来提高置信水平呢？

解答这一问题的关键在于样本容量和置信区间大小的基本关系：增加（减少）样本容量会增大（减少）估计值的置信水平。同样，增加（减少）样本容量会减少（增大）标准误差[5]。样本容量和置信区间大小之间的关系可以作为我们的理论指导，它能够在以下两个方面增加累积提升度估计值的置信水平：

1）如果存在足够多的额外客户，将它们添加到原始验证数据集，直到改进过的验证数据集容量产生我们所需的标准误差和置信区间的大小。

2）通过增加样本容量来模拟或自助创建原始验证数据集，直到改进过的验证数据集容量产生所需大小的标准误差和置信区间。

回到回应模型的例子中，我将样本容量从原来的 181 100 增加到 225 000，使得前三个十分位组加总的标准误差从 4 略微降低到 3。表 29.5 中的模拟验证结果表明，如果从随机选择的 225 000 个个体中有针对性地专注于最有可能回应的 30% 个体，那么预期累积提升度在 95% 置信水平下将落在较小的置信区间——130 ～ 142 之间。要注意的是，此处的累积提升度估计值也会发生改变（在本例中，从 135 变为 136），因为在其计算过程中使用了新的、容量更大的样本。然而，当数据集容量增加时，累积提升度估计值往往并不会改变。在下一节中，我将继续讨论样本容量与置信区间的关系，因为它与模型性能的评估密不可分。

表 29.5　自助法回应模型十分位验证（自助法样本量 n=225 000）

十分位	自助法累积提升度	自助法标准误差	自助法 95% 置信区间
顶部	185	5	163 203
2	149	3	137 165
3	136	3	127 143
4	133	2	127 139
5	122	1	121 129
6	120	1	119 123
7	116	1	113 117
8	110	0.5	108 112
9	105	0.5	103 107
底部	100	0	100 100

29.9 用自助法评估模型性能

统计学家们经常被问："需要多大的样本才能使结果足够可靠？"答案往往基于参数化理论，结果取决于应答率或平均利润，以及额外因素，包括：

1）所求统计量的期望值。

2）预先选择的置信水平与决策者错误地推翻一个真实零假设的概率相关（例如 H0：不相关）。置信水平可能会错误地包括一个实际并不存在的相关关系。

3）检测相关关系的能力水平。这一水平等于 1 减去错误推翻零假设的概率，包括能否做出正确的决定，以及能否正确地推翻无效假设。

4）确保各种理论假设成立。

无论设计营销模型的人是谁，一旦准备好投入使用，根本问题都是相同的：模型需要多大的样本量才能让营销活动取得期望的业绩？答案（在本例中不需要大部分传统变量）取决于两个目标之一。一是将营销业绩最大化，即在特定数据文档深度水平下，将模型的累积提升度最大化。确定样本量的大小（获得最优值所需的最小样本）涉及上一节讨论的概念，而这些概念对应于置信区间长度和样本容量之间的关系。以下过程可以更详细地解释我们的第一个目标：

1）对于所求的累积提升度，根据手头的十分位分析验证，确定一个包含最接近所求值的置信区间。如果相应置信区间是可接受的，那么验证数据集的大小就是所需的样本量。接下来就要从数据库中随机抽取同样大小的样本。

2）如果相应的置信区间太大，则通过添加个体或为样本扩容来增加验证样本容量，直到置信区间长度可以接受为止。接下来从数据库中随机抽取同样大小的样本。

3）如果相应的置信区间过小，说明可以使用较小的样本来节省数据检索的时间和成本，那么我们可以通过删除个体或减少样本来降低验证样本的容量，直到置信区间长度可以接受为止。接下来从数据库中随机抽取同样大小的样本。

第二个目标相比前一个多了一层约束条件。有时，不仅要达到预设业绩目标，而且要区分并挑选那些对业绩做出贡献的个体。当一次营销是针对一个相对同质化、在应答率或盈利能力方面等级划分很细的群体时，追求预设业绩是特别值得做的。

个体性质方面的约束带来了这样的限制：在给定的数据文档深度下，个体的表现在不同十分位组之间是不同的。满足这一约束的过程涉及（1）在置信区间互不重叠的情况下确定各十分位组的样本容量；（2）确保单个十分位组置信区间拥有同样的置信水平。也就是说，累积提升度的实际取值就落在这些置信区间内。实现前一种情况需要增加样本量。完成后一种情况需要使用 Bonferroni 法，在该方法下，分析师可以默认多个置信区间是共同有效的。

简单地说，Bonferroni 法如下：假设分析师希望组合 k 个置信区间，每个置信区间分别具有 $1 - a_1$，$1 - a_2$，$\cdots$，$1 - a_k$ 的置信水平。分析师想要在置信水平 $1 - a_J$ 下确定一个共有置信区间。Bonferroni 法指出，共有置信水平 $1 - a_J$ 大于或等于 $1 - a_1 - a_2 - \cdots - a_k$——共有置信水平是共有置信区间的实际置信水平的下界。Bonferroni 法是比较保守的，因为它给出的置信区间的置信水平比实际值要大。

我将 Bonferroni 法应用于四个常见置信水平下的置信区间：95%、90%、85% 和 80%。

1）对于 95% 置信水平下的置信区间而言，这意味着两个累积提升度实际值至少有 90% 的可能落在各自的置信区间内；三个累积提升度实际值至少有 85% 的可能落在各自的置信区间内；四个累积提升度实际值有至少 80% 的可能落在各自的置信区间内。

2）对于 90% 置信水平下的置信区间而言，这意味着两个累积提升度实际值至少有 80% 的可能落在各自的置信区间内；三个累积提升度实际值至少有 70% 的可能落在各自的置信区间内；四个累积提升度实际值至少有 60% 的可能落在各自的置信区间内。

3）对于 85% 置信水平下的置信区间而言，这意味着两个累积提升度实际值至少有 70% 的可能落在各自的置信区间内；三个累积提升度实际值至少有 55% 的可能落在各自的置信区间内；四个累积提升度实际值至少有 40% 的可能落在各自的置信区间内。

4）对于 80% 置信水平下的置信区间而言，这意味着两个累积提升度实际值至少有 60% 的可能落在各自的置信区间内；三个累积提升度实际值至少有 40% 的可能落在各自的置信区间内；四个累积提升度实际值有至少 20% 的可能落在各自的置信区间之内。

下面的步骤可以确定样本应该有的容量。可达到预设业绩的最小样本包括以下内容：

1）在给定的数据文档深度下计算累积提升度时，我们可以根据手头的十分位分析验证结果，确定包含最接近其所求值及其置信区间的累积提升度。如果在给定数据文档深度范围内的置信区间没有重叠（或许有可接受的最小重叠），那么手头的验证样本容量就是我们寻找的样本容量。接下来可以从数据库中随机抽取同样大小的样本。

2）如果在给定数据文档深度下，置信区间太大或互相重叠，那么我们可以通过添加个体或增加样本来提高验证样本容量，直到相应置信区间大小可以接受且不重叠为止。从数据库中随机抽取同样大小的样本。

3）如果置信区间过小且没有重叠，那么我们可以通过删除个体或者减少样本来降低样本容量，直到相应置信区间大小可以接受且没有重叠为止。从数据库中随机抽取同样大小的样本。

示例

我们来看一个借助三变量回应模型预测群体（总体应答率为 4.72%）应答率的例子。基于 22 600 个样本的十分位分析验证以及自助法估计值见表 29.6。前四个十分位组 95% 置信水平下置信区间的误差界限（$|Z_{a/2}|*SE_{BS}$）过大，表示模型不够可靠。此外，不同十分位组置信区间严重重叠。顶部十分位组 95% 置信水平下的置信区间为 160 到 119，应答率为 6.61%（=（140/100）*4.72%；顶部十分位的累积提升度是 140）。前两个十分位组 95% 置信水平下的置信区间为 113 到 141，应答率为 5.99%（=（127/100）*4.72%；前两个十分位组的累积提升度是 127）。

接着，我创建了一个容量为 50 000 的新验证样本。表 29.7 中 95% 置信水平下的误差界限仍然大得令人无法接受，各十分位组的置信区间也仍然相互重叠。在表 29.8 中，我进一步将样本容量增加到 75 000。相应误差界限没有明显的变化，十分位组的置信区间依旧重叠。

表 29.6   三变量回应模型 95% 自助法十分位验证（自助法样本量 n=22 600）

十分位	个体数量	回应数量	应答率（%）	累积应答率（%）	累积提升度	自助法累积提升度	95% 误差界限	95% 下限	95% 上限
顶部	2 260	150	6.64	6.64	141	140	20.8	119	160
2	2 260	120	5.31	5.97	127	127	13.8	113	141
3	2 260	112	4.96	5.64	119	119	11.9	107	131

（续）

十分位	个体数量	回应数量	应答率（%）	累积应答率（%）	累积提升度	自助法累积提升度	95% 误差界限	95% 下限	95% 上限
4	2 260	99	4.38	5.32	113	113	10.1	103	123
5	2 260	113	5.00	5.26	111	111	9.5	102	121
6	2 260	114	5.05	5.22	111	111	8.2	102	119
7	2 260	94	4.16	5.07	107	107	7.7	100	115
8	2 260	97	4.29	4.97	105	105	6.9	98	112
9	2 260	93	4.12	4.88	103	103	6.4	97	110
底部	2 260	75	3.32	4.72	100	100	6.3	93	106
合计	22 600	1 067							

表 29.7   三变量回应模型 95% 自助法十分位验证（自助法样本量 n=50 000）

十分位	模型累积应答率	自助法累积提升度	95% 误差界限	95% 下限	95% 上限
顶部	141	140	15.7	124	156
2	127	126	11.8	114	138
3	119	119	8.0	111	127
4	113	112	7.2	105	120
5	111	111	6.6	105	118
6	111	111	6.0	105	117
7	107	108	5.6	102	113
8	105	105	5.1	100	111
9	103	103	4.8	98	108
底部	100	100	4.5	95	104

表 29.8   三变量回应模型 95% 自助法十分位验证（自助法样本量 n=75 000）

十分位	模型累积应答率	自助法累积提升度	95% 误差界限	95% 下限	95% 上限
顶部	141	140	12.1	128	152
2	127	127	7.7	119	135
3	119	120	5.5	114	125
4	113	113	4.4	109	117
5	111	112	4.5	107	116
6	111	111	4.5	106	116
7	107	108	4.2	104	112
8	105	105	3.9	101	109
9	103	103	3.6	100	107
底部	100	100	3.6	96	104

　　我使用容量为 75 000，误差界限为 80% 的样本重新计算了自助法估计值。表 29.9 中的结果表明十分位数置信区间的长度合理，并且几乎不重叠。不幸的是，共有置信水平却相当低：前两个、三个和四个十分位组的置信水平分别为至少 60%、至少 40% 和至少 20%。

　　在不断增加样本容量之后，我得到的样本容量达 175 000，它产生了表 29.10 中合理且几乎不重叠的 95% 置信区间。前四个十分位组累积提升度取值的置信区间分别为（133,147）、（122,132）、（115,124）和（109,116）。前三个十分位组和前四个十分位组的共有置信水平分别为至少 85% 和 80%。值得注意的是，在 95% 或 90% 的误差范围内，将样本容量增加到 200 000，模型性能并不会产生明显的改进（此处未显示样本容量的验证过程）。

表 29.9　三变量回应模型 80% 自助法十分位验证（自助法样本量 n=75 000）

十分位	模型累积应答率	自助法累积提升度	95% 误差界限	95% 下限	95% 上限
顶部	141	140	7.90	132	148
2	127	127	5.10	122	132
3	119	120	3.60	116	123
4	113	113	2.90	110	116
5	111	112	3.00	109	115
6	111	111	3.00	108	114
7	107	108	2.70	105	110
8	105	105	2.60	103	108
9	103	103	2.40	101	106
底部	100	100	2.30	98	102

表 29.10　三变量回应模型 95% 自助法十分位验证（自助法样本量 n=175 000）

十分位	模型累积应答率	自助法累积提升度	95% 误差界限	95% 下限	95% 上限
顶部	141	140	7.4	133	147
2	127	127	5.1	122	132
3	119	120	4.2	115	124
4	113	113	3.6	109	116
5	111	111	2.8	108	114
6	111	111	2.5	108	113
7	107	108	2.4	105	110
8	105	105	2.3	103	108
9	103	103	2.0	101	105
底部	100	100	1.9	98	102

29.10　用自助法评估模型效力

用自助法进行十分位分析可以帮助我们评估营销模型的效力。考虑一个最佳模型 B 的替代模型 A（两个模型均预测相同的因变量）。如果符合以下两种情况之一，则模型 A 的效力低于模型 B：

1）在两模型结果相同且累积提升度误差范围相同的情况下，模型 A 的样本容量大于模型 B。

2）在模型 A 的结果比模型 B 的差，且模型 A 与模型 B 样本容量相同的情况下，模型 A 的累积提升度误差范围大于模型 B。

模型效力可以用以下两点之一来衡量（效力比值）：（1）达到相同结果所需的样本量；（2）相同样本容量下的离散程度（累积提升度的误差界限）。效力比值的具体定义如下：模型 B（数量）除以模型 A（数量）。效力比值小于（大于）100% 表明模型 A 的效力小于（大于）模型 B。

我将举例说明一个含有不必要预测变量的模型为何比一个含有正确数量预测变量的模型效力更低（具有更大的预测误差方差）。让我们回到三变量回应模型的例子中（被认为是最好的模型，即模型B），向模型B添加5个不必要的预测变量作为一个替代模型（模型A）。此处的额外变量包括无关变量（对回应结果无影响的变量）和冗余变量（对预测过程无影响）。因此，八因子模型A可以说是一个含有超载噪声的模型，它产生的预测结果应该会具有较大误差方差且不稳定。表29.11展示了在175 000样本容量下对模型A进行十分位分析验证。为便于讨论，我将模型B的最高误差范围（表29.10）添加至表29.11。累积提升度的效力比值记录于表29.11最右边一栏。注意，各十分位组的置信区间是重叠的。

表 29.11   自助法模型效力（自助法样本量 n=175 000）

十分位	八变量回应模型 A					三变量回应模型 B	
	模型累积提升度	自助法累积提升度	95% 误差界限	95% 下限	95% 上限	95% 误差界限	效力比值（%）
顶部	139	138	8.6	129	146	7.4	86.0
2	128	128	5.3	123	133	5.1	96.2
3	122	122	4.3	117	126	4.2	97.7
4	119	119	3.7	115	122	3.6	97.3
5	115	115	2.9	112	117	2.8	96.6
6	112	112	2.6	109	114	2.5	96.2
7	109	109	2.6	107	112	2.4	92.3
8	105	105	2.2	103	107	2.3	104.5
9	103	103	2.1	101	105	2.0	95.2
底部	100	100	1.9	98	102	1.9	100.0

很明显，模型A的效力是低于模型B的，效力比值小于100%，从顶部十分位组的86.0%至第四个十分位组的97.3%，第八个十分位组例外，其效力比值异常，为104.5%。这意味着模型A的预测结果比模型B更加不稳定（即模型A相对于模型B的预测误差方差较大）。

此外，我还想告诫大家：在使用一个有太多变量的模型之前，最好先证明模型中每个变量都能对预测产生贡献。否则，可能会出现模型预测误差方差过大的情况。换句话说，建议大家在建模阶段应用自助法。与模型验证的十分位分析类似，模型校准的十分位分析也可以作为模型效能评估的另一种途径。

29.11　本章小结

常用的营销模型验证过程主要包括比对所选模型校正和划分（十分位分析）所产生的累积提升度。如果预期的降幅（两种不同分析下累积提升度的差异）和累积提升度值本身都是合理的，那么模型就被认为是经过了成功的验证，可以投入使用；否则，我们就必须重新建模，直到它能验证成功为止。我借助回应模型的案例研究向大家证明了单样本验证既不能保证预测结果的准确性，也不能保证累积提升度的置信水平。

我后来提出了自助法——一种计算密集型的统计推断方法作为评估累积提升度偏差和置信水平的方法。我首先对该方法做了简要介绍，之后给出了估计所求统计数据的简单十步法。我在案例研究中详细解释了回应模型十分位验证的过程，并且对案例中的单样本和自助法十分位验证进行了比对。很明显，自助法为完全验证提供了必要的信息：十分位累积提升度估计值的偏差和误差范围。

我处理的问题是，对于手头的业务目标来说，如何解决误差界限太大或置信水平太低这样的问题。我后来也演示了如何使用自助法来减少误差。

之后，我继续讨论了模型性能评估的误差界限。我谈到的问题是，需要多大的样本才能让一次基于模型的定向营销获得预计的效果。为此，再次建议使用自助法来确定获得理想的业绩或效果（数量和质量）所需的最小样本，我使用了三变量回应模型具体演示了该过程。

最后，我向大家展示了如何使用自助法十分位分析来评估模型的效力。重回三变量回应模型的案例，我展示了该模型相对于八变量替代模型的效力优势。后者比前者更有可能产生不稳定的预测结果。这意味着对于一个有太多变量的模型来说，有效性审查是不可或缺的，我们需要做的是证明模型中每个变量都有贡献，否则，该模型可能会产生不必要的预测误差方差。此外，在使用自助法时，模型校准和验证的十分位分析是非常相似的，可以作为变量选择及模型质量评估的备选途径。

我在第 44 章中给出了用于执行自助法十分位分析的 SAS 子程序。

参考资料

1. Noreen, E.W., *Computer Intensive Methods for Testing Hypotheses*, Wiley, New York, 1989.
2. Efron, B., *The Jackknife, the Bootstrap and Other Resampling Plans*, SIAM, Philadelphia, PA, 1982.
3. Draper, N.R., and Smith, H., *Applied Regression Analysis*, Wiley, New York, 1966.
4. Neter, J., and Wasserman, W., *Applied Linear Statistical Models*, Irwin, Homewood, IL., 1974.
5. Hayes, W.L., *Statistics for the Social Sciences*, Holt, Rinehart and Winston, New York, 1973.

第 30 章
用自助法验证逻辑斯谛回归模型

30.1 引言

本章的目的是向大家介绍用自助法对逻辑斯谛回归模型（LRM）进行验证的主要特点。

30.2 逻辑斯谛回归模型

建模者不要忘记，逻辑斯谛回归模型是建立在 logit 是线型函数这一假设之上的。二值因变量（通常假设为 0 或 1）是逻辑斯谛回归模型中关于预测变量（ $b_0 + b_1X_1 + b_1X_2 + \cdots + b_nX_n$ ）的线性函数。回想一下，我们可以用 1 除以 exp（-LRM）来计算将 logit Y = 1 转换为 Y = 1 的概率，其中，exp 是指数函数 e^x，e 取 2.718 281 828…

Hosmer-Lemeshow（HL）指数作为逻辑斯谛回归模型的拟合优度检验是不够可靠的，因为它在执行模型检验时无法区分非线性和噪声。此外，HL 拟合优度测试在多数据集条件下是比较敏感的。

30.3 如何用自助法进行验证

自助法验证给出了逻辑斯谛回归模型的预测结果对数据变化（随机扰动）的敏感性度量，以及一个选择最佳模型（如果存在的话）的过程。在自助法中，通过对原始（训练）数据的抽样和替换，样本随机生成。建模者会以各种自助法样本为基础重复进行逻辑斯谛回归建模。

1）如果通过自助法构建的逻辑斯谛回归模型都很稳定（在形式和预测能力方面），那么建模者将在其中选择一个作为最终模型。

2）如果通过自助法构建的逻辑斯谛回归模型都不太稳定，那么建模者可以在原始数据集的基础上添加更多数据，或者获取一个新的、更大的样本作为训练数据集。因此，建模者可以根据附加的训练数据或新样本重新构建模型。事实证明，上述做法对于生成稳定的回归模型往往都非常有效。当然，如果不奏效，就说明涉及的数据不够同质化，那么建模者可以选择继续执行步骤 3。

3）我们会在第 38 章中讨论一种处理同质化数据的方法，即模型过拟合的解决方案。得出同质化数据相当于降低模型过拟合的程度。对于建模者而言，这种过拟合问题将延伸到同质性问题，对此的思考一定会有成效的。

　　建模者可不要认为自助法验证是永恒的灵丹妙药。调查表明，我们必须在最终的回归模型上使用新的数据集（可能大过预测变量 X_i 的取值范围）。总之，我用自助法验证可以生成可靠的结果，也可以在新数据集上测试最终的回归模型。

30.4　本章小结

　　本章向大家介绍了如何用自助法进行著名的逻辑斯谛回归模型验证。该验证方法给出了逻辑斯谛回归模型的预测结果对数据变化（随机扰动）的敏感性度量，以及最佳模型（如果存在的话）的甄选过程。

参考资料

1. Hosmer, D.W., and Lemeshow, S., *Applied Logistic Regression*, Wiley, New York, 1989.

第 31 章
营销模型可视化：用数据深度挖掘模型[⊖]

31.1 引言

　　视像也就是图像，已经存在了很长时间，目前迎来了大红大紫的时代。数据可视化的普及离不开巨大体量的数字化环境以及数据可视化软件的不断发展。视像在数据分析和模型构建的探索阶段起着至关重要的作用，其中回应预测领域的一个重要课题就是研究营销模型能起到什么样的作用。所以说，视像将增加建模者和市场营销者（即营销模型用户）对形势的把握。本章目的在于，介绍两种用于揭示模型内部结构的数据挖掘图形方法——星形图和剖面曲线：通过可视化展示模型预测的个体特征和性能水平。此外，我也给出了用于生成星形图和剖面曲线的 SAS 子程序，大家可以从我的网站下载：http://www.geniq.net/articles.html#section9。

31.2 图形简史

　　视像首次出现在公元前约 2000 年埃及人绘制的一幅不动产图像上，图中包含了房产的大致轮廓和所有者信息。希腊人托勒密在公元 150 年左右绘制了第一幅世界地图，他在横向和纵向直线组成坐标上绘制地球表面形状。到了十五世纪，笛卡儿意识到，托勒密的制图法可以作为一种直观的方法来确定数字和空间之间的关系，例如模式 [1]。此后，一般意义上的图像应运而生：一条水平线（x 轴）和一条竖直线（y 轴）垂直相交，组成了一个由一对有序坐标上的数字定义的视觉空间。笛卡儿图的初始版本，积淀了超过 500 年的知识与技术，同样也是数据可视化的起源，由于微处理技术的进步和大量可视化软件的出现，数据可视化正在经历前所未有的蓬勃发展。

　　从 17 世纪到 18 世纪中期，科学界对笛卡儿图的接受度是十分有限的，而到了 18 世纪末，兴趣又明显变得浓厚起来 [2,3]。18 世纪末，普利菲尔德开创了统计图形领域的先河，发

　　⊖　本章内容基于 Ratner, B., Profile curves : a method of multivariate comparison of groups, *The DMA Research Council Journal*, 28–45, 1999。

明了条形图（1786 年）和饼状图（1801 年）[⊖]。在其使用的图形方法中，傅立叶提出了累积频数多边形，凯特勒创建了频数多边形和直方图 [4]。1857 年，自学成才的统计学家弗洛伦斯·南丁格尔无意间发明了新的饼状图，还用在了其提交给皇家委员会（royal commission）的报告中，使得英国军队为驻扎的士兵提供护理和医疗服务 [5]。

1977 年，图基凭借其开创性著作 *Exploratory Data Analysis*（EDA）[6] 开始了一场数字与空间的革命。他通过细致的阐述及简单的算术和图形，挖掘出了数值、计数和调查工作中被人们忽视的价值。近三十年来，图基重新定义了图形制作的概念，将其作为一种数字编码的方式，用于战略观察，各种衍生图形随处可见。其中包括小学教过的盒形—须线图，以及在三维空间中很容易生成的计算机动画和交互式显示，还有在商业演示中常用的调色插件。被称为"统计学界的毕加索"的图基在如今 [6] 的视图领域留下了深刻的印记。

在前几章中，我主要介绍了基于模型的图形化数据挖掘方法，包括平滑图和拟合图以及其他图基式图像，用于识别数据结构和模型拟合。基于几何的图形方法反映了因变量是如何随着模型内部变量（定义模型的变量）的模式而变化的，这一领域还没有得到很好的发展，还可以从图基的创新 [7] 中受益。在本章中，我将介绍两种数据挖掘方法，来告诉大家模型究竟是怎样运转的。具体地说，这些方法提供了模型所识别个体的可视化，而这些个体涉及我们感兴趣的变量——内部模型变量或外部模型变量（不定义模型的变量）——以及这些个体的表现。虽然它们对利润模型和回应模型都同样适用，我还是选择了回应模型进行具体阐释。

31.3　星形图基础

数据表可以简洁地显示一系列数据中包含的重要事实 [6]。然而，通常情况下，表格这样的形式对数字背后的信息挖掘作用还是有限的。图表可以帮助数据分析师从"数字海洋"中走出来，直观地显示分析师意识到的所有信息。如果分析师可以通过眼脑连接来创造一个数据挖掘图来识别模式并生成观点的话，其潜力是不可估量的。

星形图[⊖]是一个多变量数据的可视化显示，例如，一个多行多变量表 [8]。对于一个较小的表，比如十分位分析表来说，它尤其有效。星形图的基本构造如下：

1）确定星形图中的单位：j 个观测值和 k 个变量。星形图的每一个观测值都是由一个由 k 个变量 X 组成的数组或行决定的。

2）每个观测值都有 k 条等角射线从中心发出。

3）射线的长度对应于 X 值。这些变量将在类似尺度下进行观测。如果没有，则必须对数据进行转换以得出可比较的衡量标准。标准化是实现可比测量的首选方法，它将所有变量转换为具有相同的平均值和相同的标准差。其平均值本质上是任意的，但必须满足转换后的标准化值为正这一条件。标准差为 1[⊜]。经过标准化的 X, Z（X）变量定义如下：Z（X）=（X-均值（X））/标准差（X）。如果变量 X 取值均为负，则需将 X 乘以 -1，得到 -X，然后再

⊖　参 见 Michael Friendly（2008）. "Milestones in the history of thematic cartography, statistical graphics, and data visualization". 13–14. Retrieved July 7, 2008.

⊜　星形图也称为星形字形。

⊜　1 是随意指定的，但是很好用。

对 –X 进行标准化处理。

4）射线的末端连接在一起，形成一个由各观测值组成的多边形或星图。

5）在星的周围有一个圆圈。其圆周是一条条解释信息的参考线。星星的中心和圆心是同一个点。圆的半径等于最大射线的长度。

6）星形图中通常不显示变量 X 的取值。如果需要转换，那转换后的值实际上是没有意义的。

7）通过对星形图形状的相对差异进行评估，我们可以解开数字的谜团，并把结论记录在表格中。

在 SAS/Graph 中有一个生成星形图的程序。我在本章结尾提供了 SAS 代码，以供参考。

示例

营销人员借助模型来识别潜在客户。具体地说，一个营销模型即代表了一种操作方法，可以将所有个体划分为 10 个同等规模的群体（十分位组），从最有可能回应的前 10%（即最有可能贡献利润的人），到几乎不会回应的后 10%。传统模型中的个体识别方法，就在于计算可能回应者的平均数量并通过十分位分析得出它的值。

在用来预测回应数的营销模型中，市场营销人员感兴趣的是最终的模型究竟起到什么样的作用：在顶部十分位组，第二十分位组中的个体分别有什么样的性质。在不同的表现水平（十分位）下，个体在不同的典型人口统计变量（年龄、收入、教育和性别）方面有何差异？类似问题的答案为市场营销人员提供了战略营销情报，用来设计有效且有针对性的营销活动。

回应模型的十分位组中四个人口统计变量的平均值见表 31.1。根据表中的数据，我们可以得出以下结论：

1）年龄：年纪大的人比年纪小的人更有可能回应。

2）收入：高收入的人比低收入的人更有可能回应。

3）教育：受教育程度高的人比受教育程度低的人更有可能回应。

4）性别：女性比男性更有可能回应。注意，取值 0 和 1 分别表示全体女性和全体男性。

表 31.1 回应模型十分位分析：人口平均值

十分位	年龄（年）	收入（千美元）	教育（读书年数）	性别（1= 男性，0= 女性）
顶部	63	155	18	0.05
2	51	120	16	0.10
3	49	110	14	0.20
4	46	111	13	0.25
5	42	105	13	0.40
6	41	95	12	0.55
7	39	88	12	0.70
8	37	91	12	0.80
9	25	70	12	1.00
底部	25	55	12	1.00

这种解释尽管不够详尽，但也是正确的，因为它一次只考虑一个变量，本章将进一步针对这个主题展开讨论。它确实大致描述出了兴趣和回应性方面四个变量所代表的个体。然而，这并不能有效地激发市场营销人员进行战略思考以获得真知灼见。我们需要的是一种图

形——一种信息与结论的综合体。

31.4 单变量星形图

构建星形图的第一步是确定观测值和变量。对于基于十分位数的单变量星形图，我们感兴趣的变量是 j 个观测值和 10 个十分位组（顶部，2，3，…，底部）。我在图 31.1 中给出了四个星形图作为回应模型的示例，每个星形图代表一个人口统计变量。每个星形图有 10 条射线，对应 10 个十分位组。

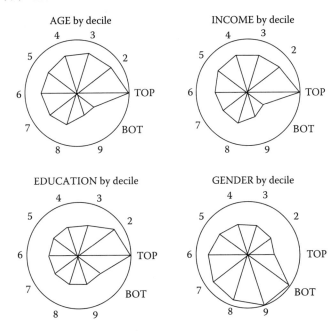

图 31.1　年龄、收入、教育和性别星形图

我们从星形图中可以得到以下信息：

1）年龄、收入和教育：变量的平均值有下降的趋势，因为个体是从上到下依次被分配到十分位组中的。星形图中的信息意味着，年纪大的人比年纪轻的人更有可能做出回应。高收入者比低收入者更有可能做出回应，而且，受教育程度高的人比受教育程度低的人更有可能做出回应。

2）年龄和收入星形图实际上是相同的，除了第九个十分位组有一个稍微突出的顶点。这意味着年龄和收入对应答率有相似的影响。具体来说，经过标准化后的年龄和收入增量会导致近似的变化。

3）就性别而言：男性的应答率有上升的趋势，因为个体是从上到下依次被分配的。记住，如果是女性，变量取值就为 0。

总而言之，星形图以独特的视觉类方式验证了 31.3.1 中的结论。然而，它们只是各变量对回应影响在单一维度下的描述。为了更深入地理解模型在个体十分位组分配时的作用，我们需要同时考虑多变量对个体进行全面分析。换句话说，为了发现十分位分析表的内部结构而进行数据挖掘是一种特殊的需要。多变量星形图给出了一个无可比拟的完整轮廓。

31.5 多变量星形图

与单变量星形图一样，构造多变量星形图的第一步是确定观测值和变量。在基于十分位数的多变量星形图中，十分位组有 j 个观测值和我们感兴趣的 k 个变量。我在图 31.2 中给出了 10 个星形图作为回应模型的示例，每个星形图代表一个人口统计变量。每个十分位星形图都有四条射线，对应着四个人口统计变量。

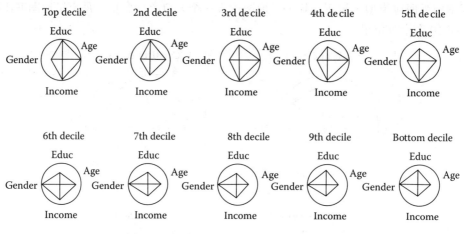

图 31.2　四个人口变量综合考虑的星形图

我将给出一个多变量星形图以供比对。因为星形图不含有数字，所以我可以通过依次观察十分位组评估它们的形状。

1）顶部十分位组星形图：年龄、收入和教育几个指标几乎到达最高。这些长长的射线代表了更大的年龄、更高的受教育程度和更丰厚的收入。性别射线较短表示这些个体多为女性。位于顶部十分位的个体将作为其他十分位组的参照。

2）第二个十分位组星形图：这个十分位组中的人比前一十分位稍微年轻一些，收入也比前者少。

3）第三到第五个十分位组星形图：这些十分位组中的个体受教育程度远远低于前两个十分位组。此外，受教育程度从十分位 3 到 5 依次下降。

4）第六个十分位组星形图：形状与前五个有很大的不同，代表的是男性居多的个体（因为射线与圆圈相接触），同样也是较年轻、受教育程度较低、收入较低的个体。

5）第七个至底端十分位组星形图：在较低十分位组（第六个十分位组至底端十分位组）的圆周内几乎不运动。这种稳定性表明不太会作出回应的个体在本质上是相同的。

总而言之，10 张星形图就像一个充满故事的动画，展示了当模型将个体分配到 10 个十分位组时，四维变量的变化模式。前五个十分位组在教育程度和年龄平均值上有轻微下降。在第 5 和第 6 个十分位组之间，整体发生了突然的变化，因为性别对整体的贡献主要来自男性。在最底端的五个十分位组中，收入和年龄均值都有轻微下降。

31.6 剖面曲线法

我将剖面曲线法看作是另一种几何数据挖掘图形方法，用于解决之前由星形图解决的问题，但角度稍有不同。星形图凭借其独特的视角和对客户的完整描述，一直都是营销人员设计营销战略的好帮手。相反，剖面曲线为营销人员提供了模型应用中的具体战略，特别是确定可靠的十分位数组数量时非常有用。

与星形图不同，我们需要从概念上解释一下它的构造。由于用到了一系列三角函数且外观非常抽象，剖面曲线的构造并不直观。然而，在此类问题的解决方案中，剖面曲线可以抵消一部分困难。不难看出，剖面曲线法显然是一种独特的数据挖掘方法，它给出了相应模型在实现其预测任务时所用到的不同寻常的模式。

我们先前对剖面曲线和剖面分析基础知识的讨论，为剖面曲线法的应用打下了有益的基础。在下一节中，我将用回应模型十分位分析来进一步说明剖面曲线和剖面分析。剖面分析涉及简单的两两离散点，而剖面曲线法需要特定的计算机程序，比如 SAS/Graph 中就有。我在本章末尾的附录中给出了剖面曲线的 SAS 代码。

31.6.1　剖面曲线[⊖]基础

考虑方程 31.1[9] 中定义的曲线函数 f（t）：

$$f(t) = X_1/\sqrt{2} + X_2\sin(t) + X_3\cos(t) + X_4\sin(2t) + X_5\cos(2t) + \cdots \qquad （31.1）$$

其中 $-\pi \leqslant t \leqslant \pi$。

曲线函数 f(t) 是观测值 X 基本曲线的加权和，由多个变量共同决定，即多元数据数组 X = {X_1, X_2, X_3, $\cdots$, X_k}，权重即为 X_s 的值。基本曲线是三角函数正弦和余弦。f(t) 在 y 轴上的曲线和 t 在 x 轴上的曲线是一组多变量数据数组（行）的均值，每组的均值称为剖面曲线。

与星形图一样，剖面曲线是多元数据的可视化图形，对于十分位分析表这样比较小的表尤其有效。与星形图的单变量和多变量不同，剖面曲线仅提供了多个组中 X 变量联合作用的可视化显示。单组的剖面曲线是变量平均值行的抽象数学表示。因此，仅凭单组曲线还无法提供有用的信息，我们可以从两组或多组曲线的比对中提取真正有价值的信息。剖面曲线可以定性评估不同组别中的个体，换句话说，它是组间多变量比较的一种方法。

31.6.2　剖面分析

数据营销员使用模型将客户划分为 10 个十分位组——从最可能回应的前 10% 到最不可能回应的后 10%。为了有效地与客户沟通，数据营销人员通常再将十分位组合成三组：顶层、中层和底层。对高价值 / 高回应客户可以进行诱人的定向推销；对中等价值 / 中等回应的客户，可以将他们纳入量身定制的营销计划继续跟进；最后，对低价值 / 低回应的客户以及老客户，可以通过推介新产品或提供折扣的方式重新激活他们的兴趣。

剖面分析用于创建十分位组，包括计算相关变量的均值，以及绘制若干对变量的均值。这些剖面图显示了单个十分位组是如何组合的。但是，由于剖面分析的多维性（即由许多变量定义），仅对若干剖面图的评估结果不是完整的。如果剖面分析有效果，那么它就可以作为确定可靠十分位数组的剖面曲线法的指导。

⊖　剖面曲线图也叫作曲线图。

31.7   示例

让我们回到回应模型十分位分析中（表 31.1），我在图 31.3 ～图 31.5 中构建了三个剖面图：年龄与收入、年龄与性别和教育与收入。年龄 – 收入图表明年龄和收入均随十分位组从 1 到 10 下降。也就是说，最有可能回应的人群是收入较高的老年人，而最不可能回应的人群是收入较低的年轻人。

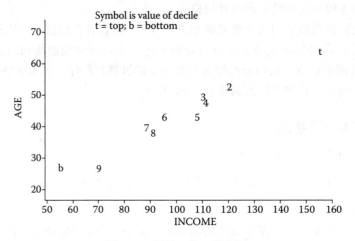

图 31.3   年龄 – 收入散点图

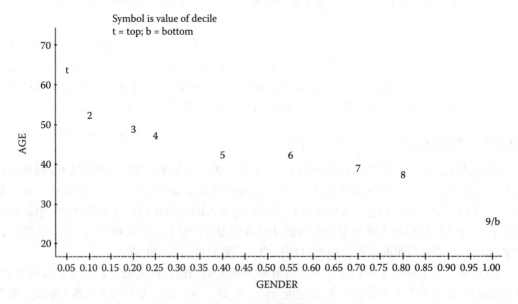

图 31.4   年龄 – 性别散点图

图 31.4 显示，最有可能回应的人群是年龄较大的女性，最不可能回应的人群是年轻的男性。教育 – 收入图显示，受教育程度越高、收入越高的人群应答率越高。

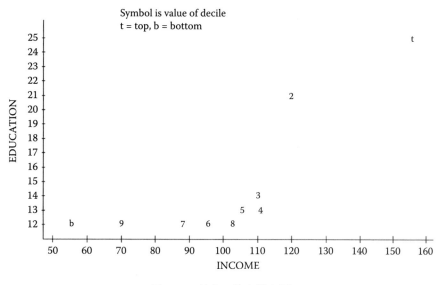

图 31.5　教育 – 收入散点图

为剩下的三对变量构建相似的图并不难，但是解释所有剖面图的任务比较艰巨[⊖]。三个剖面图给出了不同的候选十分位组的组成：

1）年龄 – 收入图指出的分组方式如下：

a. 顶层：顶部十分位组。

b. 中间层：第二至第八个十分位组。

c. 底层：第九个十分位组和底部十分位组。

2）年龄 – 性别图未指出任何分组方式。

3）教育 – 收入图指出的分组方式如下：

a. 顶层：顶部十分位组。

b. 中间层：第二个十分位组。

c. 底层：第三个十分位组至底部十分位组：底部十分位又分为两个组：第三到第八个十分位组，以及第九个十分位组和底部十分位组。

在这种情况下，剖面分析无法产生什么有用的成果。目前人们还不清楚如何根据这些发现来确定最佳的十分位分组。其他图形可能会与此结果出现矛盾。

31.7.1　回应模型的剖面曲线

根据表 31.1 中的十分位分析，剖面曲线法提供了在所有十分位数中四种人口统计变量共同作用的图形表示（图 31.6）。对此图的解释是接下来讨论的一部分，我将说明使用剖面曲线创建可靠的十分位组策略。

在顶层、中间层和底层十分位组都存在的假设下，我分别为顶部十分位组、第五个十分位组和底部十分位组创建了剖面曲线（图 31.7），如式 31.2、式 31.3 和式 31.4 所示。

$$f(t)_{top\_decile}=63/\sqrt{2}+155\sin(t)+18\cos(t)+0.05\sin(2t) \tag{31.2}$$

⊖　一次绘制三个变量可以通过做出第三个变量的每个十分位数和一对变量的十分位数的散点图来完成，这显然是一项具有挑战性的工作。

$$f(t)_{5th\_decile}=42/\sqrt{2} + 105\sin(t) + 13\cos(t) + 0.40\sin(2t) \qquad (31.3)$$

$$f(t)_{bottom\_decile}=25/\sqrt{2} + 55\sin(t) + 12\cos(t) + 1.00\sin(2t) \qquad (31.4)$$

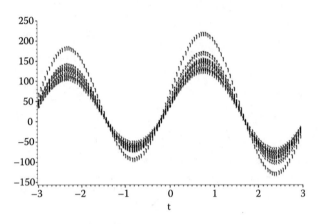

图 31.6 剖面曲线：所有十分位组

从上至下的三个剖面曲线分别对应表 31.2 中顶部十分位组、第五个十分位组和底部十分位组的平均值（行）。三条剖面曲线形成了两座"山"，我主观上认为[⊖]，剖面曲线会随着"山"的坡度变化而变化。这意味着每十分位组中的个体与其他两个十分位组的个体在四个共有人口统计变量的描述下是有差异的，因此，这些十分位组不能合并在一起。

表 31.2 回应模型十分位分析：顶部十分位组、第 5 个十分位组和底部十分位组的人口平均值

十分位	年龄（年）	收入（千美元）	教育（读书年数）	性别（1= 男性，0= 女性）
顶部	63	155	18	0.05
5	42	105	13	0.40
底部	25	55	12	1.00

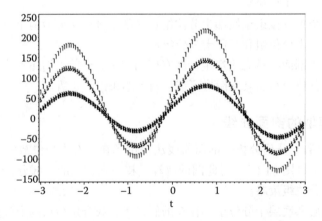

图 31.7 顶部十分位组、第 5 个十分位组和底部十分位组的剖面曲线

图 31.7 中三条剖面曲线很好地解释了剖面曲线法的原理。行与行之间的较大变化对应

⊖ 我可以检验统计差异（参见 Andrew 的文章 [9]），然而，我正在做的是不需要任何统计指标的可视化评估。

的是一组与一般形状有很大差异的剖面曲线。完全不同的剖面曲线表明这些行应该保持分离，而非合并。略偏离一般形状的剖面曲线表明这些行可以组合成更可靠的行。因此，我需要重新表述之前的说法：三个剖面曲线图表明，三个十分位组中的个体在四个人口统计变量的描述下是离散的，并且它们不能聚合成一个同质的新群组。

当这些行明显不同时，如表 31.2 所示，剖面曲线法将会作为一种验证方法。当行内的变化不明显时，由于大量变量的存在，人们很难分辨出明显的各行之间的变化，在这种情况下，剖面曲线法即变成了一种探索工具。

31.7.2　十分位组剖面曲线

考虑一组初始十分位组：顶层是顶部十分位组，中间层是第五个十分位组，底层是底端十分位组。我必须把剩下的十分位组分配给三个组中的一个。我可以把第二个十分位组放入顶层吗？答案就在图 31.8 中顶部十分位组和第二个十分位组的图中，从中我观察到顶部十分位组和第二个十分位组的剖面曲线是不同的。因此，顶层应当只保留顶部十分位组，所以我把第二个十分位组分配给中间的一组。后面我们再具体讨论。

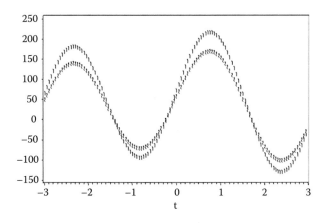

图 31.8　顶部十分位组和第二个十分位组的剖面曲线

我可以把第九个十分位组放入底层吗？从图 31.9 第九个十分位组及底部十分位组的图像上，我观察到这两条剖面曲线没有什么不同。因此，我把第九个十分位组放入底层。第八个十分位组同样也可以放入底层吗（现在由第九个十分位组和底端十分位组组成）？我在图 31.10 中观察到第八个十分位组到底部十分位组的剖面曲线与第九个十分位组和底部十分位组的剖面曲线有所不同。因此，我不会把第八个十分位组放入底层，而是将其放在中间层。

为了确保第二个到第八个十分位组的组合正确地定义了中间层，我给出了相应的图，即图 31.11。我观察到七个剖面曲线紧紧堆叠在一起。这说明，不同十分位组之间的个体是相似的。因此我的结论是，由十分位数二到八组成的组是同质的。

有两点值得注意。首先，中间层曲线的密度是这些中间层十分位组的个体同质性的度量。

除了右面"小山"的顶部外，曲线几乎都是密集堆叠的。这一观察结果表明十分位组内几乎所有的个体都很相似。此外，如果曲线上有稀疏的部分，那么中间层就会根据这种模式被分成不同的子组。

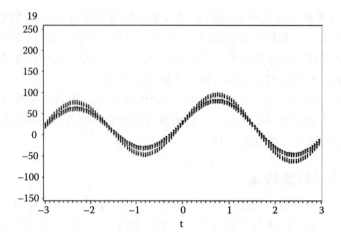

图 31.9　第九个十分位组和底部十分位组的剖面曲线

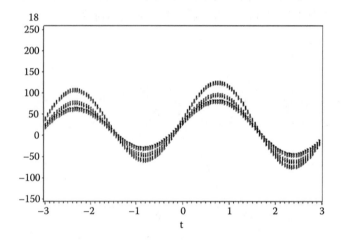

图 31.10　第八个十分位组到底部十分位组的剖面曲线

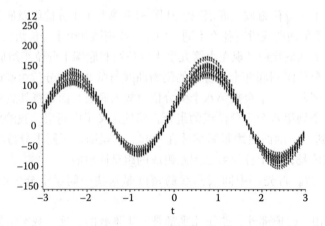

图 31.11　第二个十分位组到第八个十分位组的剖面曲线

综上所述，我将最后一个十分位组定义如下：

1）顶层：顶部十分位组。

2）中间层：第二个到第八个十分位组。

3）底层：第九个十分位组和底部十分位组。

剖面曲线的连续应用（如图所示）是多元剖面分析的通用技术。在某些情况下，当剖面数据明显时，一个包含全部 10 个十分位曲线的图表就足够了。在这一示例中，图 31.6 的模式指明了最后一个十分位组的分配方式。仔细观察两个"山顶"，其实我们不难确定最后这个十分位组的成分。

31.8 本章小结

简单了解了图像的历史之后，从最初埃及人绘制的地图到如今的 64 位色彩三维视图，我重点介绍了两种未被广泛使用的多元数据显示模式。星形图和剖面曲线作为数据挖掘方法，实现了模型预测过程的可视化。

我介绍了星形图构造的基础知识，举例说明了含有四个人口统计变量的回应模型。当我将星形图与传统的分析结果进行比较时（例如检查相应变量在十分位数上的平均值），星形图的效用是显而易见的。传统的分析也能提供很多信息，但是它无法完整而有理有据地展示回应模型究竟是如何运作的。它在两个方面是不完整的：（1）一次只考虑一个变量，且没有视图（2）没有很好地鼓励营销人员去开发营销策略。而星形图以其独特的视觉显示，激发了营销者的战略思维。但是，与传统分析一样，星形图是无法同时分析多个变量的。

因此，我将单变量星形图推广到多变量应用场景。回顾回应模型的例子，构建多变量星形图对我的分析工作起到了很好的推进作用。多变量星形图告诉我们，在考虑全部四个人口统计变量的情况下，回应模型是如何工作的：它将个体按照一定规则分配至相应的十分位组。

最后，我提出了独树一帜的数据挖掘剖面曲线法，作为星形图的替代。星形图为市场营销人员提供了战略情报，有助于他们不断改进营销活动。相反，剖面曲线为市场营销人员提供了模型实施的战略指导，特别是在确定可靠十分位组数量时很有用。

剖面曲线对相应数据挖掘工具的要求还是很苛刻的。此类曲线不仅构造考究，对分析能力和视觉灵活性同样要求很高。希望剖面曲线可以真正发挥其实用价值。

我在附录中给出了用于生成星形图和剖面曲线的 SAS 子程序。

附录 31.A 十分位各人口变量的星形图

```
title1 'table';
data table;
input decile age income educ gender;
cards;
1 63 155 18 0.05
2 51 120 16 0.10
3 49 110 14 0.20
4 46 111 13 0.25
5 42 105 13 0.40
6 41 095 12 0.55
```

```
7 39 088 12 0.70
8 37 091 12 0.80
9 25 070 12 1.00
10 25 055 12 1.00
;
run;

PROC PRINT;
run;

PROC STANDARD data = table out = tablez mean = 4 std = 1;
var age income educ gender;
run;

title1 'table stdz';
PROC PRINT data = tablez;
run;

PROC FORMAT; value dec_fmt
1. = 'top' 2 = ' 2 ' 3 = ' 3 ' 4 = ' 4 ' 5 = ' 5 '
6. = ' 6 ' 7 = ' 7 ' 8 = ' 8 ' 9 = ' 9 ' 10 = 'bot';
run;

PROC GREPLAY nofs igout = work.gseg;
delete all;
run;
quit;

goptions reset = all htext = 1.05 device = win
targetdevice = winprtg ftext = swissb lfactor = 3
hsize = 2 vsize = 8;

PROC GREPLAY nofs igout = work.gseg;
delete all;
run;

goptions reset = all device = win
targetdevice = winprtg ftext = swissb lfactor = 3;
title1 'AGE by Decile';
PROC GCHART data = tablez;
format decile dec_fmt. ;
star decile/fill = empty discrete sumvar = age
slice = outside value = none noheading ;
run;
quit;

title1 'EDUCATON by Decile';
PROC GCHART data = tablez;
format decile dec_fmt. ;
star decile/fill = empty discrete sumvar = educ
slice = outside value = none noheading;
run;
quit;
```

```
title1 'INCOME by Decile';
PROC GCHART data = tablez;
format decile dec_fmt. ;
star decile/fill = empty discrete sumvar = income
slice = outside value = none noheading;
run;
quit;
title1 'GENDER by Decile';
PROC GCHART data = tablez;
format decile dec_fmt.;
star decile/fill = empty discrete sumvar = gender
slice = outside value = none noheading;
run;
quit;

PROC GREPLAY nofs igout = work.gseg tc = sashelp.templt template = l2r2s;
treplay 1:1 2:2 3:3 4:4;
run;
quit;
```

附录 31.B　人口变量各十分位的星形图

```
data table;
input decile age income educ gender;
cards;
1 63 155 18 0.05
2 51 120 16 0.10
3 49 110 14 0.20
4 46 111 13 0.25
5 42 105 13 0.40
6 41 095 12 0.55
7 39 088 12 0.70
8 37 091 12 0.80
9 25 070 12 1.00
10 25 055 12 1.00
;
run;

PROC STANDARD data = table out = tablez mean = 4 std = 1;
var age income educ gender;
title2 'table stdz';
PROC PRINT data = tablez;
run;

PROC TRANSPOSE data = tablez out = tablezt prefix = dec_;
var age income educ gender;
run;

PROC PRINT data = tablezt;
run;

PROC STANDARD data = tablezt out = tableztz mean = 4 std = 1;
```

```
var dec_1 - dec_10;
title2'tablezt stdz';
PROC PRINT data = tableztz;
run;

PROC TRANSPOSE data = tablez out = tablezt prefix = dec_;
var age income educ gender;
run;

PROC PRINT data = tablezt;
run;

PROC GREPLAY nofs igout = work.gseg;
delete all;
run;
quit;

goptions reset = all htext = 1.05 device = win
target = winprtg ftext = swissb lfactor = 3
hsize = 4 vsize = 8;
title1 'top decile';
PROC GCHART data = tableztz;
star name/fill = empty sumvar = dec_1
slice = outside value = none noheading;
run;
quit;

title1 '2nd decile';
PROC GCHART data = tableztz;
star name/fill = empty sumvar = dec_2
slice = outside value = none noheading;
run;
quit;

title1 '3rd decile';
PROC GCHART data = tableztz;
star name/fill = empty sumvar = dec_3
slice = outside value = none noheading;
run;
quit;

title1 '4th decile';
PROC GCHART data = tableztz;
star name/fill = empty sumvar = dec_4
slice = outside value = none noheading;
run;
quit;

title1 '5th decile';
proc gchart data = tableztz;
```

```
star name/fill = empty sumvar = dec_5
slice = outside value = none noheading;
run;
quit;

title1 '6th decile';
PROC GCHART data = tableztz;
star name/fill = empty sumvar = dec_6
slice = outside value = none noheading;
run;
quit;

title1 '7th decile';
PROC GCHART data = tableztz;
star name/fill = empty sumvar = dec_7
slice = outside value = none noheading;
run;
quit;

title1 '8th decile';
PROC GCHART data = tableztz;
star name/fill = empty sumvar = dec_8
slice = outside value = none noheading;
run;
quit;

title1 '9th decile';
PROC GCHART data = tableztz;
star name/fill = empty sumvar = dec_9
slice = outside value = none noheading;
run;
quit;

title1 'bottom decile';
PROC GCHART data = tableztz;
star name/fill = empty sumvar = dec_10
slice = outside value = none noheading;
run;
quit;

goptions hsize = 0 vsize = 0;
PROC GREPLAY Nofs TC = Sasuser.Templt;
Tdef L2R5 Des = 'Ten graphs: five across, two down'
1/llx = 0 lly = 51
ulx = 0 uly = 100
urx = 19 ury = 100
lrx = 19 lry = 51
2/llx = 20 lly = 51
ulx = 20 uly = 100
```

```
      urx = 39 ury = 100
      lrx = 39 lry = 51
    3/llx = 40 lly = 51
      ulx = 40 uly = 100
      urx = 59 ury = 100
      lrx = 59 lry = 51
    4/llx = 60 lly = 51
      ulx = 60 uly = 100
      urx = 79 ury = 100
      lrx = 79 lry = 51
    5/llx = 80 lly = 51
      ulx = 80 uly = 100
      urx = 100 ury = 100
      lrx = 100 lry = 51
    6/llx = 0 lly = 0
      ulx = 0 uly = 50
      urx = 19 ury = 50
      lrx = 19 lry = 0
    7/llx = 20 lly = 0
      ulx = 20 uly = 50
      urx = 39 ury = 50
      lrx = 39 lry = 0
    8/llx = 40 lly = 0
      ulx = 40 uly = 50
      urx = 59 ury = 50
      lrx = 59 lry = 0
    9/llx = 60 lly = 0
      ulx = 60 uly = 50
      urx = 79 ury = 50
      lrx = 79 lry = 0
    10/llx = 80 lly = 0
      ulx = 80 uly = 50
      urx = 100 ury = 50
      lrx = 100 lry = 0;
    run;
    quit;

    PROC GREPLAY Nofs Igout = Work.Gseg
    TC = Sasuser.Templt Template = L2R5;
    Treplay 1:1 2:2 3:3 4:4 5:5 6:6 7:7 8:8 9:9 10:10;
    run;
    quit;
```

附录 31.C   剖面曲线：各十分位

```
    title1'table';
    data table;

    input decile age income educ gender;
    cards;
```

```
1 63 155 18 0.05
2 51 120 16 0.10
3 49 110 14 0.20
4 46 111 13 0.25
5 42 105 13 0.40
6 41 095 12 0.55
7 39 088 12 0.70
8 37 091 12 0.80
9 25 070 12 1.00
10 25 055 12 1.00
;
run;

data table;
set table;
x1 = age; x2 = income; x3 = educ; x4 = gender;

PROC PRINT;
run;

data table10;
sqrt2 = sqrt(2);
array f {10};
do t = -3.14 to 3.14 by.05;
do i = 1 to 10;
set table point = i;
f(i) = x1/sqrt2 + x4*sin(t) + x3*cos(t) + x2*sin(2*t);
end;
output;
label f1 = '00'x;
end;
stop;
run;

goptions reset = all device = win target = winprtg ftext = swissb lfactor = 3;
title1 'Figure 31.6 Profile Curves: All Deciles';
PROC GPLOT data = table10; plot
f1*t = 'T'
f2*t = '2'
f3*t = '3'
f4*t = '4'
f5*t = '5'
f6*t = '6'
f7*t = '7'
f8*t = '8'
f9*t = '9'
f10*t = 'B'
/overlay haxis = -3 -2 -1 0 1 2 3
nolegend vaxis = -150 to 250 by 50;
run;
quit;
```

参考资料

1. Descartes, R., *The Geometry of Rene Descartes*, Dover, New York, 1954.
2. Costigan-Eaves, P., Data graphics in the 20th century: A comparative and analytical survey, PhD thesis, Rutgers University, Rutgers, NJ, 1984.
3. Funkhouser, H.G., Historical development of the graphical representation of statistical data, *Osiris*, 3, 269–404, 1937.
4. Du Toit, S.H.C., Steyn, A.G.W., and Stumpf, R.H., *Graphical Exploratory Data Analysis*, Springer-Verlag, New York, 1986, p. 2.
5. Salsburg, D., *The Lady Tasting Tea*, Freeman, New York, 2001.
6. Tukey, J.W., *The Exploratory Data Analysis*, Addison-Wesley, Reading, MA, 1977.
7. Snee, R.D., Hare, L.B., and Trout, J.R., *Experiments in Industry. Design, Analysis and Interpretation of Results*, American Society for Quality, Milwaukee, WI, 1985.
8. Friedman, H.P., Farrell, E.S., Goldwyn, R.M., Miller, M., and Siegel, J., A graphic way of describing changing multivariate patterns, in *Proceedings of the Sixth Interface Symposium on Computer Science and Statistics*, University of California Press, Berkeley, CA, 1972.
9. Andrews, D.F., Plots of high-dimensional data, *Biometrics*, 28, 125–136, 1972.

第 32 章

预测贡献系数：预测重要性的度量

32.1 引言

确定回归模型中最重要的预测变量是模型应用中很关键的一环。一般来说，人们会将标准回归系数最大的预测变量视为最重要的变量，将标准回归系数次之的预测变量视为第二重要的变量，依此类推。这个规则很直观，也很容易应用，为理解模型如何工作提供了实用的信息。然而，许多人不知道的是，这一规则在理论上是有问题的。本章的目的有两个：首先，我们会讨论为什么这一规则虽然理论上有缺陷，却能在实践中正常使用；其次我会介绍另外一种度量——在数据挖掘领域，预测贡献系数能比标准回归系数提供更多有用的信息，因为它是一种不依赖假设条件的度量标准。

32.2 背景

设 Y 为连续因变量，数列 X_1，X_2，…，X_n 为预测变量。线性回归模型如式 32.1 所示：

$$Y = b_0 + b_1*X_1 + b_2*X_2 + \cdots + b_n*X_n \tag{32.1}$$

b 是用普通最小二乘法估计的原始回归系数。一旦确定了系数，计算某个体的预测值 Y 时，把该个体预测变量的值代入式 32.1 中就可以了。

在原始回归系数的应用中存在这样一个问题：X_i 对预测 Y 值有何影响？答案是，在其余 X 保持不变的情况下，其中一个 X 每增加一个单位，Y 的预测值将增加 b/n 个单位。对原始回归系数的一个常见误解是，绝对值最大的预测变量（忽略系数符号）对 Y 的预测影响也最大。除非预测变量单位相同，否则原始回归系数之间的比较就是没有意义的。所以，原始回归系数必须进行标准化，兼容采用不同单位的预测变量，从而进行合理的对比。对于二值因变量的情况来说则稍有不同：这里的线性回归模型即逻辑斯谛回归模型，我们可以使用最大似然法来估计线性回归系数。

标准回归系数（SRC）只是一个没有单位的数字，因此允许预测变量之间进行实质性的比对。用 X_i 计算 SRC 时，我们可以将 X_i 的原始回归系数乘以一个转换因子，即单位 X_i 变化量与单位 Y 变化量的比值。普通回归模型 SRC 的计算公式如式 32.2 所示，其中 StdDevX$_i$ 和 StdDevY 分别为 X_i 和 Y 的标准差。

$$X_i \text{ 的 SRC} = (X_i \text{ 的标准差} /Y \text{ 的标准差}) * X_i \text{ 的原始回归系数} \qquad (32.2)$$

对于逻辑斯谛回归模型而言，由于因变量是 Y 的 logit 值而不是 Y，其标准差的计算是一个复杂的问题。这个问题在相关文献中常常出现，解决方案却不统一[1]。SAS 中使用的是最简单的一个，不过它也是存在一些问题的。logit Y 的标准差是 1.8138（标准逻辑分布的标准差）。因此，逻辑斯谛回归模型的 SRC 如式 32.3 所示。

$$X_i \text{ 的 SRC} = (X_i \text{ 的标准差} /1.8138) * X_i \text{ 的原始回归系数} \qquad (32.3)$$

通过对标准化数据进行回归分析，也可以直接得到 SRC 的值。回想一下，经标准化处理的因变量 Y 和预测变量 X_i 会产生新的变量 zY 和 zX_i，使得它们的均值和标准差分别等于 0 和 1。根据定义，通过回归 zX_i 得到的系数就是 SRC。

回归模型中哪些变量是最重要的预测因子？在回答这个问题之前我要先解释一下。传统上，排名的重要性在于减少预测误差的统计特性。一般来说，这个问题的答案与之前的规则类似：具有最大 SRC 的变量是最重要的变量，SRC 次之的变量是第二重要的变量，依此类推。这个规则虽然正确，但它没有考虑到预测变量之间的不相关性。在只有不相关预测变量的回归模型中，标准回归系数（忽略系数符号）重要性与预测误差之间存在对应关系。在应用这一规则时，还有容易被忽略的一点：由于哑变量的标准差没有意义，所以哑预测变量（仅由两个值决定）的 SRC 是不可靠的。

几乎所有的回归模型应用场景都涉及相互关联的预测变量，这无疑对上述规则的有效性提出了挑战。该规则为理解模型如何工作提供了有用的信息而不会得出诡异的结论。有效性成立的原因在于其使用前提是未知的：当预测变量之间的平均相关系数降低时，SRC 重要性排名的可靠性增加（见第 16 章）。因此，对于那些预测变量之间相关性很小的模型，这一规则在几乎所有应用场景中都是可行的。然而，要注意的是：不能对哑变量进行排名；复合变量及其基本组成变量（决定了复合变量）是内在高度相关的，因此无法进行可靠的排序。

32.3 判定规则示例

在表 32.1 的数据中，考虑有关 10 个人的回应（0= 无回应，1= 有回应）、利润（以美元计）、年龄（以年计）、性别（1 = 女性，0 = 男性）和收入（以千美元计）。我使用前面用过的符号对数据进行标准化处理，生成下列标准化变量：zRESPONSE、zPROFIT、zAGE、zGENDER 和 zINCOME（未显示数据）。

表 32.1 小数据

序号	回应	利润	年龄	性别	收入
1	1	185	65	0	165
2	1	174	56	0	167
3	1	154	57	0	115
4	0	155	48	0	115
5	0	150	49	0	110
6	0	119	40	0	99
7	0	117	41	1	96
8	0	112	32	1	105

（续）

序号	回应	利润	年龄	性别	收入
9	0	107	33	1	100
10	0	110	37	1	95

　　我用原始数据和标准化数据进行了两次普通的回归分析。具体地说，我对 PROFIT（利润）变量进行关于收入、年龄和性别几个因素的回归分析，又对 zPROFIT 进行关于标准化收入、标准化年龄和标准化性别几个因素的回归分析。原始回归系数和基于原始数据的标准回归系数分别位于表 32.2 中的"参数估计值"和"标准化估计值"列中。收入、年龄和性别的原始回归系数分别为 0.3743、1.3444 和 –11.1060。收入、年龄和性别的标准回归系数分别为 0.3516、0.5181 和 –0.1998。

表 32.2　基于原始小数据的 PROFIT 回归结果

变量	自由度	参数估计值	标准误差	t 值	Pr > t	标准化估计值
截距	1	37.487 0	16.461 6	2.28	0.063 0	0.000 0
收入	1	0.374 3	0.135 7	2.76	0.032 9	0.351 6
年龄	1	1.344 4	0.437 6	3.07	0.021 9	0.518 1
性别	1	–11.106 0	6.722 1	–1.65	0.149 6	–0.199 8

　　原始回归系数和基于标准化数据的标准回归系数分别位于表 32.3 的"参数估计值"和"标准化估计值"列中。正如预期的那样，原始回归系数——即现在的标准回归系数——等于"标准估计"列中的值；zINCOME、zAGE 和 zGENDER 的值分别为 0.3516、0.5181 和 –0.1998。

表 32.3　基于标准化小数据的 PROFIT 回归结果

变量	自由度	参数估计值	标准误差	t 值	Pr 1+1	标准化估计值
截距	1	–4.76E–16	0.070 4	0.000 0	1.000 0	0.000 0
zINCOME	1	0.351 6	0.127 5	2.760 0	0.032 9	0.351 6
zAGE	1	0.518 1	0.168 7	3.070 0	0.021 9	0.518 1
zGENDER	1	–0.199 8	0.120 9	–1.650 0	0.149 6	–0.199 8

　　我又计算了三个预测变量之间的平均相关系数，大概是 0.71。因此，把标准回归系数作为对利润贡献的排序指标是有问题的。年龄是最重要的预测变量，其次是收入，而性别的重要性不确定。

　　我用原始数据和标准化数据进行了两次逻辑斯谛回归分析[⊖]。具体来说，这一次我对 RESPONSE（回应）变量[⊖]进行了关于收入、年龄和性别几个因素的回归分析，又对 zRESPONSE 进行了关于标准化收入、标准化年龄和标准化性别几个因素的回归分析。基于原始数据的原始和标准化逻辑斯谛回归系数分别位于表 32.4 中的"参数估计值"和"标准化估计值"列中。收入、年龄和性别的原始逻辑斯谛回归系数分别为 0.0680、1.7336 和 14.3294。同时，zINCOME、zAGE、zGENDER 的标准化逻辑斯谛回归系数分别为 1.8339、19.1800、7.3997（表 32.5）。虽然这只是一个普普通通的例子，但它对预测贡献系数（PCC）

⊖　我承认逻辑斯谛回归模型的数据集具有完全分离的数据。但是，这种情况不影响作为 PCC 方法的示例。

⊖　我决定不使用 zRESPONSE，你知道为什么吗？

的计算依然有效。

表 32.4　基于原始小数据的 RESPONSE 回归结果

变量	自由度	参数估计值	标准误差	Wald 卡方值	Pr > 卡方值	标准化估计值
截距	1	−99.524 0	308.000 0	0.104 4	0.746 6	
收入	1	0.068 0	1.733 2	0.001 5	0.968 7	1.011 1
年龄	1	1.733 6	5.928 6	0.085 5	0.770 0	10.574 5
性别	1	14.329 4	82.464 0	0.030 2	0.862 0	4.079 7

表 32.5　基于标准化小数据的 RESPONSE 回归结果

变量	自由度	参数估计值	标准误差	Wald 卡方值	Pr > 卡方值	标准化估计值
截距	1	−6.453 9	31.801 8	0.041 2	0.839 2	
zINCOME	1	1.833 9	46.729 1	0.001 5	0.968 7	1.011 1
zAGE	1	19.180 0	65.591 1	0.085 5	0.770 0	10.574 5
zGENDER	1	7.399 7	42.584 2	0.030 2	0.862 0	4.079 7

基于标准化数据的原始和标准化的逻辑斯谛回归系数分别位于表 32.5 的 "参数估计值" 和 "标准化估计值" 列中。出乎意料的是，原始逻辑斯谛回归系数，也就是现在的标准化逻辑斯谛回归系数，并不等于 "标准化估计值" 列中的值。在排序上，原始和标准化的逻辑斯谛回归系数的公式都没有问题，因为原始和标准化的值排序是相同的。如果 Y 预期增加，我更喜欢 "参数估计值" 列中的标准回归系数，因为它严格遵循标准回归系数的定义。

如前所述，三个预测变量之间的平均相关系数为 0.71。因此，把标准回归系数作为对应答率贡献的排序指标是有问题的。年龄是最重要的预测变量，其次是收入；而性别的重要性是不确定的。

32.4　预测贡献系数

预测贡献系数的提出是数据挖掘领域的一个重要突破。这个系数有较强的灵活性，因为它并不依赖任何前提条件，对普通回归模型和逻辑斯谛回归模型都同样有效。预测贡献系数具有其实用性和创新性，因为它提供了比标准回归更多的信息，最重要的是，预测贡献系数的简单性在于它易于理解和计算，这一点从下面的讨论中可见一斑。

考虑基于标准化数据的线性回归模型，如式 32.4 所示：

$$zY = b_0 + b_1*zX_1 + b_2*zX_2 + \cdots + b_i*zX_i + \cdots + b_n*zX_n \qquad (32.4)$$

zX_i 的预测贡献系数，即 PCC（zX_i），是衡量 zX_i 相对于其他变量对模型预测贡献程度的一个指标。PCC（zX_i）是 zX_i 贡献（zX_i*b_i）与其他变量贡献（总预测得分减去 zX_i 得分再取绝对值）的平均比值。简单来讲，关于预测贡献系数的规律为：PCC（zX_i）值越大，zX_i 在模型预测中的作用就越显著，zX_i 作为预测变量的重要性也就越大。在下一节中，我们将讨论预测贡献系数的具体原理及其相对于标准回归系数的优势所在。那么现在，我要给大家展示选择预测贡献系数的理由。

由于与标准回归系数的关联性，我们要证明预测贡献系数的可靠程度，正如之前所讨论的，标准回归系数本身并不是对预测变量进行排名的最佳选择。因为预测贡献系数的周期循环性，标准回归系数中的偏差对其的影响是可以忽略不计的。在下一节中，我会介绍六步循环处理法计算标准回归系数的实际值，从而消除原始偏差带来的影响。

让我们再次回到回归模型中哪些变量是最重要的预测因子这个问题中。预测贡献度排序规则为：预测贡献系数最大的变量是最重要的变量，预测贡献系数次之的变量是第二重要的变量，依此类推。预测变量的重要性可以按照预测贡献系数的降序从高到低排列。与减少预测误差的规则不同，预测贡献规则没有什么需要注意的地方。相互关联的预测变量，包括复合变量和哑变量，都可以这样排序。

32.5　预测贡献系数的计算

考虑基于表 32.5 中标准化数据的逻辑斯谛回归模型。我用表 32.6 中的数据详细说明了 PCC（zAGE）的计算过程。

表 32.6　需要的数据

序号	zAGE	zINCOME	zGENDER	总预测得分	zAGE 贡献得分	其余变量贡献得分	zAGE_OTHVARS
1	1.735 4	1.791 5	−0.774 6	24.385 4	33.285 8	−8.900 4	3.739 8
2	0.922 0	1.865 7	−0.774 6	8.918 7	17.683 1	−8.764 3	2.017 6
3	1.012 3	−0.063 1	−0.774 6	7.115 4	19.416 7	−12.301 3	1.578 4
4	0.198 9	−0.063 1	−0.774 6	−8.487 4	3.814 0	−12.301 3	0.310 0
5	0.289 2	−0.248 5	−0.774 6	−7.093 8	5.547 6	−12.641 4	0.438 8
6	−0.524 3	−0.656 5	−0.774 6	−23.444 7	−10.055 1	−13.389 7	0.751 0
7	−0.433 9	−0.767 7	1.161 9	−7.585 7	−8.321 4	0.735 7	11.310 5
8	−1.247 4	−0.434 0	1.161 9	−22.576 2	−23.924 1	1.347 9	17.749 2
9	−1.157 0	−0.619 4	1.161 9	−21.182 7	−22.190 5	1.007 8	22.018 7
10	−0.795 4	−0.804 9	1.161 9	−14.588 3	−15.256 0	0.667 7	22.848 3

1）计算数据中个人的总预测（logit）得分。对于序号 1，表 32.6 中标准化预测变量的值乘以表 32.5 中相应的标准回归系数，得到总预测得分 24.385 4（表 32.6）。

2）计算数据中个人的 zAGE 贡献得分。对于序号 1，zAGE 的贡献得分为 33.285 8（=1.7354*19.1800）。[⊖]

3）计算数据中个人其余变量的贡献得分。对于序号 1，其余变量的贡献得分为 −8.900 4（= 24.3854−33.2858）。[⊖]

4）计算数据中个人的 zAGE_OTHVARS；zAGE_OTHVARS 是 zAGE 贡献得分与其他变量贡献得分的比值（取绝对值）。对于序号 1，zAGE_OTHVARS 的值是 3.739 8（=33.2858/−8.9004 的绝对值）。

5）计算 PCC（zAGE），zAGE_OTHVARS 值的平均值（中位数）为 2.8787。zAGE_OTHVARS 的分布具有典型的偏态性，这表明中位数比均值更适合作为平均值。

我总结了对 zINCOME 和 zGENDER 两个变量应用上述五步曲后的预测贡献系数计算结果（未显示）。

⊖　对于序号 1，zAGE = 1.7354; 19.1800 = zAGE 的 SRC。

⊖　对于序号 1，总预测得分 = 24.3854; zAGE 贡献得分 =33.2858。

1）年龄居首位，它是最重要的预测变量。性别次之，收入排在最后。它们的预测贡献系数分别为 2.8787、0.3810 和 0.0627。

2）年龄是最重要的预测变量，其预测贡献系数最大，为 2.8787。这意味着年龄显然对模型的预测起到了积极作用。当某预测变量具有较大的预测贡献系数时，我们可以称之为模型的关键驱动变量。

注意，我在总结结果时没有使用标准化的变量名称（例如，zAGE 而不是 AGE）。标准化的变量名称反映了确定预测变量在变量内容中重要性的问题，可以明确地通过原始名称而不是处理过的名称来表达，这反映了计算过程中数学上的必要性。

32.6   预测贡献系数的另一示例

本节假设读者对十分位分析有一定了解，这一分析方法在第 26 章有详细的讨论。不熟悉十分位分析的读者，也可以在不看第 26 章的情况下试着理解下面讨论的要点。

尽管关于标准回归系数有一系列使用前提和注意事项，但预测贡献系数比标准回归系数包含更多有用信息。这两个系数都为模型中预测变量的重要性排名提供了方法指导。然而，预测贡献系数可以通过区分模型性能来扩充整个排名。此外，预测贡献系数也能够识别标准回归系数不能的关键驱动因素（显著特征）。通过下面的说明，我会进一步讨论预测贡献系数的这两个优点。

考虑表 32.5 中标准化数据逻辑斯谛回归模型在十分位中的表现。表 32.7 中的十分位分析表明，该模型运转良好，因为它识别出了前三个十分位组中的三个回应者。

表 32.7   RESPONSE 逻辑斯谛回归的十分位分析

十分位	个体数量	回应数量	应答率	累积应答率	累积提升度
顶部	1	1	100	100.0	333
2	1	1	100	100.0	333
3	1	1	100	100.0	333
4	1	0	0	75.0	250
5	1	0	0	60.0	200
6	1	0	0	50.0	167
7	1	0	0	42.9	143
8	1	0	0	37.5	125
9	1	0	0	33.3	111
底部	1	0	0	30.0	100
合计	10	3			

目前所提出的预测贡献系数为预测变量的重要性排序提供了思路。相反，预测贡献系数在十分位组中的计算结果可以将不同预测变量依照应答率高低进行十分位组排序，从最可能回应的个体依次到最不可能回应的个体。为了适配基于十分位数的预测贡献系数计算方法，我在 32.5 节中对步骤 5 进行了调整：

步骤 5：计算 PCC（zAGE）——zAGE_OTHVARS 值的中位数。

为了使预测贡献系数的概念和应用方法更加清晰，并引起人们对其应用的兴趣，本文提出了一种基于预测贡献系数十分位的数据计算方法。10 个个体本身就是一个十分位数，其中中位数就是个体的值。然而，这一点也具有一定的指导意义。预测贡献系数值的可靠性依赖于样本容量。在实际应用中，十分位组的容量需要很大，以确保中位数的可靠性，在预测变量重要性排名如何与应答率相互作用的问题上，预测贡献系数十分位分析提供了相当大的信息量。表32.8中回应模型的十分位预测贡献系数显然有些夸张了。我提出了两种方法来分析看似分散的预测贡献系数阵列的含义。第一种方法是根据每个十分位组的预测贡献系数对预测变量进行排序，从1到3，也就是从最重要到最不重要按降序排列，相应预测变量的值见表32.9。接下来，我将讨论十分位预测贡献系数排名与整体预测贡献系数排名的比较。

表32.8 十分位PCC：实际值

十分位	PCC(zAGE)	PCC(zGENDER)	PCC(zINCOME)
顶部	3.739 8	0.190 3	0.155 7
2	2.017 6	0.391 2	0.622 4
3	1.578 4	0.446 2	0.016 0
4	0.438 8	4.208 2	0.068 7
5	11.310 5	0.531 3	0.227 9
6	0.310 0	2.080 1	0.013 8
7	22.848 3	0.370 8	0.112 6
8	22.018 7	0.288 7	0.056 7
9	17.749 2	0.275 8	0.036 5
底部	0.751 0	0.323 6	0.054 1
整体	2.878 7	0.381 0	0.062 7

表32.9 十分位PCC：排序值

十分位	PCC(zAGE)	PCC(zGENDER)	PCC(zINCOME)
顶部	1	2	3
2	1	3	2
3	1	2	3
4	2	1	3
5	1	2	3
6	2	1	3
7	1	2	3
8	1	2	3
9	1	2	3
底部	1	2	3
整体	1	2	3

表32.9的分析有如下含义：

1）预测贡献系数的整体重要性排名是将年龄、性别和收入按降序排列。这意味着相应营销策略应当主要关注年龄，次要关注性别，顺便关注收入。

2）十分位预测贡献系数重要性排名与其整体排名一致，除了第2、第4和第6个十分位。

3）对于第2个十分位，年龄仍然是最重要的变量，而性别和收入在整体排名中的重要性是相反的。

4）对于第4个和第6个十分位，收入仍然是最不重要的，而年龄和性别在整体排名中的重要性是相反的。

5）这就意味着，在已有的营销策略之上，还有两个十分位值得分析。对于第 2 个十分位中的个体，正确的营销计划应当是特别关注年龄，其次关注收入，顺便关注性别。对于第 4 个和第 6 个十分位中的个体，正确的营销计划应当是特别关注性别，其次关注年龄，顺便关注收入。

第二种方法通过关注表 32.8 中的十分位预测贡献系数的实际值来确定决定因素。为了确定具体方法，测量值的组合预测贡献比重会非常大。请记住，年龄看似是模型预测的一个关键驱动因素，因为它具有较大的预测贡献系数，这表明 zAGE 变量的预测贡献在 zINCOME 和 zGENDER 的组合预测贡献中占了很大比例。因此，我将预测变量 X_i 定义为关键驱动因素，定义如下：当 PCC（X_i）大于 $1/(k-1)$ 时，X_i 为关键驱动因素，其中 k 为模型中其他变量的个数；否则，它就不是一个关键的驱动因素。当然，$1/(k-1)$ 的大小是由使用者来决定的，但我假设，如果单个预测变量的贡献得分大于其他变量的大致平均贡献得分，那么我们几乎可以说这个变量就是模型预测的关键驱动因素。

关键驱动因素的作用在于将实际预测贡献系数重新编码为 0 或 1，分别表示非关键驱动因素或关键驱动因素。总结下来就是一个关键驱动因素表，作为一种确定十分位关键驱动因素和整体关键驱动因素的工具。特别是，该表揭示了给定整体关键驱动因素时十分位关键驱动因素的特征。我使用关键驱动的定义将表 32.9 中的实际预测贡献系数重新编码到了表 32.10 中。

表 32.10　十分位 PCC：关键驱动因素

十分位	年龄	性别	收入
顶部	1	0	0
2	1	0	1
3	1	0	0
4	0	1	0
5	1	1	0
6	0	1	0
7	1	0	0
8	1	0	0
9	1	0	0
底部	1	0	0
整体	1	0	0

我们可以这样解读表 32.10：

1）年龄是模型中唯一的整体关键驱动因素。

2）年龄也是顶部十分位组、第 3 个十分位组、第 7 个十分位组、第 8 个十分位组、第 9 个十分位组和底端十分位组的唯一关键驱动因素。

3）年龄和收入都是第 2 个十分位组的驱动因素。

4）性别是第 4 个十分位组和第 6 个十分位组的唯一驱动因素。

5）年龄和性别都是第 5 个十分位组的驱动因素。

6）这意味着，相应营销策略应当突出关注个体的年龄。因此，我们必须从策略上调整"年龄"传达的信息，使其适配于第 1 到 6（模型应用范围）个十分位中的个体。具体来说，对于第 2 个十分位组，其营销策略必须在年龄信息中添加收入；对于第 4 和第 6 个十分位组，其营销策略必须将注意力集中于性别而不是年龄；对于第 5 个十分位组，其营销策略必须在年龄信息中额外考虑性别。

32.7　本章小结

我们简要回顾了使用原始回归系数或标准回归系数的大小来确定模型中哪些变量是最重要的预测因子的传统方法。我还解释了为什么这两个系数都不能得出完美的预测变量重要性排序。原始回归系数没有考虑变量使用单位的不统一。此外，当变量相互关联时，标准回归系数在理论上是有问题的，实际上在数据库应用中也是如此。通过一个小的数据集，我说明了在普通回归和逻辑斯谛回归模型中经常被误用的原始回归系数，以及标准回归系数在确定预测变量重要性方面实用性的欠缺。

我指出，基于标准回归系数的排序可以提供有用的信息，而不会得出诡异的结论。一个未知的前提条件是，基于标准回归系数的排序可靠性随着预测变量之间平均相关系数的降低而增加。因此，对于预测变量之间相关性很小的模型而言，其排序结果在实践上是可以接受的。

然后我们介绍了预测贡献系数，它能够提供比标准回归系数更有用的信息。我随后说明了它的原理，以及在数据集较小时相对于标准回归系数的优势所在。

我在最后也给出了一个额外示例，进一步说明了预测贡献系数相对于标准回归系数的优势。首先，它可以在十分位分析层面对模型的预测变量进行排序。其次，它还可以识别我们新定义的预测变量类型，即关键驱动因素。预测贡献系数让数据分析师得以在预测变量是模型主要驱动因素的情况下，评估模型整体预测水平和单一十分位预测水平。

参考资料

1. Menard, S., *Applied Logistic Regression Analysis,* Quantitative Applications in the Social Sciences Series, Sage, Thousand Oaks, CA, 1995.

第 33 章
建模是艺术、科学与诗的结合

33.1 引言

统计学家时常会说："回归模型建模是艺术与科学的结合"，也就是说，来自以往经验的技能（艺术）和反映事实或原理的精确技术（科学）有机结合在一起，才容易构建出优秀的模型。我写本章的目的主要是想告诉大家，我认为的回归建模是包涵艺术、科学和诗的三部曲。诗人可以在诗作中用标志或图像进行表达（例如回归方程），而不止于词语间的简单组合。作为回归建模三部曲的一个例子，我使用了韵律"modelogue"⊖来介绍机器学习技术 GenIQ，作为统计回归模型的一种替代方法。只有真正理解了 GenIQ 模型，我们才能正确解读其韵律。我将模仿莎士比亚的原作韵律，为大家展示我的诗作"是否要拟合模型"。

33.2 灵感来源于莎士比亚的诗

是否要拟合模型
是否要拟合模型——这是一个值得思考的问题
是否应默默忍受统计回归范式的无情打击
在 200 多年前大数据还未存在的背景下
将数据拟合到预先选定的模型中构思，测试
还是应与传统的统计回归范式奋然为敌
在当今大数据的背景下，用数据定义模型
将大数据拟合到预先选定的模型中
得到另类的模型和备受质疑的结果
一旦我们摆脱了历史的禁锢
GenIQ 模型就会浮现
作为机器学习领域统计回归模型的替代
不依赖假设条件，形式灵活

⊖ 一个杜撰的词，意指"建模语言"。——译者注

却能将累积提升度最大化

布鲁斯·"莎士比亚"·拉特纳⊖

33.3　解读

建模者每天都会使用最小二乘（OLS）回归模型和逻辑斯谛回归模型（LRM）进行预测工作。这些回归分析技术恰恰也是一个成功模型的重要基础。任何预测模型的本质都是一个可以量化的最优（准确性）解决方案（预测）。最小二乘回归模型的拟合度函数为均方误差（MSE），我们可以以用微积分方法使其最小化。

历史学家认为，微积分的历史可以追溯到公元前约 400 年的古希腊时代。微积分的发展在 18 世纪末开始在欧洲大踏步前进。莱布尼茨和牛顿把他们的想法结合在了一起。而两人都被认为是微积分的独立提出者。自 1805 年 3 月 6 日最小二乘法发明以来，最小二乘回归模型已经流行了 200 多年，其背景故事详见 [1]。

1795 年，18 岁的卡尔·弗里德里希·高斯奠定了最小二乘分析的基础，但他直到 1809 年才把具体内容公开发表⊜。1822 年，高斯提出最小二乘法是回归分析中的最优方法，因为系数的最佳线性无偏估计就是最小二乘估计，这个结果被称为高斯－马尔科夫定理。然而，最小二乘法这个术语是由阿德里昂·玛利·勒让德（1752—1833）提出的。勒让德在 *On the Method of Least Squares* 的附录中介绍了他的研究⊜。日期为 1805 年 3 月 6 日。

逻辑斯谛回归模型的拟合度函数是似然函数，可以通过微积分（即最大似然法）对其进行优化。逻辑函数的起源可以追溯到 19 世纪，比利时数学家菲尔胡斯特发明了这个函数来描述人口增长。1920 年，佩尔、里德二人有了新的研究成果。Logistic（逻辑斯谛）这一术语能存在到今天要归功于 Yule，之后伯克森将其应用到统计学中。伯克森在他的回归模型中使用了逻辑函数，作为正态概率单位模型的替代，该模型通常被认为是布利斯在 1934 年提出的，而有人也认为是哥顿在 1933 年提出的（这个问题最早可以追溯到 1860 年的费希纳）。在 1944 年，统计学界并不认为伯克森的逻辑推理方法可以替代布利斯的概率单位模型。20 世纪 60 年代，关于逻辑函数和概率单位模型的争论逐渐平息，伯克森的模型被广泛接受。Logit 这个术语的发明模仿了 probit，布利斯自造的这个术语来自" probability unit"（概率单位），伯克森采用了它 [3,4]。

还有一种不那么流行的模型叫作 GenIQ，它是除最小二乘模型和逻辑斯谛回归模型之外的另一种机器学习模型。我在 1994 年构思并开发了它。GenIQ 的建模范式是"让数据定义模型"，而这和一般统计建模范式"将数据转化为模型"是完全对立的。GenIQ 模型能够自动挖掘新变量的相关数据，选择变量并生成模型——对十分位表进行优化®（顶部十分位的利润或回应数越多越好）。GenIQ 的拟合度函数是一个由遗传编程（GP）优化过的十分位表（灵感来源于达尔文）。操作上，对十分位表进行优化可以为因变量（结果）创造最佳的降

⊖　即本书作者，中间的"莎士比亚"是作者开的玩笑。——译者注

⊜　高斯直到 1809 才将其公开发表在他的天体力学第 2 卷（*Theoria Motus Corporum Coelestium in sectionibus conicis solem ambientium*. Gauss, C.F., *Theoria Motus Corporum Coelestium*, 1809）。

⊜　*Nouvelles méthodes pour la détermination des orbites des comètes*（确定行星轨道的新方法）的附录标题为" On the Method of Least Squares"（论最小二乘法）。

⊛　对十分位表进行优化等同于将累计提升度最大化。

序排列。因此，GenIQ 模型的预测是确定那些最有可能或最不可能做出回应的个体（离散结果），或者那些做出较大或较小利润贡献的个体（连续结果）。

1882 年，高尔顿是第一个使用"十分位"[5] 这个术语的人。历史学家将十分位表（最初称为收益表）的首次使用追溯到 20 世纪 50 年代初 [6] 的直邮业务。 我们从火柴盒封面上可以看到直邮业务的起源。如今，十分位表已经超越收益表，成为模型性能的通用评估标准。十分位表可直接用于数据库营销、电话营销、营销组合优化计划、客户关系管理（CRM）活动、社交媒体平台和电子邮件广播等方面模型的性能评估。历史学家曾引用斯蒂芬·史密斯（1980）和尼克·克拉默（1985）[7] 的首次基因编程实验。约翰·科扎 1992 年的著作 *Genetic Programming: On the Programming of Computers by Means of Natural Selection* 影响深远，他被公认为基因编程的鼻祖 [7-9]。

尽管 GenIQ 模型很容易实现（只需将 GenIQ 方程插入到评分数据库中），但由于以下两点，它还不算是常用的回归模型：

1）方程未知：GenIQ 的输出是一种被称为解析树的图像，用来描述 GenIQ 模型和 GenIQ 模型"方程"（计算机程序或代码）。如果建模者看到 GenIQ 计算机代码中有勾股定理（图 33.1），他们会大吃一惊的。

```
x1 = height;
x2 = x1*x1;
  x3 = length;
    x4 = x3*x3;
  x5 = x2 + x3;
x6 = SQRT(x5);
diagonal = x6;
```

图 33.1　GenIQ 程序代码

2）难以解释：GenIQ 解析树和计算机代码可能很难理解（对于未知的模型 / 解决方案而言）。然而，在理解和使用 GenIQ 模型时，其图像为建模者提供了一种直观的舒适感和信心。勾股定理的 GenIQ 树（图 33.2）不是那么难以理解，因为其结论是众所周知的。（在最有名的方程中排名第 6 位 [10]。）

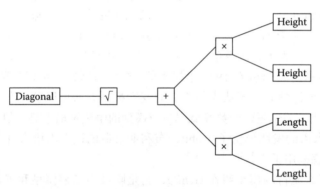

图 33.2　毕达哥拉斯定理的 GenIQ 树状图

GenIQ 树状图不像大多数其他机器学习方法那样，为建模者提供图像（尽管有点类似毕加索）以供解读。对于日常使用的回归模型，GenIQ 生成的是一个 GenIQ 树状图，它由不同函数上的预测变量形成的分支组成（类比勾股定理中的 GenIQ 树状图）。

GenIQ 树状图及其计算机代码指出了 GenIQ 模型的第 3 个特征：GenIQ 模型是一种非统计性的机器学习回归方法，可以根据所求问题自动选择模型。同样，GenIQ 树状图的存在也代表了 GenIQ 模型的第 1 个特征：自动挖掘新变量数据的能力。让我们回到之前的勾股定理，其中的四个新变量（树的分叉）new_var1 =（高度 × 高度）、new_var2 =（长度 × 长度）、new_var3 =（方差 1 + 方差 2）、以及 new_var4 = SQRT（方差 3）作为模型本身。因此，GenIQ 模型作为一种独特的数据挖掘方法，通过基因编程产生新的变量，而模型构建者无法直观地感知这些变量，基因编程过程"无须具体代码"（Adams, 1959）就能演化出其结构（新变量）[11]。此外，将用于构建统计回归模型的原始变量附加到数据集将产生一个统计－机器学习的混合模型，还可以为建模者提供模型最容易接受的回归系数。

对于建模者来说，模型的实用性完全取决于回归系数。回归系数决定了模型的工作原理：预测变量的重要性如何排序？每个预测变量对因变量有什么影响？众所周知，解释回归系数的标准方法往往无法正确解释回归模型，本段所述的两个问题就是很好的例子。GenIQ模型属于非统计类机器学习方法，因此，它的系数与统计类方法有所不同。但是，GenIQ模型的第2个特征给出了第一个问题的答案：GenIQ模型提供的是一种通过变量重要性排序⊖进行变量选择的方法，其中重要性高低在于预测变量对因变量的影响程度。至于第二个问题，GenIQ模型的十分位分析表为我们给出了答案（见第40和41章）。

为什么我们应该使用GenIQ模型？GenIQ模型为何会受欢迎？如果说十分位分析表是公认的模型性能评估标准，那么GenIQ模型就是合适的模型。而对于所有其他情况，我们必须进行权衡：GenIQ模型的预测能力和无系数性与统计回归模型的可解释性和拟合度函数之间的权衡，其中统计回归常常作为十分位分析表优化的替代。60多年历史和200多年历史的方法显然是不同的。在统计学家们不断学习，跳出固有思维之前，最小二乘模型和逻辑斯谛回归模型还将沿用。随着有价值的信息渐渐都以解析树等类似的形式出现，GenIQ模型必将受到欢迎。

GenIQ模型非常喜欢处理现如今的数据。不论数据库大小，都不是问题，因为它是一个灵活的、不需要假设的非参数化模型，核心思想就是用数据定义模型。与之形成鲜明对比的是，最小二乘模型和逻辑斯谛回归模型以少量数据为基础进行了构思设计、测试和实验。这些模型都不是最优的，并且与当今的大数据[12]背景相矛盾。最小二乘模型和逻辑斯谛回归模型的范式是将数据拟合到一个未知的、预先指定的、假设充分的参数化模型中，而这种模型最喜欢于小规模的数据库。随着当今数据体量的飞速增长，GenIQ模型将变得流行起来，这就意味着数据定义模型将会成为必然的趋势，数据与模型不搭配的情况将不复存在。

33.4　本章小结

统计学家所谓的回归模型包含了艺术和科学，其实是说，优秀模型的诞生往往需要凭经验总结的技能和反映事实或原理的精确技术之间的有机结合。我借助韵律介绍了GenIQ模型的机器学习技术，作为最小二乘模型和逻辑斯谛回归模型的一个替代方法，从而总结出艺术、科学和诗作这样的三部曲。作为"是否要拟合模型"的作者和GenIQ模型的发明者，我已最大限度地给读者解读了我的诗作。

参考资料

1. Newton vs. Leibniz; The Calculus Controversy, 2010. http://www.angelfire.com/md/byme/mathsample.html.

⊖　这个排序是基于最新一代前18个模型的变量的平均频次确定的。

2. Earliest Known Uses of Some of the Words of Mathematics, 2009. http://jeff560.tripod.com/m. html.

3. Finney, D., *Probit Analysis*, Cambridge University, Cambridge, UK, 1947.

4. Cramer, J.S., *Logit Models from Economics and Other Fields*, Cambridge University Press, Cambridge, UK, 2003.

5. Ratner, B., 2007, p. 107. http://www.geniq.net/res/Statistical-Terms-Who-Coined-Them-and-When.pdf.

6. Ratner, B., *Decile Analysis Primer*, 2008, http://www.geniq.net/DecileAnalysis Primer_2.html.

7. Smith, S.F., A learning system based on genetic adaptive algorithms, PhD Thesis, Computer Science Department, University of Pittsburgh, 1980.

8. Cramer, N.L., A representation for the adaptive generation of simple sequential programs, in *International Conference on Genetic Algorithms and their Applications (ICGA85)*, CMU, Pittsburgh, 1985.

9. Koza, J.R, *Genetic Programming: On the Programming of Computers by Means of Natural Selection*, MIT Press, Cambridge, MA, 1992.

10. Alfeld, P., University of Utah, Alfred's homepage, 2010.

11. Samuel, A.L., Some studies in machine learning using the game of checkers, *IBM Journal of Research and Development*, 3(3), 210–229, 1959.

12. Harlow, L.L., Mulaik, S.A., and Steiger, J.H., Eds., *What If There Were No Significance Tests?* Erlbaum, Mahwah, NJ, 1997.

第 34 章

献给数据狂的数据分析 12 步法

34.1 引言

我叫布鲁斯·拉特纳，一个数据狂，在统计领域也称得上是一个诗人㊀甚至艺术家㊁。我总是迫不及待地投身于崭新的数据，把它们转化成方程、优美的诗篇。这兼收并蓄的一章，目的在于给大家提供一个数据挖掘的 12 步法，在拿到新的数据集时，无论涉及何种应用场景，都可以按部就班地进行深入研究。我在 SAS 给出了 12 步曲的子程序，以供有兴趣的读者分享。这些子程序也可以从我自己的网站下载：http://www.geniq.net/articles.html#section9。

34.2 背景

我认为，数字乍一看都会令人眼花缭乱。比如图 34.1[1] 不就是一幅宏伟的数字图吗？我同样把数学看作是诗歌表达中的一部分，作为传达真理的途径。在图 34.2[2] 中，诗人借助方程对爱的演绎和解读耐人寻味。诚然，这些令人难以抗拒的方程正是数字组成的诗歌啊！方程 $E = mc^2$ 举世闻名㊂，而最优美的方程不过是 $e^{i*\pi} + 1 = 0$㊃了。其实，前面提到的艺术、诗歌和数据 3 部曲，这一系列对美的富有想象力的诠释，都解释了为什么我会成为一个数据狂。

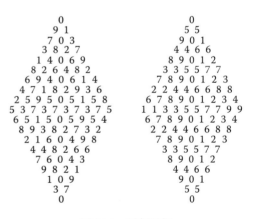

0	0
9 1	5 5
7 0 3	9 0 1
3 8 2 7	4 4 6 6
1 4 0 6 9	8 9 0 1 2
8 2 6 4 8 2	3 3 5 5 7 7
6 9 4 0 6 1 4	7 8 9 0 1 2 3
4 7 1 8 2 9 3 6	2 2 4 4 6 6 8 8
2 5 9 5 0 5 1 5 8	6 7 8 9 0 1 2 3 4
5 3 7 3 7 3 7 3 7 5	1 1 3 3 5 5 7 7 9 9
6 5 1 5 0 5 9 5 4	6 7 8 9 0 1 2 3 4
8 9 3 8 2 7 3 2	2 2 4 4 6 6 8 8
2 1 6 0 4 9 8	7 8 9 0 1 2 3
4 4 8 2 6 6	3 3 5 5 7 7
7 6 0 4 3	8 9 0 1 2
9 8 2 1	4 4 6 6
1 0 9	9 0 1
3 7	5 5
0	0

图 34.1 平行区间

$$爱情 = \lim_{自我\to 0} \frac{1}{自我}$$

图 34.2 爱情方程式

㊀ 参阅第 33 章。

㊁ 参阅第 24 章。

㊂ 当然，由爱因斯坦给出。

㊃ 莱昂哈德·欧拉（Leonhard Euler，1707—1783）是瑞士数学家，他在数学和物理学方面做出了重要贡献。

34.3 步骤

在开始绘制我们的大作之前，我在表格画板上为新数据集画出了 4 个基本标记。在数据集边缘首先会用到的标记是：

- 第 1 步 / 标记 1：确定样本容量，这也是数据深度的一个指标。
- 第 2 步 / 标记 2：计算数值变量和字符变量的数量，这是数据宽度的一个指标。
- 第 3 步 / 标记 3：以便利贴的形式列出所有变量。这样一来就可以将变量复制粘贴到计算机的程序编辑器中。可复制粘贴的列表将成为接下来任务的基础。
- 第 4 步 / 标记 4：计算每个数值变量的数据缺失率。其计算结果可用于衡量由于变量缺失而导致数据集被破坏的程度。然而，字符变量从不会缺失数据：我们大可坐享其成。

下面就是剩余的八个步骤了，至少可以帮数据狂们分析一个新的数据集。

- 第 5 步：注意观察每个变量的轮廓。峰、谷、聚集、离散，这些都可以直观地将其所代表的意义传达给我们。
- 第 6 步：开始搜索寻找每个变量中不合常理的取值：比如一个叫 Sue 的男孩，抑或 120 岁的年龄，以及那些没有数学意义的取值，如 X/0。
- 第 7 步：深入探究原始数据集。排除无用信息，如 NA、空格、数字 0 以及字母大小 O，各种不同的字符串、线、点和感叹语。分辨并排除无用信息总能使数据集变得更有条理。
- 第 8 步：了解数值变量的性质。注意数值的格式：小数、整数或日期。
- 第 9 步：检查数值变量的范围。其值有可能超出现有的数据范围。[⊖]
- 第 10 步：检查数据集的内在逻辑。这种较为主观的处理方式可以用来确定原本相互矛盾的取值。
- 第 11 步：杜绝错别字。一点小错都会影响数据的完整性。
- 第 12 步：在数据集中查找并消除噪声。噪声作为无处不在的数据特性，并不属于我们在数据分析中需要的。但是，有些数据是孤立的，不一定来自总体或样本所携带的信息。矛盾的是，随着模型分析包含了越来越多难以处理的细节，其构建质量也在逐渐向好。出乎意料的是，模型验证却变得越来越糟。

我们可以通过识别数据特性和删除定义数据特性的内容来减少噪声。在做到数据无噪声之后，就可以可靠地展现数据分析的本质了。

34.4 标记

我又要请读者容忍我展示一下自己的诗人天赋了。我会通过 minikin 数据集，以及标识变量列表本身来向大家展示这四个数据标记。在很多大数据项目的初期，样本容量可能是唯

⊖ 当然，这是指 J.W. 图基（1905—2000），一位以才华横溢著称的美国数学家，因 1965 年对快速傅里叶变换（FFT）的发展为人所知。讽刺的是，他在数据的简单而有力的可视化处理方面的发明—箱线图，给他带来了比复杂的 FFT 更大的名声。箱线图在小学和高等学校都有讲授，以防孩子们在那天打瞌睡。在统计学的世界里，图基认为自己是一名数据分析师。

一的已知信息，而变量列表通常是未知且难以直接复制粘贴的。可以肯定的是，数据缺失率从来都不是那么引人注目。

表 34.1　样本量与各类变量数量

类型	样本量	变量数量
数值型	5	4
字符型	5	1

- 标记 1 和 2：确定样本容量并计算数值和字符变量的数量。我们可以参考附录 34.A 中的未知数据集。我运行了附录 34.B 中的子程序，分别得到了两种变量的数量以及样本容量（见表 34.1）。

- 标记 3：将所有变量以便利贴的形式列出。我运行了附录 34.C 中的子程序，获得了日志窗口中的可复制粘贴变量列表，具体为 VARLIST_IS_HERE，见图 34.3。

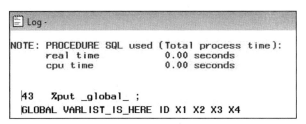

图 34.3　可复制粘贴的变量清单

- 标记 4：计算每个数值变量的数据缺失率。我运行了附录 34.D 中的子程序，分别得到了变量 X_1、X_2、X_3 和 X_4 的数据缺失率（见表 34.2）。

表 34.2　变量的数据缺失率

PCT_MISSING_X1	PCT_MISSING_X2	PCT_MISSING_X3	PCT_MISSING_X4
20.0%	40.0%	60.0%	80.0%

34.5　本章小结

其实我既不是什么大统计学家，也算不上一个彻头彻尾的数据狂。我还要靠写数据报告和画方程来维持生计呢。就像我在幼儿园时的表现一样（喜欢与人分享，与人相处融洽），我只是希望我的数据分析 12 步曲能帮助到像我一样热爱数据的人。我在 SAS 给出了具体的操作步骤，以供有兴趣的读者分享。

附录 34.A　数据集 IN

```
data IN;
input ID $1. X1 X2 X3 X4;
cards;
1 1 2 3 4
2 1 2 3 .
3 1 2 . .
4 1 . . .
5 . . . .
;
run;
```

附录 34.B Samsize+

```
PROC CONTENTS data=IN noprint
out=out1(keep=libname memname nobs type);
run;

PROC FORMAT;
value typefmt 1='Numeric' 2='Character';
run;

PROC SUMMARY data=out1 nway;
class libname memname type;
id nobs;
output out=out2
(drop=_type_ LIBNAME MEMNAME
    rename=(_freq_=NUMBER_of_VARIABLES NOBS=SAMPLE_SIZE));
format type typefmt.;
run;

PROC PRINT data=out2 noobs;
run;
```

附录 34.C 可粘贴副本

```
PROC CONTENTS data=IN
out = vars (keep = name type)
noprint;
run;

PROC SQL noprint;
select name into :varlist_is_here separated by ' '
from vars;
quit;
%put _global_ ;
```

附录 34.D 缺失数据

```
PROC SUMMARY data=in;
var x1 x2 x3 x4;
output out=out3(drop=_type_ rename=(_freq_=sam_size)) nmiss=n_miss1-n_miss4;
run;

data out4;
set out3;
array nmiss n_miss1-n_miss4;
array pct_miss PCT_MISSING_X1-PCT_MISSING_X4;
do over nmiss;
pct_miss= nmiss/sam_size;
```

```
end;
keep PCT_MISSING_X1-PCT_MISSING_X4;
run;

PROC PRINT data=out4;
format PCT_MISSING_X1-PCT_MISSING_X4 PERCENT8.1;
run;
```

参考资料

1. Mathematicalpoetry.blogspot.com
2. Hispirits.com

第 35 章
遗传回归模型与统计回归模型

35.1 引言

统计最小二乘回归模型和逻辑斯谛回归模型分别是预测（连续因变量）和分类（二值因变量）的常用技术。继 1805 年 3 月 6 日勒让德提出普通回归方法之后，伯克森于 1944 年开发了逻辑斯谛回归模型。旧的东西（比如 60 多年到 200 多年前的东西）如今不一定没用，新的东西也不一定比旧的更好。可以想想车轮和文学的例子，以免忘记。我一直坚持的统计回归范式，即"将数据拟合到模型中"，在过去很长一段时间都是在少量数据[一]的环境中进行开发和测试，而它在如今大数据的时代背景下明显是站不住脚的。回归模型的线性性质导致其无法捕捉到大数据的底层结构。然而，我后来提出的遗传回归范式，即"让数据定义模型"，对大数据尤其有效。因此我认为，遗传模型是优于原始统计回归模型的。

35.2 背景

任何预测模型，不论是统计型还是机器学习型，线性或非线性，背后的核心都是拟合度函数，也称为目标函数。譬如，均方误差最小二乘回归法的拟合度函数就很容易理解：其拟合度函数即误差平方和的平均值。逻辑斯谛回归模型的拟合度函数是一个概率函数[二]，对于不太熟悉数理统计学术语的人来说，这是一个抽象的数学表达式，最好是通过分类表来理解，这个表是一个基本指标，其中包括了经过分类的全部个体[三]。一般来说，我们会借助微积分来估计统计回归模型的相应方程。

35.3 目标

本章的目的是将 GenIQ 模型这种遗传逻辑斯谛回归模型作为统计逻辑斯谛回归模型的

[一] Hand, D.J., Daly, F., Lunn, A.D., McConway, K.J., and Ostrowski, E.（Eds.），*A Handbook of Small Data Sets*, Chapman & Hall, London, 1994, 这本书包括了开发 OLS 回归方法早期用过的一些实际数据。

[二] 也称作联合概率函数 P（X）*P（X）*¼P（X）*{（1−P（X））}*{（1−P（X））} * ⋯ *{（1−P（X））}。

[三] 实际上，分类精度还有其他量度指标。可能比 TCC 更重要的是正确分类的"实际"个体数量。

替代方法，以支持我在 35.2 节中提出的观点。（由于用连续因变量代替二值因变量比较容易，我没有在这里给出两模型之间的比对。）

除了我自己的看法之外，大家还可以思考一下这个持续了数 10 年的争论：如果没有显著性检验会怎样？[1] 这一争论对统计回归范式的有效性提出了质疑：在回归建模时，需要把数据拟合到特定的线性参数模型中，即满足式 $Y = b_0 + b_1X_1 + b_2X_2 + \cdots + b_nX_n$。具体来说，问题正是在于，建模者需要根据零假设预先确定一个不可知的模型，这显然不合理。如果假设检验证明该模型不合适，那么建模者就必须反复尝试，直到最终找到出一个适配的模型。这样不断进行尝试无疑是非常老旧的数据挖掘方式，而且统计学家在 30 多年前就认为这样根本无法找到变量之间真正的相关关系。就这个问题而言，也许像 GenIQ 模型这样的新一代模型才能解决问题，我会在后面给出模型的定义和示例。

35.4　GenIQ 模型：遗传逻辑斯谛回归

GenIQ 模型是一种灵活的、适用于任意规模数据的方法，是"数据定义模型"范式的代表。GenIQ 模型具有以下特性：

1）在原始变量中挖掘新变量。

2）对变量进行甄选，以生成新变量和最佳的原始变量子集合。

3）指定用来优化十分位表（拟合度函数）的模型。我们一般使用遗传编程（GP）方法来优化拟合度函数，借助计算机（无须具体代码）让尽可能多的回应数落在顶部十分位组，从而最大限度地提高累积提升度。十分位表拟合度函数可以直接应用于诸如数据库营销和电话营销等方面的模型构建，在营销策略的基础上应用优化方案，客户关系管理，或是借助社交媒体平台和广播邮件等。然而，十分位表正逐渐成为几乎所有模型预测性能评估的通用标准。

大家应该注意到了，优化和最大化两词我一直是交替使用的，因为两者在十分位表优化的情景下是等价的。

如何尽可能多地填充顶部十分位

在填充顶部十分位的过程中，我们首先需要构建代表模型性能的十分位表。构建的过程包括五个步骤：（1）应用；（2）排序；（3）划分；（4）计算；（5）评估（见图 35.1）。

模型表现评估标准
…是十分位分析。 1）用模型对数据文档进行处理（为文档打分）。 2）为打过分的文档**排序**（从高到低）。 3）将排序后的文档**分**成 10 个同样大的组。 4）**计算**累积提升度。 5）**评估**模型的表现。**最佳模型**在靠上的十分位组里识别出**最多的**回应。

图 35.1　十分位分析步骤

我提出了一个完美的回应模型应有的标准，同样也给出了相应十分位表以帮助读者理解，总之我想直观地向读者展示 GenIQ 模型在十分位表优化中能起到的作用。我们可以思考一下 100 个人中有 40 个回应者的回应模型。在图 35.2 中,所有 40 次回应都处于顶部十分位组,这恰好印证了模型是完美的。

回应模型的标准

这个模型如何正确对上部
十分位组的回应做出分类?
100 个个体的完美回应模型
▶ 40 个回应者
▶ 60 个无回应者

十分位	个体数量	总回应数量
顶部	10	10
2	10	10
3	10	10
4	10	10
5	10	0
6	10	0
7	10	0
8	10	0
9	10	0
底部	10	0
合计	100	40

图 35.2   回应模型的标准

在图 35.3 中的十分位表表明,在这种情况下完美的模型是很难得到的。因此,我选择采用迂回策略,先寻找一个其十分位表可以最大限度提高顶部十分位回应数的回应模型。

回应模型的目标

■ 寻找一个在顶部十分位能够
识别最大回应的模型

十分位	总回应
顶部	最大
2	最大
3	最大
4	
5	
6	
7	
8	
9	
底部	

图 35.3   回应模型的目标

接下来的两个典型十分位表展示了读取回应模型的预测性能的方法。这张十分位表包含了用 46 170 个样本进行模型验证的结果,其中有 2104 名回应者。在图 35.4 中,十分位表则显示了读取顶部十分位组累积提升度的方法。顶部十分位组的累积提升度即顶部十分位的累计应答率(18.7%)除以总体十分位应答率(4.6%,样本的平均应答率)再乘以 100,结果是 411。

图 35.5 中的十分位表显示了顶部前两个十分位组合并后的十分位表,也给出了样本前 20% 累积提升度的算法。前两个十分位组的累积提升度即前两个十分位组的累计应答率(13.5%)除以总体十分位应答率(4.6%,样品的平均应答率)再乘以 100,结果是 296。其余累积提升度的计算与前面类似。

对顶部十分位来说，
预计回应者有4.11
次不使用模型

回应的十分位分析

十分位	客户数	回应数	十分位应答率(%)	累积应答率(%)	累积回应提升度
顶部	4 617	865	18.7	18.7	411
2	4 617	382	8.3	13.5	296
3	4 617	290	6.3	11.1	244
4	4 617	128	2.8	9.0	198
5	4 617	97	2.1	7.6	167
6	4 617	81	1.8	6.7	146
7	4 617	79	1.7	5.9	130
8	4 617	72	1.6	5.4	118
9	4 617	67	1.5	5.0	109
底部	4 617	43	0.9	4.6	100
总计	46 170	2 104	4.6		

图 35.4　十分位表

对顶部两个十分位来说，
预计回应者有2.96次不
使用模型

回应的十分位分析

十分位	客户数	回应数	十分位应答率(%)	累积应答率(%)	累积回应提升度
顶部	9 234	1 247	18.7	18.7	411
2			8.3	13.5	296
3	4 617	290	6.3	11.1	244
4	4 617	128	2.8	9.0	198
5	4 617	97	2.1	7.6	167
6	4 617	81	1.8	6.7	146
7	4 617	79	1.7	5.9	130
8	4 617	72	1.6	5.4	118
9	4 617	67	1.5	5.0	109
底部	4 617	43	0.9	4.6	100
总计	46 170	2 104	4.6		

图 35.5　顶部两个十分位合并后的十分位表

35.5　遗传编程法的发展

与统计回归模型借助微积分生成模型方程的过程不同，GenIQ 模型使用基因编程法作为其运算工具。由于读者可能对基因编程还不熟，我在此对其发展历程做了一个简要的总结。[⊖]

1954 年，尼尔斯·阿尔·巴里切利的进化算法首次被应用于模拟进化。在 20 世纪 60 年代和 70 年代初，进化算法被普遍认为是可行的优化方法。20 世纪 70 年代，约翰·霍兰

⊖　遗传编程。相应地，我用目标替换了标准。因此，我们的回应模型目标就是所需的是上部十分位相应最大化的十分位表。

德曾是基因编程领域极具影响力的人物。

基于树的遗传编程（即在树结构的基础上组织的计算机语言，基于自然遗传算子进行操作，如繁殖、交配和突变）的第一个说法是由尼克·克拉默（1985）提出的。约翰·科扎（1992）是基因编程法的主要倡导者，也是这方面应用的先驱，他曾将这个方法广泛用于各种复杂的优化和搜索问题之中 [2]。

在 20 世纪 90 年代，基因编程法主要用于解决相对简单的问题，因为当时的 CPU 无法有效满足基因编程的计算需求。近年来，由于基因编程技术的进步和 CPU 功率的指数级增长，基因编程方面取得了许多亮眼的成绩。1994 年，人们正式开始用科扎基因编程机器学习方法（GenIQ 模型）来替代统计最小二乘和逻辑斯谛回归模型。

统计学家对最小二乘和逻辑斯谛回归模型的数理统计解决方案是没有丝毫怀疑的。然而，统计学家可能对微积分很生疏，以至于他们需要花一些时间回想回归模型的推导过程。不管怎样，人们会继续进行模型预估（尽管有譬如多重共线性这样恼人的问题存在）。统计模型结果的接受度已经不需要任何额外证明了。

不幸的是，统计学家们对基因编程法并不算特别重视，因为我敢说他们没有正式了解过基因编程的原则及流程。因此，我承认这一切可能不喜欢统计建模者。有关 GenIQ 模型的说明是为了引起统计建模人员的注意，我没有提供基因编程方面的入门知识，而他们也欣然接受了 GenIQ 模型。基因编程方法论本身并不难掌握，只不过需要大量的篇幅来展开论述。我希望能以此让统计建模者认识到遗传编程法是可靠的，也能够在遗传和统计回归模型之间作一个比对。我在第 40 章详细介绍了基因编程的操作方法，有兴趣的读者可以留意。

35.6　GenIQ 模型的目标及重要特性

GenIQ 模型的操作目标是找到一组函数（例如算术、三角函数）和变量，使方程（用符号表示为 GenIQ = 函数 + 变量）在顶部十分位组的回应数最多。基因编程法可以确定相应函数和变量（参见图 35.6）。

```
GenIQ 模型

■ 目标
 - 找到一套函数和变量，使得公式（GenIQ 模型）
   ▶ GenIQ 模型 = 函数 + 变量
   ▶ 最大化顶部十分位的回应数量
■ 用 GP 法确定函数、变量
```

图 35.6　GenIQ 模型 – 目标和形式

GenIQ 模型变量与方程的筛选：是否是额外的负担

GenIQ 模型需要选择变量和函数，而统计回归模型大概只需要选择变量就足够了，那么问题自然就在于，与统计模型相比，GenIQ 模型是否会给建模者带来额外的负担？

对函数的选择既不算是建模者的负担，也不是基因编程法本身的缺陷。基因编程法和 GenIQ 模型的成功，表明函数的选择不是问题。更重要的是，如果非要说负担，统计回归模型也同样需要选择函数作为预建模型，探索性数据分析（EDA）可以帮助我们找到最佳的数据转换方式，如 log X、1/X 或（5-X）^{2}。随着基因编程方法的不断发展，EDA 逐渐失去存在的必要了。EDA 的消失并不夸张，这不仅是基因编程法，也是 GenIQ 模型的一个显著特征。基因编程法唯一需要的数据准备工作，就是消除不可能或荒谬的值（例如 120 岁的年龄，或者一个叫 Sue 的男孩）。

35.7　GenIQ 模型工作原理

我承认我对机器学习遗传范式的看法主要是针对大数据环境，但我也正尝试用小规模的数据来解释说明这种新技术。在小规模数据集的条件下，我借助诗歌的形式为读者呈现了 GenIQ 模型，从而使读者很容易吃透模型的内在逻辑。GenIQ 模型在大数据方面的表现尤其出色，但这并不妨碍模型在小容量数据下的预测能力。

我用一个简单的例子来说明 GenIQ 模型是如何工作的，例子中着重强调了 GenIQ 模型的预测能力。我们假设有 10 个客户（5 个回应者和 5 个无回应者）和预测变量 X_1，X_2。因变量就是回应数。模型的目标是建立一个最大限度提高前四个十分位回应数的模型（见图 35.7）。注意，我们在此用容量为 10 的数据集来模拟十分位表，其中每个十分位的容量均为 1。

GenIQ 模型				
考虑10位客户：				
■ 两个预测变量X_1和X_2和它们的回应	i	回应	X_1	X_2
■ 目标：构建一个模型，使前4个四分位最大化	1	R	45	5
	2	R	35	21
	3	R	31	38
	4	R	30	30
	5	R	6	10
	6	N	45	37
	7	N	30	10
	8	N	23	30
	9	N	16	13
	10	N	12	30

图 35.7　GenIQ 模型：工作原理

我构建了两个不同的回应模型，一个是统计逻辑斯谛回归模型，另一个则是遗传逻辑斯谛回归模型（GenIQ）。其中，GenIQ 模型成功识别出了 4 个回应者中的 3 个，前 4 个十分位组的应答率为 75%；而逻辑斯谛回归模型只识别出了 4 个回应者中的 2 个，前 4 个十分位组的应答率为 50%（参见图 35.8）。

作为基因编程模型的附带产品，GenIQ 模型解析树的形式很好地反映了其方程清晰直观的优势。我所给出的 GenIQ 模型解析树如图 35.9 所示。该解析树中有以下几点值得注意：

1）GenIQ 挖掘出了一个新变量：$X_1 + X_2$，即树中灰色阴影部分。

2）尽管 $X_1 + X_2$ 是最佳子集合，但它也是模型变量选择的结果。

3）树与模型的形态是高度相关的。

总而言之，我举例说明了为何 GenIQ 模型是优于逻辑斯谛回归模型的（模型验证结果应该是有显示的，然而，如果 GenIQ 模型没有超越逻辑斯谛回归模型，那么验证就不必要了）。我们因此可以总结出 35.4 节中描述的 GenIQ 模型特性：（1）会对新变量进行数据挖掘，（2）有变量选择过程，（3）可以选定用于优化十分位表的模型（实际上，在本例中是前 4 个十分位组）。

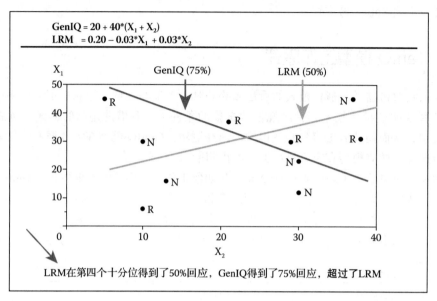

图 35.8　遗传模型与统计逻辑斯谛回归模型（LRM）

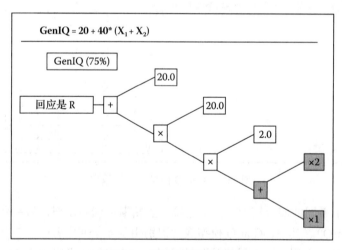

图 35.9　GenIQ 模型解析树

GenIQ 优化十分位表

我重新思考了图 35.7 中的数据集，发现我要找的是一个能使整个十分位表最大化的模型。从第一幅图的建模过程中，我得到了如图 35.10 所示的模型。在讨论该模型之前，我首先解释了生成模型的过程。GenIQ 建模在给定的条件下能产生大约 5～10 个等价的模型。比如，某些模型在前 4 个十分位组中（就如之前的 GenIQ 模型）会表现得更好，而有些模型在十分位组中从上至下表现得越来越好。此外，一些模型的预测得分会出现中断和间隔，甚至出现我们不希望看到的聚集或离散。选择的模型一定要符合当前的目标和期望。需要注意的是，GenIQ 模型产生等效模型并不是无用的数据挖掘：在模型完成给定目标之前，是不会通过各种变量选择重新处理数据的。

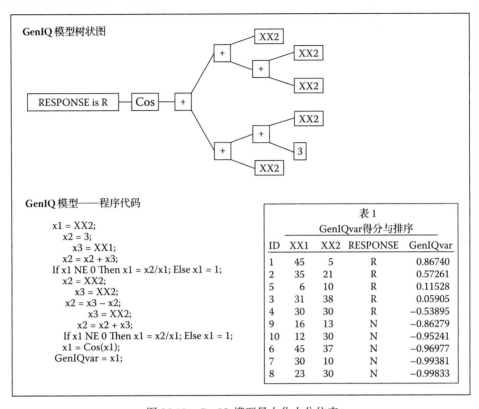

GenIQ 模型树状图

GenIQ 模型——程序代码

```
x1 = XX2;
  x2 = 3;
    x3 = XX1;
  x2 = x2 + x3;
If x1 NE 0 Then x1 = x2/x1; Else x1 = 1;
  x2 = XX2;
    x3 = XX2;
  x2 = x3 − x2;
      x3 = XX2;
    x2 = x2 + x3;
  If x1 NE 0 Then x1 = x2/x1; Else x1 = 1;
  x1 = Cos(x1);
GenIQvar = x1;
```

表 1
GenIQvar 得分与排序

ID	XX1	XX2	RESPONSE	GenIQvar
1	45	5	R	0.86740
2	35	21	R	0.57261
5	6	10	R	0.11528
3	31	38	R	0.05905
4	30	30	R	−0.53895
9	16	13	N	−0.86279
10	12	30	N	−0.95241
6	45	37	N	−0.96977
7	30	10	N	−0.99381
8	23	30	N	−0.99833

图 35.10　GenIQ 模型最大化十分位表

在图 35.10 中，GenIQ 模型对整个十分位表进行了最大化处理。关于模型的三个元素：（1）解析树；（2）原始数据集（分别用 XX 替换 X[⊖]）和 GenIQ 模型预测得分 GenIQvar；（3）GenIQ 模型方程，表明了它实际上是一系列能够定义模型的计算机代码。从解析树中不难看出，该 GenIQ 模型选择了以下函数：加、减、除和余弦。此外，GenIQ 选择了两个原始变量 XX_1 和 XX_2 以及数字 3，而这在基因编程中仅被认定为一个变量。

我们可以通过 GenIQvar 对数据集进行评分和排序：5 个有回应，后面是 5 个无回应。这个看似完美的排序相当于一个最大化或最优化的十分位表。因此，GenIQvar 可谓广受欢迎。不过要注意的是，这个例子同样也揭示了统计回归建模的弱点：统计建模只涉及一个模型，除非通过不同的变量选择对数据进行重新处理，而遗传建模涉及若干个十分位形态不同的模型。

35.8　本章小结

我一直坚持的统计回归范式，即"将数据拟合到模型中"，在过去很长一段时间都是在

⊖　将 X 变量更名为 XX 是必要的，因为 GenIQ 将以 X 命名的变量作为模型程序代码用的中间变量。

少量数据的环境中进行开发和测试，而在如今大数据的时代背景下它明显是站不住脚的。我进一步提出的遗传回归范式，即"让数据定义模型"，对大数据尤其有效。因此我认为，遗传模型是优于原始统计回归模型的。我同样也把遗传逻辑斯谛回归模型与统计逻辑斯谛回归模型进行了详细完整的对比。作为统计回归模型的良好替代，GenIQ 模型得益于其灵活性和适应性，有着非常不错的应用前景。

参考资料

1. Harlow, L.L., Mulaik, S.A., & Steiger, J.H., Eds., *What If There Were No Significance Testing?* Erlbaum, Mahwah, NJ, 1997.
2. Koza, J.R, *Genetic Programming: On the Programming of Computers by Means of Natural Selection*, MIT Press, Cambridge, MA, 1992.

第 36 章
数据重用：GenIQ 模型的
强大数据挖掘技术

36.1　引言

　　本章的目的是介绍 GenIQ 模型中的一个功能强大的数据挖掘技术——数据重用。数据重用是指把在构建 GenIQ 模型时找到的新变量添加到原始数据集中。由于新变量可以看作是原始变量的重新表达，因此原始变量与 GenIQ 数据挖掘变量之间的相关性很高。在统计建模中，若出现彼此高度相关的预测变量，我们则称之为多重共线性。多重共线性会导致回归系数不稳定，而这恰恰是不可接受的。相反，由于不涉及系数，多重共线性对于 GenIQ 模型来说不是问题。数据重用技术的好处是显而易见的：原始数据集中增加了新的、可预测的 GenIQ 数据挖掘变量。关于数据重用这种强大的数据挖掘技术，我在后边将给出两个相关示例。

36.2　数据重用

　　数据重用是指把在构建 GenIQ 模型时找到的新变量添加到原始数据集中。由于新变量可以看作是原始变量的重新表达，因此原始变量与 GenIQ 数据挖掘变量之间的相关性很高。在统计建模中，若出现彼此高度相关的预测变量，我们则称之为多重共线性。多重共线性会导致包括回归系数标准误差增大、回归系数不稳定、预测变量重要性存疑等，在多重共线性较严重时还会导致回归方程模糊不定。我们可以通过最简单的试错（效力较低）来消除回归模型中的可疑变量，进而解决多重共线性问题。

　　由于不涉及系数，多重共线性对于 GenIQ 模型来说不是问题。数据重用技术的好处是显而易见的：原始数据集中增加了新的、可预测的 GenIQ 数据挖掘变量。为了更好地向大家解释数据重用的概念及优点，我在下边给出了两个相关示例。

36.3　示例

　　为了举例说明数据重用技术，我构建了一个含有因变量 PROFIT（利润）、预测变量 XX_1

和 XX_2 的普通最小二乘（OLS）回归模型，相关数据见表 36.1。

表 36.1 利润数据集

ID	XX_1	XX_2	PROFIT
1	45	5	10
2	32	33	9
3	33	38	8
4	32	23	7
5	10	6	6
6	46	38	5
7	25	12	4
8	23	30	3
9	5	5	2
10	12	30	1

最小二乘利润预测（Profit_est）模型为

$$Profit\_est = 2.429\,25 + 0.169\,72*XX_1 - 0.063\,31*XX_2 \tag{36.1}$$

利润预测模型的评估要看十分位表的情况。个体评分和排序的结果收录在了表 36.2 中。尽管有 3 个个体都排在了正确位置上，整个 PROFIT 变量的排序并不算是完美。1 号个体被正确放置在了顶部十分位（容量为 1 的十分位组）；9 号和 10 号个体同样被正确地放置在了底端十分位（第 9 和第 10 十分位组，容量均为 1）。

表 36.2 按 Profit_est 评分和排序的数据

ID	XX_1	XX_2	PROFIT	Profit_est
1	45	5	10	9.749 91
6	46	38	5	7.830 47
4	32	23	7	6.404 07
7	25	12	4	5.912 45
2	32	33	9	5.770 99
3	33	38	8	5.624 17
8	23	30	3	4.433 48
5	10	6	6	3.746 56
9	5	5	2	2.961 29
10	12	30	1	2.566 60

36.3.1 GenIQ 利润模型

GenIQ 利润模型如图 36.1 所示。在对该模型进行评估时，我们主要考量相应十分位表的情况。表 36.1 中的个体是通过 GenIQvar 进行评分和排序的。图 36.1 的表 1 中 PROFIT 变量的排序几乎是完美的，但是现在说 GenIQ 模型表现优于最小二乘模型还为时过早。

有了 GenIQ 利润模型方程，我们就可以得到 GenIQ 模型的程序代码。GenIQ 模型树状图表明，利润模型具有三个预测变量：原始的 XX_2 变量和两个数据重用变量 GenIQvar_1 以及 GenIQvar_2。在讨论这两个数据重用变量之前，我打算先正式介绍一下数据重用变量的基本特征。

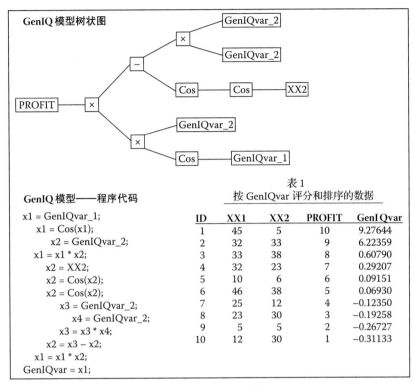

图 36.1　利润 GenIQ 模型

36.3.2　数据重用变量简介

GenIQ 建模中的数据重用变量实际上是由基因编程法（GP）的内在机制产生的。基因编程法始于一个随机初始集，以及一个由比如 100 个遗传模型组成的遗传总体，这些遗传模型由预测变量、数值变量（在基因编程法中，数字也属于变量）还有函数（例如普通函数和三角函数）决定。最初的遗传总体（即第 0 代）是遵循遗传编程的进化算法的，其中包括模仿自然生物的一系列遗传活动：（1）复制 / 繁殖，（2）配对 / 性交，（3）改变 / 突变。一些模型会出现复制，而大多数模型会进行配对。两个父代模型演化出的子代模型，其预测能力很可能更强。通过改变一个模型的特性（例如，用乘法函数代替加法函数），我们可以让多个模型都发生改变。修改过的模型往往比原始模型具有更强的预测能力。第 1 代 100 个模型具有比第 0 代模型更强的预测能力，在第 0 代模型生成第 1 代模型后，第 1 代模型又会进入下一轮的复制 – 配对 – 改变（具体要看与十分位表的拟合度），从而进化出第 2 代的 100 个模型作为新的遗传总体。迭代式的复制 – 配对 – 改变随着十分位表拟合度的增加而继续，直到拟合度或十分位表开始趋于稳定（即无法再观察到明显的改善）。

上述的迭代过程和数据重用变量是需要进行调整的。当十分位表的拟合度出现跳跃时，建模者就需要采用相应的 GenIQ 模型（它本身就是一个变量），通常记作 GenIQvar_i，此外还要将数据重用变量添加至原始数据集。GenIQ 建模者通常需要获取并添加两个或三个 GenIQvar 变量，然后使用原始变量和附加的 GenIQvar 变量构建最终的 GenIQ 模型。如果在构建 GenIQ 模型的最后一步仍出现明显跳跃，那么建模者当然可以将相应的 GenIQvar 变量继续添加至原始数据集，然后重新开始构建最终的 GenIQ 模型。

36.3.3 数据重用变量 GenIQvar_1 和 GenIQvar_2

图 36.2 和图 36.3 展示了 GenIQvar_1 和 GenIQvar_2 两个变量。GenIQvar_1 由原始变量 XX_1 和 XX_2 以及余弦函数决定，这并不奇怪，因为三角函数本身就是用于最大化十分位表拟合度函数的。要注意的是，GenIQvar_1 树的底部分支是 XX_1/XX_1。在基因编程法中，这些分支会定期被编辑（在本例中，XX_1/XX_1 将被替换为 1）。GenIQvar_2 由 GenIQvar_1、-0.345 和-0.283 决定，可以进行加法和乘法运算。

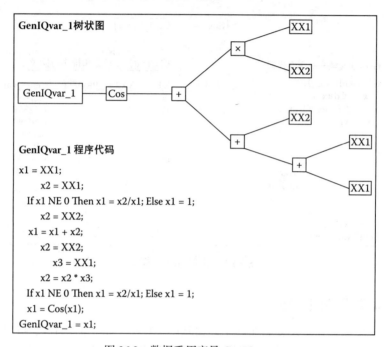

图 36.2　数据重用变量 GenIQvar_1

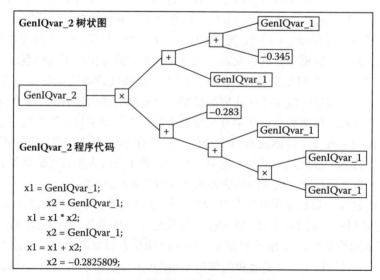

图 36.3　数据重用变量 GenIQvar_2

```
x1 = x1 + x2;
    x2 = GenIQvar_1;
    x3 = −0.3450809;
        x4 = GenIQvar_1;
      x3 = x3 + x4;
    x2 = x2 + x3;
  x1 = x1 * x2;
GenIQvar_2 = x1;
```

图 36.3 （续）

综上所述，表 36.1 中的利润数据看似简单，可如果想要对利润变量进行完美的排序，其实并没有那么容易。现在我足以得出结论，GenIQ 模型是优于逻辑斯谛回归模型的（回想一下 35.7 中的提示）。这个示例很好地印证了 GenIQ 建模相对于统计回归建模的优越性。

36.4　调整数据重用定义：GenIQ 强化版回归模型

我略微调整了数据重用的定义，借用 GenIQ 的数据挖掘能力去优化或强化已构建的统计回归模型，进而提升其预测效果。我将数据重用重新定义为，在构建 GenIQ 模型或其他任何模型时向原始数据集添加新变量。我构建了一个只有一个预测变量的 GenIQ 模型，即已构建的模型得分。这种把 GenIQ 作为现有回归模型 GenIQ 强化版的方法，已被证明可以在 80% 的情况下显著改进现有模型。

GenIQ 强化版逻辑斯谛回归模型示例

我构建的逻辑斯谛回归模型包含因变量 RESPONSE、预测变量 XX_1 和 XX_2，以及表 36.3 中的各项数据。

表 36.3　回应数据

ID	XX_1	XX_2	RESPONSE
1	31	38	Yes
2	12	30	No
3	35	21	Yes
4	23	30	No
5	45	37	No
6	16	13	No
7	45	5	Yes
8	30	30	Yes
9	6	10	Yes
10	30	10	No

逻辑斯谛回归模型见式 36.2：

$$\text{RESPONSE（=Yes）的 Logit 值} = 0.1978 − 0.0328 * XX_1 + 0.0308 * XX_2 \quad （36.2）$$

回应模型的评估也要看十分位表的情况。我用表 36.4 收录了个体评分和排序的结果。尽管有 3 个个体都排在了正确的位置上，但整个 RESPONSE 变量的排序并不算是完美。具体来说，7 号个体被正确放置在了顶部十分位（容量为 1 的十分位组）；4 号和 2 号个体同样被正确放置在了底部十分位（第 9 和第 10 十分位组，容量均为 1）。

表 36.4 按 Prob_of_Response 评分和排序的数据

ID	XX$_1$	XX$_2$	RESPONSE	Prob_of_Response
7	45	5	Yes	0.754 72
10	30	10	No	0.617 28
3	35	21	Yes	0.575 22
5	45	37	No	0.534 52
6	16	13	No	0.481 64
8	30	30	Yes	0.465 56
9	6	10	Yes	0.423 36
1	31	38	Yes	0.412 99
4	23	30	No	0.409 13
2	12	30	No	0.325 57

现在我构建了只有一个预测变量的 GenIQ 模型，即式 36.2 中的逻辑斯谛回归模型。由此产生的 GenIQ 增强版回应模型的评估（图 36.4）同样要看相应十分位表的情况。表 36.2 中的个体会被评分并排序，结果见表 36.5。回应变量的排序几乎是完美的。

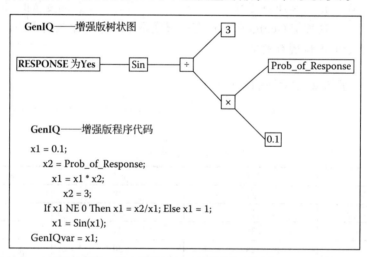

图 36.4 GenIQ 增强版 RESPONSE

表 36.5 按 GenIQvar 评分和排序的数据

ID	XX$_1$	XX$_2$	Prob_of_Response	RESPONSE	GenIQvar
8	30	30	0.465 56	Yes	0.999 34
9	6	10	0.423 36	Yes	0.984 44
3	35	21	0.575 22	Yes	0.950 02
7	45	5	0.754 72	Yes	0.887 01
1	31	38	0.412 99	Yes	−0.374 36
5	45	37	0.534 52	No	−0.411 21
6	16	13	0.481 64	No	−0.517 91
2	12	30	0.325 57	No	−0.861 83

（续）

ID	XX₁	XX₂	Prob_of_Response	RESPONSE	GenIQvar
4	23	30	0.409 13	No	−0.876 65
10	30	10	0.617 28	No	−0.995 53

有了 GenIQ 强化版回应模型方程，我们就很容易得到相应的程序代码。

我们可以从强化版 GenIQ 树中看到，GenIQ 强化版回应模型含有预测变量 Prob_of_Response 和两个数值变量 3 和 0.1，以及正弦（Sin）、除法和乘法函数。

总之，GenIQ 强化版回应模型明显地强化了已构建的 RESPONSE 逻辑斯谛回归模型。由于 GenIQ 模型本质上是一个非线性模型，因此 GenIQ 强化版模型能够捕获一般统计回归模型无法捕获的数据中的非线性结构，因为大多数统计回归模型毕竟是线性的。这个示例对 GenIQ 强化版模型的应用价值作出了肯定。

36.5　本章小结

我借用本章向大家介绍了 GenIQ 模型中的一个功能强大的数据挖掘技术——数据重用。数据重用是指把在构建 GenIQ 模型时找到的新变量添加到原始数据集中。数据重用技术的好处是显而易见的：在原始数据集中增加了新的 GenIQ 变量，而这些变量具有很强的预测能力。

我给出了一种较为正式的数据重用变量基本特征的处理方式，随后演示了数据重用作为 GenIQ 模型强大数据挖掘技术的良好效果。首先，我构建了一个普通最小二乘回归模型，并通过对其建模结果的分析讨论建立了相应的 GenIQ 模型。这两个模型的比对说明数据重用技术的强大预测能力。

我略微调整了数据重用的定义，借用 GenIQ 的数据挖掘能力去优化或强化已构建的统计回归模型，进而提升其预测效果。我将数据重用重新定义为在构建 GenIQ 模型或其他任何模型时向原始数据集添加新变量。我构建了只含有一个预测变量的 GenIQ 模型，即一个已建立的逻辑斯谛回归模型的回归方程。这种把 GenIQ 作为现有回归模型 GenIQ 强化版的方法，可以显著改进现有模型。我举例说明了 GenIQ 强化版模型非同寻常的功能，它能够捕获一般统计回归模型无法捕获的数据中的非线性结构，因为大多数统计回归模型毕竟是线性的。

第 37 章
数据挖掘技术——离群值的调整

37.1 引言

在统计学中，离群值是指一个或几个与其他大部分数值相比差异较大，或处于整体数据落点之外的观察值。离群值的问题在于，由于统计回归模型对此类异常值非常敏感，模型的预测能力自然会因此受到干扰。一般来说，人们会用"先识别，后舍弃"的方法来处理离群值。本章的目的在于提出另外一种处理离群值的数据挖掘技巧，让我们无须剔除它们。我会用一个简单而有趣的示例向大家演示 GenIQ 模型在离群值处理方面的能力。

37.2 背景

识别离群值的统计方法有很多⊖，最流行的方法无非就是单变量测试了⊖。许多多变量测试方法并不是首选⊜，因为它们往往需要人们具备更专业的知识储备来理解（如马氏距离）。正态分布假设，无论是应用于大数据还是应用于小数据，都是站不住脚的，然而几乎所有的单变量和多变量方法都依赖这种假设。如果正态分布性假设测试失败，那么离群值被识别出的原因可能在于数据的非正态性而非离群值。业内也有针对非正态分布数据的测试⊛，但它们很难被使用，而且并不像针对正态数据的测试那么强大。

关于离群值的识别方法及其成因，统计学界⊕还没有统一的答案。所以我认为，目前这种识别并舍弃离群值的处理方式是不可取的，因为在识别过程中我们并不能默认数据是服从正态分布的。

已识别出的离群值会给统计回归建模带来比较大的麻烦，因为统计回归模型对这类异常

⊖ 在统计学里，离群值是一个落在数据图形外部某个位置的观察值。这是我对离群值的定义，目前对此还没有统一的定义。每个定义只反映了作者的个人意见和写作风格。

⊖ 对于正态分布的数据，有三种常用的经典单变量测试方法：（a）z 值法，（b）改进 z 值法和（c）Grubbs 测试。EDA 法不对数据分布做出限制，是箱线图法。

⊜ 识别异常值的经典方法是利用协方差矩阵和均值阵的稳健估计量来计算马氏（Mahalanobis）距离。一类常用的稳健估计量是由 Huber 首先引入的 M 估计量 [1]。

⊛ 非正态数据的常用测试方法参见 Barnett, V., and Lewis, T., *Outliers in Statistical Data*, Wiley, New York, 1984。

⊕ 这是我了解的情况。

值非常敏感，那么模型的预测能力自然会因此受到干扰。如果没有一种可行且可靠的离群值检测方法，统计回归模型的预测结果就会有较多的不确定性。在下一节中，我将介绍另外一种识别离群值的方法，涉及双变量图形识别技术、散点图和 GenIQ 模型。

37.3　离群值的调整

在散点图中比较变量之间的关系可以有效帮助我们找到离群值。散点图法是一种有效的非参数化方法，且不以数据的正态分布性为前提，其灵活性因此可以得到保证。如果我们将散点图与 GenIQ 模型结合使用，则可以轻松对离群值进行调整而无须将它们剔除。我会以一个简单数据集为例来解释这个组合为何如此完美。

37.3.1　调整离群值的示例

我们首先来看一下表 37.1 中的数据集[一]。

散点图是识别离群值的一个十分有用的图像方法。我们是根据所观察到的两个变量之间的线性关系来找出离群值的[二]。通过观察（XX, Y）的散点图（图 37.1），我们不难看出，标有 A 的点（1,20）相对于那些标有 Y 的点来说，明显是异常的。我暂且认为，离群值 A 的存在是合理的。

表 37.1　成对变量（XX,Y）数据集

考察 101 个点对（XX,Y）的数据集

- 有四个"群聚"的点对，每个群有 25 个观察值，分别为（17,1），（18,2），（19,4），（20,4）

- 有一个"孤立"点对：（1,20）只有一个观察值

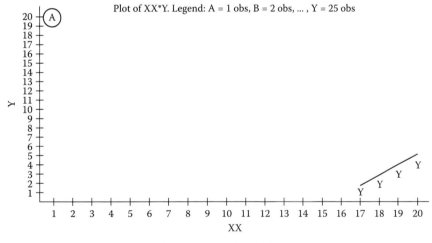

图 37.1　（XX,Y）散点图

变量 XX 与 Y 的相关系数为 -0.416 18（见表 37.2）。只有当对应的散点图能体现出变量 XX 与 Y 之间的线性关系时，其相关系数才可以告诉我们两变量之间线性关系的强度。然而，XX 与 Y 在点 A 处并不具备线性关系，因此，其相关系数 -0.416 18 是没有意义的。

如图 37.2 中的散点图所示，如果没有其他针对离群值（1,20）存在的原因，我们则认为两变量呈曲线关系，那么在这种情况下是没有离群值可言的。模型构建者需要重新表达变量

[一]　该数据集参见 Huck, S.W., Perfect correlation ¼ if not for a single outlier, *STAT*, 49, 9, 2008.

[二]　二维空间里的离群值。

XX 与 Y 之间的曲线关系，然后借助新的散点图识别离群值。

我还不能确定点（1,20）是否确实是离群值，因此，我需要重新表达变量 XX 和 Y 之间的曲线关系。我将 GenIQ 模型应用于变量 XX 和 Y，这两个变量的 GenIQ 式重新表达为（GenIQvar,Y），其中 GenIQvar 是对 XX 的 GenIQ 式数据挖掘变换（关于变换规则的讨论见 37.3.2 节）。我们可以看到，在（GenIQvar, Y）的散点图（图 37.3）中没有显示出离群值。更重要的是，这张散点图可以体现 GenIQvar 与

表 37.2　相关系数：N=101，Prob>r，H_0: Rho=0

	XX	GenIQvar
Y	−0.416 18	0.841 56
	<0.000 1	<0.000 1

Y 之间的线性关系，而 GenIQvar 与 Y 的实际相关系数为 0.841 56（见表 37.2），说明两变量间的相关性是比较强的。

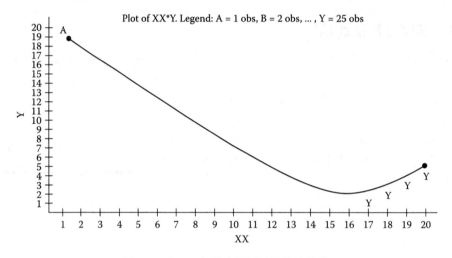

图 37.2　（XX,Y）散点图展示非线性关系

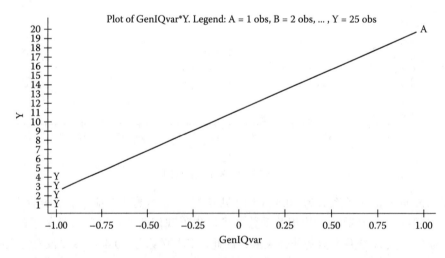

图 37.3　（GenIQvar,Y）散点图

若要证明将（1,20）进行变换后确实是离群值，我们还需要分析在横轴上取值为−1.00 的四个点。这四个点垂直排列的点是原 Y 点的变体，这张散点图中有一条十分明显的直线，由四个 Y 的中点（−1.00, 2.5）以及点 A（1.00,20）连接而成。

37.3.2 GenIQ 模型在调整离群值中的作用

GenIQ 模型通过重新表达所有 101 个点完成了对离群值（1,20）的调整：从图 37.1 的左上角转换到了图 37.3 的右上角；其余 4 个 Y 点从图 37.1 右下角转至图 37.3 左下角。图 37.4 记录了由 GenIQvar 树和 GenIQvar 代码确定的 GenIQ 模型转换方式。

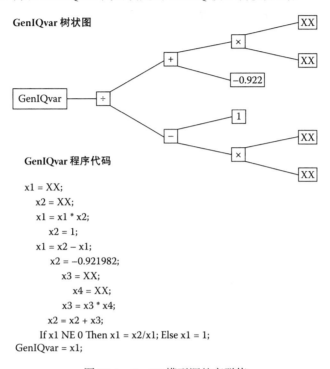

GenIQvar 程序代码

```
x1 = XX;
    x2 = XX;
    x1 = x1 * x2;
        x2 = 1;
    x1 = x2 − x1;
        x2 = −0.921982;
            x3 = XX;
                x4 = XX;
            x3 = x3 * x4;
        x2 = x2 + x3;
        If x1 NE 0 Then x1 = x2/x1; Else x1 = 1;
GenIQvar = x1;
```

图 37.4 GenIQ 模型调整离群值

GenIQ 模型可以用于调节数据中所有的离群值，由于 GenIQ 的拟合度函数的特殊性，模型进行多变量调整是没有问题的。十分位表拟合度函数的优化是有助于离群值调整的，但相关的讨论超出了本章的范围。可以这样说，这种优化相当于通过将离群值赋予多重线性来校正数据，从而对其进行调整而非剔除。

37.4 本章小结

一般来说，人们会用"先识别，后舍弃"的方法来处理离群值，而我提出了另外一种处理离群值的数据挖掘技巧，让我们无须剔除它们。最后我举例说明了 GenIQ 模型在离群值处理方面的能力。

参考资料

1. Huber, P. J., Robust Estimation of a Location Parameter. *Annals of Mathematical Statistics*, 35:73–101, 1964.

第 38 章
过拟合的全新解决方案

38.1 引言

过拟合相当于告诉我们模型是不准确的，作为建模工作的一部分，过拟合同样是老生常谈的话题。过拟合往往使模型变得不再可靠，而本章的目的正是介绍一个全新的，依赖于 GenIQ 模型数据挖掘特性的解决方案。我将举例说明 GenIQ 模型是如何识别庞杂的数据的，以及如何删除那些导致标的数据过于复杂的个体。

38.2 背景

过拟合的模型会根据训练样本的特性来进行模仿复制。模型通过添加额外的变量、交互以及新构造来让其复杂性大大增加。因此，过拟合模型的一个关键特征就是模型的变量太多，也就是说，过拟合的模型会变得过于复杂。

换句话说，过拟合的模型也被认为是对数据主要函数形态的过于完美的表达，模型只会对训练数据进行简单存储而非按需求取。这样便容易导致验证数据集（来自训练样本总体）与训练数据集之间的鸿沟太大，也就很难非常好地拟合到模型中。

当验证数据模型的精确度比训练数据模型更高时，就很容易出现过拟合的问题。模型包含的信息越多（看上去是件好事），模型对验证数据的预测性能就越低。这个所谓的"好事"就是过拟合悖论。

预测误差方差的概念与模型的过拟合相关。过拟合的模型预测误差方差较大，其预测误差的置信区间也较大。

常用好记的过拟合定义

模型是用来表达而不是用来模仿复制训练数据的。否则，验证数据集中的数据会在模型中显得很突兀，因为这个数据很可能与训练数据中典型的数据点相差较大。总而言之，出现过拟合时，模型的预测结果将会很糟糕。

相比之下，模型拟合不足的情况则不常出现，它涉及的变量太少，太简单。拟合不足的模型被认为是对数据主要函数形态的欠佳表达。一旦脱离训练样本，模型就很难表达所需的函数形态。这样一来，验证样本与训练样本间的鸿沟依旧很大，模型还是难以对数据的主要函数形态进行合理表达。

　　过拟合模型影响较大的预测误差方差，而拟合不足的模型影响误差偏差。偏差是预测值和实际值之间的差距。拟合不足的模型存在较大的误差偏差，也就是说，模型预测值与实际值相差甚远。我们可以在图 38.1 中看一下过拟合和欠拟合模型分别是什么样子的[⊖]。

　　图 38.1 由左边简单的函数图像 g(x) 和右边弯弯绕绕的函数图像组成。很明显，我想要的是一个能最好地表达图中数据点的抛物线。如果我用一条直线 g(x) 拟合这些点，只用到一个变量（变量太少），模型显然过于简单了，无法很好地拟合数据，也不能准确地预测接下来的数据。这就是一个典型的拟合不足的模型。

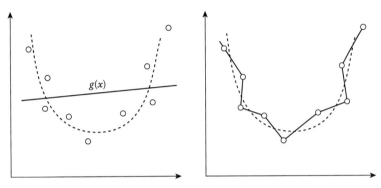

图 38.1　过拟合和欠拟合的模型

　　在右图弯弯绕绕的之字形模型中，我显然使用了过多的变量，几乎拟合了所有的数据点。这样的模型在复制模拟数据点方面做得很好，但在预测新数据方面就有所欠缺了。这个模型完全是过拟合的，而不是光滑抛物线型。其实，我想要的是一个介于 g(x) 和之字形函数的模型，一个精确到足以还原图中抛物线的模型。接下来我会介绍一下所求模型的构思方法。

　　到这里，是时候讨论一下模型的准确度了。一个拟合良好的模型是一个可以忠实地表达数据函数形态，而弱化训练数样本特性的模型。这样的模型通常由若干个变量定义，其验证数据集中的所有个体都可以与数据的主要函数形态完美匹配。拟合良好的模型，其验证数据集准确度与训练数据集准确度基本相当。因此，此类模型也可以通过图 38.2 中的约等式来表达。反之，过拟合模型验证数据集准确度与训练数据集准确度就有一定差距了。因此，此类模型也可以通过图 38.3 中的不等式来表达。

$$\textbf{Model's accuracy (HOLDOUT)} \approx \textbf{Model's accuracy (TRAINING)}$$

图 38.2　适度拟合模型的定义

$$\textbf{Model's accuracy (HOLDOUT)} \leqslant \textbf{Model's accuracy (TRAINING)}$$

图 38.3　过拟合模型的定义

　　⊖　本版出版时，原始数据网页 http://www.willamette.edu/gorr/classes/cs449.html, 2010 已不可用。

38.3 利用 GenIQ 模型解决过拟合问题

我接下来会给出一种基于 GenIQ 模型数据挖掘特性的方案来解决过拟合的问题。此方案包括以下步骤：

1）寻找并识别数据特异性及变量的复杂性。

2）从已选数据集中删除增加数据复杂性的个体。

3）到这一步，模型采用的数据就足够精简了，也就可以轻松勾勒出相应的函数图像，从而构建一个拟合良好的模型。

我将在下面说明 GenIQ 模型如何识别复杂的变量特征，并据此从数据集中删除那些增加数据复杂性的个体。我们可以使用流行的随机分片验证，创建一个变量 RANDOM_SPLIT（R-S），将数据集随机分成相等的两半（50%-50%）。[⊖]在真实案例中，为数据集构建 RANDOM_SPLIT 的代码如下：

```
data OVERFIT;
set OVERFIT;
RANDOM_SPLIT = 0;
if uniform(12345) = le 0.5 then RANDOM_SPLIT = 1;
run;
```

就本案例而言，该过拟合数据集（OVERFIT）中的变量及其类型（数字或字符）见表 38.1。在案例中的过拟合条件下，建模时可能出现以下三种情况：

1）如果该过拟合数据集没有噪声，那么我们根本就无法用变量 random_split 建模。十分位表中各十分位组累积提升度全都等于 100，该数据集无特异性。因此，如果我们在此数据集之上建立模型，是可以得到准确预测结果的。

2）如果该过拟合数据集的噪声可以忽略不计，那么我们是非常有可能成功建立模型的。相应十分位表中，第 1 个到第 3 个十分位组累积提升度介于 98 与 102。该数据集几乎无特异性。因此，如果我们在此数据集之上建立模型，是很有可能得到准确预测结果的。

3）如果该过拟合数据集中存在不可接受的噪声，那么我们照样可以构建模型：相应十分位表中，第 1 个到第 3 个十分位组累积提升度落在 98 到 102 之外。该数据集较强的特异性会导致严重的过拟合，那么我们在改善该数据集时就要删除累积提升度落在 98 ～ 102 之外的个体。因此，精简改善过的过拟合数据集就是拟合良好的了，如果我们在此数据集之上建立模型，是可以得到准确预测结果的。

表 38.1 过拟合数据：变量和类型

序号	变量	类型	序号	变量	类型
1	RANDOM_SPLIT	Num	7	CHILDREN	Num
2	REQUESTE	Num	8	MOVES5YR	Num
3	INCOME	Num	9	MARITAL	Num
4	TERM	Num	10	EMPLOYEE	Num
5	APPTYPE	Char	11	DIRECTDE	Char
6	ACCOMMOD	Num	12	CONSOLID	Num

⊖ 对于分为不相等的两部分（如 60%–40%），方法是同样的。

（续）

序号	变量	类型	序号	变量	类型
13	NETINCOM	Num	34	NETINCML	Num
14	EMPLOY_1	Char	35	LIVLOANH	Num
15	EMAIL	Num	36	LIVCOSTH	Num
16	AGE	Num	37	CARLOAN	Num
17	COAPP	Num	38	CARCOST	Num
18	GENDER	Num	39	EDLOAN	Num
19	INCOMECO	Num	40	EDCOST	Num
20	COSTOFLI	Num	41	OTLOAN	Num
21	PHCHKHL	Char	42	OTCOST	Num
22	PWCHKHL	Char	43	CCLOAN	Num
23	PMCHKHL	Char	44	CCCOST	Num
24	NOCITZHL	Char	45	EMLFLGHL	Char
25	EMPFLGHL	Char	46	PHONEH	Num
26	PFSFLGHL	Char	47	PHONEW	Num
27	NUMEMPLO	Num	48	PHONEC	Num
28	BANKAFLG	Char	49	REQCONSR	Num
29	EMPFLGML	Char	50	TIMEEMPL	Num
30	PFSFLGML	Char	51	AGECOAPP	Num
31	CIVILSML	Char	52	APPLIEDY	Num
32	TAXHL	Num	53	GBCODE	Num
33	TAXML	Num			

38.3.1　RANDOM_SPLIT 的 GenIQ 模型

GenIQ 模型包括树状图和计算机代码两部分。使用上述数据集，我构建了一个带有变量 RANDOM_SPLIT 的 GenIQ 模型。随机分片 GenIQ 模型树状图（图 38.4）识别出了数据集中较复杂的个体（噪声）。该模型计算机代码如图 38.5 所示。

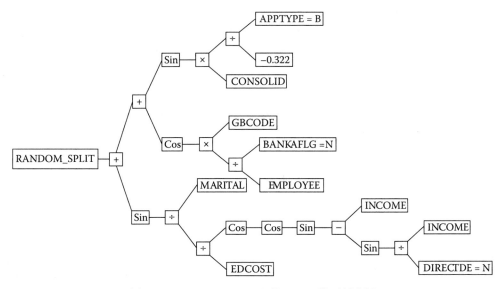

图 38.4　RANDOM_SPLIT 的 GenIQ 模型树状图

```
x1 = EDCOST;
    If DIRECTDE = "N" Then x2 = 1; Else x2 = 0;
        x3 = INCOME;
    If x2 NE 0 Then x2 = x3/x2; Else x2 = 1;
    x2 = Sin(x2);
        x3 = INCOME;
    x2 = x3 − x2; x2 = Sin(x2);
    x2 = Cos(x2); x2 = Cos(x2);
If x1 NE 0 Then x1 = x2/x1; Else x1 = 1;
    x2 = MARITAL;
If x1 NE 0 Then x1 = x2/x1; Else x1 = 1;
x1 = Sin(x1);
    x2 = EMPLOYEE;
        If BANKAFLG = "N" Then x3 = 1; Else x3 = 0;
    If x2 NE 0 Then x2 = x3/x2; Else x2 = 1;
        x3 = GBCODE;
x2 = x2*x3; x2 = Cos(x2);
        x3 = CONSOLID;
            x4 = −.3223163;
                If APPTYPE = "B" Then x5 = 1; Else x5 = 0;
            Lf x4 NE 0 Then x4 = x5/x4; Else x4 = 1;
        x3 = x3 * x4; x3 = Sin(x3);
    x2 = x2 + x3;
x1 = x1 + x2;
GenIQvar = x1;
```

图 38.5　RANDOM_SPLIT 的 GenIQ 模型程序代码

38.3.2　RANDOM_SPLIT 的 GenIQ 模型十分位分析

过拟合数据条件下的 RANDOM_SPLIT 的 GenIQ 模型的十分位分析[⊖]表明，上述过拟合数据集中存在不可接受的噪声。

1）在图 38.2 的十分位表中，顶部十分位组和第 2 个十分位组的累积提升度分别为 126 和 105。这两个十分位组中的个体会导致模型严重的过拟合。根据 38.3.3 节中的准 N 层分析，在十分位 4、7 和 8 中，累积提升度为 103 的个体可能存在问题。

2）通过简单地将数据划分为大小相等的 10 行，我们很快构造出了相应十分位表。由于某个十分位的得分通常会传递至下一个十分位数中，所以这种"傻瓜式"的十分位表通常很难准确评估模型性能。

3）在表 38.2 中，顶部十分位组的最低得分（2.09）恰巧是第 2 个十分位组的最高得分。由于我们不知道有多少个 2.09 的得分传递到了下一个十分位，我只能猜测，噪声为 2.09 的数据的百分比会落在区间（0%，20%）中。

4）准 N 层分析为我们解释了得分的传递性／溢出性（不仅存在于顶部十分位组和第 2 十分位组，而是任意的连续十分位组中）。

⊖　逻辑斯谛回归模型可用于替代 GenIQ 模型，但是这个模型将由两个函数加和减的几个变量组成，只识别线性噪声。

表 38.2　RANDOM_SPLIT 十分位表

十分位	ANDOM_SPLIT 预测值	随机划分比率（%）	累积随机划分比率（%）	累积提升度	最小得分	最大得分
顶部	88	62.86	62.86	126	2.09	2.91
2	59	42.14	52.50	105	1.91	2.09
3	67	47.86	50.95	102	1.84	1.91
4	73	52.14	51.25	103	1.84	1.84
5	65	46.43	50.29	101	1.65	1.84
6	76	54.29	50.95	102	1.14	1.65
7	78	55.71	51.63	103	1.02	1.14
8	69	49.29	51.34	103	0.46	1.02
9	62	44.29	50.56	101	0.23	0.46
底部	63	45.00	50.00	100	−0.96	0.23

38.3.3　类 N 层分析

有时候我们需要通过准 N 层分析来确定有多少连续十分位组得分都出现了下降的情况。准 N 层分析将模型得分划分为不同得分组或 N 个不同的部分，其中任一部分内的个体得分均与其他组不同，而某一部分内的个体得分也截然不同。这样的准智能分析消除了模型分数的传递性／溢出性，有助于我们得到准确的模型性能评估结果。

对 RANDOM_SPLIT 的十分位表进行的准智能分析如表 38.3 所示。由于不清楚模型得分的分布情况，我建议进行一个"类 20 层"分析：

1）因为只有 6 种不同的得分，该智能分析会划分出 6 层。

2）最上面层的累积提升度落在 [98,102] 之外。

3）在这些不同层中，总共含有 172 个个体（= 56 + 23 + 16 + 33 + 44）。

4）表 38.2 中，第 5 层的累积提升度为 119，之后的 RANDON_SPLIT 十分位累积提升度将落在 [100,102] 或 [100, 103] 之间。

5）通过删除这 172 个个体来消除过拟合数据集中的噪声。

表 38.3　准 20 层分析

所选层数	20					
N 层	个体数量	RANDON_SPLIT 数量	随机划分比率（%）	累积随机划分比率（%）	累积样本（%）	累积提升度（%）
顶部	56	40	71.43	71.43	4.00	143
2	23	15	65.22	69.62	5.64	139
3	16	8	50.00	66.32	6.79	133
4	33	20	60.61	64.84	9.14	130
5	44	19	43.18	59.30	12.29	119
6	503	240	47.71	50.67	48.21	101

现在，这个过拟合数据集就没有噪声了。为了测试最后一个判断的可靠性，我使用改善过的数据集将 GenIQ 模型重新运行了一下，并在表 38.4 中记录下了结果：所有十分位组的累积提升度均为 100 或 101。因此，现在这个无噪声的过拟合数据集已经满足构建良好模型的条件了。不要忘了，表 38.4 中的十分位表是一个智能十分位表，不需要我们进行相应的

准 N 层分析。

表 38.4   RANDOM_SPLIT 十分位表

十分位	ANDOM_SPLIT 预测值	随机划分比率（%）	累积随机划分比率（%）	累积提升度	最小得分	最大得分
顶部	62	50.49	50.41	101	−1.26	1.33
2	62	50.49	50.41	101	−1.27	−1.26
3	61	49.67	50.27	101	−1.38	−1.27
4	62	50.49	50.31	101	−1.54	−1.38
5	61	49.67	50.16	100	−1.60	−1.54
6	60	48.86	49.93	100	−3.07	−1.60
7	62	50.49	50.00	100	−3.19	−3.07
8	61	49.67	50.00	100	−3.28	−3.19
9	62	50.49	50.05	100	−4.71	−3.28
底部	61	49.67	50.00	100	−13.44	−4.71

值得注意的是，未掌握 GenIQ 的建模者当然也可以使用逻辑斯谛回归模型或普通回归模型进行代替。然而在寻找比较复杂的噪声时，效果就不那么理想了，原始数据集中的线性噪声可以被识别并剔除，还是能对数据进行不错的精简和清理。

38.4   本章小结

过拟合一旦出现，就相当于告诉我们模型的预测结果是不准确的，作为建模工作的一部分，过拟合同样是老生常谈的话题。过拟合的模型会根据训练样本的特性进行模仿复制。针对这样的过拟合问题，我提出了一种基于 GenIQ 模型数据挖掘特性的解决方案，并借助了一个真实案例来说明 GenIQ 模型是如何识别数据特异性，并删除那些增加数据复杂性的个体的。这样一来，我们就能得到一个没有噪声的数据集，为构建良好的模型做准备。当然，未掌握 GenIQ 的建模者也可以使用逻辑斯谛回归模型或普通回归模型进行代替，原始数据集中的线性噪声可以被识别并剔除，还是能对数据进行不错的精简和清理。

第 39 章

回顾：为何校直数据如此重要

39.1 引言

让我们通过本章来回顾一下第 5 章和第 12 章中讨论的例子。由于这两章之后几章的内容还并不足以让我们更好地理解，所以我当时仅对校直数据的重要性做了举例说明。

这就是背景情况，出于完整性考虑，我会在本章提出详细的解决方案。该方案是建立在 GenIQ 模型的数据挖掘特性，即数据校直技术之上的。我从第 12 章的例子开始讲起，再以第 5 章中的例子收尾。

39.2 重申校直数据的重要性

5.2 节中有 5 点理由可以说明校直数据的重要性：

1）两个连续变量 X 和 Y 之间的直线关系是非常简单的。若 X 值增加（减少），Y 的值增加（减少），那么 X 和 Y 在这种情况下就是正相关的。或者说，若 X 值增加（减少），Y 的值减少（增加），那么 X 和 Y 就是负相关的。爱因斯坦影响深远的质能方程就是这种简单关系的典型例子，描绘了一个关于 E 和 m 完美的正线性关系。

2）借助线性数据，数据分析师可以毫不费力地参透数据背后的一切。所以，线性数据是实际建模中良好的基础元素。

3）大多数营销模型都属于线性统计模型，而这类统计模型又拥有无数种变体。我们需要考虑的是因变量与（a）每个预测变量和（b）所有预测变量共同的线性关系，把它们作为具有正态分布的多元预测变量数组。

4）众所周知，非线性模型在非线性数据上的预测效果较好，但其实在用线性数据时的预测效果更好。

5）数据的对称性我也没有忽略。并非偶然，对称性和线性是紧密联系在一起的，校直数据通常会使数据变得对称，反之亦然。回想一下，对称数据的值在大小和形态上对应于分界线的两端或数据的中间值。在统计学中，标志性的对称数据是呈钟形的。

39.3   回顾：重述收入变量

在图 12.2 中，一条正向倾斜的直线贯穿利润 – 收入平滑图中的 10 个点，而平滑的轨迹上有四个明显的扭结点。一般关联性检验显示，检验统计量（TS）的值为 6，几乎达到了第 3 章中的门限值 7，那么我得到的结论是，利润和收入之间几乎可以说是存在明显的直线关系，相应的相关系数 $r_{PROFIT,\ INCOME}$ 为 0.763。尽管存在这些直度指标，但这种关系可能需要进行校直处理，而突起规则显然不适用。

另外一种校直数据的方法是 GenIQ 程序，一种基于机器学习和遗传规律的数据挖掘方法。

重新表达收入变量的完整过程

我借助 GenIQ 模型重新表达收入变量，记作 gINCOME，其表达式如下所示（式 12.3）：

$$gINCOME = sin(sin(sin(sin(INCOME)))*INCOME) + log(INCOME)$$

该模型使用非线性的三角正弦函数（4 层嵌套）和对数函数（以 10 为底）来简化原本纠结的利润 – 收入函数关系。利润和收入（gINCOME）之间的关系现在平滑多了，就如图 12.3，这样平滑的曲线是没有严重扭结的。由于检验统计量的值为 6，已经十分接近门限值 7，因此我得到的结论是，利润和收入之间几乎可以说存在明显的直线关系，相应的相关系数 rPROFIT, INCOME 为 0.894。

如此看来，直观上，GenIQ 程序在校直数据方面的效果是显而易见的：原始利润平滑图中的波峰和波谷与新平滑图中的平坦曲线形成鲜明对比。而如果我们定量地看，gINCOME 函数与 INCOME 相比，其相关系数值增加了 7.24%（=（0.894 - 0.763）/0.763）。

我之前曾提出，log 函数通常用于重新表达以金额为单位的变量，因此，对拥有遗传进化结构的 gINCOME 变量取对数也就不足为奇了。然而，在对利润变量取对数后效果并不好，毫无疑问，这是由数据规模太小造成的。所以为简单起见，我选择使用 PROFIT 而不是 log PROFIT（这是另一个 EDA 规则，即便是用于演示目的）。

GenIQ 模型中的细化 gINCOME 结构

gINCOME 变量的 GenIQ 模型如图 39.1 所示。

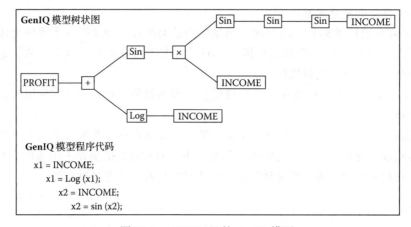

图 39.1   gINCOME 的 GenIQ 模型

```
              x2 = sin (x2);
              x2 = sin (x2);
                  x3 = INCOME;
          x2 = x2 + x3;
          x2 = sin (x2);
      x1 = x1 + x2;
      GenIQvar = x1;
      gINCOME = GenIQvar;
```

图 39.1 （续）

39.4　回顾：挖掘（xx3，yy3）关系

回想一下，我之前用一种机器学习方法（特别是基因编程法）探究变量 xx3 和 yy3 之间的关系结构，结果见散点图 5.3。数据挖掘工作不应该是一种特别占用时间或脑力的活儿（例如长时间等待结果或遗传编程），而应是一个机器学习过程，一个智能的自适应过程，对于数据的校直与整理非常有效。这里提到的数据挖掘软件是 GenIQ 模型，使用前缀 GenIQvar 来重命名数据挖掘的变量。我们的新变量被重新标记为（xx3, GenIQvar（yy3））。

GenIQ 模型中的细化 GenIQvar（yy3）变量结构

新变量 GenIQvar（yy3）的 GenIQ 模型如图 39.2 所示。

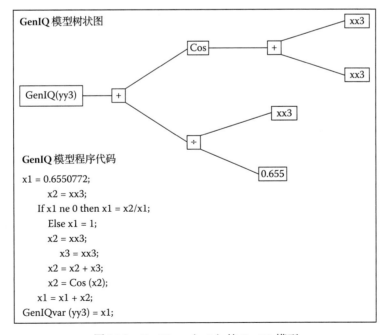

图 39.2　GenIQvar（yy3）的 GenIQ 模型

39.5 本章小结

我回顾了第 5 章和第 12 章中讨论过的例子。由于这两章之后几章的内容还并不足以让我们很好理解，所以我当时仅对数据校直的重要性做了举例说明。

在介绍了背景之后，为了完整起见，我在本章中提出了详细的解决方案。该方案是建立在 GenIQ 模型的数据挖掘特性，即数据校直技术之上的。我从第 12 章的例子讲起，以第 5 章的例子收尾。现在，我想我已经完整解释了数据校直重要的原因。

第 40 章
GenIQ 模型的定义与应用

40.1 引言

　　建模者会在建模工作中使用各种各样的技术，最大限度地提高预期回应和营销计划、招标等活动的预期效果。其中较常见的技术包括统计型经典判别分析（DA）、逻辑斯谛回归模型（LRM）以及普通最小二乘回归模型（OLS）。而最近，我们又向建模者的"武器库"中添加了人工神经网络（ANN）的机器学习方法。那另外一个新帮手就是 OLS 回归模型和 LRM 的替代品——GenIQ 模型了，它是本章的重中之重，我会在后面详细展开介绍。

　　首先，我会大致介绍一下优化这个概念，因为优化技术可以为所有模型提供更好的预估结果。然后，我将重点介绍 GenIQ 模型的引擎——遗传建模。由于企业的营销目标在于最大限度地提高预期回应并更好地促进营销策略的制定，我将向大家演示，GenIQ 模型是如何实现这些目标的。后面的案例研究可以进一步说明 GenIQ 模型的巨大潜力。

40.2 何为优化

　　无论是具体业务还是模型构建，优化都是其决策过程的核心。在理论和实践中，优化技术都旨在探究如何在给定的环境中选择最佳（或最有利）的条件。为了对那些可行的选择加以区分，目标函数（也称为拟合度函数）必须被预先确定下来。可行的选择对应于目标函数的极值⊖是标的问题最佳解决方案的组成部分。

　　开发建模技术是为了找到问题的特定解决方案。例如，在市场营销中，这样一个问题就可以是销售预测。OLS 回归技术正是为解决销售预测问题而建立的模型。解决回归问题的核心在于找到回归方程，使得预测误差（实际销售和预测销售之间的差异）尽可能小⊜，相应的目标函数必须能使预测误差最小化。我们一般使用微积分方法来估计最佳回归方程。

　　我在本章中会进一步讨论，每种建模方法都能解决其决策问题。GenIQ 模型可以解决诸如直接营销、数据库营销和客户关系管理等方面的问题。因此，GenIQ 模型是通过采用遗传建模作为优化技术进行求解的。

⊖　如果优化问题寻求最小化目标函数，则极值最小；如果优化问题寻求最大化目标函数，则极值最大。

⊜　此处的"小"误差（技术上称为均方误差）的定义是实际值和预测值之间平方差的平均值。

40.3 何为遗传建模[⊖]

达尔文的适者生存原则[⊖]为人类生物学发展开辟了重要道路，同样道理，建模者也可以使用相同的原则预测优化问题的最佳解决方案[⊜]。每个遗传模型都有一个相对应的拟合度函数值，该值反映了模型解决问题或与问题适配的程度。拟合度值高的模型比拟合度值低的模型能更好地解决问题，复制的速度也更快。拟合度较低的模型生存及复制的概率更低。

如果两个模型都能有效地解决一个问题，那么它们的某些部分可能包含一些有价值的遗传物质。将高度适配的母模型的特定部分重新组合，可以大概率产生更喜欢解决问题的子模型。然后，相应子模型又成为下一代的母模型，一直重复重组的过程。许多代之后，这个经过漫长演进的模型即为该问题当下的最佳解决方案。

遗传建模包括以下几个步骤[1]：

1）定义拟合度函数。拟合度函数有助于识别模型的好坏，然后进行改进，以达到产生最佳模型的目标。

2）选择函数集合（例如算术运算符集合{加、减、乘、除}，指数和对数）以及所有那些被认为与当前问题（因变量 Y）相关的变量（预测变量 X_1, X_2, …, X_n 和数值）[⊛]。模型的初始总体是由预先选择的函数和变量集构成的。

3）采用训练数据集检验模型，计算每个模型对于总体的拟合度。训练数据集是个体的一个样本，含有预测变量 X_1, X_2, …, X_n 和因变量 Y 的值。因此，每个模型都有一个拟合度值来反映其解决问题的能力。

4）通过模仿自然遗传算子创建一个新的模型总体：将遗传算子应用到当前总体的模型中，其被选用的概率取决于拟合度（模型拟合度越高，被选择的可能就越大）。

a. 复制：将现有总体中的模型复制到新总体中。

b. 交叉：从当前总体中随机选择两个母模型的一部分进行基因重组，为新的种群创建两个子代模型。

c. 突变：在现有总体到新总体的转移中加入一些随机的变化。

一代模型中拟合度值最高的模型就是最佳的那一个，它将是标的问题的解或近似解。

40.4 遗传建模示例

我们可以思考一下构建回应模型的过程，其中因变量 RESPONSE（回应）有两个可能的

⊖ 本章所述的遗传建模正式称为遗传编程。我选择"建模"一词，而不是"编程"，因为后者起源于计算机科学，对于有统计学或定量背景的数据分析师来说，并不意味着建模活动。

⊖ 当人们听到"适者生存"这个词时，大多数人会想到查尔斯·达尔文。好吧，有趣的是，他没有使用这个词，但10年后在他仍有争议的第5版《物种起源》使用了这个词。英国哲学家赫伯特·斯宾塞（Herbert Spence）在阅读了查尔斯·达尔文的《物种起源》（1859年）后，在其《生物学原理》（1864年）中首次使用了"适者生存"（survival of the fittest）一词，他将自己的经济学理论与达尔文的生物学理论进行了比较，写道："适者生存就是达尔文先生所说的'自然选择'。"达尔文在1869年出版的《物种起源》第5版中首次使用斯宾塞的新词"适者生存"作为"自然选择"的同义词。

⊜ 本章的重点是优化，但是遗传建模已经应用到很多方面：最优控制、规划、序列归纳、经验发现和预测、符号集成和发现数学恒等式。

⊛ 实际上，我选择了一个遗传字母表。

取值："是"或"否"。我指定具有最高 R 平方值[⊖]的模型为最佳模型。因此，拟合度函数就是 R 平方的公式。（要注意，我使用 R 平方只是为了更加直观，R 平方本身并不是 GenIQ 模型的拟合度函数，GenIQ 模型的拟合度函数见 40.8 节）。

其实我们必须选择与当前问题相关的函数和变量（例如回应预测）。函数和变量的选择需要一定的理论基础或经验。函数的选择有时也是需要反复试验试错的。

我使用两个变量 X_1 和 X_2 来进行回应预测，因此，当前的变量集包含了 X_1 和 X_2 这两个变量。根据以往经验，我将数值"b"添加到变量集中，并在函数集上定义了四则运算和指数函数（exp）。

我们用一个无偏函数的轮盘（图 40.1）和一个无偏函数 – 变量轮盘（图 40.2）生成随机模型的初始总体。函数轮盘各部分大小相等，均占总体的 20%；函数 – 变量轮盘各部分大小也相同，均占总体的 12.5%。注意，其中除法符号"%"用于表示特定条件下的除法，如果除数为 0 则无意义，且取值为 1。

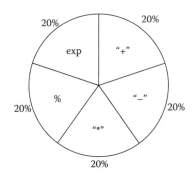 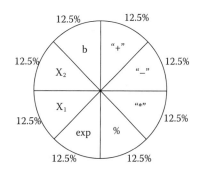

图 40.1　无偏函数的轮盘　　　　　图 40.2　无偏函数 – 变量轮盘

为了生成第一个随机模型，我将函数轮盘旋转了一下，轮子的指针落在"+"上，再次转动，指针又停在了 X_1 上。后续的两次旋转，指针依次落在"X_1"和"b"上。我决定在此时停止。得到的随机模型（模型 1）如图 40.3 所示，它是一个有根的点标记树状图。

我生成的第二个随机模型如图 40.4 所示，先转动一次，然后转动两次。指针依次落在"+""X_1"和"X_1"上。类似地，我在图 40.5、图 40.6 和图 40.7 中分别生成了 3 个额外的随机模型——模型 3、模型 4 和模型 5。至此，我总共生成的 5 个随机模型就构成了一个初始总体（遗传总体大小为 5）。

图 40.3　随机模型 1　　　　　　　图 40.4　随机模型 2

⊖　我知道 R 平方不是用于 0-1 因变量建模的合适的拟合度函数。也许我应该在回应模型中采用逻辑斯谛回归模型的似然函数作为拟合度测量工具，或者作为一个连续（利润）变量和 R 平方拟合度的示例。我们在后面几节还会介绍更多解决问题的合适的拟合度函数。

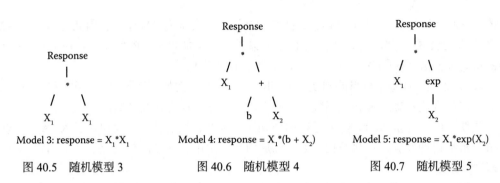

图 40.5　随机模型 3　　　　图 40.6　随机模型 4　　　　图 40.7　随机模型 5

在表 40.1 中，5 个模型都被分别赋予了一个拟合度值，表明它们可以在多大程度上解决回应预测的问题。因为我使用了 R 平方分析作为拟合度函数，所以我将每个模型应用到一个训练数据集中来计算它的 R 平方值。模型 1 的 R 平方值最高，为 0.52；模型 5 的 R 平方值最低，为 0.05。

表 40.1　初始总体

	拟合度值（R 平方）	PTF（拟合度 / 合计）
模型 1	0.52	0.34
模型 2	0.41	0.27
模型 3	0.38	0.25
模型 4	0.17	0.11
模型 5	0.05	0.03
总体拟合度	1.53	

总体本身的拟合度是可以计算的。总体拟合度即总体中所有模型的拟合度值之和，为 1.53（见表 40.1）。

40.4.1　复制

在随机模型的初始总体创建之后，所有后续的模型总体都通过遗传算子和拟合度的比例化选择机制（PTF）进行自适应智能进化。复制的过程是基于 PTF 选择机制的，其 PTF 值为模型拟合度值除以总体拟合度（表 40.1）。例如，模型 1 的 PTF 值为 0.34（= 0.52/1.53）。

在复制过程中，具有高 PTF 值的模型继续进入下一代演化的概率很高。复制操作需用到一个有偏模型轮盘（图 40.8），其中每一部分的大小由相应 PTF 值决定。

下面我会介绍一下复制操作的具体过程。有偏模型轮盘的旋转决定了模型复制的基本质量——其中涉及复制哪个模型以及复制多少次。指针会决定哪个模型被复制，并放入下一代。在图 40.8 中转动转盘 100 次，产生的选择如下：模型 1 复制 34 份，模型 2 复制 27 份，模型 3 复制 25 份，模型 4 复制 11 份，模型 5 复制 3 份。

图 40.8　有偏模型转轮

40.4.2　交叉

交叉（性重组）操作是将两个父代模型中随机选择的部分进行重组。我们的期望当然就是子代模型比父代模型更加适配。

交叉操作与 PTF 选择机制是一起工作的。举个例子就很容易理解这个操作了。我们可以看一下图 40.9 和图 40.10 中的父代模型，首先在树中随机选择一个内部点（函数）作为交叉点。比如说，交叉位置分别就是父代 1 中的 "+" 和父代 2 中的 "*"。

父代节点的交叉片段是在其根上具有交叉点函数的子树。父代 1 和父代 2 的交叉部分分别见图 40.11 和图 40.12。

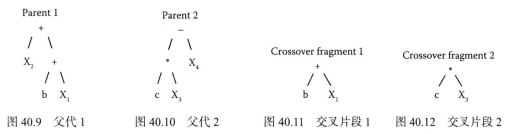

图 40.9　父代 1　　　图 40.10　父代 2　　　图 40.11　交叉片段 1　　　图 40.12　交叉片段 2

在图 40.13 中，从父代 1 中删除其交叉部分，然后将父代 2 的交叉部分插入父代 1 的交点处，得到子代 1。从父代 2 中删除其交叉部分，然后将父代 2 的交叉部分插入父代 2 的交点处，得到子代 2，见图 40.14。

图 40.13　后代 1　　　　　　　　　　　　　　图 40.14　后代 2

40.4.3　突变

突变操作是从随机选择树中的一个点开始的。这个突变点可以是内部点（函数），也可以是外部点或终点（变量或数值）。突变操作要么用另一个函数（来自前面定义的函数集）替换随机生成的函数，要么将根为随机选择的内部点的子树的端点倒过来[⊖]。

例如，模型 I（图 40.15）通过将函数 "-" 替换为 "+" 完成了突变，导致图 40.16 中的模型 I.1 发生了突变。模型 I 也可以通过颠倒端点 c 和 X_3 导致模型 I.2 发生突变，如图 40.17 所示。

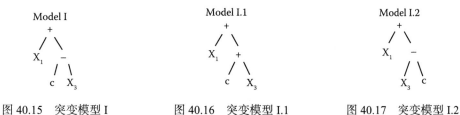

图 40.15　突变模型 I　　　图 40.16　突变模型 I.1　　　图 40.17　突变模型 I.2

⊖ 当子树具有超过 2 个端点时，这些端点是随机突变的。

40.5 控制遗传模型运行的参数

在开始对遗传模型演进之前，有几个控制参数需要我们预设。

1）遗传总体的大小，随机产生并不断演进的模型数量。

2）直到拟合度函数不再改变的需要运行的最大代际数量。

3）复制概率，被复制总体的百分比。如果总体规模为 100，复制概率为 10%，则每代都会选择 10 个模型（允许重新选择）进行复制，选择过程基于 PTF 机制。

4）交叉概率，用于交叉的总体百分比。如果总体规模为 100，交叉概率为 80%，则每代都会选择 80 个模型（允许重新选择）进行交叉，选择基于 PTF 机制，模型随机配对。

5）突变概率，用于突变的总体百分比。如果总体大小为 100，突变率为 10%，则每代都会选择 10 个模型（允许重新选择）进行突变，选择过程基于 PTF 机制。

6）终止准则是所有代中拟合度值最大的单个模型，即所谓的到目前为止最好的模型，它同样也是程序运行的最终结果。

40.6 遗传建模的优势与限制

与其他所有方法一样，遗传建模也有其优点和局限性。也许遗传建模最重要的优点在于它是一种可行的替代统计模型的方法，而统计模型是高度参数化且有样本大小限制的。统计模型的系数估计需要依赖于光滑、无约束的函数和导数（充分定义的斜率）的算法。在实践中，函数（回应面）是有噪声、多模态，而且常常不连续的。相比之下，遗传模型稳健、自由、非参数化，并在大样本和小样本上均表现良好。对此，唯一的要求是拟合度函数，它的设计可以确保遗传模型不会比任何其他统计模型表现更差。

遗传建模已被证明可以有效解决大型优化问题，因为它可以对回应面的大数据集进行高效搜索。此外，遗传建模可以用来学习理解复杂的关系，使它成为一个可行的数据挖掘工具，提取有价值的信息片段。

遗传建模的限制主要在于参数的设置：遗传样本大小和复制、交叉、突变的概率。参数设置部分依赖于现有数据和目标问题，因此，正确的设置需要通过实验来完成。幸运的是，随着应用领域的扩大，新的理论和研究不断为这些设置提供经验规则，这些指导方针[⊖]使遗传建模成为一种非专精人士都可以上手操作的建模方法。即使有"正确的"参数设置，遗传模型也不能保证一个最佳的解决方案。此外，遗传模型只适用于拟合度函数的定义，精确定义拟合度函数有时需要专家进行专门的实验。

40.7 营销建模的目标

营销者通常试图锁定最佳客户或潜在客户，以提高营销策略的有效性。他们使用模型识别那些有可能回应或能为营销推广活动带来利润的个人[⊖]。该模型可以估算每个个体对应答

⊖ 参见 http://www.geniq.net/GenIQModelFAQs.html。

⊖ 我用"利润"这个词作为衡量个人价值的标准，比如每次订单的销售额、终生销售额、收入、访问次数或购买次数。

率或利润的贡献程度。虽然估计的精度很重要，但是模型的性能是在十分位分析报告汇总之后进行评估的。

市场营销人员已经将十分位分析中的累积提升度作为衡量模型性能的相关标准。根据模型对个人的选择机制，营销人员创建了相应的个人列表，这些人可能会做出回应或对利润做出贡献，相对于随机选择机制来说很有优势。

与随机选择相比，基于回应模型的选择机制，其利润的累积提升度是预期增量回应的指示器。类似地，累计利润提升是利润模型选择结果的预期增量利润超过随机选择的部分。第26章讨论了十分位分析中最优解的概念和构造步骤。

应该清楚的是，与回应较少或利润较低的十分位模型相比，产生回应较多或利润位于顶部十分位组（顶部十分位组、第2、第3或第4个十分位组）的十分位分析模型是更好的模型。这正是 GenIQ 模型脱颖而出的原因。

40.8 GenIQ 回应模型

GenIQ 建模方法是为了解决多个领域（例如，直接营销、数据库营销或电话营销，业务分析，风险分析，消费信贷，客户生命周期，金融服务营销等）的回应或利润优化问题而设计的。GenIQ 模型使用遗传方法明确地优化期望的标准：最大限度地扩大顶部十分位组。因此，GenIQ 模型允许建模者以统计模型无法实现的方式建立回应和利润模型。

由于拟合度函数功用明显，GenIQ 回应模型在理论上优于用替代回应技术建立的回应模型，有助于最大限度地提高顶部十分位组的容量。拟合度函数的推导过程超出了本章讨论的范围。但是，简单地说，拟合度函数试图用尽可能多的回应数来填充顶部十分位组，也就是说，最大限度地提高应答率的累积提升度。

其他回应优化方面的技术，如 DA、逻辑斯谛回归模型和人工神经网络，最大化的条件较隐晦，最优化条件（拟合度函数）只能作为所需条件的替代。在数据钟形分布假设下，人们可以定义 DA，将组间平方和与组内平方和的比值最大化。

根据回应独立性假设和预测变量与回应之间的 s 形关系，人们定义了逻辑斯谛回归模型，旨在使逻辑似然（LL）函数最大化。人工神经网络是一种高度参数化的方法，通常要求将均方误差（MSE）最小化。

40.9 GenIQ 利润模型

相较于普通最小二乘法回归模型和人工神经网络模型，GenIQ 盈利模型在理论上更具有优越性，即拥有更强的对顶部十分位进行优化的能力。GenIQ 利润模型使用了带有拟合度函数的遗传方法，该拟合度函数可以明确处理所需的建模条件。拟合度函数的定义是，以尽可能多的利润填充顶部十分位组，也就是说，最大限度地提高利润的累积提升度。

普通最小二乘法回归模型和人工神经网络模型的拟合度函数可以最小化均方误差，而均方误差可以代替所需条件。

普通最小二乘法回归在市场应用中还有另一个弱点。回归技术的一个关键假设是因变量数据必须遵循钟形分布曲线。如果严重违背这个假设，那么模型结果可能就是无效的。不幸的是，利润数据并不是呈钟形分布。例如，2% 的应答率可以对应带来 0 美元利润的 98% 的无回应者，或是无回应带来的一些名义成本。集中度高达 98% 的数据是无法形成钟形分布的。

在将最小二乘法模型与营销数据一起使用时，还有另外一个数据方面的问题。用户终生价值（LTV）是衡量企业营销绩效的重要指标，而终生价值通常服从正偏态分布。取对数是将正偏态分布的数据转化为钟形分布的好方法。但是，取 LTV 的对数作为 OLS 回归的因变量并不保证 OLS 的其他假设不被违反[⊖]。因此，尝试用 OLS 回归进行利润建模是有问题且比较困难的。

GenIQ 回应模型和利润模型对因变量并没有什么限制。GenIQ 模型能够使用任意形态的因变量进行精确预测[⊜]。因为 GenIQ 使用的是遗传方法，它本身就是非参数化的，没有这方面的假设，所以 GenIQ 模型对因变量的形态不敏感。

事实上，由于 GenIQ 模型的非参数估计且无须假设条件，它对预测变量之间的相关关系没有任何限制。GenIQ 模型不受预测变量之间相关性的影响。相比之下，最小二乘法回归、人工神经网络以及 DA 和逻辑斯谛回归，只能容忍预测变量之间的"中度"相关性，以确保模型计算的稳定性。预测变量之间的高度相关性往往会导致模型无法进行准确估计。

此外，GenIQ 模型对样本大小也没有限制。GenIQ 模型无论建立在小样本还是大样本之上，在数据允许的范围内都具有同样的预测能力。最小二乘回归、DA 以及人工神经网络和逻辑斯谛回归模型[⊗]都要求至少有一个"中等"大小的样本[⊛]。

40.10 案例研究：回应模型

产品编目员 ABC 需要一个有关最近直邮活动的回应模型，该模型产生 0.83% 的应答率（因变量为 RESPONSE）。然而，这位编目员的顾问使用了第 10 章讨论的技术，构建了一个逻辑斯谛回归模型：

1）RENT_1 变量用于衡量租赁成本[⊛]。

2）ACCTS_1 变量用于衡量各种财务会计科目[⊛]。

3）APP_TOTL 变量代表查询的数量。

相应的逻辑斯谛回归回应模型用方程 40.1 表示为

$$RESPONSE 的 Logit 值 = -1.9 + 0.19*APP\_TOTL - 0.24*RENT\_1 - 0.25*ACCTS\_1$$

$$(40.1)$$

表 40.2 中的逻辑斯谛回归模型回应验证十分位分析反映了该模型相对于不使用模型的

⊖ OLS 方程的误差结构不一定是正态分布的，均值和方差均为零，在这种情况下，建模结果有问题，可能需要额外的变换。

⊜ 因变量可以是钟形分布或偏态分布、双模或多模、连续或不连续。

⊕ 对于小样本量，逻辑斯谛回归是有专门算法的。

⊗ 统计学家在什么是中等规模的样本量上无法达成一致意见。我做了一个统计学家抽样，以确定中等样本量有多大，得出的平均值是 5000。

⊛ 租赁成本分四档：每月低于 200 美元、每月 200～300 美元、每月 300～500 美元，以及每月高于 500 美元。

⊛ 财务会计科目包括银行卡、百货卡、分期贷款等。

性能。十分位分析表明，该模型在顶部十分位组中具有良好的性能：顶部、第 2 个、第 3 个和第 4 个十分位组的累积提升度分别为 264、174、157 和 139。要注意，模型可能没有最初设想的那么好。十分位组中存在一定程度的不稳定性，也就是说，回应数不一定稳步减少。这种不稳定性体现在第 3 个、第 5 个、第 6 个和第 8 个十分位组出现回应数反弹，可能是由于预测变量和回应之间的未知关系，或者一个重要的预测变量没有被包含在这个模型中。其实，只有完美的模型才会在其十分位表的任何组都有完美的性能表现，次优的模型难免出现一些小的跳跃。

表 40.2 LRM 回应模型十分位分析

十分位	个体数量	回应数量	十分位应答率（%）	累积应答率（%）	累积提升度回应
顶部	1 740	38	2.20	2.18	264
2	1 740	12	0.70	1.44	174
3	1 740	18	1.00	1.30	157
4	1 740	12	0.70	1.15	139
5	1 740	16	0.90	1.10	133
6	1 740	20	1.10	1.11	134
7	1 740	8	0.50	1.02	123
8	1 740	10	0.60	0.96	116
9	1 740	6	0.30	0.89	108
底部	1 740	4	0.20	0.83	100
合计	17 400	144	0.83		

我构建了一个基于在逻辑斯谛回归模型中使用的相同三个变量的 GenIQ 回应模型，其 GenIQ 回应树状图如图 40.18 所示。验证十分位分析（见表 40.3）显示，模型在顶部十分位中具有非常好的性能：顶部、第 2 个、第 3 个和第 4 个十分位组的累积提升度分别为 306、215、167 和 142。与逻辑斯谛回归模型相比，GenIQ 模型只有两个较小的反弹，分别出现于第 5 个和第 7 个十分位组。这意味着遗传方法已经进化成为更优秀的模型，因为它揭示了预测变量与回应之间的非线性关系。这种逻辑斯谛回归模型和 GenIQ 模型之间的比较是保守的，因为 GenIQ 模型使用了与逻辑斯谛回归模型相同的三个预测变量。正如我在第 41 章中所讨论的，GenIQ 模型的优势在于为当前的预测任务找到最佳的变量集。

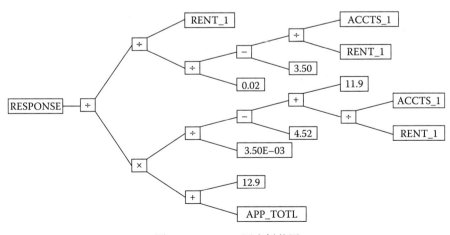

图 40.18 GenIQ 回应树状图

表 40.3　GenIQ 回应模型十分位分析

十分位	个体数量	回应数量	十分位应答率（%）	累积应答率（%）	累积提升度回应
顶部	1 740	44	2.50	2.53	306
2	1 740	18	1.00	1.78	215
3	1 740	10	0.60	1.38	167
4	1 740	10	0.60	1.18	142
5	1 740	14	0.80	1.10	133
6	1 740	10	0.60	1.02	123
7	1 740	12	0.70	0.97	117
8	1 740	10	0.60	0.92	111
9	1 740	8	0.50	0.87	105
底部	1 740	8	0.50	0.83	100
合计	17 400	144	0.83		

GenIQ 回应模型的定义如式 40.2 [⊖] 所示：

$$GenIQvar\_RESPONSE = \frac{7.0E-5*RENT\_1**3}{(ACCTS\_1-3.50*RENT\_1)*(12.9+APP\_TOTL)*(ACCTS\_1-7.38*RENT\_1)}$$

（40.2）

在表 40.4 的所有十分位组中，GenIQ 的表现并没有超过逻辑斯谛回归模型。然而，GenIQ 在最重要的前 3 个十分位组（16.0%、23.8% 和 6.1%）表现出了显著的提升效果。

表 40.4　对比：LRM 回应模型和 GenIQ 回应模型

十分位	LRM	GenIQ	GenIQ 相比 LRM 改善（%）
顶部	264	306	16.0
2	174	215	23.8
3	157	167	6.1
4	139	142	2.2
5	133	133	−0.2
6	134	123	−8.2
7	123	117	−4.9
8	116	111	−4.6
9	108	105	−2.8
底部	100	100	—

40.11　案例研究：利润模型

电信公司 ATMC 打算构建一个邮政编码模型，以预测使用情况——因变量 TTLDIAL1。根据我们在第 12 章介绍的方法，用于构建 OLS 回归模型的变量如下：

1）AASSIS_1 变量是复合公共普查变量。

⊖ 这个 GenIQ 回应模型可以方便地写成一个标准代数形式，因为在这个 GenIQ 回应树状图中的除法（如 ACCTS_1/RENT_1）不是无法定义的（除数为 0）。如果只有一个除法无法定义，那么我就得像前几章那样，列出 GenIQ 模型的程序代码。

2）ANNTS_2 变量是以往的复合普查变量。

3）FEMMAL_2 变量是复合性别相关变量。

4）FAMINC_1 变量是衡量房屋价值区间的复合变量[⊖]。

普通最小二乘利润模型定义如式 40.3 所示：

$$TTLDIAL1 = 1.5 + -0.35*AASSIS\_1 + 1.1*ANNTS\_2+ 1.4*FEMMAL\_2 + 2.8*FAMINC\_1$$

$$（40.3）$$

表 40.5 中的最小二乘利润验证十分位分析显示了该模型的性能是优于无模型情况的。十分位分析同样显示，最上边的十分位组均表现良好：顶部、第 2 个、第 3 个和第 4 个十分位组的累积提升度分别为 158、139、131 和 123。

表 40.5　OLS 利润（使用）模型的十分位分析

十分位	客户数量	总使用价值（美元）	平均使用价值（美元）	累积平均使用价值（美元）	累积提升度
顶部	1 800	38 379	21.32	21.32	158
2	1 800	28 787	15.99	18.66	139
3	1 800	27 852	15.47	17.60	131
4	1 800	24 199	13.44	16.56	123
5	1 800	26 115	14.51	16.15	120
6	1 800	18 347	10.19	15.16	113
7	1 800	20 145	11.19	14.59	108
8	1 800	23 627	13.13	14.41	107
9	1 800	19 525	10.85	14.01	104
底部	1 800	15 428	8.57	13.47	100
合计	18 000	242 404	13.47		

我构建了一个基于在最小二乘回归模型中使用的相同 4 个变量的 GenIQ 利润模型，对应的 GenIQ 利润树状图如图 40.19 所示。表 40.6 中的验证十分位分析显示，模型在最上边的十分位组中具有非常好的性能：顶部、第 2 个、第 3 个和第 4 个十分位组的累积提升度分别为 198、167、152 和 140。普通最小二乘模型和 GenIQ 模型之间的这种比较也是相对保守的，因为 GenIQ 模型中用到了与最小二乘模型相同的 4 个预测变量。（奇怪的是，GenIQ 模型只用到了 4 个变量中的 3 个。）正如前面把逻辑斯谛回归模型和 GenIQ 模型做比对时所提到的，我将在下一章讨论为什么这里的最小二乘——GenIQ 比较是保守的。

表 40.6　GenIQ 利润（使用）模型的十分位分析

十分位	客户数量	总使用价值（美元）	平均使用价值（美元）	累积平均使用价值（美元）	累积提升度
顶部	1 800	48 079	26.71	26.71	198
2	1 800	32 787	18.22	22.46	167
3	1 800	29 852	16.58	20.50	152
4	1 800	25 399	14.11	18.91	140
5	1 800	25 115	13.95	17.91	133
6	1 800	18 447	10.25	16.64	124
7	1 800	16 145	8.97	15.54	115

⊖　房屋价值分为五档：低于 100 000 美元、100 000 ～ 200 000 美元、200 000 ～ 500 000 美元、500 000 ～ 750 000 美元；以及高于 750 000 美元。

（续）

十分位	客户数量	总使用价值（美元）	平均使用价值（美元）	累积平均使用价值（美元）	累积提升度
8	1 800	17 227	9.57	14.80	110
9	1 800	15 125	8.40	14.08	105
底部	1 800	14 228	7.90	13.47	100
合计	18 000	242 404	13.47		

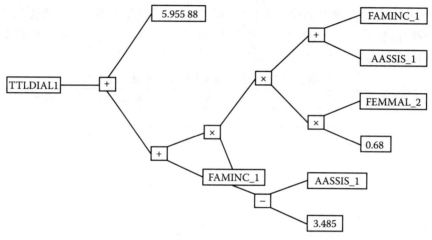

图 40.19   GenIQ 利润树状图

GenIQ 利润模型的定义如式 40.4 所示：

$$GenIQvar\_TTLDIAL1 = 5.95 + FAMINC\_1 + (FAMINC\_1 \\ + AASSIS\_1)*((0.68*FEMMAL\_2)*(AASSIS\_1 - 3.485))$$ （40.4）

在表 40.7 中，GenIQ 模型在所有十分位组中的表现都优于最小二乘模型。GenIQ 模型从第 1～7 个十分位均产生了明显的提升效果，提升度从顶部十分位的 25.5% 到第 7 十分位的 6.9% 不等。

表 40.7   对比：OLS 利润模型和 GenIQ 利润模型

十分位	OLS	GenIQ	GenIQ 相比 OLS 改善（%）
顶部	158	198	25.5
2	139	167	20.0
3	131	152	16.2
4	123	140	14.1
5	120	133	10.9
6	113	124	9.3
7	108	115	6.9
8	107	110	2.7
9	104	105	0.6
底部	100	100	—

40.12　本章小结

所有的标准统计建模技术都在于通过优化拟合度函数以找到问题的特定解决方案。目前流行的普通回归和逻辑斯谛回归技术都在寻求准确的预测和分类，它们分别对均方误差和 LL 的拟合度函数进行优化。优化计算通常借助微积分来进行。

之后我提出了一种新的建模技术，即 GenIQ 模型，它为各种营销、促销活动寻求最高的性能（回应或利润）。GenIQ 模型能够优化拟合度函数的累积提升度，其优化计算使用的是遗传算法而非常规的演算。我后来也简单介绍了这种模型的优势和局限性。

GenIQ 模型在理论上是优于普通回归模型和逻辑斯谛回归模型的，因为它的拟合度函数清晰且表述充分。GenIQ 模型拟合度函数可以让我们直接地以尽可能多的回应或尽可能多的利润来填充顶部十分位组，也就是说，将累积提升度最大化。标准统计方法只能隐性地最大化累积提升度，因为它们的拟合度函数（MSE 和 LL）可以作为替代来最大化这一指标。

最后，我通过回应模型和盈利模型的示例向大家演示了这一新技术的潜力。GenIQ 回应模型的结果显示，与逻辑斯谛回归模型相比，前 3 个十分位组（分别为 16.0%、23.8% 和 6.1%）性能有显著的提高。在 GenIQ 盈利模型示例中，从顶部十分位组到第 7 十分位组也均有明显的提升效果，提升度从顶部十分位组的 25.5% 到第 7 十分位组的 6.9% 不等。

参考资料

1. Koza, J., *Genetic Programming: On the Programming of Computers by Means of Natural Selection*, MIT Press, Cambridge, MA, 1992.

第 41 章
如何为营销模型选择最佳变量

41.1 引言

为模型寻找变量的最佳子集合是一项让人很苦恼的工作。变量选择的方法很多，但没有一种称得上完美。由于新的变量并没有被创建，原始变量本身的预测能力就会被加强，而且针对营销模型的特定条件也没有被应用。我所提出的 GenIQ 模型是一种使用遗传建模来为营销模型寻找最佳变量的方法。最重要的是，GenIQ 模型可以独特地解决市场营销模型背后的具体要求，最大限度地提高效力。

41.2 背景

相关文献对通过寻找最佳变量集来定义最佳模型的问题进行了广泛的研究。基于理论、启发式搜索和经验法则的现有方法，每个都用到了独一无二的法则来建立最佳模型。挑选法则分为两部分：一部分根植于经典假设检验准则，另一部分则基于残差平方和准则⊖。不同标准通常会产生不同的子集合，而不同子集合共有的变量数量不一定很大，子集合的大小也可以有很大的差异。

本质上，变量选择这个问题在于对若干子集合进行检验，并选择那个能使适当条件最大化或最小化的子集合。其中两个子集合是毋庸置疑的：最好的单一变量和完整的变量集。而问题就在于如何选择一个比这两个极端情况更好的子集合。因此，关键就是如何通过删除不相关的变量（不影响因变量的变量）和冗余的变量（不向因变量添加任何内容的变量）[1] 在完整的变量集中确定那些必要的变量。

我们接下来回顾五种广泛使用的变量选择方法。前四种方法在几乎所有统计软件包中都能找到⊖，最后一种方法是为许多统计建模者所青睐的经验法则。前三种方法的检验统计量（TS）对连续因变量使用 F 统计量，对二值因变量使用 G 统计量（例如，回应变量只能取两个值，是或否）。第四种方法的检验统计量要么是连续因变量的 R 平方，要么是二值因变量的得分数。其中，第五种方法用到了十分流行的相关系数 r。

⊖ 其他条件基于信息理论和贝叶斯法则。

⊖ SAS/STAT Manual。参见 PROC REG 和 PROC LOGISTIC, www.support.asa.com, 2011。

1）前向选择（FS）：此方法的操作主要是向模型中添加变量，直到没有剩余变量（模型之外）可以向因变量添加任何有意义的信息为止。运用此方法时，模型一开始是没有变量的，所以我们需要为每个变量计算其对模型的贡献，不断将检验统计量最大者且大于预设值C的变量添加到模型中。然后，计算并评估每一个剩余变量的检验统计量，以确定该变量是否可以被添加至模型中。因此，特定变量会被一个接一个地添加到模型中，直到剩余变量的检验统计量均不大于C为止。

2）反向消除（BE）：此方法的操作主要是从模型中逐个删除变量，直到所有剩下的变量都对因变量有重要的贡献为止。运用反向消除法时，模型一开始是包含全部变量的，所以我们需要一个接一个地从模型中删除变量，直到模型中剩下的所有变量的检验统计量都大于C为止（其中最小值小于C）。

3）分步法（SW）：这种方法属于前向选择方法的改进，不同之处在于模型中已经存在的变量不一定保持不变。与前向选择法一样，分步法每次向模型中添加一个变量，具有大于C的检验统计量的变量会进入模型。然而，在每添加一个变量之后，分步法都会核查已经包含的所有变量，以删除任何检验统计量不大于C的变量。

4）R平方：此方法的操作主要是找到几个大小不同，能预测因变量的子集合。R平方根据合适的检验统计量找到能最好地预测因变量的变量子集合，大小为k的最佳子集合具有最大的检验统计量值。对于连续因变量而言，检验统计量是常用的度量R平方，即（多次）确定系数，通过多元回归模型来衡量因变量解释方差的比例。对于二值因变量来说，检验统计量是理论上正确但不太为人所知的得分数统计量⊖。R平方方法可以帮我们找到最好的单变量模型，甚至最好的双变量模型等等。然而，一个子集合不太可能像检验统计量一样一直聚集在一起而明显地突出最佳的那一个。例如，在小数点后第三位取整时，它们的值是相等的⊜。R平方方法能生成大小不同的子集合，让建模者可以使用非统计度量来选择其中的一个。

5）经验法则（top-k变量）：该方法可以根据与因变量的关联程度选择最合适（排名最高）的变量。相关系数r表示各变量与因变量之间的相关关系。各变量按照它们相关系数的绝对值从大到小排列⊜。排名前k位的变量会作为最好的子集合。如果具有top-k个变量的统计模型表明每个变量在统计上都是显著的，则k个变量的集合将是最佳子集合。如果某个变量在统计上不显著，那么我们就要删除该变量并由下一个排序的变量替换。在最终变量集中，每一个变量都要接受显著性检验，如果在统计上不显著，就要被剔除。不断重复检验和删除变量的过程，直到定义统计模型的变量全部显著为止。

41.3　变量选择方法的缺陷

虽然使用上述方法都能构造相当好的模型，但每种方法都由于其选择标准而有着特定的缺陷。关于这些缺陷的详细讨论超出了本章范围。然而，有两个共同的缺陷值得我们注意[2,3]。首先，这些方法的选择标准并非明确针对营销模型的重要目标，即累积提升度的最大化。

⊖ R平方值理论上不是量度一个二值因变量的理性指标。然而，许多分析师都有成功使用的案例。

⊜ 例如，考量两个TS值：1.934 056和1.934 069，在小数点后第三位进行四舍五入，结果是相同的：1.934。

⊜ R的绝对值意指将符号省略。例如，如果r = −0.23，则其绝对值是0.23。

其次，这些方法无法用于识别数据结构。它们在不深入数据的情况下就去找变量的最佳子集合，而数据特性是发现重要变量或结构所必须研究的一点。因此，没有数据挖掘能力的变量选择方法是很难找到最佳集合的。下面的例子就说明了这种缺陷：现有完整变量集 X_1, X_2, $\cdots X_{10}$ 使用任何变量选择方法都只能找到原始变量（如 X_1、X_3、X_7、X_{10}）的最佳组合，但如果需要增加变量的信息含量（预测能力），我们就不能对变量进行转换（如将 X_1 取对数转换为 $\log X_1$）。此外，如果新构建的变量比原始变量拥有更强的预测能力，那么这些方法其实都是不能重新表达原始变量的（比如 X_3/X_7）。换句话说，当前的变量选择方法无法找到需要被转换且被重新表示的变量的最佳子集合（可能是 X_1、X_3、X_7、X_{10}、$\log X_1$、X_3/X_7）。如果新变量的子集合无法增强模型预测能力，那么这显然会阻碍建模者构建最佳模型的道路。

具体来说，这些方法无法识别下面讨论的数据结构类型。

具备理想形态的已转换变量：变量选择的过程应当能够在必要时对单个变量进行转换，以形成对称性分布。对称是单个变量的理想形态。例如，统计度量的主要工具——均值和方差就是基于对称分布的。偏态分布对平均值、方差和相关统计数据（如相关系数）的估计不会很准确，基于偏态分布的分析往往也有着不太可靠的结果。对称性对解释分析中变量的作用帮助很大，而偏态性则不然，因为大多数观测结果都集中在分布的两端。

变量选择方法还应具有校正非线性关系的能力。当我们考虑两个变量时，线性或直线关系是最理想的。自变量和因变量之间的直线关系是时下非常流行的统计线性模型的假设。（请记住，线性模型就是加权变量的和，如 $Y=b_0+b_1*X_1+b_2*X_2+b_3*X_3$。⊖）此外，所有自变量之间的直线关系也是一个非常有用的指标[4]。直线关系其实很容易理解：变量的单位增量预期会带来第二个变量的常数增量。

使用简单算术函数构造的变量：变量选择方法应当能够简单地重新表达原始变量。对变量进行加减乘除运算可能提供比原始变量本身更多的信息。例如，在分析汽车发动机的效力时，两个尤其重要的变量是行驶的里程数和使用的燃料（加仑）。然而，众所周知，每加仑里程数这一比值反而是评价发动机性能更好的指标。

使用一系列函数构造的变量（如算术、三角函数或布尔函数）：一个变量选择方法应该有能力构建复杂的表达式与函数来理解复杂的数据关系，提供比原始变量更多的潜在信息。在数据库和互联网时代，由数十万到数百万条记录和数百到数千个变量组成的大数据是司空见惯的。许多个体产生的变量关系往往都是十分复杂的，显然超越了简单的直线模式。那么即便难度较大，但发掘能反映这些关系的数学表达式应该是高性能变量选择方法应具备的一点。例如，我们思考一下这三个变量之间的关系：直角三角形三条边的长度。即使测量误差是客观存在的，一个强大的变量选择程序也可以轻松识别出这些边之间的关系：较长的边（对角线）是两个较短边的平方和的平方根。

总之，这两方面的缺陷表明，一个高性能的变量选择方法应当能为特定营销模型找到最佳变量的子集合，以最大限度地提高累积提升度。在接下来的几节中，我将重新介绍第40章中的 GenIQ 模型，作为营销模型的高性能变量选择技术。

⊖ 权重或系数（b_0, b_1, b_2 和 b_3）需要满足某些条件，比如将普通最小二乘法回归中的均值－平方误差最小化，或者将逻辑斯谛回归中的联合概率最小化。

41.4 营销模型的目标

营销人员会试图通过锁定最合适的客户来提高他们营销、招标等活动的效果。他们使用模型来筛选那些可能对其营销做出回应（或带来利润⊖）的个人。这样的模型可以帮助他们估计不同个体的应答率或对利润的贡献。虽然估计的精度很重要，但是模型的性能是在十分位分析报告汇总之后再进行评估。

市场营销人员习惯于将十分位分析中的累积提升度作为衡量模型性能的标准。依据模型对个体的选择，营销人员会创建一个可能会做出回应（或贡献利润）的个人列表，以获得相对于随机选择的优势。

与随机选择情况下的预期回应相比，借助回应模型的选择产生的回应增量称为累计回应提升度。类似地，累计利润提升度是衡量预期利润增量的一个指数，是在借助利润模型进行预测时预期利润超过随机选择的部分。十分位分析中累积提升度的概念和计算步骤见第 26 章。

在这一点上，应该清楚的是，在某一模型的十分位分析中，若其最上边的十分位组（第 1 个、第 2 个、第 3 个或第 4 个十分位）的回应或利润更多，那么它就比那些顶部十分位组回应或利润较少的模型更优秀。这个概念正是我开发 GenIQ 模型的动机。GenIQ 建模方法与市场营销人员的需求相契合，可以最大化提高营销工作的回应或利润。GenIQ 模型使用遗传方法直指目标：最大限度地提高累积提升度。因此，有了 GenIQ，建模者就能以目前其他方法都不能及的方式构建回应或利润模型。

由于拟合度函数的显式性质，GenIQ 回应和利润模型在理论上是有优势的——通过最大限度地提高累积提升度，模型轻松成为构建回应和利润模型的替代方法。有关拟合度函数的公式的内容超出了本章讨论的范围：拟合度函数寻求用尽可能多的回应（或尽可能多的利润）来填充顶部十分位组，也就是说，最大限度地提高回应或利润的累积提升度。

由于其明确的标准和科学的演进方式，GenIQ 模型在作为营销模型时，其变量选择的能力是十分强大的。我会在下一节具体说明 GenIQ 的变量选择过程，以便向大家证明这一点。

41.5 用 GenIQ 进行变量选择

我们可以通过示例更直观地说明用 GenIQ 模型是如何进行变量选择的，或者说是如何识别数据结构的。在本例中，我将演示如何为回应模型寻找正确的结构。GenIQ 作为利润模型也同样很不错，其描述利润的变量是明确而连续的。

产品编目员 ABC 需要构建一个回应模型来支持接下来的直邮营销，模型应答率为 3.54%。除了变量 RESPONSE 外，还有 9 个候选预测变量，我们需要在邮件营销开始前对其进行充分分析。

1）AGE_Y：客户年龄（1 = 已知，0 = 未知）。

2）OWN_TEL：家中有电话（1 = 有，0 = 没有）。

3）AVG_ORDE：平均订单（美元）。

4）DOLLAR_2：过去 2 年的开销。

⊖ 我用"利润"这个词作为衡量个人价值的标准，比如每次订单的销售额、终生销售额、收入、访问次数或购买次数。

5）PROD_TYP：购买的不同产品数量。

6）LSTORD_M：距上次订购的时间（月）。

7）FSTORD_M：距第一次订购的时间（月）。

8）RFM_CELL：最近消费 / 消费频率 / 消费金额（1 = 最好，5 = 最差）[⊖]。

9）PROMOTION：顾客收到的促销数量。

为了初步获得变量的内含信息（预测能力），我进行了相关性分析，在表 41.1 中给出了每个候选预测变量与因变量的相关系数[⊖]。按照重要性递减顺序排列[⊜]，前四个变量分别为 DOLLAR_2、RFM_CELL、PROD_TYP 和 LSTORD_M。

我对这五种变量选择方法进行了五次逻辑斯谛回归分析。从九个原始变量中得到的最佳子集合如表 41.2 所示。令人惊讶的是，正向、反向和分步法都产生了相同的子集合（DOLLAR_2、RFM_CELL、LSTORD_M、AGE_Y）。由于这些方法产生的子集合大小为 4，所以我将 R 平方和 top-k 法的子集合大小也设置为 4。

表 41.1 相关分析：RESPONSE 与 9 个原始变量

排序	变量	相关系数（r）
顶部	DOLLAR_2	0.11
2	RFM_CELL	−0.10
3	PROD_TYP	0.08
4	LSTORD_M	−0.07
5	AGE_Y	0.04
6	PROMOTION	0.03
7	AVG_ORDE	0.02
8	OWN_TEL	0.10
9	FSTORD_M	0.01

表 41.2 9 个原始变量中的最佳子集合

	DOLLAR_2	RFM_CELL	LSTORD_M	AGE_Y	AVG_ORDE
前向选择	x	x	x	x	
反向消除法	x	x	x	x	
分步法	x	x	x	x	
R 平方法	x		x	x	x
top-4 法	x	x	x		x
频次	5	4	5	4	2

现在就是公共子集合的大小了，这样一来，所有方法之间就能进行公平的比较。R 平方法和 top-k 法分别产生了不同的最佳子集合，包括 DOLLAR_2、LSTORD_M 和 AVG_ORDE。值得注意的是，表 41.2 中"频次"一行中最常用的变量是 DOLLAR_2 和 LSTORD_M。关于累积提升度的五种逻辑斯谛回归模型的验证性能见表 41.3，通过十分位对模型性能的评估如下：

1）在顶部十分位组，R 平方模型表现最差：相比而言，其累积提升度为 239，明显低于其他模型的 252 ～ 256。

2）在第 2 个十分位组，R 平方模型表现最差：相比而言，其累积提升度为 198，明显低于其他模型的 202 ～ 204。

3）在第 3 个十分位组，R 平方模型表现最好：相比而言，其累积提升度为 178，明显高于其他模型的 172 ～ 174。

⊖ RFM_CELL 被看作一个标量变量。

⊖ 我们知道有或没有散点图的相关系数是预测能力的粗略量度指标。

⊜ 相关性的方向是无关的，即相关系数的符号可以忽略。

在其他数据文档深度下也有类似的结论。

表 41.3 根据变量选择方法的累积提升度比较 LRM 表现

十分位	前向选择	后向消除法	分步法	R 平方法	top-4 法	平均性能
顶部	256	256	256	239	252	252
2	204	204	204	198	202	202
3	174	174	174	178	172	174
4	156	156	156	157	154	156
5	144	144	144	145	142	144
6	132	132	132	131	130	131
7	124	124	124	123	121	123
8	115	115	115	114	113	114
9	107	107	107	107	107	107
底部	100	100	100	100	100	100

为了进一步比较五个不同的变量选择方法以及 GenIQ 模型，我将使用一个可以同时衡量五个模型性能的方法，即模型平均性能，加之模型平均累积提升度，我都记录在了表 41.3 中。

41.5.1 GenIQ 建模

本节内容需要读者对遗传方法和控制遗传模型运行参数有一定了解（在第 40 章中有讨论）。

我将 GenIQ 模型控制运行的参数设置如下：

1）样本总体：3000（模型）。

2）代际数量：250。

3）复制比例：10%。

4）交叉比例：80%。

5）突变比例：10%。

GenIQ 变量集由 9 个候选预测变量组成。对于 GenIQ 函数集，我选择了算术函数（加减乘除），一些布尔运算符（与或非，大于小于），以及对数函数 ln。对数函数[⊖]有助于对通常偏态分布的美元单位变量（如 DOLLAR_2）进行对称性调整。我预计，DOLLAR_2 变量将是一个由对数函数决定的遗传进化结构的一部分。当然，因变量依然是 RESPONSE（回应）。

程序运行到最后，依据 PTF 机制，250 代复制 / 交叉 / 突变已经进化出 750 000（=250 × 3 000）个模型。每个模型都要经过评估，看它在多大程度上解决了填充顶部十分位的问题。好模型在顶部十分位中包含了更多回应，有可能为下一代模型做出贡献；较差的模型在顶部十分位中只有较少回应，不太可能为下一代模型做出贡献。因此，最后一代由 3000 个高性能模型组成，每个模型都有一个特定的拟合度值，表明该模型在多大程度上解决了问题。一般来说，所有模型中 18 个最大的拟合度值[⊖]就定义了一组具有相同性能的 18 个最佳模型（用几乎相同数量的回应填充顶部十分位）。

⊖ 以 10 为底的对数可以将以美元为单位的变量进行对称处理。

⊖ 最大的拟合度值通常相差不大。最大的拟合度值被认为是等价的，因为当四舍五入到小数点后的第三位时，它们的值是相等的。考虑两个拟合度值：1.934 056 和 1.934 069。当舍入发生在小数点后的第三位时，它们都等于 1.934。

最佳模型的变量集都是彼此类似的，这些公共变量即组成了最好的子集合。因此，变量在一组最佳模型中的平均出现率成了确定最佳子集合的一个有用指标。一般来说，原始变量的最优子集合由相关系数大于 0.75 的变量组成[⊖]，达到这个门限值的变量同样也是最大化十分位组过程中的必要变量。

回到示例中，GenIQ 模型给出了表 41.4 的 18 个最佳模型中 9 个变量的平均出现率。因此，GenIQ 模型选出的最佳子集合包含如下五个变量：DOLLAR_2、RFM_CELL、PROD_TYP、AGE_Y 和 LSTORD_M。

基因法最佳子集合与统计法最佳子集合有四个共同的变量（DOLLAR_2、RFM_CELL、LSTORD_M 和 AGE_Y）。与统计法不同，GenIQ 将变量 PROD_TYP 包含在了表 41.5 的最佳子集合中。有趣的是，在表 41.5 的"频次"一行中，最常用的变量是 DOLLAR_2 和 LSTORD_M。

表 41.4　18 个最佳模型中 9 个变量的平均出现率

变量	平均出现率
DOLLAR_2	1.43
RFM_CELL	1.37
PROD_TYP	1.22
AGE_Y	1.11
LSTORD_M	0.84
PROMOTION	0.67
AVG_ORDE	0.37
OWN_TEL	0.11

表 41.5　原始变量的最佳子集合：统计变量选择方法和遗传变量选择方法

Method	DOLLAR_2	RFM_CELL	LSTORD_M	AGE_Y	AVG_ORDE	PROD_TYP
前向选择	x	x	x	x		
反向消除法	x	x	x	x		
分步法	x	x	x	x		
R 平方法	x		x	x	x	
top-4 法	x	x	x		x	
GenIQ	x	x	x	x		x
频次	6	5	6	5	2	1

我现在可以通过比较每个子集合的逻辑斯谛回归模型（LRM）来评估遗传法和统计法最佳子集合的预测能力。然而，在认清 GenIQ 不断进化的结构之后，我决定做一个效果更好的比对。

41.5.2　GenIQ 模型结构的辨别

在自然界中，结构是自然选择以及性重组和突变的结果，GenIQ 模型通过 PTF 机制（自然选择）、交叉（性重组）和突变来不断进化其结构。GenIQ 拟合度决定了其结构要在十分位最大化的条件下进行进化。一个重要的结构存在于最好的模型中——通常也是拥有四个最大拟合度值的模型。

继续看之前的例子，GenIQ 已经演变出了若干个结构或 GenIQ 构建变量，模型（图41.1）已具有最大的拟合度值，并拥有五个新变量：从 NEW_VAR1 到 NEW_VAR5。其他的结构即存在于剩下的三个最佳模型中：NEW_VAR6 到 NEW_VAR8（图 41.2）、NEW_VAR9（在图 41.3 中）和 NEW_VAR10（图 41.4）。

1. NEW_VAR1 = DOLLAR_2/AGE_Y; if Age_Y = 0, then NEW_VAR1 = 1
2. NEW_VAR2 = (DOLLAR_2)*NEW_VAR1

⊖　这个平均出现率的门限值 0.75 是提前确定的。

3. NEW_VAR3 = NEW_VAR2/LSTORD_M; if LSTORD_M = 0, then NEW_VAR3 = 1

4. NEW_VAR4 = Ln(NEW_VAR3); if NEW_VAR3 greater than 0, then NEW_VAR4 = 1

5. NEW_VAR5 = RFM_CELL/PROD_TYP; if PROD_TYP = 0, then NEW_VAR5 = 1

6. NEW_VAR6 = RFM_CELL/DOLLAR_2; if DOLLAR_2 = 0, then NEW_VAR6 = 1

7. NEW_VAR7 = PROD_TYP/NEW_VAR6; if NEW_VAR6 = 0, then NEW_VAR7 = 1

8. NEW_VAR8 = NEW_VAR7*PROD_TYP

9. NEW_VAR9 = (AGE_Y/DOLLAR_2) – (RFM_CELL/DOLLAR_2); if DOLLAR_2 = 0, then NEW_VAR9 = 1

10. NEW_VAR10 = 1 if AGE_Y ≥ RFM_CELL; otherwise = 0

为了了解新构建的 GenIQ 变量的预测能力，我对 9 个原始变量和 10 个新变量进行了相关性分析。新变量与回应数的关联度比原来的变量更强。具体而言，表 41.6 记录了观察到的以下情况（相关系数较大，忽略符号）。

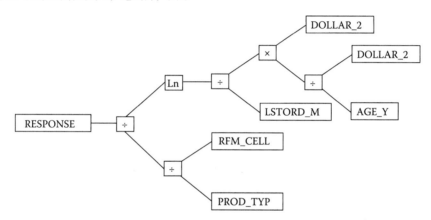

图 41.1　GenIQ 模型，最佳 1（四大顶级模型之首）

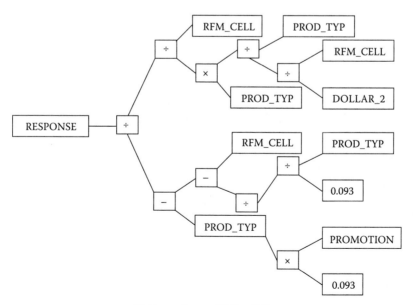

图 41.2　GenIQ 模型，最佳 2

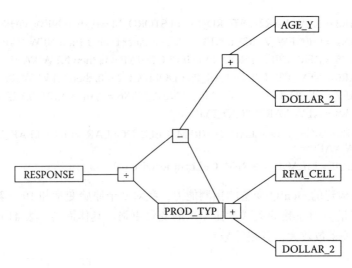

图 41.3   GenIQ 模型，最佳 3

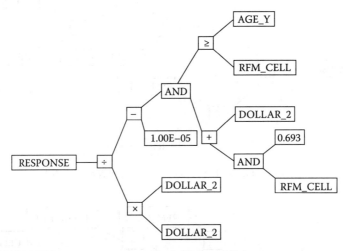

图 41.4   GenIQ 模型，最佳 4

表 41.6   相关分析：RESPONSE 的 9 个原始变量和 10 个 GenIQ 变量

排序	变量	相关系数（r）	排序	变量	相关系数（r）
顶部	NEW_VAR7	0.16	11	NEW_VAR2	0.07
2	NEW_VAR5	0.15	12	NEW_VAR3	0.06
3	NEW_VAR8	0.12	13	NEW_VAR9	0.05
4	NEW_VAR1	0.12	14	AGE_Y	0.04
5	DOLLAR_2	0.11	15	PROMOTION	0.03
6	RFM_CELL	−0.10	16	NEW_VAR6	−0.02
7	NEW_VAR10	0.10	17	AVG_ORDE	0.02
8	NEW_VAR4	0.10	18	OWN_TEL	0.01
9	PROD_TYP	0.08	19	FSTORD_M	0.01
10	LSTORD_M	−0.07			

1）与最佳原始变量 DOLLAR_2 相比，NEW_VAR7、NEW_VAR5、NEW_VAR8 和

NEW_VAR1 与因变量具有更强的关联性。

2）NEW_VAR10 和 NEW_VAR4 位于第 2 和第 3 好的原始变量 RFM_CELL 和 PROD_TYP 之间。

3）NEW_VAR2 和 NEW_VAR3 的重要性排在最后两个原始预测变量 AGE_Y 和 PROMOTION 之前，分别排在第 11 和第 12 位。

41.5.3　GenIQ 模型变量选择

由 GenIQ 构造的变量与 GenIQ 选择的变量组成了增强型最佳子集合，这是根据十分位最大化准则确定的。对于示例中的数据而言，这个增强集合包含 15 个变量：DOLLAR_2、RFM_CELL、PROD_TYP、AGE_Y、LSTORD_M 和 NEW_VAR1 到 NEW_VAR10。其预测能力的评估要看遗传性最佳子集合和统计性最佳子集合之间的差别。

我通过在增强型最佳子集合上执行五次逻辑斯谛回归分析来评定五个不同的变量选择方法。由此产生的遗传型最佳子集合见表 41.7。正向选择、反向消除和分步法分别产生了不同的子集合（大小为 4），R 平方法和 top-4 法也产生了不同的子集合。看起来，New_VAR5 是最重要的变量（即最常用的），所有五个方法都选到了它（表 41.7 中的"频次"值为 5）。LSTORD_M 是第二重要的，五个方法中有四个都选到了它（"频次"值为 4）。DOLLAR_2、RFM_CELL 和 AGE_Y 是最不重要的，因为只有一个方法选到了它（"频次"值为 1）。

表 41.7　增强型最佳子集合变量的最佳子集合

方法	DOLLAR_2	RFM_CELL	PROD_TYP	AGE_Y	LSTORD_M	NEW_VAR1	NEW_VAR4	NEW_VAR5
前向选择法			x		x		x	x
反向消除法	x			x	x			x
分步法			x		x		x	x
R 平方法			x		x	x		x
top-4 法		x				x	x	x
频次	1	1	3	1	4	2	3	5

为了评估遗传型最佳子集合相对于统计法最佳子集合在预测能力方面的优势，我将 AVG-g 定义为单位十分位数的五种方法模型验证性能的平均值。

表 41.8 中 AVG-g 和 AVG（基于统计法最佳子集合的平均性能）的对比表明，在使用 GenIQ 变量选择技术后，模型的预测能力有显著提高，百分比增量从 6.4%（第 4 个十分位）到 0.7%（第 9 个十分位）不等。前 4 个十分位组的平均增幅为 3.9%。

表 41.8　模型表现对比：基于遗传的最佳子集合——累积提升度

十分位	前向选择	后向消除法	分步法	R 平方法	top-4 法	AVG-g	平均性能	增幅（%）
顶部	265	260	262	265	267	264	252	4.8
2	206	204	204	206	204	205	202	1.2
3	180	180	180	178	180	180	174	3.0
4	166	167	167	163	166	166	156	6.4
5	148	149	149	146	149	148	144	3.1
6	135	137	137	134	136	136	131	3.3
7	124	125	125	123	125	124	123	1.0

（续）

十分位	前向选择	后向消除法	分步法	R 平方法	top-4 法	AVG-g	平均性能	增幅（%）
8	116	117	117	116	117	117	114	1.9
9	108	108	108	107	108	108	107	0.7
底部	100	100	100	100	100	100	100	0.0

这个例子很好地演示了 GenIQ 变量选择技术具有比统计变量选择技术更强大的功能。GenIQ 变量选择是一种具有数据挖掘能力的高性能营销模型变量选择方法，其重要意义在于它可以帮助找到变量的最佳子集合，从而使累积提升度最大化。

41.6 逻辑斯谛回归模型的非线性替代方法

我们可以把 GenIQ 模型看作现有线性逻辑斯谛回归模型的非线性替代方案。逻辑斯谛回归模型是非线性回应函数的线性近似，它通常是含有噪声、多模态且不连续的。逻辑斯谛回归模型与 GenIQ 增强型最佳子集合一起成为传统统计方法无可比拟的组合，同样也是得益于 GenIQ 模型遗传型机器学习特性而得到改进的。然而，GenIQ 与逻辑斯谛回归模型的结合仍然可以被看作是一个非线性回应函数的线性近似。由整棵分析树及其全部结构决定的 GenIQ 模型本身就是一个非线性的超级结构，比 GenIQ–LRM（当然也包括 LRM）有更大的改进空间。由于回应函数的非线性程度未知，那么最好的方法就是将 GenIQ 模型与 GenIQ–LRM 模型进行比较。如果改进稳定且明显，即可放心使用 GenIQ 模型。

继续我们的例子，GenIQ 模型累积提升度记录在表 41.9 中。GenIQ 模型之于 GenIQ–LRM 模型（AVG-g）在性能上有显著的改进。百分比增量范围（左起第五列）从 7.1%（顶部十分位组）到 1.2%（第 9 个十分位组）不等。前 4 个十分位组的平均增幅为 4.6%。

表 41.9　LRM 和 GenIQ 模型表现对比：累积提升度

十分位	AVG-g（混合）	AVG（LRM）	增幅	GenIQ Gain Over	
				混合（%）	LRM（%）
顶部	264	252	283	7.1	12.2
2	205	202	214	4.4	5.6
3	180	174	187	3.9	7.0
4	166	156	171	2.9	9.5
5	148	144	152	2.8	5.9
6	136	131	139	2.5	5.9
7	124	123	127	2.2	3.2
8	117	114	118	1.3	3.3
9	108	107	109	1.2	1.9
底部	100	100	100	0.0	0.0

GenIQ 模型相对 LRM（AVG）性能的改进现在已经很明确了。前 4 个十分位的平均百分比增量（最右边一列）为 8.6%，其中一组甚至达到了令人惊讶的 12.2%。

注意，由于任何单独的 GenIQ 模型都无法扩大顶部十分位组，我们需要全部 4 个模型。生成第 1 个、第 2 个、第 3 个和第 4 个十分位组的 GenIQ 模型分别位于图 41.1、图 41.5、图 41.6 和图 41.7 中，生成第 5 到第 10 个十分位组的模型见图 41.8。

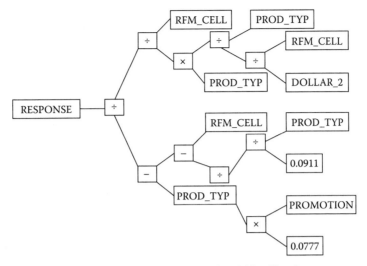

图 41.5　最佳 GenIQ 模型，前四大模型第二名

当回应函数具有噪声、多峰、不连续等非线性特征时，我们需要建立一套 GenIQ 模型。能使多个模型同时实现性能提升的能力反映了 GenIQ 方法的灵活性，可以通过数据的智能自适应过程来完成非线性回应函数的变体。

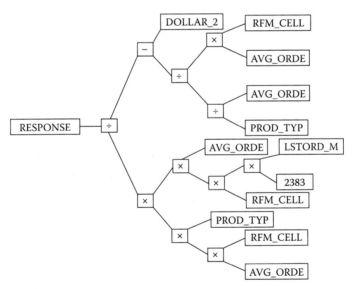

图 41.6　最佳 GenIQ 模型，前四大模型第三名

这个例子展示了 GenIQ 模型作为逻辑斯谛回归模型的非线性替代方案的强大力量。GenIQ 为回应建模提供了一个两步过程：首先，建立最优的 GenIQ-LRM 模型；其次，选择最好的 GenIQ 模型。如果 GenIQ 模型能比混合模型拥有更稳定且显著的改进，那么 GenIQ 模型当然就是首选的回应模型。

如前所述，GenIQ 模型同样适用于寻找利润模型的结构。因此，GenIQ 模型同样也是最小二乘回归模型的非线性替代。GenIQ 模型相对于最小二乘模型和 GenIQ–OLS 模型而言，能实现更稳定且更显著的改进。

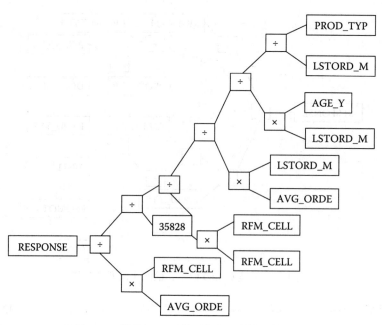

图 41.7　最佳 GenIQ 模型，前四大模型第四名

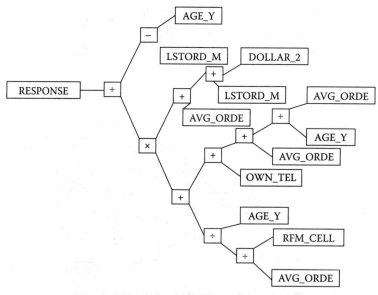

图 41.8　第五个到底部十分位的最佳 GenIQ 模型

41.7　本章小结

在介绍了五种用于变量选择的常用统计方法之后，我指出了这五种方法的两个共同缺点，每一个都阻碍了其实现营销模型预期目标的路径：结构不明确，最大化累积提升度的条件也不明确。

我更习惯将 GenIQ 模型看作一种用于营销模型变量选择的遗传法。GenIQ 回应模型和利润模型在理论上优于逻辑模型和普通回归模型，因为这两种模型拟合度函数的性质不尽相同。GenIQ 拟合度函数可以明确地寻求用尽可能多的回应或利润来填充顶部十分位。相反，标准统计方法用其拟合度函数作为代替来最大化累积提升度。

通过回应模型的例子，我向大家证明了 GenIQ 模型是一个高性能的变量选择方法，其凭借独特的数据挖掘能力，可以帮助我们找到重要结构，从而使累积提升度最大化。对于一开始的 9 个候选预测变量而言，我们通过统计型变量选择方法在定义最佳子集合时确定了其中的 5 个。在 GenIQ 模型确定的 5 个预测变量中，有 4 个与统计型最佳子集合相同。此外，GenIQ 还进化出了 10 个新结构（新变量），其中 4 个与因变量的相关性比原始预测变量更强，两个新变量落在第 2 好和第 3 好的原始预测变量之间。最终，GenIQ 创建了包含 15 个变量的最佳子集合。

GenIQ 变量选择方法相对于统计类变量选择方法而言是更好用的。我使用增强型最佳子集合为五种统计型变量选择方法构建了逻辑斯谛回归模型，并将其 AVG-g 与使用原始 9 个变量的五种基于统计的逻辑斯谛回归模型的 AVG 进行了比较。AVG-g 和 AVG 之间的比对说明模型预测能力有了明显的提高：百分比增幅从 6.4% 到 0.7% 不等。前 4 个十分位的平均百分比增量为 3.9%。

最后，我认为 GenIQ 模型是标准回归模型的非线性替代。逻辑斯谛回归模型与增强型 GenIQ 的最佳变量子集合一起，成为传统统计方法无法比拟的技术组合。然而，GenIQ–LRM 模型仍然是非线性回应函数的线性近似，GenIQ 模型本身是一个非线性的超级结构，由整个树状结构定义，相比 GenIQ–LRM 模型有很大的改进空间。在回应模型的示例中，一系列 GenIQ 模型的结合比 GenIQ–LRM 模型在性能上有着显著改进：增幅从 7.1% 到 1.2% 不等，前 4 个十分位组的平均百分比增量为 4.6%。

参考资料

1. Dash, M., and Liu, H., Feature selection for classification, in *Intelligent Data Analysis*, Elsevier Science, New York, 1997, pp. 131–156.
2. Ryan, T.P., *Modern Regression Methods*, Wiley, New York, 1997.
3. Miller, A.J., *Subset Selection in Regression*, Chapman and Hall, London, 1990.
4. Fox, J., *Applied Regression Analysis, Linear Models, and Related Methods*, Sage, Thousand Oaks, CA, 1997.

第42章
解读无系数模型

42.1 引言

当营销人员听到"新模型"这几个字时，恐怕最容易想到的就是最小二乘法回归模型了。我们在理智地评估一种新建模技术时，自然容易联想到回归分析的概念及其突出特征。会产生这样的想法是因为普通最小二乘回归法是解决一般预测问题的基本方法。统计学背景相对有限的市场营销者在学习接受新技术之前，无疑会参照自己以往对回归模型的认识。评估新建模技术是看模型给出的新系数。如果新系数与回归模型的回归系数有明显的可比性，那么该技术就通过了第一道验收线；如果没有，那么该技术就会受到排斥。当一种新的建模技术像一些机器学习方法一样生成没有系数的模型时，难题就出现了。本章的主要目的是提出一种计算准（类似于）回归系数的方法，为无系数模型的评判和使用提供一个参考框架。其次，准回归系数是常规回归系数的可靠的替代，它基于某种隐含的、几乎从未经过检验的假设。

42.2 线性回归系数

普通最小二乘线性回归系数 Linear-RC（ord）是十分重要的，在市场分析和建模中被广泛使用。这种回归系数通常被定义为因变量 Y 因 X 的每单位变化而产生的预期变化量。该系数的一般数学表达式如式 42.1 所示。尽管这个定义表述是正确的，但需要解释，以帮助我们透彻地理解，或方便专家使用。我会首先分析线性回归系数的定义，然后给出关于线性回归统计指标的两个示例作为准回归系数的背景资料。注意，后面我将用"普通回归"来表示"普通最小二乘回归"，而把"最小二乘"隐去。

$$\text{Linear-RC(ord)} = \frac{\text{Y的预期变化}}{\text{X的单位变化}} \tag{42.1}$$

我们不妨以（X_i, Y_i）为样本，思考 Y 关于 X 的简单普通线性回归模型：pred_Y = a + b*X。

1）"简单"意味着只涉及一个预测变量 X。

2）"普通"意味着因变量 Y 是连续的。

3）"线性"有双重含义，既意味着模型表达式为加权预测变量 b*X 与常数 a 之和，也隐含了 Y 与 X 的关系可以用一条直线来表示。

4）X 的"单位变化量"是指 X_r 和 X_{r+1} 这两个按升序排列的值的差值为 1，即 $X_{r+1} - X_r = 1$。

5）Y 的"变化量"是指（X_r, pred_Y_r）和（X_{r+1}, pred_Y_{r+1}）所对应的预测变量 Y、pred_Y 的差值为 pred_Y_{r+1} – pred_Y_r。

6）Linear-RC（ord）意味着 Y 的预期变化量是常数，即 b。

42.2.1　简单普通回归模型示例

我们考虑一个 Y 对 X 的简单线性回归，X 是表 42.1 数据集 A 的 10 个观察值。对线性假设的满足可以从 X 和 Y 的散点图上看到，这两个变量之间存在一条正斜率的直线关系。该 X–Y 散点图和残差与 Y 预测值散点图都表明式 42.2 的回归模型是可靠的。（我们在第 10 章讨论了这类散点图。图上未显示这些数据点。）相应地，这个模型确保线性相关系数估计值 0.7967 是 X 真实回归系数的一个可靠的点估计值。所以说，对于 X 的单位变化，以及 X 的观察值 19 和 78,Y 的预测固定变化是 0.7967。

$$pred\_Y = 22.2256 + 0.7967*X \qquad （42.2）$$

表 42.1　数据集 A

Y	X	pred_Y	Y	X	pred_Y	Y	X	pred_Y
86	78	84.368 8	64	51	62.857 6	52	38	52.500 4
74	62	71.621 4	62	49	61.264 2	40	19	37.363 0
66	58	68.434 6	61	48	60.467 5			
65	53	64.451 1	53	47	59.670 8			

42.2.2　简单逻辑斯谛回归模型示例

我们根据表 42.2 的数据集 B 中的 10 个观察值，思考一下回应 Y 关于 X 的简单逻辑斯谛回归模型。回忆一下，逻辑斯谛回归模型可以预测 Y 的 logit 值，并且与普通回归模型一样是线性的。之所以说它是线性模型的，是因为它是在线性假设下由加权预测变量与一个常数的和决定的。而且有一个假设，即 Y 的 logit 值和 X 之间的基本关系可以看作一条直线。因此，预测变量 X 的简单逻辑斯谛线性回归系数 linear-RC（logit）的定义为：与 X 单位变化量相关的 Y 的 logit 值的预期变化量。

表 42.2　数据集 B

Y	X	pred_lgt Y	pred_prb Y	Y	X	pred_lgt Y	pred_prb Y
1	45	1.416 3	0.804 8	0	46	1.529 8	0.822 0
1	35	0.281 1	0.569 8	0	30	−0.286 5	0.428 9
1	31	−0.172 9	0.456 9	0	23	−1.081 1	0.253 3
1	32	−0.059 4	0.485 1	0	16	−1.875 7	0.132 9
1	60	3.119 1	0.957 7	0	12	−2.329 8	0.088 7

Y 的 logit 值与 X 的平滑散点图无法确定 Y 的 logit 值与 X 之间的线性关系，毫无疑问，原因在于观察值太少（只有 10 个）。然而，残差与预测变量 Y 的 logit 值的关系图表明，式 42.3 中的回归模型是可靠的。（上述平滑曲线我们在第 10 章讨论过，图中没有显示相应数据。）因此，该模型为回归系数的可靠性提供了一定程度的保证。具体地说，线性回归系数

的估计值为 0.1135，即对 X 的线性逻辑斯谛回归系数的可靠点估计，因此，对于 X 在 12 到 60 之间的每个单位变化，logit Y 的预期变化量都是 0.1135。

$$\text{pred\_lgt } Y = -3.6920 + 0.1135*X \tag{42.3}$$

42.3　简单回归模型的准回归系数

我用由 X、Y 组成的简单回归模型向大家解释一下其中的准回归系数，它其实就是每单位 X 改变带来的因变量 Y 的预期变化量，不一定是常数。准回归系数可以说是线性回归系数的一般化。准回归系数的特点是可以灵活度量因变量和预测变量之间的非线性关系。我一方面概述了准回归系数的计算方法，一方面将其应用于一般回归分析中。后面我会在逻辑斯谛回归模型中使用准回归系数法，阐明它如何在线性和非线性预测中发挥重要价值。

42.3.1　简单回归模型的准回归系数示例

我们继续沿用简单普通回归模型的例子，参考表 42.3 中的各列数据，我在下面给出了大致的准回归系数计算步骤：

1）根据数据计算 Y 的预测值 pred_Y（第 4 列）。

2）按升序排列 X，得到形如（X_r, X_{r+1}）的数对（第 1 列和第 2 列）。

3）计算 X 的变化量 change_X：$X_{r+1} - X_r$（第 3 列 = 第 2 列 – 第 1 列）。

4）计算 Y 预测值的变化量 change_Y：$\text{pred\_Y}_{r+1} - \text{pred\_Y}_r$（第 6 列 = 第 5 列 – 第 4 列）。

5）计算 X 的准回归系数 quasi-RC（ord）：Y 预测值的变化量除以 X 变化量（第 7 列 = 第 6 列 / 第 3 列）。

表 42.3　准回归系数的计算

X_r	X_r+1	change_X	pred_Y_r	pred_Y_r+1	change_Y	quasi-RC(ord)
–	19	–	–	37.363 0	–	–
19	38	19	37.363 0	52.500 5	15.137 4	0.796 7
38	47	9	52.500 5	59.670 9	7.170 4	0.796 7
47	48	1	59.670 9	60.467 6	0.796 7	0.796 7
48	49	1	60.467 6	61.264 3	0.796 7	0.796 7
49	51	2	61.264 3	62.857 7	1.593 4	0.796 7
51	53	2	62.857 7	64.451 1	1.593 4	0.796 7
53	58	5	64.451 1	68.434 6	3.983 5	0.796 7
58	62	4	68.434 6	71.621 5	3.186 8	0.796 7
62	78	16	71.621 5	84.368 8	12.747 3	0.796 7

准回归系数在这 9 个区间内（X_r, X_{r+1}）是常数，等于线性回归系数估计值 0.7967，在以下每一个区间内 X 的每一单位变化甚至也都是常数：19～38，38～47，…，62～78。这并不奇怪，因为预测结果来自一个线性模型。此外，pred_Y 与 X 的关系可以用一条完美的斜率为 0.7967 的直线表示，这又是为什么呢？

42.3.2　简单逻辑斯谛回归模型的准回归系数示例

为了进一步增加读者对准回归系数法的兴趣，我将这五个步骤应用到了逻辑斯谛回归模型中，通过适当的修改，在逻辑斯谛回归的条件下导出准回归系数。依据表 42.4 中的各列，我可以给出一个大概的推导步骤：

1）计算 Y 的对数和 Y pred_ 的对数（第 4 列）。

2）将数据按升序排序，得到形如（X_r, X_{r+1}）的数对（第 1 列和第 2 列）。

3）计算 X 的变化量 change_X：$X_{r+1}-X_r$（第 3 列 = 第 2 列－第 1 列）。

4）计算 Y 对数预测值的变化量 change_lgt: pred_lgt Y_{r+1} – pred_lgt Y_r（第 6 列 = 第 5 列 – 第 4 列）。

5）计算准回归系数 quasi-RC（logit）：Y 对数的预期变化量除以 X 的变化量（第 7 列 = 第 6 列 / 第 3 列）。

表 42.4　quasi-RC（logit）计算

X_r	X_r+1	change_X	pred_lgt_r	pred_lgt_r+1	change_lgt	quasi-RC(logit)
–	12	–	–	–2.329 8	–	–
12	16	4	–2.329 8	–1.875 7	0.454 1	0.113 5
16	23	7	–1.875 7	–1.081 1	0.794 6	0.113 5
23	30	7	–1.081 1	–0.286 5	0.794 6	0.113 5
30	31	1	–0.286 5	–0.172 9	0.113 5	0.113 5
31	32	1	–0.172 9	–0.059 4	0.113 5	0.113 5
32	35	3	–0.059 4	0.281 1	0.340 6	0.113 5
35	45	10	0.281 1	1.416 3	1.135 2	0.113 5
45	46	1	1.416 3	1.529 8	0.113 5	0.113 5
46	60	14	1.529 8	3.119 1	1.589 3	0.113 5

准回归系数（对数）在 9 个（X_r, X_{r+1}）区间内也是个常数，等于线性回归系数（对数）估计值 0.1135。在以下每一个区间内的每一单位变化甚至都是常数：12 ～ 16，16 ～ 23，…，46 ～ 60。变化量为常量并不奇怪，因为预测结果同样来自一个线性模型。此外，Y 对数的预测值与 X 的关系（未显示）可以用一条斜率为 0.1135 的直线来刻画。那么，以上这两个例子向大家展示了准回归系数法是如何应用的，以及其对于简单线性预测（涉及 1 个预测变量）的实用性。

在下一节中，我将展示该方法如何与一个简单非线性模型一起应用，来尝试为读者提供更多"准回归系数"方面的信息。非线性模型顾名思义就是那些并非线性模型的模型，也就是说，它的表达式并不是一系列加权预测变量之和。最简单的非线性模型即关于 X 与 Y 的回应模型，定义见式 42.4。

$$Y \text{ 的回应概率} = \exp(\text{logit } Y) / (1 + \exp(\text{logit } Y)) \tag{42.4}$$

从式中可以看到这个模型显然是非线性的。它的预测变量 X 也是非线性的，这意味着在观察到的 X 取值范围内应答率的预期变化随 X 的变化而变化。因此，预测变量 X 的准回归系数（概率），即每单位 X 变化所带来的概率 Y 的预期变化不一定是个常数。在下一节中，我将举例说明准回归系数法是如何帮助我们进行非线性预测的。

42.3.3　非线性预测中的准回归系数示例

我们回到逻辑斯谛回归模型的示例，修改推导准回归系数（logit）的步骤，使其能以概率的形式表现。前两个步骤引用了表 42.2 中的第 3 和第 4 列，其余步骤（3 到 6）引用了表 42.5 中的各列。总的来说，准回归系数（prob）的 6 个推导步骤如下所示：

1）计算 Y 对数的预测值 pred_lgt Y（第 3 列，表 42.2）。

2）将 Y 的对数预测值转换为 Y 的概率预测值 pred_prb Y（第 4 列，表 42.2）。转换公式如下：Y 概率等于 exp（logit Y）除以 1+ exp（logit Y）。

3）按升序排列数据，得到形如（X_r, X_{r+1}）的数对（第 1 列和第 2 列，表 42.5）。

4）计算 X 的变化量 change_X：$X_{r+1}-X_r$（第 3 列 = 第 2 列 – 第 1 列，表 42.5）。

5）计算概率 Y 的变化量 change_prob：pred_prb Y_{r+1} – pred_prb Y_r（第 6 列 = 第 5 列 – 第 4 列，表 42.5）。

6）计算 X 的准回归系数 quasi-RC（prob）：概率变化量除以 X 的变化量（第 7 列 = 第 6 列 / 第 3 列，表 42.5）。

表 42.5　quasi-RC（prob）计算

X_r	X_r+1	change_X	prob_Y_r	prob_Y_r+1	change_prob	quasi-RC(prob)
–	12	–	–	0.088 7	–	–
12	16	4	0.088 7	0.132 9	0.044 2	0.011 0
16	23	7	0.132 9	0.253 3	0.120 4	0.017 2
23	30	7	0.253 3	0.428 9	0.175 6	0.025 1
30	31	1	0.428 9	0.456 9	0.028 0	0.028 0
31	32	1	0.456 9	0.485 1	0.028 3	0.028 3
32	35	3	0.485 1	0.569 8	0.084 7	0.028 2
35	45	10	0.569 8	0.804 8	0.234 9	0.023 5
45	46	1	0.804 8	0.822 0	0.017 2	0.017 2
46	60	14	0.822 0	0.957 7	0.135 7	0.009 7

准回归系数（概率）随 X 的变化方式是非线性的，其变化范围在 12 到 60 之间。9 个不同区间的回归系数值分别为 0.0110，0.0172，…，0.0097，见表 42.5。这种非线性是合理的，因为一般来说，应答率与给定预测变量之间的关系理论上呈非线性 S 形。如图 42.1，虽然只有 10 个点，但 Y 的概率与 X 的关系就体现了这种比较特殊的非线性关系。

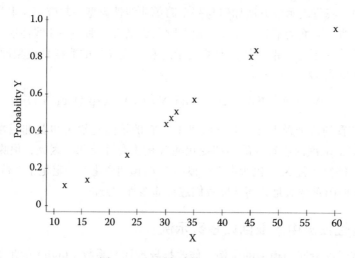

图 42.1　Y 的概率和 X 散点图

以上这三个例子展示了准回归系数法的应用方式，及其在线性或非线性单变量回归模型预测中的实用性。在下一节中，我将该方法从单预测变量回归模型推广至任意多元线性或非线性回归模型、或任意无系数模型。

42.4　偏准回归系数

多元（两个预测变量或更多）回归模型中的截距的意义与简单回归模型中的截距是基本一致的。回归系数的正式叫法是偏线性回归系数，它表示模型中有许多变量，而在讨论某一变量时，其余变量的影响被排除在因变量和预测变量之间的关系之外。预测变量 X 的偏线性回归系数是在其他变量保持不变的情况下，因变量 Y 因 X 每单位变化而产生的期望变化。这种对偏线性回归系数的解释可以得到普遍接受（如 15.7 节所讨论的）。

某个给定预测变量的偏线性回归系数的大小基于一个隐含假设，即对模型施加的统计调整能移除其他变量对因变量的影响，以及其他预测变量的影响，以便在这个预测变量和因变量之间形成线性关系。虽然统计调整在理论上是合理的，但它并不能保证经过调整后的因变量和预测变量还保持线性关系。一般来说，我们假定线性还是成立的。在目前的统计调整情况下，线性假设保持成立的可能性随着其他变量数量的增加而减少。有趣的是，检查线性假设有效性并不是一个典型做法，这样做可能使偏线性回归系数受到质疑。

准回归系数法给出的偏准回归系数是一种另类的无须假设就可以度量因变量预期变化的方法，这个方法不依赖于统计调整，而且不受变量之间线性关系的约束。在形式上，预测变量 X 的准回归系数是当其他变量保持不变时，X 单位变化造成的因变量 Y 的预期变化，这个值不见得是恒定的。准回归系数法的灵活性非常强，使得数据分析师能够轻松做到以下几点：

1）在其他变量给定值时（即假设其他变量保持不变），检验因变量相对于预测变量的整体线性趋势。对于线性回归模型而言，该方法可作为检验偏回归系数线性假设的方法。如测试结果为正（即非线性），则说明预测变量的结构或形式是不正确的，那么我们就需要采取补救措施（即重新表达预测变量，人为构造与因变量的线性关系）。

2）其他变量保持不变，因变量和预测变量之间的非线性关系可以更灵活多样。对于非线性回归模型而言，准回归系数法提供了一个探索性的数据分析（EDA）程序，可以帮我们揭示因变量预期变化的潜在结构。

3）从无系数模型中获得有关系数的信息。这些信息有利于使用无回归系数的黑箱机器学习方法，这类方法里没有类似回归系数的东西。

在下一节中，我会概述偏准回归系数的计算步骤，也会提供一个涉及多个逻辑斯谛回归模型的示例，来说明该方法的工作原理以及对结果的分析。在本章的最后一节，我会将偏准回归系数法应用于第 40 章提出的无系数 GenIQ 模型。

42.4.1　普适型偏回归系数的计算方法

我们来看一下用涉及四个预测变量 X_1、X_2、X_3 和 X_4 来预测 Y 的普适模型。其中，X_1 的偏准回归系数计算方法和准则如下：

1）为了起到保持其他变量不变的效果，我们考虑引入 M 幅度共有区间。例如，对于其他每个变量，M20 共有区间由 $\{X_2, X_3, X_4\}$ 的值与其他变量的中间 20% 的取值相同的个体组成，也就是说，那个变量和 X_2、X_3 和 X_4 的 M20 是相同的。类似地，对于其他每个变量，M25 共有区间由 $\{X_2, X_3, X_4\}$ 值与 M25（中间 25% 的取值）相同的个体组成。

2）共有区间的大小显然取决于其他变量的数量和度量。为获得可靠结果，确定区间大小的经验规则如下：初始 M 幅度公共区间为 M20，如果第一次的回归系数值不可靠，则将共有区间增加 5%，得到 M25。每次都将共有区间增加 5%，直到回归系数值变得可靠。注意，5% 的增加是名义上的 5%，因为将其他变量的 M 增加 5% 并不一定会使共有区间增加 5%。

3）对于其他任何度量很粗糙的变量（包括几个异常值）而言，M 可能需要减少 5% 的间隔，直到准回归系数值变得可靠。

4）记录下所需数据，得出 M 共有区间内所有个体的 Y 值。

5）按升序排列数据。

6）将数据分成大小相等的几部分。一般情况下，如果预计存在线性关系，比如在处理线性模型并测试偏线性假设时，那么我建议从 5 个部分开始。根据需要可以多分出几部分，让变量间的关系变得更可靠。如果预计存在非线性关系，比如处理非线性回归模型，那么我建议从 10 个部分开始。根据需要可以多分出几部分，提高变量间关系的可靠性。

7）究竟该分成几部分由两方面因素决定：M 共有区间的大小和用于计算偏准回归系数的预测变量指标。如果公共区间很小并分成很多个部分，就会产生不可靠的准回归系数值。如果区间很大，那么分成很多部分（否则不会引起可靠性问题）可能会得到站不住脚的结果，例如图像的形态可能性太多等等。如果预测变量的测度比较粗糙，那么变量有几个异常值，就分成几部分。

8）计算每一部分内 X_1 的最小值、最大值和中位数，得出数对（$X_{slice\ i}$ 中位数，$X_{slice\ i+1}$ 中位数）。

9）计算 X_1 的变化量：$X_{slice\ i+1}$ 中位数 $-$ $X_{slice\ i}$ 中位数。

10）计算每一部分中 Y 的中位数，得出数对（pred_$Y_{slice\ i}$ 中位数，$Y_{slice\ i+1}$ 中位数）。

11）计算 Y 预测值的变化量：pred_$Y_{slice\ i+1}$ 中位数 $-$pred_$Y_{slice\ i}$ 中位数。

12）计算 X_1 的偏准回归系数：Y 变化量的预测值除以 X_1 的变化量。

42.4.2 多元逻辑斯谛回归模型示例

我们回想一下第 41 章中产品编员 ABC 的例子，他需要根据最近的广告邮件来构建适当的回应模型。我在下面给出了一个涉及 4 个预测变量的回应预测逻辑斯谛回归模型：

1）DOLLAR_2：2 年内消费总金额（美元）。

2）LSTORD_M：距上次购买的时间（月）。

3）RFM_CELL：最近消费 / 消费频率 / 消费金额（1 = 最高，5 = 最低）。

4）AGE_Y：顾客年龄（1 = 已知；0 = 未知）。

上述回应模型如式 42.5 所示：

$$pred\_lgt\ RESPONSE = -3.004 + 0.002\ 10*DOLLAR\_2 - 0.1995*RFM\_CELL \\ -0.0798*LSTORD\_M + 0.5337*AGE\_Y \tag{42.5}$$

我在表 42.6 中详述了推导 DOLLAR_2 变量准回归系数（对数）的步骤。

表 42.6　LRM 偏准回归系数（logit）计算 :DOLLAR_2

Slice	min_DOLLAR_2	max_DOLLAR_2	med_DOLLAR_2_slice i	med_DOLLAR_2_slice i+1	change_DOLLAR_2	med_lgt_r	med_lgt_r+1	change_lgt	quasi-RC (logit)
1	0	43	–	40	–	–	–3.539 6	–	–
2	43	66	40	50	10	–3.539 6	–3.527 6	0.012 0	0.001 2
3	66	99	50	80	30	–3.527 6	–3.481 0	0.046 7	0.001 6
4	99	165	80	126	46	–3.481 0	–3.396 0	0.085 0	0.001 8
5	165	1 293	126	242	116	–3.396 0	–3.221 9	0.174 0	0.001 5

1）用相关数据计算 M 幅度共有区间内所有个体的回应（对数）。

2）将数据按升序排列，并分成 5 部分（第 1 列）。

3）分别计算第 2 列、第 3 列和第 4 列中 DOLLAR_2 变量的最小值、最大值和中位数，并分别在第 4 列和第 5 列中创建数对（DOLLAR_2$_{slice\ i}$ 中位数，DOLLAR_2$_{slice\ i+1}$ 中位数）。

4）计算 DOLLAR_2 的变化量：DOLLAR_2$_{slice\ i+1}$ 中位数 −DOLLAR_2$_{slice\ i}$ 中位数（第 6 列 = 第 5 列 − 第 4 列）。

5）计算每一部分预期回应（对数）的中位数，并在第 7 列和第 8 列给出数对（pred_lgt RESPONSE$_{slice\ i}$ 中位数，pred_lgt RESPONSE$_{slice\ i+1}$ 中位数）。

6）计算预期回应的变化量：pred_lgt RESPONSE$_{slice\ i+1}$ 中位数 −pred_lgt RESPONSE$_{slice\ i}$ 中位数（第 9 列 = 第 8 列 − 第 7 列）。

7）计算 DOLLAR_2 的偏准回归系数（logit）：预期回应的变化除以每部分 DOLLAR_2 的变化（第 10 列 = 第 9 列 / 第 6 列）。

在逻辑斯谛回归模型中，我们对变量 DOLLAR_2 的偏准回归系数（对数）的解释如下：

1）对于第 2 部分，其最小和最大的 DOLLAR_2 值分别为 43 和 66，偏准回归系数（logit）为 0.0012。0.0012 这个值意味着对于 DOLLAR_2 在 43 到 66 之间的每单位变化，预期回应（对数）的变化都为 0.0012。

2）类似地，对于第 3、4、5 三部分，在相应的时间间隔内，预期回应的变化分别为 0.0016、0.0018 和 0.0015。注意，对于第 3 列中的第 5 部分，变量 DOLLAR_2 的最大值是 1293。

3）这一点的潜在含义是，在变量 DOLLAR_2 的取值范围 43 ~ 1293 内，预期回应共有 4 个层级的变化。

4）然而，如图 42.2 所示，虽然预测变量（第 5 列）和因变量（第 8 列）数据都是平滑的，但可能由于样本离散，变量预期的变化率发生了一次改变。这最后的检验说明，对该变量的线性假设是成立的。因此我认为，变量 DOLLAR_2 的偏线性回归系数的预期变化为 0.002 10 有其合理性（参考式 42.5）。

5）另一方面，准回归系数法相比于偏线性回归系数法，在无假设条件下提供了对变量 DOLLAR_2 偏线性回归系数的可靠估计，即平滑预测变量与因变量之间的偏准回归系数（线性），其值为 0.001 59（未显示细节）。

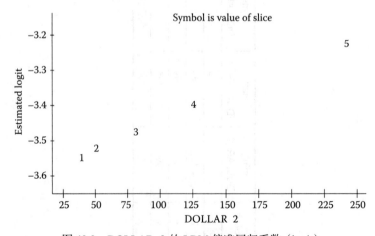

图 42.2　DOLLAR_2 的 LRM 偏准回归系数（logit）

总之，准回归系数法比较适用于那些非常熟悉数据的分析师，因为它能带给我们的替代方案有如下三种：（1）在考虑到区间之间变化在偏准回归系数散点图上的各种情况之后，接受偏准回归系数的值（并不是随机的）。（2）在偏准回归系数散点图验证了线性假设后，接受偏线性回归系数（0.002 10）。（3）在偏准回归系数散点图验证了线性假设后，确定可靠的偏准回归系数（线性）估计值（0.001 59）。当然，默认的替代方案是在不检验线性假设的情况下直接确定偏准回归系数。值得注意的是，DOLLAR_2 的偏准回归系数的可靠估计值和实际值之间的细微差异是有一点反常的，我将在下面的讨论中说明这一点。

我借助表 42.7 中 LSTORD_M 的 6 个区间的对应取值，计算了变量 LSTORD_M 的偏准回归系数（logit）。

1）在图 42.3 中，预测变量与回应（因变量）之间的关系明显是非线性的，回应的期望变化量为：−0.0032、−0.1618、−0.1067、−0.0678 和 0.0175。

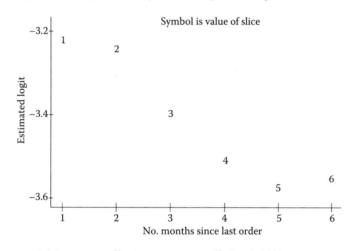

图 42.3　LRM 模型：LSTORD_M 偏准回归系数（logit）

2）这意味着对变量 LSTORD_M 的线性假设不成立。根据 LSTORD_M 的偏线性回归系数 −0.0798（式 42.5），预期的回应变化并非一个常量。

3）其次，变量 LSTORD_M 的结构也不正确。S 型的非线性图像说明我们应该对 LSTORD_M 进行二次和三次重新表达，并测试两个版本下的 LSTORD_M 变量是否能嵌入模型。

4）令人满意的是，偏准回归系数（线性）为 −0.0799（来自平滑预期回应的 logit 值关于变量 LSTORD_M 的普通回归分析），恰好等于偏线性回归系数 −0.0798。偏线性回归系数告诉我们：（1）在 LSTORD_M 在 1 到 66 取值区间内，回应的 logit 值平均变化为常数；（2）在预测变量 LSTORD_M 的 6 个预先划定区间内，偏准回归系数可以提供回应变化的更准确读数。

在不考虑这些细节的情况下，逻辑斯谛回归模型的变量 RFM_CELL 和 AGE_Y 的偏准回归系数散点图都可以验证线性假设。因此，偏准回归系数（线性）和偏线性回归系数应该是等价的。事实上，变量 RFM_CELL 的偏准回归系数（线性）和偏线性回归系数分别为 −0.2007 和 −0.1995；变量 AGE_Y 的偏准回归系数（线性）和偏线性回归系数分别为 0.5409 和 0.5337。

表 42.7 LRM 偏准回归系数 (logit) 计算：LSTORD_M

Slice	min_LSTORD_M	max_LSTORD_M	med_LSTORD_M_r	med_LSTORD_M_r+1	change_LSTORD_M	med_lgt_r	med_lgt_r+1	change_lgt	quasi-RC (logit)
1	1	1	–	1	–		–3.233 2	–	–
2	1	3	1	2	1	–3.233 2	–3.236 4	–0.003 2	–0.003 2
3	3	3	2	3	1	–3.236 4	–3.398 2	–0.161 8	–0.161 8
4	3	4	3	4	1	–3.398 2	–3.504 9	–0.106 7	–0.106 7
5	4	5	4	5	1	–3.504 9	–3.572 7	–0.067 8	–0.067 8
6	5	12	5	6	1	–3.572 7	–3.555 2	0.017 5	0.017 5

  总之，这个例子表明准回归系数法在涉及多个预测变量的线性预测中表现得很好。其实可以这么说，就像 42.3.3 节中简单逻辑斯谛回归模型的例子，如果我们将 logit 值转换为概率，那么准回归系数法在多元非线性预测中同样可以有出色的表现。

42.5 无系数模型的准回归系数

  线性回归范式经过两个多世纪的理论发展和实践应用，被人们总结成一个加权预测变量之和的方程式，作为典型的预测模型的标志（$Y = b_0 + b_1X_1 + b_2X_2 + \cdots$）。由于我们一直在用传统回归系数，导致过去半个世纪以来人们也一直通过传统系数来考量不同的机器学习技术。如果某种新系数与传统回归系数有类似的特征，那么该系数就通过了第一道"验收线"。如果没有，那么该系数就会受到一定的排斥。讽刺的是，一些机器学习方法在不使用系数的情况下更好地完成了预测。接受全新的无系数模型的障碍正是来自我们熟悉且信任的一些东西。准回归系数法为数据分析师和市场营销人员提供了一个舒适安全、又类似于系数的信息，还能帮他们更好地评估并使用无系数机器学习模型。

  无系数机器学习模型可以很好地应用准回归系数法。最流行的无系数模型之一就是回归树了，例如卡方自动交互检测（CHAID）。回归树有一个独特的"若 – 则 – 否则"的逻辑判断过程，使得人们对其机理一目了然，也使它从麻烦而被忽视的回归系数的缺失中解脱出来。相比之下，大多数机器学习方法，比如人工神经网络（ANN），并没有被广泛接受，就连很多它的支持者也将 ANN 称为黑箱模型。讽刺的是，ANN 确实有系数（实际上是输入层和输出层之间相互连接的权值），但是没有正式将它们转换成类似系数的信息。遗传的 GenIQ 模型没有系数。数值有时是遗传模型的一部分，但它们不是系数——在任何方面都不像系数——只是为了精确预测而进化的遗传物质。

  我们到目前为止所讨论的准回归系数法，在线性和非线性回归模型上都能很好地进行预测。在下一节中，我将举例说明该技术的工作原理，以及如何分析看待非回归、非线性的无系数模型产生的预测结果（如第 40 章中介绍的 GenIQ 模型）。好在，准回归系数法对 ANN 模型和 CHAID 模型，或分类与回归树（CART）模型都是适用的。

无系数模型的准回归系数示例

  我们再次回顾一下第 41 章中编目员 ABC 的例子，他需要根据最近的广告邮件构建合适的回应模型。在我看来，GenIQ 模型（见图 41.3）是进行多元模型（4 变量）回应预测的最佳选择：

  1）DOLLAR_2：2 年内消费总金额（美元）。

  2）PROD_TYP：产品种类数。

  3）RFM_CELL：最近消费 / 消费频率 / 消费金额（1 = 最高，5 = 最低）。

  4）AGE_Y：顾客年龄（1 = 已知，0 = 未知）。

  变量 DOLLAR_2 的 GenIQ 模型偏准回归系数（prob）表及其与 DOLLAR_2 的散点图分别见表 42.8 和图 42.4。回应概率平滑预测值（GenIQ 转换过的概率）与平滑变量 DOLLAR_2 之间的关系显然是非线性的，这很合理，因为 GenIQ 模型本身就是非线性的。这意味着变量 DOLLAR_2 的偏准回归系数（prob）可靠地反映了回应概率的预期变化。对

表 42.8 GenIQ 偏准回归系数（prob）计算：DOLLAR_2

Slice	min_DOLLAR_2	max_DOLLAR_2	med_DOLLAR_2_r	med_DOLLAR_2_r+1	change_DOLLAR_2	med_prb_r	med_prb_r+1	change_prb	quasi-RC (prob)
1	0	50	–	40	–	–	0.031 114 713	–	–
2	50	59	40	50	10	0.031 114 713	0.031 117 817	0.000 003 103	0.000 000 310
3	59	73	50	67	17	0.031 117 817	0.031 142 469	0.000 024 652	0.000 001 450
4	73	83	67	79	12	0.031 142 469	0.031 154 883	0.000 012 414	0.000 001 034
5	83	94	79	89	10	0.031 154 883	0.031 187 925	0.000 033 043	0.000 003 304
6	94	110	89	102	13	0.031 187 925	0.031 219 393	0.000 031 468	0.000 002 421
7	110	131	102	119	17	0.031 219 393	0.031 286 803	0.000 067 410	0.000 003 965
8	131	159	119	144	25	0.031 286 803	0.031 383 536	0.000 096 733	0.000 003 869
9	159	209	144	182	38	0.031 383 536	0.031 605 964	0.000 222 428	0.000 005 853
10	209	480	182	253	71	0.031 605 964	0.032 085 916	0.000 479 952	0.000 006 760

于 DOLLAR_2 的偏准回归系数，我们应该这样理解：第 2 区间的变量最大值和最小值分别为 50 和 59，其偏准回归系数（prob）为 0.000 000 310。0.000 000 310 意味着对于 50 到 59 之间预测变量的每单位变化，回应概率的预期变化都是 0.000 000 310。同样，对于第 3，4，…，10 区间而言，其预期回应概率的变化分别为 0.000 001 450，0.000 001 034，…，0.000 006 760[⊖]。

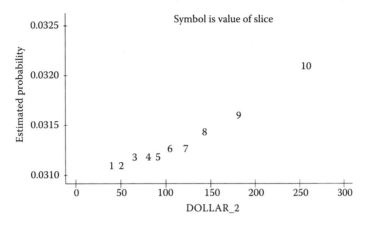

图 42.4　GenIQ 模型：DOLLAR_2 偏准回归系数

变量 PROD_TYP 的 GenIQ 模型偏准回归系数（prob）表及其与 PROD_TYP 的散点图分别见表 42.9 和图 42.5。由于该变量在 3 和 47 之间有许多不同的值，所以我取 20 个区间，以充分利用这个准回归系数散点图的颗粒度。对变量 PROD_TYP 的偏准回归系数（prob）的理解，其实与之前在变量 DOLLAR_2 中的理解如出一辙。但是，准回归系数法的使用有一些替代方案，因此还有以下几个解释：

1）回应概率平滑预测值与变量 PROD_TYP 之间关系的偏准回归系数散点图分为两种形态。对于形态 1，PROD_TYP 变量在 6 到 15 之间取值，回应概率的单位变化可以看作是样本突变掩盖了预期回应的固定变化。被隐藏的预期变化可以由对应于变量 PROD_TYP 在 6 和 15 之间的回应概率的平均单位变化来确定。对于形态 2，PROD_TYP 变量取值大于 15，预期的回应概率变化以非线性的方式递增，再次与之前的情况如出一辙。

2）如果数据分析人员能判断出偏准回归系数（prob）表或 PROD_TYP 散点图中的细节与样本变化之间的关系，则可以使用偏准回归系数（线性）估计值。其值 0.000 024 95 来源于预期回应关于 PROD_TYP 的简单普通回归中的回归系数（分别在第 8 列和第 5 列，表 42.9）。

变量 RFM_CELL 的 GenIQ 模型偏准回归系数（prob）及其 RFM_CELL 散点图分别见表 42.10 和图 42.6。从回应概率平滑预测值与平滑变量 RFM_CELL 的偏准回归系数可以看出，预期回应概率的变化越来越大。回想一下，RFM_CELL 是一个具有相反标度的区间型变量，从 1 = 最好到 5 = 最差。因此，这个变量显然会带来预测概率上的非恒定变化。该图在变量取 4 和 5 处都有双平滑点，预期回应概率是所显示概率的平均值。在变量取 4 时出现孪生点，分别是 0.031 252 和 0.031 137。因此，双平滑预期回应概率为 0.311 945。类似地，在变量取 5 这一点，双平滑预测回应概率是 0.312 04。在理解变量 RFM_CELL 的偏准回归系数（prob）时，我们依然可以引用之前 RFM_CELL 的"每一单位的改变"。

⊖　注意，表 42.6 和表 42.8 中 DOLLAR_2 的最大值不相等。这是因为 GenIQ 模型和 LRM 使用不同的变量，所以它们基于不同的 M 幅度公共区间。

表 42.9 GenIQ 偏准回归系数（prob）计算：PROD_TYP

Slice	min_PROD_TYP	max_PROD_TYP	med_PROD_TYP_r	med_PROD_TYP_r+1	change_PROD_TYP	med_prb_r	med_prb_r+1	change_prob	quasi_RC (prob)
1	3	6	–	6	–		0.031 103	–	–
2	6	7	6	7	1	0.031 103	0.031 108	0.000 004 696	0.000 004 696
3	7	8	7	7	0	0.031 108	0.031 111	0.000 003 381	–
4	8	8	7	8	1	0.031 111	0.031 113	0.000 001 986	0.000 001 986
5	8	8	8	8	0	0.031 113	0.031 113	0.000 000 000	–
6	8	9	8	8	0	0.031 113	0.031 128	0.000 014 497	–
7	9	9	8	9	1	0.031 128	0.031 121	-0.000 006 585	-0.000 006 585
8	9	9	9	9	0	0.031 121	0.031 136	0.000 014 440	–
9	9	10	9	10	1	0.031 136	0.031 142	0.000 006 514	0.000 006 514
10	10	11	10	10	0	0.031 142	0.031 150	0.000 007 227	–
11	11	11	10	11	1	0.031 150	0.031 165	0.000 015 078	0.000 015 078
12	11	12	11	12	1	0.031 165	0.031 196	0.000 031 065	0.000 031 065
13	12	13	12	12	0	0.031 196	0.031 194	-0.000 001 614	–
14	13	14	12	13	1	0.031 194	0.031 221	0.000 026 683	0.000 026 683
15	14	15	13	14	1	0.031 221	0.031 226	0.000 005 420	0.000 005 420
16	15	16	14	15	1	0.031 226	0.031 246	0.000 019 601	0.000 019 601
17	16	19	15	17	2	0.031 246	0.031 305	0.000 059 454	0.000 029 727
18	19	22	17	20	3	0.031 305	0.031 341	0.000 036 032	0.000 012 011
19	22	26	20	24	4	0.031 341	0.031 486	0.000 144 726	0.000 036 181
20	26	47	24	30	6	0.031 486	0.031 749	0.000 262 804	0.000 043 801

表 42.10 GenIQ 偏准回归系数 RC（prob）计算：RFM_CELL

Slice	min_RFM_CELL	max_RFM_CELL	med_RFM_CELL_r	med_RFM_CELL_r+1	change_RFM_CELL	med_prb_r	med_prb_r+1	change_prb	quasi-RC (prob)
1	1	3	–	2	–		0.031 773	–	–
2	3	4	2	3	1	0.031 773	0.031 252	-0.000 521 290	-0.000 521 290
3	4	4	3	4	1	0.031 252	0.031 137	-0.000 114 949	-0.000 114 949
4	4	4	4	4	0	0.031 137	0.031 270	0.000 133 176	–
5	4	5	4	5	1	0.031 270	0.031 138	-0.000 131 994	-0.000 131 994
6	5	5	5	5	0	0.031 138	0.031 278	0.000 140 346	–

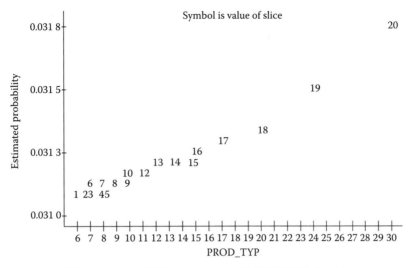

图 42.5　GenIQ 模型：PROD_TYP 偏准回归系数（prob）

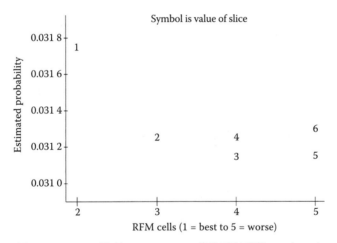

图 42.6　GenIQ 模型：RFM_CELL 偏准回归系数 RC（prob）

　　变量 AGE_Y 的 GenIQ 模型偏准回归系数（prob）表及其与 AGE_Y 的散点图分别见表 42.11 和图 42.7。回应概率平滑预测值与平滑变量 RFM_CELL 之间关系的回归系数散点图呈线性变化。图中，在 AGE_Y = 1 处有双平滑点，其中双平滑的回应概率是所显示概率的平均值。此外，在变量取 1 时出现孪生点，分别是 0.031 234 和 0.031 192。因此，双平滑预期回应概率为 0.312 13。在理解变量 AGE_Y 的偏准回归系数（prob）时，我们依然可以引用之前 AGE_Y 的"每一单位的改变"。

表 42.11　GenIQ 偏准回归系数（prob）计算：AGE_Y

Slice	min_ AGE_Y	max_ AGE_Y	med_ AGE_Y_r	med_AGE_ Y_r+1	change_ AGE_Y	med_ prb_r	med_ prb_r+1	change_ prb	quasi-RC (prob)
1	0	1	–	1	–	–	0.031 177	–	–
2	1	1	1	1	0	0.031 177	0.031 192	0.000 014 687	–
3	1	1	1	1	0	0.031 192	0.031 234	0.000 041 677	–

　　总之，这个例子说明了准回归系数法是如何在一个非回归、非线性的无系数模型上工作

的。准回归系数法为数据分析师和市场营销人员开辟了一条广受欢迎且舒适安全的新道路，可以极大地帮助他们评估和使用像 GenIQ 这样的无系数机器学习模型。

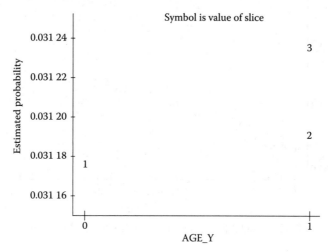

图 42.7　GenIQ 模型：AGE_Y 偏准回归系数（prob）

42.6　本章小结

回归系数是十分重要的，它在市场分析和建模中被广泛使用。建模者和营销人员在分析可靠的回归模型时都会用到回归系数。再次强调，回归系数的可靠性取决于线性统计调整的结果，这样的调整消除了其他变量对预测变量和因变量的影响，自然可以构造两者之间的线性关系。

在没有其他度量方法的情况下，建模者和市场营销人员借助回归系数来评估新的建模方法。对回归系数分析的依赖是比较麻烦的，因为一些较新的方法或模型并没有系数。然而，我后来提出了准回归系数，它在评价和使用无系数模型方面可以给人们提供类似于传统回归系数的信息。此外，在不满足线性假设的情况下，准回归系数可以作为回归系数的一个可靠的无假设替代方案。

我用一个简单的线性回归模型说明了满足线性假设对于准确读取回归系数本身的重要性，以及它对模型预测的影响。通过这些例子，我概述了准回归系数计算方法，将实际回归系数与准回归系数进行比较，两者基本吻合，新方法的可信度得到了验证。

然后我们将准回归系数推广至任意线性、非线性，回归、非回归或任意无系数模型。形式上，预测变量 X 的偏准回归系数是指当其他变量保持不变时 X 单位变化带来的因变量 Y 的预期变化，其值不一定是个常数。通过一个多元逻辑斯谛回归的例子，我比对了偏线性回归系数和偏准回归系数。准回归系数法提供的是一种只有非常熟悉数据的分析师才容易驾驭的替代方法。这主要体现在三个方面：（1）在考虑到区间之间变化在偏准回归系数散点图上的各种情况之后，接受偏准回归系数的值（并不是随机的）；（2）在偏准回归系数散点图验证了线性假设后，接受偏线性回归系数；（3）在偏准回归系数散点图验证了线性假设后，确定可靠的偏准回归系数（线性）估计值。当然，默认的替代方案是在不检验线性假设的情况下直接确定偏准回归系数。

在最后，我介绍了无系数 GenIQ 模型背景下的准回归系数法。该方法在评价和使用无系数的 GenIQ 模型时，提供了舒适且安全地了解系数相关信息的可能。我在第 44 章中给出了用于构建 M 幅度共有区间的 SAS 程序。

第 43 章

文本挖掘：入门、示例及 TXTDM 软件

43.1 引言

　　文本挖掘是指针对文本类数据的挖掘分析。因此，本书中讨论的所有数据挖掘技术、技巧都适用于对词、短语、句子、文档甚至文档正文进行的文本挖掘。在文本挖掘器真正开始工作之前，它们首先需要将文本转换为数字，然后在为研究而收集的文本中提取隐藏信息。

　　本章的目的在于提高文本挖掘技术的用户友好性和可用性。因此，本章有三个目标：第一，作为可读性强的入门资料，简洁而详细地介绍关于文本挖掘技术的组成部分以及进行文本挖掘的基本方式；第二，举例介绍如何对简短而有趣的文本进行挖掘；第三，我会给出名为 TXTDM 的 SAS 子程序，供读者在进行文本挖掘时使用。这些子程序也可以从我的网站 http://www.geniq.net/articles.html#section9 下载。

43.2 背景

　　文本挖掘是针对文本类数据的挖掘分析。在将文本转换为数字之后，本书中讨论的所有数据挖掘技术、技巧都可以用于对词、短语、句子、文档甚至文档正文（简而言之，就是一个"词汇包"[1]）进行文本挖掘。文本挖掘框架可以告诉我们一些普通数据挖掘中没有的术语和概念。在文本挖掘器真正开始工作之前，它们首先需要将文本转换成数字，然后在为研究而收集的文本中提取隐藏信息。

　　奇怪的是，文本这个词的起源告诉了我们文本挖掘中的真正对象是什么。Text（文本）可以追溯到 14 世纪晚期，当时它的含义是"写作时的措辞"⊖。因此，文本挖掘其实就是在写作的过程中研究字词的组合形态及其含义。这一历史悠久的定义再次印证了文本挖掘实际上是"文本数据"挖掘。在 20 世纪 90 年代，文本挖掘应用程序使用的爆炸式增长归因于互联网文本数据量的迅速增长，这些文本数据包括网页、社交媒体、买家评论、博客评论、保险索赔、诊断访谈等。

　　文本挖掘可以理解为以下四种文本处理方式的交集：

- 自然语言处理（NLP）是计算机处理语言中的一个领域。人们开发特定的计算机程序

　　⊖　来自古法语 texte，古代北部法语方言 tixte，" text, book; Gospels"（12th c.）。

来识别各种各样的语言，以英语为主[⊖]。

- 计算语言学（CL）起源于 20 世纪 50 年代的美国，当时美国人尝试使用计算机将外语文本（尤其是俄罗斯学术期刊）自动翻译成英语 [2]。如今，计算语言学正在推动计算机与书面语和口语的相互作用，进一步促进在一本书、一部戏剧或一部电影中两个或两个以上的人之间产生语言、进行对话的过程。
- 信息检索（IR）是一个定位信息资源的过程，这些信息资源与来自其他地方的信息请求相关，可以被个人或组织有效地利用。谷歌可能是至今最好的信息检索引擎。
- 机器学习（ML）是塞缪尔在 1959 年提出的概念，它是一种不需要具体代码就能发掘并利用计算机学习能力的研究领域 [3]。换句话说，机器学习研究的是计算机如何直接从数据中获取知识来学习解决问题的方法。

文本挖掘软件对比：免费版、商业版还是 TXTDM

开始一个文本挖掘项目较困难的部分也许是选择软件。可选的软件有很多，通常分为免费版和商业版两种。至于我提到的 TXTDM 程序属于哪一种，我将在后面进行讨论。

我们应该选择免费的开源软件还是昂贵的商业软件？毕竟人们大多数时候都难以抗拒"免费"这件事，而免费软件，也就是开放源码软件，可以很容易地从互联网上下载。不管是 IT 新手还是专业人士，在安装免费软件时总会碰到很多问题，下载和安装过程中时常出现"下载安装失败""未找到路径""未找到文件""不支持格式""未找到指定的驱动程序"等。

IT 专业人士往往很清楚免费软件不提供直接的技术支持，他们会在软件附带的在线社区中上传自己遇到的问题，而且会很快收获不少回应。但是，真正的问题在于回答的质量。通过这种方式得到的答案大多来自民间专家和志趣相投的"无所不知"的用户，他们只是想让自己对问题"有所帮助"。如果提问者精通系统和架构开发，那么他就能迅速过滤出正确答案，而如果不是，那么他们不仅难以找到有用的答案，还要尝试借助其他途径解决这个问题。相反，对于商业软件而言，这种情况几乎不会出现。如果在软件安装上确实发生了这样的情况，用户可以通过电话、邮件或在线远程访问获得技术支持。佛朗西斯 [4] 提到了在使用免费版和商业版文本挖掘软件时遇到的大量困难。

当开源安装完成后，文本挖掘器会转到文档，这对于大多数用户来说是一个严重的问题，因为它简直就是"一团糟"（https://opensource.com/life/16/2/book-review-how-make-sense-any-mess；http://www.catb.org/esr/writings/taoup/html/documentationchapter.html）。开源的主要价值在于它丰富的特性，尤其是那些效果甚佳的新程序。不幸的是，这些特性没有被很好地文档化，至少对于不熟悉这一领域的用户来说很难得到充分利用。可以这么说，商业软件文档更强调表达函数操作符的参数语法。用户需要解释说明时，可以直接获得技术支持。

最后一点同样重要，免费软件和商业软件的核心区别在于产品的质量。免费软件往往是由理论家们选材开发的。一旦产品完成了初始阶段的开发，开放源码就可以真正地公开给所有不同应用领域和不同知识水平的用户（从专家到热情的新手），以供查看、修改、扩展或转换。所有这些操作现在都可以在不需要对概念的可靠性和数值的准确性进行严格测试的情

⊖ 我曾经和一位盲程序员工作过，他对计算机口述他的统计程序。然后他的计算机会重复一遍程序代码供他审查。这位同事是我一生中遇到过的最难忘记的人。

况下进行。换句话说，开发者没有明确的保证，也不承担责任，用户自行承担使用软件的风险。因此，免费软件的质量是比较值得怀疑的。相比之下，商业软件是由在顶尖大学受过高等教育的专家开发的，他们一直在团队中工作，可以确保闭源软件的质量达到最高。

TXTDM 程序不是免费的，但价格也不算高。它是一个简单、便宜的解决方案，仅使用基本的 SAS 产品来获取文本挖掘应用程序。作为 SAS 平台的必备模块，基础 SAS 产品的价格可称得上便宜了。SAS 已经赢得了全球大量客户的长期信任，这一点非常出色，因为其在起步阶段是比较低调的（由两位年轻的统计学家于 1976 年创建），是首批统计分析大型机包之一。我很推荐需要文本挖掘程序的工程师使用 TXTDM 程序，他们所在的公司大概率是有 SAS 系统的。

基本的文本挖掘程序都有一个核心功能。文本挖掘过程的前端是将非结构化的文本数据集转换为结构化的类似电子表格的数据集，其中列表示个体提到的文字，行表示个体提到（1）或未提到（0）该文字。完成文本到数字的转换之后，生成的数据集就可以作为数据挖掘的"原料"了。

当文本挖掘程序的开发人员开始为他们的应用程序命名时，都会有意无意地将自然语言处理、计算语言学、信息检索和机器学习几种概念的任意组合作为该文本挖掘算法的特征。现有的基础文本挖掘应用程序都有一些非必需的装饰性功能。而 TXTDM 程序是必不可少的文本挖掘分析工具。

43.3　文本挖掘入门

由于文本挖掘是针对文本类数据的挖掘分析，数据挖掘器也就必须首先将文本转换为数字。它们可能没有意识到自己已经通过将类别变量虚拟化（创建哑变量），又将文本数据（即分类数据）转换成了数字。我们可以参考包含"男性""女性"和"未记录"的性别描述变量 GENDER。这里的性别虚拟化涉及创建三个相应的哑变量：

若 GENDER ＝男性，则 MALE = 1，否则 MALE = 0。

若 GENDER ＝女性，则 FEMALE = 1，否则 FEMALE = 0。

若 GENDER ＝未记录，则 NOT_RECORDED = 1，否则 NOT_RECORDED = 0。

注意，所有的统计技术在使用中都会用到一个哑变量，也就是参考变量。

文本挖掘任务的第一步是将非结构化文本（如词、短语、句子和文档）转换成大量的简化类别变量，再创建结构化的数字表。文本到数字转换的这"一小步"，其实是文本挖掘中发现文档隐藏含义的"一大步"。这样一个结构化的数字表就像一个"列"表示文字，"行"表示个体措辞（给定主题下所有可能的措辞）的电子表格。"行"的内容可以是关键字、短语、句子、段落，甚至是整个文档。由所有行组成的文本数据集表示文档的主体，即语料库（corpus）。

在进行文本到数字的转换前，对文字的预处理步骤如下：

1）分词：将一组文本（如短语、句子）分解成单个词的过程，称为分词。

2）停用词：将被过滤掉的词。小词（如 a、an、the、and、I、on、it、in、with、of、am、are 等）会被删除，因为它们所代表的内容或信息几乎没有价值。

3）词干提取：通过分割词尾（如 ly、ed、ing），将单词还原成词干（词根形式）的过程。词干提取可以消除文字之间的语法差别。例如单词 modeling 和 modeled, ing 和 ed 被分割，只剩下词干 model。

词形还原是词干提取的一种巧妙形式，它通过词汇的使用、构词法的分析和词性的变化来消除词尾的曲折变化，使词根保持在原来的语境中。词形还原是自然语言处理的一部分，在基本的文本挖掘过程中不太会被使用。

4）规范化：对文档进行修饰，以确保一次成功地对预处理后的语料库进行文本挖掘。如果不进行修饰，那么就必须人工修复语料库。不管是第一次还是第二次修饰，任何类型的文本挖掘程序——开放程序、商业程序或 TXTDM 程序，都需要在最后一个阶段进行人工修复（以及人工预处理）。

语法和字符是预处理阶段主要关注的问题。

i. 句号和逗号。删除语料库中的几乎所有句号和逗号。可能出现的例外有 Ph.D. 和 PhD。

ii. 删除非字母和数字的字符，如 =、[]、?、@、&、*、!、( )。

iii. 出现拼写错误时要修补（例如 wrods、publisht）。

iv. 词的首字母大写。要确保所有词都是小写的。

v. 我发现，为了尽可能地提高语料库质量，一个看似不重要的单词与一个相关单词之间的连字符是需要额外注意的。这种表示法确保了某个特定的单词短语能传达其价值。后面会有关于连字符的示例。

我们考虑两种结构，一个有前缀，一个没有前缀。如果其中一个包含 yes、no 和前缀（类似于系数），yes 和 no 的低出现频率肯定会导致两者要么从语料库中被删除，要么保留在语料库中，但是这样会造成噪声。

一个不错的技巧是创造并在语料库中添加 "no- 前缀" 和 "yes- 前缀" 这两个词；可见，连字符用在这里的效果是非常出色的。

43.4 与文本相关的统计量

语料库中的词汇包括四个基本统计量：

1）存在 / 不存在：文本挖掘程序初始执行后，词各自占一列，文档[⊖]各自占一行。这些词是哑变量，因此每一行的取值是 1 或 0，取决于该单词是否存在于文档中。

2）词频（TF）：语料库（所有行、所有文档）中统计出的给定词出现的次数，即该词的词频。

a. 如果某个词在文档中经常出现，其词频就会很高。

b. 如果某个词在较短的文档中大量出现，那么这个词的重要性非常高。

c. 如果某个词出现在几乎所有的文档中，那么这个词的重要性非常低。

d. 如果某个词在单一文档中很少出现，那么这个词的重要性很低。

e. 如果某个词在单一文档中经常出现，那么这个词的重要性很高。

3）文档频次（DF）：给定词在多少文档中出现过，就是该词的文档频次。

a. 如果某个词出现在许多文档中，那么这个词的文档频次很高。

b. 如果某个词出现在许多文档中，那么这个词的重要性很低。

⊖ 文档可以是段落、语句或者文档本身——任何写下来的东西都算。

4）词频 – 反转文档频次（TF–IDF）：该统计量通过赋权来衡量某词的重要性，其中涉及词频、文档频次和反转文档频次这几个统计量。TF–IDF 通过标量 IDF 改变来调整 TF。当一个单词出现在许多文档中时，我们认为它是不重要的，反转文档频次降低，甚至可能接近于零。而当某个词相对特别且出现在少数文档中时，反转文档频次会升高，因为该词是很重要的。TF–IDF 的定义见以下方程：

$$IDF(i) = \log(N/(DF(i))) \tag{43.1}$$

其中 i 为第 i 个单词 word(i) 的序号，DF(i) 为所有文档中 word(i) 的出现频次，N 为文档的总字数。

$$TF\text{–}IDF = TF(i)*IDF(i) \tag{43.2}$$

应用式 43.1 中 IDF(i) 的定义可得：

$$TF\text{–}IDF = TF(i)*\log(N/(DF(i))) \tag{43.3}$$

$$如果\ DF(i) = 0，则\ IDF(i) = \log(N)\ 且\ TF\text{–}IDF = TF(i)*\log(N) \tag{43.4}$$

TF–IDF 统计量为文本挖掘人员提供了两种类型的分析思路：要么使用原始词频进行未加权文本挖掘分析，要么使用 TF–IDF 加权文本挖掘分析，以彰显不同词的重要性。

43.5　文本转换中的二进制数据集

文本到数字的转换会产生一个二进制数据集，其中的列是词变量（值为 0 和 1），行是文档（措辞或词的组合）。二进制数据集可以很好地适配几乎所有的统计技术。为了避免急于采用我们最喜欢的技术（假设目标问题是已知的），我们最好谨慎地讨论一下这个给人印象不太深刻的数据集的各项特征。

从文档的大小和数量来看，二进制数据集无论如何都属于大数据。而无论数据集的大小如何，统计方法的实现都不需要语料库知道（负偏差）文本转换中 0 和 1 的含义。然而这不会影响到文本挖掘过程，因为文本挖掘具有高度计算机化处理的优势，可以发现具有不同频率和预测性的词的模式。

二进制数据集的另一个有趣的特性是，几乎所有的值都是 0。也就是说，二进制数据集是稀疏的。同样，与大多数统计技术不同，文本挖掘过程并没有因此受到影响，因为它本身就期望获得并使用稀疏的数据。最后还要注意一点，二进制数据集是没有缺失值的。数据丢失是几乎所有统计方法的最大弱点，但在文本挖掘中不是问题。

考虑到二进制数据集的唯一性和特点，文本挖掘器是否可以像统计分析人员那样快速地分析数据呢？答案是肯定的。然而，时下两个最流行的问题是聚类与预测（或分类）一个连续的（或一类）因变量。在下一节中，我将演示一个使用相同数据进行聚类和预测的新示例。

43.6　TXTDM 文本挖掘程序示例

我将依照第 40 章的 GenIQ 模型来阐述文本挖掘技术。我对 21 个人进行了一项小规模调研，让他们在读完这一章后回答以下问题：你更喜欢哪种模型，是 GenIQ 模型，还是传统的普通最小二乘（OLS）和逻辑斯谛回归（LR）模型？

那么，相应的语料库就由这21条评论构成，我们叫它 TEXT，我在上面写下我的文本。本次文本挖掘任务的目标是：

1）用分类模型估计大家最偏好 GenIQ 模型的概率。在文本挖掘的相关文献中，这种分类模型通常称为文本分类。

2）用聚类模型根据个体对 GenIQ 模型的偏好来进行分组。

注意，为了便于讨论 TXTDM 程序，我使用了一个小数据集，以确保 TXTDM 过程的每个细节都是易于处理且方便理解的。不用说，TXTDM 程序既能方便地兼容大数据，也同样能兼容小数据。

下面，我将分步骤详细讨论 TXTDM 过程的实现：

1）观察含有21个文档的语料库，发现每个文档中大约有10个词（num_vars =10），语料库中没有长度超过25个字母的词（max_varlen = 25）。num_vars 和 max_varlen 这两个参数是将 TEXT 加载到 TXTDM 中必需的元素。

    a. GenIQ Model is a machine-learning model that uses genetic programming.

    b. GenIQ Model has no assumptions, is nonparametric, and black box.

    c. GenIQ Model has no coefficients; therefore, it is uninterpretable.

    d. GenIQ Model is data defining; it does not fit the data.

    e. GenIQ Model is a machine-learning alternative to basic regression.

    f. GenIQ Model automatically does data mining for new variables.

    g. GenIQ Model automatically findings new variables.

    h. GenIQ Model has automatic variable selection for creating new variables.

    i. GenIQ Model requires no data prep.

    j. GenIQ Model optimizes cumlift and the decile table.

    k. GenIQ Model is uninterpretable as it has no coefficients.

    l. OLS and logistic regressions are benchmarks for newer prediction models.

    m. OLS and logistic equations have coefficients.

    n. OLS and logistic are interpretable because they have coefficients.

    o. OLS and logistic are reliable, accurate, and interpretable.

    p. OLS and logistic are not black box and have equations.

    q. OLS and logistic have many variable selection methods.

    r. OLS and logistic require data prep, which is time-consuming.

    s. OLS and logistic require data prep, have coefficients, not black box.

    t. OLS and logistic have coefficients; therefore, they are not black box.

    u. OLS and logistic require data prep, have equations and are not black box.

2）我根据43.3节对语料库进行预处理，修改了以下文字：

a. 我把 GenIQ Model 改为 GenIQModel，把 OLS and logistic 合并为 OLS-Logistic，因为我想把成对的词合并成专有名词。

b. 这两个连接词中的任何一个都可以作为构建分类模型的因变量。为了清晰起见，我选择 GenIQModel 作为因变量，并将其重命名。因变量定义为：如果被采访者更喜欢 GenIQ

而不是 OLS-Logistic 模型，那么 GenIQ_FAVORED=1，见第 40 章对 GenIQ 的描述；否则 GenIQ_FAVORED=0（相当于被采访者因为对 OLS-Logistic 的描述而更喜欢 OLS_Logistic）。

　　c. 我用连字符连接 "no assumption"，因为 "no" 是一个停用词，如果 "no-assumption" 不在语料库中，那么 GenIQ 的这一关键特征（即不需要任何假设）将无法被挖掘到。

　　d. 常见的带有连字符的术语包括：genetic-programming（遗传编程）、no-coefficients（没有系数）、data-defining（数据定义）、not-fitting-data（非拟合数据）、alter-regression（交替回归）、new-variables（新变量）、variable-selection（变量选择）、no-data-prep（无数据预处理）、decile-table（十分位分析表）、newer-prediction（新预测）、yes-equations（有方程）、not-black-box（非黑箱模型）和 no-equations（没有方程）等。

　　3）现在，预处理后的 TEXT 就可以用于文本到数字的转换了。

- a. GenIQModel machine-learning genetic-programming
- b. GenIQModel no-assumptions nonparametric black-box
- c. GenIQModel no-coefficients uninterpretable
- d. GenIQModel data-defining no-fitting-the-data
- e. GenIQModel machine-learning alt-regression
- f. GenIQModel data-mining new-variables
- g. GenIQModel new-variables
- h. GenIQModel variable-selection new-variables
- i. GenIQModel no-data-prep
- j. GenIQModel optimizes cumlift decile-table
- k. GenIQModel uninterpretable no-coefficients
- l. OLS-Logistic benchmarks newer-prediction
- m. OLS-Logistic equations yes-coefficients
- n. OLS-Logistic interpretable yes-coefficients
- o. OLS-Logistic reliable accurate interpretable
- p. OLS-Logistic not-black-box yes-equations
- q. OLS-Logistic variable-selection
- r. OLS-Logistic data-prep time-consuming
- s. OLS-Logistic data-prep yes-coefficients not-black-box
- t. OLS-Logistic yes-coefficients not-black-box
- u. OLS-Logistic data-prep yes-equations not-black-box

　　4）通过运行附录 43.A 中的子程序，我将预处理过的 TEXT 加载到了 TXTDM 中，输出结果见表 43.1。

　　5）下一步是通过运行附录 43.B 中的子程序来创建二进制词作为中间步骤，输出结果见表 43.2。这里显示了语料库中的所有单词，其中包含一个与其对应的带前缀 _COL1 的单词（例如，_COL1GenIQModel=GenIQModel）。

　　6）将表 43.2 中的结果除最后两个变量 _COL1 和 ID 之外按原样复制，再将其（在 &varlist= 之后）粘贴到附录 43.C 的下一个子程序中。

　　7）通过重新运行附录 43.C 中的子程序来创建最终的二进制词。输出结果见表 43.3，其中也包含了最后一组词。有两点要注意：（1）变量 ID 和 _COL1 这次没有被排除在外，（2）这个子程序用来把原本连字符连接的词替换为用下划线连接的词（例如，yes_coefficients 替换了 yes-coefficients）。

在复制结果中的词时，一定要确保剔除 ID 和 _COL1 两个变量。因此，最终我们得到的词如表 43.4 所示。注意，变量 GenIQ_FAVORED 是由 GenIQModel 和 OLS_Logistic 确定的因变量，因此这两个变量不该出现在最终结果里。

8）通过运行附录 43.D 中的子程序计算文本挖掘的基本统计信息。词频、文档频次、文档数量和词数量记录在表 43.5 ～ 表 43.7 中。注意，此子程序用来从数据集 TEXT 中创建一个小数据集 WORDS。

9）运行附录 43.E 中的子程序，为分类模型添加因变量 GenIQ_FAVORED。回想一下，GenIQ_FAVORED 的值是从步骤 2 中得到的。

表 43.1　TEXT 数据集

ID	c01	c02	c03	c04	c05	c06	c07	c08	c09	c10
1	GenIQModel	machine-learning	genetic-programming							
2	GenIQModel	no-assumptions	nonparametric	black-box						
3	GenIQModel	no-coefficients	uninterpretable							
4	GenIQModel	data-defining	no-fitting-the-data							
5	GenIQModel	machine-learning	alt-regression							
6	GenIQModel	data-mining	new-variables							
7	GenIQModel	new-variables								
8	GenIQModel	variable-selection	new-variables							
9	GenIQModel	no-data-prep								
10	GenIQModel	optimizes	cumlift	decile-table						
11	GenIQModel	uninterpretable	no-coefficients							
12	OLS-Logistic	benchmarks	newer-prediction							
13	OLS-Logistic	equations	yes-coefficients							
14	OLS-Logistic	interpretable	yes-coefficients							
15	OLS-Logistic	reliable	accurate	interpretable						
16	OLS-Logistic	not-black-box	yes-equations							
17	OLS-Logistic	variable-selection								
18	OLS-Loglstlc	data-prep	time-consuming							
19	OLS-Logistic	data-prep	yes-coefficients	not-black-box						
20	OLS-Logistic	yes-coefficients	not-black-box							
21	OLS-Logistic	data-prep	yes-equations	not-black-box						

表 43.2　中间二进制词日志

224 %put &varlist;

_COL1GenIQModel=GenIQModel_COL1OLS_Logistic=OLS_Logistic_COL1accurate= accurate

_COL1alt_regression=alt_regression_COL1benchmarks=benchmarks_COL1black_box=black_box

_COL1cumlift=cumlift_COL1data_defi ning=data_defi ning_COL1data_mining=data_mining

_COL1data_prep=data_prep_COL1decile_table=decile_tab1e_COL1equations=equations

_COL1genetic_programming=genetic_programming_COL1interpretable=interpretable

_COL1machine_learning=machine_learning_COL1new_variables=new_variables

_COL1newer_prediction=newer_prediction_COL1no_assumptions=no_assumptions

（续）

_COL1no_coeffi cients=no_coeffi cients_COL1no_data_prep=no_data_prep
_COL1no_fi tting_the_data=no_fi tting_the_data_COL1nonparametric=nonparametric
_COL1not_black_box=not_black_box_COL1optimizes=optimizes_COL1reliable=reliable
_COL1time_consuming=time_consuming_COL1uninterpretabIe=uninterpretable
_COL1variable_selection=variable_selection_COL1yes_coeffi cients=yes_coeffi cients
_COL1yes_equations=yes_equations_COL1=ID=

表 43.3　最终的二进制词日志

GLOBAL VARLIST GenIQModel ID OLS_Logistic_COL1 accurate alt_regression benchmarks black_box
cumlift data_defi ning data_mining data_prep/decile_table equations genetic_programming
interpretable machine_learning new_variables newer_prediction no_assumptions no_coeffi cients
no_data_prep no_fi tting_the_data nonparametric not_black_box optimizes reliable time_consuming
uninterpretable variable_selection yes_coeffi cients yes_equations

表 43.4　最终得到的词表

GenIQModel	cumlift	genetic_programming	no_coefficients	reliable
OLS_Logistic	data_defining	interpretable	no_data_prep	time_consuming
accurate	data_mining	machine_learning	no_fitting_the_data	uninterpretable
alt_regression	data_prep	new_variables	nonparametric	variable_selection
benchmarks	decile_table	newer_prediction	not_black_box	yes_coefficients
black_box	equations	no_assumptions	optimizes	yes_equations

附录 43.F 中的子程序针对因变量 GenIQ_FAVORED 与经由 GenIQ 模型的特性（未显示，见第 8 个受访者的评论）选择出的词进行了逻辑斯谛回归分析。无法使用 GenIQ 模型的文本挖掘器显然使用了自己首选的变量选择方法。这一逻辑斯谛回归分析定义了 GenIQ_FAVORED 模型，结果如表 43.8 所示。

很明显，最大似然估计量表明模型是有问题的，因为所有概率值（最后一列 Pr > ChiSq）都等于或接近 1.0。因为所有的词都并不重要，所以模型自然会有问题。从数学角度来看，模型输出值的毫无疑义也佐证了这一点，即存在"数据完全分离"。这不是一个错误提示，其意义是：（1）模型完美地预测了所有组的观察值；（2）最大似然估计量并不是唯一的，模型的拟合也存在问题。其实，这种情况在逻辑斯谛回归中很常见，正如我们示例中的情况一样出现在带有二进制预测变量的小数据集上。

完全分离的数据并不妨碍模型具有实际使用价值。大型数据集也可以是完全分离的。与小型数据集不同，大型数据集的规模决定了实际上不太可能检测到分离，而小型数据集的分离有时很明显。在这种情况下，上述那种完美的模型是有意义的，因为它可以提示建模者存在这种分离情况，建模者也可以利用这些信息改进候选预测变量集的质量。

当分离被检测到时，有几种常见的解决方案。一个是标准误差较大的预测变量往往是罪魁祸首，在建模过程中应该排除这类预测变量。另一个是将一些二值预测变量进行合并，主要在当所有观测值都为 0（或 1），或没有观察值为 0（或 1）时，某一个变量的期望观察值为 0（或 1）。此外，如果出现了完全分离的情况，那么可能意味着至少有一个预测变量是重复的，或有个与因变量名字不同但却相似的变量。所以，识别并移除重复的预测变量能帮助我们获得更加可靠的候选预测变量集。

表 43.5　词次

词 \ ID	1	2	3	4	5	6	7	8	9	10	11	12	13	14	15	16	17	18	19	20	21
yes equations	0	0	0	0	0	0	0	0	0	0	0	0	0	0	0	1	0	0	0	0	1
yes coefficients	0	0	0	0	0	0	0	0	0	0	1	1	0	0	0	0	0	1	1	0	0
variable selection	0	0	0	0	0	0	0	1	0	0	0	0	0	0	0	0	1	0	0	0	0
uninterpretable	0	0	1	0	0	0	0	0	0	1	0	0	0	0	0	0	0	0	0	0	0
time consuming	0	0	0	0	0	0	0	0	0	0	0	0	0	0	0	0	0	1	0	0	0
reliable	0	0	0	0	0	0	0	0	0	0	0	0	0	0	1	0	0	0	0	0	0
optimizes	0	0	0	0	0	0	0	0	0	0	0	1	0	0	0	0	0	0	0	0	0
not black box	0	0	0	0	0	0	0	0	0	0	0	0	0	0	0	0	1	0	0	1	1
non parametric	0	1	0	0	0	0	0	0	0	0	0	0	0	0	0	0	0	0	0	0	0
no fitting the data	0	0	0	1	0	0	0	0	0	0	0	0	0	0	0	0	0	0	0	0	0
no data prep	0	0	0	0	0	0	0	0	0	0	1	0	0	0	0	0	0	0	0	0	0
no coefficients	0	0	1	0	0	0	0	0	0	0	1	0	0	0	0	0	0	0	0	0	0
no assumptions	0	1	0	0	0	0	0	0	0	0	0	0	0	0	0	0	0	0	0	0	0
newer prediction	0	0	0	0	0	0	0	0	0	0	0	0	1	0	0	0	0	0	0	0	0
new variables	0	0	0	0	1	0	0	1	0	0	0	0	0	0	0	0	0	0	0	0	0
machine learning	1	0	0	1	0	0	0	0	0	0	0	0	0	0	0	0	0	0	0	0	0
interpretable	0	0	0	0	0	0	0	0	0	0	0	0	0	0	1	0	1	0	0	0	0
genetic programming	1	0	0	0	0	0	0	0	0	0	0	0	0	0	0	0	0	0	0	0	0
equations	0	0	0	0	0	0	0	0	0	0	0	0	0	0	0	1	0	0	0	0	0
decile table	0	0	0	0	0	0	0	0	0	0	0	1	0	0	0	0	0	0	0	0	0
data prep	0	0	0	0	0	0	0	0	0	0	0	0	0	0	0	0	0	1	0	0	1
data mining	0	0	0	0	1	0	0	0	0	0	0	0	0	0	0	0	0	0	0	0	0
data defining	0	0	0	1	0	0	0	0	0	0	0	0	0	0	0	0	0	0	0	0	0
cumlift	0	0	0	0	0	0	0	0	0	0	0	1	0	0	0	0	0	0	0	0	0
black box	0	1	0	0	0	0	0	0	0	0	0	0	0	0	0	0	0	0	0	0	0
benchmarks	0	0	0	0	0	0	0	0	0	0	0	0	1	0	0	0	0	0	0	0	0
alt regression	0	0	0	0	1	0	0	0	0	0	0	0	0	0	0	0	0	0	0	0	0
accurate	0	0	0	0	0	0	0	0	0	0	0	0	0	0	0	1	0	0	0	0	0
OLS Logistic	0	0	0	0	0	0	0	0	0	0	1	0	1	1	1	1	1	1	1	1	1
GenIQ Model	1	1	1	1	1	1	1	1	1	1	1	0	0	0	0	0	0	0	0	0	0

表 43.6　文档频次

词项	文档频次
yes equations	2
yes coefficients	4
variable selection	2
uninterpretable	2
time consuming	1
reliable	1
optimizes	1
not black box	4
non parametric	1
no fitting the data	1
no data prep	1
no coefficients	2
no assumptions	1
newer prediction	1
new variables	3
machine learning	2
interpretable	2
genetic programming	1
equations	1
decile table	1
data prep	3
data mining	1
data defining	1
cumlift	1
black box	1
benchmarks	1
alt regression	1
accurate	1
OLS Logistic	10
GenIQ Model	11

表 43.7   文档和词数量

文档数量	词数量
21	30

表 43.8   GenIQ_FAVORED 模型的最大似然估计

参数	自由度	估计值	标准误差	Wald 卡方值	Pr > ChiSq
截距	1	−9.206 5	172.9	0.002 8	0.957 5
data_prep	1	7.3E-17	99.819 4	0.000 0	1.000 0
time_consuming	1	−442E-16	223.2	0.000 0	1.000 0
accurate	1	8.32E-16	172.9	0.000 0	1.000 0
yes_coefficients	1	3.22E-16	99.819 4	0.000 0	1.000 0
not_black_box	1	−435E-16	193.3	0.000 0	1.000 0
interpretable	1	−42E-15	223.2	0.000 0	1.000 0
equations	1	−42E-15	223.2	0.000 0	1.000 0
benchmarks	1	−455E-16	199.6	0.000 0	1.000 0
machine_learning	1	18.412 8	199.6	0.008 5	0.926 5
no_assumptions	1	18.412 8	199.6	0.008 5	0.926 5
no_data_prep	1	18.412 8	199.6	0.008 5	0.926 5
no_coefficients	1	18.412 8	186.7	0.009 7	0.921 5
data_defining	1	18.412 8	199.6	0.008 5	0.926 5
data_mining	1	−114E-18	141.1	0.000 0	1.000 0
variable_selection	1	−269E-16	141.1	0.000 0	1.000 0
new_variables	1	18.412 8	141.2	0.017 0	0.896 2
alt_regression	1	3.9E-16	141.1	0.000 0	1.000 0
累积提升度	1	18.412 8	199.6	0.008 5	0.926 5

对于像 WORDS 这样的小数据集，完全的分离是不太容易的。生成一个完全分离的模型并不会使数据中的信息失效。GenIQ_FAVORED 模型在引入 WORDS 数据集之后仍然有效。

我们通过应用附录 43.E 中的子程序得到了表 43.9 中记录的 WORDS 数据集。它包含了那些定义了模型的词和相应的受访者，即表 43.9 中第 3 列到最后一列的部分。实际的和预测的 GenIQ_FAVORED 值分别位于最后两列中，即 GenIQ_FAVORED 和 GenIQ_FAVORED 概率值。

从经验上看，记录下来的 WORDS 数据集证实了数据的完全分离，即 GenIQ_FAVORED 概率值为 0.099 90 和 0.000 10，分别对应于更喜欢 GenIQ 模型和更喜欢最小二乘逻辑斯谛回归模型的受访者。简而言之，如果我们在第 11 位受访者那一行分割开来，就可以清楚地看到数据的完全分离。GenIQ_FAVORED 模型的完全分离并不影响文本挖掘技术的可用性。我们会看到，后续的分析与模型是否完美没有什么必然的联系。

补充一下上述的经验法则：模型中预测变量太多会导致多重共线性，这是回归模型中预测变量高度相关时会出现的一种情况，我会试探性地确定二进制词是否导致模型共线性。通过运行附录 43.G 中的子程序，我计算了模型中不同词的平均相关系数。结果是，平均相关系数较低，为 0.107 22，说明该模型并不存在多重共线性问题。

表 43.9　GenIQ_FAVORED 模型打分的 WORDS 数据集

time consuming / data prep	accurate	yes / coefficients	not / blackbox	interpretable	equations	benchmarks	machine learning	no / assumptions	no / data prep	no / coefficients	data / defining	data / mining	variable / selection	new / variables	alt / regression	cumlift	ID	GenIQ FAVORED	Prob GenIQ FAVORED
0	0	0	0	0	0	0	0	1	0	0	0	0	0	0	0	0	1	1	0.999 90
0	0	0	0	0	0	0	0	0	1	0	0	0	0	0	0	0	2	1	0.999 90
0	0	0	0	0	0	0	0	0	0	1	0	0	0	0	0	0	3	1	0.999 90
0	0	0	0	0	0	0	0	0	0	0	1	0	0	0	0	0	4	1	0.999 90
0	0	0	0	0	0	0	1	0	0	0	0	0	0	0	1	0	5	1	0.999 90
0	0	0	0	0	0	0	0	0	0	0	0	1	0	1	0	0	6	1	0.999 90
0	0	0	0	0	0	0	0	0	0	0	0	1	0	0	0	0	7	1	0.999 90
0	0	0	0	0	0	0	0	0	0	0	0	0	1	1	0	0	8	1	0.999 90
0	0	0	0	0	0	0	1	0	0	0	0	0	0	0	0	0	9	1	0.999 90
0	0	0	0	0	0	0	0	0	1	0	0	0	0	0	0	0	10	1	0.999 90
0	0	0	0	0	0	0	0	0	0	1	0	0	0	0	0	0	11	1	0.999 90
0	0	0	0	0	0	1	0	0	0	0	0	0	0	0	0	0	12	0	0.000 10
0	0	0	1	0	1	0	0	0	0	0	0	0	0	0	0	0	13	0	0.000 10
0	0	0	1	0	1	0	0	0	0	0	0	0	0	0	0	0	14	0	0.000 10
0	0	1	0	0	1	0	0	0	0	0	0	0	0	0	0	0	15	0	0.000 10
0	0	0	1	0	0	0	0	0	0	0	0	0	0	0	0	0	16	0	0.000 10
0	0	0	0	0	0	0	0	0	0	0	0	0	0	0	0	0	17	0	0.000 10
1	1	0	0	0	0	0	0	0	0	0	0	0	0	0	0	0	18	0	0.000 10
1	0	0	1	1	0	0	0	0	0	0	0	0	0	0	0	0	19	0	0.000 10
0	0	0	1	1	0	0	0	0	0	0	0	0	0	0	0	0	20	0	0.000 10
1	0	0	0	1	0	0	0	0	0	0	0	0	0	0	0	0	21	0	0.000 10

43.7　对文本挖掘模型 GenIQ_FAVORED 的分析

正如前面所讨论的，文本挖掘模型 GenIQ_FAVORED 完美地预测了受访者更喜欢 GenIQ 模型的可能性，其概率为 0.999 90。同样，该模型完美地预测了受访者相比之下没有更喜欢 GenIQ 模型的可能性，概率为 0.000 10。接下来就是对 GenIQ_FAVORED 模型的文本挖掘分析，模型来自表 43.9 中记录的 WORDS 数据集中的文字形态。

43.7.1　用文字描述更喜欢 GenIQ 模型的受访者

首先，我选择考察那些更喜欢 GenIQ 模型的受访者，从第 1 号到第 11 号。我利用稀疏表快速计算出：（1）每个受访者使用的词的数量；（2）每个词分别被几个受访者使用过。所有喜欢 GenIQ 的受访者都只分别用到一个词，这就说明，他们认为 GenIQ 模型拥有某种与众不同的特点。例如，从使用的词数来看，1 号受访者将 GenIQ 模型视为一个机器学习模型；2 号受访者认为 GenIQ 模型是一个不需要假设的模型，这个观点与 1 号受访者是一致的，因为 GenIQ 机器学习模型本身就无须任何假设条件。

从受访者的数量来看，有 3 个受访者都提到了一个词：new-variables；有两个受访者（不同但有重叠）提到了两个词：machine-learning 和 no-coefficients；6 个受访者（不同但有重叠）在 no-assumptions、no-data-prep、data-defining、data-mining、variable-selection、alt-regression 以及 cumlift 之中提到了一个词。更喜欢 GenIQ 模型的所有受访者都没有提到其余的 8 个词。

为了建立 GenIQ 模型的描述性档案，我考察了前 11 位受访者使用的所有词（排除了连字符，以保持语法正确）。那些相比之下更喜欢 GenIQ 模型的人的总体情况是：

　　GenIQ 模型是一个可替代最小二乘和逻辑斯谛回归模型的机器学习回归模型。GenIQ 模型可以优化累积提升度，而其他两个模型分别优化了均方误差和对数似然函数。因此，对于那些性能很依赖累积提升度的模型或程序，GenIQ 模型无疑是首选。作为一种使用遗传编程机器学习方法，GenIQ 模型没有假设，没有系数，也无须数据预处理，可以自动地让数据塑造模型，而其他两种模型是做不到的。此外，作为一种数据定义方法，GenIQ 模型具有独特的数据挖掘功能，可以自动执行变量选择，当然也包括创建新变量。

综上所述，针对更喜欢 GenIQ 模型的受访者的分析表明，文本挖掘非常准确地捕捉了使得 GenIQ 模型成为两种传统模型的独特机器学习替代品的基本特征。分析的过程只使用了语料库 30 个词中的 10 个（从第 1 行第 9 列的机器学习开始首次出现 "1"，见表 43.9）。

43.7.2　用文字描述更喜欢其他两种模型的受访者

接下来，我考察了更喜欢其他两种模型的第 12 位到第 21 位受访者。我借助稀疏表快速计算出：（1）每个受访者使用的词的数量；（2）每个词分别被几个受访者使用过。12、16 和 17 号受访者分别因为 benchmarks、not-a-black-box 和 variable-selection 而喜欢这两个模型。每个词都代表了他们认为模型有这些显著特征。其中，受访者 19 提到了三个词：data-prep、yes-coefficients、not-black-box。剩下的 6 名受访者提到了 yes-coefficients、equations、accurate、data-prep、time-consuming 中的两个词。

从受访者的数量来看，有 4 个受访者（不同但有重叠）使用了两个词：yes-coefficients 和 not-black-box。3 位受访者用到了一个词：data-prep。两位受访者使用了一个词：interpretable。5 个受访者（不同但有重叠）提到了 time-consuming、accurate、equations、benchmarks、variable-selection 中的一个词。

为了构建基于文本的最小二乘 – 逻辑斯谛回归模型，我考察了第 10 位到第 21 位受访者用到的所有词汇。与 GenIQ 模型相比，那些更喜欢最小二乘 – 逻辑斯谛回归模型的受访者的总体情况如下：

最小二乘模型和逻辑斯谛回归模型是此类技术的基准。它们都是由普通方程中的系数决定的传统方法，这使得模型具有高度的可解释性，而不像没有系数的黑箱模型 GenIQ。因此，这两个模型都不是黑箱模型，它们的显著特征是精确的点估计和多重变量选择方法（例如向前、向后、逐步和 R 平方）。但这种模型的一个众所周知的弱点是强制性的数据预处理，耗时较多。

更喜欢最小二乘 – 逻辑斯谛回归模型的受访者对这两种传统模型进行了简洁的叙述。分析中使用了 30 个词中的 8 个（前 7 个词来自后面 10 个受访者，变量选择在第 16 列，见表 43.9），当然，与更喜欢 GenIQ 模型的情况相比确实有所不同。

最后，我建议那些专注于新方法的新手文本挖掘者，不要忘记进行适当的尽职调查：与普通数据挖掘一样，文本挖掘也需要对模型进行适当的训练，还要使用样本内保留数据集和样本外数据集进行验证。

43.8　对 TXTDM 程序加权

我给出的加权 TXTDM 子程序见附录 43.H ～附录 43.L。

我们从式 43.1 ～式 43.4 可以看出，加权能反映不同字词的重要性。然而，因为 WORDS 数据集较小，加权对小文本的影响与未加权文本挖掘的效果差不多。

43.9　文档聚类

对于 GenIQ_FAVORED 的文本分类模型，其目标是估计 GenIQ_FAVORED 等于 1 或等于 0 的概率。因为 WORDS 数据集中有一个额外的列用来指出文档 / 行的已知类别（在 GenIQ_FAVORED 模型中相当于受访者），所以我们在文本挖掘一开始就可以掌握文本的分类方式。

另一种可能比文本分类更受欢迎的文本挖掘分析是文档聚类。它的目的在于确定文档所属的类（类别）的数量。与文本分类不同，文档聚类试图在文字数据集额外添加一列来表示类。因此，文档聚类可以将每个文档分配至未覆盖的其中一类里。

GenIQ 调研文档聚类

我用文本分类模型中使用的 GenIQ 抽样调研来解释一下文档的聚类过程。聚类方法很多，其中一个众所周知且经常被使用的就是 k 均值法。k 均值算法的目标是将 p 维样本分成 k 个集群，使集群内的平方和最小化。它被广泛地用于文档聚类，是相对高效的方法之一。不过，我自己并没有用 k 均值法进行数据挖掘。

我喜欢用斜交主成分分析法对变量进行直接聚类，这种方法通过运行一个简短的子程序就可以方便地将文档分配至不同的集群（段）。在此，我使用 SAS 里的 Proc VARCLUS 程序，并将应用程序称为 TXTCLUS。我将逐步详细说明如何实现集群化文档 TXTCLUS，以构建集群化 GenIQ 抽样调研文档模型。为了清晰起见，我重申一次我们的目标：根据受访者（文档）对模型的偏好对其进行分组。

1）我从 GenIQ_FAVORED 的文本分类模型第 8 步中的 WORDS 数据集入手。

2）我简要说明了 VARCLUS 算法，然后运行 TXTCLUS 子程序，输出 TXTCLUS 模型作为结果，并对其进行分析。

VARCLUS 程序将一组数值变量（词）划分为互斥集群。每个集群都是集群中变量的一个线性组合，实际上是一个主成分。集群的不同部分是斜交的（即各成分相关）。相比之下，普通主成分分析生成的结果是在考虑所有变量的前提下计算出来的，且各主成分之间不相关。

因此，VARCLUS 算法属于斜主成分分析。它可以创建一个输出数据集（"coef"来自代码 outstat=coef，可以在附录 43.N 的子程序中找到）。数据集 coef 与 SAS SCORE 程序一同用于计算每个集群中不同部分的得分。在下一步中，得分用于将每个文档分配至相应的集群，从而有效地将额外的一列 SEGMENT 添加至数据集 WORD_NLBS 中。WORD_NLBS 与 WORDS 是相同的，只是简化了词句。使用长标签显示 VARLCUS 的输出结果将增加表格读取的难度。

3）我将 VARCLUS 与数据集 WORDS 一同作为输入数据，并根据数据集的内容将分类的数量设置为两个（即寻求两组解决方案）。我随即运行了带有 7 个词的双集群解决方案的子程序 VARCLUS。这 7 个词的集合是执行几次迭代运行的结果，删除了那些具有 R 平方值较小的词，我在表 43.10 的最终 VARCLUS 解决方案中进一步说明了 R 平方这一统计量。如下所述，我将继续使用数据集 WORD_NLBS 而不是 WORDS 进行分析。

表 43.10 WORD_NLBS 数据集 VARCLUS 2 类解决方案

集群	变量	集群 R 平方		
		本集群	下一个最接近 R 平方	$1-R^2$ 比率
Cluster 1	data_prep	0.372 6	0.014 8	0.636 8
	yes_coefficients	0.320 7	0.020 9	0.693 8
	not_black_box	0.518 8	0.020 9	0.491 4
	data_mining	0.324 4	0.004 4	0.678 6
	new_variables	0.454 8	0.014 8	0.553 4
Cluster 2	machine_learning	0.844 6	0.005 9	0.156 3
	alt_regression	0.844 6	0.002 8	0.155 8

在表 43.10 中，VARCLUS 输出结果的 R 平方值如下所示：

1）在第一列中，"集群"表示集群 1 和集群 2。

2）在第二列中，"变量"（在这里指词）表示该集群由哪些词组成。集群 1 由 data-prep、yes-coefficients、not-black-box、data-mining 和 new-variables。集群 2 由 machine-learning 和 alt-regression 组成。

3）第三列的"集群 R 平方"指某个词与集群组成部分相关系数的平方值。

4）第四列，"下一个最接近 R 平方"是次高的某个词与集群组成部分相关系数的平方值。

5）"本集群"的值应该高于任何其他集群的 R 平方。如果集群之间保持了一定距离，那么"下一个最接近 R 平方"值应该较低。

6）最后一列"$1-R^2$ 比率"是 1 —"本集群"值，除以 1 —"下一个最接近 R 平方"值。我们可以以集群 1 的数据预处理为例：

a. 本集群 $1-R^2=0.6274$（$=1-0.3726$）

b. 下一个最接近 R 平方 $1-R^2=0.9852$（$=1-0.0148$）

c. $1-R^2$ 比率 $=0.6368$（$=0.6274/0.9852$）

7）较低的 $1-R^2$ 比率表示集群之间被很好地分离开来，说明该聚类方案效果良好。

8）对于集群 1，$1-R^2$ 比率（0.6368、0.6938、0.4914、0.6786 和 0.5534）表示集群 1 的结构还算比较好，因为该比率的值比较适中。

9）对于集群 2，$1-R^2$ 比率（0.1563 和 0.1558）表示集群 2 的结构（取决于定义它的两个词）是好的，因为该比率的值很低。

10）一定不要忘记，上述操作是以小数据集为对象的。因此，GenIQ 抽样调研文档的聚类效果总体良好。

下一步是评估集群的内容。集群 1 由 data_prep、yes_coefficients、not_black_box、data_mining 和 new_variables 组成。集群 1 似乎并不代表更喜欢最小二乘 - 逻辑斯谛回归模型的受访者，因为 data_mining 和 new_variables 两个关键词显然不是最小二乘模型和逻辑斯谛回归模型的特征。集群 2 包含 machine_learning 和 alt_regression 两个关键词，明显反映了更喜欢 GenIQ 的受访者。考虑到集群 1 的内容问题，我们该如何解释此聚类方案的效果？

R 平方值的标准结果使我们很难对集群 1 进行全面的评估，因为这些值没有指明词汇及其集群之间的相关性情况。因此，我们需要一个词和它的集群之间的相关系数。相关系数的计算必须遵循聚类的得分高低。我运行了附录 43.O 中的子程序，但是在讨论 data_mining 和 new_variables 这两个关键词与集群 1 的相关性之前，无须关注输出结果。

我运行了附录 43.P 中的子程序，判断 data_mining 和 new_variables 之间的关系符号是否正确（即两者之间的相关关系正负号是否正确）。表 43.11 的结果表明，data_mining 和 new_variables 与集群 1 之间存在负相关关系。因此，与集群 1 相关的五个词将其定义为了表示更喜欢最小二乘 - 逻辑斯谛回归模型的受访者；集群 2 代表了喜欢 GenIQ 模型的受访者。在最后的分析中，集群 1 是关于最小二乘 - 逻辑斯谛回归模型的，集群 2 是关于 GenIQ 模型的。

表 43.11　字词与集群 1 的相关系数

排序	字词	相关系数
1	not_black_box	0.720 3
2	data_prep	0.610 4
3	yes_coefficients	0.566 3
4	data_mining	−0.569 6
5	new_variables	−0.674 4

现在，我要回顾对 WORD_NLBS 数据集进行评分的结果。表 43.12 是输出结果的第一部分，它向数据集中添加了两列，集群 1（Clus1）和集群 2（Clus2），作为两个集群的得分。哪个得分高，受访者就被分到哪个集群。例如，受访者 1 的 Clus1 $=-0.23$，Clus2 $= 1.52$，那么，他就会被分配到集群 2 中（更喜欢 GenIQ 模型），说明受访者 1 是被正确分类的。而受访者 2 的集群得分为 Clus1 $=-0.23$ 和 Clus2 $=-0.29$，那么他就会被分配到集群 1 中（更喜欢最小二乘 - 逻辑斯谛回归模型），但他实际上是更喜欢 GenIQ 模型的（GenIQModel = 1），因此，受访者 2 就被错误分类了。我会讨论一下受访者 2 及其他人被错误分类的原因。

表 43.13 中的第二个输出结果只是用 WORD_NLBS 数据集中的 SEGMENT 替换了 Clus1 和 Clus2 两列。

分析聚类方案的性能具有一定的指导意义。第 11 号到第 21 号受访者属于集群 1，即更喜欢最小二乘 - 逻辑斯谛回归模型的人。他们都是被正确分配的，因为 GenQIModel = 0（相当于 OLS_Logistic = 1），因此 Clus1 部分的准确率为 100%。

表 43.12 WORD_NLBS 数据集 VARCLUS 评分

data_prep	yes_coeffi cients	not_black_ box	data_mining	new_variables	machine_learning	alt_regression	Clus1	Clus2	ID	GenIQ Model
0	0	0	0	0	1	0	-0.23	1.52	1	1
0	0	0	0	0	0	0	-0.23	-0.29	2	1
0	0	0	0	0	0	0	-0.23	-0.29	3	1
0	0	0	0	0	0	0	-0.23	-0.29	4	1
0	0	0	0	0	1	1	-0.23	4.01	5	1
0	0	0	1	1	0	0	-2.49	-0.29	6	1
0	0	0	0	1	0	0	-1.18	-0.29	7	1
0	0	0	0	1	0	0	-1.18	-0.29	8	1
0	0	0	0	0	0	0	-0.23	-0.29	9	1
0	0	0	0	0	0	0	-0.23	-0.29	10	1
0	0	0	0	0	0	0	-0.23	-0.29	11	1
0	0	0	0	0	0	0	-0.23	-0.29	12	0
0	1	0	0	0	0	0	0.48	-0.29	13	0
0	1	1	0	0	0	0	0.48	-0.29	14	0
0	0	0	0	0	0	0	-0.23	-0.29	15	0
0	0	0	0	0	0	0	0.67	-0.29	16	0
0	0	0	0	0	0	0	-0.23	-0.29	17	0
1	0	1	0	0	0	0	0.62	-0.29	18	0
1	1	1	0	0	0	0	2.23	-0.29	19	0
0	1	1	0	0	0	0	1.38	-0.29	20	0
1	0	1	0	0	0	0	1.52	-0.29	21	0

表 43.13　得分 WORD_NLBS 数据集附加 SEGMENT

data_prep	yes_coeffi cients	not_black_ box	data_mining	new_variables	machine_learning	alt_regression	SEGMENT	ID	GenIQ Model
0	0	0	0	0	1	0	Clus2	1	1
0	0	0	0	0	0	0	Clus1	2	1
0	0	0	0	0	0	0	Clus1	3	1
0	0	0	0	0	0	0	Clus1	4	1
0	0	0	0	0	1	1	Clus2	5	1
0	0	0	1	1	0	0	Clus2	6	1
0	0	0	0	1	0	0	Clus2	7	1
0	0	0	0	1	0	0	Clus2	8	1
0	0	0	0	0	0	0	Clus1	9	1
0	0	0	0	0	0	0	Clus1	10	1
0	0	0	0	0	0	0	Clus1	11	1
0	0	0	0	0	0	0	Clus1	12	0
0	1	0	0	0	0	0	Clus1	13	0
0	1	0	0	0	0	0	Clus1	14	0
0	0	0	0	0	0	0	Clus1	15	0
0	0	1	0	0	0	0	Clus1	16	0
0	0	0	0	0	0	0	Clus1	17	0
1	0	0	0	0	0	0	Clus1	18	0
1	1	1	0	0	0	0	Clus1	19	0
0	1	1	0	0	0	0	Clus1	20	0
1	0	1	0	0	0	0	Clus1	21	0

对于第 1 号到第 11 号受访者而言，准确率就不高了。Clus2 的准确率仅为 45.5%（=5/11）。在表 43.14 中，5 个被正确分配的是第 1、5、6、7、8 号受访者。这 11 位受访者实际上是更喜欢 GenIQ 模型的。但是，其中的第 2、3、4、9、10、11 号受访者被错误地分配到了另一组，因为他们的 Clus2 值大于 Clus1 值。回想一下，Clus1 是关于最小二乘 – 逻辑斯谛回归模型的，而 Clus2 是关于 GenIQ 模型的，为什么会出现这样的情况？

对于前 11 名受访者，他们的集群配对值（−0.23，−0.29）是相当的。由于数据集小，我能够保持 6 个配对的值相等。我希望用一种灵活的方法声明成对的值在统计上是不显著的（两个值在误差范围内相等）。在这种情况下，我随机将 6 名受访者中的 3 名分配到 GenIQModel 组，其余 3 名则保持原来的分配。这将使 Clus2 准确率达到 72.7%（=（5+3）/11）。

表 43.14　GenIQModel 的集群值

Clus1	Clus2	ID	GenIQ Model
−0.23	1.52	1	1
−0.23	−0.29	2	1
−0.23	−0.29	3	1
−0.23	−0.29	4	1
−0.23	4.01	5	1
−2.49	−0.29	6	1
−1.18	−0.29	7	1
−1.18	−0.29	8	1
−0.23	−0.29	9	1
−0.23	−0.29	10	1
−0.23	−0.29	11	1

接下来就要评估文档聚类的性能了。为了便于讨论，我在表 43.15 中生成了一个关于 GenIQModel 和 SEGMENT 的交叉表格。

表 43.15　GenIQModel 与随机模型

GenIQModel 频次 百分比（%） Row Pct Col Pct	SEGMENT		
	Clus1	Clus2	Total
0	10 47.62 100.00 62.50	0 0.00 0.00 0.00	10 - - 47.62
1	6 28.57 54.55 37.50	5 23.81 45.45 100.00	11 - - 52.38
合计	16 76.19	5 23.81	21 100.00

按 SEGMENT 统计 GenIQModel 表

统计值	自由度	值	概率
Chi-Square	1	5.965 9	0.014 6

Gen IQModel_TCCR	Chance_TCCR	相比随机模型的增幅
71.43%	50.11%	42.53%

总正确分类率（TCCR）= 71.43%（=（10 + 5）/21）。如果没有一个基准（随机模型），我们就无法声明 GenIQ 模型的总正确分类率 71.43% 是可靠的。随机模型的总正确分类率是通过运行附录 43.Q 中的子程序计算出来的。

　　随机模型总正确分类率 Chance_TCCR 的计算公式是所有列中 GenIQModel=0 的平方百分比之和（47.62%*47.62%，以及 GenIQModel=1），即 52.38%*52.38% 之和。计算得到的结果为 50.11%。因此，在表 43.15 的下面，GenIQ 聚类模型相比随机模型的收益为 42.53% =（（71.43%－50.11%）/50.11%）。此外，GenIQ 模型与 SEGMENT 之间的关系是显著的，卡方 p 值为 0.0146，这对于小样本来说足以令人惊讶了。这些结果的计算过程见附录 43.Q。

　　最后，我测试了前面提到的灵活方法，用以比较自由 GenIQ 聚类模型和随机模型。我运行了附录 43.R 中的子程序，输出结果见表 43.16。

表 43.16　自由 GenIQModel 与原模型

GenIQModel	SEGMENT		
频次 百分比（%） Row Pct Col Pct	1	2	Total
0	10 47.62 100.00 76.92	0 0.00 0.00 0.00	10 - - 47.62
1	3 14.29 27.27 23.08	8 38.10 72.73 100.00	11 - - 52.38
合计	13 61.90	8 38.10	21 100.00

按 SEGMENT 统计 GenIQModel 表

统计值	自由度	值	概率
Chi-Square	1	11.748 3	0.000 6

Gen IQModel_TCCR	Chance_TCCR	相比随机模型的增幅
85.71%	50.11%	71.04%

　　这个自由 GenIQ 模型总正确分类率等于 85.71%（=18/21）。因此，表 43.16 中该取值相对于随机模型的增幅为 71.04%（85.71%，50.11%）/50.11%。GenIQ 模型与 SEGMENT 之间的关系也非常显著，卡方的 p 值为 0.0006。这些结果的计算过程见附录 43.R。

1. GenIQ 聚类抽样调研文档总结

　　再次强调一下，文档聚类的目的是在 WORD_NLBS 数据集中创建一个 SEGMENT 变量来分割文档。然而，对于文本分类来说，必须有一个类别变量来构建文本挖掘预测模型。提出这两种版本的文档聚类方法具有一定的指导意义。此外，我们还讨论了文本挖掘者在最终确定集群文档模型时应该考虑的问题。

43.10　本章小结

　　本章对那些喜欢文本挖掘的人来说是不错的资源。开头有一个引子——一个好理解的示例鼓励新手用流行的技术来应对由于互联网及其附属品（如社交媒体、博客等）导致的文本数据泛滥现象。最后，本章介绍了价格实惠的 TXTDM 文本挖掘软件，使用高级 SAS Base

和 SAS/STAT 编写可以轻松地转换为几乎任何语言。TXTDM 是一个重要的文本挖掘程序，可以共享 SAS 系统的技术支持。开源软件因缺乏技术支持而臭名昭著，商业软件价格普遍又太高，因此，它在文本挖掘领域是一个极具吸引力的新选择。

以下附录适用于 TXTDM，它由以下用 SAS Base 和 SAS/STAT 编码的子程序组成。

附录 43.A　加载 Corpus TEXT 数据集

```
%let num_vars=10;
%let max_varlen=$25.;

data TEXT;
infile datalines dlm = ' ' missover;
input ID (c01-c&num_vars) (:&max_varlen);
datalines;
1 GenIQModel machine-learning genetic-programming
2 GenIQModel no-assumptions nonparametric black-box
3 GenIQModel no-coefficients uninterpretable
4 GenIQModel data-defining no-fitting-the-data
5 GenIQModel machine-learning alt-regression
6 GenIQModel data-mining new-variables
7 GenIQModel new-variables
8 GenIQModel variable-selection new-variables
9 GenIQModel no-data-prep
10 GenIQModel optimizes cumlift decile-table
11 GenIQModel uninterpretable no-coefficients
12 OLS-Logistic benchmarks newer-prediction
13 OLS-Logistic equations yes-coefficients
14 OLS-Logistic interpretable yes-coefficients
15 OLS-Logistic reliable accurate interpretable
16 OLS-Logistic not-black-box yes-equations
17 OLS-Logistic variable-selection
18 OLS-Logistic data-prep time-consuming
19 OLS-Logistic data-prep yes-coefficients not-black-box
20 OLS-Logistic yes-coefficients not-black-box
21 OLS-Logistic data-prep yes-equations not-black-box
;
PROC PRINT data = TEXT;
title2' TEXT Dataset ';
run;
```

附录 43.B　创建二进制词的中间步骤

```
PROC TRANSPOSE data=TEXT out=TEXT_transp;
var c01-c&num_vars;
by ID;
run;
```

```
data TEXT;
set TEXT_transp;
_COL1 = COL1;
run;

PROC TRANSREG data=TEXT DESIGN;
model class (_COL1 / ZERO='x');
output out = TEXT (drop = Intercept _NAME_ _TYPE_ );
id ID;
run;

PROC SQL noprint;
select trim(name)||'='||substr(trim(name),6)
into :varlist separated by ' '
from dictionary.columns
where libname eq "WORK" and memname eq "TEXT";
quit;
%put &varlist;
```

附录 43.C　创建最终的二进制词

```
%let varlist=
_COL1GenIQModel=GenIQModel_COL1OLS_Logistic=OLS_Logistic
    _COL1accurate=accurate
_COL1alt_regression=alt_regression_COL1benchmarks=benchmarks
    _COL1black_box=black_box
_COL1cumlift=cumlift_COL1data_defining=data_defining
    _COL1data_mining=data_mining
_COL1data_prep=data_prep _COL1decile_table=decile_table _COL1equations=equations
_COL1genetic_programming=genetic_programming _COL1interpretable=interpretable
_COL1machine_learning=machine_learning _COL1new_variables=new_variables
_COL1newer_prediction=newer_prediction _COL1no_assumptions=no_assumptions
_COL1no_coefficients=no_coefficients _COL1no_data_prep=no_data_prep
_COL1no_fitting_the_data=no_fitting_the_data _COL1nonparametric=nonparametric
_COL1not_black_box=not_black_box _COL1optimizes=optimizes _COL1reliable=reliable
_COL1time_consuming=time_consuming _COL1uninterpretable=uninterpretable
_COL1variable_selection=variable_selection _COL1yes_coefficients=yes_coefficients
_COL1yes_equations=yes_equations;

PROC DATASETS library=work nolist;
modify TEXT;
rename &varlist;
quit;

PROC CONTENTS data=TEXT
out = vars (keep = name type)
noprint;
run;
```

```
PROC SQL noprint;
select name into : varlist separated by ' '

from vars;
quit;
%put _global_;
```

附录 43.D　计算统计量 TF、DF、NUM_DOCS 和 N

```
libname tm 'c://0-tm';

PROC SORT data=TEXT; by ID;
run;

PROC SUMMARY data=TEXT;
var _numeric_;
output out=sums (drop=ID) sum=;
by ID;
run;

data tm.WORDS;
retain ID;
set sums;
ID+1;
drop _TYPE_ _FREQ_;
run;

PROC SUMMARY data=tm.WORDS;
var _numeric_;
output out=sums (drop=ID) sum=;
by ID;
run;

data tm.WORDS;
retain ID;
set sums;
ID+1;
drop _TYPE_ _FREQ_;
run;

PROC PRINT data=tm.WORDS noobs;
title2' WORD FREQUENCY - TF (Zero-One WORD dataset) ';
run;

PROC SUMMARY data=tm.WORDS;
var _numeric_;
output out=tm.DF (drop= ID _TYPE_ _FREQ_) sum=;
run;

PROC PRINT data=tm.df noobs;
```

```
title2' DOCUMENT FREQUENCY for given Word - DF ';
run;

PROC SUMMARY data=tm.words;
var ID;
output out=tm.NUM_DOCS (drop= _TYPE_ _FREQ_) max=NUM_DOCS;
run;

PROC PRINT data=tm.NUM_DOCS;
title2' NUMBER of DOCUMENTS ';
run;

data tm.TOT_WORDS;
set tm.WORDS;
drop ID;
if _n_=1;
array nums(*) _numeric_;
TOT_WORDS=dim(nums)-1;
keep TOT_WORDS;
run;

PROC PRINT data=tm.TOT_WORDS;
title2 ' N - NUMBER of WORDS in ALL DOCUMENTS ';
run;
```

附录 43.E　将 GenIQ_FAVORED 加入 WORDS 数据集

```
libname tm 'c://0-tm';
title ' ';
title2 ' ';
data GenIQ_FAVORED;
infile datalines dlm = ' ' missover;
input ID GenIQ_FAVORED;
datalines;
1 1
2 1
3 1
4 1
5 1
6 1
7 1
8 1
9 1
10 1
11 1
12 0
13 0
14 0
15 0
```

```
16 0
17 0
18 0
19 0
20 0
21 0
;
run;

PROC SORT data=GenIQ_FAVORED; by ID;
PROC SORT data=tm.WORDS; by ID;
run;

data tm.WORD_GenIQ_FAVORED;
merge tm.WORDS GenIQ_FAVORED;
by ID;
wt=1;
run;

PROC PRINT data=tm.WORD_RESP;
run;
```

附录 43.F　GenIQ_FAVORED 的逻辑斯谛分析模型

```
%let varlist=
    data_prep time_consuming accurate yes_coefficients not_black_box interpretable equations
    benchmarks machine_learning no_assumptions no_data_prep no_coefficients data_defining
    data_mining variable_selection new_variables alt_regression cumlift;

PROC LOGISTIC data= tm.WORD_GenIQ_FAVORED nosimple des outest=coef;
model GenIQ_FAVORED = &varlist;
run;

PROC SCORE data=tm.WORD_GenIQ_FAVORED predict type=parms
        score=coef out=score;
var &varlist;
run;

data score;
set score;
logit=GenIQ_FAVORED2;
prob_GenIQ_FAVORED=exp(logit)/(1+ exp(logit));

PROC SORT data=score; by descending prob_GenIQ_FAVORED;
run;

PROC PRINT data=score noobs;
var &varlist ID GenIQ_FAVORED prob_GenIQ_FAVORED;
format prob_GenIQ_FAVORED 5.4;
run;
```

附录 43.G　计算字词之间的关系数均值

```
libname tm "c://0-tm";
title " AVG_CORR of WORDS ";

%let varlist=
    data_prep time_consuming accurate yes_coefficients not_black_box interpretable equations
    benchmarks    machine_learning    no_assumptions    no_data_prep    no_coefficients
    data_defining data_mining variable_selection new_variables alt_regression cumlift;

data num_vars;
set tm.WORDS;
keep &varlist;
data num_vars;
set num_vars;
if _n_=1;
array nums(*) _numeric_;
num_vars=dim(nums);
keep num_vars;
call symputx ('num_vars',num_vars);
run;


%put &num_vars;
PROC PRINT data=num_vars;
title2 ' num_vars ';
run;


PROC CORR data=tm.WORDS out=out noprint;
var &varlist;
run;


data out1;
set out;
if _type_='MEAN' or _type_='STD' or _type_='N' then delete;
drop _type_;
array vars (&num_vars) &varlist;

array pos (&num_vars) x1 - x&num_vars;
do i= 1 to &num_vars;
pos(i)=abs(vars(i));
end;
drop &varlist i;
run;


data out2;
set out1;
array poss (&num_vars) x1- x&num_vars;
do i= 1 to &num_vars;
if poss(i) =1 then poss(i)=.;
```

```
drop i;
end;
run;

PROC MEANS data=out2 sum noprint;
output out=out3 sum=;
run;

data out4;
set out3;
sum_=sum(of x1-x&num_vars);
sum_div2= sum_/2;
bot= ((_freq_*_freq_)-_freq_)/2;
avg_corr= sum_div2/bot;
run;

data AVG_CORR;
set out4;
keep AVG_CORR;
proc print data=AVG_CORR;
run;
```

附录 43.H   创建 TF-IDF

```
title2' creating tf_idf ';
libname tm 'c://0-tm';
options mprint symbolgen;

data tm.TOT_WORDS;
set tm.WORDS;
drop ID;
if _n_=1;
array nums(*) _numeric_;
TOT_WORDS=dim(nums)-1;

* minus 1 because of TOT_WORDS;
keep TOT_WORDS;
call symputx ('TOT_WORDS',TOT_WORDS);
run;
%put &TOT_WORDS;

%let varlist=
GenIQModel OLS accurate classification computer_program cumlift
decile_table interpretable logistic machine_learning no_coefficient no_equation
prediction regression reliable specifies statistical workhorses;

PROC PRINT data=tm.NUM_DOCS;
title' NUM_DOCS ';
run;

PROC SUMMARY data=tm.WORDS;
```

```
var _numeric_;
output out=tm.df (drop= ID _TYPE_ _FREQ_) sum=;
run;

data tm.df;
set tm.df;
array words(&tot_words) &varlist;
array df(&tot_words) df1-df&tot_words;
do i=1 to &tot_words;
df(i)=words(i);
drop i &varlist;
end;
run;

PROC PRINT data=tm.df noobs;
title' words_inrows - df';
run;

data tm.tf;
set tm.WORDS;
array words(&tot_words) &varlist;
array tf(&tot_words) tf1-tf&tot_words;
do i=1 to &tot_words;
tf(i)=words(i);
drop i &varlist;
end;
run;

PROC PRINT data=tm.tf;
title' tf ';
run;

data tm.tf;
set tm.tf; m=1;

data tm.df;
set tm.df; m=1;

data tm.num_docs;
set tm.num_docs; m=1;
run;

data tm.tf_idf;
merge tm.tf tm.df tm.num_docs;
by m;
drop m;
run;

PROC PRINT data=tm.tf_idf;
title' tf_idf ';
run;

data tm.tf_idf;
```

```
set tm.tf_idf;
array tf(&tot_words) tf1-tf&tot_words ;
array df(&tot_words) df1-df&tot_words;
array idf(&tot_words) idf1 - idf&tot_words;
array tf_idf(&tot_words) tf_idf1 - tf_idf&tot_words;

do i=1 to dim(df);
if df(i)=0 then
idf(i)= log(num_docs);else
idf(i)= log(num_docs/(df(i)));
tf_idf(i)=tf(i)*idf(i);

keep ID tf_idf1 - tf_idf&tot_words;
end;
run;

PROC PRINT data=tm.tf_idf;
title' tf_idf ';
run;
```

附录 43.1 用 WORDS 和 TF-IDF 的 Concat 计算 WORD_TF-IDF 权重

```
libname tm "c://0-tm";
options symbolgen mprint;

data tm.tot_words;
set tm.WORDS;

drop ID;
if _n_=1;
array nums(*) _numeric_;
TOT_WORDS=dim(nums)-1;
keep TOT_WORDS;
call symputx ('TOT_WORDS',TOT_WORDS);
run;

%put &TOT_WORDS;
%let varlist=
    GenIQModel OLS accurate classification computer_program cumlift
    decile_table interpretable logistic machine_learning no_coefficient no_equation prediction
    regression reliable specifies statistical workhorses;

data _null_;
set tm.tf_idf;
array word(&tot_words) &varlist;
array tf_idf(&tot_words) tf_idf1- tf_idf&tot_words;
do i=1 to &tot_words;
```

```
 call symputx('word'|| left(put(i,2.)),vname(word(i)));
 call symputx('tf_idf' || left(put(i,2.)),vname(tf_idf(i)));
end;
run;


%macro concat_word_tf_idf;
data tm.concat_word_tf_idf;
set tm.tf_idf;
rename %do i=1 %to &tot_words;
        &&tf_idf&i=&&word&i.._&&tf_idf&i
     %end;;
run;


%mend concat_word_tf_idf;
%concat_word_tf_idf


PROC CONTENTS data=tm.concat_word_tf_idf
run;


PROC CONTENTS data=tm.concat_word_tf_idf
out = vars (keep = name type);
run;


PROC SQL noprint;
select name into : varlist separated by ' '
from vars;
quit;
%put _global_;
```

附录 43.J　WORD_RESP 与 WORD_TF-IDF RESP

```
libname tm 'c://0-tm';
options pageno=1;
title ' ';
title2 ' ';


PROC SORT data=tm.concat_word_tf_idf; by ID;
PROC SORT data=tm.word_resp; by ID;
run;


data tm.word_word_tf_idf_resp;
retain ID;
merge
tm.concat_word_tf_idf
tm.word_resp; by ID;
run;


PROC PRINT data=tm.word_word_tf_idf_resp;
run;
```

附录 43.K   词干提取

```
data tm.word_resp;
set tm.word_resp;
interpretable=sum(of interpretable:);
uninterpretable=sum(of uninterpretable:);
machine_learning=sum(of machine_learning:);
not_black_box=sum(of not_black_box:);
new_variables=sum(of new_variables:);
no_coefficient=sum(of no_coefficient:);
yes_coefficient=sum(of yes_coefficient:);
yes_equation=sum(of yes_equation:);
wt=1;
run;

PROC CONTENTS data=tm.word_resp;
run;
```

附录 43.L   WORD 乘以 TF-IDF

```
%let varlist=
    GenIQModel OLS accurate classification computer_program cumlift
    decile_table interpretable logistic machine_learning no_coefficient no_equation prediction
    regression reliable specifies statistical workhorses;

PROC SORT data=tm.tf_idf; by ID;
PROC SORT data=tm.word_resp; by ID;
run;

data tm.word_tf_idf_resp;
retain ID;
merge
tm.tf_idf tm.word_resp; by ID;
run;

data tm.word_tf_idf_resp;
set tm.word_tf_idf_resp;
array words(*) &varlist;
array tf_idf(*) tf_idf1-tf_idf&tot_words;
array word_wted(*) wted1- wted&tot_words;
do i = 1 to dim(words);
word_wted(i)=words(i)*tf_idf(i);
drop i;
end;
run;

PROC PRINT;
run;
```

附录 43.M　用剖面的字词对数据集赋权

```
%let varlist=
    GenIQModel OLS accurate classification computer_program cumlift
    decile_table interpretable logistic machine_learning no_coefficient no_equation prediction
    regression reliable specifies statistical workhorses;

data _null_;
set tm.word_tf_idf_resp;
array word(&tot_words) &varlist;
array word_wted(*) wted1 - wted&tot_words;
do i=1 to &tot_words;
call symputx('word'|| left(put(i,2.)),vname(word(i)));
call symputx('word_wted' || left(put(i,2.)),vname(word_wted(i)));
end;
run;


%macro word_wted;
data tm.word_wted;

set tm.word_tf_idf_resp;
rename %do i=1 %to &tot_words;
        &&word_wted&i=&&word&i.._&&word_wted&i
    %end;;
drop tf_idf1-tf_idf&tot_words;
run;

%mend word_wted;
%word_wted

PROC PRINT data=tm.WORD_WTED;
run;

PROC CONTENTS data= tm.WORD_WTED
out = vars (keep = name type);
run;
PROC SQL noprint;
select name into : varlist separated by ' '
from vars;
quit;
%put _global_ ;
```

附录 43.N　两类法 VARCLUS

```
libname tm 'c://0-tm';
options pageno=1;
title' ';
title ' VARCLUS - 2-Cluster Solution ';
```

```
ods listing;
ods html;
%let varlist=
data_prep yes_coefficients not_black_box data_mining new_variables
machine_learning alt_regression;

data tm.WORDS_NLBS;
set tm.WORDS;
attrib _ALL_ label=' ';
run;

PROC VARCLUS data= tm.WORDS_NLBS MINC=2 MAXC=2 simple outstat=coef;
ods select Rsquare;
var &varlist;
run;
ods html close;
```

附录 43.O 双集群法 VARCLUS

```
%let clusoltn=2;
title2 "The &clusoltn Cluster Solution";

%let varlist=
    data_prep yes_coefficients not_black_box data_mining new_variables
    machine_learning alt_regression;

data Coef&clusoltn;
set Coef;
if _ncl_ = . or _ncl_ = &clusoltn;
drop _ncl_;
run;

PROC SCORE data=tm.words_nlbs score=Coef&clusoltn out=scored;
var &varlist;
run;

PROC SORT data=scored;by descending GenIQModel;

PROC PRINT data=scored noobs;var &varlist clus1-clus2 ID GenIQModel;
format clus1 clus2 5.2;
run;

* Assigning the Individual to the Classified Cluster-Segment;
data scored_classified;
set scored ;
temp=max(clus1, clus2);
    if clus1 = temp then predictd = clus1;
else if clus2 = temp then predictd = clus2;
run;
```

```
data tm.scored_classified (drop=temp);
set scored_classified;
temp=max(clus1, clus2);
    if clus1 = temp then SEGMENT = 'clus1';
else if clus2 = temp then SEGMENT = 'clus2';
run;

PROC PRINT data=tm.scored_classified noobs;
var &varlist SEGMENT ID GenIQModel;
run;
```

附录 43.P　集群 1 字词的指向

```
%let Clus=Clus1;
title " r of &Clus with Correlates ";

%let varlistclus1=
data_prep yes_coefficients not_black_box
data_mining new_variables;

PROC CORR data=tm.scored_classified rank
outp=out noprint;
var &varlistclus1;
with &Clus;
run;

PROC PRINT data=out;
title' out ';
run;

data out1;
set out;
if _TYPE_='MEAN' then delete;
if _TYPE_='STD' then delete;
drop _NAME_;
run;

PROC PRINT data=out1;
title' out1 ';
run;

PROC TRANSPOSE data=out1
out=out2 (rename=(_1=n _2=Corr_&Clus ) ) prefix=_;
run;

data out2;
set out2;
word=_NAME_;
run;
```

```
data out3;
set out2;

PROC SORT data=out3; by descending Corr_&clus;
run;

data words;
set out3;
Rank+1;
keep Rank word Corr_&clus;
run;

PROC PRINT data=words noobs;var Rank word Corr_&clus ;
format corr_&clus 6.4;
run;
```

附录 43.Q　比较 GenIQ 模型和随机模型的表现

```
libname tm 'c://0-tm';
options pageno=1;
title' ';

PROC FREQ data=tm.scored_classified;
table GenIQModel*SEGMENT /chisq sparse out=D;
run;

PROC TRANSPOSE data=D out=transp;
run;

data IMPROV;
retain GenIQMODEL_TCCR;
set transp;
drop _LABEL_;
if _NAME_="GenIQModel" then delete;
if _NAME_="SEGMENT" then delete;
if _NAME_="PERCENT" then CHANCE_TCCR=(((col1+col2)**2)+((col3+col4)**2))/10000;
if _NAME_="COUNT" then GenIQMODEL_TCCR=((col1+col4)/sum(of col1-col4))/1;
GAIN_OVER_CHANCE= ((GenIQMODEL_TCCR- CHANCE_TCCR)/CHANCE_TCCR);
if GAIN_OVER_CHANCE=. then delete;
run;

PROC PRINT data=IMPROV;
var GenIQMODEL_TCCR CHANCE_TCCR GAIN_OVER_CHANCE;
format CHANCE_TCCR GenIQMODEL_TCCR GAIN_OVER_CHANCE percent8.2;
run;
```

附录 43.R　比较自由集群模型和随机模型的表现

```
data Liberal_Cluster;
input GenIQModel SEGMENT Count @@;
datalines;
0 1 10 0 2 0
1 1 3 1 2 8
;
PROC FREQ data=Liberal_Cluster;
table GenIQModel*SEGMENT /chisq sparse out=D;
weight count;
run;
PROC TRANSPOSE data=D out=transp;
run;

data tccr;
retain GenIQMODEL_TCCR;
set transp;
drop _LABEL_;
if _NAME_="GenIQModel" then delete;
if _NAME_="SEGMENT" then delete;
if _NAME_="PERCENT" then CHANCE_TCCR=(((col1+col2)**2)+((col3+col4)**2))/10000;
if _NAME_="COUNT" then GenIQMODEL_TCCR=((col1+col4)/sum(of col1-col4))/1;
GAIN_OVER_CHANCE= ((GenIQMODEL_TCCR- CHANCE_TCCR)/CHANCE_TCCR);
if GAIN_OVER_CHANCE=. then delete;
run;

PROC PRINT data=tccr;
var GenIQMODEL_TCCR CHANCE_TCCR GAIN_OVER_CHANCE;
format CHANCE_TCCR GenIQMODEL_TCCR GAIN_OVER_CHANCE percent8.2;
run;
```

参考资料

1. Harris, Z.S., Distributional structure, *Word*, 10, 146–162, 1954.
2. Hutchins, J., Retrospect and prospect in computer-based translation, in *Proceedings of MT Summit VII*, pp. 30–44, 1999.
3. Samuel, A.L., Some studies in machine learning using the game of checkers, *IBM Journal of Research and Development*, 3(3), 210–229, 1959.
4. Francis, L.A., *Taming Text: An Introduction to Text Mining*, Casualty Actuarial Society Forum, Winter, 2006, p. 2.
5. Allison, P.D., *Convergence Failures in Logistic Regression*, Paper 360-2008, SAS Global Forum, 2008.
6. Hartigan, J.A., *Clustering Algorithms*, Wiley, New York, 1975.
7. Weiss, S.M., Indurkhya, N., Zhang, T., and Damerau, F.J., *Predictive Methods for Analyzing Unstructured Information*, Springer, New York, 2004.
8. SAS/STAT 14.1; *User's Guide*. http://support.sas.com/documentation/cdl/en.

第 44 章
一些我比较喜欢的统计子程序

这一章包括了本书引用过的特定子程序和一些数据已失效的新版章节里的通用子程序。在最后，我给出了一些我比较喜欢的统计子程序，我认为它们对几乎所有的分析都或多或少有帮助。这些子程序也可以从我的网站 http://www.geniq。net/articles.html # section9 下载到。

44.1 子程序列表

- 第 5 章的平滑散点图（平均值和中位数）——X1 和 X2。
- 第 10 章的平滑散点图——logit 值和概率。
- 第 16 章的平均相关系数——变量 Var1、Var2、Var3。
- 第 29 章的自助法十分位分析。
- 第 42 章的 H 幅度共有区域。
- 选项排序、垂直输出的相关性分析。
- 回应模型十分位分析。
- 利润模型十分位分析。
- 平滑时间序列分析数据（三变量的动态中位数）。
- 大量高偏度变量的分析。

44.2 第 5 章的平滑散点图（平均值和中位数）——X1 和 X2

```
%let Y=X1;
%let X=X2;
%let slice_X=10;

title ' ';
data IN;
input X1 X2;
cards;
13 14
17 19
54 43
23 88
11 77
```

```
09 33
32 53
10 12
51 52
13 14
17 19
43 10
88 98
77 25
33 76
53 41
12 15
52 53
83 76
43 41
13 14
17 19
32 53
10 12
51 52
13 14
17 19
43 10
88 98
77 25
33 76
53 41
12 15
52 53
83 76
43 41
;
run;

data smooth;
set IN;
wt=1;
run;

PROC PRINT;
run;

data score;
set smooth;
keep wt &Y &X;
run;

data notdot;
set score;
if &X ne .;
```

```
PROC MEANS data=notdot sum noprint; var wt;
output out=samsize (keep=samsize) sum=samsize;
run;

data scoresam (drop=samsize);
set samsize score;
retain n;
if _n_=1 then n=samsize;
if _n_=1 then delete;
run;

PROC SORT data=scoresam; by descending &X;
run;

data score_X;
set scoresam;
if &X ne . then cum_n+wt;
if &X = . then slice_X =.;
else slice_X=floor(cum_n*&slice_X/(n+1));
drop cum_n n;
run;

PROC SUMMARY data=score_X nway;
class slice_X;
var &X &Y;
output out=smout_&X mean = sm_&X sm_&Y/noinherit;
run;

title 'Mean Smoothplot - X1 vs. X2';
PROC PRINT data=smout_&X;
run;

PROC PLOT data=smout_&X HPCT=80 VPCT=80;
plot sm_&Y*sm_&X;
run;

title ' ';
PROC SUMMARY data=score_X nway;
class slice_X ;
var &X &Y;
output out=smout_&X median = sm_&X sm_&Y/noinherit;
run;

PROC PRINT data=smout_&X;
title 'Median Smoothplot - X1 vs. X2';
run;

PROC PLOT data=smout_&X HPCT=80 VPCT=80;
plot sm_&Y*sm_&X;
run;
quit;
```

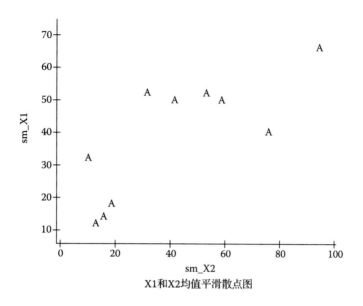

X1和X2均值平滑散点图

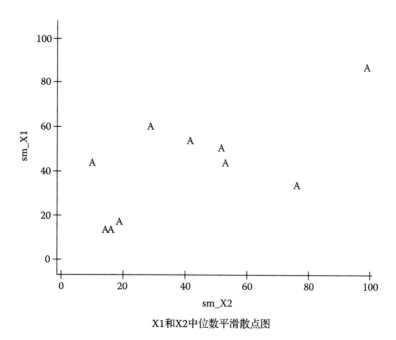

X1和X2中位数平滑散点图

44.3   第 10 章的平滑散点图——logit 值和概率

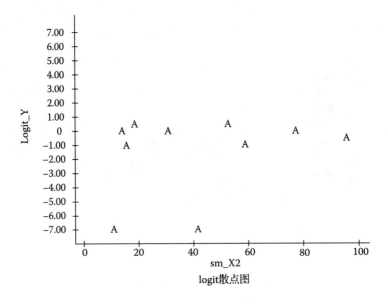

logit散点图

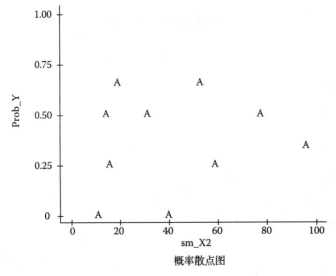

概率散点图

```
%let Y=Y;
%let X=X2;
%let slice_X=10;

data IN;
input X1 X2;
cards;
13 14
17 19
54 43
```

```
23 88
11 77
09 33
32 53
10 12
51 52
13 14
17 19
43 10
88 98
77 25
33 76
53 41
12 15
52 53
83 76
43 41
13 14
17 19
32 53
10 12
51 52
13 14
17 19
43 10
88 98
77 25
33 76
53 41
12 15
52 53
83 76
43 41
;
run;

data IN;
set IN;
Y=RAND('BERNOULLI',1/3);

data smooth;
set IN;
wt=1;
run;

PROC PRINT;
run;

data score;
set smooth;
keep wt &Y &X;
run;
```

```
data notdot;
set score;
if &X ne.;

PROC MEANS data=notdot sum noprint; var wt;
output out=samsize (keep=samsize) sum=samsize;
run;

data scoresam (drop=samsize);
set samsize score;
retain n;
if _n_=1 then n=samsize;
if _n_=1 then delete;
run;

PROC SORT data=scoresam; by descending &X;
run;

data score_X;
set scoresam;
if &X ne . then cum_n+wt;
if &X = . then slice_X =.;
else slice_X=floor(cum_n*&slice_X/(n+1));
drop cum_n n;
run;

PROC SUMMARY data=score_X nway;
class slice_X;
var &X &Y;
output out=smout_&X mean= sm_&X sm_&Y/noinherit;
run;

PROC PRINT data=smout_&X;
run;

data sliced_X;
set smout_&X;

Logit_&Y=log( sm_Y/(1-sm_Y));
if sm_&Y=1 then Logit_Y= 7;
if sm_&Y=0 then Logit_Y=-7;
Prob_&Y= exp(Logit_Y)/((1+exp(Logit_Y)));
run;

PROC PRINT data=sliced_X;
run;

PROC PLOT data=sliced_X HPCT=80 VPCT=80;
plot Logit_&Y*sm_&X /vaxis=-7 to +7 by 1;
format logit_&Y 6.2;
title 'Smooth Logit Plot';
```

```
run;

PROC PLOT data=sliced_X HPCT=80 VPCT=80;
plot Prob_Y*sm_&X /vaxis=0 to 1 by 0.25 ;
format Prob_&Y 6.2;
title 'Smooth Probability Plot';
run;
quit;
```

44.4 第 16 章的平均相关系数——变量 Var1、Var2、Var3

表 44.1 AVG_CORR

AVG_CORR
0.913 08

```
%let varlist =
Var1 Var2 Var3;
title2 " AVG_CORR of &varlist ";

%let numvars=3;

data dat1;
input Var1 Var2 Var3 :4.0;
cards;
1234 2345 3456
5678 4567 8798
1256 0978 4567
;
run;

PROC CORR data=dat1 out=out;
var &varlist;
run;

data out1;
set out;
if _type_='MEAN' or _type_='STD' or _type_='N' then delete;
drop _type_;
array vars (&numvars)
&varlist;

array pos (&numvars) x1 - x&numvars;
do i= 1 to &numvars;
pos(i)=abs(vars(i));
end;
drop
&varlist i;
```

```
run;

data out2;
set out1;
array poss (&numvars) x1- x&numvars;
do i= 1 to &numvars;
if poss(i) =1 then poss(i)=.;
drop i;
end;
run;

PROC PRINT;
run;

PROC MEANS data=out2 sum;
output out=out3 sum=;

PROC PRINT;
run;

data out4;
set out3;
sum_=sum(of x1-x&numvars);
sum_div2= sum_/2;
bot= ((_freq_*_freq_)-_freq_)/2;
AVG_CORR= sum_div2/bot;
run;

data avg_corr;
set out4;
keep avg_corr;
PROC PRINT;
run;
```

44.5　第 29 章的自助法十分位分析——数据来自表 23.4（表 44.2）

表 44.2　自助法十分位分析

十分位	样本数量	回应数量	应答率（%）	累计应答率（%）	单一样本累积提升度（%）	自助法累积提升度（%）	自助法误差界限（80%）
顶部	1 600	1 118	69.88	69.88	314	315	7.3
2	1 600	637	39.81	54.84	247	247	4.3
3	1 601	332	20.74	43.47	195	195	3.7
4	1 600	318	19.88	37.57	169	171	3.5
5	1 600	165	10.31	32.12	144	145	2.0
6	1 601	165	10.31	28.48	128	128	1.5
7	1 600	158	9.88	25.83	116	116	1.5
8	1 601	256	15.99	24.60	111	111	0.8
9	1 600	211	13.19	23.33	105	105	0.6

（续）

十分位	样本数量	回应数量	应答率 （%）	累计应答率 （%）	单一样本累积提升度 （%）	自助法累积提升度 （%）	自助法误差界限 （80%）
底部	1 600	199	12.44	22.24	100	100	0.0
	16 003	3 559					

```
options source nonotes;
options nomprint nomlogic nosymbolgen;

Y=RESPONSE;
%let data_in=IN; /* add wt=1 to dataset IN */
%let depvar=Y;
%let indvars=_X11 - _X13 _X19 _X21;

%let samsize_bs=16003;
%let n_sampl_bs=50;

PROC SURVEYSELECT data=&data_in method=urs out=sample
    n=&samsize_bs rep=&n_sampl_bs outhits;
run;

%macro loop;
%do rep=1 %to &n_sampl_bs;

data Replicate&Rep;
set sample;
if Replicate=&Rep;
run;

%let dsn=Replicate&Rep;
ods exclude ODDSRATIOS;

PROC LOGISTIC data=&dsn nosimple noprint des outest=coef;
model &depvar = &indvars;
run;

PROC SCORE data=&dsn predict type=parms score=coef
out=score;
var &indvars;
run;

data score;
set score;
estimate=&depvar.2;

data notdot;
set score;
if estimate ne .;

PROC MEANS data=notdot sum noprint; var wt;
output out=samsize (keep=samsize) sum=samsize;
run;
```

```
data scoresam (drop=samsize);
set samsize score;
retain n;
if _n_=1 then n=samsize;
if _n_=1 then delete;
run;

PROC SORT data=scoresam; by descending estimate;
run;

data score;
set scoresam;
if estimate ne . then cum_n+wt;
if estimate = . then dec=.;
else dec=floor(cum_n*10/(n+1));
run;

PROC SUMMARY data=score missing;
class dec;
var &depvar wt;
output out=sum_dec sum=sum_can sum_wt;

data sum_dec;
set sum_dec;
avg_can=sum_can/sum_wt;
run;

data avg_rr;
set sum_dec;

if dec=.;
keep avg_can;
run;

data sum_dec1;
set sum_dec;
if dec=. or dec=10 then delete;
cum_n +sum_wt;
r =sum_can;
cum_r +sum_can;
cum_rr=(cum_r/cum_n)*100;
avg_cann=avg_can*100;
run;

data avg_rr;
set sum_dec1;
if dec=9;
keep avg_can;
avg_can=cum_rr/100;
run;
```

```
%let scoresam=&Rep;
data scoresam&Rep;
set avg_rr sum_dec1;
retain n;
if _n_=1 then n=avg_can;
if _n_=1 then delete;
lift&Rep = (cum_rr/n);
if dec ne .;
keep dec lift&Rep;
run;

PROC SORT data=scoresam&Rep; by dec;
run;
%end;

data combine;
merge %do i=1 %to &n_sampl_bs;
scoresam&i
%end;;
by dec;
run;

data bs_lift_SE;
set combine;
bs_est=mean(of lift:);
bs_std=std(of lift:);
bs_SE=1.28*bs_std;
keep dec bs_est bs_SE;
run;
ods exclude ODDSRATIOS;
PROC LOGISTIC data=&data_in nosimple noprint des outest=coef;
model &depvar = &indvars;
run;

PROC SCORE data=&data_in predict type=parms score=coef
out=score;
var &indvars;
run;

data score;
set score;
estimate=&depvar.2;

data notdot;
set score;
if estimate ne .;

PROC MEANS data=notdot sum noprint; var wt;
output out=samsize (keep=samsize) sum=samsize;
run;

data scoresam (drop=samsize);
```

```
set samsize score;
retain n;
if _n_=1 then n=samsize;
if _n_=1 then delete;
run;

PROC SORT data=scoresam; by descending estimate;
run;

data score;
set scoresam;
if estimate ne . then cum_n+wt;
if estimate = . then dec=.;
else dec=floor(cum_n*10/(n+1));
run;

PROC SUMMARY data=score missing;
class dec;
var &depvar wt;
output out=sum_dec sum=sum_can sum_wt;
run;

data sum_dec;
set sum_dec;
avg_can=sum_can/sum_wt;
run;

data avg_rr;
set sum_dec;

if dec=.;
keep avg_can;
run;

data sum_dec1;
set sum_dec;
if dec=. or dec=10 then delete;
cum_n +sum_wt;
r =sum_can;
cum_r +sum_can;
cum_rr=(cum_r/cum_n)*100;
avg_cann=avg_can*100;
run;

data avg_rr;
set sum_dec1;
if dec=9;
keep avg_can;
avg_can=cum_rr/100;
run;

data scoresam;
set avg_rr sum_dec1;
```

```
retain n;
if _n_=1 then n=avg_can;
if _n_=1 then delete;
lift=(cum_rr/n);
if dec ne .;
_2SAM_EST=2*lift;
keep dec _2SAM_EST lift;
run;

data boot;
merge
bs_lift_SE scoresam;
lift_bs=_2SAM_EST-bs_est;
keep dec _2SAM_EST bs_est lift_bs bs_SE;
run;

%end;
%mend;

dm 'clear log';
%loop

ods exclude ODDSRATIOS;
PROC LOGISTIC data=&data_in nosimple noprint des outest=coef;
model &depvar = &indvars;
freq wt;
run;

PROC SCORE data=&data_in predict type=parms score=coef
out=score;
var &indvars;
run;

data score;
set score;
estimate=&depvar.2;
label
estimate='estimate';
run;

data notdot;
set score;
if estimate ne .;

PROC MEANS data=notdot sum noprint; var wt;
output out=samsize (keep=samsize) sum=samsize;
run;

data scoresam (drop=samsize);
set samsize score;
retain n;
if _n_=1 then n=samsize;
if _n_=1 then delete;
```

```
run;

PROC SORT data=scoresam; by descending estimate;
run;

data score;
set scoresam;
if estimate ne . then cum_n+wt;
if estimate = . then dec=.;
else dec=floor(cum_n*10/(n+1));
run;

PROC SUMMARY data=score missing;
class dec;
var &depvar wt;
output out=sum_dec sum=sum_can sum_wt;

data sum_dec;
set sum_dec;
avg_can=sum_can/sum_wt;
run;

data avg_rr;
set sum_dec;
if dec=.;
keep avg_can;
run;

data sum_dec1;
set sum_dec;
if dec=. or dec=10 then delete;
cum_n +sum_wt;
r =sum_can;
cum_r +sum_can;
cum_rr=(cum_r/cum_n)*100;
avg_cann=avg_can*100;
run;

data avg_rr;
set sum_dec1;
if dec=9;
keep avg_can;
avg_can=cum_rr/100;
run;

data scoresam;
set avg_rr sum_dec1;
retain n;
if _n_=1 then n=avg_can;
if _n_=1 then delete;
lift=(cum_rr/n);
if dec=0 then decc=' top ';
if dec=1 then decc=' 2 ';
```

```
if dec=2 then decc=' 3 ';
if dec=3 then decc=' 4 ';
if dec=4 then decc=' 5 ';
if dec=5 then decc=' 6 ';
if dec=6 then decc=' 7 ';
if dec=7 then decc=' 8 ';
if dec=8 then decc=' 9 ';
if dec=9 then decc='bottom';
if dec ne .;
run;

PROC SORT data= scoresam; by dec;
PROC SORT data= boot; by dec;
run;

data scoresam_bs;
merge
scoresam boot; by dec;
run;

options label;
title1' ';
title2" samsize_bs=&samsize_bs, n_sampl_bs=&n_sampl_bs ";

PROC PRINT data=scoresam_bs d split='*' noobs;
var decc sum_wt r avg_cann cum_rr lift lift_bs bs_SE;
label decc='DECILE'
sum_wt ='NUMBER OF*INDIVIDUALS'
r ='NUMBER OF*RESPONDERS'
cum_r ='CUM No. CUSTOMERS w/* RESPONDERS'
avg_cann ='RESPONSE *RATE (%)'
cum_rr ='CUM RESPONSE * RATE (%)'
lift ='C U M*Single-Sample*LIFT (%)'
lift_bs ='C U M*BOOTSTRAP*LIFT (%)'
bs_SE='BOOTSTRAP*MARGIN of*ERROR (80%)';
sum sum_wt r;
format sum_wt r cum_n cum_r comma8.0;
format avg_cann cum_rr 6.2;
format lift lift_bs 3.0;
format bs_SE 5.1;
run;
```

44.6 第 42 章的 H 幅度共有区域

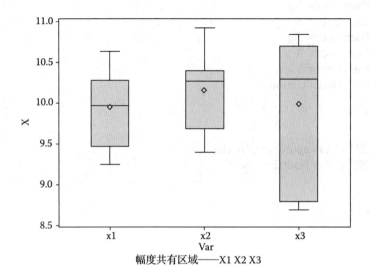

幅度共有区域——X1 X2 X3

```
%let spread=50;
title "H-spread&spread";

data IN;
call streaminit(12345);

do id=1 to 120;
X1 = RAND('NORMAL',10, 1);
X2 = RAND('NORMAL',10, 1.5);
X3 = RAND('NORMAL',10, 2);
output;
end;
run;

PROC RANK data=IN groups=100 out=OUT;
var X1 X2 X3;
ranks X1r X2r X3r;
run;

PROC PRINT data=OUT;
run;

PROC RANK data=IN groups=100 out=OUT;
var X1-X3;
ranks X1r X2r X3r;
run;

data H_spread&spread._X1;
set out;
rhp=(100-&spread)/2;
if x1r=>(rhp-1) and x1r<=(99-rhp);
keep id x1 x1r;
```

```
run;

data H_spread&spread._X2;
set out;
rhp=(100-&spread)/2;
if x2r=>(rhp-1) and x2r<=(99-rhp);
keep id x2 x2r;
run;

data H_spread&spread._X3;
set out;
rhp=(100-&spread)/2;
if x3r=>(rhp-1) and x3r<=(99-rhp);
keep id x3 x3r;
run;

PROC SORT data=H_spread&spread._X1; by id;
PROC SORT data=H_spread&spread._X2; by id;
PROC SORT data=H_spread&spread._X3; by id;
run;

data H_spread&spread._X1X2X3;
merge
H_spread&spread._X1 (in=var_x1)
H_spread&spread._X2 (in=var_x2)
H_spread&spread._X3 (in=var_x3);
by id;
if var_x1=1 and var_x2=1 and var_x3=1;
run;

PROC MEANS data=H_spread&spread._X1X2X3 mean n;
var X1-X3;
run;

data H_spread&spread._X1;
set H_spread&spread._X1X2X3;
var='x1';
x=x1;
keep id x var;

data H_spread&spread._X2;
set H_spread&spread._X1X2X3;
var='x2';
x=x2;
keep id x var;

data H_spread&spread._X3;
set H_spread&spread._X1X2X3;
var='x3';
x=x3;
```

```
keep id x var;

data H_spread&spread._X1X2X3;
set H_spread&spread._X1 H_spread&spread._X2 H_spread&spread._X3;

PROC PRINT;
run;

PROC SORT; by var;
proc print data= H_spread&spread._X1X2X3;
run;

PROC BOXPLOT data=H_spread&spread._X1X2X3;
plot x*var;
run;
```

44.7　选项排序、垂直输出的相关性分析

表 44.3　选项排序、垂直输出的相关性分析

顺序	预测变量	数量	相关系数	p 值
1	X4	0.277 13	9	0.485 8
2	X1	0.065 62	8	0.883 2
3	X2	−0.011 83	9	0.976 9
4	X3	0.006 14	8	0.989 1

```
data dat1;
input X1 - X4: 3.0 TARGET 1.0;
cards;
123 234 345 456 1
. 756 . 654 0
234 843 654 867 1
123 234 345 456 0
654 856 534 654 1
234 543 854 867 1
123 834 845 456 0
654 756 534 654 0
234 543 654 867 0
;
run;

PROC PRINT;
run;

data dat1;
set dat1;
wt=1;
run;
```

```
PROC CORR data=dat1 rank fisher;
ods output fisherpearsoncorr=out;
var x1-x4;
with target;
freq wt;
run;

ods listing;
PROC PRINT data=out;
run;

data out1;
set out;
abs_corr = abs(corr);

CorrCoef_with_TARGET=corr;
Predictor=var;
N=nobs;
keep var corr n pvalue abs_corr CorrCoef_with_TARGET Predictor;
run;

PROC SORT data=out1; by descending abs_corr;
run;

data out2;
set out1;
if abs_corr ge .0;
if CorrCoef_with_TARGET = . then delete;

data out2;
set out2;
Rank=_n_;
run;

PROC PRINT data=out2 noobs;
var Rank Predictor CorrCoef_with_TARGET n pvalue;
run;
```

44.8   回应模型十分位分析

表 44.4   十分位分析——回应

十分位	个体数量	回应数量	应答率（%）	累积应答率（%）	累积提升度（%）
Y（回应）对 X1,X2,X3 回归					
顶部	4	4	100.0	100.0	250
2	4	2	50.00	75.00	188
3	4	2	50.00	66.67	167
4	4	1	25.00	56.25	141
5	4	2	50.00	55.00	138
6	4	1	25.00	50.00	125

（续）

	Y（回应）对 X1,X2,X3 回归				
十分位	个体数量	回应数量	应答率（%）	累积应答率（%）	累积提升度（%）
7	4	1	25.00	46.43	116
8	4	1	25.00	43.75	109
9	4	1	25.00	41.67	104
底部	4	1	25.00	40.00	100
	40	16			

```
%let data_in=IN;
%let depvar=Y;
%let indvars=X1 X2 X3;

data &data_in;
input &depvar &indvars wt;
cards;
1    63.28405135    −62.89590924    0.31725    1
1    −7.965165127    9.077917498    0.29397    1
1    −40.8721149    41.85990786    0.40705    1
1    108.8084024    −107.6672824    0.25316    1
1    3.071713061    −2.215322147    0.40705    1
1    44.96645653    −44.18664467    0.25316    1
1    2.328170141    −1.89973146    0.24562    1
1    89.08870743    −88.21705972    0.42732    1
1    30.1080088    −29.0253107    0.24562    1
1    −11.14966201    11.97082199    0.25316    1
1    24.6912264    −23.85538734    0.25316    1
1    33.46889223    −32.68556731    0.40705    1
1    51.82377813    −51.4138173    0.40705    1
1    70.28970224    −69.42221865    0.24562    1
1    −95.85890655    97.00002655    0.40705    1
1    77.53692092    −77.19292134    0.26126    1
0    3.309578275    −3.261180349    0.24562    1
0    10.12748375    −9.549172853    0.25316    1
0    −12.88207239    13.97592671    0.29397    1
0    −17.32877567    18.18516658    0.31111    1
0    −70.59773747    71.24695425    0.31111    1
0    43.27915239    −42.13803238    0.24562    1
0    −7.880514668    8.995154718    0.25316    1
0    40.93399103    −40.09173673    0.25316    1
0    81.07550795    −80.35859121    0.24562    1
0    −7.965165127    9.063100546    0.24562    1
0    36.93492473    −35.95553062    0.28211    1
0    23.23610469    −22.80766601    0.25339    1
0    0    1.141120008    0.24562    1
0    0    0.939629385    0.25316    1
0    81.17218438    −80.76633346    0.24562    1
0    21.67949378    −20.97110166    0.24562    1
0    61.36545177    −60.91557128    0.25316    1
0    61.36545177    −60.95549093    0.31725    1
0    77.90838509    −77.58149603    0.28481    1
```

0	77.90838509	–77.60466917	0.24562	1
0	77.90838509	–77.08023514	0.32738	1
0	16.48495995	–15.88724129	0.40705	1
0	39.74610442	–38.99089853	0.24562	1
0	30.7499237	–29.94045894	0.24562	1

```
;
run;

PROC LOGISTIC data=&data_in nosimple des outest=coef;
model &depvar = &indvars;
freq wt;
run;

PROC SCORE data=&data_in predict type=parms score=coef
out=score;
var &indvars;
run;

data score;
set score;
estimate=&depvar.2;
run;

data notdot;
set score;
if estimate ne.;

PROC MEANS data=notdot sum noprint; var wt;
output out=samsize (keep=samsize) sum=samsize;
run;

data scoresam (drop=samsize);
set samsize score;
retain n;
if _n_=1 then n=samsize;
if _n_=1 then delete;
run;

PROC SORT data=scoresam; by descending estimate;
run;

data score;
set scoresam;
if estimate ne . then cum_n+wt;
if estimate = . then dec=.;
else dec=floor(cum_n*10/(n+1));
run;

PROC SUMMARY data=score missing;
class dec;
var &depvar wt;
output out=sum_dec sum=sum_can sum_wt;
```

```
data sum_dec;
set sum_dec;
avg_can=sum_can/sum_wt;
run;

data avg_rr;
set sum_dec;
if dec=.;
keep avg_can;
run;

data sum_dec1;
set sum_dec;
if dec=. or dec=10 then delete;
cum_n +sum_wt;
r =sum_can;
cum_r +sum_can;
cum_rr=(cum_r/cum_n)*100;
avg_cann=avg_can*100;
run;

data avg_rr;
set sum_dec1;
if dec=9;
keep avg_can;
avg_can=cum_rr/100;
run;

data scoresam;
set avg_rr sum_dec1;
retain n;
if _n_=1 then n=avg_can;
if _n_=1 then delete;
lift=(cum_rr/n);
if dec=0 then decc=' top ';
if dec=1 then decc=' 2 ';
if dec=2 then decc=' 3 ';
if dec=3 then decc=' 4 ';
if dec=4 then decc=' 5 ';
if dec=5 then decc=' 6 ';
if dec=6 then decc=' 7 ';
if dec=7 then decc=' 8 ';
if dec=8 then decc=' 9 ';
if dec=9 then decc='bottom';
if dec ne .;
run;

title1 ' ';
title2' Decile Analysis based on ';
title3" &depvar (RESPONSE) regressed on &indvars ";

PROC PRINT data=scoresam d split='*' noobs;
```

```
    var decc sum_wt r avg_cann cum_rr lift;
    label decc='DECILE'
        sum_wt ='NUMBER OF*INDIVIDUALS'
        r ='NUMBER OF*RESPONDERS'
        cum_r ='CUM No. CUSTOMERS w/* RESPONSES'
        avg_cann ='RESPONSE *RATE (%)'
        cum_rr ='CUM RESPONSE * RATE (%)'
        lift =' C U M *LIFT (%)';
    sum sum_wt r;

format sum_wt r cum_n cum_r comma10.;
format avg_cann cum_rr 5.2;
format lift 3.0;
run;
```

44.9 利润模型十分位分析

表 44.5 十分位分析——利润

十分位	个体数量	总利润（美元）	十分位平均利润（美元）	十分位累积利润（美元）	累积提升度
		Y（利润）对 X1,X2 回归			
顶部	2	26 114.11	13 057.06	13 057.06	401
2	2	24 014.11	12 007.06	12 532.06	385
3	2	2 896.50	1 448.25	8 837.45	272
4	2	3 265.30	1 632.65	7 036.25	216
5	2	3 170.38	1 585.19	5 946.04	183
6	2	1 716.88	858.44	5 098.11	157
7	2	1 237.14	618.57	4 458.17	137
8	2	1 526.48	763.24	3 996.31	123
9	2	595.96	297.98	3 585.38	110
底部	2	541.96	270.98	3 253.94	100
	20	65 078.82			

```
%let data_in=IN;
%let depvar=Y;
%let indvars=X1 X2;

data &data_in;
input &indvars &depvar wt;
cards;
1 0.64417 14212.99 1
0 0.05839 908.11 1
0 0.06754 538.77 1
1 0.21690 1548.25 1
1 0.50600 11701.12 1
0 0.02847 13.70 1
0 0.26161 1575.19 1
0 0.29051 1602.65 1
0 0.04119 528.26 1
0 0.05310 618.37 1
1 0.44417 12312.99 1
```

```
0 0.06839 978.11 1
0 0.07754 738.77 1
1 0.31690 1348.25 1
1 0.51600 11901.12 1
0 0.04847 17.70 1
0 0.28161 1595.19 1
0 0.31051 1662.65 1
0 0.05119 578.26 1
0 0.06310 698.37 1
;
run;

PROC REG data=&data_in outest=coeff;
estimate:model Y = &indvars;
run;

PROC SCORE data=&data_in
out=score (keep= wt estimate Y )
predict SCORE=coeff TYPE=PARMS;
var&indvars;
run;

data notdot;
set score;
if estimate ne.;

PROC MEANS data=notdot sum noprint; var wt;
output out=samsize (keep=samsize) sum=samsize;
run;

data scoresam (drop=samsize);
set samsize score;
retain n;
if _n_=1 then n=samsize;
if _n_=1 then delete;
run;

PROC SORT data=scoresam; by descending estimate;
run;

data score;
set scoresam;
if estimate ne . then cum_n+wt;
if estimate = . then dec=.;
else dec=floor(cum_n*10/(n+1));
run;

 PROC SUMMARY Data=Score missing;
 class dec;
```

```
var Y wt;
output out=sum_dec sum=sum_Y sum_wt;

data sum_dec;
set sum_dec;
avg_Y=sum_Y/sum_wt;
run;

data avg_fix;
set sum_dec;
if dec ne .;
keep sum_Y sum_wt;

PROC SUMMARY data=avg_fix;
var sum_Y sum_wt;
output out=fix_dec sum=num_Y tot_cus;
run;

data avg_ss;
set fix_dec;
avg_Y=num_Y/tot_cus;
keep avg_Y;
run;

data sum_dec1;
set sum_dec;
if dec=. or dec=10 then delete;
cum_n +sum_wt;
s =sum_Y;
cum_s +sum_Y;
cum_ss=(cum_s/cum_n);
avg_Ys=avg_Y;
run;

data scoresam;
set avg_ss sum_dec1;
retain n;
if _n_=1 then n=avg_Y;
if _n_=1 then delete;
lift=(cum_ss/n)*100;
if dec=0 then decc=' top';
if dec=1 then decc=' 2 ';
if dec=2 then decc=' 3 ';
if dec=3 then decc=' 4 ';
if dec=4 then decc=' 5 ';
if dec=5 then decc=' 6 ';
if dec=6 then decc=' 7 ';
if dec=7 then decc=' 8 ';
```

```
if dec=8 then decc=' 9 ';
if dec=9 then decc='bottom';
if dec ne .;
run;


title1 ' ';
title2' Decile Analysis based on ';
title3" &depvar (PROFIT) regressed on &indvars ";


PROC PRINT data=scoresam d split='*' noobs;
var decc sum_wt s avg_Ys cum_ss lift;
label decc='DECILE'
sum_wt ='NUMBER OF*CUSTOMERS'
s ='TOTAL*PROFIT'
cum_s ='CUM No. CUSTOMERS w/* PROFIT'
avg_Ys =' DECILE* MEAN PROFIT'
cum_ss ='DECILE* CUM PROFIT'
lift =' C U M * LIFT ';
sum sum_wt s;
format s dollar14.2;
format sum_wt cum_n cum_s comma10.;
format avg_Ys cum_ss dollar10.2;
format lift 3.0;
run;
```

44.10   平滑时间序列分析数据（三变量的动态中位数）

表 44.6   平滑时间序列数据

数据集 IN									
TS	X1	X2	X3	X4	X5	X6	X7	X8	X9	X10
TS	23	45	36	57	65	19	29	44	33	56
Xs 的平滑序列									
smmed1	smmed2	smmed3	smmed4	smmed5	smmed6	smmed7	smmed8	smmed9	smmed10
45	36	45	57	57	29	29	33	44	33

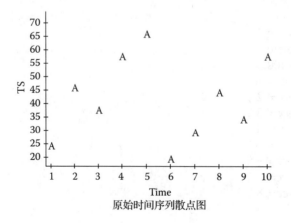

原始时间序列散点图

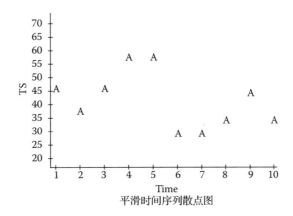

平滑时间序列散点图

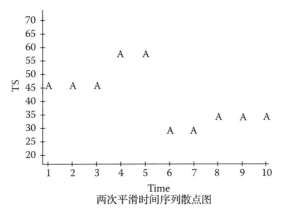

两次平滑时间序列散点图

```
%let ln=10;

data IN;
input TS $2. X1 – X&ln;
cards;
TS 23 45 36 57 65 19 29 44 33 56
;
run;

PROC PRINT;
title2' dataset IN ';
run;

PROC TRANSPOSE data=IN out=tposed;
id TS;
var X1-X&ln;
run;

PROC PRINT data=tposed;
title2 ' dataset tposed ';
run;

data tposed;
```

```
set tposed;
Time+1;
run;


PROC PRINT;
title2 ' dataset tposed with Time';
run;


PROC PRINT data=IN;
run;


PROC PLOT data=tposed vpercent=90 hpercent=90;
plot TS *time/ haxis=1 to &ln by 1 vaxis=20 to 70 by 5;
title3' Original Time-Series Plot';
run;


data Medians_of_3;
set IN;
array d{*} X1-X&ln;
array med [&ln] med1 - med&ln;
array smmed[&ln] smmed1 - smmed&ln;
do i=1 to dim(d);
med{i}=.;
if i <=dim(d)-2 then do;

med{i} = median(d{i},d{i+1},d{i+2});
smmed(i+1) = med(i);
end;
end;
smmed(1) = median( d(2), d(3), (3*d(2) -2*d(3)) );
smmed(dim(d))= median( d(dim(d)), d(dim(d)-1), (3*d(dim(d)-1) -2*d(dim(d)))));
drop i;
run;


PROC PRINT;
var smmed1-smmed&ln;
title2 ' Smooth Sequence of Xs ';
run;


PROC TRANSPOSE data=Medians_of_3 out=tposed;
id TS;
var smmed1 - smmed&ln;
run;


PROC PRINT data=tposed;
title2 ' dataset sm tposed ';
run;
```

```
data tposed;
set tposed;
Time+1;
run;


PROC PRINT;
title2 ' dataset sm tposed with Time';
run;


PROC PLOT data=tposed vpercent=90 hpercent=90;
plot TS *time/ haxis=1 to &ln by 1 vaxis=20 to 70 by 5;
title3' Smooth Time-Series Plot ';
run;


%let ln=10;

data IN;
input  TS $2. X1 - X&ln;
cards;
TS  36 45 45 57 57 29 29 33 33 44
;
run;

PROC PRINT;
title2' dataset IN ';
run;

data Medians_of_3;
set IN;
array d{*} X1-X&ln;
array med [&ln] med1 - med&ln;
array smmed[&ln] smmed1 - smmed&ln;
do i=1 to dim(d);
med{i}=.;
if i <=dim(d)-2 then do;
med{i} = median(d{i},d{i+1},d{i+2});
smmed(i+1) = med(i);
end;
end;
smmed(1) = median( d(2), d(3), (3*d(2) -2*d(3)) );
smmed(dim(d))= median( d(dim(d)), d(dim(d)-1), (3*d(dim(d)-1) -2*d(dim(d)))));
drop i j;
run;

PROC PRINT;
var
smmed1-smmed&ln;
title2 ' Smooth Sequence of Xs ';
run;
```

```
PROC TRANSPOSE data=Medians_of_3 out=tposed;
id TS;
var smmed1 - smmed&ln;
run;

PROC PRINT data=tposed;
title2 ' dataset  sm tposed ';
run;

data tposed;
set tposed;
Time+1;
run;

PROC PRINT;
title2 ' dataset sm tposed with Time';
run;

PROC PLOT data=tposed vpercent=90 hpercent=90;
plot TS *time/ haxis=1 to &ln by 1 vaxis=20 to 70 by 5;
title3' Double Smooth Time-Series Plot ';
run;
quit;
```

44.11 大量高偏度变量的分析

无论是使用大数据、小数据、统计方法还是机器学习技术，良好的数据实践都是从变量列表中剔除偏度值相对极端的变量。根据严格的统计学定义，"极端"的偏度意味着不在开区间（−2，+2）之内。在实际统计中，极值是相对于观测确定的偏度值。在图 44.10 中，我首先删除前五个最大的变量 X19、X20、X18、X21 和 X22，然后继续分析。如果结果不可接受，则继续删除列表下的变量，直到得到良好结果（见表 44.7）。

表 44.7　按偏度排列的变量

序号	变量	偏度	序号	变量	偏度
1	X19	34.082 9	13	X1	1.335 2
2	X20	20.684 5	14	X16	1.047 4
3	X18	16.694 1	15	X15	1.014 9
4	X21	14.450 0	16	X9	1.010 3
5	X22	11.284 6	17	X10	0.985 0
6	X23	9.535 8	18	X17	0.935 5
7	X5	3.324 4	19	X14	0.848 7
8	X8	2.948 6	20	X13	0.777 9
9	X7	2.863 9	21	X2	0.763 0
10	X6	2.822 5	22	X12	0.715 8
11	X4	2.752 8	23	X11	−0.022 5
12	X3	2.743 0	24	X24	−0.420 9

```
PROC MEANS data=IN skew;
var X1-X24;
output out=skews skew=;
run;

PROC PRINT data=skews;
run;

PROC TRANSPOSE data=skews
out=Tskews (rename=(Col1=Skew _NAME_=Variable));
var X1-X24;
run;

PROC SORT data=Tskews; by descending Skew;
run;

PROC PRINT data=Tskews;
run;
```

译　后　记

　　数据挖掘技术的产生本身就有其强烈的应用需求背景，从一开始就面向应用。数据挖掘技术在市场分析、业务管理、决策支持等方面有广泛应用，是实现 CRM 和 BI 的重要技术手段之一。具体涉及数据挖掘的商业问题有数据库营销、市场细分、销售状况分析、交叉销售等市场分析行为，以及客户流失分析、客户信用评分、欺诈甄别等。本书经过近一年的翻译，终于得以面世。参加本书翻译工作的有郑磊、刘子未、石仁达、郑扬洋，车笠、龚荻涵、曲佳欣和刘婕好在翻译过程中也做了贡献。由于译者水平所限，书中难免有错漏，欢迎大家指正。